科学出版社“十四五”普通高等教育研究生规划教材
航空宇航科学与技术教材出版工程

机械振动控制

Mechanical Vibration Control

方明霞　王国砚　编著

科学出版社
北　京

内 容 简 介

本书主要介绍机械振动的主动控制问题。首先介绍振动系统的建模方法;然后对确定性、随机激励下线性、非线性系统的响应特性及稳定性等进行介绍,并对系统的可控可观性、极点配置及状态观测器等进行讨论;在此基础上介绍了确定性系统的最优控制、模态控制、H_∞ 控制、自适应控制及控制系统的硬件设备等,并对线性、非线性系统的随机最优控制问题进行介绍;最后,采用不同方法对考虑控制时滞的有限自由度系统和无限自由度刚弹耦合系统的振动主动控制问题进行讨论。

在本书写作过程中,注重振动理论和现代控制理论的交叉融合,针对现代控制理论主要基于一阶状态方程描述的特点,将传统的以二阶微分方程描述的振动理论亦在状态方程下展开。本书内容丰富、结构清晰,既可作为机械、交通、土木、航空航天、力学及控制类专业研究生的教学用书,也可为该领域的工程技术人员提供参考。

图书在版编目(CIP)数据

机械振动控制 / 方明霞, 王国砚编著. —北京: 科学出版社, 2023.10

科学出版社"十四五"普通高等教育研究生规划教材 航空宇航科学与技术教材出版工程

ISBN 978-7-03-076149-1

Ⅰ. ①机… Ⅱ. ①方… ②王… Ⅲ. ①机械振动—振动控制 Ⅳ. ①TH113.1

中国国家版本馆 CIP 数据核字(2023)第 151462 号

责任编辑: 徐杨峰 / 责任校对: 谭宏宇
责任印制: 黄晓鸣 / 封面设计: 殷 靓

科学出版社 出版
北京东黄城根北街 16 号
邮政编码: 100717
http://www.sciencep.com

南京展望文化发展有限公司排版
苏州市越洋印刷有限公司印刷
科学出版社发行 各地新华书店经销

*

2023 年 10 月第 一 版 开本: 787×1092 1/16
2023 年 10 月第一次印刷 印张: 24
字数: 550 000

定价: 100.00 元

(如有印装质量问题,我社负责调换)

航空宇航科学与技术教材出版工程
编写委员会

丛 书 序

我在清华园中出生，旧航空馆对面北坡静置的一架旧飞机是我童年时流连忘返之处。1973 年，我作为一名陕北延安老区的北京知青，怀揣着一张印有西北工业大学航空类专业的入学通知书来到古城西安，开始了延绵 46 年矢志航宇的研修生涯。1984 年底，我在美国布朗大学工学部固体与结构力学学门通过 Ph. D 的论文答辩，旋即带着在 24 门力学、材料科学和应用数学方面的修课笔记回到清华大学，开始了一名力学学者的登攀之路。1994 年我担任该校工程力学系的系主任。随之不久，清华大学委托我组织一个航天研究中心，并在 2004 年成为该校航天航空学院的首任执行院长。2006 年，我受命到杭州担任浙江大学校长，第二年便在该校组建了航空航天学院。力学学科与航宇学科就像一个交互传递信息的双螺旋，记录下我的学业成长。

以我对这两个学科所用教科书的观察：力学教科书有一个推陈出新的问题，航宇教科书有一个宽窄适度的问题。20 世纪 80~90 年代是我国力学类教科书发展的鼎盛时期，之后便只有局部的推进，未出现整体的推陈出新。力学教科书的现状也确实令人扼腕叹息：近现代的力学新应用还未能有效地融入力学学科的基本教材；在物理、生物、化学中所形成的新认识还没能以学科交叉的形式折射到力学学科；以数据科学、人工智能、深度学习为代表的数据驱动研究方法还没有在力学的知识体系中引起足够的共鸣。

如果说力学学科面临着知识固结的危险，航宇学科却孕育着重新洗牌的机遇。在军民融合发展的教育背景下，随着知识体系的涌动向前，航宇学科出现了重塑架构的可能性。一是知识配置方式的融合。在传统的航宇强校（如哈尔滨工业大学、北京航空航天大学、西北工业大学、国防科技大学等），实行的是航宇学科的密集配置。每门课程专业性强，但知识覆盖面窄，于是必然缺少融会贯通的教科书之作。而 2000 年后在综合型大学（如清华大学、浙江大学、同济大学等）新成立的航空航天学院，其课程体系与教科书知识面较宽，但不够健全，即宽失于泛、窄不概全，缺乏军民融合、深入浅出的上乘之作。若能够将这两类大学的教育名家聚集于一堂，互相切磋，是有可能纲举目张，塑造出一套横跨航空和宇航领域，体系完备、粒度适中的经典教科书。于是在郑耀教授的热心倡导和推动下，我们聚得 22 所高校和 5 个工业部门（航天科技、航天科工、中航、商飞、中航发）的数十位航宇专家为一堂，开启“航空宇航科学与技术教材出版工程”。在科学出版社的大力促进下，为航空与宇航一级学科编纂这套教科书。

考虑到多所高校的航宇学科,或以力学作为理论基础,或由其原有的工程力学系改造而成,所以有必要在教学体系上实行航宇与力学这两个一级学科的共融。美国航宇学科之父冯·卡门先生曾经有一句名言:“科学家发现现存的世界,工程师创造未来的世界……而力学则处在最激动人心的地位,即我们可以两者并举!”因此,我们既希望能够表达航宇学科的无垠、神奇与壮美,也得以表达力学学科的严谨和博大。感谢包为民先生、杜善义先生两位学贯中西的航宇大家的加盟,我们这个由18位专家(多为两院院士)组成的教材建设专家委员会开始使出十八般武艺,推动这一出版工程。

因此,为满足航宇课程建设和不同类型高校之需,在科学出版社盛情邀请下,我们决心编好这套丛书。本套丛书力争实现三个目标:一是全景式地反映航宇学科在当代的知识全貌;二是为不同类型教研机构的航宇学科提供可剪裁组配的教科书体系;三是为若干传统的基础性课程提供其新貌。我们旨在为移动互联网时代,有志于航空和宇航的初学者提供一个全视野和启发性的学科知识平台。

这里要感谢科学出版社上海分社的潘志坚编审和徐杨峰编辑,他们的大胆提议、不断鼓励、精心编辑和精品意识使得本套丛书的出版成为可能。

是为总序。

杨卫

2019年于杭州西湖区求是村、北京海淀区紫竹公寓

前　　言

振动控制是指通过一定的手段使受控对象的振动水平满足预先设定的性能指标要求。振动控制包括无源被动控制和基于控制理论的有源主动控制。随着控制理论的发展,现代工程对能适应环境变化的主动控制的需求越来越高,因此本书将主要对振动主动控制进行介绍。

振动主动控制属于多学科交叉科学,不仅与振动有关,还与控制理论、计算机技术、材料与测试技术等紧密相关。近年来,经过不同领域科学工作者的不懈努力,已初步形成"振动主动控制"这一专门学科领域,许多工科院校都为相关专业的研究生开设了这方面的课程。振动控制作为跨学科交叉领域课程,对学生的基础要求很高,既要求学生具有扎实的振动理论基础,又要求学生掌握一定的控制理论知识。由于这两部分内容分属不同的专业领域,本科阶段同时具有这两方面基础的学生很少。更棘手的是,目前可以用来作为振动主动控制的教材很少。虽然有少量关于振动主动控制的专著,但多数以作者的研究课题为对象进行介绍,内容存在跳跃性,不适合作为研究生通用教材;而直接采用振动力学、控制理论作为教材,也存在很大问题。因为振动理论主要基于二阶微分方程进行建模及响应分析,而现代控制理论主要基于一阶状态方程展开,二者的脱节也增加了理解难度。因此,将振动理论和控制理论相结合,编写一套振动控制教材,不仅有利于学生及工程技术人员系统地理解振动控制技术及其应用,而且对振动控制学科的发展也将具有一定的促进作用。

为了使读者对振动控制有系统的了解,需要兼顾不同学科领域的内容循序渐进地表达;为了与工程应用相衔接,需要增加科学工作者的最新研究成果,因此本书的编著工作遇到很大挑战。经反复探讨,最后决定采用基础理论和工程实际相结合的方式进行编写。全书共包括 11 章内容,除包括振动系统的建模方法、不同激励下线性和非线性系统的响应分析外,还包括系统的稳定性、可控可观性、状态观测器,以及最优控制、模态控制、H_∞ 控制、自适应控制、考虑时滞的振动控制等,并对控制系统的硬件设备作了介绍。

本教材的编著工作与作者多年来从事振动与控制领域的研究密切相关,在此首先感谢国家自然科学基金、上海市自然科学基金、上海市经济委员会、上海汽车集团股份有限公司、中国船舶重工集团有限公司及同济大学理科科技发展基金委员会等多年来对作者研究工作的支持；上海交通大学蔡国平教授、复旦大学马建敏教授、中国船舶重工集团公司第七〇四研究所贺华教授级高级工程师，以及同济大学徐鉴教授、宋汉文教授、张立军教授等，对本书的编写内容提出建议，在此向他们致以诚挚的谢意；作者的多位研究生对本书工作也作了很大贡献，在此向他们一并表示感谢；最后对科学出版社和同济大学研究生教材出版基金对本书出版发行提供的支持表示衷心感谢！

方明霞　王国砚

2023 年 7 月于上海

目　　录

第1章 绪 论

本章首先对振动类型、振动控制的目的及分类、振动的被动控制方法等作简单介绍，然后结合控制理论的发展历程及目前普遍采用的控制方法，对振动主动控制的构成、分类、研究内容、工程应用及发展趋势等进行介绍。

学习要点：

(1) 正确理解振动的定义及分类；

(2) 理解振动控制的目的及振动被动控制、振动主动控制的优缺点；

(3) 理解振动主动控制的研究内容、工程应用及发展趋势等。

1.1 振动简介

振动是指物体在其平衡位置附近做的往复运动，是自然界和工程中广泛存在的物理现象。大至宇宙，小至微观粒子，无不存在振动。振动是通信、广播、电视、雷达等工作的基础，振动传输、振动筛选、振动研磨及振动沉桩等装备和工艺极大地改善了劳动条件和劳动生产率。人们生活中也离不开振动，如心脏搏动、耳膜振动等都是人体不可缺少的功能；人的视觉靠光的刺激，而光本质上也是一种电磁振动；声音的产生、传播和接收都离不开振动。可以预期，随着生产实践和科学研究的不断发展，振动的利用将会与日俱增。但与振动利用相比，振动的消极作用也很普遍，有时还会带来灾难性的后果。例如，振动会影响精密仪器设备的功能、降低加工精度和光洁度、加剧构件的疲劳和磨损；车船和机舱的振动会劣化乘载条件和降低舒适性；强烈的地震、风振会引起房屋、桥梁等结构物的垮塌；而飞机机翼颤振、抖振会导致飞机失稳甚至坠毁等严重后果。

为了充分利用振动的有利一面，并尽可能减少振动的不利影响，人们在工程领域中对振动进行了大量研究。研究振动的最终目的是实现对振动的有效控制。但振动的形式不同，振动控制的方式也有很大区别，故下面对振动的不同类型作简要介绍。

振动的类型根据分类方式的不同有所不同。

(1) 按产生振动的原因分类。

按产生振动的原因分，振动可分为自由振动、受迫振动和自激振动。自由振动是指没有外部激励，只靠其弹性恢复力来维持的振动，当有阻尼时振动便逐渐衰减。自由振动的频率只取决于系统本身的物理性质，故称为系统的固有频率；受迫振动是指系统受外界持续激励所产生的振动，包含瞬态振动和稳态振动。当外部激励的频率接近系统固有频率时，系统振幅将急剧增加，系统出现共振现象；自激振动是指系统只受其本身产生的激励所维持的振动。自激振动系统本身除具有振动元件外，还具有非振荡性的能源、调节环节或反馈环节，因此无外界激励时，它也能产生一种稳定的周期振动，且与初始条件无关，其频率等于或接近系统的固有频率。例如，飞机飞行过程中机翼的颤振、机床工作台在滑动导轨上低速移动时的爬行、钟表摆的摆动和琴弦的振动等都属于自激振动。

(2) 按能否用确定的时间函数关系式分类。

按能否用确定的时间函数关系式描述，振动可分为确定性振动和随机振动。确定性振动是指激励和响应能用确定的数学关系式来描述，对于某一指定时刻，可以确定相应的函数值。确定性振动又分为周期振动和非周期振动：周期振动包括只含有一个振动频率的简谐周期振动和含有多个振动频率（其中任意两个振动频率之比是有理数）的复杂周期振动。非周期振动包括准周期振动（没有周期性，在所包含的多个振动频率中至少有两个频率之比为无理数）和瞬态振动（一些可用各种脉冲函数或衰减函数描述的振动）；随机振动是指激励或参数具有随机特点、每次观测的结果都不相同，从而导致无法用精确的数学关系式来描述的振动。随机振动不能预测未来任何瞬间的精确值，只能用概率统计的方法来描述其振动规律，如车辆由随机路面激励引起的振动、结构物由风振地震引起的振动等。

(3) 按弹簧力、阻尼力与位移和速度的函数关系分类。

按弹簧力、阻尼力与位移和速度的函数关系，振动可分为线性振动和非线性振动。线性振动是指系统的弹簧力、阻尼力可以用位移和速度的线性函数关系来描述；而非线性振动的弹簧力、阻尼力则是位移和速度的非线性函数。根据非线性参数的量级，非线性振动又可分为弱非线性振动、强非线性振动等。

针对不同的振动形式，其分析方式及控制方式有很大区别，相关内容将在后面的章节中逐步展开。

1.2 振动控制的目的及分类

1.2.1 振动控制的目的

由于工业和运输业中广泛采用的机械系统，如汽轮机、水轮机和电机等动力机械，汽车、火车、船舶和飞机等交通运输工具，以及工作母机、矿山和工程机械等，无不朝高速、重载方向发展，因此 1.1 节介绍的各种振动在工程中普遍存在。若不对日益强烈的振动加以控制，不仅会影响使用效果，严重时还会发生机毁人亡的重大事故；而在精密机床和精密加工技术的发展中，如果离开严格隔振的平静环境，将无法达到预期的精度目标；飞机、导弹、坦克、战车通常在最为恶劣的环境下工作，因此军工部门对减振环节的要求也日渐增多，尤其是目前精准打击方向的研究，更需要减振理论的支持。因此，无论是民用还是军事工业,对振动进行有效控制的要求日益强烈。

振动控制不仅与振动有关,还与数学、物理、控制理论、计算机技术及试验技术等紧密相关,属于多学科交叉科学。经过不同领域科学工作者的不懈努力,目前已初步形成“振动控制”这一专门学科领域。振动控制的目的,就是通过一定的手段使受控对象的振动水平满足人们预先设定的性能指标要求。虽然振动控制包括两方面的内容:振动利用和振动抑制,但绝大多数振动对系统本身及环境都是有害的,因此本书主要针对振动抑制问题进行介绍。

1.2.2 振动控制的分类

与振动类似,振动控制的类型也根据其分类方式的不同而有所不同。

1. 按振动性质分类

按振动性质分,振动控制分为动响应控制和动稳定性控制。一般情况下,外界随时间变化的扰动都会引起振动系统的动力响应,而当受控对象的某个固有频率与外激励频率接近或重合时会出现共振,其大幅度的振动常导致产品或结构在短时间内失效或破坏。针对振动响应进行的控制称为**动响应控制**;而动不稳定是由于受控对象内部出现正反馈而引起随时间增长而增大的振动,即使在无交变外扰(但存在外界常能源)的情况下也会出现,也是一类容易短时间导致产品或结构严重破坏的振动。对系统稳定性进行控制称为**动稳定性控制**。

2. 按是否需要外在能源分类

按是否需要外在能源分类,振动控制可分为振动被动控制和振动主动控制。

1) 振动被动控制

振动被动控制不需要外界能源,控制装置相对比较简单。通过对振源、传递途径和系统的动力学特性等进行研究,目前已提出了一系列减振效果与可靠性都较好的被动控制方法。现以简谐激励下单自由度系统的强迫振动为例,来说明被动控制方法的理论依据。简谐激励下单自由度强迫振动系统响应的幅值为:$B=\dfrac{F}{k\sqrt{(1-\lambda^2)^2+(2\zeta\lambda)^2}}$,式中 $\lambda=\dfrac{\omega}{\omega_n}$ 为频率比;$\zeta=\dfrac{n}{\omega_n}$ 为阻尼比;F 为激励力的幅值。其中,ω 为系统激励频率;$\omega_n=\sqrt{\dfrac{k}{m}}$ 为系统固有频率,k 为系统刚度、m 为系统质量;n 为阻尼系数、c 为阻力系数,$2n=\dfrac{c}{m}$。此公式说明,强迫振动的振幅取决于激励力幅值的大小、频率比、阻尼比,以及系统的刚度、阻尼及质量等。据此提出了振动被动控制的一系列方法,主要包括消振、隔振、吸振、阻振及结构修改等,其结构框图如图1.1所示。

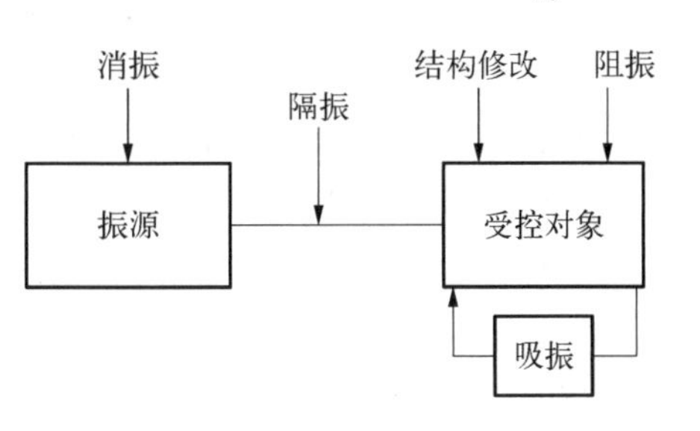

图1.1 被动控制系列方法

下面对被动控制方式分别进行介绍。

(1) 消振:即消除或减弱振源,尽可能减少干

扰力幅值 F。这是治本的方法，振源消除或减弱，响应自然将减少。例如，采用动平衡方法消除或减弱不平衡转子的离心力及力矩，通过加冷却剂的方法减小切削时车刀与工件之间的摩擦力，以破坏其出现颤振（一种动不稳定现象）的条件，也可以利用专门的装置降低振动的幅值，如柴油机使用的多摆式抗振器可以用来控制多阶干扰力矩。

（2）隔振：在振源与受控对象之间串接一个子系统（称为隔振器），利用振动元件间阻抗的不匹配，以消除或减弱振动传输，即把物体和隔振器系统的固有频率设计得远离激励频率。改变结构固有频率可通过改变系统刚度 k 或质量 m 来实现。此外，还应该考虑阻尼的作用，对启动过程中变速的机械，设计隔振器时应增加阻尼措施，以避免经过共振频率时振动过大。按照传递方式的不同，隔振可分为积极隔振、消极隔振。积极隔振：用隔振器将振动的机器（振源）与地基隔开，防止或减小传递到地基上的动压力，从而抑制振源对周围设备的影响，即隔离振源。例如，动力机械通过隔振器与基础相连，从而减小机械运转时产生的交变干扰力和力矩向基础传递；消极隔振：将需要保护的机器用隔振器与振动的地基（振源）隔开，防止或减小地基振动对机器的影响，即隔离响应。例如，飞机座舱内仪表板通过隔振器与机体相连，从而减小机体振动向仪表板的传递。

（3）吸振：又称动力吸振。在受控对象上附加一个子系统称为动力吸振器，用它产生吸振力以减小受控对象对振源激励的响应。例如，为减小直升机在飞行中的机体振动而采用连于驾驶舱内的弹簧-质量块吸振器及连于桨叶根部的摆式吸振器等。对于大跨度桥梁和高耸建筑结构，也常安装动力吸振器。

（4）阻尼减振，简称阻振。在受控对象上附加阻尼器或阻尼元件，通过黏滞效应或摩擦作用把振动能量转换成热能而耗散。阻尼减振技术能降低结构或系统在共振频率附近的动响应和宽带随机激励下响应的均方根值，以及消除由于自激振动而出现的动不稳定现象。例如，通过在汽车壁板粘贴阻尼材料，能有效地降低车辆在不平路面上行驶引起的随机激励响应；增加直升机桨叶减摆器的阻尼，以防止出现动不稳定现象等。阻尼减振有两种方式：非材料阻尼（如各种成型阻尼器）和材料阻尼（各种黏弹性材料，如橡胶及复合材料等）。

（5）结构修改：通过修改受控对象的动力学特性参数使振动满足预定的要求。这是一种不需要附加任何子系统的振动控制方案，目前是非常引人注目的。动力学特性参数是指影响受控对象质量、刚度与阻尼特性等的参数，如惯性元件的质量、转动惯量及其分布等。对于实际存在的受控对象，这是结构修改问题；而对于处于初始设计阶段的受控对象，则是动态设计、优化设计问题。

早期的振动控制主要是被动控制，它是伴随着振动的发展而发展的，而消振、隔振、吸振等减振措施也一直被人们有意或无意地使用着。时至今日，小到橡胶、泡沫塑料隔振，大到汽车的悬架系统、船舶的浮筏系统，无不在使用振动的被动控制方法。可以预期，在今后很长一段时间内，振动被动控制仍将在很多场合发挥重要作用。

2）振动主动控制

被动控制虽然有很多优点，如不需要外界能源、装置结构简单、易于实现、经济性与可靠性好等。但随着人们对振动环境、产品结构等性能要求的提高，很多情况下，被动控制已难以满足人们的要求。例如，无阻尼动力吸振器只对变化很小的简谐外扰激起的振动有抑制作用,对频率变化较大的简谐外扰情况不适用;又如,对低频(如小于2 Hz)外扰的隔振,在实现时会遇到静变形过大与失稳的问题,造成低频隔振难题。伴随着计算机技术、信息技术及控制技术的发展,控制效果好、适应性强的振动主动控制应运而生。

振动主动控制是指需要外加能源的控制,是集振动力学、控制理论、计算机技术、测试和信号分析技术及材料科学等于一身的综合技术,有着重要的应用价值与发展前景,目前已成为振动工程研究领域中的热点,它是可控的,但需要外部能量。振动主动控制过程一般包括如下环节:确定振源特性与振动特征、确定衡量振动水平的参量及标准、建立受控对象与控制装置的力学模型、确定振动控制方法及对控制装置参数与结构进行设计等。下面将对振动主动控制的相关问题作进一步介绍。

1.3 振动主动控制研究

振动主动控制是伴随着控制理论的发展而发展的。现对振动主动控制的构成、分类、研究内容、工程应用及发展趋势等进行介绍。

1.3.1 振动主动控制的构成

振动主动控制主要包括:受控对象、测量系统、控制器、作动器及外加能源等。控制过程中根据传感器检测到的结构或系统振动,控制器应用一定的控制策略实时计算所需控制力,驱动作动器对结构或系统施加一定的力或力矩,以抑制结构或系统的振动。作动器需要外部供给能源,其作用可以与系统运动相关,也可以独立于系统的运动。振动主动控制可使系统振动减小,也可使系统振动增加,甚至使系统失稳,主要与控制器的参数选择有关。因此,采用合适的控制策略对控制器参数进行设计是振动主动控制的核心。

现对主动控制系统中各组成环节作如下说明。

(1) 受控对象:是控制对象——产品、结构或系统的总称,可以是单自由度、多自由度或无限自由度系统。

(2) 测量系统:包括传感器、放大器乃至滤波器等,将受控对象的振动信息转换并传输到控制器的输入端。常用的传感器有压电式加速度计、电位计式位移传感器及光电式位移传感器等。

(3) 控制器:是主动控制系统中的核心环节,由它实现所需的控制律。控制律是控制器输入与输出之间的传递关系。对于闭环控制,控制器的输入来自从测量系统感受到的受控对象的振动信息,控制器的输出是用于驱动作动器所需的指令。控制律可以由模拟电路或模拟计算机、数字计算机实现,前者属模拟控制,后者属数字控制。

(4) 作动器:也称作动机构,它是一种能提供作用力或力矩的装置。作用力或力矩可以直接施加于受控对象上,如主动隔振系统中连于运动基础与受控对象之间的作动器,它直接施力于受控对象上。又如机器人臂主动控制中关节内的电动力矩马达,它直接施力于机器人臂上;作用力或力矩也可以通过附加子系统提供对受控对象的作用力或力矩,例如,在飞机机翼颤振主动抑制系统中,装在机翼上的伺服液压作动器驱动气动操纵面(又称控制面)产生附加气动力,作用于受控对象——机翼上。常用的作动器有伺服液压式、伺服气动式、电磁式、电动式和压电式等。

(5) 外加能源：用来供给作动器工作所需的外界能量，与作动器形式相对应的有液压油源、气源、电源等。

(6) 附加子系统：是附加的控制子结构或子系统的总称，如前述的飞机机翼的附加子系统——控制面。

当然，不是任何振动主动控制都需要附加子系统，而前面五个环节却是必不可少的。

1.3.2 振动主动控制分类

1. 根据控制信号的输入形式不同分类

根据控制信号的输入形式不同，振动主动控制可分为前馈控制和反馈控制。前馈控制是直接利用输入或扰动信号进行控制，它是在干扰发生后，被控量还未呈现出变化之前，控制器就产生控制作用。当干扰到达时，控制器必须有足够的时间接收到参考信号，且在此时间内能产生必需的控制信号，并输出到作动器，其结构如图 1.2 所示。前馈控制只要能及时而准确地获取参考信号，就可以实现对扰动的完全补偿，使被控量成为对扰动绝对不灵敏的系统。对于静态或缓慢变化的周期性干扰，参考信号的获取相对容易；但对于随机或非周期性干扰，如果难以获得满意的参考信号，就有必要引入干扰预估测定，以产生合适的抵消干扰。前馈控制属于开环控制，对补偿结果无法检测，此外前馈控制要求对每个干扰均设计一套前馈控制装置，这些局限性限制了前馈控制的广泛应用。

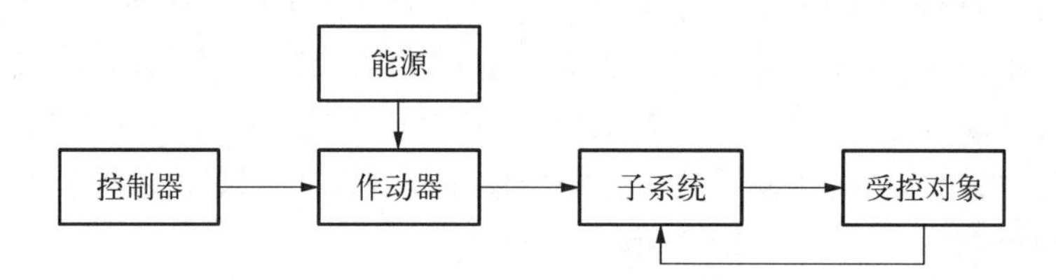

图 1.2 前馈主动控制系统

反馈控制是利用传感器对受控对象的输出状态进行检测，检测信号经适调、放大后传至控制器，控制器按照所需的控制律产生必需的控制信号，通过作动器对受控对象进行控制，使其振动满足预定的要求，其结构如图 1.3 所示。在反馈控制系统中，既存在由输入端到输出端的信号前向通路，也包含从输出端到输入端的信号反馈通路，两者组成一个闭合的回路。因此，反馈控制系统又称为闭环控制系统。反馈控制是自动控制的主要形式，

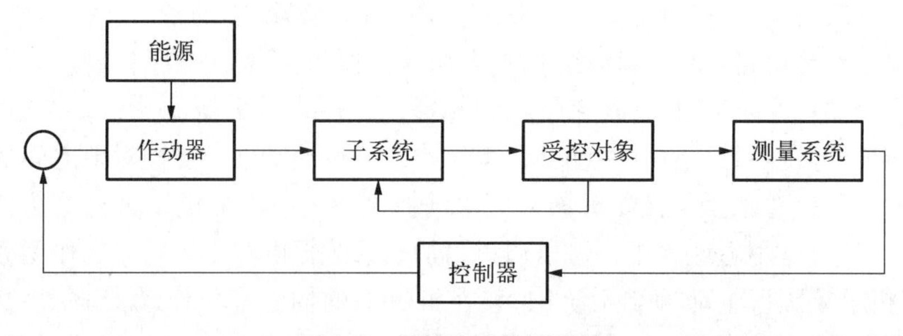

图 1.3 反馈主动控制系统

它不需要提前获取参考信号就能降低受控对象的振动,因而在振动控制领域的应用非常广泛。

2. 根据作动器形式不同分类

根据作动器形式,振动主动控制可分为全主动式振动控制、半主动式振动控制。在主动控制系统中,由于作动器有全主动式作动器、半主动式作动器之分,相应的系统分别称为全主动式振动控制系统、半主动式振动控制系统。

全主动式作动器为系统提供机械能,如电池式作动器、压电陶瓷作动器、压电薄膜作动器、磁致伸缩作动器和电液式作动器等。此类作动器作用于机械系统后,可产生次级振动响应,当其与系统的初级振动影响相抵消时,可以减少由初级激励引起的振动响应。

半主动式作动器本质上是被动元件,只能用于储存或耗散能量。半主动式作动器之所以能应用于主动控制,是因为其被动机械性能参数可由控制信号进行调节,例如,可采用电流变液或形状记忆合金来构建半主动式作动器。因此,半主动式控制也称为变结构控制,即变刚度和变阻尼控制,它兼具被动控制和主动控制装置的优点,是可控的,但仅需要很少的外部能量。

由于半主动控制装置的控制策略与主动控制策略类似,只是作动器的控制力并不直接作用于结构,而是用于修改被动控制装置的特性参数以达到振动控制的目的,可以将半主动控制看成主动控制的特殊情况,在本书中不再加以区分,统称振动主动控制。

1.3.3 振动主动控制的研究内容

振动主动控制起源于20世纪初,早期主动控制主要基于经典控制理论,在频域下对单输入单输出线性系统进行控制。随着机械系统的复杂化,多输入、多输出的线性和非线性系统日益增加,此时仍在频域下对振动主动控制进行研究面临困难。目前,主要基于现代控制理论、智能控制理论等对振动系统进行分析。现对不同的控制方法进行介绍。

1. 基于经典控制理论的振动主动控制

一般来说,工程中常将20世纪50年代之前发展的控制理论称为经典控制理论(或古典控制理论)。该理论的特点是以传递函数为主要数学工具,在频域下对单变量进行控制和调节。由于机械系统工作状态的主要特征是处于运动状态,机械系统振动控制的核心问题之一是对其运动状态的稳定性进行控制,即动稳定性控制。

关于运动稳定性理论,早在1788年就由拉格朗日(Lagrange)奠定了其研究基础。到19世纪中后期,随着工业化的发展,运动稳定性理论逐渐完善起来。1868年,麦克斯韦(Maxwell)在解释蒸汽机调速系统中出现的不稳定现象时提出了一个适用于低阶微分方程的简单稳定性代数判据;1877年和1895年,劳斯(Routh)和赫尔维茨(Hurwitz)分别将这种思想扩展到用高阶微分方程描述的更为复杂的系统,提出了两个著名的稳定性判据,即劳斯判据和赫尔维茨判据;1892年,李雅普诺夫(Lyapunov)在其博士论文中给出了运动稳定性的严格数学定义,并创立了两种基本研究方法,即李雅普诺夫第一法和第二法。

由上述学者所建立的运动稳定性理论构成了19世纪末~20世纪初的控制理论基础。直到20世纪40年代,以劳斯-赫尔维茨判据为基础的控制理论基本满足了控制工程师的需要。然而,由于世界大战的爆发,武器的进化迫切需要自动控制系统的全程控制,这就需要控制系统对迅速变化的信号保持准确的跟踪和有效补偿。同一时期,在通信工程领域,为解决长距离通信中存在的信号失真问题,研究人员设计了负反馈放大器系统,但同样存在稳定性问题。为了使稳定性控制工程化,奈奎斯特(Nyquist)给出了判断系统稳定性和稳定裕度的简单度量方法,提出了著名的奈奎斯特判据,即利用频响函数曲线在频域内分析系统的稳定性特性。1948年,伊万斯(Evans)提出了从系统传递函数出发研究稳定性问题的一个简单而有效的方法——根轨迹法,它可以看作对奈奎斯特频域法的补充,并且在某些情况下更为简单直接。

建立在奈奎斯特判据和根轨迹法基础上的控制理论,目前称为经典控制理论。但经典控制理论难以满足振动系统日益大型化、复杂化的要求,因此本书将不再对此作进一步讨论。

2. 基于现代控制理论的振动主动控制研究

现代控制理论是建立在精确数学模型基础上、在状态空间中进行分析的一种方法。于20世纪50年代形成,在60~80年代得到迅速发展。苏联学者庞特里亚金(Pontryagin)于1956年发表了《最优过程的数学理论》,提出了极大值原理;同年,美国的贝尔曼(Bellman)发表了《动态规划理论在控制过程中的应用》;1960年,美籍匈牙利学者卡尔曼(Kalman)发表了《控制系统的一般理论》等论文,引入了状态空间分析系统,提出可控性、可观性、最佳调节器和卡尔曼滤波等概念;19世纪末,李雅普诺夫提出的判别系统稳定性的方法在现代控制理论中得到了广泛应用。这些科学家的研究为现代控制理论奠定了基础。

现代控制理论的控制对象可以是单输入单输出系统,也可以是多输入多输出系统;可以是线性系统,也可以是非线性系统;可以是连续系统,也可以是离散系统。而系统控制的任务通常以性能指标的形式表示,性能指标分为优化型指标、非优化型指标,性能指标的不同决定了系统综合问题的不同。优化型指标是一类极值型指标,其目的是要选择控制规律,使得性能指标取极值,如各类最优控制问题;非优化指标通常是一类不等式形式的指标,即只要系统性能达到或好于性能指标就视为实现了控制目标,其注重的是控制系统的某种性能,而与动态优化无关,如极点配置、系统镇定等。

现对与振动主动控制密切相关的极点配置(pole assignment)、最优控制(optimal control)、模态控制(modal space control, MSC)等问题进行简单介绍。

1)极点配置

极点配置是以一组希望的闭环极点为目标,通过比例反馈将闭环极点配置到相应的位置上,从而改变振动系统的特征值,极点配置反映了对系统稳定性和动态响应快速性的要求。

2)最优控制

最优控制是20世纪50年代发展形成的系统理论,是现代控制理论的基础,其性能指标属于优化型指标,在众多领域中得到了广泛应用。最优控制所要解决的中心问题是:

对于一个给定的控制系统，按照控制对象的动态特性，选择一个容许控制，使被控对象按照技术要求运行，并使给定的性能指标达到最优值，其中性能指标在很大程度上决定了最优控制的性能及最优控制形式。性能指标一般为泛函，最优控制就是求解一类带有约束的条件泛函极值问题。控制过程中采用变分法、最大/最小值原理、动态规划法及最优滤波等，对控制机构的参数进行优化，求解最优控制力，以使系统的振动达到理想的控制效果。目前，线性系统的最优控制应用最多，存在形式也很多，最具代表性的有线性二次型最优控制和线性二次型高斯最优控制。对于非线性系统的最优控制，虽然采用变分法、最小值原理和动态规划法等可以解决非线性问题，但这些理论通常需要非线性系统满足一定的特性，如具有确定的数学模型和清晰的系统结构等。同时，这些理论本身也存在一些缺陷，例如，变分法难以解决控制存在约束的问题；最小值原理只能得到最优控制的必要条件，不能解决一般化非线性系统的最优控制问题；动态规划法在求解最优控制过程中，容易出现“维数灾”现象。因此，有时采用瞬态最优控制方法对非线性系统进行分析。

3）模态控制

Meirovitch 于 1983 年首次提出模态控制，是指将结构的动力学方程进行模态截断后选择主要的模态施加控制，从而达到抑制系统振动的目的。模态控制法主要分为耦合模态控制法、独立模态空间控制法两种。耦合模态控制法的优点是利用模态间的相互耦合，可以采用较少的作动器控制较多的模态，但求解比较困难；在独立模态空间控制中，由于通过控制已将系统解耦，具有直观清晰、控制简单等优点，已成为模态控制的主流。但为避免控制系统的“观察溢出”和“控制溢出”，独立模态控制系统中的传感器/作动器的数量应大于或等于需要控制的模态阶数。

3. 基于智能控制理论的振动主动控制

现代控制理论主要建立在已知系统的基础上，但工程中，很多控制系统是部分未知或完全未知的（包括系统状态未知、系统参数未知），同时被控对象还受外界干扰和环境变化等因素的影响。为解决模型不确定的系统控制问题，智能控制应运而生。智能控制是一种能更好地模仿人类智能的、非传统的控制方法，它采用的理论方法主要来自自动控制理论、人工智能和运筹学等学科分支。智能控制于 20 世纪 60 年代末首次提出，Santos 于 1968 年提出用模糊神经元概念研究复杂大系统的行为，Merchant 于 1969 年提出计算机集成制造的概念；20 世纪 70 年代，科学家们把模式识别、模糊性理论等用于控制，美国的 Feigenbaum 于 1977 年首倡知识工程；20 世纪 80 年代，智能控制在理论和应用上的发展极为迅速，加拿大的 Zames 于 1981 年提出 H_∞ 鲁棒控制设计方法，Astrom 等发展了从自适应控制到专家控制的设计原理。近年来，更加接近人类信息处理模式的并行处理和人工神经元网络技术在识别、学习、记忆、推理等方面得到广泛应用。

目前，主要的智能控制方法包括：鲁棒控制（robust control）、自适应控制（adaptive control）、神经网络控制（neural network control，NNC）、模糊控制（fuzzy control）等，其控制对象可以是已知系统也可以是未知系统，绝大多数控制策略不仅能消除外界干扰、环境变化、参数变化的影响，且能有效地抑制模型化误差的影响。现对几种典型控制进行介绍。

1）鲁棒控制

当系统受到外界干扰或其模型不确定时，基于传统控制的方法对此无能为力，此时在振动控制设计中必须考虑鲁棒性问题。H_∞ 控制是一种重要的鲁棒控制方法，它具有设计思想明确、控制效果好等优点，尤其适用于模型摄动的多输入多输出系统。目前，基于频域的 H_∞ 控制理论已基本成熟，它以闭环传递函数的 H_∞ 范数极小为性能指标，目的是求出使系统内部稳定的控制器，以达到控制的目的；而基于时域的状态空间 H_∞ 控制算法主要包括基于黎卡提（Riccati）方程的 DGKF 方法及线性矩阵不等式（linear matrix inequality, LMI）方法，由于它们具有揭示系统内部结构、易于结合计算机辅助设计等特点，已成为近年来 H_∞ 控制研究的热点。

2）自适应控制

自适应控制是当系统模型不确定时，能自动地不断使系统保持所希望的状态，即在控制过程中，通过不断地测取系统的输入、输出或其他性能参数，做出控制决策去修正控制器的结构、参数或控制作用，以使控制效果达到最优或次优。现在比较成熟的自适应控制有以下两类：参考模型自适应控制和具有被控对象数学模型在线辨识的自校正控制。由于复杂振动系统中常含有未知参数或模型不确定问题，自适应控制在振动控制中得到了广泛应用，但若增益设置不当，容易造成系统饱和。

3）模糊控制

自 1965 年美国自动控制理论专家 Zadeh 提出了用模糊集合描述事物以来，模糊数学及应用发展十分迅速。1974 年，英国的 Mamdani 首先把模糊集理论应用于锅炉和蒸汽机的控制，获得了良好效果，从此模糊控制在控制领域的研究得到有效推广。Kwak 采用模糊控制实现了压电智能结构在同位配置下的振动主动控制。目前，模糊控制中研究较多的问题是对于隶属度函数的改进，如使用优化技术以获得最优隶属度函数、使用遗传算法调整隶属度函数的形状与参数，以及基于自适应网格的模糊推理系统模型使用神经网络得到隶属度函数等。由于模糊控制对数学模型的精确性要求不是很高，与传统控制方法相比，其在对非线性和复杂对象进行控制时具备更好的控制效果和鲁棒性。

4）神经网络控制

“神经网络控制”最早出自 Tolle 的专著“*NeuroControl*”。神经网络由许多处理单元（神经元）相互连接组成，神经元能够模拟人脑功能，综合由连接权获得的信息并依据某种激励函数进行处理，根据一定的学习规则实现网络的学习和关系映射。神经网络具有并行处理信息的能力及高度的自学习能力，可以用来描述任意非线性振动系统的控制特性。

1.3.4 振动主动控制的工程应用

自 20 世纪 50 年代以来，随着控制理论的发展，振动主动控制也得到了快速发展。早期振动主动控制主要应用于航空航天领域，例如，20 世纪 50 年代，在大型柔性高速飞机研制过程中，利用模态主动控制方法有效地降低了结构动载荷；1959 年，研究人员对 B－52 型飞机机身侧向弯曲模态进行主动控制，用置于后机身作反馈用的加速度传感器的输出来操纵方向舵调整片，达到控制机身 1.25 Hz 反对称模态振动的目的；美国空军飞行动力学实验室于 20 世纪 60 年代进行了“载荷减小与模态镇定”和“突风减缓与结构动力增稳”等关于结构模态控制的研究，均取得了非常好的减振效果；1968 年，美国波音公司采用翼尖副翼与相应的颤振抑制系统,有效地抑制了三角翼飞机的颤振, 系统的颤振临界速度提高了 20%以上;1973 年,研究人员对采用颤振抑制系统的 B-52 型飞机进行了分析,其颤振临界速度比无控制时提高了 18.5 km/h。在航天工程领域,大型柔性结构(如空间站、大型天线、太阳能电池板、光学系统等)大量出现,而它们一般具有低频、小阻尼等特点,采用传统的被动控制难以满足要求,常采用主动控制技术抑制其振动。

目前,振动主动控制已在众多工程领域中得到普遍应用,如柔性机器人臂的振动控制、转子机械的动不平衡控制及超精细加工装置的主动控制等。采用主动控制技术消除机器人臂在终端位置处的振动时,由于机器人自带作动器(如力矩马达)、传感器与控制计算机等,为振动主动控制的实现准备了条件,但机器人臂从刚性向柔性发展带来更为突出的、需解决的振动问题;抑制挠性转轴通过临界转速的振动主动控制研究,是当今转子动力学的研究热点,磁轴承及可控油膜轴承为这类控制创造了有利条件;超精细加工要求其装置有很好的抗外扰能力,Fujita 等(1996)利用压电或磁致伸缩材料构成的作动器很好地实现了系统六自由度主动隔振问题。

在交通运输行业,为了改善乘坐舒适性,减少系统振动,人们在车辆主动隔振、半主动隔振方面做了大量的理论和试验工作,并已研制出专门用于车辆隔振的主动、半主动悬架装置。主动悬架是在传统的被动悬架基础上加入了作动器、传感器和控制单元等,根据路面输入与车辆状态的变化实时调节作动器输出,从而抵消路面冲击,以获得较好的减振效果。同时,主动悬架还可以对车身高度及其姿态进行控制;半主动悬架由可变特性的弹簧和阻尼器组成,根据簧载质量相对车轮的速度和加速度响应等反馈信号,按照一定的控制规律调节弹簧刚度或阻尼力,使半主动悬架系统对变化的路面状况产生一定的适应能力。同前所述,由于主动、半主动悬架的控制策略类似,只是作动器的控制力形式不同,半主动悬架可以看作主动悬架的特殊情况,后面介绍时将不加区分。目前,主动悬架是改善车辆行驶性能最合适的悬架形式,已成为学术界和汽车行业共同关注的热点,其涉及的控制方法几乎包含控制理论的所有方法,如最优控制、模态控制、H_∞ 控制、自适应控制及模糊控制等。例如,Thompson (1976)采用状态空间方法建立 1/4 主动悬架模型,利用最优控制理论确定了悬架的最优控制律;Kim (2011)在三自由度车辆模型的基础上,采用 H_∞ 控制方法抑制了车辆的侧倾;在模糊控制方面,Lin 等(2011)提出的自调节模糊控制器可以连续升级学习算法,最大限度地改善驾驶舒适度;Kumar 等(2018)针对液压驱动主动悬架系统,提出了一种基于神经网络和模糊逻辑相结合的混合智能控制技术。

前面介绍的方法基本未考虑控制过程中时滞的影响。由于反馈控制过程中信号的采集和传输、控制器的计算及作动器的作动等,时滞不可避免。时滞的存在将使系统特征方程变成超越方程,因此理论上对时滞动力系统的研究难度会增加。但若完全不考虑时滞,有时会对控制结果产生较大影响,甚至会使系统失稳破坏。因此,近年来众多学者对考虑时滞的控制系统进行了研究。例如,Wang 等(2008)通过对时滞动力系统的特征方程进行分析,发现时滞动力系统存在稳定性切换现象;蔡国平(2004)采用独立模态空间控制方法对存在时滞的柔性梁的振动主动控制进行研究,发现若按无时滞进行控制,系统响应会出现发散现象;Liu 等(2012)将随机平均法用于拟可积哈密顿(Hamilton)系统时滞反馈控制的研究,对时滞最优控制、随机稳定性和随机 Hopf 分岔等问题进行了研究;Udwadia

等(1995)指出,在控制系统中人为引入小时滞可以改善系统的稳定性和动力学性能;Zhao等(2012)也指出,在控制中采用合理的时滞可以提高系统的稳定性和阻尼效果,且时滞可以改变饱和控制的有效频率范围。随着时滞理论的发展,考虑时滞的振动主动控制将越来越受到人们的重视。

1.3.5 振动主动控制的发展趋势

展望未来,由于被动控制和经典控制理论难以满足大型复杂机械系统的要求,今后在振动控制中,基于现代控制理论和智能控制理论的振动主动控制将越来越普遍。振动主动控制的发展趋势主要有以下两个方面。

(1) 研究对象的复杂性日益提高。从简单的机电系统发展到高维或无限维、非线性、多尺度、多耦合的随机时滞系统将是未来的发展方向,而与此相关的复杂系统的建模、分析、优化及控制等问题的研究将逐步被提出。

(2) 控制对象和环境的不确定性日趋严重。智能控制的研究均以克服客观实际中某种不可避免的不确定性为特征,当前普遍关注的自适应控制、鲁棒控制、容错控制等的控制原理已成为控制理论能否在实际中有效应用的关键。为在更加不确定的环境中运行,需要有更多的拟人功能,因此智能控制的大量使用将是必然趋势。

目前,振动主动控制已吸引了越来越多力学、控制、计算机及材料等学科的研究人员,极大地促进了振动主动控制这门交叉学科的发展。随着控制理论、振动理论、计算机技术及材料科学的发展,可以预见振动主动控制将在今后的工程中发挥更大作用。

1.4 本书的主要内容

本书从基础理论和工程实际两方面着手进行编写,全书共分 11 章,现对各章的内容作简单介绍。

第 1 章绪论。该部分首先对振动类型、振动控制的目的及分类、振动的被动控制方法等作简单介绍,然后结合控制理论的发展历程及目前普遍采用的控制方法,对振动主动控制的构成、分类、研究内容、工程应用及发展趋势等作介绍。

第 2 章振动系统运动微分方程建立。主要介绍建立机械系统振动微分方程的三种基本方法及对有限自由度系统、无限自由度系统的建模方法,并介绍了采用模态综合法建立大型复杂刚弹耦合系统动力学模型的方法。一般的质点系统、刚体系统、弹性体系统等都属于大型复杂系统的特殊情况。而各弹性子系统模态可以通过解析法、有限单元法或试验方法获取,甚至对于具有空腔流体的流固耦合系统,通过左模态的方法将其解耦后也可以采用该方法建立系统的运动微分方程,因此该方法具有很强的通用性。本章最后还对状态方程、哈密顿正则方程及相空间等概念作了介绍。

第 3 章基于状态方程的振动分析基础。主要对线性振动系统在确定性激励和随机激励下的响应特性进行分析。但有别于传统振动理论在二阶微分方程基础上的分析方法,为了与现代控制理论主要基于状态空间分析的方法相匹配,本章在状态空间下对线性系统的响应特性进行分析。为了与后面章节中确定性振动控制、随机振动控制等相衔接,本章还对拉普拉斯变换、传递函数、模态分析、成型滤波器、白噪声及有色噪声等概念进行了介绍。

第4章振动系统的稳定性分析。介绍稳定性的基本概念、李雅普诺夫间接法和李雅普诺夫直接法，对线性连续系统和离散系统的李雅普诺夫稳定性分析方法进行介绍，并对非线性系统的稳定性分析方法：克拉索夫斯基法、变量梯度法及线性类比法等进行了介绍。

第5章非线性系统的振动分析。介绍非线性振动系统的定义、分类及确定性非线性振动系统、随机非线性振动系统的响应分析方法。其中，针对确定性非线性振动系统，主要介绍正规摄动法、林滋泰德-庞加莱法、谐波平衡法及增量谐波平衡法等；针对随机非线性振动系统，主要介绍FPK方法、随机平均法、蒙特卡洛(Monte-Carlo)法、等效线性化方法、矩函数微分方程法及多种截断方案等，并通过实例说明：联合利用累积量截断法、非高斯截断法等，可以对非高斯强非线性系统的统计特性进行分析。

第6章控制理论基础。主要对控制系统的可控性、可观性的定义及判据、系统的结构分解、系统的实现及与传递函数之间的关系等问题进行介绍，并对状态反馈、输出反馈、前馈控制以及前馈反馈控制的对比等进行介绍。

第7章极点配置与状态观测器。介绍通过反馈控制实现单输入、多输入系统的极点配置方法及系统镇定问题，并对全维状态观测器、降维状态观测器及带状态观测器的状态反馈系统等作了介绍。

第8章经典最优控制方法。主要介绍最优控制问题的提法及最优控制的三种经典方法：变分法、极小值原理及动态规划法等，并对泛函、变分等相关知识作了补充。

第9章控制策略及控制实现。首先介绍在经典控制理论基础上针对线性系统推出的二次型最优控制方法，该方法因计算简单、控制快捷，在工程中得到了非常广泛的应用；然后对瞬时最优控制、H_∞ 控制、模态控制、自适应控制等控制策略进行了介绍和对比；最后对控制系统的主要硬件设备：传感器、控制器及作动器等作了介绍。

第10章随机振动控制。首先对线性系统的随机最优控制进行介绍，分别介绍了随机状态反馈调节器、随机输出反馈调节器问题，并对分离定理、卡尔曼滤波等概念进行了介绍；然后在Hamilton系统中，联合利用随机平均法、动态规划法及FPK方程等对随机非线性系统的最优控制问题进行介绍。事实上，对于随机非线性系统的控制问题，也可以联合采用统计线性化方法和随机线性系统的最优控制方法进行分析，对此本书未作介绍。

第11章考虑时滞的振动主动控制。为了使问题得到简化，前面章节中均未考虑时滞的影响。事实上，由于信号的采集与传输、控制器计算及作动器作动等，反馈控制中时滞不可避免。研究表明，时滞较小时有时可以忽略其影响，但时滞较大时会对控制结果产生较大影响甚至导致系统失稳发散。为此，本章以不同自由度的汽车主动悬架系统和整车刚弹耦合系统为研究对象，考虑反馈控制过程中时滞的影响，采用两种控制方法：状态变换法及时滞 H_∞ 控制方法，对系统的控制特性进行分析，并采用试验方法对结果进行验证。

全书遵循由易到难、由一般到特殊、循序渐进的写作原则。写作过程中注重将科研成果融入教材,例如,将采用模态综合法建立具有局部非线性的刚弹耦合系统动力学模型、应用非高斯截断法对随机非线性系统进行近似解析分析等内容插入第 2 章和第 5 章,将考虑时滞的主动悬架、整车刚弹耦合系统的随机控制插入第 11 章,不仅增加了书籍内容的深度和广度,还可有效提高学生的工程认识和学习积极性。

第2章 振动系统运动微分方程建立

本章主要介绍与振动分析有关的分析力学的基本概念、建立振动系统运动微分方程的三种主要方法——基于达朗贝尔原理的方法、基于拉格朗日方程的方法和基于哈密顿原理的方法，并分别介绍运用这些方法建立一般多自由度系统和无限自由度系统运动微分方程的方法；然后介绍采用模态综合法建立大型复杂刚弹耦合系统动力学模型的方法，而一般的质点系统、刚体系统、弹性体系统等都属于大型复杂系统的特殊情况；最后介绍如何将用二阶微分方程表示的系统运动方程用一阶状态方程表示。

学习要点：

(1) 正确理解分析力学的基本概念、基本原理和基本方法，注意在振动分析过程中力学基本概念的正确运用；

(2) 掌握机械系统振动问题的建模方法和振动分析方法，熟悉采用模态综合法建立大型复杂刚弹耦合系统动力学模型的方法；

(3) 熟悉将用二阶微分方程表示的系统运动方程改用一阶状态方程表示的方法。

为了研究振动系统的控制特性，首先需对振动系统进行建模、对系统的定性及定量特性等进行分析。本章主要介绍振动系统的建模方法，有关系统的定性、定量特性分析将在后面的章节中展开。

一般的振动系统主要由三个最基本的要素组成：振源激励（又称输入）、系统、系统响应（又称输出），它们之间的关系可用图2.1所示的框图来表示。振动分析，一般是指已知其中的两个要素求第三个要素。其中，最基本的分析是已知激励和系统求响应，一般称为“正问题”；而已知激励和响应求系统，称为“第一类反问题”，也称为系统辨识；已知系统和响应求激励，则称为“第二类反问题”，也称为环境识别。本书以讨论“正问题”为主。

一般的振源激励 $f(t)$ 和系统响应 $x(t)$ 都是时间 t 的函数，那么系统是什么呢？从物理角度看，系统是机械系统或工程结构的总称；从数学角度看，系统就是一组微分方

图2.1 一般振动系统框图

程(称为系统运动微分方程),它将$f(t)$与$x(t)$及其导数联系在一起,用来描述系统的振动规律。因此,建立振动系统运动微分方程是振动分析的首要任务。

2.1 建立运动微分方程的相关概念和基本方法

本节将介绍一些与建立运动微分方程有关的基本概念,并对几种主要的建模方法进行介绍。

2.1.1 若干基本概念

在建立振动系统的运动微分方程时,首先需要确定系统的自由度和广义坐标,从而决定需要用多少参量来描述系统的运动,而确定系统自由度和广义坐标的前提是需要知道系统所受的约束。此外,当采用拉格朗日力学方法建立系统的运动微分方程时,还需要知道系统所受的力的属性、力做的功和系统的能量特征等。因此,本节首先介绍一些与此有关的分析力学的基本概念。

1. 约束

由于机械系统中的各个构件或部件一般都不是完全自由的,而是通过特定的装置连接在一起,这些装置就起到了对系统的约束作用。

从物理角度看,约束是指对质点系的几何位置和运动所作的限制。可见,振动系统所受到的约束既包括对其几何位置(即位移)的限制,也包括对其运动(即速度)的限制。从数学角度看,约束即方程,通常称为约束方程。约束方程既包括代数方程,也包括微分方程;既可以是线性方程,也可以是非线性方程。通常,根据约束方程的一些特征,可对约束作如下分类。

(1) 根据约束方程中是否显含时间变量,可分为稳定约束和非稳定约束。稳定约束,也称时不变约束或定常约束,指约束方程中不显含时间变量;非稳定约束,也称时变约束或非定常约束,指约束方程中显含时间变量,如:

$$f(x_i,\ y_i,\ z_i)=0 \tag{2.1.1a}$$

$$f(x_i,\ y_i,\ z_i,\ t)=0 \tag{2.1.1b}$$

式(2.1.1a)、式(2.1.1b)分别为稳定约束方程和非稳定约束方程。

稳定约束的一个典型例子是图2.2(a)所示的单摆,其特点是连接质点的无重刚杆的长度不变,约束方程可写成$x_m^2+y_m^2-l^2=0$;非稳定约束的一个典型例子是图2.2(b)所示的变长度摆,由于其长度随时间而变化,使得其约束方程中显含时间变量t,相应的约束方程可写成$x_m^2+y_m^2-l(t)^2=0$。

(2) 根据约束方程是代数方程、可积微分方程,还是不可积微分方程,可分为完整约束和非完整约束。完整约束:约束方程为代数方程,或以微分方程形式表达但能通过积分而变成代数方程的约束方程。根据这个定义,完整约束的约束方程一般可以表达为式(2.1.2a)的形式:

$$f_r(u_1, u_2, \cdots, u_{3n}, t) = 0 \tag{2.1.2a}$$

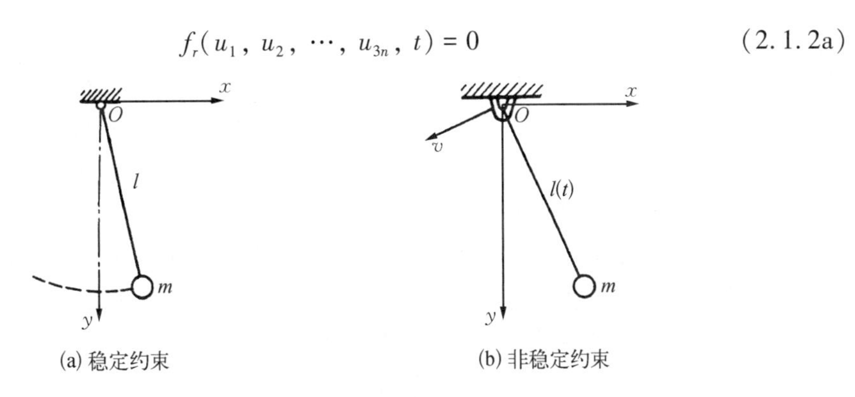

图 2.2　稳定和非稳定约束典型示例

非完整约束：约束方程是不可积分的微分约束方程，即约束方程只能以微分方程形式表达。例如，由式(2.1.2b)表达的微分约束方程：

$$\sum_{s=1}^{3n} A_{rs}\mathrm{d}u_s + B_r\mathrm{d}t = 0 \tag{2.1.2b}$$

式中，A_{rs} 和 B_r 一般是坐标 u_s 和时间 t 的函数，$r=1, 2, \cdots, k$，k 是约束方程的数目；n 为质点数，如果该约束方程可以通过积分变成式(2.1.2a)的形式，则其对应的约束亦为完整约束，否则为非完整约束。

图 2.2 所示的约束都可看成完整约束的例子。非完整约束的一个典型例子是图 2.3 所示的直立刚性圆盘在水平面上做纯滚动。相应的速度约束方程可写成如下形式：

$$\dot{x}\sin\theta - \dot{y}\cos\theta = 0 \tag{2.1.3}$$

式中，$\dot{x}$ 和 $\dot{y}$ 分别为圆盘质心运动速度在 x 轴和 y 轴方向上的分量；θ 为圆盘平面所在的铅垂面与 x 轴之间的夹角。约束方程[式(2.1.3)]的特点是不能积分成式(2.1.2a)的形式。

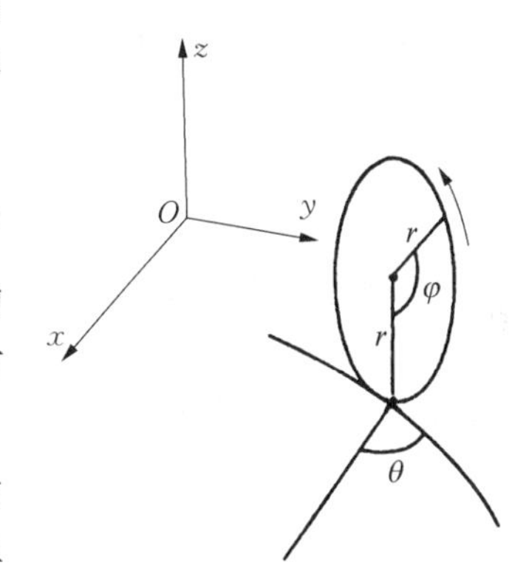

图 2.3　非完整约束示意图

(3) 根据约束方程是等式方程还是不等式方程，可分为双面约束和单面约束。双面约束：约束方程为等式方程；单面约束：约束方程为不等式方程。

上面所给出的约束方程都是等式，所以都是双面约束。单面约束的一个典型例子是在篮球场地上弹跳的篮球，如果取 z 坐标轴垂直向上，则其约束方程可写成 $z \geqslant 0$。从完整和非完整约束的定义来看，单面约束既可以是完整约束也可以是非完整约束。

需要说明的是，本节在讨论约束时所说的对几何位置和运动所作的“限制”是指切实能减少系统自由度的限制。据此，当系统受到弹簧等弹性约束时，因为它们并不能减少系统的自由度，所以不能被认为是约束；相应地，弹性恢复力等也不能认为是约束力。此外还应注意，约束也是相对的，取决于所选取的研究对象。在分析力学中，有时为了求出某个约束力，往往将该约束放松，代之以约束力，并将该约束力当作主动力看待。无论是外界对系统施加的约束，还是系统内质点间的相互约束，都可以这样处理。

2. 自由度

简单地说,自由度是指物体在空间中能够自由运动的程度。众所周知,一个自由的质点,在空间中自由运动时,具有三个自由度;一个刚体,在空间中自由运动时,具有六个自由度。但是,当若干质点或刚体通过某些约束组成一个系统时,整个系统的自由度就要比各个质点和刚体完全自由时的总自由度少。

对于一般的受完整约束的振动系统,可以给出如下的自由度定义:确定振动系统在任一时刻全部质点位置所需的独立几何参变量的个数,称为系统的动力自由度,简称自由度。自由度数为质点系解除约束时的坐标数减去约束方程数,因此自由度数需根据系统的质点、刚体或离散的弹性体的数目、约束条件等因素确定。如果一个在空间中运动的系统有 n 个质点,受到 k 个约束,则其自由度为 $N = 3n - k$;对于由 n 个空间刚体组成的系统,其自由度为 $N = 6n - k$。可见,自由度是个具体的数值,反映的是系统能够自由运动的程度。此外,系统的自由度还与系统建模时所作的假定有关。从某种意义上讲,假定也可以理解为是一种约束,例如,杆件轴向刚度无穷大或弯曲刚度无穷大的假定都会使系统自由度有所减少。图 2.2 所示系统的自由度都为 1,原因是其中的质点被限制在铅垂面内运动,且有一个约束方程。

如果系统还受到非完整约束,则其自由度的定义还需要适当修正。虽然非完整约束并不限制系统的几何位置,但限制了系统的运动,所以此时系统的自由度会进一步减少。受非完整约束系统的自由度一般是用系统的独立虚位移来定义的,即系统的自由度是独立的虚位移的个数(虚位移的概念将在下面介绍)。

3. 广义坐标

凡是能够确定系统位置的独立变量称为广义坐标;或者说,广义坐标为用以确定系统位置的独立参变量。广义坐标有时也称为广义位移,广义坐标可以是笛卡儿坐标、极坐标等几何坐标,也可以是模态坐标等非几何坐标。系统广义坐标的数目与系统自由度数有一定的关系。对于受完整约束的系统,广义坐标数等于自由度数;而对于受非完整约束的系统,广义坐标数大于自由度数。这是因为,广义坐标只是用来描述系统位形的独立参数,而非完整约束并不限制系统的位形,所以非完整系统的广义坐标数并不减少,但自由度数却会有所减少。

本书主要考虑完整约束系统,所以默认为广义坐标数等于自由度数。这样,在建立系统运动微分方程时,首要任务就是确定系统的自由度、选择合适的广义坐标,然后根据相关的动力学基本原理建立系统的运动微分方程。

4. 可能位移和虚位移

有时需要基于力学中的虚功原理等基本原理建立系统的运动微分方程,这时就涉及可能位移、虚位移等基本概念。

可能位移:是指满足所有约束方程的无穷小位移。需要注意的是,它们不一定满足运动方程。若既满足约束方程、又满足运动微分方程,则该位移就成为真实位移。

虚位移:在任意给定时刻,满足所有约束方程的可能的任意微小位移。虚位移与可能位移之间有一定的关系,即虚位移还可定义为,同一时刻,任意两个可能位移之差。

虚位移与可能位移的主要区别之一在于“任意给定时刻”，也就是说，虚位移是在给定时刻（相当于将时间凝固）看待系统的位移。虚位移与可能位移、实位移之间的关系还与系统所受到的约束有关。在稳定约束的情况下，可能位移与虚位移所满足的约束方程是一致的，此时可认为虚位移是一种可能位移。实位移是可能位移之一，所以稳定约束情况下实位移可认为是无数虚位移中的一个。但在非稳定约束情况下，虚位移与可能位移所满足的约束方程不同，因此非稳定约束情况下虚位移不一定是可能位移，实位移也不一定是无数虚位移之一。

还需注意，尽管虚位移定义为满足约束方程的任意可能微小位移，但可认为它是系统真实位移附近的任意微小变化量，可用真实位移的变分来表示。

5. 主动力与被动力

系统所受到的全部力可以划分为主动力和被动力。其中，被动力主要是指约束反作用在质点上的力，即约束反力；主动力则是除被动力之外的力，一般是外界主动施加在系统上的力，如重力、风力等。一般情况下，主动力往往是已知的，而被动力则是未知、待求的。如果被动力满足一定的条件，可以不出现在系统的运动微分方程中，使得方程相对简单、易于求解；但在有些情况下，需要在求出系统广义坐标及其导数的同时也能求出约束反力，这时就需要在系统的运动微分方程中包含约束力的信息了。

6. 有势力（保守力）和非有势力（非保守力）

在系统所受到的主动力中，又可划分为有势力（即保守力）和非有势力（即非保守力）。有势力一般是指做功与路径无关的力，如重力、弹性恢复力等，它们可表达为系统势能梯度的负值；非有势力则是指做功与路径有关的力，如正弦激励力、阻尼力等，它们与系统势能无关。因此，对于仅受有势力作用的系统，建立运动微分方程时只需要考虑系统的动能和势能即可，使问题变得相对简单。

7. 广义力

在利用广义坐标建立系统的运动微分方程时，不仅需要知道与广义坐标对应的虚位移，而且需要知道与广义坐标对应的广义力。在与系统广义坐标对应的虚位移上所做虚功对应的力，称为广义力。所以，广义力可借助于求实际力在与广义坐标对应的虚位移上所做的虚功而求出。下面举例说明广义力的确定方法。

例 2.1.1　设在图 2.4 所示的系统中，长度为 l、重量为 P_1 的匀质直杆与重量为 P_2 的物体通过无重绳索连接，绳索穿过上部的铰点，杆的下部为固定铰支座，P_1 和 P_2 均为保守力（即重力）。试确定该系统对应于广义坐标 θ 的广义力。

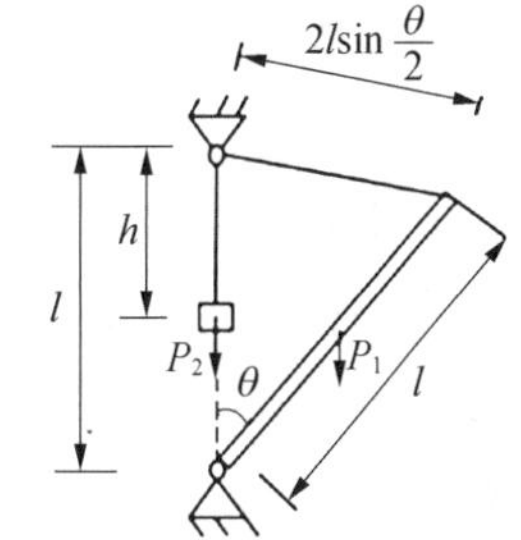

图 2.4　例 2.1.1 计算简图

解： 选择 θ 为广义坐标，坐标原点位于杆处于垂直位置处，以顺时针转动为正，如图 2.4 所示。设系统在广义位移 θ 附近产生顺时针的虚位移 $\delta\theta$，于是系统主动力 P_1 和 P_2 在与此有关的虚位移上所做的虚功为

$$\delta W = \left(\frac{1}{2}P_1 l\sin\theta - P_2 l\cos\frac{\theta}{2}\right)\delta\theta \tag{a}$$

令

$$Q = \frac{1}{2}P_1 l\sin\theta - P_2 l\cos\frac{\theta}{2} \tag{b}$$

则有

$$\delta W = Q\delta\theta \tag{c}$$

式中,Q 即为系统对应于广义坐标 θ 的广义力(这里实际是力矩)。

可以看出,广义力是标量而不是矢量,但广义力与相应广义虚位移的乘积应为功的量纲。当系统仅受有势力时,广义力也可表达为系统势能对相应广义坐标偏导数的负值。

8. *理想约束*

根据被动力(即约束力)做功的情况,可将约束划分为理想约束、非理想约束。如果质点系所受的约束力在系统的任何虚位移上所做的虚功之总和为零,则对应的约束称为理想约束,否则为非理想约束。光滑平面、光滑无摩擦的铰等,都是理想约束的例子。由于这类约束力在任何虚位移上均不做功,这类约束也称为无功约束。但需要注意的是,理想约束与无功约束并不完全等价。理想约束强调的是所有约束力在系统的任何虚位移上所做虚功之总和为零,而无功约束则强调约束力在任何虚位移上均不做功。

9. *虚功原理*

分析力学中的重要基本原理之一是虚位移原理,也称为虚功原理。虚功原理可表述为:具有双面、定常、理想约束的质点系,在给定位置保持平衡的充要条件是,所有主动力在质点系任何虚位移中的元功之和等于零;或称,质点系所有外力所做的虚功和内力所做的虚功之和等于零。对应的虚功方程可表达为

$$\begin{cases} \sum_{i=1}^{n} \delta W_i = \sum_{i=1}^{n} F_i \delta r_i = 0 \\ \delta W_{外} + \delta W_{内} = 0 \end{cases} \tag{2.1.4a}$$

虚功原理可等价于一组平衡条件,因此也可以用以广义力表示的平衡条件来表述虚功原理:具有双面、定常、理想约束的质点系,在给定位置保持平衡的充要条件是所有与广义坐标对应的广义力均等于零。对应的平衡方程可表达为

$$Q_j = 0 \quad (j = 1,\ 2,\ \cdots,\ N) \tag{2.1.4b}$$

虚功原理可用来解决很多工程中的平衡问题,对一些需要求理想约束的约束反力、桁架中的杆件内力等问题,可以经过适当变换后将它们变成主动力再使用;对于动力学问题,可以将达朗贝尔原理引入虚功方程,即可得到动力学普遍方程,并据此可推出拉格朗日方程。

2.1.2 建立运动微分方程的基本方法

在动力学中,建立运动微分方程的最基本方法是基于牛顿第二定律的方法,在具体运用时,往往以达朗贝尔原理的形式出现。但是在实际工程中遇到的振动系统一般都是受约束质点系,所以直接采用基于牛顿第二定律的方法并不方便。一般情况下,运用拉格朗

日方程建立离散质点系的运动微分方程相对比较方便；而对于连续系统，基于哈密顿原理建立其运动微分方程更加方便。下面对这三种方法作简要介绍。

1. 基本方法之一——基于达朗贝尔(D'Alembet)原理

质点的达朗贝尔原理：当质点运动时，如果假想地将惯性力加在运动的质点上，则作用在质点上的真实力(包括主动力、约束力)与质点的惯性力构成平衡力系。

对于一般机械系统，其质量不随时间变化。设某质点的质量为 M，作用在其上的合力为 $F(t)$，质点的加速度为 $a(t)$。此时，牛顿第二定律的数学表达式为

$$F(t) = Ma(t) \tag{2.1.5}$$

将方程(2.1.5)等号右端的项移至等号左边，并令 $F_I(t) = -Ma(t)$，称 $F_I(t)$ 为惯性力，则有

$$F(t) + F_I(t) = 0 \tag{2.1.6}$$

方程(2.1.6)形式上是静力平衡方程，这样就可以借助于静力学知识建立质点的运动微分方程。因此，基于达朗贝尔原理的方法也称动静法。

如果是质点系，则可以通过对每个质点运用达朗贝尔原理，得到一组平衡力系并列出其运动微分方程，方程的数目与系统的自由度数相等。需要注意的是，式(2.1.6)中的力均为广义力，即可以是力或力偶。

例 2.1.2　如图 2.5 所示的系统中，梁 AC 是质量 $M = ml$ 的刚性匀质梁。假定梁绕光滑无摩擦的铰节点 A 的转角是微小的，且受到线性分布的外部激励，如图 2.5 所示。试基于达朗贝尔原理建立该系统的运动微分方程。

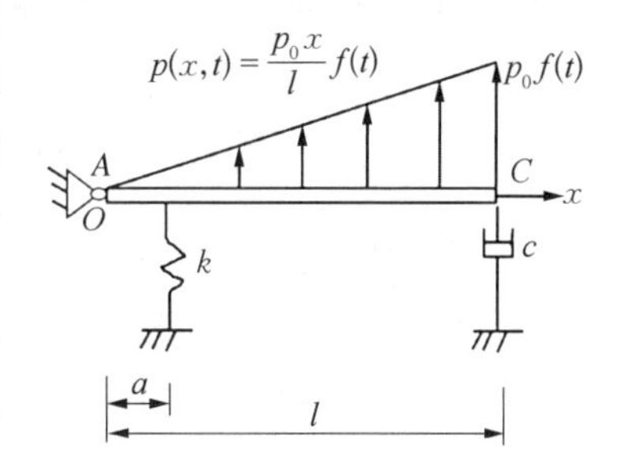

图 2.5　例 2.1.2 计算简图

解：本题为单自由度系统，取梁绕点 A 的转角 θ 为广义坐标，坐标原点位于系统的静平衡位置，方向以逆时针为正。由此，系统的弹性恢复力、阻尼力和梁在 x 位置处微段的惯性力是 θ 及其一、二阶导数的函数，即

$$F_S(t) = -ka\theta(t),\quad F_D(t) = -cl\dot{\theta}(t),\quad f_I(x,\ t) = -mx\ddot{\theta}(t)\mathrm{d}t \tag{a}$$

可认为各力的作用线均近似沿垂直于梁轴线的方向。分别求外部激励力、弹性恢复力、阻尼力、惯性力等对点 A 的力矩：

$$M_{Ap} = \int_0^l p(x,\ t)x\mathrm{d}x = \left(\int_0^l \frac{p_0}{l}x^2\mathrm{d}x\right)f(t) = \frac{1}{3}p_0l^2f(t) \tag{b}$$

$$M_{AF_S} = -ka^2\theta(t) \tag{c}$$

$$M_{AF_D} = -cl^2\dot{\theta}(t) \tag{d}$$

$$M_{Af_I} = -\int_0^l f_I(x,\ t)x\mathrm{d}x = -\left(\int_0^l x^2\mathrm{d}x\right)m\ddot{\theta}(t) = -\frac{1}{3}Ml^2\ddot{\theta}(t) \tag{e}$$

可认为各力矩的矢量作用线均沿垂直于纸面的方向。根据达朗贝尔原理,利用绕点 A 的力矩平衡条件:

$$\sum m_A(F) = M_{Ap} + M_{AF_S} + M_{AF_D} + M_{Af_I} = 0 \tag{f}$$

可得系统的运动微分方程为

$$\frac{1}{3}Ml^2\ddot{\theta} + cl^2\dot{\theta} + ka^2\theta = \frac{1}{3}p_0 l^2 f(t) \tag{g}$$

可见,运用达朗贝尔原理建立系统的运动微分方程,重要的是确定系统的惯性力,而惯性力一般为质点的质量与其加速度的乘积;对于刚体,除了积分也可以利用惯性力系的简化来给出惯性力。需要注意的是,这里的质点加速度应为在惯性参考系内的绝对加速度,而弹性恢复力和阻尼力则是根据相对位移和速度计算的。

2. 基本方法之二——基于拉格朗日(Lagrange)方程

拉格朗日方程是动力学中重要的基本方程,是静力学中虚功原理在动力学中直接推广的结果。将达朗贝尔原理引入虚功方程[式(2.1.4a)],得到动力学普遍方程,进而可推出第一类、第二类拉格朗日方程。

这里不加证明地给出质点系的第二类拉格朗日方程,它可以表述为:受完整、理想约束的 N 自由度质点系,如下的拉格朗日方程成立:

$$\frac{\mathrm{d}}{\mathrm{d}t}\left(\frac{\partial T}{\partial \dot{q}_j}\right) - \frac{\partial T}{\partial q_j} = Q_j^e(t) \quad (j = 1,\ 2,\ \cdots,\ N) \tag{2.1.7a}$$

式中,q_j 为第 j 个广义坐标(共有 N 个广义坐标);T 为系统的动能函数;$Q_j^e(t)$ 为与广义坐标 q_j 对应的广义力(包括与保守力和非保守力对应的广义力)。由于保守力的广义力可表达为系统势能对广义坐标偏导数的负值,拉格朗日方程还可以写成如下形式:

$$\frac{\mathrm{d}}{\mathrm{d}t}\left(\frac{\partial L}{\partial \dot{q}_j}\right) - \frac{\partial L}{\partial q_j} = Q_j(t) \quad (j = 1,\ 2,\ \cdots,\ N) \tag{2.1.7b}$$

式中,$Q_j(t)$ 是与广义坐标 q_j 对应的非保守广义力;$L = T - V$ 称为拉格朗日函数,T 和 V 分别是系统的动能和势能函数,它们一般是广义坐标、广义速度及时间的函数,因此 $L = L(q_1,\ q_2,\ \cdots,\ q_N;\ \dot{q}_1,\ \dot{q}_2,\ \cdots,\ \dot{q}_N;\ t)$。

为了基于拉格朗日方程建立系统的运动微分方程,只需求出系统的动能和势能,从而构造出拉格朗日函数 L,并求出非保守广义力(若有),将它们代入拉格朗日方程即可获得系统的运动微分方程。拉格朗日方程是一组标量方程,因此对于一些力矢量关系比较复杂、而动能和势能较容易确定的系统,运用拉格朗日方程建立其运动微分方程,具有独特的优势。

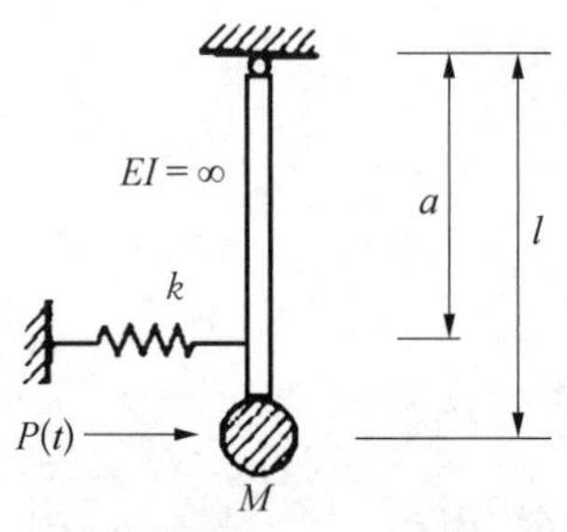

图 2.6　例 2.1.3 计算简图

例 2.1.3　图 2.6 所示系统为单摆受弹簧约束和外力 $P(t)$ 激励。设小球的质量为 M,不考虑杆的质量。试采用拉格朗日方程建立该系统做微幅振动时的运动微分方程。

解：本题为单自由度系统，取杆绕其根部铰节点的转角 θ 为广义坐标，坐标原点位于系统的静平衡位置（即铅垂位置，也是弹簧未变形的自然位置），方向以逆时针为正。取杆位于铅垂位置时质点（即小球）的位置为系统的零势能点。

首先，计算系统的动能 T 和势能 V，并构造拉格朗日函数 L。设系统运动到 $\theta(t)$，不难求出质点的速度值为 $l\dot{\theta}$；考虑到微振动，可求出弹簧变形量近似为 $a\theta$。由此可得

$$T=\frac{1}{2}M(l\dot{\theta})^2,\quad V=\frac{1}{2}k(a\theta)^2+Mgl(1-\cos\theta) \tag{a}$$

则

$$L=\frac{1}{2}M(l\dot{\theta})^2-\left[\frac{1}{2}k(a\theta)^2+Mgl(1-\cos\theta)\right] \tag{b}$$

其次，求系统的非保守广义力。由于不考虑阻尼，本题只有外部激励力 $P(t)$ 是非保守力。假设在系统处于 $\theta(t)$ 位置时给系统一个虚位移 $\delta\theta$，可求出 $P(t)$ 在此虚位移上所做的虚功为

$$\delta W=P(t)\cdot l\delta\theta\cos\theta \tag{c}$$

可得该系统与广义坐标 θ 对应的广义力：

$$Q_\theta=\frac{\delta W}{\delta\theta}=P(t)l\cos\theta \tag{d}$$

将其代入如下拉格朗日方程：

$$\frac{\mathrm{d}}{\mathrm{d}t}\left(\frac{\partial L}{\partial\dot{\theta}}\right)-\frac{\partial L}{\partial\theta}=Q_\theta \tag{e}$$

经过数学运算和整理后，可得

$$Ml^2\ddot{\theta}+ka^2\theta+Mgl\sin\theta=lP(t)\cos\theta \tag{f}$$

对于微幅振动，近似有 $\sin\theta\approx\theta$，$\cos\theta\approx1$，由此可得

$$Ml^2\ddot{\theta}+ka^2\theta+Mgl\theta=lP(t) \tag{g}$$

此即本题系统做微幅振动的运动微分方程。如果令 $k=0$，$P(t)=0$，则本题系统退化为典型的单摆系统，其运动微分方程为 $\ddot{\theta}+\frac{g}{l}\theta=0$。

从上面的例子可以看出，运用拉格朗日方程建立系统的运动微分方程，应注意如下几点：① 确定系统的自由度和选取合适的广义坐标；② 合理计算系统的势能和动能并写成广义坐标、广义速度的函数；③ 合理计算系统的广义力。

基于拉格朗日方程建立系统的运动微分方程，其最突出的优点是：可以避开复杂的约束反力进行建模，且系统越复杂越能显示其优越性。关于这方面的例子，在常见的振动力学文献，如王光远（1981）、季文美等（1985）、倪振华（1989）和张相庭等（2005）的著作中

有很多,限于篇幅,此处不再一一列举。

3. 基本方法之三——基于哈密顿(Hamilton)原理

哈密顿原理是经典力学中的基本变分原理,可以与牛顿定律、动力学普遍方程平行,作为经典力学的另一个起点。在数学上,哈密顿原理本质上是泛函极值问题,或称变分问题,其中的泛函是能量泛函,用拉格朗日函数表征。哈密顿原理的核心是哈密顿作用量 H,它定义为拉格朗日函数 L 在两个固定时刻 $[t_0, t_1]$ 之间对时间的积分,即

$$H \triangleq \int_{t_0}^{t_1} L(q, \dot{q}, t)\mathrm{d}t \tag{2.1.8}$$

式中,q 是由系统的广义坐标构成的向量,即广义位移向量;$\dot{q}$ 是其时间导数,即广义速度向量。

哈密顿原理可表述为,在相同时间、相同的始终位置和相同约束条件下,完整、主动力有势的系统在所有可能的运动中,真实运动使哈密顿作用量 H 取驻值,即真实运动是下列变分问题的解:

$$\delta H = \delta\int_{t_0}^{t_1} L(q, \dot{q}, t)\mathrm{d}t = 0 \tag{2.1.9a}$$

可证明,在对积分限加上一些限制条件后有:$\delta^2 H > 0$,即对于系统的真实运动来说,作用量 H 取极小值。因此,哈密顿原理也称为哈密顿最小作用量原理。

哈密顿原理还可推广到非有势力系统及非完整系统。对于非有势力系统,扩展的哈密顿原理的数学表达式可写成如下形式:

$$\delta\int_{t_0}^{t_1} L(q, \dot{q}, t)\mathrm{d}t + \int_{t_0}^{t_1} \delta W_{nc}\mathrm{d}t = 0 \tag{2.1.9b}$$

式中,L 为拉格朗日函数;δW_{nc} 为非保守力的虚功,它们都是广义位移、广义速度的函数,如果是非定常系统,它们还是时间的显函数。可以证明,对于满足拉格朗日方程的情形,由式(2.1.9b)可以推导出拉格朗日方程(2.1.7b)。

运用哈密顿原理,既可建立离散质点系的运动微分方程,也可建立连续系统的运动微分方程,但一般更多用于后者。下面通过一个简单例子来说明运用哈密顿原理建立运动微分方程的过程。

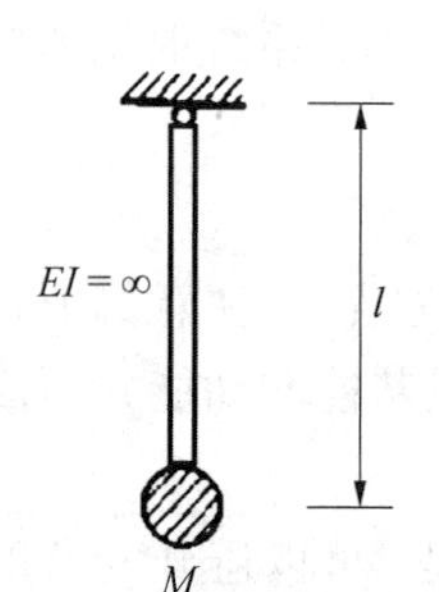

图 2.7 例 2.1.4 计算简图

例 2.1.4 试应用哈密顿原理推导图 2.7 所示单摆的运动微分方程。已知该系统满足完整、理想约束的条件,且为保守系统。

解: 取无重刚杆绕其根部的铰节点转动的角度 θ 为广义坐标,取坐标原点为系统的静力平衡位置(即刚杆处于铅垂位置),以逆时针转向为正,并取刚杆根部的铰节点为零势能点。

因为:

$$L = T - V = \frac{1}{2}ml^2\dot{\theta}^2 + mgl\cos\theta \tag{a}$$

所以有

$$\delta L = ml^2\dot{\theta}\delta\dot{\theta} - mgl\sin\theta\delta\theta \tag{b}$$

由保守系统的哈密顿原理，得

$$\delta\int_{t_0}^{t_1} L\mathrm{d}t = \int_{t_0}^{t_1} \delta L\mathrm{d}t = \int_{t_0}^{t_1} ml^2\dot{\theta}\delta\dot{\theta}\mathrm{d}t - \int_{t_0}^{t_1} mgl\sin\theta\delta\theta\mathrm{d}t = 0 \tag{c}$$

根据变分法运算法则，有

$$\delta\dot{\theta} = \frac{\mathrm{d}}{\mathrm{d}t}(\delta\theta) \tag{d}$$

因此：

$$\dot{\theta}\delta\dot{\theta} = \dot{\theta}\frac{\mathrm{d}}{\mathrm{d}t}(\delta\theta) = \frac{\mathrm{d}}{\mathrm{d}t}(\dot{\theta}\delta\theta) - \frac{\mathrm{d}\dot{\theta}}{\mathrm{d}t}\delta\theta \tag{e}$$

$$\int_{t_0}^{t_1} ml^2\dot{\theta}\delta\dot{\theta}\mathrm{d}t = ml^2\int_{t_0}^{t_1}\left[\frac{\mathrm{d}}{\mathrm{d}t}(\dot{\theta}\delta\theta) - \ddot{\theta}\delta\theta\right]\mathrm{d}t = ml^2(\dot{\theta}\delta\theta)\Big|_{t_0}^{t_1} - \int_{t_0}^{t_1} ml^2\ddot{\theta}\delta\theta\mathrm{d}t \tag{f}$$

根据哈密顿原理，系统的真实位移和其他可能位移在两个固定时刻$[t_0, t_1]$重合，即

$$\delta\theta(t_0) = \delta\theta(t_1) = 0 \tag{g}$$

因此：

$$\int_{t_0}^{t_1}[-ml^2\ddot{\theta} - mgl\sin\theta]\delta\theta\mathrm{d}t = 0 \tag{h}$$

由于 $\delta\theta$ 的任意性，式(h)成立的条件是

$$-ml^2\ddot{\theta} - mgl\sin\theta = 0 \tag{i}$$

即

$$\ddot{\theta} + \frac{g}{l}\sin\theta = 0 \tag{j}$$

可见，这就是典型的单摆运动微分方程。对于微幅振动情形，方程退化为 $\ddot{\theta} + \frac{g}{l}\theta = 0$。

以上介绍了三种建立振动系统运动微分方程的基本方法。对于一般的离散质点系（或称有限自由度系统），除需根据系统的具体特点选择合适的方法建立系统的运动微分方程外，还需要确定系统运动的初始条件；而对于一般的连续分布质量系统（或称无限自由度系统），则需采用微元体分析法，选择合适的方法建立系统的运动微分方程，确定系统运动的初始条件，此外还需根据系统所受到的约束建立相应的边界条件。下面将对有限自由度系统、无限自由度系统的建模方法作进一步介绍。

2.2　有限自由度系统的运动微分方程

对于受完整约束的机械系统，如果系统的运动需要用 N 个独立坐标才能完整描述，则

称该系统为“N 自由度系统”；当 N 为有限值时，称该系统为“有限自由度系统”或“多自由度系统”。一般来说，有限自由度系统是由有限个离散质点(或刚体)构成的系统，建立这类系统的运动微分方程可采用基于达朗贝尔原理或拉格朗日方程的方法。当系统的几何关系和约束关系比较简单、受力分析比较容易时，可采用基于达朗贝尔原理的方法，否则以采用基于拉格朗日方程的方法较为方便。

由于采用达朗贝尔原理建模相对比较简单，本节仅对基于拉格朗日方程的方法进行介绍。在分析力学中，拉格朗日方程可分为两类，分别称为第一类和第二类拉格朗日方程。

第一类拉格朗日方程是指，所采用的坐标未必相互独立(即未通过约束条件消除非独立坐标)，须借助于拉格朗日乘子才能建立拉格朗日方程，将拉格朗日方程与约束方程联立，才能求出全部未知量(包括全部坐标和拉格朗日乘子)。这类拉格朗日方程的缺点是方程较多、求解起来比较复杂，但其优点是同时可以求出系统的坐标(代表位移)和拉格朗日乘子(代表约束力)，而且它对完整系统和非完整系统都适用。

设质点系的全部 N 个坐标可用向量 $q(t)=\{q_1(t),\ q_2(t),\ \cdots,\ q_N(t)\}^{\mathrm{T}}$ 表示；系统受 k 个完整理想约束，约束方程为

$$f_i(q_1,\ q_2,\ \cdots,\ q_N;\ t)=0\quad(i=1,\ 2,\ \cdots,\ k)\tag{2.2.1}$$

设系统的动能为 $T=T(\dot{q}_1,\ \dot{q}_2,\ \cdots,\ \dot{q}_N;\ q_1,\ q_2,\ \cdots,\ q_N;\ t)$，广义力为 $Q=\{Q_1,\ Q_2,\ \cdots,\ Q_N\}^{\mathrm{T}}$，其中 Q_j 为与第 j 个坐标 q_j 对应的广义力。引入与约束方程对应的 k 个拉格朗日乘子，用向量表示为 $\boldsymbol{\lambda}=\{\lambda_1,\ \lambda_2,\ \cdots,\ \lambda_k\}^{\mathrm{T}}$。可以证明，如下的拉格朗日方程成立：

$$\frac{\mathrm{d}}{\mathrm{d}t}\left(\frac{\partial T}{\partial \dot{q}_j}\right)-\frac{\partial T}{\partial q_j}=Q_j+\sum_{i=1}^{k}\lambda_i\frac{\partial f_i}{\partial q_j}\quad(j=1,\ 2,\ \cdots,\ N)\tag{2.2.2}$$

这就是质点系的第一类拉格朗日方程。方程(2.2.2)共有 N 个常微分方程，但其中的未知量却有$(N+k)$个，而约束方程(2.2.1)共有 k 个代数方程，所以联立求解式(2.2.2)和式(2.2.1)构成的微分-代数方程组，即可求出全部未知量。

第二类拉格朗日方程是指，所采用的坐标为独立的广义坐标(即已通过约束条件消除非独立坐标)，可通过直接求解拉格朗日方程而求出系统的全部广义坐标(代表位移)。这类拉格朗日方程的优点是方程数较少、建模时不必考虑复杂的约束方程，但其缺点是不能同时求出约束力，此外它不适用于非完整系统。由此可见，第二类拉格朗日方程实际上是第一类拉格朗日方程的特例，即针对完整系统，通过人工事先消除系统的非独立坐标，从而使得问题得到简化。因此，如果仅限于讨论完整系统，那么采用第二类拉格朗日方程是比较方便的，即使在求出系统的位移时程后需要再基于达朗贝尔原理求约束反力，也不是十分复杂。第二类拉格朗日方程如式(2.1.7)所示，但它毕竟是个抽象方程，与常见的用二阶常微分方程表示的运动微分方程不太一样。不过，根据质点系动能计算表达式的特点，可以从拉格朗日方程出发得到以二阶常微分方程表示的运动微分方程。

设由 n 个质点组成的受完整理想约束的质点系，其自由度为 N，即系统的运动可由 N

个相互独立的广义坐标描述，广义坐标可用向量 $q(t)=\{q_1(t), q_2(t), \cdots, q_N(t)\}^T$ 表示；设第 i 个质点的质量为 m_i，在惯性参考系内的位置由矢量 r_i 确定，而 r_i 是 N 个广义坐标和时间 t 的函数，即 $r_i=r_i(q_1, q_2, \cdots, q_N; t)$。于是可以证明，质点系的动能可写成如下形式：

$$T=\frac{1}{2}\sum_{i=1}^{n} m_i v_i^2=\frac{1}{2}\sum_{i=1}^{n} m_i \dot{r}_i \cdot \dot{r}_i=T_0+T_1+T_2 \tag{2.2.3}$$

式中，T_0、T_1、T_2 的表达式分别如下：

$$T_0=\frac{1}{2}\sum_{i=1}^{n} m_i \frac{\partial r_i}{\partial t} \cdot \frac{\partial r_i}{\partial t} \tag{2.2.4a}$$

$$T_1=\sum_{j=1}^{N} b_j \dot{q}_j \tag{2.2.4b}$$

$$T_2=\frac{1}{2}\sum_{j=1}^{N}\sum_{k=1}^{N} m_{jk}\dot{q}_j\dot{q}_k \tag{2.2.4c}$$

其中，

$$b_j=\sum_{i=1}^{n} m_i \frac{\partial r_i}{\partial t} \cdot \frac{\partial r_i}{\partial q_j} \tag{2.2.5a}$$

$$m_{jk}=\sum_{i=1}^{n} m_i \frac{\partial r_i}{\partial q_j} \cdot \frac{\partial r_i}{\partial q_k} \tag{2.2.5b}$$

在上面各式中，T_0、b_j、m_{jk} 都是广义坐标 $q(t)$ 和时间 t 的函数，也就是说，一般情况下 T 为广义速度 $\dot{q}(t)=\{\dot{q}_1(t), \dot{q}_2(t), \cdots, \dot{q}_N(t)\}^T$ 的非齐次二次式，其中 T_2、T_1、T_0 分别为 $\dot{q}(t)$ 的齐二次式、齐一次式、齐零次式。但由式(2.2.4)可以看出，对于定常系统，由于矢量 r_i 中不显含时间 t，所以 T_1、T_0 分别为零，此时 $T=T_2$ 为广义速度 $\dot{q}(t)$ 的齐二次式。

将由式(2.2.3)给出的动能表达式代入式(2.1.7a)给出的第二类拉格朗日方程，可以推导出如下一般形式的运动微分方程：

$$\sum_{j=1}^{N} m_{ij}\ddot{q}_j+\frac{1}{2}\sum_{j=1}^{N}\sum_{k=1}^{N}\left(\frac{\partial m_{ij}}{\partial q_k}+\frac{\partial m_{ik}}{\partial q_j}-\frac{\partial m_{jk}}{\partial q_i}\right)\dot{q}_j\dot{q}_k+\sum_{j=1}^{N}\left(\frac{\partial m_{ij}}{\partial t}+\frac{\partial b_i}{\partial q_j}-\frac{\partial b_j}{\partial q_i}\right)\dot{q}_j+\frac{\partial b_i}{\partial t}-\frac{\partial T_0}{\partial q_i}=Q_i^e \quad (i=1, 2, \cdots, N) \tag{2.2.6}$$

注意，这里的下标 i 不表示质点 i，而是表示广义坐标 i。记

$$[jk, i]=\frac{1}{2}\left(\frac{\partial m_{ij}}{\partial q_k}+\frac{\partial m_{ik}}{\partial q_j}-\frac{\partial m_{jk}}{\partial q_i}\right) \tag{2.2.7a}$$

$$g_{ij} = - g_{ji} = \frac{\partial b_i}{\partial q_j} - \frac{\partial b_j}{\partial q_i} \tag{2.2.7b}$$

则可将式(2.2.6)简写为

$$\sum_{j=1}^{N} m_{ij}\ddot{q}_j + \sum_{j=1}^{N}\sum_{k=1}^{N}[jk,\ i]\dot{q}_j\dot{q}_k + \sum_{j=1}^{N} g_{ij}\dot{q}_j + \sum_{j=1}^{N}\frac{\partial m_{ij}}{\partial t}\dot{q}_j + \frac{\partial b_i}{\partial t} - \frac{\partial T_0}{\partial q_i} = Q_i^e \quad (i = 1,\ 2,\ \cdots,\ N) \tag{2.2.8}$$

式中,$[jk,\ i]$ 称为克氏(Christoffel)第一类记号;g_{ij} 为反对称项。方程(2.2.8)含有的类似 $g_{ij}\dot{q}_j$ 的带有反对称系数的线性速度项可称为陀螺项。方程(2.2.8)是广义坐标 $q(t)$ 的非线性微分方程,但从另一方面看,它却是广义加速度 $\ddot{q}(t) = \{\ddot{q}_1(t),\ \ddot{q}_2(t),\ \cdots,\ \ddot{q}_N(t)\}^{\mathrm{T}}$ 的线性方程。由 m_{ij} 可以组成广义质量矩阵 $M = [m_{ij}]$,由 m_{ij} 的性质可知矩阵 M 仍是广义坐标$q(t)$的函数,但可以证明它是正定的,同时它也是对称的。此外,在广义力 Q_i^e 中既含有保守力,也含有非保守力;在非保守力中既包含与广义坐标或广义速度有关的循环力和阻尼力,也包含理想外部激励(即仅是时间的函数)。

如果将方程(2.2.8)在系统平衡点附近线性化,则可以将广义力 Q_i^e 中的保守力借助于二次型势能函数显式表达出来,将非保守力中的阻尼力和循环力通过耗散函数显式表达出来,通过线性化得到如下的运动微分方程:

$$\sum_{j=1}^{N}[m_{ij}\ddot{q}_j + (c_{ij} + g_{ij})\dot{q}_j + (k_{ij} + h_{ij})q_j] = Q_i \quad (i = 1,\ 2,\ \cdots,\ N) \tag{2.2.9a}$$

或写成矩阵形式:

$$M\ddot{q} + (C + G)\dot{q} + (K + H)q = Q \tag{2.2.9b}$$

式中,$m_{ij} = m_{ji}$ 为质量系数,质量矩阵 M 为对称正定阵;$c_{ij} = c_{ji}$ 为阻尼系数,阻尼矩阵 C 为对称矩阵;$g_{ij} = - g_{ji}$ 为陀螺系数,陀螺矩阵 G 为反对称矩阵;$k_{ij} = k_{ji}$ 为常值刚度系数,刚度矩阵 K 至少为对称半正定阵;$h_{ij} = - h_{ji}$ 为循环系数,循环矩阵 H 也为反对称矩阵;Q_i 则是仅对应于理想外部激励的广义力,Q 为广义力向量。

需要说明的是,刚度系数 k_{ij} 既包括来自系统弹性势能的弹性刚度系数,也可包括来自 T_0 的几何刚度系数,而后者一般来自旋转结构的离心效应。一般来说,陀螺项、离心项、循环项出现于旋转结构或含有旋转部件的结构。

下面通过两个算例来演示运用拉格朗日方程建立复杂系统运动微分方程的过程。

例 2.2.1 设有如图 2.8 所示的直立连杆活塞机构,其中连杆 AC 和 BC 的长度均为 l,单位长度质量均为 m,两个连杆在点 C 通过刚度为 k 的扭转弹簧连接;不计活塞质量,在活塞上作用有外部激励 $F(t)$;不计阻尼和摩擦力作用。试基于拉格朗日方程建立该系统的运动微分方程。

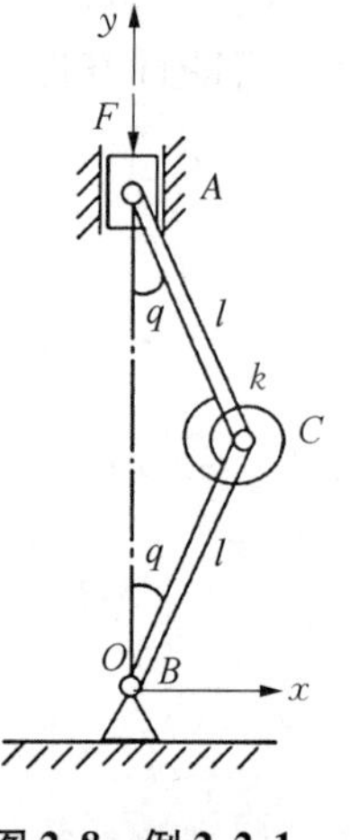

图 2.8 例 2.2.1 计算简图

解： 本题为受完整、理想约束的单自由度系统，符合第二类拉格朗日方程的条件。现选择连杆 BC 偏离铅垂线的夹角 q 为广义坐标，顺时针为正。

（1）建立坐标系。在惯性参考系内建立坐标系 Oxy：坐标原点位于点 B，x 轴沿水平方向，向右为正；y 轴沿垂直方向，向上为正。系统的运动可在此坐标系内考察，设 t 时刻的广义坐标为 $q(t)$。

（2）求系统的动能。只需计算两个连杆运动时的动能即可，其中两杆的质量均为 ml。分析该系统的运动特征可知，连杆 BC 仅绕点 B 做定轴转动，而连杆 AC 则做平面一般运动。据此，采用微分求积法可得连杆 BC 和 AC 的动能，则系统的动能为

$$T = T_{AC} + T_{BC} = \frac{1}{6}ml^3\dot{q}^2(1 + 6\sin^2 q) + \frac{1}{6}ml^3\dot{q}^2 = \frac{1}{3}ml^3\dot{q}^2 + ml^3\dot{q}^2\sin^2 q \tag{a}$$

（3）求系统的势能。系统的势能包括两部分：扭转弹簧的弹性变形能和两个连杆的重力势能。设系统的重力零势能点位于坐标系原点处，并以弹簧的原长作为弹性势能的零势能位。则系统的总势能为

$$V = V_S + V_g = \frac{1}{2}k(2q)^2 + 2mgl^2\cos q = 2kq^2 + 2mgl^2\cos q \tag{b}$$

（4）求非保守广义力。因为非保守力作用点 A 的位置为 $x_A = 0$、$y_A = 2l\cos q$，可求出其虚位移为 $\delta y_A = -2l\sin q\delta q$，由此得到与广义坐标 q 对应的非保守广义力 Q_q 为

$$Q_q = \frac{\delta W}{\delta q} = \frac{-F(t)\delta y_A}{\delta q} = 2F(t)l\sin q \tag{c}$$

（5）建立该系统的运动微分方程。由上述动能和势能可求出拉格朗日函数为

$$L = T - V = \frac{1}{3}ml^3\dot{q}^2 + ml^3\dot{q}^2\sin^2 q - 2kq^2 - 2mgl^2\cos q \tag{d}$$

将拉格朗日函数 L 和非保守广义力 Q_q 的表达式代入式(2.1.7b)给出的第二类拉格朗日方程，可整理出如下的运动微分方程：

$$(1 + 3\sin^2 q)\ddot{q} + \frac{3}{2}\dot{q}^2\sin 2q + \frac{6k}{ml^3}q - 3\left[\frac{F(t)}{ml^2} + \frac{g}{l}\right]\sin q = 0 \tag{e}$$

由方程(e)可见，该系统具有非线性惯性特征，含有非线性离心力项，并且外部激励与系统运动存在耦合等。如果满足线性化条件，则可在上述方程中近似取 $\sin q \approx q$、$\sin 2q \approx 2q$，然后舍去所有非线性项，得到：

$$\ddot{q} + \left[\frac{6k}{ml^3} - \frac{3g}{l} - \frac{3F(t)}{ml^2}\right]q = 0 \tag{f}$$

可见，在该线性化方程中，不仅系统惯性特性为线性，而且不含离心力项了。

例 2.2.2 设有如图 2.9 所示的物理摆-滑块系统，支座有 $\bar{x}_g f(t)$ 的水平运动，其中 $\bar{x}_g$ 是常数、$f(t)$ 是已知时间函数；设摇杆质心为 C、总质量为 m_C、绕质心的转动惯量为 J_C，摇杆质心 C 到铰节点的距离为 l，滑块总质量为 M，线弹性弹簧的刚度为 k，不计阻尼力和摩擦阻力。试基于拉格朗日方程建立该系统的运动微分方程。

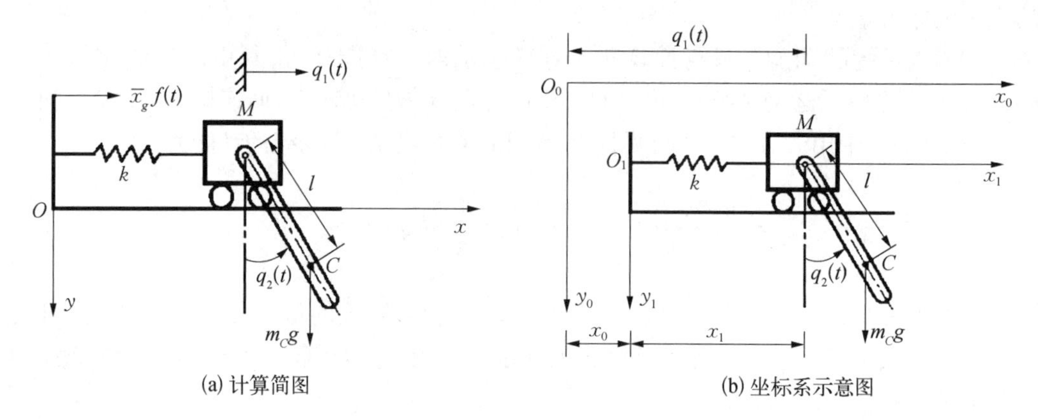

图 2.9　例 2.2.2 计算用图

解： 本题中为受完整理想约束的两自由度系统，符合第二类拉格朗日方程的条件，可选择滑块的绝对位移 q_1 和摇杆偏离铅垂线的夹角 q_2 为广义坐标，如图 2.9(a)所示。

(1) 建立坐标系。选取固连于惯性参考系的全局坐标系 $O_0x_0y_0$ 和固连于运动基础的局部坐标系 $O_1x_1y_1$，如图 2.9(b)所示。可见，$q_1 = x_0 + x_1$，其中 $x_0 = \bar{x}_g f(t)$ 为基础水平运动位移，$x_1 = q_1 - x_0 = q_1 - \bar{x}_g f(t)$ 为滑块相对于局部坐标系原点的位移，也就是弹簧的变形量；q_2 则为固结于滑块的角坐标，以铅垂线为基线，逆时针为正。系统的运动可在这些坐标系内考察，设 t 时刻广义坐标为 $q_1(t)$ 和 $q_2(t)$。

(2) 求系统的位移关系。由图 2.9(b)中的几何关系可得摇杆的质心位移和绕质心转动角度：

$$\begin{cases} x_C = q_1 + l\sin q_2 \\ y_C = l\cos q_2 \\ \theta_C = q_2 \end{cases} \tag{a}$$

(3) 求系统的动能。系统的动能为滑块的动能和摇杆的动能之和。由于摇杆本质上是在做刚体平面运动，动能等于其随质心平动动能和绕质心转动动能之和。

为求系统的动能，须先求出滑块的速度和摇杆的速度。滑块的速度 $v_M = \dot{q}_1$。摇杆的速度需要通过将式(a)对时间求导而得到：

$$\begin{cases} \dot{x}_C = \dot{q}_1 + l\dot{q}_2\cos q_2 \\ \dot{y}_C = -l\dot{q}_2\sin q_2 \\ \dot{\theta}_C = \dot{q}_2 \end{cases} \tag{b}$$

由此可求出系统的动能为

$$T = T_M + T_{m_C} = \frac{1}{2}M\dot{q}_1^2 + \frac{1}{2}m_C[(\dot{q}_1 + l\dot{q}_2\cos q_2)^2 + (-l\dot{q}_2\sin q_2)^2] + \frac{1}{2}J_C\dot{q}_2^2 \tag{c}$$

(4) 求系统的势能。系统的势能包括弹簧的弹性变形能 V_S 和摇杆的重力势能 V_g。设摇杆的重力零势能点为摇杆位于铅垂时的质心位置,并以弹簧的原长作为弹性势能的零势能位。则系统的总势能为

$$V = V_S + V_g = \frac{1}{2}k[q_1 - \bar{x}_g f(t)]^2 + mgl(1 - \cos q_2) \tag{d}$$

(5) 求非保守广义力。由于该系统未受到外力作用,且不计阻尼力和摩擦力,可理解为非保守力为零,所以非保守广义力也为零,即 $Q_j = 0\ (j = 1,\ 2)$。

(6) 建立该系统的运动微分方程。由上述动能和势能可求出拉格朗日函数为

$$\begin{aligned} L = T - V = &\frac{1}{2}M\dot{q}_1^2 + \frac{1}{2}m_C[(\dot{q}_1 + l\dot{q}_2\cos q_2)^2 + (-l\dot{q}_2\sin q_2)^2] + \frac{1}{2}J_C\dot{q}_2^2 \\ &- \frac{1}{2}k[q_1 - \bar{x}_g f(t)]^2 - mgl(1 - \cos q_2) \end{aligned} \tag{e}$$

将拉格朗日函数 L 和非保守广义力 $Q_j (j = 1,\ 2)$ 的表达式代入式(2.1.7b)给出的第二类拉格朗日方程,可整理出如下运动微分方程:

$$\begin{cases} (M + m_C)\ddot{q}_1 + (m_C l\cos q_2)\ddot{q}_2 - (m_C l\sin q_2)\dot{q}_2^2 + kq_1 = k\bar{x}_g f(t) \\ (m_C l\cos q_2)\ddot{q}_1 + (m_C l^2 + J_C)\ddot{q}_2 + m_C gl\sin q_2 = 0 \end{cases} \tag{f}$$

由方程(f)可见:该系统也具有非线性惯性特征,但出现在两个广义坐标的耦合项上;也含有非线性离心力项;系统的激励与弹簧刚度存在耦合等。如果满足线性化条件,则可在上述方程中近似取 $\sin q_2 \approx q_2$、$\cos q_2 \approx 1$,然后舍去所有非线性项,得到:

$$\begin{cases} (M + m_C)\ddot{q}_1 + m_C l\ddot{q}_2 + kq_1 = k\bar{x}_g f(t) \\ m_C l\ddot{q}_1 + (m_C l^2 + J_C)\ddot{q}_2 + m_C glq_2 = 0 \end{cases} \tag{g}$$

可见,在该线性化方程中,不仅系统惯性特性为线性,而且不含离心力项了。

2.3　无限自由度系统的运动微分方程

2.2 节建立的运动微分方程,实际上是牛顿力学和拉格朗日力学基本原理的应用,其研究对象从质点出发发展到质点系、刚体。但实际的机械系统或工程结构一般都是可变形的连续体(简称变形体),因此往往需要按照连续体模型建立其运动微分方程。在振动理论中,将连续体模型看作无限自由度系统,它与有限自由度系统的最显著区别是,其运动微分方程不再是常微分方程,而是偏微分方程。对于结构简单、规则的连续体,如简单

的杆件、形状规则的板和实体,常采用微元体受力分析的方法,基于达朗贝尔原理或哈密顿原理建立系统的运动微分方程,即采用连续系统的建模方法得到相对精确的解析模型;但当系统的结构比较复杂时,建立连续系统的动力学模型会非常困难。如何建立不同形式的无限自由度系统的动力学模型,是本节主要讨论的内容。

2.3.1 弹性体一维振动的运动微分方程

最简单的变形体振动问题是弹性体的一维振动,如杆或梁的横向、纵向、扭转等振动形态。对于一维直杆模型,在平截面假定条件下,可采用微段受力分析法,基于达朗贝尔原理建立其运动微分方程。下面将采用连续系统的建模方法,对线弹性小变形情况下弹性体一维振动的几种典型情况进行介绍。

1. 梁平面弯曲振动问题

本小节以欧拉-伯努利(Euler-Bernoulli)梁模型为研究对象,介绍梁平面弯曲振动运动微分方程的建立方法。欧拉-伯努利梁模型的基本假定是:承认梁横截面上有剪力存在,但忽略梁的剪切变形,相当于假定梁的剪切刚度为无穷大(即 $GA\to\infty$)。一般认为,当梁的跨高比(l/h)大于 10 时,采用欧拉-伯努利梁模型具有满足工程需要的计算精度。

设从某平面直梁上任意位置 x 取出长度为 $\mathrm{d}x$ 的微段,如图 2.10 所示。梁所处的坐标系为 Oxy,坐标原点位于梁一端的横截面形心位置,x 轴与梁轴线重合。$y(x, t)$ 是梁各点横截面形心的横向位移,即梁做平面内横向弯曲振动时的挠曲线函数,以沿坐标轴正向为正。要求建立 y 和其导数所满足的微分方程。

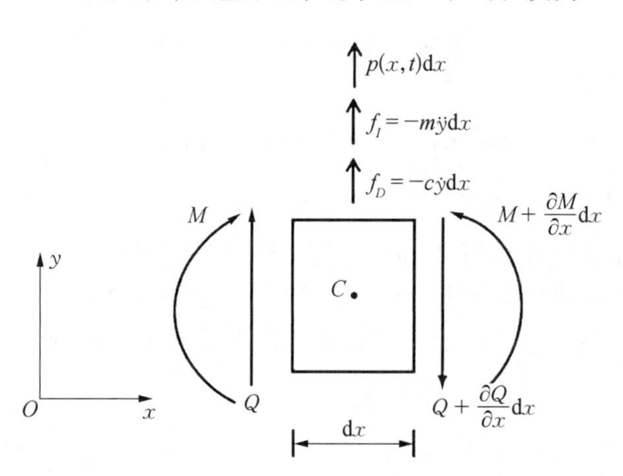

图 2.10 梁平面弯曲微段受力图

1)微段受力分析

根据达朗贝尔原理,可认为梁微段受四种力:惯性力 f_I、等效黏滞阻尼力 f_D、弹性恢复力 Q 和力矩 M、外部激励力 p 作用,如图 2.10 所示,它们一般都是 x 和 t 的函数。需要注意力的符号和方向,图中各力均按正方向画出。

2)列达朗贝尔原理意义上的平衡方程(动静法)

由 $\sum F_y=0$ 得

$$-\frac{\partial Q}{\partial x}-m\ddot{y}-c\dot{y}+p(x,\ t)=0 \tag{2.3.1}$$

由 $\sum M_c=0$ 得

$$-\frac{\partial M}{\partial x}+Q=0 \tag{2.3.2}$$

式中,m 为单位长度梁的质量;c 为单位长度梁的等效黏滞阻尼系数(可理解为既包括介质阻尼也包括结构内阻尼);p 为单位长度梁上的横向分布力;M 和 Q 则是梁内的弯矩和剪力函数。其中,式(2.3.2)是关于微段的质心 C 的力矩平衡方程,且略去了其中的高阶微量。

3）补充方程

上面列出的两个平衡方程中有 M、Q、y 三个变量,所以方程不封闭。需补充一个方程,这个方程就是欧拉-伯努利梁的挠曲线近似微分方程:

$$M=+EIy'' \tag{2.3.3}$$

式中,EI 为梁横截面的抗弯刚度;E 为弹性模量;I 为梁横截面惯性矩。注意:为简单起见,这里记 $y''=\frac{\partial^2 y}{\partial x^2}$, $\ddot{y}=\frac{\partial^2 y}{\partial t^2}$ 等。

4）建立梁的运动微分方程

将方程(2.3.3)代入方程(2.3.2),有

$$Q=[EIy'']' \tag{2.3.4}$$

将方程(2.3.4)代入方程(2.3.1),经过整理后可得如下运动微分方程:

$$m\ddot{y}+c\dot{y}+[EIy'']''=p(x,\ t) \tag{2.3.5a}$$

以该方程描述运动的梁称为欧拉-伯努利梁。可见,方程(2.3.5a)中含有对时间 t 的二阶导数和对空间位置 x 的四阶导数。m、c、EI 一般可为 x 的函数,对于等截面匀质直梁,它们均为常数,上述方程简化为

$$m\ddot{y}+c\dot{y}+EIy''''=p(x,\ t) \tag{2.3.5b}$$

注意到,式(2.3.3)和式(2.3.4)中实际上已经包含了几何方程和物理方程的因素。从这个意义上讲,该梁的运动微分方程是从平衡条件、物理方程、几何方程三方面出发建立的,这也是建立变形连续体运动微分方程的一般方法。

5）定解条件

事实上,仅仅建立该梁的运动微分方程(2.3.5),还不足以求出该梁振动响应的确定解,还需要给出定解条件,即梁振动的初始条件和边界条件。其中,初始条件是指在振动初始时刻(一般取 $t=0$ 时刻)梁上各点的初位移和初速度,即

$$y(x,\ 0),\quad \dot{y}(x,\ 0) \tag{2.3.6}$$

边界条件则是指在振动任意时刻 t,梁两个端点的位移及受力情况,即

$$y(x,\ t)\Big|_{x=0}^{x=l},\quad \theta(x,\ t)\Big|_{x=0}^{x=l}=y'(x,\ t)\Big|_{x=0}^{x=l} \tag{2.3.7a}$$

$$M(x,\ t)\bigg|_{x=0}^{x=l} = EIy''(x,\ t)\bigg|_{x=0}^{x=l},\quad Q(x,\ t)\bigg|_{x=0}^{x=l} = [EIy''(x,\ t)]'\bigg|_{x=0}^{x=l}$$

(2.3.7b)

可见,边界条件共有 8 个。但在实际问题分析时,只需 4 个(也必须 4 个)边界条件,根据梁具体的边界约束条件而定。

方程(2.3.5)连同初始条件[式(2.3.6)]、边界条件[式(2.3.7)]一起,可以解出 $y(x,\ t)$ 的确定解。由于在定解条件中既有初始条件又有边界条件,在偏微分方程理论中称为初边值混合问题。

2. 杆的轴向振动

设从某直杆上任意位置 x 取出长度为 $\mathrm{d}x$ 的微段,如图 2.11 所示。杆所处的坐标系为 Oxy,坐标原点位于杆一端的横截面形心位置,x 轴与杆轴线重合。其中,$u(x,\ t)$ 是杆上各点横截面形心的轴向位移,即杆做轴向振动时的轴向位移函数,以图示方向为正。要求建立 u 和其导数所满足的微分方程。

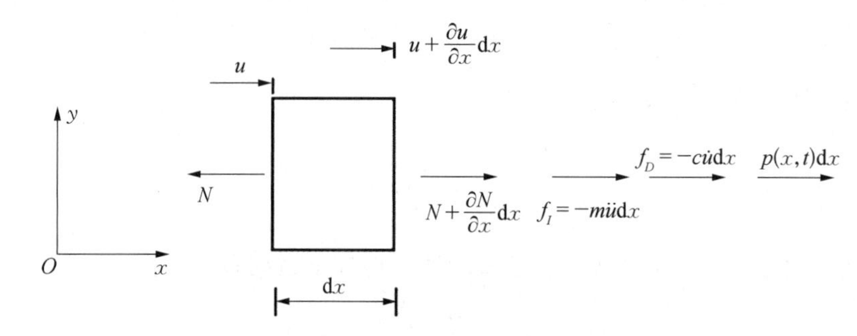

图 2.11　杆轴向振动微段受力图

1) 微段受力分析

根据达朗贝尔原理,可认为杆微段受四种力:惯性力 f_I、等效黏滞阻尼力 f_D、弹性恢复力 N 和外部激励力 p,如图 2.11 所示,各力均按正方向画出。

2) 列达朗贝尔原理意义上的平衡方程(动静法)

由 $\sum F_x = 0$ 得

$$\frac{\partial N}{\partial x} - m\ddot{u} - c\dot{u} + p(x,\ t) = 0 \tag{2.3.8}$$

式中,$N = N(x,\ t)$ 为杆内轴力函数;其他参数的含义与梁的相应参数相同。

3) 补充方程

上面列出的平衡方程中有 N 和 u 两个变量,方程不封闭。需补充一个方程:

$$N = + EAu' \tag{2.3.9}$$

式中,EA 为杆横截面的轴向抗拉(压)刚度;A 为杆的横截面面积,可为 x 的函数。同理,方程(2.3.9)中同时包含了物理和几何方程的因素。

4) 建立该杆的运动微分方程

将方程(2.3.9)代入方程(2.3.8),经过整理后可得如下运动微分方程:

$$m\ddot{u}+c\dot{u}-[EAu']'=p(x,t) \tag{2.3.10a}$$

对于等截面匀质杆，m、c、EA 均为常数，上述方程简化为

$$m\ddot{u}+c\dot{u}-EAu''=p(x,t) \tag{2.3.10b}$$

这就是杆做轴向振动时的运动微分方程。方程(2.3.10)中含有对时间 t 的二阶导数和对空间位置 x 的二阶导数。

5）定解条件

同样，还需要给出定解条件，即该杆振动的初始条件和边界条件。初始条件为

$$u(x,0),\quad \dot{u}(x,0) \tag{2.3.11}$$

边界条件为

$$u(x,t)\Big|_{x=0}^{x=l},\quad N(x,t)\Big|_{x=0}^{x=l}=EAu'(x,t)\Big|_{x=0}^{x=l} \tag{2.3.12}$$

可见，边界条件共有4个。但在实际问题分析时，只需2个(也必须有2个)边界条件，根据杆具体的边界约束条件而定。方程(2.3.10)连同初始条件[式(2.3.11)]、边界条件[式(2.3.12)]一起，可以解出 $u(x,t)$ 的确定解。

3. 圆轴扭转振动

设从某圆轴上任意位置 x 取出长度为 dx 的微段，如图2.12所示。其中，x 轴与圆轴的轴线重合，$\theta(x,t)$ 是圆轴上各点处的横截面绕 x 轴的转角，即圆轴扭转振动时的角位移函数，以图示方向为正。要求建立 θ 和其导数所满足的微分方程。

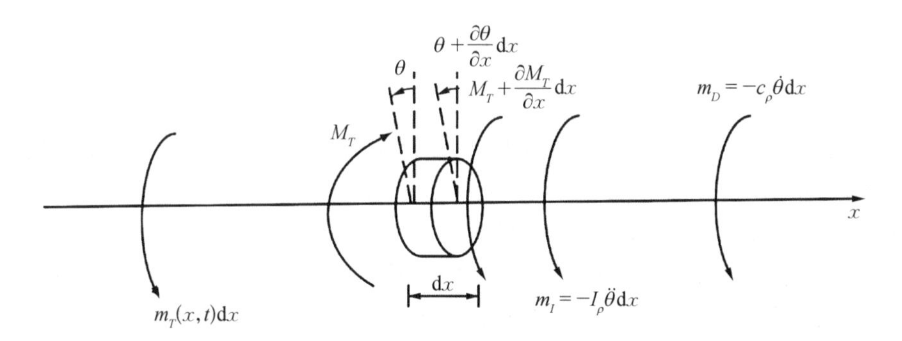

图2.12 圆轴扭转振动微段受力图

1）微段受力分析

根据达朗贝尔原理，可认为圆轴微段受四种力矩：惯性力矩 m_I、等效黏滞阻尼力矩 m_D、弹性恢复力矩 M_T 和外部激励力矩 m_T，各力均按正方向画出。

2）列力矩平衡方程(动静法)

由 $\sum M_x=0$ 得

$$\frac{\partial M_T}{\partial x}-I_\rho\ddot{\theta}-c_\rho\dot{\theta}+m_T(x,t)=0 \tag{2.3.13}$$

式中，$M_T = M_T(x, t)$ 为圆轴内的扭矩函数；I_ρ 为单位长度圆轴对其形心轴的转动惯量；c_ρ 为单位长度圆轴的等效黏滞阻尼力矩系数；m_T 则为单位长度圆轴上的外部激励力矩。

3）补充方程

上面列出的平衡方程中有 M_T 和 θ 两个变量，方程不封闭。需补充一个方程：

$$M_T = + GJ_\rho \theta' \tag{2.3.14}$$

式中，GJ_ρ 为圆轴横截面的抗扭刚度；G 为剪切模量；J_ρ 为轴横截面关于形心的极惯性矩。同理，方程(2.3.14)中同时包含了物理和几何方程的因素。

4）建立该圆轴的运动微分方程

将方程(2.3.14)代入方程(2.3.13)，经过整理后可得如下运动微分方程：

$$I_\rho \ddot{\theta} + c_\rho \dot{\theta} - [GJ_\rho \theta']' = m_T(x, t) \tag{2.3.15a}$$

I_ρ、c_ρ、GJ_ρ 一般可为 x 的函数，对于等截面匀质圆轴，它们均为常数，上述方程简化为

$$I_\rho \ddot{\theta} + c_\rho \dot{\theta} - GJ_\rho \theta'' = m_T(x, t) \tag{2.3.15b}$$

此为圆轴做扭转振动时的运动微分方程，方程(2.3.15)中含有对时间 t 的二阶导数和对空间位置 x 的二阶导数。

5）定解条件

还需要给出该圆轴振动的初始条件和边界条件。初始条件为

$$\theta(x, 0), \quad \dot{\theta}(x, 0) \tag{2.3.16}$$

边界条件为

$$\theta(x, t)\Big|_{x=0}^{x=l}, \quad M_T(x, t)\Big|_{x=0}^{x=l} = GJ_\rho \theta'(x, t)\Big|_{x=0}^{x=l} \tag{2.3.17}$$

可见，边界条件共有 4 个。但在实际问题分析时，只需 2 个（也必须有 2 个）边界条件，根据圆轴具体的边界约束条件而定。采用方程(2.3.15)连同初始条件[式(2.3.16)]、边界条件[式(2.3.17)]一起，可以解出 $\theta(x, t)$的确定解。

以上三种情形是一维杆件振动的基本情形，按上述分析方法可建立这类系统的运动微分方程。注意到，只有梁弯曲振动的运动微分方程中对空间变量是四阶导数，其余两种情形下的运动微分方程中，对时间变量和空间变量都是二阶导数，这两种情形的运动微分方程与振动理论中弦横向振动的运动微分方程形式一致，在偏微分方程理论中，将其归结为一维波动方程。限于篇幅，关于弦横向振动运动微分方程的建立过程在此就不再展开讨论了，有兴趣的读者可参阅相关文献。

在以上三种基本情形的基础上，还可以建立一些更复杂的一维杆件振动系统的运动微分方程，如梁的弯扭耦合振动等。

4. 梁的弯扭耦合振动

在前面讨论的一维杆件系统的振动中，一般只考虑杆件的单一变形形式，例如，假定梁有一个纵向对称轴，且梁的质心和刚度中心重合。然而，工程中有很多情形，梁的质心和刚度中心并不完全重合，总有一些偏心。在这种情况下，梁即使是受到某个面内的外部

激励作用,也会产生弯扭耦合振动。此时,梁的运动微分方程可建立如下。

设某直梁横截面的质心 C 和刚度中心 S(简称刚心,也称剪切中心或剪心)不重合,它们之间的偏心距为 e;梁受到通过刚心的横向分布动载 $p(x, t)$ 和位于横截面内绕刚心的外力扭矩 $m_T(x, t)$ 作用。为简单起见,这里仅考虑在一个纵向平面内的弯曲振动与扭转振动耦合的情形。

现从梁上任意位置 x 取出长度为 $\mathrm{d}x$ 的微段,如图 2.13(a)所示。梁所处的坐标系的坐标原点位于梁一端的横截面刚心位置,x 轴与梁过刚心的轴线重合;$y(x, t)$ 为梁振动时刚心的挠曲线函数,$\varphi(x, t)$ 为梁横截面绕刚心转动的角位移函数,均以沿坐标轴正向为正,如图 2.13(b)所示。要求建立 y、φ 和其导数所满足的微分方程。

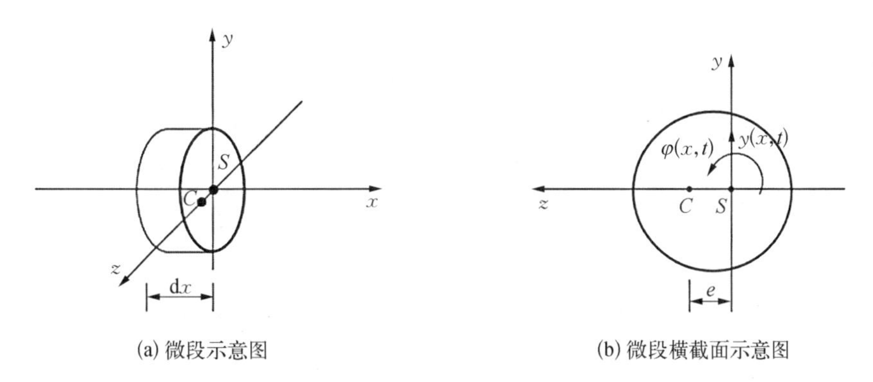

(a) 微段示意图　　(b) 微段横截面示意图

图 2.13　梁弯扭耦合振动微段示意图

1) 梁质心的位移

根据图 2.13 的坐标系和位移 y、φ 的正方向规定,可知梁质心的横向位移 y_C 和扭转角 φ_C 分别为

$$\begin{cases} y_C = y - e\varphi \\ \varphi_C = \varphi \end{cases} \tag{2.3.18}$$

2) 微段受力分析

根据达朗贝尔原理,可认为梁微段受到惯性力 f_I 和力矩 m_I,弹性恢复力 Q 和力矩 M、M_T,外部激励力 p 和力矩 m_T 等作用,如图 2.14 所示,暂不考虑等效黏滞阻尼力作用。

如图 2.14(a)所示,单位长度的梁受到惯性力和惯性力矩分别为

$$\begin{cases} f_{I_C} = -m\ddot{y}_C \\ m_{I_C} = -\rho J\ddot{\varphi}_C \end{cases} \tag{2.3.19}$$

式中,m 为梁单位长度的质量;ρ 为梁的质量密度,且有 $m=\rho A$,A 为梁横截面面积;J 为梁横截面绕 x 轴的惯性矩,而 ρJ 则是梁横截面转动的转动惯量;下标 C 代表质心;负号表示惯性力与梁微段运动的加速度方向相反。

将式(2.3.18)代入式(2.3.19)[相当于是将作用在质心的惯性力简化到刚心,如图 2.14(b)所示],可得

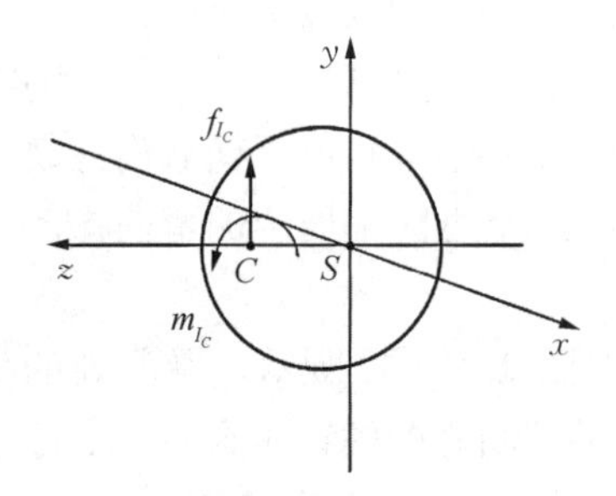

(a) 作用在质心的惯性力

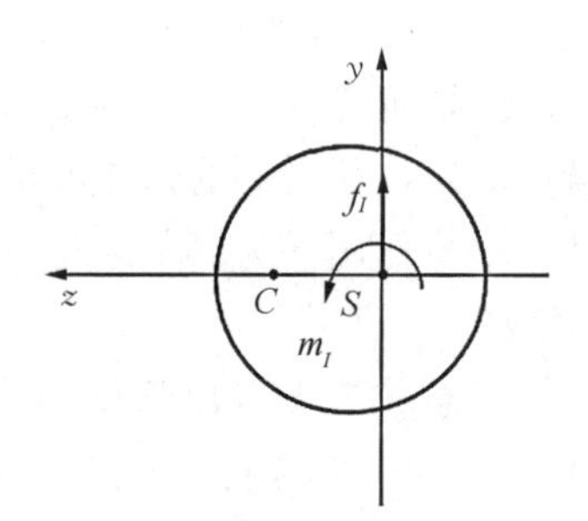

(b) 简化到刚心的惯性力

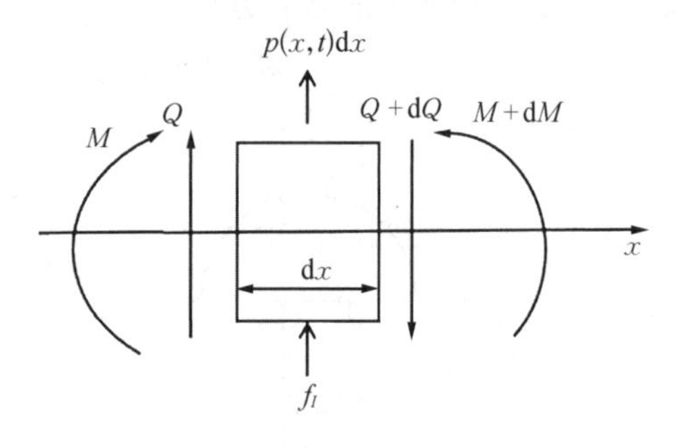

(c) 梁微段受力图：弯曲部分

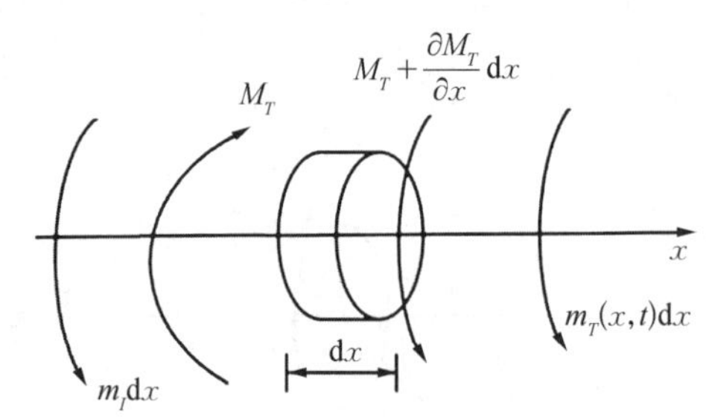

(d) 梁微段受力图：扭转部分

图 2.14　梁弯扭耦合振动微段受力图

$$\begin{cases} m_I = -(\rho J + me^2)\ddot{\varphi} + me\ddot{y} \\ f_I = -m\ddot{y} + me\ddot{\varphi} \end{cases} \tag{2.3.20}$$

3）列平衡方程（动静法）

假定梁为线弹性小变形且横截面变形后仍保持为平面（即符合平截面假定），则可假定梁横截面上的弯矩、剪力与扭矩互不影响。于是，可假定梁微段的弯曲受力状态和扭转受力状态分别如图 2.14(c) 和图 2.14(d) 所示。仿照梁平面弯曲振动和扭转振动的建模方法，可得如下方程。

由 $\sum F_y = 0$ 得

$$-\frac{\partial Q}{\partial x} - m\ddot{y} + me\ddot{\varphi} + p(x,\ t) = 0 \tag{2.3.21}$$

由 $\sum M_z = 0$ 得

$$\frac{\partial M}{\partial x} - Q = 0 \tag{2.3.22}$$

由 $\sum M_x = 0$ 得

$$\frac{\partial M_T}{\partial x} + m_I + m_T(x,\ t) = 0 \tag{2.3.23}$$

4）补充方程

上面列出的三个平衡方程中有 M、Q、M_T、φ、y 五个变量，方程不封闭。需补充两个方程。这里将弯曲振动按欧拉-伯努利梁考虑，将扭转振动按无翘曲扭转问题考虑，所以有

$$M = + EIy'' \tag{2.3.24}$$

$$M_T = GJ\varphi' \tag{2.3.25}$$

式中，EI 为梁横截面绕 z 轴的抗弯刚度；GJ 为梁横截面绕 x 轴的抗扭刚度。

5）建立该梁的运动微分方程

将式(2.3.24)和式(2.3.25)代入式(2.3.21)~式(2.3.23)，经过整理后可得如下的运动微分方程：

$$\begin{cases} m\ddot{y} - me\ddot{\varphi} + [EIy'']'' = p(x,\ t) \\ -me\ddot{y} + I_s\ddot{\varphi} - [GJ\varphi']' = m_T(x,\ t) \end{cases} \tag{2.3.26a}$$

式中，$I_s = \rho J + me^2$。该方程组描述的是欧拉-伯努利梁的横向弯曲与扭转耦合振动。对于等截面匀质梁，上述方程可简化为

$$\begin{cases} m\ddot{y} - me\ddot{\varphi} + EIy'''' = p(x,\ t) \\ -me\ddot{y} + I_s\ddot{\varphi} - GJ\varphi'' = m_T(x,\ t) \end{cases} \tag{2.3.26b}$$

6）定解条件

由于这里的位移分量有两个，即 y 和 φ，所以该梁振动的初始条件为

$$y(x,\ 0),\ \dot{y}(x,\ 0);\quad \varphi(x,\ 0),\ \dot{\varphi}(x,\ 0) \tag{2.3.27}$$

该梁的边界条件也有两组：欧拉-伯努利梁的弯曲振动边界条件和杆件扭转振动边界条件，即

$$y(x,\ t)\Big|_{x=0}^{x=l},\ \theta(x,\ t)\Big|_{x=0}^{x=l} = y'(x,\ t)\Big|_{x=0}^{x=l} \tag{2.3.28}$$

$$M(x,\ t)\Big|_{x=0}^{x=l} = EIy''(x,\ t)\Big|_{x=0}^{x=l},\quad Q(x,\ t)\Big|_{x=0}^{x=l} = [EIy''(x,\ t)]'\Big|_{x=0}^{x=l} \tag{2.3.29}$$

$$\varphi(x,\ t)\Big|_{x=0}^{x=l},\quad M_T(x,\ t)\Big|_{x=0}^{x=l} = GJ\varphi'(x,\ t)\Big|_{x=0}^{x=l} \tag{2.3.30}$$

注意，式中 θ 是梁因弯曲而产生的横截面绕 z 轴的转动角度，而 φ 则是梁因扭转而产生的横截面绕 x 轴转动角度。采用方程(2.3.26)，连同初始条件[式(2.3.27)]、边界条件[式(2.3.28)~式(2.3.30)]一起，可以解出 y 和 φ 的确定解。

至此,将工程中常见的一维杆件结构线弹性振动的运动微分方程建立过程进行了介绍。对于其他类型的结构或问题,可仿此计算原理和方法解决。

2.3.2 薄板横向弯曲振动的运动微分方程

板一般是指两个平行的平面和垂直于其平面的柱面或棱柱面所围成的弹性体,且高度小于底面尺寸。当板厚与板的面内最小特征尺度的比值在1/80~1/5时,一般称为薄板。

当全部的外部激励均沿垂直于薄板的中面(即平分板厚度的面)方向作用时,薄板以弯曲变形为主,此时薄板的振动呈横向弯曲变形状态。当薄板发生弯曲变形时,中面上各点沿垂直于中面方向的位移称为挠度。如果挠度和板的厚度之比小于1/5,可以认为是小挠度问题,否则应按大挠度问题处理。本节仅给出按小挠度理论建立的薄板横向弯曲振动的运动微分方程。

1. 薄板弯曲分析的基本假定——基尔霍夫(Kirchhoff)假定

因为薄板的厚度远小于其平面尺寸,所以与梁弯曲分析的初等理论(即欧拉-伯努利梁理论)相似,完全可以略去某些次要因素而引用一些能够简化理论分析的假设。实践证明,基于这些假设所作的分析产生的误差不会有任何实质性的影响。薄板小挠度理论的基本假定是基尔霍夫假定,即:① 变形前垂直于薄板中面的直线段(法线)在变形后仍保持为直线,且仍垂直于弯曲变形后的中面,且长度不变;② 与板内平行于中面的应力(σ_x、σ_y、τ_{xy}等)相比,垂直于中面的正应力(σ_z)很小,在计算应变时可忽略不计;③ 薄板弯曲变形时,中面内各点只有垂直于中面的位移(即挠度w),而无中面内的位移u和v,即有:$u|_{z=0}=0$, $v|_{z=0}=0$, $w|_{z=0}=w(x, y)$。接下来研究薄板横向弯曲振动时将采用以上假定。

2. 薄板横向弯曲振动的运动微分方程和边界条件

下面给出薄板仅在横向分布激励$q(x, y, t)$作用下产生小挠度弯曲振动时的基本方程。

1)薄板计算简图——以矩形薄板为例

设有如图2.15所示的矩形薄板,板厚为h、质量密度为ρ;板为各向同性材料,弹性模量为E、泊松比为μ。假设在板面上受到垂直于中面的横向分布激励$q(x, y, t)$作用。设板在该激励作用下产生沿z轴正向的位移w,在上述假定下,$w=w(x, y, t)$。

2)薄板的应变和应力

设从薄板中任意位置取出边长分别为$\mathrm{d}x$和$\mathrm{d}y$的矩形微元体,该微元体的中面变形前为平面$ABCD$,变形后的中面为弹性曲面$A'B'C'D'$,如图2.16所示。这个弹性曲面沿x和y方向的倾角分别为$\partial w/\partial x$和$\partial w/\partial y$。

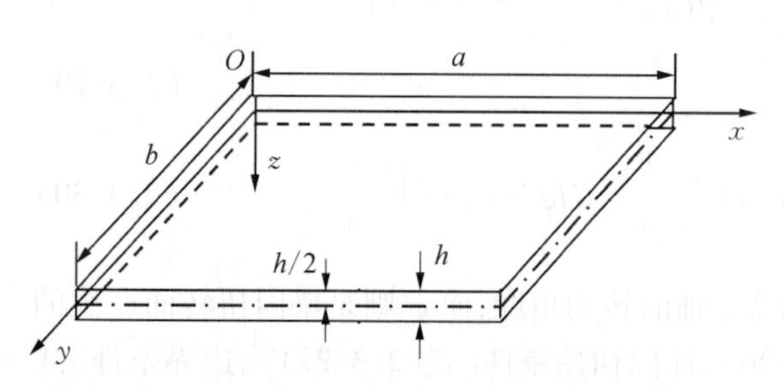

图2.15 矩形薄板计算简图

设在薄板中取一个与Oxz平面平行的截面,如图2.17所示。其中,点A_1是中面内点A法线上的一点,点A_1与点A的距离为z。当点A因板产生挠度w而

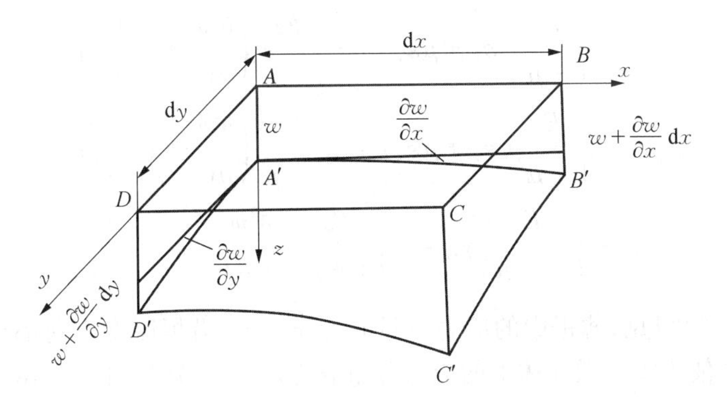

图 2.16　薄板微元体中面变形图

移动到点 A'时,点 A_1 移动到点 A'_1。基于基尔霍夫假定可以求出点 A_1 沿 x 方向的位移分量为

$$u = -z\frac{\partial w}{\partial x} \tag{2.3.31}$$

同理,若取出的截面与 Oyz 平面平行,可以求出点 A_1 沿 y 方向的位移分量为

$$v = -z\frac{\partial w}{\partial y} \tag{2.3.32}$$

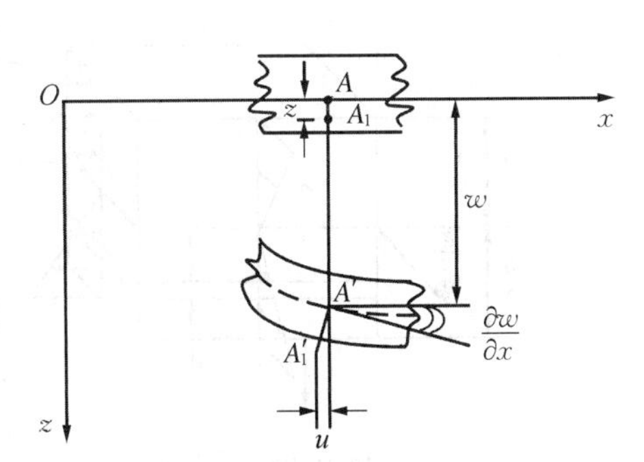

图 2.17　薄板变形与位移关系示意图

根据弹性力学中的几何方程(即应变与位移之间的关系),可利用式(2.3.31)和式(2.3.32)求出薄板的应变分量为

$$\begin{cases} \varepsilon_x = \dfrac{\partial u}{\partial x} = -z\dfrac{\partial^2 w}{\partial x^2} = z\kappa_x \\ \varepsilon_y = \dfrac{\partial v}{\partial y} = -z\dfrac{\partial^2 w}{\partial y^2} = z\kappa_y \\ \gamma_{xy} = \dfrac{\partial v}{\partial x} + \dfrac{\partial u}{\partial y} = -2z\dfrac{\partial^2 w}{\partial x \partial y} = z\kappa_{xy} \end{cases} \tag{2.3.33}$$

其中,

$$\kappa_x = -\frac{\partial^2 w}{\partial x^2}, \quad \kappa_y = -\frac{\partial^2 w}{\partial y^2}, \quad \kappa_{xy} = -2\frac{\partial^2 w}{\partial x \partial y} \tag{2.3.34}$$

式中,κ_x、κ_y 分别表示弹性曲面在 x、y 方向的曲率;κ_{xy} 表示弹性曲面在 x 和 y 方向的扭率。

利用弹性力学中的物理方程(即应变与应力之间的关系),并根据基尔霍夫假定忽略 σ_z 对变形的影响,可求出薄板的应力分量 σ_x、σ_y、τ_{xy} 为

$$
\begin{cases}
\sigma_x = \dfrac{E}{1-\mu^2}(\varepsilon_x + \mu\varepsilon_y) = -\dfrac{Ez}{1-\mu^2}\left(\dfrac{\partial^2 w}{\partial x^2} + \mu\dfrac{\partial^2 w}{\partial y^2}\right) \\
\sigma_y = \dfrac{E}{1-\mu^2}(\varepsilon_y + \mu\varepsilon_x) = -\dfrac{Ez}{1-\mu^2}\left(\dfrac{\partial^2 w}{\partial y^2} + \mu\dfrac{\partial^2 w}{\partial x^2}\right) \\
\tau_{xy} = \dfrac{E}{2(1+\mu)}\gamma_{xy} = -\dfrac{Ez}{(1+\mu)}\dfrac{\partial^2 w}{\partial x \partial y}
\end{cases}
\tag{2.3.35}
$$

由式(2.3.35)可见,薄板中的应力分量 σ_x、σ_y、τ_{xy} 沿板厚度方向都呈线性分布,在中面($z=0$)上的值为零。微元体上的应力分量 σ_x、σ_y、τ_{xy} 分布如图 2.18 所示。此外,薄板内还有剪应力分量 τ_{yx},且根据弹性力学中的剪应力互等定理,有 $\tau_{yx}=\tau_{xy}$。

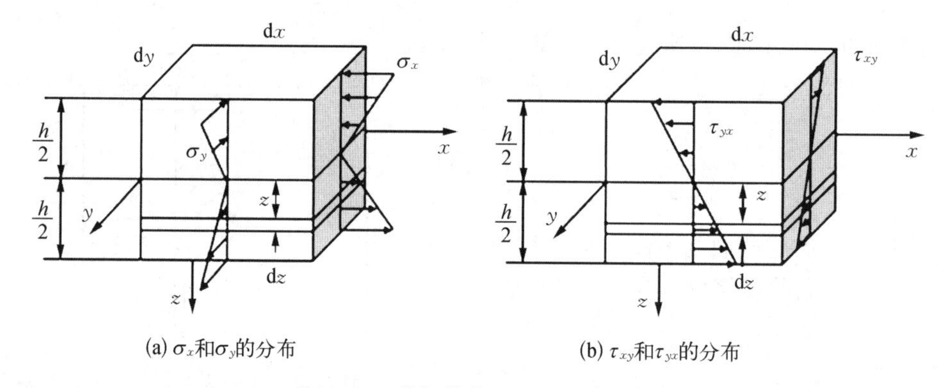

(a) σ_x和σ_y的分布　　(b) τ_{xy}和τ_{yx}的分布

图 2.18　薄板横截面上应力分布图

由于应力分量 σ_x、σ_y、τ_{xy} 都是 z 的奇函数,它们在薄板厚度上的总和都为零,只能合成为弯矩和扭矩。此外,在薄板横截面上还有横向剪应力 τ_{xz} 和 τ_{yz},它们可合成为横向剪力。

3)薄板的内力

由图 2.18 看出,在垂直于 x 方向的横截面上,正应力 σ_x 合成为弯矩,剪应力 τ_{xy} 合成为扭矩,记 M_x 和 M_{xy} 分别为单位宽度的弯矩和扭矩,则可得

$$
M_x = \int_{-h/2}^{h/2} \sigma_x z \mathrm{d}z = -D\left(\frac{\partial^2 w}{\partial x^2} + \mu\frac{\partial^2 w}{\partial y^2}\right) \tag{2.3.36}
$$

$$
M_{xy} = \int_{-h/2}^{h/2} \tau_{xy} z \mathrm{d}z = -D(1-\mu)\frac{\partial^2 w}{\partial x \partial y} \tag{2.3.37}
$$

其中,

$$
D = \frac{Eh^3}{12(1-\mu^2)} \tag{2.3.38}
$$

同理,在垂直于 y 方向的横截面上,正应力 σ_y 合成为弯矩,剪应力 τ_{yx} 合成为扭矩,记 M_y 和 M_{yx} 分别为单位宽度的弯矩和扭矩,则可得

$$M_{yx} = \int_{-h/2}^{h/2} \tau_{yx} z \mathrm{d}z = - D(1 - \mu) \frac{\partial^2 w}{\partial x \partial y} \tag{2.3.39}$$

$$M_y = \int_{-h/2}^{h/2} \sigma_y z \mathrm{d}z = - D\left(\frac{\partial^2 w}{\partial y^2} + \mu \frac{\partial^2 w}{\partial x^2}\right) \tag{2.3.40}$$

可见，$M_{yx} = M_{xy}$，这是剪应力互等的结果。式中，D 同式（2.3.38），称为薄板抗弯刚度。

此外，薄板横截面上的剪应力 τ_{xz} 和 τ_{yz} 合成为横向剪力，记 Q_x 和 Q_y 分别为垂直于 x 轴和垂直于 y 轴的横截面上单位宽度的横向剪力，则可得

$$Q_x = \int_{-h/2}^{h/2} \tau_{xz} \mathrm{d}z \tag{2.3.41}$$

$$Q_y = \int_{-h/2}^{h/2} \tau_{yz} \mathrm{d}z \tag{2.3.42}$$

由于根据基尔霍夫假定可不计剪应变 γ_{xz} 和 γ_{yz}，可认为剪力 Q_x 和 Q_y 并不做功。有了内力分量后，薄板微元体可用其中面表示，可认为内力作用在中面上，如图 2.19 所示。

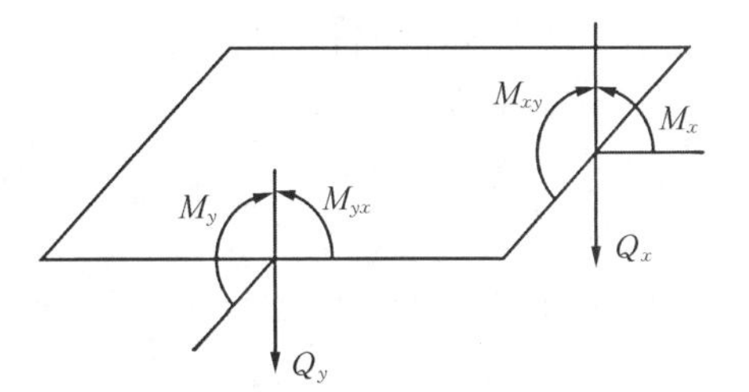

图 2.19　薄板内力分量示意图

4）薄板横向弯曲振动运动微分方程

以中面上的矩形微元 dxdy 代替薄板微元体，假设内力作用在中面上、横向外力也作用在中面上，得到如图 2.20 所示的微元体受力图。其中，所有内力分量均按正方向规定画出；在坐标有增量的截面上，内力也有增量。在横向外力中，既有外部激励 $q(x, y, t)$，也有薄板微元体的惯性力，且单位面积薄板上的惯性力为 $-\rho h \partial^2 w / \partial t^2$。

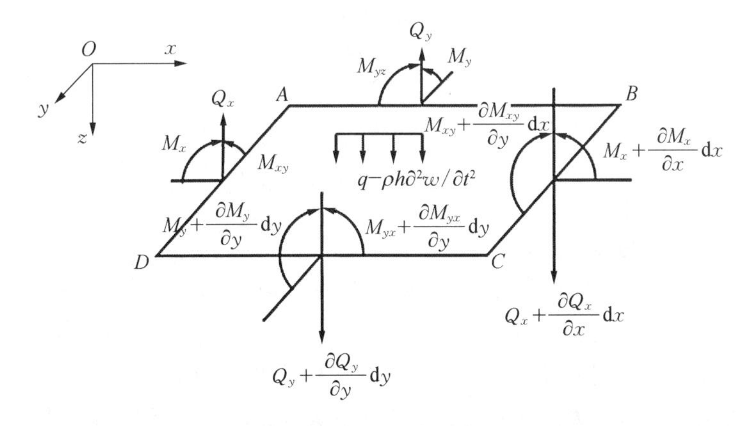

图 2.20　微元体受力图

根据 y 方向和 x 方向的力矩平衡条件，以及 z 方向的力平衡条件，可得下列方程：

$$\begin{cases}\dfrac{\partial M_x}{\partial x}+\dfrac{\partial M_{yx}}{\partial y}-Q_x=0\\ \dfrac{\partial M_{xy}}{\partial x}+\dfrac{\partial M_y}{\partial y}-Q_y=0\\ \dfrac{\partial Q_x}{\partial x}+\dfrac{\partial Q_y}{\partial y}+q-\rho h\dfrac{\partial^2 w}{\partial t^2}=0\end{cases}\tag{2.3.43}$$

将式(2.3.36)~式(2.3.40)代入式(2.3.43)中的前两式,可得

$$\begin{cases}Q_x=-D\dfrac{\partial}{\partial x}(\nabla^2 w)\\ Q_y=-D\dfrac{\partial}{\partial y}(\nabla^2 w)\end{cases}\tag{2.3.44}$$

式中, ∇^2 为调和算子,定义如下:

$$\nabla^2=\frac{\partial^2}{\partial x^2}+\frac{\partial^2}{\partial y^2}\tag{2.3.45}$$

再将式(2.3.44)代入式(2.3.43)中的第三式,可得

$$D\left(\frac{\partial^4 w}{\partial x^4}+2\frac{\partial^4 w}{\partial x^2\partial y^2}+\frac{\partial^4 w}{\partial y^4}\right)+\rho h\frac{\partial^2 w}{\partial t^2}=q(x,\ y,\ t)\tag{2.3.46a}$$

这就是根据薄板小挠度弯曲理论建立的薄板横向弯曲振动的运动微分方程,该方程还可简写为如下形式:

$$D\nabla^4 w+\rho h\frac{\partial^2 w}{\partial t^2}=q(x,\ y,\ t)\tag{2.3.46b}$$

式中, ∇^4 称为重调和算子,定义如下:

$$\nabla^4=\nabla^2\nabla^2=\left(\frac{\partial^2}{\partial x^2}+\frac{\partial^2}{\partial y^2}\right)\left(\frac{\partial^2}{\partial x^2}+\frac{\partial^2}{\partial y^2}\right)=\frac{\partial^4}{\partial x^4}+2\frac{\partial^4}{\partial x^2\partial y^2}+\frac{\partial^4}{\partial y^4}\tag{2.3.47}$$

5) 薄板弯曲问题的边界条件

薄板的基本边界可分为三类：简支、固定、自由。以图 2.21(a)所示的矩形薄板的 AD 边($x=0$)为例,三类基本边界的表示如图 2.21(b)所示,依次为固定边、简支边、自由边。

在基尔霍夫假定下,可针对三类基本边界写出薄板弯曲问题边界条件。以图 2.21(a)所示的矩形薄板的 AD 边($x=0$)为例,三类基本边界的边界条件可写为

(1) 固定边界。边界条件：挠度 w 为零、绕 y 轴的转角 $\partial w/\partial x$ 为零,即

$$w\big|_{x=0}=0,\quad \left.\frac{\partial w}{\partial x}\right|_{x=0}=0\tag{2.3.48}$$

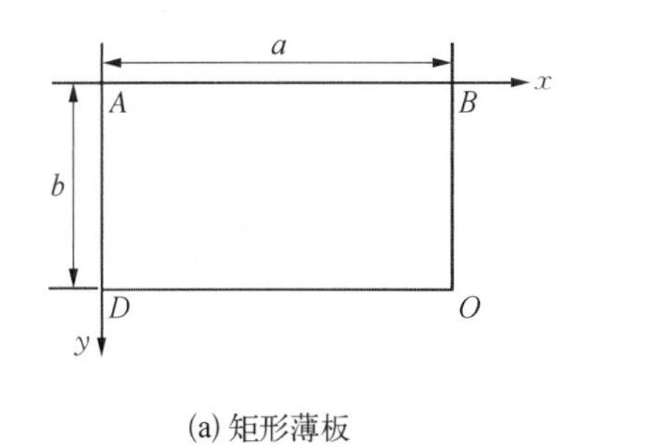

(a) 矩形薄板

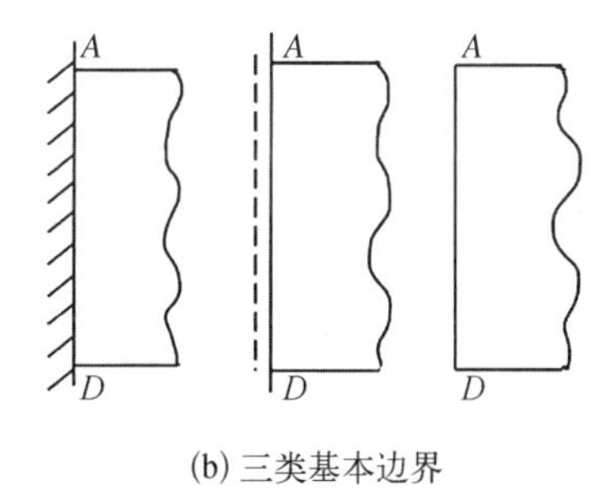

(b) 三类基本边界

图 2.21　薄板的三类基本边界

(2) 简支边界。边界条件：挠度 w 为零、弯矩 M_x 为零，即

$$w\big|_{x=0}=0,\quad M_x\big|_{x=0}=-D\left(\frac{\partial^2 w}{\partial x^2}+\mu\frac{\partial^2 w}{\partial y^2}\right)\Bigg|_{x=0}=0 \tag{2.3.49a}$$

由于在 $x=0$ 的边界上各点的挠度均为零，从而有 $\partial w/\partial y=0$，且由此得 $\partial^2 w/\partial y^2=0$，所以相应的边界条件又可以写成：

$$w\big|_{x=0}=0,\quad \frac{\partial^2 w}{\partial x^2}\Bigg|_{x=0}=0 \tag{2.3.49b}$$

(3) 自由边界。边界条件：弯矩 M_x、扭矩 M_{xy} 及横向剪力 Q_x 均为零，即

$$M_x\big|_{x=0}=0,\quad M_{xy}\big|_{x=0}=0,\quad Q_x\big|_{x=0}=0 \tag{2.3.50}$$

根据基尔霍夫薄板理论，式(2.3.50)中第二个和第三个条件可以合并为一个条件，即薄板任一边界上的分布扭矩可以变换为等效的横向剪力，与原来的剪力合并为一个综合剪力，从而消去一个条件。以图 2.21 中的 AD 边为例，综合剪力可表达为

$$V_x=Q_x+\frac{\partial M_{xy}}{\partial y} \tag{2.3.51}$$

将式(2.3.37)和式(2.3.44)中的第一式代入式(2.3.51)，根据自由边界条件[式(2.3.50)]，可得如下两个用挠度 w 表达的边界条件：

$$\left(\frac{\partial^2 w}{\partial x^2}+\mu\frac{\partial^2 w}{\partial y^2}\right)\Bigg|_{x=0}=0,\quad \left(\frac{\partial^3 w}{\partial x^3}+(2-\mu)\frac{\partial^3 w}{\partial x\partial y^2}\right)\Bigg|_{x=0}=0 \tag{2.3.52}$$

根据圣维南原理，上述等效变换只影响 AD 边近处的应力分布，因而是允许的。但是，经过该变换后，会在薄板边界角点处产生未能抵消的集中剪力。仍以 AD 边为例，有 $M_{xy}\big|_A$ 和 $M_{xy}\big|_D$。这时，就需要根据角点的约束情况确定角点条件。以点 D 为例，可分为两种情况讨论。

a. 假设 AD 边和 DC 边均为自由，则点 D 为悬空，应有

$$M_{xy}\big|_D+M_{yx}\big|_D=2M_{xy}\big|_D=0 \tag{2.3.53}$$

将式(2.3.37)代入，可得对应的用 w 表达的边界条件：

$$\left.\frac{\partial^2 w}{\partial x \partial y}\right|_D = 0 \tag{2.3.54}$$

b. 假设点 D 下面有支柱(设为轴向刚度无穷大),则点 D 的条件可写成如下简单形式:

$$w|_D = 0 \tag{2.3.55}$$

但这时可以求出点 D 的支座反力为

$$R_D = -2D(1-\mu)\left.\left(\frac{\partial^2 w}{\partial x \partial y}\right)\right|_D \tag{2.3.56}$$

以上只是针对矩形薄板给出了边界条件,对于更复杂的曲线边界,则需进一步分析。对于边缘是曲线形状的薄板,确定边界条件时首先需要确定沿曲线边界上分布的内力(弯矩、扭矩及剪力),然后将它们用薄板挠度 w 表示,从而写出相应的边界条件。限于篇幅,这里不再一一给出,有兴趣的读者可参阅与薄板理论相关的文献。

2.3.3 一般弹性体振动的运动微分方程

对于更为一般的弹性体,只能按照弹性力学的有关理论建立其运动微分方程,其基本原理仍是:在弹性体内采用微元体分析法,在弹性体边界上建立边界条件。但是,这里的微元体一般是三维空间笛卡儿坐标系中的微六面体。根据弹性力学,在线弹性小变形情况下,一般的各向同性弹性体的动力学问题可归结为以下基本方程和定解条件。为了书写简便,这里采用张量表示法。

(1) 平衡微分方程(动静法):

$$\sigma_{ij,i} + f_j = \rho\frac{\partial^2 u_j}{\partial t^2} \tag{2.3.57}$$

(2) 几何方程——应变和位移的关系:

$$\varepsilon_{ij} = \frac{1}{2}(u_{i,j} + u_{j,i}) \tag{2.3.58}$$

(3) 物理方程——应力与应变的关系:

$$\varepsilon_{ij} = \frac{1}{E}[(1+\mu)\sigma_{ij} - \mu\sigma_{kk}\delta_{ij}] \tag{2.3.59}$$

或者

$$\sigma_{ij} = \lambda\varepsilon_{kk}\delta_{ij} + 2G\varepsilon_{ij} \tag{2.3.60}$$

在上述基本方程中,ρ 为弹性体的质量密度;f_j 为体力分量;σ_{ij} 为应力分量,当 $i=j$ 时为正应力分量,当 $i\neq j$ 时为剪应力分量,剪应力分量符合剪应力互等定理;ε_{ij} 为应变分量,当 $i=j$ 时为正应变分量,当 $i\neq j$ 时为剪应变分量;u_i 和 u_j 为位移分量;δ_{ij} 为克罗尼克 δ

函数,即当 $i=j$ 时,其值为 1,当 $i\neq j$ 时,其值为 0。对于采用直角坐标系 $Oxyz$ 描述的问题,上述方程中的下标 i、j、k 分别取值为 x、y、z;“, i”和“, j”分别表示对 i 或 j 求偏导数;$\sigma_{kk}=\sigma_x+\sigma_y+\sigma_z$, $\varepsilon_{kk}=\varepsilon_x+\varepsilon_y+\varepsilon_z$。$E$ 和 μ 分别是弹性模量和泊松比;λ 和 G 分别为拉梅常数和剪切模量,其与 E、μ 的关系如下:

$$\lambda=\frac{E\mu}{(1+\mu)(1-2\mu)},\quad G=\frac{E}{2(1+\mu)} \tag{2.3.61}$$

式(2.3.57)~式(2.3.60)共有 15 个方程(3 个平衡方程,6 个几何方程、6 个物理方程),15 个未知量(6 个应力分量、6 个应变分量、3 个位移分量),所以方程是封闭的。但为了求解这些方程,还需给出相应的边界条件和初始条件,即定解条件。

在弹性力学中,按工程实际问题可能出现的情况,边界条件可归结为力边界条件、位移边界条件和混合边界条件三种类型。若将弹性体的边界记作 S,则可将三类边界条件给出如下。

(1) 力边界条件。在全部边界上已知面力分量 $\bar{f}_i(i=x,\ y,\ z)$, 则边界条件为

$$\sigma_{ij}n_j=\bar{f}_i\quad(\text{在 } S \text{ 上}) \tag{2.3.62}$$

式中, $n_j(j=x,\ y,\ z)$ 为边界法线矢量与三个坐标轴之间的方向余弦。

(2) 位移边界条件。在全部边界上已知边界位移 $\bar{u}_i(i=x,\ y,\ z)$, 则边界条件为

$$u_i=\bar{u}_i\quad(\text{在 } S \text{ 上}) \tag{2.3.63}$$

(3) 混合边界条件。在一部分边界 S_σ 上已知面力,在另一部分边界 S_u 上已知位移,则边界条件为

$$\sigma_{ij}n_j=\bar{f}_i\quad(\text{在 } S_\sigma \text{ 上}) \tag{2.3.64}$$

$$u_i=\bar{u}_i\quad(\text{在 } S_u \text{ 上}) \tag{2.3.65}$$

在弹性动力学问题中,初始条件可给出如下: 设初始时刻为 $t=0$,该时刻弹性体的位移场和速度场分别为 $u_{0i}(x,\ y,\ z)$ 和 $\dot{u}_{0i}(x,\ y,\ z)$ $(i=x,\ y,\ z)$, 则初始条件为

$$\begin{cases} u_i\big|_{t=0}=u_{0i}(x,\ y,\ z) \\ \left.\dfrac{\partial u_i}{\partial t}\right|_{t=0}=\dot{u}_{0i}(x,\ y,\ z) \end{cases} \tag{2.3.66}$$

至此,一般(各向同性)弹性体的动力学问题可以求解。由式(2.3.57)~式(2.3.66)构成的弹性动力学问题,在微分方程理论中也称为初边值问题。

需要说明的是,这里给出的偏微分方程是针对一般弹性体建立的,即对于任意具有各向同性材料的弹性体,其动力学问题都可以由这组偏微分方程控制,显示了这组方程广泛的适应性。前面介绍的一维弹性体和薄板的动力学方程,都可以看作在此基础上,针对各自的特点、引入适当的假定使问题得以简化而建立的动力学方程,即是该问题的特例。

根据弹性力学理论,弹性力学问题的基本解法有两种: 位移解法和应力解法。位移解法: 以位移分量为基本未知量,将上述微分方程和定解条件用位移分量表示,进行求

解;在求出各位移分量后,再由式(2.3.58)求出应变分量、由式(2.3.60)求出应力分量。应力解法:以应力分量为基本未知量,将上述微分方程和定解条件用应力分量表示并进行求解;在求出各应力分量后,由式(2.3.59)求出应变分量,再由式(2.3.58)求出位移分量。但在将求得的应变分量代入式(2.3.58)求位移分量时,为了使这组方程不矛盾,要求应变分量满足一组补充方程——应变协调方程(限于篇幅,这里不再展开)。由于在弹性动力学问题中涉及惯性力,进而涉及加速度,而加速度是由位移对时间的两阶导数表征的,目前在弹性动力学问题中一般都采用位移解法,即直接基于方程(2.3.57)~方程(2.3.66)即可求出问题的解。

在运用位移解法具体求解弹性体动力学的运动微分方程时,常用的解法是**分离变量法**,即通过采用分离变量法,使得偏微分方程中的时空坐标分离;进行模态分析,求出弹性体的固有频率和振型函数,且振型函数具有关于质量和刚度的正交性;利用振型分解法,将用物理坐标表示的偏微分方程转化为用振型广义坐标表示的常微分方程;利用模态缩减技术使方程降维,从而将无限自由度系统(无穷维系统)降至有限自由度系统。

2.3.4 大型复杂系统动力学问题的建模及分析

理论上讲,对于一般的各向同性弹性体,采用前面介绍的建模方法,并采用振型分解法和模态缩减技术,可以获得弹性体的有限自由度的动力学模型,进而进行振动分析。但实际上,当系统的结构比较复杂时,建立连续系统的动力学模型会非常困难,在分析过程中还可能严重依赖边界条件,因此到目前为止也只有形状规则的少数弹性体动力学问题可以求解。实际工程中,对于大量的复杂形状的弹性体往往难以求出封闭解,更不用说结构复杂的多弹体、刚弹耦合系统了。此时,不得不退而求其次,改求系统的近似解。目前,对一般弹性体求近似解的最常见方法是离散化方法。离散化方法有很多,但大体上可以分为两大类:一类是直接针对偏微分方程进行离散化,以有限差分法为代表,其特点是直接求解基本方程满足相应定解条件的近似解;另一类是针对弹性体所占据的空间域进行离散化,仍保持时间变量连续变化,这类方法中最具有代表性的是有限单元法(简称有限元法)、动态子结构法等。这里主要介绍针对空间域进行离散化的有限元法和动态子结构法。

有限元法的特点是将无限自由度系统简化为有限自由度系统,将同时含有空间变量和时间变量的偏微分方程转化为仅含时间变量的常微分方程,从而求其近似解。有限元法的另一个特点是便于编制计算机程序,使得大型复杂结构动力学问题的求解可在计算机上完成。由于有限元法的广泛应用,目前在很多实际工程问题中,已不再刻意追求采用经典弹性动力学方法建立复杂弹性体的偏微分方程和定解条件,而是直接采用有限元法进行分析。

但是对于结构特别复杂的大型机械系统,如车辆、船舶、飞行器等,直接采用有限元法仍面临困难。由于大型复杂系统往往是通过线性或非线性连接件连接而成的多弹体或刚体耦合系统,系统的维数往往很高,其离散自由度可能达到几万,甚至几十万。对这样庞大的系统进行求解,不仅会受到计算机容量的限制,而且容易出现方程奇异而无法求解的情况,此时采用动态子结构法较为方便。动态子结构法特别适合用于大型复杂系统的动力学建模，可以从量级上大幅度缩减整体结构的自由度而不改变问题的本质，可参阅王文亮等(1985)、王永岩(1999)等的专著。动态子结构法把复杂结构划分为多个子结构，然后分析每个子结构的动力学特性并保留其主要模态信息，再根据各子结构交界面的协调关系将其组装成整体结构的动力学模型，通过分析缩减后自由度较少的整体结构，来求解大型复杂结构的动力学特性。现对有限单元法和动态子结构法的建模方法进行介绍。

1. 有限单元法

有限单元法的基本原理可认为是来自加权余量法和变分原理，但它又区别于传统的加权余量法和求解泛函驻值的变分法。它不是在整个求解域上假设近似函数，而是将整个求解域划分为由一定密度的单元体构成的离散求解域，在各个单元上分片假设近似函数，这样就克服了在全域上假设近似函数所遇到的困难。

基于有限元法建立运动微分方程的一般步骤可归纳如下：① 对弹性体所占据的连续空间域进行离散化，将整个求解域划分为由有限数量的单元构成的网状离散区域，各单元之间仅在节点处联结；单元的形状和大小、节点的数量及位移分量的多少等，均根据问题的性质和计算精度的需要而确定；② 根据单元各节点位移分量的数目和性质构造插值函数，利用插值函数计算各单元内部位移场的近似值，从而将单元内部的位移场近似用节点位移分量表达，建立单元内部位移场和节点位移分量之间关系的插值函数也称为形函数；③ 在各单元的局部坐标系内对单元进行动力学分析，基于能量法或利用弹性力学基本方程，建立用节点位移及其时间导数表达的单元运动微分方程(此时为常微分方程)，这一过程称为单元分析，在此过程中可获得单元质量矩阵 M_e 和刚度矩阵 K_e 等；④ 视弹性体为结构整体，在结构全局坐标系内进行整体动力学分析，首先利用坐标变换方法将在局部坐标内建立的单元运动方程变换到结构全局坐标系内，然后利用能量法或者对各节点作受力分析，建立用矩阵表达的结构整体运动微分方程，这一过程称为结构整体分析，在此过程中可获得结构整体的质量矩阵 M_S 和刚度矩阵 K_S 等；⑤ 通过引入以给定节点位移或以节点约束反力表达的边界条件，消除上面建立的结构整体运动方程中的刚体位移成分(该刚体位移成分会引起结构整体刚度矩阵奇异)，从而形成可求解的运动微分方程和用于求解动反力的方程。

通过有限元法获得的结构离散化运动微分方程的一般形式为

$$M_S\ddot{u} + C_S\dot{u} + K_S u = F_S \tag{2.3.67}$$

式中，u 为结构的节点位移向量；F_S 为施加于结构节点上的外力向量；M_S、C_S、K_S 分别为结构的质量矩阵、阻尼矩阵和刚度矩阵，它们可以为常数阵(对应线性结构)，也可以是含有节点位移向量及其时间导数的矩阵(对应非线性结构)。

上面基于有限元法得到的矩阵运动微分方程(2.3.67)的阶数往往很高，相当于结构的自由度很多，而且方程存在弹性和惯性耦合(阻尼也耦合)，不利于直接用于振动分析。当式(2.3.67)为线性方程(即结构为线弹性结构)时，可以通过模态分析法对运动方程进行降阶，即对结构的自由度进行缩减，具体实施过程如下：① 求出方程(2.3.67)对应结构的固有振型(或模态)，设其模态矩阵为 φ_S；② 根据模态截断法的原则和控制问题的需要，只保留前若干阶模态进行分析，得到缩减的模态矩阵 φ_{Sq}，该矩阵一般为行数大于列数的长方形矩阵；③ 令 $u = \varphi_{Sq}q$，将其代入方程(2.3.67)，其中 q 称为振型广义坐标或模态广义坐标(这一过程相当于坐标变换，将运动方程由物理空间变换到模态空间)；④ 用模态矩阵转置后左乘方程(2.3.67)，根据主振型关于质量矩阵和刚度矩阵的正交性，并假定阻尼矩阵也符合主振型正交性，从而可得到模态坐标下降阶、解耦的运动微分方程：

$$\tilde{M}\ddot{q}(t) + \tilde{C}\dot{q}(t) + \tilde{K}q(t) = \tilde{p}(t) \tag{2.3.68}$$

式中，$\tilde{M} = \varphi_{Sq}^{\mathrm{T}}M_S\varphi_{Sq}$，$\tilde{C} = \varphi_{Sq}^{\mathrm{T}}C_S\varphi_{Sq}$，$\tilde{K} = \varphi_{Sq}^{\mathrm{T}}K_S\varphi_{Sq}$，$\tilde{p} = \varphi_{Sq}^{\mathrm{T}}F_S$，分别称为振型(或模态)广义质量矩阵、广义阻尼矩阵、广义刚度矩阵及广义力向量。

方程(2.3.68)的阶数一般远小于方程(2.3.67)，适用于对结构进行振动分析及振动控制。但该方法仅适用于线弹性结构，非线性结构无法采用模态截断法进行分析，此时只能直接对式(2.3.67)进行分析。

2. *动态子结构法*

由于一般振动系统主要由多个弹性体或刚弹耦合系统通过线性或非线性连接件连接而成，直接采用有限元法建立其动力学方程往往比较困难。对于此类系统，可以通过动态子结构法建立系统的动力学模型。从原理和方法的差异来分，动态子结构方法主要分为三类：模态综合法、界面位移综合法和迁移子结构法，而以模态综合法的应用最为广泛与成功。模态综合法可分为直接模态综合法和间接模态综合法两种：直接模态综合法是指两个子结构在其交界面上直接对接；间接模态综合法是指两个子结构不直接对接，而是通过一个连接子结构间接地连接在一起。

早在20世纪60年代，人们为了解决大型复杂结构整体动力学分析困难问题就提出了动态子结构方法。当时有代表性的是Hurty(1965)和GladWell (1964)等提出的模态综合技术的思想，首先确立了模态坐标的概念，奠定了模态综合方法的理论基础。尽管从今天看来，这些模态综合技术有很大的局限性，但在当时却提供了一种研究大型复杂结构动力学特性的崭新的分析方法，为后人的研究和改进指明了方向。随着数值计算与计算机技术的迅猛发展和工程结构的日益复杂、庞大，动态子结构方法得到了飞速发展。Craig等(1968)、Hintz(2012)等先后从不同侧面提出了对古典模态综合技术的改进方法。在国内，王文亮等(1985)、朱位秋等(1991)、应祖光(1997)等一大批学者先后在此方面做了大量的研究工作，动态子结构方法由此得到了进一步发展。但早期研究主要针对直接对接的线性系统，由于工程中很多复杂结构，如飞行器、汽车、舰艇等都是通过弹性连接件间接连接，且这些连接件往往具有不可忽视的非线性特性。为解决这一问题，郑兆昌(1983)采用解除子结构之间的弹性连接件，用子结构间相互作用的非线性耦合力来代替子结构之间的弱连接，建立了子结构之间的耦合关系；郝淑英等(2001)利用自由界面模态综合法分析了由线性连接元和非线性连接元组成的综合结构，把模态综合技术成功推广到具有局部非线性的复杂结构的动力系统中。但利用模态综合技术研究弹性容器内液体的晃动及柔壁腔内的噪声激振等流固耦合问题比较困难，主要是流固耦合效应使得主模态丧失了正交性。有研究人员利用变分原理对流固耦合振动进行了分析；恽伟君等(1984)、吴兴世(1984)等在该方面的研究也取得了积极成果；而Kozukue等(1996)、方明霞等(2005)等利用左右特征值概念解决了流固耦合非正交问题，为模态综合技术应用于噪声研究奠定了基础。

由于机械振动系统主要是间接连接的多弹体或刚弹耦合系统，这里主要对动态子结构法中的间接模态综合法的基本原理进行介绍，并通过实例说明其工程应用方法。

1）间接模态综合法的基本原理

设结构系统由 A、B 两个部件（即子结构）组成，两个部件之间的连接为柔性连接，即 A 和 B 并不是通过它们的附加边界 a-a 和 b-b 直接对接，而是通过连接子结构 F 间接地连接在一起，如图 2.22 所示。对于变形不连续界面的线性节点，其耦合关系用广义的线性弹簧来表示，并称其为线性连接子结构 F。线性连接子结构的特点是其无内部自由度而仅存在边界自由度，而且边界自由度必须与相邻子结构共有，但与某一相邻子结构共有的自由度不再与其他相邻子结构共有。对于变形不连续界面的非线性节点，其耦合关系用广义的非线性弹簧来表示。解除非线性弹簧，用子结构 A、B 间的相互作用耦合非线性力 f_{ab} 来代替，该力为其节点处相对位移和相对速度的非线性函数。

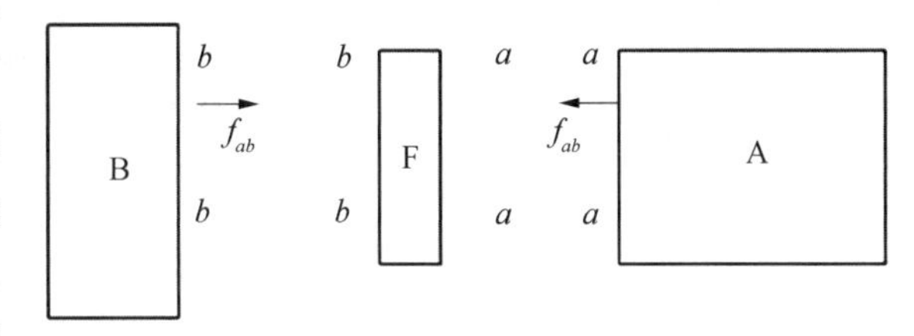

图 2.22　子结构对接模型示意图

现用 n_{A}^{i}、n_{B}^{i} 分别表示子结构 A、B 的内部自由度，n_{A}^{a}、n_{B}^{b} 分别表示在子结构 A、B 上与连接子结构 F 相连的边界自由度，用 n_{A}^{k}、n_{B}^{k} 表示子结构 A、B 缩减后保留的自由度，n_{F}^{a}、n_{F}^{b} 表示在连接子结构 F 上与子结构 A、B 相连的边界自由度，于是有：$n_{\mathrm{A}}^{a}=n_{\mathrm{F}}^{a}$，$n_{\mathrm{B}}^{b}=n_{\mathrm{F}}^{b}$。

对于自由子结构 A，设其刚度矩阵、阻尼矩阵和质量矩阵分别为

$$K_{\mathrm{A}}=\begin{bmatrix}K_{\mathrm{A}}^{ii} & K_{\mathrm{A}}^{ia}\\ K_{\mathrm{A}}^{ai} & K_{\mathrm{A}}^{aa}\end{bmatrix},\quad C_{\mathrm{A}}=\begin{bmatrix}C_{\mathrm{A}}^{ii} & C_{\mathrm{A}}^{ia}\\ C_{\mathrm{A}}^{ai} & C_{\mathrm{A}}^{aa}\end{bmatrix},\quad M_{\mathrm{A}}=\begin{bmatrix}M_{\mathrm{A}}^{ii} & M_{\mathrm{A}}^{ia}\\ M_{\mathrm{A}}^{ai} & M_{\mathrm{A}}^{aa}\end{bmatrix}$$

子结构 A 所受的外力为 $\begin{Bmatrix}p_{\mathrm{A}}^{i}(t)\\ p_{\mathrm{A}}^{a}(t)\end{Bmatrix}$，若有非线性连接子结构，则 f_{ab} 应包含在 $p_{\mathrm{A}}^{i}(t)$ 中。

该子结构的运动方程为

$$M_{\mathrm{A}}\begin{Bmatrix}\ddot{u}_{\mathrm{A}}^{i}\\ \ddot{u}_{\mathrm{A}}^{a}\end{Bmatrix}+C_{\mathrm{A}}\begin{Bmatrix}\dot{u}_{\mathrm{A}}^{i}\\ \dot{u}_{\mathrm{A}}^{a}\end{Bmatrix}+K_{\mathrm{A}}\begin{Bmatrix}u_{\mathrm{A}}^{i}\\ u_{\mathrm{A}}^{a}\end{Bmatrix}=\begin{Bmatrix}p_{\mathrm{A}}^{i}(t)\\ p_{\mathrm{A}}^{a}(t)\end{Bmatrix}\tag{2.3.69}$$

A 的模态矩阵 $\boldsymbol{\Phi}_{\mathrm{A}}$ 由式(2.3.70)求得

$$(K_{\mathrm{A}}-\lambda_{\mathrm{A}}M_{\mathrm{A}})\boldsymbol{\Phi}_{\mathrm{A}}=0\tag{2.3.70}$$

由于有连接件耦合的系统部件之间一般是弱耦合，不计剩余模态的影响时仍有足够的精度，据此在采用自由界面模态综合技术时，根据频率截断原则，截去高阶剩余模态而只保留部分主模态进行分析，则子结构 A 的主模态矩阵为 φ_{A}^{k}，A 的动力位移可表示为

$$u_{\mathrm{A}}=\begin{Bmatrix}u_{\mathrm{A}}^{i}\\u_{\mathrm{A}}^{a}\end{Bmatrix}=\varphi_{\mathrm{A}}^{k}q_{\mathrm{A}}=T_{\mathrm{A}}q_{\mathrm{A}}=\begin{bmatrix}\varphi_{\mathrm{A}}^{ik}\\\varphi_{\mathrm{A}}^{ak}\end{bmatrix}q_{\mathrm{A}}=\begin{Bmatrix}\varphi_{\mathrm{A}}^{ik}q_{\mathrm{A}}\\\varphi_{\mathrm{A}}^{ak}q_{\mathrm{A}}\end{Bmatrix}\tag{2.3.71}$$

式中,转换矩阵 $T_{\mathrm{A}}=\varphi_{\mathrm{A}}^{k}=\begin{bmatrix}\varphi_{\mathrm{A}}^{ik}\\\varphi_{\mathrm{A}}^{ak}\end{bmatrix}$。

将式(2.3.71)代入式(2.3.69)并作对称变换,得到子结构A在模态坐标下的运动方程为

$$\tilde{M}_{\mathrm{A}}\ddot{q}_{\mathrm{A}}+\tilde{C}_{\mathrm{A}}\dot{q}_{\mathrm{A}}+\tilde{K}_{\mathrm{A}}q_{\mathrm{A}}=\tilde{p}_{\mathrm{A}}(t)\tag{2.3.72}$$

式中,

$$\tilde{M}_{\mathrm{A}}=T_{\mathrm{A}}^{\mathrm{T}}M_{\mathrm{A}}T_{\mathrm{A}},\quad \tilde{C}_{\mathrm{A}}=T_{\mathrm{A}}^{\mathrm{T}}C_{\mathrm{A}}T_{\mathrm{A}},\quad \tilde{K}_{\mathrm{A}}=T_{\mathrm{A}}^{\mathrm{T}}K_{\mathrm{A}}T_{\mathrm{A}}$$

$$\tilde{p}_{\mathrm{A}}(t)=T_{\mathrm{A}}^{\mathrm{T}}\begin{Bmatrix}p_{\mathrm{A}}^{i}(t)\\p_{\mathrm{A}}^{a}(t)\end{Bmatrix}=\{(\varphi_{\mathrm{A}}^{ik})^{\mathrm{T}}p_{\mathrm{A}}^{i}(t)+(\varphi_{\mathrm{A}}^{ak})^{\mathrm{T}}p_{\mathrm{A}}^{a}(t)\}$$

同理,可得子结构B在模态坐标下的运动方程为

$$\tilde{M}_{\mathrm{B}}\ddot{q}_{\mathrm{B}}+\tilde{C}_{\mathrm{B}}\dot{q}_{\mathrm{B}}+\tilde{K}_{\mathrm{B}}q_{\mathrm{B}}=\tilde{p}_{\mathrm{B}}(t)\tag{2.3.73}$$

式中,

$$\tilde{M}_{\mathrm{B}}=T_{\mathrm{B}}^{\mathrm{T}}M_{\mathrm{B}}T_{\mathrm{B}},\quad \tilde{C}_{\mathrm{B}}=T_{\mathrm{B}}^{\mathrm{T}}C_{\mathrm{B}}T_{\mathrm{B}},\quad \tilde{K}_{\mathrm{B}}=T_{\mathrm{B}}^{\mathrm{T}}K_{\mathrm{B}}T_{\mathrm{B}}$$

$$\tilde{p}_{\mathrm{B}}(t)=T_{\mathrm{B}}^{\mathrm{T}}\begin{Bmatrix}p_{\mathrm{B}}^{i}(t)\\p_{\mathrm{B}}^{b}(t)\end{Bmatrix}=\{(\varphi_{\mathrm{B}}^{ik})^{\mathrm{T}}p_{\mathrm{B}}^{i}(t)+(\varphi_{\mathrm{B}}^{bk})^{\mathrm{T}}p_{\mathrm{B}}^{b}(t)\}$$

对于连接子结构F,其自由度为 $n_{\mathrm{F}}=n_{\mathrm{F}}^{a}+n_{\mathrm{F}}^{b}$,将连接子结构F的质量矩阵、阻尼矩阵、刚度矩阵和载荷列阵按连接自由度分块,则其运动微分方程为

$$\begin{bmatrix}m_{\mathrm{F}}^{aa}&m_{\mathrm{F}}^{ab}\\m_{\mathrm{F}}^{ba}&m_{\mathrm{F}}^{bb}\end{bmatrix}\begin{Bmatrix}\ddot{u}_{\mathrm{F}}^{a}\\\ddot{u}_{\mathrm{F}}^{b}\end{Bmatrix}+\begin{bmatrix}c_{\mathrm{F}}^{aa}&c_{\mathrm{F}}^{ab}\\c_{\mathrm{F}}^{ba}&c_{\mathrm{F}}^{bb}\end{bmatrix}\begin{Bmatrix}\dot{u}_{\mathrm{F}}^{a}\\\dot{u}_{\mathrm{F}}^{b}\end{Bmatrix}+\begin{bmatrix}k_{\mathrm{F}}^{aa}&k_{\mathrm{F}}^{ab}\\k_{\mathrm{F}}^{ba}&k_{\mathrm{F}}^{bb}\end{bmatrix}\begin{Bmatrix}u_{\mathrm{F}}^{a}\\u_{\mathrm{F}}^{b}\end{Bmatrix}=\begin{Bmatrix}p_{\mathrm{F}}^{a}(t)\\p_{\mathrm{F}}^{b}(t)\end{Bmatrix}\tag{2.3.74}$$

如前所述,连接子结构的特点在于无内部自由度,故其坐标变化完全由相邻的模态子结构所决定,根据位移和力的协调条件,有

$$u_{\mathrm{A}}^{a}=u_{\mathrm{F}}^{a},\ u_{\mathrm{B}}^{b}=u_{\mathrm{F}}^{b},\quad p_{\mathrm{A}}^{a}(t)=-p_{\mathrm{F}}^{a}(t),\quad p_{\mathrm{B}}^{b}(t)=-p_{\mathrm{F}}^{b}(t)$$

因此,$u_{\mathrm{F}}^{a}=\varphi_{\mathrm{A}}^{ak}q_{\mathrm{A}}$,$u_{\mathrm{F}}^{b}=\varphi_{\mathrm{B}}^{bk}q_{\mathrm{B}}$。

综合式(2.3.72)~式(2.3.74),可得A、B、F三个子结构的综合方程为

$$\begin{bmatrix}\tilde{m}_{\mathrm{A}}+(\varphi_{\mathrm{A}}^{ak})^{\mathrm{T}}m_{\mathrm{F}}^{aa}\varphi_{\mathrm{A}}^{ak}&(\varphi_{\mathrm{A}}^{ak})^{\mathrm{T}}m_{\mathrm{F}}^{ab}\varphi_{\mathrm{B}}^{bk}\\(\varphi_{\mathrm{B}}^{bk})^{\mathrm{T}}m_{\mathrm{F}}^{ba}\varphi_{\mathrm{A}}^{ak}&\tilde{m}_{\mathrm{B}}+(\varphi_{\mathrm{B}}^{bk})^{\mathrm{T}}m_{\mathrm{F}}^{bb}\varphi_{\mathrm{B}}^{bk}\end{bmatrix}\begin{Bmatrix}\ddot{q}_{\mathrm{A}}\\\ddot{q}_{\mathrm{B}}\end{Bmatrix}$$

$$+\begin{bmatrix}\tilde{c}_{\mathrm{A}}+(\varphi_{\mathrm{A}}^{ak})^{\mathrm{T}}c_{\mathrm{F}}^{aa}\varphi_{\mathrm{A}}^{ak}&(\varphi_{\mathrm{A}}^{ak})^{\mathrm{T}}c_{\mathrm{F}}^{ab}\varphi_{\mathrm{B}}^{bk}\\(\varphi_{\mathrm{B}}^{bk})^{\mathrm{T}}c_{\mathrm{F}}^{ba}\varphi_{\mathrm{A}}^{ak}&\tilde{c}_{\mathrm{B}}+(\varphi_{\mathrm{B}}^{bk})^{\mathrm{T}}c_{\mathrm{F}}^{bb}\varphi_{\mathrm{B}}^{bk}\end{bmatrix}\begin{Bmatrix}\dot{q}_{\mathrm{A}}\\\dot{q}_{\mathrm{B}}\end{Bmatrix}$$

$$+\begin{bmatrix} \tilde{k}_{\mathrm{A}}+(\varphi_{\mathrm{A}}^{ak})^{\mathrm{T}}k_{\mathrm{F}}^{aa}\varphi_{\mathrm{A}}^{ak} & (\varphi_{\mathrm{A}}^{ak})^{\mathrm{T}}k_{\mathrm{F}}^{ab}\varphi_{\mathrm{B}}^{bk} \\ (\varphi_{\mathrm{B}}^{bk})^{\mathrm{T}}k_{\mathrm{F}}^{ba}\varphi_{\mathrm{A}}^{ak} & \tilde{k}_{\mathrm{B}}+(\varphi_{\mathrm{B}}^{bk})^{\mathrm{T}}k_{\mathrm{F}}^{bb}\varphi_{\mathrm{B}}^{bk} \end{bmatrix}\begin{Bmatrix} q_{\mathrm{A}} \\ q_{\mathrm{B}} \end{Bmatrix}=\begin{Bmatrix} (\varphi_{\mathrm{A}}^{ik})^{\mathrm{T}}p_{\mathrm{A}}^{i}(t) \\ (\varphi_{\mathrm{B}}^{ik})^{\mathrm{T}}p_{\mathrm{B}}^{i}(t) \end{Bmatrix} \tag{2.3.75a}$$

或简写为

$$\bar{M}\ddot{q}(t)+\bar{C}\dot{q}(t)+\bar{K}q(t)=\bar{p}(t) \tag{2.3.75b}$$

由式(2.3.75)可以很容易获得系统模态坐标和各子结构边界坐标的动力学特性，通过转换矩阵的反向变换即可获得系统内部坐标的振动特性。当具有非线性连接子结构时，由于式(2.3.75)中的 $p_{\mathrm{A}}^{i}(t)$、$p_{\mathrm{B}}^{i}(t)$ 中包含了非线性耦合力 f_{ab}，组装后式(2.3.75)为非线性运动微分方程。

从式(2.3.75)可见，间接模态综合法不必像直接综合法那样，还需利用对接面上位移相等的条件来消除赘余自由度，这样在间接对接法中不必要求满足自由子结构所取模态向量之和大于对接界面自由度的约束条件，便于合理选取各子结构的主模态。

2）工程实例

虽然前面介绍的间接模态综合法仅涉及两个子结构及一个连接子结构的问题，但因其是以各子结构内的坐标变换为核心加以讨论的，所以不难将这一方法推广到多个子结构的情况。现采用模态综合法建立轿车整车刚弹耦合动力学模型，并通过试验对模型进行验证。

(1) 整车刚弹耦合系统子结构的划分。由于整车结构复杂，把整车模型划分为多个子结构，包括动力总成子结构 A、副车架子结构 B、车身子结构 C、非簧载质量子结构 E，线性连接子结构包括发动机悬置 F、悬架系统 H 和轮胎系统 I。考虑到副车架与车身之间的橡胶支承的迟滞特性，副车架支承 G 采用非线性连接子结构，用非线性力来代替，见图 2.23。根据各子结构的结构特点，将动力总成作为刚体，副车架、车身作为弹性体，而非簧载质量作为集中质量考虑。根据不同子结构的特点，可得到各子结构在物理坐标下的方程。

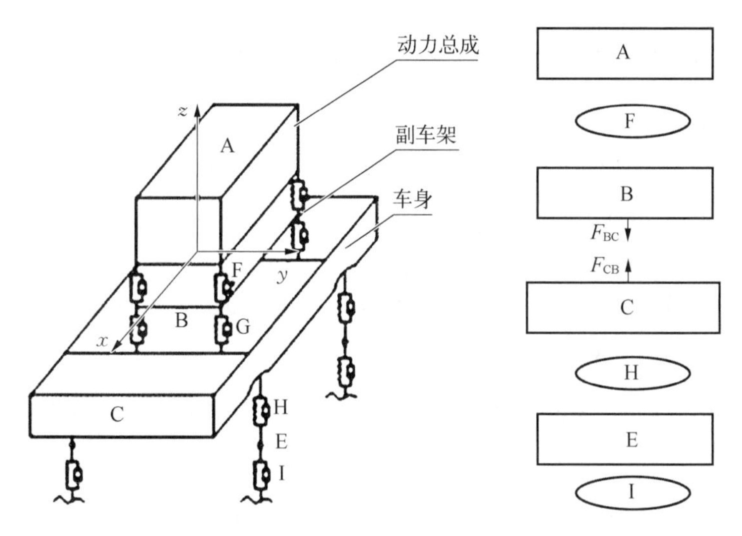

图 2.23　整车子结构简化模型

a. 动力总成子结构

动力总成可简化为具有质量为 m_A、转动惯量为 J_x 和 J_y 的刚体，用四根弹簧连接到副车架上，其独立坐标可取重心垂直振动位移 Z_A、动力总成绕 x 轴的横向角位移 θ 和绕 y 轴的纵向角位移 φ，记作 $u_A=\{Z_A \quad \theta \quad \varphi\}^T$。

应用刚体运动微分方程可得

$$M_A\ddot{u}_A(t)=p_{A1}(t)+p_{A2}(t) \tag{a}$$

式中，$M_A=\mathrm{diag}(m_A, J_x, J_y)$；$p_{A1}(t)=\{F_A(t) \quad M_\theta(t) \quad M_\varphi(t)\}^T$，$F_A(t)$ 为 z 方向上的二次往复惯性力，$M_\theta(t)$ 为发动机横向角方向的输出扭矩的反扭矩，$M_\varphi(t)$ 为发动机纵向角方向的一次、二次往复惯性力矩；$p_{A2}(t)=\{0 \quad F_{fAi}\}^T$，其中 F_{fAi} 为发动机悬置的弹簧阻尼力。

b. 副车架子结构和车身子结构

将副车架作为弹性体，设副车架结构的整体刚度矩阵为 K_B、整体质量矩阵为 M_B、整体阻尼矩阵为 C_B，则副车架结构的运动微分方程为

$$M_B\ddot{u}_B+C_B\dot{u}_B+K_Bu_B=p_B(t) \tag{b}$$

式中，$p_B(t)$ 为副车架系统的外界激励，其列向量为 $p_B(t)=\{0 \quad F_{fBi} \quad 0 \quad F_{gBi} \quad 0\}^T$，其中 F_{fBi} 和 F_{gBi} 为与连接子结构有关的力。而车身子结构的运动方程与(b)类似，只是把下标由 B 改成 C 即可。

c. 非簧载质量子结构

设四个非簧载等效质量为 m_{Ei}，则

$$m_{Ei}\ddot{Z}_{Ei}=F_{hEi}+F_{Ii} \quad (i=1, \cdots, 4) \tag{c}$$

式中，m_{Ei} 为非簧载等效质量；Z_{Ei} 为非簧载质量的垂向振动位移；$F_{hEi}=-F_{hCi}$；而 F_{Ii} 为轮胎系统的弹性力。

d. 线性和非线性连接子结构

对于线性连接子结构 F，若不考虑连接子结构的质量，则

$$C_{fi}\begin{bmatrix}1 & -1\\ -1 & 1\end{bmatrix}\begin{Bmatrix}\dot{Z}_{fai}\\ \dot{Z}_{fbi}\end{Bmatrix}+K_{fi}\begin{bmatrix}1 & -1\\ -1 & 1\end{bmatrix}\begin{Bmatrix}Z_{fai}\\ Z_{fbi}\end{Bmatrix}=\begin{Bmatrix}-F_{fAi}\\ -F_{fBi}\end{Bmatrix} \quad (i=1, \cdots, 4) \tag{d}$$

式中，C_{fi}、K_{fi} 分别为发动机悬置的等效阻尼和等效刚度；Z_{fai}、Z_{fbi} 分别为发动机悬置在发动机和副车架上所处的位置。连接子结构 H、I 与之类似。

对于非线性连接子结构 G，F_{gBi}、$F_{gCi}(i=1, \cdots, 4)$ 为副车架橡胶支承力，考虑到橡胶支承的迟滞特性，用如下的非线性力来描述：

$$-F_{BCi}=F_{CBi}=C_{g1i}(\dot{Z}_{gbi}-\dot{Z}_{gci})+C_{g3i}(\dot{Z}_{gbi}-\dot{Z}_{gci})^3+K_{g1i}(Z_{gbi}-Z_{gci})+K_{g3i}(Z_{gbi}-Z_{gci})^3 \tag{e}$$

式中，C_{g1i}、C_{g3i} 和 K_{g1i}、K_{g3i} 分别为副车架支承的阻尼和刚度；Z_{gbi}、Z_{gci} 分别为副车架支承在副车架和车身上所处的位置。

（2）整车刚弹耦合系统非线性模型建立。同其他动态子结构相似，为了求得整个系统的运动微分方程，首先需求出各弹性体子结构的模态矩阵，在各子结构内部建立坐标变换，得到各弹性体子结构解耦的微分方程，而动力总成和非簧载质量已经解耦。根据前面介绍的方法对各子结构组集后，即可得到整车系统在近似求解空间中的动力学方程：

$$\tilde{M}^{*}\ddot{q}(t)+\tilde{C}^{*}\dot{q}(t)+\tilde{K}^{*}q(t)=\tilde{F}^{*}(t) \tag{f}$$

式中，

$$\tilde{M}^{*}=\begin{bmatrix} M_{A} & 0 & 0 & 0 \\ 0 & \tilde{M}_{B} & 0 & 0 \\ 0 & 0 & \tilde{M}_{C} & 0 \\ 0 & 0 & 0 & M_{E} \end{bmatrix},\quad \tilde{F}^{*}(t)=\begin{Bmatrix} F_{A1}(t) \\ \varphi_{B}^{non\,T}F_{BCi}(t) \\ \bar{\varphi}_{C}^{non\,T}F_{CBi}(t) \\ C_{I}\dot{\delta}(t)+K_{I}\delta(t) \end{Bmatrix},\quad q(t)=\begin{Bmatrix} u_{A} \\ q_{BS1} \\ q_{CS2} \\ u_{E} \end{Bmatrix}$$

$$\tilde{C}^{*}=\begin{bmatrix} \varphi_{A}^{aT}C_{F}\varphi_{A}^{a} & -\varphi_{A}^{aT}C_{F}\varphi_{B}^{b} & 0 & 0 \\ -\varphi_{B}^{bT}C_{F}\varphi_{A}^{a} & \tilde{C}_{B}+\varphi_{B}^{bT}C_{F}\varphi_{B}^{b} & 0 & 0 \\ 0 & 0 & \tilde{C}_{C}+\bar{\varphi}_{C}^{cT}C_{H}\varphi_{C}^{c} & -\bar{\varphi}_{C}^{cT}C_{H} \\ 0 & 0 & -C_{H}\varphi_{C}^{c} & I(4,4)(C_{H}+C_{I}) \end{bmatrix}$$

$$\tilde{K}^{*}=\begin{bmatrix} \varphi_{A}^{aT}K_{F}\varphi_{A}^{a} & -\varphi_{A}^{aT}K_{F}\varphi_{B}^{b} & 0 & 0 \\ -\varphi_{B}^{bT}K_{F}\varphi_{A}^{a} & \tilde{K}_{B}+\varphi_{B}^{bT}K_{F}\varphi_{B}^{b} & 0 & 0 \\ 0 & 0 & \tilde{K}_{C}+\bar{\varphi}_{C}^{cT}K_{H}\varphi_{C}^{c} & -\bar{\varphi}_{C}^{cT}K_{H} \\ 0 & 0 & -K_{H}\varphi_{C}^{c} & I(4,4)(K_{H}+K_{I}) \end{bmatrix}$$

式中，M_{A}、$\tilde{M}_{B}$、$\tilde{M}_{C}$、M_{E} 分别为子结构 A、B、C 和 E 的质量矩阵；C_{F}、C_{H}、C_{I}、$\tilde{C}_{B}$、$\tilde{C}_{C}$ 分别为线性连接子结构 F、H、I 和子结构 B、C 的阻尼矩阵；K_{F}、K_{H}、K_{I}、$\tilde{K}_{B}$、$\tilde{K}_{C}$ 分别为线性连接子结构 F、H、I 和子结构 B、C 的刚度矩阵；φ_{A}^{a}、φ_{B}^{b}、φ_{B}^{non}、φ_{C}^{c}、φ_{C}^{non} 分别为子结构 A、B、C 的模态矩阵；u_{A}、q_{BS1}、q_{CS2}、u_{E} 分别为子结构 A、B、C 和 E 的物理坐标和模态坐标；$\delta(t)$、$\dot{\delta}(t)$ 分别为路面激励位移和激励速度。

该方程共有 $(3+4+m+n)$ 个自由度，包括 3 个动力总成自由度、4 个非簧载质量自由度和 m 个车身、n 个副车架自由度，其中动力总成和非簧载质量坐标既是模态坐标，又是物理坐标。方程(f)中，F_{BCi}、F_{CBi} 为非线性力，因此该方程为非线性方程。为便于计算，将整车动力学方程写成状态变量 X 的一阶微分方程 $X'=f(t,X)$ 的形式。通过对运动微分方程进行数值仿真，并利用 $Z(t)=\varphi^{k}q(t)$，可得副车架、车身的振动特性的仿真结果。

（3）模型验证。为了检验所建模型的正确性，现通过对整车进行台架试验，对系统在发动机单独激励时驾驶员座椅下方的加速度信号的测试结果进行研究，并将相同工况下的仿真结果与试验结果进行对比。试验仪器包括：四通道道路模拟试验台、电荷放大器、加速度传感器、信号采集记录仪等，试验情况见图 2.24。

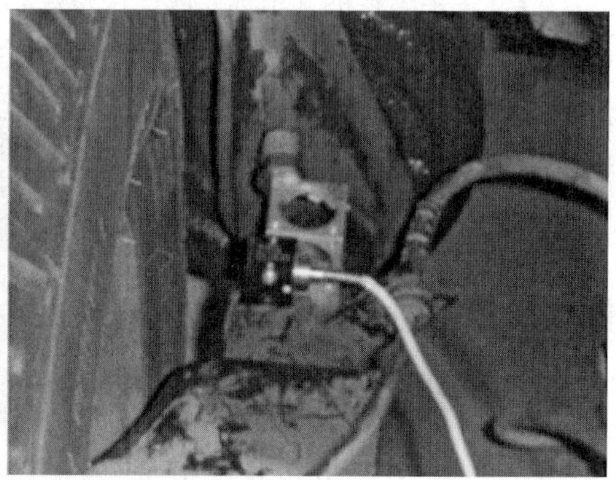

图 2.24　整车台架试验

不同发动机转速下驾驶员座椅下方的加速度信号试验结果如图 2.25(a)所示,试验表明,加速度信号随发动机转速的增大而增强;在发动机转速为 3 000 r/min 时,驾驶员座椅下方的加速度响应仿真结果如图 2.25(b)所示。

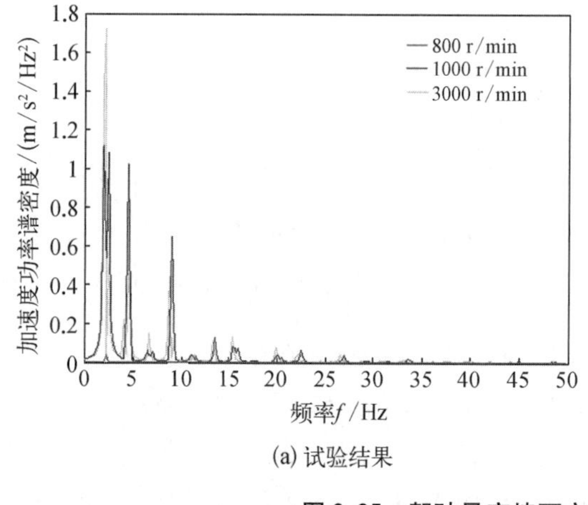

(a) 试验结果

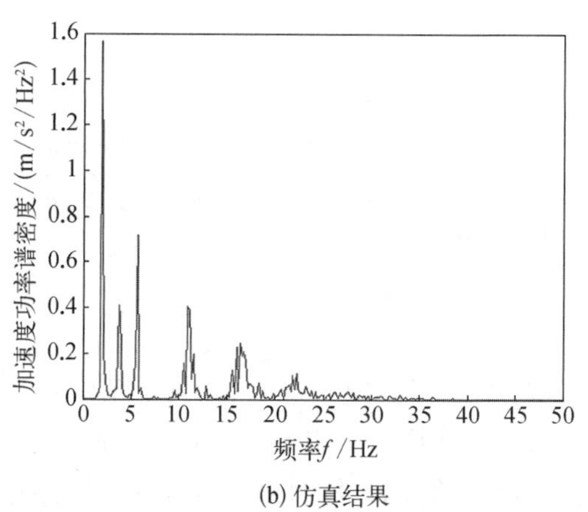

(b) 仿真结果

图 2.25　驾驶员座椅下方加速度功率谱密度曲线

对比图 2.25(a)、(b)可以发现,在发动机转速同为 3 000 r/min 时,座椅下方的加速度功率谱密度曲线非常接近。结果表明,用自由界面模态综合法建立整车动力学模型具有足够的精度,能满足工程要求。

2.4　运动微分方程的状态空间表示

前面几节介绍了建立振动系统运动微分方程的方法,可以看出,所建立的方程一般是时间域的二阶微分方程。建立运动微分方程后就面临如何求解的问题,回顾振动力学中学习过的求解方法,对于线弹性系统,一般基于二阶微分方程采用振型分解法进行求解。但对于多自由度系统或无限自由度系统,振型分解法能够得以顺利实施的前提是:系统的阻尼力也应具有解耦性质，即系统的固有振型向量或函数关于阻尼项也应具有正交性。这在实际工程中一般是难以做到的，因此通常是在线弹性小变形前提下假设固有振型关于阻尼项也具有正交性，如采用比例阻尼假设等。最常见的是采用瑞利阻尼力模型，即假设阻尼矩阵(或函数)是质量矩阵、刚度矩阵(或函数)的线性组合。如果不能引用上述假定，则可采用状态空间法进行分析。事实上，状态空间法不仅适用于振动分析，也是现代控制理论分析的基础，因此本节将对运动微分方程的状态空间表示法进行介绍。

2.4.1　时间连续系统状态空间表达式

为了系统地介绍状态空间分析法，也为后面用到哈密顿方程打基础，这里将首先介绍与相空间和哈密顿方程有关的知识。需要说明的是：下面介绍的时间连续系统的运动微分方程，是指运动方程是空间已离散的多自由度系统振动方程，但时间仍是连续变化的，表现为运动方程是常微分方程。此外，这里仅对完整约束系统进行讨论，此时系统的广义坐标数目等于自由度数。

1. 哈密顿正则方程，相空间

对于理想、完整的 n 自由度保守系统，拉格朗日方程可以表达为

$$\frac{\mathrm{d}}{\mathrm{d}t}\left(\frac{\partial L}{\partial \dot{q}_j}\right)-\frac{\partial L}{\partial q_j}=0\quad (j=1,\ 2,\ \cdots,\ n) \tag{2.4.1}$$

在上述拉格朗日方程中，定义：

$$p_k=\frac{\partial L}{\partial \dot{q}_k}\quad (k=1,\ 2,\ \cdots,\ n) \tag{2.4.2}$$

并将其称为广义动量。则由拉格朗日方程(2.4.1)可得

$$\dot{p}_k=\frac{\partial L}{\partial q_k}\quad (k=1,\ 2,\ \cdots,\ n) \tag{2.4.3}$$

引入如下的哈密顿函数 $H=H(q;\ \dot{q};\ t)$：

$$H(q;\ \dot{q};\ t)=\sum_{j=1}^{N}p_j\dot{q}_j-L(q;\ \dot{q};\ t) \tag{2.4.4}$$

根据 $\dot{q}_k$ 和 p_k 之间的关系，可知：$H(q;\ \dot{q};\ t)=H(p;\ q;\ t)$。在式(2.4.4)中，$p=\{p_1,\ p_2,\ \cdots,\ p_n\}^{\mathrm{T}}$，$q=\{q_1,\ q_2,\ \cdots,\ q_n\}^{\mathrm{T}}$，$\dot{q}=\{\dot{q}_1,\ \dot{q}_2,\ \cdots,\ \dot{q}_n\}^{\mathrm{T}}$。由此可以推导出如下哈密顿正则方程：

$$\begin{cases}\dot{q}_k=\dfrac{\partial H}{\partial p_k}\\[2ex] \dot{p}_k=-\dfrac{\partial H}{\partial q_k}\end{cases}\quad (k=1,\ 2,\ \cdots,\ n) \tag{2.4.5}$$

对于理想、完整的 n 自由度非保守系统，可得如下扩展哈密顿正则方程：

$$\begin{cases} \dot{q}_k = \dfrac{\partial H}{\partial p_k} \\ \dot{p}_k = -\dfrac{\partial H}{\partial q_k} + Q_k \end{cases} \quad (k = 1,\ 2,\ \cdots,\ n) \tag{2.4.6}$$

式中，Q_k 为非保守的广义力。

由 p_k 和 $q_k(k = 1,\ 2,\ \cdots,\ n)$ 构成的 $2n$ 阶向量称为相向量(phase vector)，由相向量定义的 $2n$ 维欧氏空间称为相空间(phase space)。在相空间中，任意两条相轨线不会相交。

2. 状态方程和状态空间

虽然哈密顿方程是完美的方程，相空间内任意两条相轨线不会相交也是很好的性质，但广义动量 p_k 毕竟不是常用的量，工程中常用的表示物体运动状态的量是广义位移和广义速度 $(q_k,\ \dot{q}_k)$。因此，还须定义用 q_k 和 $\dot{q}_k$ 描述系统运动的方法。

1）状态方程和状态空间的定义

在一般情况下，根据拉格朗日方程，可以推导出受控振动系统的运动微分方程：

$$\ddot{q} = f[q,\ \dot{q},\ u(t),\ p(t)] \tag{2.4.7}$$

式中，q 为广义坐标(广义位移)向量；$\dot{q}$ 为广义速度向量；$u(t)$ 为施加的控制力向量；$p(t)$ 为时变外部激励向量，也称干扰力向量。由 q 构成的 n 维空间称为位形空间(configuration space)。在位形空间中建立的多自由度系统运动微分方程一般为二阶常微分方程，且一般为非线性方程。

通常认为，一个力学系统的运动状态主要由该系统的运动位置(或位移)和速度决定。因此，由 n 维广义位移向量和 n 维广义速度向量合并构成的 $2n$ 维向量就可称为该系统的状态向量；由 $2n$ 维状态向量所构成的 $2n$ 维欧氏空间称为状态空间。在状态空间中建立的运动微分方程称为状态方程。

为引入状态方程和状态空间，在方程(2.4.7)中，补充一个恒等式：$\dot{q} = \dot{q}$，并令

$$x(t) = \begin{Bmatrix} q \\ \dot{q} \end{Bmatrix} \tag{2.4.8}$$

由此可得

$$\dot{x}(t) = \begin{Bmatrix} \dot{q} \\ \ddot{q} \end{Bmatrix} \tag{2.4.9}$$

再令

$$a(x,\ u,\ p) = \begin{Bmatrix} \dot{q} \\ f(q,\ \dot{q},\ u,\ p) \end{Bmatrix} \tag{2.4.10}$$

则方程(2.4.7)可变为

$$\dot{x} = a[x,\ u(t),\ p(t)] \tag{2.4.11}$$

此方程就是代表受控振动系统运动的状态方程(state equation)，由 $2n$ 阶向量 x 构成的 $2n$

维欧氏空间称为状态空间。可见，状态方程一般是一阶常微分方程组。

2）平衡点和状态方程线性化

在一般情况下，状态方程(2.4.11)为非线性的。因此，即使是一阶微分方程，也很难求其封闭解。为对其进行分析，往往需要将方程(2.4.11)在系统平衡点(equilibrium point)附近线性化。

系统的平衡点定义为满足 $\dot{x}=0$ 的点，即满足式(2.4.12)的点：

$$x = x_e = \text{常数} \tag{2.4.12}$$

由于当系统处于静力平衡状态时，时变外力(包括控制力)应为零，可以由式(2.4.13)求出平衡点：

$$a(x_e,\ 0,\ 0) = 0 \tag{2.4.13}$$

将方程(2.4.11)在平衡点附近按泰勒(Taylor)级数展开，并略去二次以上项，总可以将方程(2.4.11)线性化为

$$\dot{x}(t) = Ax(t) + Bu(t) + Gp(t) \tag{2.4.14}$$

式中，系数矩阵 A、B、G 一般为常数阵。此时，称方程(2.4.14)所对应的系统为线性定常系统，又称为时不变系统。但在更为一般的控制理论状态方程中，系数矩阵仍可以是时间的函数，即 $A(t)$、$B(t)$、$G(t)$，此时称对应的系统为非定常系统或时变系统。在本书中，以考虑时不变系统为主，但在某些情况下也会考虑时变系统。

3）观察方程(或输出方程)

虽然状态向量 $x(t)$ 完整地反映了系统的运动状态，但并不是在任何情况下都能被外界所完整感知。也即，外界未必能观察到系统运动状态的全貌，而只能通过一定的手段，观察到系统运动状态的一个子集。因此，除上述状态方程(2.4.14)外，往往还须补充一个所谓的观察方程，即

$$y(t) = Cx(t) + Du(t) \tag{2.4.15}$$

式中，系数矩阵 C、D 一般也是常数阵，对应定常系统。但对于线性时变系统，矩阵 C、D 也可能是时间的函数，即 $C(t)$、$D(t)$。

方程(2.4.15)的物理意义是：因为实际振动系统真实的运动状态可能无法被完全感知，只能通过一定的手段、仪器等对其进行观察。由于受仪器的规模、精度、干扰等因素的影响，获取的信息与真实系统运动状态之间总有一定差距，但它们之间又是有关系的，这种关系就可以用观察方程来表示，观察方程也称为输出方程。

大多数情况下，观察结果只取决于系统状态，此时可略去 $Du(t)$ 项，方程(2.4.15)可简化为

$$y(t) = Cx(t) \tag{2.4.16}$$

方程(2.4.14)和方程(2.4.15)或方程(2.4.16)是现代控制理论中描述受控对象运动和控制的基本方程，是机械振动控制研究的基础。

2.4.2 时间离散系统状态空间表达式

2.4.1 节建立了时间连续系统的状态方程，并给出了线性化系统的状态方程和输出

方程，它们是控制系统理论分析的基础。然而，现代控制工程的特点之一是计算机的应用，而计算机却无法识别连续变化的物理量。为了顺利实施控制，经常需对系统的状态方程在时间上离散化，这就是离散时间系统的状态方程和输出方程。为了建立离散时间系统状态方程，假定在控制过程中等间隔采样，即采样周期 T 是常数，且采样周期足够小，足以满足系统计算精度的要求。据此，假定系统在一个采样周期内的输入作用保持不变，即系统处于等间隔逐段恒值输入。

一般化起见，假设线性时变系统的状态方程和输出方程如下：

$$\dot{x}(t)=A(t)x(t)+B(t)u(t) \tag{2.4.17a}$$

$$y(t)=C(t)x(t)+D(t)u(t) \tag{2.4.17b}$$

式中，$x(t)$ 为 n 阶向量，为系统状态；$u(t)$ 为 r 阶向量，为控制力；$y(t)$ 为 m 阶向量，为系统的输出；$A(t)$、$B(t)$、$C(t)$、$D(t)$ 分别为 $n\times n$ 阶、$n\times r$ 阶、$m\times n$ 阶、$m\times r$ 阶矩阵，且均为时间的连续函数。

根据差分法，可以写出上述方程在第 k 个时刻向第 $k+1$ 个时刻推进的差分方程为

$$x[(k+1)T]=A(kT)x(kT)+B(kT)u(kT) \tag{2.4.18a}$$

$$y(kT)=C(kT)x(kT)+D(kT)u(kT) \tag{2.4.18b}$$

式中，矩阵 $A(kT)$、$B(kT)$ 分别是经过差分运算后与 $A(t)$、$B(t)$ 对应的矩阵。

为了书写方便，往往不将采样周期 T 显式地写在方程里，而是将 kT 记为 k，将 $(k+1)T$ 记为 $k+1$。从而将方程(2.4.18)简写为

$$x(k+1)=A(k)x(k)+B(k)u(k) \tag{2.4.19a}$$

$$y(k)=C(k)x(k)+D(k)u(k) \tag{2.4.19b}$$

如果是定常系统，即矩阵 A、B、C、D 均为常数阵，则矩阵 $A(kT)$、$B(kT)$ 也是常数阵。为了与式(2.4.17)中的系数矩阵相区别，在各系数矩阵下面加上下标 d。此时，方程(2.4.19)退化为

$$x(k+1)=A_d x(k)+B_d u(k) \tag{2.4.20a}$$

$$y(k)=C_d x(k)+D_d u(k) \tag{2.4.20b}$$

式(2.4.19)和式(2.4.20)就是线性离散时间系统的状态方程和输出方程。有关矩阵 $A(kT)$、$B(kT)$ 或 A_d、B_d 的具体求法，将在3.5节中详细讨论。

习　题

2.1 试判断习题2.1图所示各系统的自由度（J_1 为质量的极惯矩）。假设各杆件轴向刚度为无穷大，系统为线弹性系统且在平面内运动。

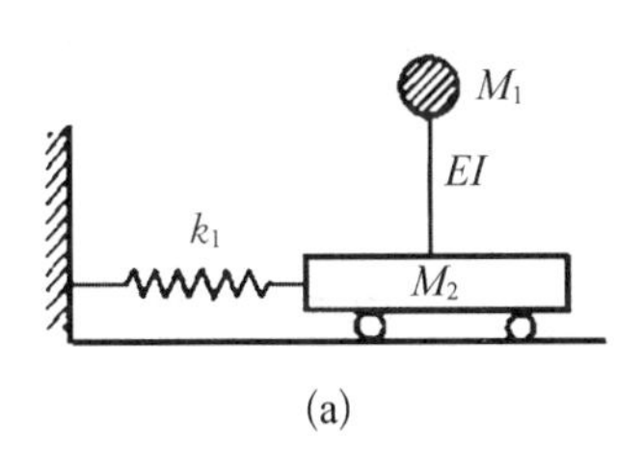

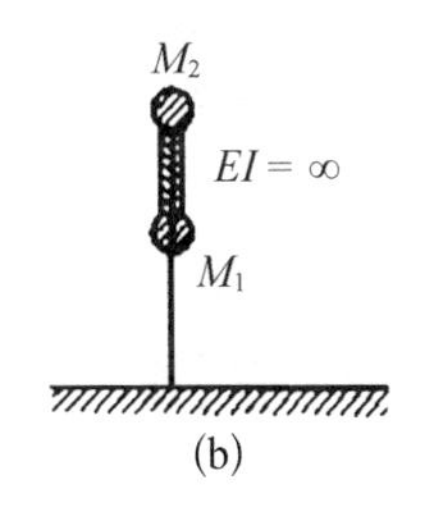

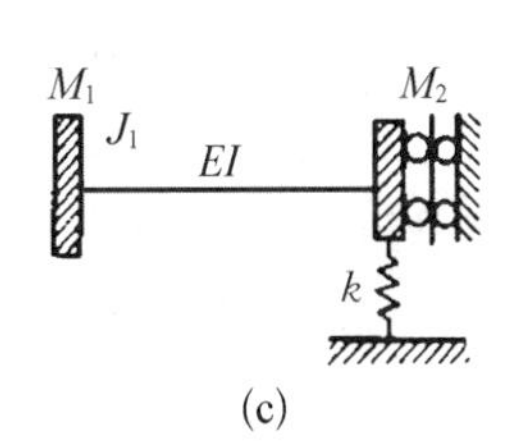

习题 2.1 图

2.2　在习题 2.2 图所示的系统中，质点 m 只能沿导轨 AB 运动，而导轨 AB 绕点 A 转动。试分析：质点 m 受到何种约束；该系统的自由度是多少。

2.3　一根长度为 l 的匀质直杆支承在水平地板上，并靠在高度为 h $(h < l)$ 的墙上，如习题 2.3 图所示。取$(x_1、y_1、x_2、y_2)$为杆的位置坐标，试写出该杆的约束方程。

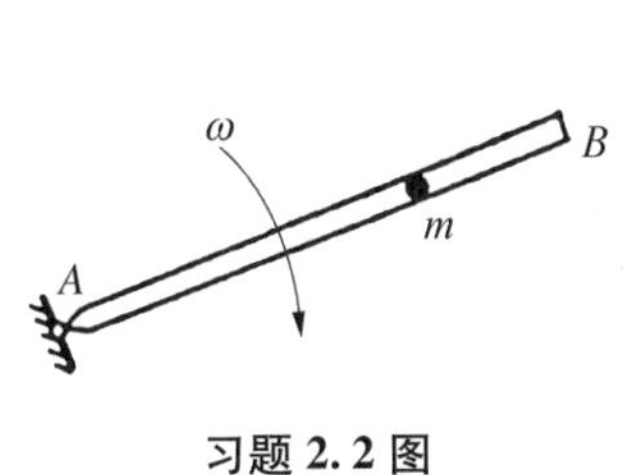

习题 2.2 图

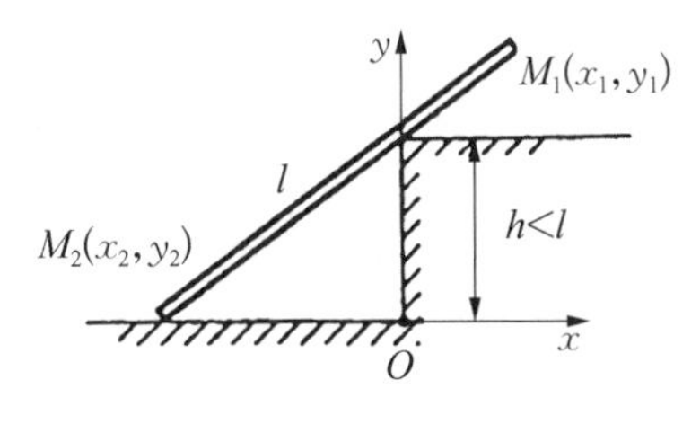

习题 2.3 图

2.4　试建立习题 2.4 图所示系统的运动微分方程。图中，m 为单位长度的质量，$\omega = \sqrt{\dfrac{EI}{8m}}$ 为外部简谐激励的圆频率。

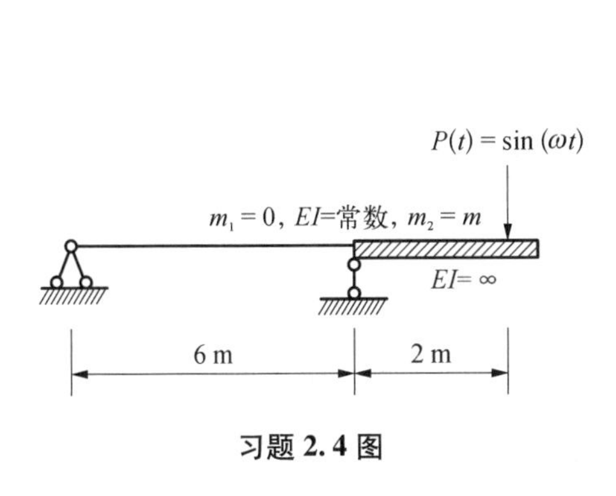

习题 2.4 图

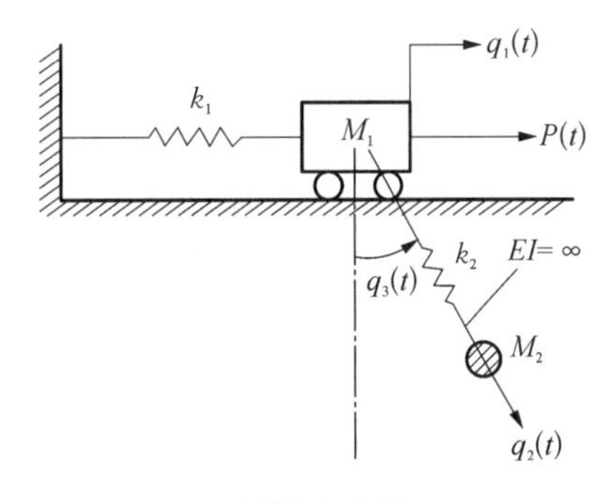

习题 2.5 图

2.5　试采用拉格朗日方程法建立习题 2.5 图系统的运动微分方程，并分析该方程的线性化方程。

2.6　试建立习题 2.6 图所示梁在平面内做横向弯曲振动时的运动微分方程和边界条件。已知：$M = ml$、$k = EI/l^3$，其中 m 是单位长度梁的质量。

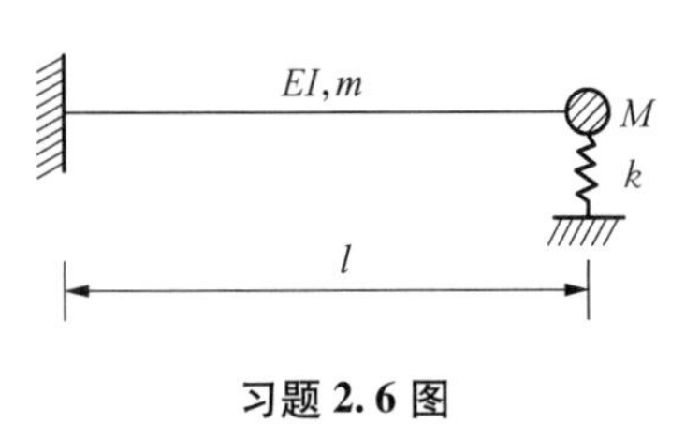

习题 2.6 图

2.7　试建立习题 2.7 图所示的两个对边固支、两个对边简支的薄板做横向弯曲振动时的运动微分方程和边界条件。已知：板的厚度为 t、质量密度为 ρ、弹性模量为 E、泊松比为 μ。

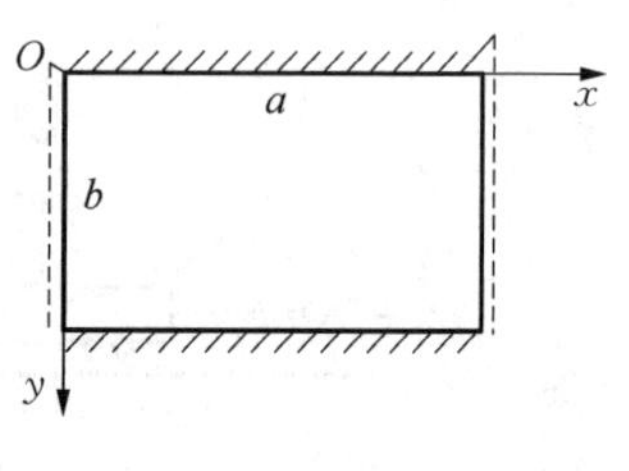

习题 2.7 图

2.8 试将习题 2.4 中建立的习题 2.4 图所示系统的运动微分方程表示为时间连续系统的状态方程。

第 3 章 基于状态方程的振动分析基础

本章主要介绍基于状态方程的线性振动系统响应分析的基本概念和基本方法。分别从时域和频域角度对确定性激励作用下线性系统的响应进行分析，从时域角度对随机激励作用下线性系统的响应进行分析，并介绍矩阵指数的几种计算方法。为了与后面章节中确定性振动控制、随机振动控制等内容相衔接，本章还对拉普拉斯变换、传递函数、模态分析、白噪声及有色噪声、成型滤波器等概念作了介绍。

学习要点：

(1) 正确理解在状态空间内对线性系统的振动响应进行分析的基本概念、基本原理和基本方法；

(2) 掌握基于状态转移矩阵的线性系统响应时域计算方法和基于传递函数的频域(拉普拉斯域)计算方法，熟悉矩阵指数的计算；

(3) 掌握状态空间中的特征值分析方法和模态分析法，正确理解左、右模态等概念；

(4) 熟悉白噪声激励作用下线性系统随机响应的时域计算方法，了解基于成型滤波器的有色噪声作用下线性系统随机响应的计算方法。

机械振动控制的理论基础是振动理论。振动理论是机械类专业的专业基础课，已有大量教材或专著，其中主要是在物理空间内采用二阶常微分方程描述振动系统的运动。然而，在控制理论中，一般都采用状态空间和状态方程描述法。因此，有必要基于状态方程描述振动系统的运动。本章将仿照一般振动理论著作中的论述体系，建立基于状态方程的振动分析基础。

3.1 状态空间中线性连续系统的时域计算方法

对于时间变量，也分连续和离散两种情形，并分别称对应的系统为线性连续系统和线性离散系统(见 2.4 节)，本节主要介绍线性连续系统的计算方法。

3.1.1 线性连续系统的响应分析

1. 线性时变系统的状态转移矩阵和系统响应解

设一般的线性系统的控制方程为

$$\dot{x}(t)=A(t)x(t)+B(t)u(t)+G(t)p(t) \tag{3.1.1}$$

式中，$x(t)$ 为 n 阶向量，表示系统状态；$u(t)$ 为 r 阶向量，表示控制力；$p(t)$ 为 p 阶向量，称为干扰；$A(t)$、$B(t)$、$G(t)$ 分别为 $n\times n$ 阶、$n\times r$ 阶、$n\times p$ 阶矩阵，且均为时间的连续函数。因此，方程(3.1.1)代表的系统为时变系统。需要说明的是，方程(3.1.1)代表的系统并不局限于力学系统，可理解为是最一般的线性系统，受控振动系统是其特例。

现求状态方程(3.1.1)的解，即从方程(3.1.1)求出系统的状态向量 $x(t)$。为此，首先考虑方程(3.1.1)所对应的齐次方程：

$$\dot{x}(t)=A(t)x(t) \tag{3.1.2}$$

运用线性常微分方程的一般解法，不难求出该方程的 n 个线性独立的解向量 $X_1(t)$，$X_2(t)$，…，$X_n(t)$。因此，该齐次方程的通解为

$$x(t)=\sum_{i=1}^{n}C_iX_i(t)=X(t)C \tag{3.1.3}$$

式中，C_1，C_2，…，C_n 为任意常数，$C=\{C_1,\ C_2,\ \cdots,\ C_n\}^{\mathrm{T}}$。

为求非齐次方程(3.1.1)的解，采用参数变易法，即令 $C_i=q_i(t)$ $(i=1,\ 2,\ \cdots,\ n)$，将方程(3.1.1)的解设为

$$x(t)=X(t)q(t) \tag{3.1.4}$$

式中，$X(t)=[X_1(t),\ X_2(t),\ \cdots,\ X_n(t)]$ 是 $n\times n$ 阶方阵，且可逆；$q(t)=\{q_1(t),\ \cdots,\ q_n(t)\}^{\mathrm{T}}$ 是 n 阶列向量，为待定的时间函数。$q(t)$ 可理解为是新的状态向量，即方程(3.1.4)相当于坐标变换。

将式(3.1.4)代入原非齐次方程(3.1.1)，注意矩阵乘积的求导法则，并利用下面结果：

$$\dot{X}(t)=A(t)X(t) \tag{3.1.5}$$

可得

$$\dot{q}(t)=X^{-1}(t)[B(t)u(t)+G(t)p(t)] \tag{3.1.6}$$

对式(3.1.6)在$[t_0,\ t_1]$时间内积分，可得

$$q(t)=q_0+\int_{t_0}^{t}X^{-1}(\tau)[B(\tau)u(\tau)+G(\tau)p(\tau)]\mathrm{d}\tau \tag{3.1.7}$$

式中，$q_0=q(t_0)$ 是用 q 表示的初始条件。设原线性系统[即方程(3.1.1)]的初始条件为 $x_0=x(t_0)$，则利用式(3.1.4)，注意到 $X(t)$ 可逆，可得 $q(t)=X(t)^{-1}x(t)$，在 t_0 时刻有

$$q_0 = X(t_0)^{-1}x(t_0) \tag{3.1.8}$$

将式(3.1.7)、式(3.1.8)代入式(3.1.4),可得

$$\begin{aligned} x(t) &= X(t)X^{-1}(t_0)x(t_0) + X(t)\int_{t_0}^{t} X^{-1}(\tau)[B(\tau)u(\tau) + G(\tau)p(\tau)]\mathrm{d}\tau \\ &= X(t)X^{-1}(t_0)x(t_0) + \int_{t_0}^{t} X(t)X^{-1}(\tau)[B(\tau)u(\tau) + G(\tau)p(\tau)]\mathrm{d}\tau \end{aligned} \tag{3.1.9}$$

令

$$\phi(t, \tau) = X(t)X^{-1}(\tau) \tag{3.1.10}$$

$n\times n$ 阶矩阵 $\phi(t, \tau)$ 称为**系统的状态转移矩阵**(或称为**跃迁阵**)。将式(3.1.10)代入式(3.1.9),可得

$$x(t) = \phi(t, t_0)x(t_0) + \int_{t_0}^{t} \phi(t, \tau)[B(\tau)u(\tau) + G(\tau)p(\tau)]\mathrm{d}\tau \tag{3.1.11}$$

式(3.1.11)为**基于状态转移矩阵的系统响应解**(即系统的状态向量),对应地,$X(t)$ 称为基本解阵。

2. 状态转移矩阵的性质

状态转移矩阵 $\phi(t, \tau)$ 是反映系统性质的重要矩阵。可以证明,它有如下性质:

$$\phi(t, t) = I \tag{3.1.12a}$$

式中,I 是与状态转移矩阵 ϕ 同阶的单位矩阵。

$$\dot{\phi}(t, \tau) = \frac{\partial}{\partial t}\phi(t, \tau) = A(t)\phi(t, \tau) \tag{3.1.12b}$$

$$\phi(t_2, \tau)\phi(\tau, t_1) = \phi(t_2, t_1) \tag{3.1.12c}$$

$$\phi^{-1}(t_1, t_2) = \phi(t_2, t_1) \tag{3.1.12d}$$

$$\frac{\partial}{\partial \tau}\phi(t, \tau) = -\phi(t, \tau)A(\tau) \tag{3.1.12e}$$

此外,根据状态转移矩阵的定义式(3.1.10),它的转置为

$$\phi(t, \tau)^{\mathrm{T}} = [X(t)X^{-1}(\tau)]^{\mathrm{T}} = X^{-1}(\tau)^{\mathrm{T}}X(t)^{\mathrm{T}} = [X(\tau)^{\mathrm{T}}]^{-1}X(t)^{\mathrm{T}} \tag{3.1.12f}$$

3. 线性定常系统的状态转移矩阵和系统响应解

当方程(3.1.1)的系数矩阵 A、B、G 均为常数阵,即系统为线性时不变系统(或称定常系统)时,可得

$$\begin{cases} X(t) = \mathrm{e}^{At} \\ X^{-1}(\tau) = \mathrm{e}^{-A\tau} \end{cases} \tag{3.1.13}$$

式中,e^{At} 称为**矩阵指数**,其定义为

$$e^{At}=I+tA+\frac{t^2}{2}A^2+\cdots+\frac{t^n}{n!}A^n+\cdots \tag{3.1.14}$$

可以验证,此时有

$$\phi(t,\tau)=e^{A(t-\tau)} \tag{3.1.15}$$

式中,$\phi(t,\tau)$ 为**线性定常系统的状态转移矩阵**。相应地,有

$$x(t)=e^{A(t-t_0)}x(t_0)+\int_{t_0}^{t}e^{A(t-\tau)}[Bu(\tau)+Gp(\tau)]d\tau \tag{3.1.16}$$

式(3.1.16)为**线性定常系统的响应解(即状态向量)**。

由矩阵指数的定义可见,定常系统的状态转移矩阵 $\phi(t,\tau)$ 的转置为

$$\phi(t,\tau)^{T}=[e^{A(t-\tau)}]^{T}=e^{A^{T}(t-\tau)} \tag{3.1.17}$$

可以看出,**矩阵指数** e^{At} 是线性定常系统响应解中的重要参量。

3.1.2 脉冲响应阵和基于脉冲响应阵计算系统的输出

振动力学中曾介绍过脉冲响应函数及基于脉冲响应函数的系统响应解,即杜哈梅(Duhamel)积分。在基于状态方程的振动分析中,也有相应的内容,但是以矩阵形式给出,称为脉冲响应阵和基于脉冲响应阵的系统响应输出,下面对此加以介绍。

1. 单位脉冲响应阵

1)状态方程和输出方程

一般受控线性系统的状态方程如式(3.1.1)所示,但在方程(3.1.1)中,扰动 $p(t)$ 往往可以与控制力 $u(t)$ 合并,从而使得状态方程形式更加简洁。为便于叙述,本节将系统的状态方程和输出方程写成如下形式。

状态方程:

$$\dot{x}=Ax+Bu \tag{3.1.18}$$

输出方程:

$$y=Cx+Du \tag{3.1.19}$$

在上述方程中,x 是系统状态向量,为 n 阶,系数矩阵 A 为 $n\times n$ 阶;u 是系统输入,为 r 阶,系数矩阵 B 为 $n\times r$ 阶;y 为系统输出向量,为 m 阶;系数矩阵 C 和 D 分别为 $m\times n$ 阶和 $m\times r$ 阶。各系数矩阵均可以是时间的函数或常数,即系统既可以是时变系统也可以是定常系统。为书写方便,在上述方程中均省略了时间变量 t。

2)单位脉冲输入

根据脉冲的概念,当系统的输入是脉冲时,其时间历程可以用 δ 函数来表征(关于 δ 函数,将在 3.6 节中详细介绍)。但在方程(3.1.18)中,输入是向量,其中每个分量均可以是脉冲,所以须逐个考虑。

不失一般性,设系统的初始时刻取 $t_0=0$,系统的初始条件为零,即

$$x(0) = x_0 = 0 \tag{3.1.20}$$

设在 $t=\tau$ 时刻,仅系统的第 i 个输入为单位脉冲 $\delta(t-\tau)$。此时,系统的输入向量可写为

$$u(t) = e_i \delta(t-\tau) \tag{3.1.21}$$

式中, $e_i = \{e_i\}_{r\times 1} = \{0, \cdots, 0, 1, 0, \cdots, 0\}^{\mathrm{T}}$, 非零元素 1 在第 i 个位置。式(3.1.21)的含义如下:在 $t=\tau$ 时刻,系统只在第 i 个输入分量上为单位脉冲,其余各输入分量均为零。

3) 单位脉冲响应及脉冲响应阵

现求当 $x_0=0$, $u(t)=e_i\delta(t-\tau)$ 时系统的响应输出,即在其他输入条件为 0、仅系统输入的第 i 个分量在 $t=\tau$ 时刻作用一单位脉冲时系统的输出。

根据式(3.1.11),可以得出:

$$\begin{aligned} y(t, \tau) &= C(t)\int_{t_0}^{t} \phi(t, \lambda) B(\lambda) e_i \delta(\lambda-\tau)\mathrm{d}\lambda + D(t)e_i\delta(t-\tau) \\ &= C(t)\phi(t, \tau)B(\tau)e_i + D(t)e_i\delta(t-\tau) \quad (t \geqslant \tau) \end{aligned} \tag{3.1.22}$$

当 $t \geqslant \tau$ 时,式(3.1.22)成立;而当 $t<\tau$ 时,由于系统输入为零,初始条件为零,有

$$y(t, \tau) = 0 \quad (t<\tau) \tag{3.1.23}$$

由于此时求出的 $y(t, \tau)$ 是 $t \geqslant \tau$ 时刻输入为单位脉冲 e_i 这种特殊情况时系统的输出,即对单位脉冲的响应,可记为

$$h_i(t, \tau) = \begin{cases} C(t)\phi(t, \tau)B(\tau)e_i + D(t)e_i\delta(t-\tau) & (t \geqslant \tau) \\ 0 & (t<\tau) \end{cases} \tag{3.1.24}$$

可见, h_i 是个 m 阶向量。$h_i(t, \tau)$ 表达了系统输出 $y(t)$ 对系统输入 $u(t)$ 的第 i 个元素在 τ 时刻出现单位脉冲 $\delta(t-\tau)$ 时的响应,即**单位脉冲响应**。

如果求出所有的 $h_i(t, \tau)$ $(i=1, 2, \cdots, r)$, 并按次序排列向量 $h_i(t, \tau)$, 则可得如下的单位脉冲响应阵:

$$\begin{aligned} H(t, \tau) &= [h_1(t, \tau), \cdots, h_r(t, \tau)] \\ &= C(t)\phi(t, \tau)B(\tau)[e_1, \cdots, e_r] + D(t)[e_1, \cdots, e_r]\delta(t-\tau) \quad (t \geqslant \tau) \\ &= C(t)\phi(t, \tau)B(\tau) + D(t)\delta(t-\tau) \end{aligned} \tag{3.1.25}$$

同理可得,当 $t<\tau$ 时,有

$$H(t, \tau) = 0 \tag{3.1.26}$$

则

$$H(t, \tau) = \begin{cases} C(t)\phi(t, \tau)B(\tau) + D(t)\delta(t-\tau) & (t \geqslant \tau) \\ 0 & (t<\tau) \end{cases} \tag{3.1.27}$$

式(3.1.27)定义为**一般线性系统的单位脉冲响应阵**。

对于线性定常系统,有

$$H(t,\ \tau)=\begin{cases}Ce^{A(t-\tau)}B+D\delta(t-\tau) & (t\geqslant\tau)\\ 0 & (t<\tau)\end{cases} \tag{3.1.28a}$$

可见,此时 $H(t,\ \tau)$ 仅和 $(t-\tau)$ 有关,而与 τ 本身大小无关。为方便起见,可以假定 $\tau=0$,即以单位脉冲出现的时刻为时间零点,使得式(3.1.28a)可写成:

$$H(t)=\begin{cases}Ce^{At}B+D\delta(t) & (t\geqslant 0)\\ 0 & (t<0)\end{cases} \tag{3.1.28b}$$

式(3.1.28)为**线性定常系统的单位脉冲响应阵**。

2. 基于脉冲响应阵的系统输出

根据与杜哈梅积分相同的概念,在定义了单位脉冲响应阵后,就可以据此计算线性系统对任意输入的响应了。也就是说,根据脉冲响应的概念、任意输入和单位脉冲输入之间的关系,以及线性系统的性质,可以求出系统对任意输入 $u(t)$ 的响应输出。

任意输入可借助单位脉冲表达为

$$u(t)=\int_{t_0}^{t}u(\tau)\delta(t-\tau)\mathrm{d}\tau \tag{3.1.29}$$

系统输出可借助基于状态转移矩阵的系统响应解[方程(3.1.11)]表达为

$$\begin{aligned}y(t)&=C(t)x(t)+D(t)u(t)\\&=C(t)\phi(t,\ t_0)x_0+C(t)\int_{t_0}^{t}\phi(t,\ \tau)B(\tau)u(\tau)\mathrm{d}\tau+D(t)u(t)\\&=C(t)\phi(t,\ t_0)x_0+\int_{t_0}^{t}C(t)\phi(t,\ \tau)B(\tau)u(\tau)\mathrm{d}\tau+D(t)\int_{t_0}^{t}u(\tau)\delta(t-\tau)\mathrm{d}\tau\\&=C(t)\phi(t,\ t_0)x_0+\int_{t_0}^{t}[C(t)\phi(t,\ \tau)B(\tau)+D(t)\delta(t-\tau)]u(\tau)\mathrm{d}\tau\end{aligned}$$

即

$$y(t)=C(t)\phi(t,\ t_0)x_0+\int_{t_0}^{t}H(t,\ \tau)u(\tau)\mathrm{d}\tau \tag{3.1.30}$$

由此可见,系统的输出由两部分组成:第一部分表达了系统输出与初始条件之间的关系,而第二部分则表达了系统的输入/输出与脉冲响应阵之间的关系。

3.2 基于传递函数阵的方法

不妨回顾一下,振动力学中不仅介绍过脉冲响应函数及基于脉冲响应函数的系统响应(即时域分析),同时还介绍过频率响应函数及基于频率响应函数的系统响应分析(即频域分析)。事实上,在基于状态方程的振动分析中,也有相应的内容。只不过,这里将"频域"推广到"拉普拉斯域",将"频率响应函数"推广到"传递函数",下面对此加以介绍。

3.2.1　预备知识：拉普拉斯变换简介

1. 定义

1）拉普拉斯变换（简称拉氏变换）

设函数$f(t)$当$t>0$时有定义，且积分$\int_0^\infty f(t)\mathrm{e}^{-st}\mathrm{d}t$在$s$的某一域内收敛，则由此积分所定义的函数可写为

$$F(s)=\int_0^\infty f(t)\mathrm{e}^{-st}\mathrm{d}t \tag{3.2.1}$$

并称为函数$f(t)$的拉普拉斯变换，记为

$$L[f(t)]=F(s) \tag{3.2.2}$$

称$F(s)$是$f(t)$的象函数。

2）拉普拉斯逆变换

如果$F(s)$是$f(t)$的拉普拉斯变换，则称$f(t)$是$F(s)$的拉普拉斯逆变换，记为

$$L^{-1}[F(s)]=f(t) \tag{3.2.3}$$

称$f(t)$是$F(s)$的原函数。

2. 主要性质

1）线性性质

若α、β为常数，$L[f_1(t)]=F_1(s)$，$L[f_2(t)]=F_2(s)$，则

$$L[\alpha f_1(t)+\beta f_2(t)]=\alpha L[f_1(t)]+\beta L[f_2(t)]=\alpha F_1(s)+\beta F_2(s) \tag{3.2.4}$$

$$L^{-1}[\alpha F_1(s)+\beta F_2(s)]=\alpha L^{-1}[F_1(s)]+\beta L^{-1}[F_2(s)]=\alpha f_1(t)+\beta f_2(t) \tag{3.2.5}$$

更多项可以依此类推。

2）微分性质

若$L[f(t)]=F(s)$，则

$$L[f'(t)]=sF(s)-f(0) \tag{3.2.6}$$

推论：

$$L[f^n(t)]=s^nF(s)-s^{n-1}f(0)-s^{n-2}f'(0)-\cdots-f^{n-1}(0)\quad[\mathrm{Re}(s)>0] \tag{3.2.7}$$

式中，$f^n(t)$是$f(t)$对t的n阶微分（$n=1, 2, \cdots$）。注意：当$f(t)$在$t=0$处不连续时，$f(0)$应理解为$f(+0)$。

3）积分性质

若$L[f(t)]=F(s)$，则

$$L\left[\int_0^t f(\tau)\mathrm{d}\tau\right] = \frac{1}{s}F(s) \tag{3.2.8}$$

4）位移性质

若 $L[f(t)] = F(s)$，则

$$L[\mathrm{e}^{at}f(t)] = F(s-a) \quad [\mathrm{Re}(s-a) > c] \tag{3.2.9}$$

式中，c 是大于等于零的实常数。

5）延迟性质

若 $L[f(t)] = F(s)$，又当 $t<0$ 时 $f(t)=0$，则对于任一实数 τ，有

$$L[f(t-\tau)] = \mathrm{e}^{-s\tau}F(s) \tag{3.2.10}$$

或

$$L^{-1}[\mathrm{e}^{-s\tau}F(s)] = f(t-\tau) \tag{3.2.11}$$

几点说明：① 在上述定义和主要性质的陈述中，s 一般为复数参变量（也称为拉普拉斯变量），$F(s)$ 一般为复变函数；② 拉普拉斯变换也是在一定条件下才存在的，但其存在条件较傅里叶变换弱（关于拉普拉斯变换的存在定理，这里不作进一步展开）；③ 这里仅介绍了拉氏变换五种最常用的基本性质，证明从略。关于拉氏变换的更深入知识，有兴趣的读者可参阅有关积分变换方面的文献。

3.2.2 传递函数阵的定义

设系统的状态方程和输出方程仍如前面的方程（3.1.18）和方程（3.1.19）所示，只是其中矩阵 A、B、C、D 为常数阵，即**系统为定常系统**；系统的初始条件为 $x(t_0)=x_0$。对方程（3.1.18）和方程（3.1.19）两边同取拉普拉斯变换，有

$$sx(s) - x_0 = Ax(s) + Bu(s) \tag{3.2.12}$$

$$y(s) = Cx(s) + Du(s) \tag{3.2.13}$$

于是由方程（3.2.12）可得

$$(sI - A)x(s) = x_0 + Bu(s) \tag{3.2.14}$$

设 $(sI-A)$ 可逆，则有

$$x(s) = (sI-A)^{-1}x_0 + (sI-A)^{-1}Bu(s) \tag{3.2.15}$$

$$y(s) = C(sI-A)^{-1}x_0 + C(sI-A)^{-1}Bu(s) + Du(s) \tag{3.2.16}$$

上面的式子表达了系统的初始条件 x_0、输入 $u(s)$、系统状态 $x(s)$ 和输出 $y(s)$ 之间的相互关系。其中，$(sI-A)^{-1}$ 表达了 x_0 对 $x(s)$ 的影响，$(sI-A)^{-1}B$ 表达了 $u(s)$ 对 $x(s)$ 的影响；而 $C(sI-A)^{-1}$ 表达了 x_0 对 $y(s)$ 的影响，$C(sI-A)^{-1}B$ 表达了 $u(s)$ 对 $y(s)$ 的影响；D 则表达了 $u(s)$ 直接对 $y(s)$ 影响的那一部分。

若 $x_0=0$，则有

$$y(s)=[C(sI-A)^{-1}B+D]u(s) \tag{3.2.17a}$$

记：

$$G(s)=C(sI-A)^{-1}B+D \tag{3.2.18a}$$

并称为系统输入输出之间的**传递函数阵**。此时，式(3.2.17a)可简写为

$$y(s)=G(s)u(s) \tag{3.2.17b}$$

可看作系统的输入和输出之间在拉普拉斯域的简洁关系。

在通常情况下，往往有 $D=0$，则上面的传递函数阵 $G(s)$ 可写成如下更为常见的表达式：

$$G(s)=C(sI-A)^{-1}B \tag{3.2.18b}$$

式(3.2.18a)和式(3.2.18b)都可用来建立在零初始条件下系统输入与输出之间的关系，由式(3.2.18b)表达的传递函数阵与振动力学中介绍的频率响应函数阵具有可比性。

3.2.3　传递函数阵与脉冲响应阵之间的关系

同理，根据振动力学知识，脉冲响应函数和频率响应函数之间有一定关系，这个关系就是傅里叶变换。那么，这里的脉冲响应阵和传递函数阵之间是否也有类似的关系呢？答案是肯定的。通过对脉冲阵响应阵 $H(t)$ 进行拉普拉斯变换，有

$$\begin{aligned}H(s)=L[H(t)]&=\int_0^\infty H(t)\mathrm{e}^{-st}\mathrm{d}t\\&=\int_0^\infty[C\mathrm{e}^{At}B+D\delta(t)]\mathrm{e}^{-st}\mathrm{d}t\\&=\int_0^\infty C\mathrm{e}^{At}B\mathrm{e}^{-st}\mathrm{d}t+\int_0^\infty D\delta(t)\mathrm{e}^{-st}\mathrm{d}t\\&=C\left(\int_0^\infty \mathrm{e}^{At}\mathrm{e}^{-st}\mathrm{d}t\right)B+D\end{aligned} \tag{3.2.19}$$

可以证明：

$$\int_0^\infty \mathrm{e}^{At}\mathrm{e}^{-st}\mathrm{d}t=(sI-A)^{-1} \tag{3.2.20}$$

所以有

$$H(s)=C(sI-A)^{-1}B+D=G(s) \tag{3.2.21a}$$

特别地，当 $D=0$ 时，有

$$H(s)=C(sI-A)^{-1}B=G(s) \tag{3.2.21b}$$

式(3.2.21)建立了脉冲响应阵和传递函数阵之间的关系，即脉冲响应阵的拉普拉斯变换就是传递函数阵：$L[H(t)]=G(s)$。

由此也可以看出传递函数的物理意义：传递函数阵 $G(s)$ 的元素 $G_{ij}(s)$ 就是当系统

输入 $u(t)$ 的元素 $u_j(t)$ 为单位脉冲时，在零初始条件下，系统输出 $y(t)$ 的元素 $y_i(t)$ 的拉普拉斯变换。

由前面的介绍可知，当 A、B、C、D 均为常数阵(即系统为定常系统)时，有：$\phi(t)=\mathrm{e}^{At}$［详见式(3.1.15)和式(3.1.28)］。又由上面的结果可知：$\int_0^\infty \mathrm{e}^{At}\mathrm{e}^{-st}\mathrm{d}t=(sI-A)^{-1}$。说明此时状态转移矩阵(即跃迁阵)的拉普拉斯变换就是 $(sI-A)^{-1}$，即

$$L[\mathrm{e}^{At}]=(sI-A)^{-1} \tag{3.2.22}$$

反之，有

$$\mathrm{e}^{At}=L^{-1}[(sI-A)^{-1}] \tag{3.2.23}$$

因此，往往可以通过 $(sI-A)^{-1}$ 的拉氏逆变换来计算定常系统的状态转移矩阵 $\phi(t)$，这也可以看作为状态转移矩阵的计算提供了另一种方法。

3.3 特征值问题和求响应的模态分析法

前面介绍了在状态空间内进行振动分析的基本概念和基本方法，即基于状态转移矩阵的系统响应求解方法，同时也介绍了与振动力学中相对应的脉冲响应阵和传递函数阵。其中，对于定常系统，基于状态转移矩阵的系统响应解法可归结为求矩阵指数函数 e^{At}。虽然此时问题已经得到了简化，但求解矩阵指数函数也并非易事，因此希望通过某种方法使问题得到进一步简化。

事实上，在振动力学中也存在这样的问题，即在物理空间内建立的运动微分方程往往相互耦合，给求解带来很大不便。因此，在振动力学中利用主振型的正交性，通过坐标变换将物理空间的运动微分方程变换到振型空间，使得运动方程解耦，从而给求解带来很大方便。那么，在状态空间中是否也有类似的使方程解耦的方法呢？答案是肯定的，但是方法略有不同。使方程解耦的基础是主振型(或可称主模态)，而求主振型的问题在数学上可归结为特征值问题，因此本节将先介绍状态空间里的特征值问题，然后介绍使系统解耦的响应分析方法——模态分析法。

3.3.1 状态空间中的特征值问题

1. 方阵 A 的特征值及特征向量

为构造和求解特征值问题，考虑如下的齐次常微分方程组：

$$\dot{x}(t)=Ax(t) \tag{3.3.1}$$

式中，A 为 $n\times n$ 阶常值矩阵。在力学上，该方程代表一个定常自治系统。注意到：该方程是一阶常微分方程组，矩阵 A 虽然是常值实矩阵，但却未必对称，即一般情况下 $A^{\mathrm{T}}\neq A$。正因如此，这里的特征值问题与振动力学中的特征值问题有所不同。

为了得到与方程(3.3.1)对应的代数特征值问题，设该方程的解为

$$x(t)=U\mathrm{e}^{\lambda t} \tag{3.3.2}$$

式中，λ 和 U 分别为常数标量和向量，但它们一般都是复数。将形式解[式(3.3.2)]代入方程(3.3.1)并消去公因子 $e^{\lambda t}$，则得如下代数特征值问题：

$$AU = \lambda U \tag{3.3.3}$$

根据线性代数理论，这是一个标准的代数特征值问题，也称为矩阵 A 的特征值问题，对应的特征方程为

$$|A - \lambda I| = 0 \tag{3.3.4}$$

由于 A 是 $n \times n$ 阶方阵，通过求解方程(3.3.4)和方程(3.3.3)，一般可以求出 n 个特征值 λ_j 和特征向量 $U_j (j = 1, 2, \cdots, n)$，使得

$$AU_j = \lambda_j U_j \quad (j = 1, 2, \cdots, n) \tag{3.3.5}$$

式中，λ_j 和 U_j 分别为矩阵 A 的第 j 个**特征值和特征向量**，一般都是复数。

2. *左、右特征向量的概念*

虽然上面得到了矩阵 A 的特征值和特征向量，但是即使所有特征值均各不相同，也不能由此简单认为 U_i 和 $U_j (i \neq j)$ 相互正交。因为，按照特征向量正交性判别的一般方法，分别针对第 i 阶和第 j 阶特征值和特征向量写出方程(3.3.5)，再分别对两个方程左乘 U_j^{T} 和 U_i^{T}，并将第二个方程两边转置，然后将第二个方程减去第一个方程，充其量只能得到：

$$U_j^{\mathrm{T}}(A^{\mathrm{T}} - A)U_i = (\lambda_j - \lambda_i)U_j^{\mathrm{T}}U_i \tag{3.3.6}$$

由于 $A^{\mathrm{T}} \neq A$，即使 $i \neq j$，也不能得到如下结果：

$$U_j^{\mathrm{T}}U_i = 0 \quad (i \neq j) \tag{3.3.7}$$

这就是说，仅从方阵 A 的特征值和特征向量，不能证明两个特征向量正交。

为了解决方阵 A 特征向量的正交性问题，引入左、右特征向量的概念，这也是在状态空间里特征值问题的特点之一。

首先，引入方阵 A 的左特征向量。为此，考虑方阵 A 的转置矩阵 A^{T}，构造其代数特征值问题，即构造如下一组方程：

$$A^{\mathrm{T}}V = \gamma V \tag{3.3.8}$$

$$|A^{\mathrm{T}} - \gamma I| = 0 \tag{3.3.9}$$

式中，γ 和 V 也分别是常数标量和向量，它们一般都是复数。称方程(3.3.8)是方阵 A^{T} 的特征值问题，式(3.3.9)是其对应的特征方程。由特征值问题的一般解法(或仿照上面求解方法)也可求出 n 个特征值 γ_j 和特征向量 $V_j (j = 1, 2, \cdots, n)$。

注意到，虽然 $A^{\mathrm{T}} \neq A$，但根据线性代数理论可知，其行列式相等，即 $|A^{\mathrm{T}}| = |A|$。由此可以证明，基于方程(3.3.4)和方程(3.3.9)求出的特征值 λ_j 和 γ_j 是相同的，即 $\lambda_j = \gamma_j$。于是，可以将 λ_j 和 V_j 代入方程(3.3.8)，得到：

$$A^{\mathrm{T}}V_j = \lambda_j V_j \tag{3.3.10}$$

将方程(3.3.10)两边转置后,得

$$V_j^{\mathrm{T}}A = \lambda_j V_j^{\mathrm{T}} \tag{3.3.11}$$

这可以看作方阵 A 的另一个特征值问题,向量 V_j^{T} 可以看作方阵 A 的另一个特征向量。由于 V_j^{T} 在 A 的左侧,称其为 **A 的左特征向量**。既然如此,由于 V_j 在 A^{T} 的右侧,称其为 A^{T} 的右特征向量。可见,方阵 A^{T} 的右特征向量是方阵 A 的左特征向量。

其次,再引入方阵 A 的右特征向量。事实上,根据上面的分析,由式(3.3.5)可见,特征向量 U_j 在方阵 A 的右侧,就可以直接称为方阵 **A 的右特征向量**。

3. 特征值互异时矩阵 A 的相似变换

有了左右特征向量的概念后,就可以在左右特征向量的范围内讨论方阵 A 的特征向量的正交性问题了。为此,按特征向量正交性分析的一般方法,分别针对方阵 A 的第 j 阶左特征向量和第 i 阶右特征向量写出相应的特征值问题方程。其中,第 j 阶左特征向量的方程如式(3.3.11)所示(利用 $\lambda_j = \gamma_j$ 的关系),而第 i 阶右特征向量的方程可写为

$$AU_i = \lambda_i U_i \tag{3.3.12}$$

分别将方程(3.3.11)右乘 U_i,方程(3.3.12)左乘 V_j^{T},得

$$V_j^{\mathrm{T}}AU_i = \lambda_j V_j^{\mathrm{T}}U_i \tag{3.3.13}$$

$$V_j^{\mathrm{T}}AU_i = \lambda_i V_j^{\mathrm{T}}U_i \tag{3.3.14}$$

可见,方程(3.3.14)和方程(3.3.13)等号左边完全相同。用式(3.3.14)减去式(3.3.13)可得

$$0 = (\lambda_i - \lambda_j)V_j^{\mathrm{T}}U_i \tag{3.3.15}$$

如果**该系统满足特征值互异**,即 $\lambda_i \neq \lambda_j (i \neq j)$,则由式(3.3.15)必得

$$V_j^{\mathrm{T}}U_i = 0 \quad (i, j = 1, 2, \cdots, n;\ i \neq j) \tag{3.3.16}$$

即特征向量 U_i 和 V_j 相互正交。也就是说,此时矩阵 A 的左、右特征向量相互正交。

那么,如果 $i=j$ 时会怎样?由于 $i=j$ 时必有 $\lambda_i - \lambda_i = 0$,此时 $V_i^{\mathrm{T}}U_i$ 一般不等于零,而是等于一个复数。在这种情况下,可以采用归一化方法,根据特征向量 U_i 和 V_i 得到与之对应的归一化特征向量 $\bar{U}_i$ 和 $\bar{V}_i$,使得式(3.3.17)成立:

$$\bar{V}_i^{\mathrm{T}}\bar{U}_i = 1 \quad (i = 1, 2, \cdots, n) \tag{3.3.17}$$

一般情况下,可以直接将特征向量 U_i 和 V_j 的正交性表达式按归一化给出,而不必加上横线。因此,一般将方阵 A 的左、右特征向量正交性表达式写成如下形式:

$$V_i^{\mathrm{T}}U_j = \delta_{ij} = \begin{cases} 1 & (i = j) \\ 0 & (i \neq j) \end{cases} \quad (i, j = 1, 2, \cdots, n) \tag{3.3.18}$$

式中,δ_{ij} 称为克罗内克 δ 函数。根据式(3.3.13)和式(3.3.14)可知,当式(3.3.18)成立

时，必有如下式子成立：

$$V_i^{\mathrm{T}} A U_j = \begin{cases} \lambda_i & (i = j) \\ 0 & (i \neq j) \end{cases} \quad (i,\ j = 1,\ 2,\ \cdots,\ n) \tag{3.3.19}$$

这就是方阵 A 的左、右特征向量正交性的另一种表达式。可见，这是一种加权正交的形式。

在建立了上述左、右特征向量正交性的关系后，可引入如下左、右特征矩阵。

左特征矩阵：

$$V^{\mathrm{T}} = [V_1,\ V_2,\ \cdots,\ V_n]^{\mathrm{T}} \tag{3.3.20}$$

右特征矩阵：

$$U = [U_1,\ U_2,\ \cdots,\ U_n] \tag{3.3.21}$$

且容易证明以下关系：

$$V^{\mathrm{T}} U = I \tag{3.3.22}$$

$$V^{\mathrm{T}} A U = \Lambda = \mathrm{diag}[\lambda_1,\ \lambda_2,\ \cdots,\ \lambda_n] \tag{3.3.23}$$

式中，diag 代表对角矩阵，即矩阵 Λ 是由 $\lambda_j (j = 1,\ 2,\ \cdots,\ n)$ 组成的对角阵。

由于式(3.3.22)成立，根据逆矩阵的概念，V^{T} 和 U 互逆，即有

$$U^{-1} = V^{\mathrm{T}} \tag{3.3.24}$$

或

$$U = (V^{\mathrm{T}})^{-1} \tag{3.3.25}$$

或

$$V^{-1} = U^{\mathrm{T}} \tag{3.3.26}$$

由此，式(3.3.22)和式(3.3.23)又可写成：

$$U^{-1} U = I \tag{3.3.27}$$

$$V^{\mathrm{T}} A U = U^{-1} A U = \Lambda \tag{3.3.28}$$

从矩阵论的角度看，式(3.3.28)代表一个相似变换，即**矩阵 A 的相似变换为对角矩阵 Λ**。但需要注意的是，此结论只在方阵 A 的所有特征根都互异的前提条件下才成立。当此条件不成立，即特征根有重根时，式(3.3.28)一般不成立。按矩阵论，此时方阵 A 一般与约当型矩阵相似。关于矩阵 A 与约当型矩阵相似情形的讨论，将在 3.4 节介绍。

3.3.2　模态分析法

由于方程(3.3.1)在力学上代表一个定常自治系统，上面求出的左、右特征向量也可看作该定常系统的左、右模态向量，并且当 A 无重根时相互正交；相应地，可分别将左、右

特征矩阵 V^{T}和 U 称为左、右模态矩阵。有了定常自治系统的左、右模态及其正交性的概念,就可以据此来研究线性定常系统响应计算的模态分析法了。

设定常系统的状态方程和输出方程仍可如式(3.1.18)和式(3.1.19)所示,只不过其中的系统矩阵 A、B、C、D 均为常值矩阵。为简单起见,不妨取 $t_0=0$ 为初始时刻,则可设系统的初始条件为 $x(t_0)=x(0)=x_0$。

根据状态转移矩阵法,该系统的响应可借助式(3.1.16)表达如下:

$$x(t)=\mathrm{e}^{At}x_0+\int_0^t \mathrm{e}^{A(t-\tau)}Bu(\tau)\mathrm{d}\tau \tag{3.3.29}$$

$$y(t)=C\mathrm{e}^{At}x_0+C\int_0^t \mathrm{e}^{A(t-\tau)}Bu(\tau)\mathrm{d}\tau+Du(t) \tag{3.3.30}$$

式中,矩阵指数函数(即状态转移矩阵) e^{At} 可按式(3.1.14)计算。

基于式(3.3.27)和式(3.3.28),反过来又有

$$UU^{-1}=I \tag{3.3.31}$$

$$U\Lambda U^{-1}=A \tag{3.3.32}$$

将式(3.3.31)和式(3.3.32)的关系代入式(3.1.14),可得

$$\begin{aligned}
\mathrm{e}^{At}&=I+tA+\frac{t^2}{2}A^2+\cdots+\frac{t^n}{n!}A^n+\cdots\\
&=UU^{-1}+tU\Lambda U^{-1}+\frac{t^2}{2!}U\Lambda U^{-1}\cdot U\Lambda U^{-1}+\frac{t^3}{3!}U\Lambda U^{-1}\cdot U\Lambda U^{-1}\cdot U\Lambda U^{-1}+\cdots\\
&=UU^{-1}+tU\Lambda U^{-1}+\frac{t^2}{2!}U\Lambda^2U^{-1}+\frac{t^3}{3!}U\Lambda^3U^{-1}+\cdots\\
&=U\left(I+t\Lambda+\frac{t^2}{2!}\Lambda^2+\frac{t^3}{3!}\Lambda^3+\cdots\right)U^{-1}\\
&=U\mathrm{e}^{\Lambda t}U^{-1}
\end{aligned} \tag{3.3.33}$$

其中,

$$I+t\Lambda+\frac{t^2}{2!}\Lambda^2+\frac{t^3}{3!}\Lambda^3+\cdots=\mathrm{e}^{\Lambda t} \tag{3.3.34}$$

由于 Λ 为对角矩阵,用式(3.3.34)计算 $\mathrm{e}^{\Lambda t}$ 相对比较容易,事实上:

$$\begin{aligned}
\mathrm{e}^{\Lambda t}&=\mathrm{diag}\left[\left(1+\lambda_1t+\frac{(\lambda_1t)^2}{2!}+\frac{(\lambda_1t)^3}{3!}+\cdots\right),\left(1+\lambda_2t+\frac{(\lambda_2t)^2}{2!}+\frac{(\lambda_2t)^3}{3!}+\cdots\right),\right.\\
&\qquad\left.\cdots,\left(1+\lambda_nt+\frac{(\lambda_nt)^2}{2!}+\frac{(\lambda_nt)^3}{3!}+\cdots\right)\right]\\
&=\mathrm{diag}[\mathrm{e}^{\lambda_1t},\mathrm{e}^{\lambda_2t},\cdots,\mathrm{e}^{\lambda_nt}],\quad \mathrm{e}^{\lambda_it}=1+\lambda_it+\frac{(\lambda_it)^2}{2!}+\frac{(\lambda_it)^3}{3!}+\cdots
\end{aligned} \tag{3.3.35}$$

这也可以看作一种解耦,因此无须再用矩阵相乘的方法来求 e^{At}。式(3.3.33)为求解状

态转移矩阵 e^{At} 提供了一种简便方法。但在利用式(3.3.33)求 e^{At} 之前,必须先解决相应矩阵 A 的特征值问题,并且保证 A 无重根的条件。此外,能利用式(3.3.33)求 e^{At} 另一个条件是式(3.3.34)中的级数必须收敛。从式(3.3.35)可以看出,矩阵 e^{At} 的级数表达式的收敛性取决于所有 $e^{\lambda_i t}(i=1, 2, \cdots, n)$ 的收敛性,因此收敛性取决于 $\max|\lambda_i|t$。具有 $\max|\lambda_i|$ 的特征值 λ_i 称为矩阵 A 的最大模特征值,对于较小的 $\max|\lambda_i|t$, 在求 $e^{\lambda_i t}$ 的级数中所需的项数就可较少(在收敛的意义下)。

采用上面导出的“解耦”的状态转移矩阵的表达式[式(3.3.33)],可以将定常系统的响应(即状态向量的解)表达为

$$x(t)=Ue^{\Lambda t}U^{-1}x_0+\int_0^t Ue^{\Lambda(t-\tau)}U^{-1}Bu(\tau)\mathrm{d}\tau \tag{3.3.36}$$

式(3.3.36)代表一般线性定常系统当矩阵 A 有互异特征根时求响应的模态分析法。可见,借助于左右模态及其正交性的概念,求线性系统的解变得简单了。但这里有个前提,即系统的特征根互异。当系统的特征根有重根时,系统矩阵 A 与约当型矩阵相似,相应地也有针对系统有重根时矩阵指数 e^{At} 的计算方法。下面将系统介绍线性系统状态转移矩阵的计算方法。

3.4　线性系统状态转移矩阵的计算

从上述几节的介绍看出,在基于状态方程的响应计算中,状态转移矩阵是个重要参数,如何计算状态转移矩阵就成了重要问题。从式(3.1.2)~式(3.1.10)的计算过程和式(3.1.10)的状态转移矩阵定义可以看出,状态转移矩阵是由齐次方程(3.1.2)的 n 个线性无关的基本解构成的。因此,只要能求出这些基本解,就能得到状态转移矩阵。对于 n 较小的系统,该方法尚可行,但对于 n 较大的系统,求出这些基本解本身就不容易,还要涉及大型矩阵求逆问题,所以直接利用定义求解比较困难。下面分别对线性时变系统和线性定常系统的状态转移矩阵的求法进行简单介绍。

3.4.1　时变系统状态转移矩阵的计算

1. 一般方法

对于时变齐次方程:

$$\dot{x}(t)=A(t)x(t) \tag{3.4.1}$$

根据式(3.1.11),其解为

$$x(t)=\phi(t, t_0)x(t_0) \tag{3.4.2}$$

一般情况下,可采用下述方法求取状态转移矩阵 $\phi(t, t_0)$。

当给定初始状态 $x(t_0)$ 时,对式(3.4.1)的两边取积分得

$$x(t)=x(t_0)+\int_{t_0}^t A(\tau)x(\tau)\mathrm{d}\tau \tag{3.4.3}$$

用式(3.4.3)所表示的 $x(t)$ 代入该式等号右边的 $x(\tau)$ 中,式(3.4.3)变为

$$x(t)=x(t_0)+\int_{t_0}^{t}A(\tau_1)\left[x(t_0)+\int_{t_0}^{\tau_1}A(\tau_2)x(\tau_2)\mathrm{d}\tau_2\right]\mathrm{d}\tau_1 \tag{3.4.4}$$

再用式(3.4.3)所表示的 $x(t)$ 代入式(3.4.4)等号右边的 $x(\tau_2)$。反复逼近后,得

$$\begin{aligned}x(t)=&\Big[I+\int_{t_0}^{t}A(\tau_1)\mathrm{d}\tau_1+\int_{t_0}^{t}A(\tau_1)\int_{t_0}^{\tau_1}A(\tau_2)\mathrm{d}\tau_2\mathrm{d}\tau_1\\&+\int_{t_0}^{t}A(\tau_1)\int_{t_0}^{\tau_1}A(\tau_2)\int_{t_0}^{\tau_2}A(\tau_3)\mathrm{d}\tau_3\mathrm{d}\tau_2\mathrm{d}\tau_1+\cdots\Big]x(t_0)\end{aligned} \tag{3.4.5}$$

则

$$\begin{aligned}\phi(t,\ t_0)=&I+\int_{t_0}^{t}A(\tau_1)\mathrm{d}\tau_1+\int_{t_0}^{t}A(\tau_1)\int_{t_0}^{\tau_1}A(\tau_2)\mathrm{d}\tau_2\mathrm{d}\tau_1\\&+\int_{t_0}^{t}A(\tau_1)\int_{t_0}^{\tau_1}A(\tau_2)\int_{t_0}^{\tau_2}A(\tau_3)\mathrm{d}\tau_3\mathrm{d}\tau_2\mathrm{d}\tau_1+\cdots\end{aligned} \tag{3.4.6}$$

如果矩阵 $A(t)$ 的积分区间有界,则无穷级数式(3.4.6)绝对收敛。

特殊情况下,当 $A(t)\left[\int_{t_0}^{t}A(\tau)\mathrm{d}\tau\right]=\left[\int_{t_0}^{t}A(\tau)\mathrm{d}\tau\right]A(t)$ 时,即对于任意时刻 t_1、t_2,有 $A(t_1)A(t_2)=A(t_2)A(t_1)$,则

$$\phi(t,\ t_0)=I+\int_{t_0}^{t}A(\tau)\mathrm{d}\tau+\frac{1}{2!}\left[\int_{t_0}^{t}A(\tau)\mathrm{d}\tau\right]^2+\frac{1}{3!}\left[\int_{t_0}^{t}A(\tau)\mathrm{d}\tau\right]^3+\cdots=\mathrm{e}^{\int_{t_0}^{t}A(\tau)\mathrm{d}\tau} \tag{3.4.7}$$

例 3.4.1 已知系统 $\dot{x}(t)=\begin{bmatrix}t & 1\\1 & t\end{bmatrix}x(t)$,初始值为 $x(t_0)$,求状态转移矩阵 $\phi(t,\ t_0)$ 及系统响应 $x(t)$。

解: 因为 $\int_{t_0}^{t}A(\tau)\mathrm{d}\tau=\begin{bmatrix}t^2/2 & t\\t & t^2/2\end{bmatrix}$,有 $A(t)\left[\int_{t_0}^{t}A(\tau)\mathrm{d}\tau\right]=\left[\int_{t_0}^{t}A(\tau)\mathrm{d}\tau\right]A(t)$,故状态转移矩阵 $\phi(t,\ t_0)$ 可以用式(3.4.7)求得,有

$$\begin{aligned}\phi(t,\ t_0)&=\exp\left[\int_{t_0}^{t}A(\tau)\mathrm{d}\tau\right]=I+\int_{t_0}^{t}A(\tau)\mathrm{d}\tau+\frac{1}{2!}\left[\int_{t_0}^{t}A(\tau)\mathrm{d}\tau\right]^2+\frac{1}{3!}\left[\int_{t_0}^{t}A(\tau)\mathrm{d}\tau\right]^3+\cdots\\&=\begin{bmatrix}1+t^2+t^4/8+\cdots & t+t^3/2+\cdots\\t+t^3/2+\cdots & 1+t^2+t^4/8+\cdots\end{bmatrix}\end{aligned}$$

则

$$x(t)=\begin{bmatrix}1+t^2+t^4/8+\cdots & t+t^3/2+\cdots\\t+t^3/2+\cdots & 1+t^2+t^4/8+\cdots\end{bmatrix}x(t_0)$$

例 3.4.2 试求线性时变系统 $\dot{x}(t)=\begin{bmatrix}0 & 1\\0 & \mathrm{e}^t\end{bmatrix}x(t)$ 的状态转移矩阵 $\phi(t,\ t_0)$,$t_0=0$。

解：因为 $A(t_1)A(t_2)=\begin{bmatrix}0 & e^{t_2}\\0 & e^{t_1}e^{t_2}\end{bmatrix}$，$A(t_2)A(t_1)=\begin{bmatrix}0 & e^{t_1}\\0 & e^{t_1}e^{t_2}\end{bmatrix}$，即

$$A(t_1)A(t_2)\neq A(t_2)A(t_1)$$

因此，状态转移矩阵 $\phi(t,\ t_0)$ 需要用式(3.4.6)求得。

因为：

$$\int_{t_0}^{t}A(\tau_1)\mathrm{d}\tau_1=\int_{t_0}^{t}\begin{bmatrix}0 & 1\\0 & e^{\tau_1}\end{bmatrix}\mathrm{d}\tau_1=\begin{bmatrix}0 & t\\0 & e^{t}-1\end{bmatrix}$$

$$\int_{t_0}^{t}A(\tau_1)\int_{t_0}^{\tau_1}A(\tau_2)\mathrm{d}\tau_2\mathrm{d}\tau_1=\int_{t_0}^{t}\begin{bmatrix}0 & 1\\0 & e^{\tau_1}\end{bmatrix}\int_{t_0}^{\tau_1}\begin{bmatrix}0 & 1\\0 & e^{\tau_2}\end{bmatrix}\mathrm{d}\tau_2\mathrm{d}\tau_1=\begin{bmatrix}0 & e^{t}-t-1\\0 & \frac{1}{2}e^{2t}-e^{t}+\frac{1}{2}\end{bmatrix}$$

$$\vdots$$

所以该线性时变系统的状态转移矩阵为

$$\phi(t,\ t_0)=I+\begin{bmatrix}0 & t\\0 & e^{t}-1\end{bmatrix}+\begin{bmatrix}0 & e^{t}-t-1\\0 & \frac{1}{2}e^{2t}-e^{t}+\frac{1}{2}\end{bmatrix}+\cdots=\begin{bmatrix}1 & e^{t}-t+\cdots\\0 & \frac{1}{2}e^{2t}-\frac{1}{2}+\cdots\end{bmatrix}$$

2. 利用状态转移矩阵的性质进行计算

时变系统状态转移矩阵的计算一般比较困难。理论上讲，除前面小节中介绍的方法外，还可以通过直接求解齐次方程[式(3.1.2)]的 n 个线性无关的基本解得到。但当上述方法求解困难时，也可以利用状态转移矩阵的性质进行计算，即根据具体的系统矩阵 $A(t)$，利用式(3.1.12)给出的状态转移矩阵 $\phi(t,\ \tau)$ 的性质，可以推导出 $\phi(t,\ \tau)$。下面通过一个简单例子加以说明。

例 3.4.3　设系统矩阵为 $A(t)=\begin{bmatrix}0 & \dfrac{1}{(t+1)^2}\\0 & 0\end{bmatrix}$，试求该系统的状态转移矩阵 $\phi(t,\ \tau)$。

解：(1) 设

$$\phi(t,\ t_0)=\begin{bmatrix}\phi_{11} & \phi_{12}\\\phi_{21} & \phi_{22}\end{bmatrix}\tag{a}$$

由 $\phi(t,\ \tau)$ 的性质知，$\phi(t_0,\ t_0)=I$，所以有

$$\phi_{11}(t_0,\ t_0)=\phi_{22}(t_0,\ t_0)=1\tag{b1}$$

$$\phi_{12}(t_0,\ t_0)=\phi_{21}(t_0,\ t_0)=0\tag{b2}$$

(2) 由状态转移矩阵的性质 $\dot{\phi}(t,\ t_0)=A(t)\phi(t,\ t_0)$ 可得下列方程：

$$\begin{bmatrix}\dot{\phi}_{11} & \dot{\phi}_{12}\\ \dot{\phi}_{21} & \dot{\phi}_{22}\end{bmatrix}=\begin{bmatrix}0 & \dfrac{1}{(t+1)^2}\\ 0 & 0\end{bmatrix}\begin{bmatrix}\phi_{11} & \phi_{12}\\ \phi_{21} & \phi_{22}\end{bmatrix} \tag{c}$$

式中，$\phi_{ij}=\phi_{ij}(t,\ t_0)$、$\dot{\phi}_{ij}=\dot{\phi}_{ij}(t,\ t_0)$，从而有

$$\dot{\phi}_{11}(t,\ t_0)=\frac{1}{(t+1)^2}\phi_{21}(t,\ t_0) \tag{d1}$$

$$\dot{\phi}_{12}(t,\ t_0)=\frac{1}{(t+1)^2}\phi_{22}(t,\ t_0) \tag{d2}$$

$$\dot{\phi}_{21}(t,\ t_0)=0 \tag{d3}$$

$$\dot{\phi}_{22}(t,\ t_0)=0 \tag{d4}$$

(3) 将式(d1)~式(d4)对时间积分,并利用初始条件[式(b1)和式(b2)],可求出$\phi_{ij}(t,\ t_0)$。

将式(d3) 对时间积分,并利用初始条件[式(b2)],得

$$\phi_{21}(t,\ t_0)=0 \tag{e1}$$

将式(d4)对时间积分,并利用初始条件[式(b1)],得

$$\phi_{22}(t,\ t_0)=1 \tag{e2}$$

将式(e1)代入式(d1),对时间积分,并利用初始条件[式(b1)],得

$$\phi_{11}(t,\ t_0)=1 \tag{e3}$$

将式(e2)代入式(d2),对时间求不定积分,得：$\phi_{12}(t,\ t_0)=-\dfrac{1}{t+1}+\beta$，其中$\beta$为积分常数。利用初始条件[式(b2)]可确定出：$\beta=\dfrac{1}{t_0+1}$，由此可得

$$\phi_{12}(t,\ t_0)=\frac{1}{t_0+1}-\frac{1}{t+1}=\frac{t-t_0}{(t_0+1)(t+1)} \tag{e4}$$

(4) 将式(e1)~式(e4)中的t_0用τ替换,即可得到$\phi(t,\ \tau)$：

$$\phi(t,\ \tau)=\begin{bmatrix}1 & \dfrac{t-\tau}{(\tau+1)(t+1)}\\ 0 & 1\end{bmatrix} \tag{f}$$

从本例看出,这种方法适用于时变系统,但如果系统矩阵$A(t)$比较复杂,求$\phi(t,\ \tau)$还是会比较困难的。如果是定常系统,即系统矩阵A为常值矩阵,此时系统的状态转移矩阵可写成$\phi(t)=e^{At}$，并称为矩阵指数。由上述几节的介绍可知,此时e^{At}的计算就会比较容易。

3.4.2　定常系统状态转移矩阵(即矩阵指数)的计算

由于定常系统的系统矩阵 A 为常值矩阵,在矩阵论中已针对矩阵指数 e^{At} 的计算总结出了一些有效方法,这里介绍以下几种主要方法。

1. 根据 e^{At} 的定义直接计算

利用矩阵指数的定义式(3.1.14),即 $e^{At}=I+tA+\frac{t^2}{2}A^2+\cdots+\frac{t^n}{n!}A^n+\cdots$,直接进行计算,一般适合由计算机实现。

例 3.4.4　已知线性定常系统 $\dot{x}(t)=Ax(t)$,式中 $A=\begin{bmatrix}0 & 1\\ -3 & -4\end{bmatrix}$,试求该系统的状态转移矩阵 e^{At}。

解:

$$
\begin{aligned}
e^{At} &= I+tA+\frac{t^2}{2}A^2+\cdots+\frac{t^n}{n!}A^n+\cdots \\
&= \begin{bmatrix}1 & 0\\ 0 & 1\end{bmatrix}+\begin{bmatrix}0 & 1\\ -3 & -4\end{bmatrix}t+\begin{bmatrix}0 & 1\\ -3 & -4\end{bmatrix}^2\frac{t^2}{2!}+\begin{bmatrix}0 & 1\\ -3 & -4\end{bmatrix}^3\frac{t^3}{3!}+\cdots \\
&= \begin{bmatrix}1-\frac{3}{2}t^2+2t^3+\cdots & t-2t^2+\frac{16}{3}t^3+\cdots \\ -3t+6t^2-\frac{13}{2}t^3+\cdots & 1-4t+\frac{13}{2}t^2+\frac{20}{3}t^3+\cdots\end{bmatrix}
\end{aligned}
$$

可见,对于一般系统,采用矩阵指数法用人工计算来求解状态方程,难以获得解析形式的结果。另外,直接根据定义计算矩阵指数 e^{At} 的前提是对应的级数应是收敛的,一般来说这个条件还是比较严格的。

2. 标准型法

1) 当 A 有 n 个互异特征根时

式(3.1.14)给出了矩阵指数 e^{At} 的定义。如果 A 为对角阵,则可以证明 A 的特征值就是其对角线元素,此时 A 可写成 $A=\Lambda$,Λ 的定义见式(3.3.23)。如果 A 的特征值互异,则上一节已给出这种情况下矩阵指数 e^{At} 的算式,即式(3.3.35)。

如果 A 不是对角阵,但与对角阵相似,即 A 可以通过非奇异变换 P 实现对角化:$P^{-1}AP=\Lambda$,则有

$$A=P\Lambda P^{-1} \tag{3.4.8}$$

此时可推出:

$$e^{At}=Pe^{\Lambda t}P^{-1} \tag{3.4.9}$$

例 3.4.5　设系统矩阵为 $A=\begin{bmatrix}\sigma & \omega\\ -\omega & \sigma\end{bmatrix}$,试求该系统的状态转移矩阵 e^{At}。

解:(1) 求 A 的特征值和特征向量。通过求解矩阵 A 的特征值问题可得,A 的两个互

异特征值为

$$\lambda_1=\sigma+\omega\mathrm{i},\quad \lambda_2=\sigma-\omega\mathrm{i} \tag{a}$$

对应的特征向量为

$$\phi_1=\begin{Bmatrix}1\\ \mathrm{i}\end{Bmatrix},\quad \phi_2=\begin{Bmatrix}1\\ -\mathrm{i}\end{Bmatrix} \tag{b}$$

由此可得

$$\Lambda=\begin{bmatrix}\lambda_1 & 0\\ 0 & \lambda_2\end{bmatrix}=\begin{bmatrix}\sigma+\omega\mathrm{i} & 0\\ 0 & \sigma-\omega\mathrm{i}\end{bmatrix},\quad P=\begin{bmatrix}1 & 1\\ \mathrm{i} & -\mathrm{i}\end{bmatrix},\quad P^{-1}=\frac{1}{-2\mathrm{i}}\begin{bmatrix}-\mathrm{i} & -1\\ -\mathrm{i} & 1\end{bmatrix} \tag{c}$$

(2) 求 $\mathrm{e}^{\Lambda t}$。由于 Λ 为对角阵，不难得出：

$$\mathrm{e}^{\Lambda t}=\begin{bmatrix}\mathrm{e}^{\lambda_1 t} & 0\\ 0 & \mathrm{e}^{\lambda_2 t}\end{bmatrix} \tag{d}$$

(3) 求 e^{At}。由式(3.4.9)可得

$$\begin{aligned}\mathrm{e}^{At}&=P\mathrm{e}^{\Lambda t}P^{-1}=\frac{1}{-2\mathrm{i}}\begin{bmatrix}1 & 1\\ \mathrm{i} & -\mathrm{i}\end{bmatrix}\begin{bmatrix}\mathrm{e}^{\lambda_1 t} & 0\\ 0 & \mathrm{e}^{\lambda_2 t}\end{bmatrix}\begin{bmatrix}-\mathrm{i} & -1\\ -\mathrm{i} & 1\end{bmatrix}\\ &=\frac{1}{-2\mathrm{i}}\begin{bmatrix}-\mathrm{i}(\mathrm{e}^{\lambda_1 t}+\mathrm{e}^{\lambda_2 t}) & -\mathrm{e}^{\lambda_1 t}+\mathrm{e}^{\lambda_2 t}\\ \mathrm{e}^{\lambda_1 t}-\mathrm{e}^{\lambda_2 t} & -\mathrm{i}(\mathrm{e}^{\lambda_1 t}+\mathrm{e}^{\lambda_2 t})\end{bmatrix}\end{aligned} \tag{e}$$

将式(a)代入式(e)，并利用欧拉公式，可整理出：

$$\mathrm{e}^{At}=\mathrm{e}^{\sigma t}\begin{bmatrix}\cos\omega & \sin\omega\\ -\sin\omega & \cos\omega\end{bmatrix} \tag{f}$$

2）当 A 有重根时

对于能够和约当标准型相似的矩阵 A，可借助于约当标准型的矩阵指数计算 A 的矩阵指数。为此，首先不加证明地给出一种约当标准型矩阵指数。设矩阵 A 有 n 阶重根，通过相似变换获得其 n 阶约当标准型为

$$J=\begin{bmatrix}\lambda & 1 & & & & & 0\\ & \lambda & 1 & & & & \\ & & \lambda & \ddots & & & \\ & & & & & & \\ & & & \ddots & 1 & & \\ & & & & \lambda & 1 & \\ & & & & & \lambda & \\ 0 & & & & & & \end{bmatrix}_{n\times n} \tag{3.4.10}$$

可以证明：

$$e^{Jt} = e^{\lambda t}\begin{bmatrix} 1 & t & \frac{1}{2!}t^2 & \cdots & \frac{1}{(n-1)!}t^{n-1} \\ 0 & 1 & t & \cdots & \frac{1}{(n-2)!}t^{n-2} \\ \vdots & \vdots & \vdots & & \\ & & & & \\ 0 & 0 & \cdots & & t \\ 0 & 0 & \cdots & & 1 \end{bmatrix} \tag{3.4.11}$$

如果 A 与该约当标准型相似，即 A 可以通过非奇异变换矩阵 P 化为式(3.4.10)的约当标准型：$P^{-1}AP = J$，则有

$$A = PJP^{-1} \tag{3.4.12}$$

此时可推出：

$$e^{At} = Pe^{Jt}P^{-1} \tag{3.4.13}$$

如果 A 与如下的分块约当标准型相似：

$$P^{-1}AP = J = \begin{bmatrix} J_1 & & 0 \\ & \ddots & \\ 0 & & J_k \end{bmatrix} \tag{3.4.14}$$

其中的每个 J_i 都是与特征值 λ_i 对应的形如式(3.4.10)的约当子块，那么可以证明，e^{At} 可以通过如下公式求出：

$$e^{At} = Pe^{Jt}P^{-1} = P\begin{bmatrix} e^{J_1 t} & & 0 \\ & \ddots & \\ 0 & & e^{J_k t} \end{bmatrix}P^{-1} \tag{3.4.15}$$

式中，每个 $e^{J_i t}$ 都可按式(3.4.11)计算。

需要说明的是，对角型实际上是约当标准型的特例，即，当与矩阵 A 对应的 λ-矩阵（即 $\lambda I - A$）的初等因子都是一次式时，约当标准型就退化为对角型了。对于分块约当标准型中的每个子块，也是如此。

例 3.4.6　设已知 $A = \begin{bmatrix} 0 & 1 & 0 \\ 0 & 0 & 1 \\ 2 & -5 & 4 \end{bmatrix}$，试求该系统的状态转移矩阵 e^{At}。

解：（1）求 A 的特征值。矩阵 A 的特征方程为

$$|\lambda I - A| = \begin{vmatrix} \lambda & -1 & 0 \\ 0 & \lambda & -1 \\ -2 & 5 & \lambda - 4 \end{vmatrix} = (\lambda - 1)^2(\lambda - 2) = 0 \tag{a}$$

可求出特征值为

$$\lambda_1 = \lambda_2 = 1, \quad \lambda_3 = 2 \tag{b}$$

可见,该系统有两个相同特征值。同时还可知,矩阵 $(\lambda I - A)$ 的初等因子为 $(\lambda - 1)^2$ 和 $(\lambda - 2)$,其中有一个是二次式,所以 A 只能和如下的约当标准型相似:

$$J = \begin{bmatrix} \lambda_1 & 1 & 0 \\ 0 & \lambda_1 & 0 \\ 0 & 0 & \lambda_2 \end{bmatrix} = \begin{bmatrix} 1 & 1 & 0 \\ 0 & 1 & 0 \\ 0 & 0 & 2 \end{bmatrix} \tag{c}$$

(2) 求非奇异变换矩阵 P。由线性代数理论中的向量线性变换方法可以求出 P 和 P^{-1} 如下:

$$P = \begin{bmatrix} 1 & -1 & 1 \\ 1 & 0 & 2 \\ 1 & 1 & 4 \end{bmatrix}, \quad P^{-1} = \begin{bmatrix} -2 & 5 & -2 \\ -2 & 3 & -1 \\ 1 & -2 & 1 \end{bmatrix} \tag{d}$$

(3) 求 e^{Jt}。利用式(3.4.11),结合式(c),可得

$$\mathrm{e}^{Jt} = \begin{bmatrix} \mathrm{e}^t & t\mathrm{e}^t & 0 \\ 0 & \mathrm{e}^t & 0 \\ 0 & 0 & \mathrm{e}^{2t} \end{bmatrix} \tag{e}$$

(4) 求 e^{At}。利用式(3.4.15),结合式(d)和式(e),可得

$$\begin{aligned} \mathrm{e}^{At} = P\mathrm{e}^{Jt}P^{-1} &= \begin{bmatrix} 1 & -1 & 1 \\ 1 & 0 & 2 \\ 1 & 1 & 4 \end{bmatrix} \begin{bmatrix} \mathrm{e}^t & t\mathrm{e}^t & 0 \\ 0 & \mathrm{e}^t & 0 \\ 0 & 0 & \mathrm{e}^{2t} \end{bmatrix} \begin{bmatrix} -2 & 5 & -2 \\ -2 & 3 & -1 \\ 1 & -2 & 1 \end{bmatrix} \\ &= \begin{bmatrix} -2t\mathrm{e}^t + \mathrm{e}^{2t} & 3t\mathrm{e}^t + 2\mathrm{e}^t - 2\mathrm{e}^{2t} & -t\mathrm{e}^t - \mathrm{e}^t + \mathrm{e}^{2t} \\ -2t\mathrm{e}^t - 2\mathrm{e}^t + 2\mathrm{e}^{2t} & 3t\mathrm{e}^t + 5\mathrm{e}^t - 4\mathrm{e}^{2t} & -t\mathrm{e}^t - 2\mathrm{e}^t + 2\mathrm{e}^{2t} \\ -2t\mathrm{e}^t - 4\mathrm{e}^t + 4\mathrm{e}^{2t} & 3t\mathrm{e}^t + 8\mathrm{e}^t - 8\mathrm{e}^{2t} & -t\mathrm{e}^t - 3\mathrm{e}^t + 4\mathrm{e}^{2t} \end{bmatrix} \end{aligned} \tag{f}$$

3. 利用拉氏变换法计算

计算 A 的矩阵指数的第三种方法是基于拉氏变换法计算。由式(3.2.23)可知,$\mathrm{e}^{At} = L^{-1}[(sI - A)^{-1}]$,所以只需根据矩阵 A 计算出 $(sI - A)$,并求出其逆,利用拉氏逆变换,就可得到 e^{At}。

例 3.4.7 设系统矩阵为 $A = \begin{bmatrix} 0 & 1 \\ -2 & -3 \end{bmatrix}$,试采用拉氏变换法计算其状态转移矩阵 e^{At}。

解：(1) 由给定的系统矩阵 A，不难求出：

$$sI - A = \begin{bmatrix} s & -1 \\ 2 & s+3 \end{bmatrix} \tag{a}$$

$$(sI-A)^{-1} = \frac{1}{s(s+3)+2}\begin{bmatrix} s+3 & 1 \\ -2 & s \end{bmatrix} = \begin{bmatrix} \dfrac{s+3}{(s+1)(s+2)} & \dfrac{1}{(s+1)(s+2)} \\ \dfrac{-2}{(s+1)(s+2)} & \dfrac{s}{(s+1)(s+2)} \end{bmatrix}$$

$$= \begin{bmatrix} \dfrac{2}{s+1} - \dfrac{1}{s+2} & \dfrac{1}{s+1} - \dfrac{1}{s+2} \\ -\dfrac{2}{s+1} + \dfrac{2}{s+2} & -\dfrac{1}{s+1} + \dfrac{2}{s+2} \end{bmatrix} \tag{b}$$

(2) 对式(b)作拉氏逆变换，可得

$$e^{At} = L^{-1}\begin{bmatrix} \dfrac{2}{s+1} - \dfrac{1}{s+2} & \dfrac{1}{s+1} - \dfrac{1}{s+2} \\ -\dfrac{2}{s+1} + \dfrac{2}{s+2} & -\dfrac{1}{s+1} + \dfrac{2}{s+2} \end{bmatrix} = \begin{bmatrix} 2e^{-t} - e^{-2t} & e^{-t} - e^{-2t} \\ -2e^{-t} + 2e^{-2t} & -e^{-t} + 2e^{-2t} \end{bmatrix} \tag{c}$$

由本例可见，拉氏变换法的难易程度取决于拉氏象函数 $(sI-A)^{-1}$ 的复杂程度；况且，对于规模稍大的系统，求矩阵 $(sI-A)$ 的逆也并非易事。

4. 应用凯莱-哈密顿(Cayley-Hamilton)定理计算

这里首先不加证明地给出凯莱-哈密顿定理：每一个方阵 A 满足其自身特征方程，即若 A 为一个 $n \times n$ 阶方阵，其特征多项式为 $\varphi(s) = s^n + a_{n-1}s^{n-1} + \cdots + a_1 s + a_0$，那么：

$$\varphi(A) \triangleq A^n + a_{n-1}A^{n-1} + \cdots + a_1 A + a_0 I = 0$$

根据凯莱-哈密顿定理，有

$$A^n = -a_{n-1}A^{n-1} - a_{n-2}A^{n-2} - \cdots - a_1 A - a_0 I$$

它是 $A^{n-1}, A^{n-2}, \cdots, A, I$ 的线性组合，同理可得

$$\begin{aligned} A^{n+1} = AA^n &= -a_{n-1}A^n - (a_{n-2}A^{n-1} + a_{n-3}A^{n-2} + \cdots + a_1 A^2 + a_0 A) \\ &= -a_{n-1}(-a_{n-1}A^{n-1} - a_{n-2}A^{n-2} - \cdots - a_0 I) - (a_{n-2}A^{n-1} + \cdots + a_1 A^2 + a_0 A) \\ &= (a_{n-1}^2 - a_{n-2})A^{n-1} + (a_{n-1}a_{n-2} - a_{n-3})A^{n-2} + \cdots + (a_{n-1}a_1 - a_0)A + a_{n-1}a_0 I \end{aligned}$$

依此类推，$A^{n+2}, A^{n+3}, \cdots$ 都可用 $A^{n-1}, A^{n-2}, \cdots, A, I$ 表示。在 e^{At} 的定义式(3.1.14)中，用上述方法可以消去 A 的 n 及 n 以上次幂项，即

$$\begin{aligned} e^{At} &= I + At + \frac{1}{2!}A^2t^2 + \cdots + \frac{1}{(n-1)!}A^{n-1}t^{n-1} + \frac{1}{n!}A^n t^n + \frac{1}{(n+1)!}A^{n+1}t^{n+1} + \cdots \\ &= a_{n-1}(t)A^{n-1} + a_{n-2}(t)A^{n-2} + \cdots + a_1(t)A + a_0(t)I \end{aligned} \tag{3.4.16}$$

式中，$a_i(t)$ 为待定系数，下面给出计算 $a_i(t)$ 的一般公式。

（1）当 $n \times n$ 阶方阵 A 有互异特征值时，根据 A 满足其自身特征方程式的定理，可知特征值 s 和 A 是可以互换的，因此 s 也必满足式(3.4.16)，从而有

$$\begin{cases} a_0(t) + a_1(t)s_1 + \cdots + a_{n-1}(t)s_1^{n-1} = e^{s_1 t} \\ a_0(t) + a_1(t)s_2 + \cdots + a_{n-1}(t)s_2^{n-1} = e^{s_2 t} \\ \cdots \\ a_0(t) + a_1(t)s_n + \cdots + a_{n-1}(t)s_n^{n-1} = e^{s_n t} \end{cases}$$

以 $\{a_0(t) \quad a_1(t) \quad \cdots \quad a_{n-1}(t)\}^{\mathrm{T}}$ 为未知系数，对上式求解，可得

$$\begin{Bmatrix} a_0(t) \\ a_1(t) \\ \vdots \\ a_{n-1}(t) \end{Bmatrix} = \begin{bmatrix} 1 & s_1 & s_1^2 & \cdots & s_1^{n-1} \\ 1 & s_2 & s_2^2 & \cdots & s_2^{n-1} \\ \vdots & \vdots & \vdots & & \vdots \\ 1 & s_n & s_n^2 & \cdots & s_n^{n-1} \end{bmatrix}^{-1} \begin{Bmatrix} e^{s_1 t} \\ e^{s_2 t} \\ \vdots \\ e^{s_n t} \end{Bmatrix} \tag{3.4.17}$$

（2）当 $n \times n$ 阶方阵 A 有相同特征值 s_1 时，则

$$a_0(t) + a_1(t)s_1 + a_2(t)s_1^2 + \cdots + a_{n-1}(t)s_1^{n-1} = e^{s_1 t}$$

上式对 s_1 求导数，有

$$a_1(t) + 2a_2(t)s_1 + \cdots + (n-1)a_{n-1}(t)s_1^{n-2} = te^{s_1 t}$$

再对 s_1 求导数，有

$$2a_2(t) + 6a_3(t)s_1 + \cdots + (n-1)(n-2)a_{n-1}(t)s_1^{n-3} = t^2 e^{s_1 t}$$

重复以上步骤，最后有

$$(n-1)!\ a_{n-1}(t) = t^{n-1}e^{s_1 t}$$

由上面 n 个方程，对 $a_i(t)$ 求解，可得

$$\begin{Bmatrix} a_0(t) \\ a_1(t) \\ \vdots \\ a_{n-2}(t) \\ a_{n-1}(t) \end{Bmatrix} = \begin{bmatrix} 0 & 0 & 0 & \cdots & 0 & 1 \\ 0 & 0 & 0 & \cdots & 1 & (n-1)s_1 \\ \vdots & \vdots & \vdots & & & \vdots \\ 0 & 0 & 1 & \cdots & & \frac{(n-1)(n-2)}{2!}s_1^{n-3} \\ 0 & 1 & 2s_1 & \cdots & & (n-1)s_1^{n-2} \\ 1 & s_1 & s_1^2 & \cdots & s_1^{n-2} & s_1^{n-1} \end{bmatrix}^{-1} \begin{Bmatrix} \frac{1}{(n-1)!}t^{n-1}e^{s_1 t} \\ \frac{1}{(n-2)!}t^{n-2}e^{s_1 t} \\ \vdots \\ \frac{1}{2!}t^2 e^{s_1 t} \\ te^{s_1 t} \\ e^{s_1 t} \end{Bmatrix} \tag{3.4.18}$$

获得 $a_i(t)$ $(i=0,\ 1,\ \cdots,\ n-1)$ 后，将其代入式(3.4.16)，即可获得矩阵指数 e^{At}。

例 3.4.8　已知 $A=\begin{bmatrix}0 & 1\\ -3 & -4\end{bmatrix}$，求 e^{At}。

解：通过计算得 A 的特征根为：$s_1=-1,\ s_2=-3$，为互异特征根，按式(3.4.17)得

$$\begin{Bmatrix}a_0\\ a_1\end{Bmatrix}=\begin{bmatrix}1 & s_1\\ 1 & s_2\end{bmatrix}^{-1}\begin{Bmatrix}e^{s_1t}\\ e^{s_2t}\end{Bmatrix}=\begin{bmatrix}1 & -1\\ 1 & -3\end{bmatrix}^{-1}\begin{Bmatrix}e^{-t}\\ e^{-3t}\end{Bmatrix}=\begin{bmatrix}\dfrac{3}{2} & -\dfrac{1}{2}\\ \dfrac{1}{2} & -\dfrac{1}{2}\end{bmatrix}\begin{Bmatrix}e^{-t}\\ e^{-3t}\end{Bmatrix}=\begin{Bmatrix}\dfrac{3}{2}e^{-t}-\dfrac{1}{2}e^{-3t}\\ \dfrac{1}{2}e^{-t}-\dfrac{1}{2}e^{-3t}\end{Bmatrix}$$

$$\begin{aligned}e^{At}&=a_0(t)I+a_1(t)A\\&=\left(\frac{3}{2}e^{-t}-\frac{1}{2}e^{-3t}\right)\begin{bmatrix}1 & 0\\ 0 & 1\end{bmatrix}+\left(\frac{1}{2}e^{-t}-\frac{1}{2}e^{-3t}\right)\begin{bmatrix}0 & 1\\ -3 & -4\end{bmatrix}\\&=\begin{bmatrix}\dfrac{3}{2}e^{-t}-\dfrac{1}{2}e^{-3t} & \dfrac{1}{2}e^{-t}-\dfrac{1}{2}e^{-3t}\\ -\dfrac{3}{2}e^{-t}+\dfrac{3}{2}e^{-3t} & -\dfrac{1}{2}e^{-t}+\dfrac{3}{2}e^{-3t}\end{bmatrix}\end{aligned}$$

例 3.4.9　已知 $A=\begin{bmatrix}0 & 1 & 0\\ 0 & 0 & 1\\ 2 & -5 & 4\end{bmatrix}$，求 e^{At}。

解：通过计算得：$s_1=s_2=1,\ s_3=2$，有一对相同的特征值。特征值相同部分按式(3.4.18)处理，特征值互异部分的 a_i 仍按式(3.4.17)计算。

$$\begin{Bmatrix}a_0\\ a_1\\ a_2\end{Bmatrix}=\begin{bmatrix}0 & 1 & 2s_1\\ 1 & s_1 & s_1^2\\ 1 & s_3 & s_3^2\end{bmatrix}^{-1}\begin{Bmatrix}te^{s_1t}\\ e^{s_1t}\\ e^{s_3t}\end{Bmatrix}=\begin{bmatrix}0 & 1 & 2\\ 1 & 1 & 1\\ 1 & 2 & 4\end{bmatrix}^{-1}\begin{Bmatrix}te^{t}\\ e^{t}\\ e^{2t}\end{Bmatrix}=\begin{bmatrix}-2 & 0 & 1\\ 3 & 2 & -2\\ -1 & -1 & 1\end{bmatrix}\begin{Bmatrix}te^{t}\\ e^{t}\\ e^{2t}\end{Bmatrix}$$

$$\begin{aligned}e^{At}&=(-2te^{t}+e^{2t})\begin{bmatrix}1 & 0 & 0\\ 0 & 1 & 0\\ 0 & 0 & 1\end{bmatrix}+(3te^{t}+2e^{t}-2e^{2t})\begin{bmatrix}0 & 1 & 0\\ 0 & 0 & 1\\ 2 & -5 & 4\end{bmatrix}\\&\quad+(-te^{t}-e^{t}+e^{2t})\begin{bmatrix}0 & 0 & 1\\ 2 & -5 & 4\\ 8 & -18 & 11\end{bmatrix}\\&=\begin{bmatrix}-2te^{t}+e^{2t} & 3te^{t}+2e^{t}-2e^{2t} & -te^{t}-e^{t}+e^{2t}\\ 2(e^{2t}-te^{t}-e^{t}) & 3te^{t}+5e^{t}-4e^{2t} & -te^{t}-2e^{t}+2e^{2t}\\ -2te^{t}-4e^{t}+4e^{2t} & 3te^{t}+8e^{t}-8e^{2t} & -te^{t}-3e^{t}+4e^{2t}\end{bmatrix}\end{aligned}$$

以上介绍了四种求解矩阵指数 e^{At} 的解析方法，目前借助计算机、通过数值方法求解 e^{At} 的近似值也很普遍，有兴趣的读者可参阅相关文献。

3.5　线性离散系统的响应分析及连续系统的时间离散化

前几节主要介绍了时间连续线性系统的响应分析方法。在第 2 章中曾介绍过方程(2.4.19)和方程(2.4.20)，它们都是离散时间线性系统的状态方程。由于离散时间系统可以不通过数值积分获得系统的响应特性，基于离散方程求解系统响应具有独特的优越性。为此，本节将介绍离散时间线性系统的响应分析方法，并对时间连续系统的离散化进行介绍。

3.5.1　线性离散系统的响应分析

根据 2.4 节，线性时变离散系统的状态方程为

$$x[(k+1)T] = A(kT)x(kT) + B(kT)u(kT)$$

为了书写方便，将 kT 记为 k，将 $(k+1)T$ 记为 $k+1$。从而将方程简写为

$$x(k+1) = A(k)x(k) + B(k)u(k) \quad (k=0,\ 1,\ 2,\ \cdots) \tag{3.5.1}$$

式中，x 为 n 维状态向量；$u(k)$ 为 r 阶输入或控制向量；$A(k)$、$B(k)$ 分别为 $n \times n$ 阶和 $n \times r$ 阶矩阵。

一般线性离散系统状态方程的解法有递推法和 Z 变换法两种。递推法对线性定常系统、时变系统都适用；而 Z 变换法只能应用于线性定常系统，下面将分别加以介绍。

1. 递推法(适用于定常、时变系统)

考虑离散时间系统方程(3.5.1)，设 $x(k_0)$、$u(k_0)$ 分别为状态向量和输入函数向量的初值，则

$$x(k_0+1) = A(k_0)x(k_0) + B(k_0)u(k_0)$$

$$x(k_0+2) = A(k_0+1)x(k_0+1) + B(k_0+1)u(k_0+1)$$

$$x(k_0+3) = A(k_0+2)x(k_0+2) + B(k_0+2)u(k_0+2)$$

$$\vdots$$

$$x(k) = A(k-1)x(k-1) + B(k-1)u(k-1) \quad (k > k_0;\ k = k_0+1,\ k_0+2,\ \cdots) \tag{3.5.2}$$

当给定初始条件 $x(k_0)$ 和输入信号序列 $u(k_0)$，$u(k_0+1)$，$\cdots$，即可求得线性离散系统的解 $x(k)$。但从方程(3.5.2)可以看出，该方程不能写出闭式形式。

现通过状态转移矩阵，将系统的解写成闭式形式。将方程(3.5.2)中的第 1 式代入第 2 式，将第 2 式代入第 3 式，依次类推，可以得到：

$$\begin{aligned} x(k) = &A(k-1)A(k-2)\cdots A(k_0+1)A(k_0)x(k_0) \\ &+ \sum_{i=k_0}^{k-1} A(k-1)A(k-2)\cdots A(i+1)B(i)u(i) \end{aligned} \tag{3.5.3}$$

式(3.5.3)等号右边第一项是描述状态向量 $x(k)$ 由初始状态 $x(k_0)$ 向任意时刻 $t = k\Delta t$ $(k = k_0 + 1, k_0 + 2, \cdots)$ 的状态转移特性的转移项，它是表征线性时变离散系统内在特性的齐次方程 $x(k+1) = A(k)x(k)$ 的解。

令

$$\phi(k, k_0) = A(k-1)A(k-2)\cdots A(k_0+1)A(k_0) \tag{3.5.4}$$

称 $\phi(k, k_0)$ 为线性时变离散系统的状态转移矩阵，它是如下矩阵方程当初始条件 $\varphi(k_0, k_0) = I$ 时的解：

$$\phi(k+1, k_0) = A(k)\phi(k, k_0) \tag{3.5.5}$$

通过状态转移矩阵[式(3.5.4)]，式(3.5.3)还可以写成如下形式：

$$x(k) = \phi(k, k_0)x(k_0) + \sum_{i=k_0}^{k-1}\phi(k, i+1)B(i)u(i) \quad (k > k_0;\ k = k_0+1, k_0+2, \cdots) \tag{3.5.6}$$

式(3.5.3)或式(3.5.6)即为线性时变离散系统状态方程的解。

对于线性定常离散系统：

$$x(k+1) = Ax(k) + Bu(k) \quad (k = 0, 1, 2, \cdots) \tag{3.5.7}$$

式中，A 和 B 都是常值矩阵。$k_0 = 0$，于是由式(3.5.3)可得

$$x(k) = A^k x(0) + \sum_{i=0}^{k-1}A^{k-1-i}Bu(i) \tag{3.5.8}$$

式中，$\phi(k) = A^k$ 称为线性离散定常系统的状态转移矩阵，则离散系统状态方程的解也可以写成

$$x(k) = \phi(k)x(0) + \sum_{i=0}^{k-1}\phi(k, i+1)Bu(i) \tag{3.5.9}$$

或记：$j = k - i - 1$，则

$$x(k) = \phi(k)x(0) + \sum_{j=0}^{k-1}\phi(j)Bu(k-j-1) \tag{3.5.10}$$

式(3.5.8)、式(3.5.9)或式(3.5.10)称为线性定常离散系统状态方程的解。

线性离散系统状态转移矩阵有如下性质：

$$\phi(k+1) = A\phi(k), \quad \phi(0) = I$$

$$\phi(k_2 - k_0) = \phi(k_2 - k_1)\phi(k_1 - k_0)$$

$$[\phi(k)]^{-1} = \phi(-k)$$

2. Z 变换法(只针对定常系统)

考虑线性定常离散系统(3.5.7)，取 Z 变换得

$$zx(z)-zx(0)=Ax(z)+Bu(z)$$

于是

$$x(z)=(zI-A)^{-1}zx(0)+(zI-A)^{-1}Bu(z) \tag{3.5.11}$$

取 Z 反变换得

$$x(k)=z^{-1}[(zI-A)^{-1}z]x(0)+z^{-1}[(zI-A)^{-1}Bu(z)] \tag{3.5.12}$$

由解的唯一性可得

$$z^{-1}[(zI-A)^{-1}z]=A^k,\quad z^{-1}[(zI-A)^{-1}Bu(z)]=\sum_{i=0}^{k-1}A^{k-i-1}Bu(i)$$

例 3.5.1 考虑离散时间系统：$x(k+1)=Ax(k)+Bu(k)$，其中 $A=\begin{bmatrix}0 & 1\\ -0.16 & -1\end{bmatrix}$，$B=\begin{Bmatrix}1\\1\end{Bmatrix}$，$x(0)=\begin{Bmatrix}1\\-1\end{Bmatrix}$，试求 $u(k)=1$ 时系统的状态解。

解：(1) 方法 1，采用递推法。

$$x(1)=Ax(0)+Bu(0)=\begin{bmatrix}0 & 1\\ -0.16 & -1\end{bmatrix}\begin{Bmatrix}1\\-1\end{Bmatrix}+\begin{Bmatrix}1\\1\end{Bmatrix}=\begin{Bmatrix}0\\1.84\end{Bmatrix}$$

$$x(2)=Ax(1)+Bu(1)=\begin{bmatrix}0 & 1\\ -0.16 & -1\end{bmatrix}\begin{Bmatrix}0\\1.84\end{Bmatrix}+\begin{Bmatrix}1\\1\end{Bmatrix}=\begin{Bmatrix}2.84\\-0.84\end{Bmatrix}$$

$$x(3)=Ax(2)+Bu(2)=\begin{bmatrix}0 & 1\\ -0.16 & -1\end{bmatrix}\begin{Bmatrix}2.84\\-0.84\end{Bmatrix}+\begin{Bmatrix}1\\1\end{Bmatrix}=\begin{Bmatrix}0.16\\1.386\end{Bmatrix}$$

$$\vdots$$

由此递推下去，可得到状态的离散序列表达式：

$$x(k)=\begin{Bmatrix}-\dfrac{17}{6}(-0.2)^k+\dfrac{22}{9}(-0.8)^k+\dfrac{25}{18}\\ \dfrac{3.4}{6}(-0.2)^k-\dfrac{17.6}{9}(-0.8)^k+\dfrac{7}{18}\end{Bmatrix}\quad (k=1,2,\cdots)$$

(2) 方法 2，采用 Z 变换法。

先计算 $(zI-A)^{-1}$，则有

$$(zI-A)^{-1}=\begin{bmatrix}z & -1\\ 0.16 & z+1\end{bmatrix}^{-1}=\frac{1}{(z+0.2)(z+0.8)}\begin{bmatrix}z+1 & 1\\ -0.16 & z\end{bmatrix}$$

$$=\begin{bmatrix}\dfrac{4}{3}\times\dfrac{1}{z+0.2}-\dfrac{1}{3}\times\dfrac{1}{z+0.8} & \dfrac{5}{3}\times\dfrac{1}{z+0.2}-\dfrac{5}{3}\times\dfrac{1}{z+0.8}\\ -\dfrac{0.8}{3}\times\dfrac{1}{z+0.2}+\dfrac{0.8}{3}\times\dfrac{1}{z+0.8} & -\dfrac{1}{3}\times\dfrac{1}{z+0.2}+\dfrac{4}{3}\times\dfrac{1}{z+0.8}\end{bmatrix}$$

$$\phi(k)=z^{-1}[(zI-A)^{-1}z]=\begin{bmatrix}\frac{4}{3}(-0.2)^k-\frac{1}{3}(-0.8)^k & \frac{5}{3}(-0.2)^k-\frac{5}{3}(-0.8)^k\\ -\frac{0.8}{3}(-0.2)^k+\frac{0.8}{3}(-0.8)^k & -\frac{1}{3}(-0.2)^k+\frac{4}{3}(-0.8)^k\end{bmatrix}$$

因为 $u(k)=1$，所以 $u(z)=\dfrac{z}{z-1}$。

$$zx(0)+Bu(z)=\begin{Bmatrix}z\\-z\end{Bmatrix}+\begin{Bmatrix}\dfrac{z}{z-1}\\ \dfrac{z}{z-1}\end{Bmatrix}=\begin{Bmatrix}\dfrac{z^2}{z-1}\\ \dfrac{-z^2+2z}{z-1}\end{Bmatrix}$$

$$x(z)=(zI-A)^{-1}[zx(0)+Bu(z)]=\begin{Bmatrix}-\dfrac{17}{6}\times\dfrac{z}{z+0.2}+\dfrac{22}{9}\times\dfrac{z}{z+0.8}+\dfrac{26}{18}\times\dfrac{z}{z-1}\\ \dfrac{3.4}{6}\times\dfrac{z}{z+0.2}-\dfrac{17.6}{9}\times\dfrac{z}{z+0.8}+\dfrac{7}{18}\times\dfrac{z}{z-1}\end{Bmatrix}$$

经过 Z 反变换得

$$x(k)=\begin{Bmatrix}-\dfrac{17}{6}(-0.2)^k+\dfrac{22}{9}(-0.8)^k+\dfrac{25}{18}\\ \dfrac{3.4}{6}(-0.2)^k-\dfrac{17.6}{9}(-0.8)^k+\dfrac{7}{18}\end{Bmatrix}$$

3.5.2　连续系统的时间离散化

对于线性连续系统，为了不通过数值积分获得系统的响应特性，可以将连续系统矩阵微分方程离散化为离散系统矩阵差分方程。由于差分方程本身具有数值积分的性质，一旦将矩阵微分方程转化为矩阵差分方程，就相当于得到一个递推公式，如前所述，可以从初值一直递推到任一时刻的响应结果。另外，离散方程更有利于控制过程中计算机的实时计算。因此，将连续系统状态方程转化为离散系统差分方程，在工程中具有重要的实用价值。

系统离散化的目的：找出在采样时刻 $t=kT$ $(k=1,2,\cdots)$ 上与连续系统状态 $x(t)=x(kT)$ 等值的离散状态方程。在2.4节中已有介绍，在连续系统微分方程离散化过程中一般作如下假定：采样周期 T 为常数，且采样周期足够小，输入函数向量仅在等间隔采样时刻 $t=kT$ $(k=1,2,\cdots)$ 发生变化，而在一个采样周期内保持不变，即系统处于等间隔逐段恒值输入。下面将据此介绍线性时变系统、线性定常系统状态方程的离散化方法。

1. 一般离散化方法

1）线性时变连续系统

线性时变系统：

$$\dot{x}(t)=A(t)x(t)+B(t)u(t) \tag{3.5.13}$$

其状态方程的解为

$$x(t)=\phi(t,t_0)x(t_0)+\int_{t_0}^{t}\phi(t,\tau)B(\tau)u(\tau)\mathrm{d}\tau \tag{3.5.14}$$

假设：① 等采样周期 T;② $u(t)\equiv u(kT)$, $kT\leqslant t\leqslant(k+1)T$。令 $t=(k+1)T$, $t=kT$，则有

$$\begin{cases}x[(k+1)T]=\phi[(k+1)T,t_0]x(t_0)+\int_{t_0}^{(k+1)T}\phi[(k+1)T,\tau]B(\tau)u(\tau)\mathrm{d}\tau\\ x(kT)=\phi(kT,t_0)x(t_0)+\int_{t_0}^{kT}\phi(kT,\tau)B(\tau)u(\tau)\mathrm{d}\tau\end{cases}$$

用 $\phi[(k+1)T,kT]$ 左乘上面的第二个式子，并将两式相减，得

$$x[(k+1)T]=\phi[(k+1)T,kT]x(kT)+\int_{kT}^{(k+1)T}\phi[(k+1)T,\tau]B(\tau)\mathrm{d}\tau\cdot u(kT) \tag{3.5.15}$$

令

$$A(kT)=\phi[(k+1)T,kT],\quad B(kT)=\int_{kT}^{(k+1)T}\phi[(k+1)T,\tau]B(\tau)\mathrm{d}\tau$$

则线性时变系统离散状态方程为

$$x[(k+1)T]=A(kT)x(kT)+B(kT)u(kT) \tag{3.5.16}$$

2）线性定常连续系统

定常系统：

$$\dot{x}(t)=Ax(t)+Bu(t) \tag{3.5.17}$$

其状态方程的解为

$$x(t)=\mathrm{e}^{A(t-t_0)}x(t_0)+\int_{t_0}^{t}\mathrm{e}^{A(t-\tau)}B(\tau)u(\tau)\mathrm{d}\tau$$

同样假设：① 等采样周期 T;② $u(t)\equiv u(kT)$, $kT\leqslant t\leqslant(k+1)T$。令 $t=(k+1)T$, $t_0=kT$，则有

$$\begin{aligned}x[(k+1)T]&=\mathrm{e}^{AT}x(kT)+\int_{kT}^{(k+1)T}\mathrm{e}^{A[(k+1)T-\tau]}Bu(\tau)\mathrm{d}\tau\\&=\mathrm{e}^{AT}x(kT)+\int_{kT}^{(k+1)T}\mathrm{e}^{A[(k+1)T-\tau]}B\mathrm{d}\tau\cdot u(kT)\end{aligned}$$

令

$$t=(k+1)T-\tau,\quad \mathrm{d}\tau=-\mathrm{d}t$$

则

$$x[(k+1)T] = e^{AT}x(kT) + \int_T^0 e^{At}B(-dt) \cdot u(kT) = e^{AT}x(kT) + \int_0^T e^{At}dt \cdot Bu(kT)$$

令

$$A_d = e^{AT}, \quad B_d = \left[\int_0^T e^{At}dt\right]B = \int_0^T e^{At}Bdt \tag{3.5.18}$$

则线性定常系统离散状态方程为

$$x[(k+1)T] = A_d x(kT) + B_d u(kT) \tag{3.5.19}$$

2. 近似离散化方法

考虑系统：

$$\dot{x}(t) = A(t)x(t) + B(t)u(t) \tag{3.5.20}$$

当采样周期 T 很小时,有

$$\dot{x}(t) \approx \frac{\{x[(k+1)T] - x(kT)\}}{T} \tag{3.5.21}$$

令 $t = kT$, 联立式(3.5.20)和式(3.5.21),则

$$\frac{\{x[(k+1)T] - x(kT)\}}{T} = A(kT)x(kT) + B(kT)u(kT)$$

$$x[(k+1)T] = [I + TA(kT)]x(kT) + TB(kT)u(kT) \tag{3.5.22}$$

令

$$A_d(kT) = I + TA(kT), \quad B_d(kT) = TB(kT)$$

则

$$x[(k+1)T] = A_d(kT)x(kT) + B_d(kT)u(kT) \tag{3.5.23}$$

上述近似离散化方法,对于时变系统、定常系统皆适用。

连续系统离散化的几点说明: 近似离散化是一般离散化的特例, 定常系统离散化是时变系统离散化的特例;连续系统的结论可以在离散系统中找到对应,反之则未必;离散化都是在一定假定条件下获得的,一般说来没有精确离散化方法。

例 3.5.2　线性定常系统的状态方程为 $\begin{Bmatrix}\dot{x}_1 \\ \dot{x}_1\end{Bmatrix} = \begin{bmatrix}0 & 1 \\ 0 & -3\end{bmatrix}\begin{Bmatrix}x_1 \\ x_1\end{Bmatrix} + \begin{Bmatrix}0 \\ 1\end{Bmatrix}u$, 试求该连续系统的离散化方程。

解: (1) 采用一般离散化方法。

该系统的状态转移矩阵 e^{At} 为 $e^{At} = \begin{bmatrix}1 & \frac{1}{3}(1-e^{-3t}) \\ 0 & e^{-3t}\end{bmatrix}$, 则

$$A_d = e^{AT} = \begin{bmatrix} 1 & \frac{1}{3}(1 - e^{-3T}) \\ 0 & e^{-3T} \end{bmatrix}$$

$$B_d = \int_0^T e^{At} B dt = \int_0^T \begin{bmatrix} 1 & \frac{1}{3}(1 - e^{-3t}) \\ 0 & e^{-3t} \end{bmatrix} \begin{Bmatrix} 0 \\ 1 \end{Bmatrix} dt = \begin{Bmatrix} \frac{1}{3}\left(T + \frac{e^{-3T} - 1}{3}\right) \\ \frac{1}{3}(1 - e^{-3T}) \end{Bmatrix}$$

则该系统一般离散化的方程为

$$x[(k+1)T] = \begin{bmatrix} 1 & \frac{1}{3}(1 - e^{-3T}) \\ 0 & e^{-3T} \end{bmatrix} x(kT) + \begin{Bmatrix} \frac{1}{3}\left(T + \frac{e^{-3T} - 1}{3}\right) \\ \frac{1}{3}(1 - e^{-3T}) \end{Bmatrix} u(kT) \tag{a}$$

（2）采用近似离散化方法。

$$A_d = I + TA = \begin{bmatrix} 1 & 0 \\ 0 & 1 \end{bmatrix} + \begin{bmatrix} 0 & T \\ 0 & -3T \end{bmatrix} = \begin{bmatrix} 1 & T \\ 0 & 1 - 3T \end{bmatrix}, \quad B_d = TB = \begin{Bmatrix} 0 \\ T \end{Bmatrix}$$

则该系统的近似离散化方程为

$$x[(k+1)T] = \begin{bmatrix} 1 & T \\ 0 & 1 - 3T \end{bmatrix} x(kT) + \begin{Bmatrix} 0 \\ T \end{Bmatrix} u(kT) \tag{b}$$

（3）结果比较。若将 $T = 0.04$ s 分别代入式(a)和式(b)，可得如下结果。

一般离散化：

$$x[0.04(k+1)] = \begin{bmatrix} 1 & 0.037 \\ 0 & 0.886\,9 \end{bmatrix} x(0.04k) + \begin{Bmatrix} 0.000\,8 \\ 0.037\,7 \end{Bmatrix} u(0.04k)$$

近似离散化：

$$x[0.04(k+1)] = \begin{bmatrix} 1 & 0.040\,0 \\ 0 & 0.880\,0 \end{bmatrix} x(0.04k) + \begin{Bmatrix} 0 \\ 0.040\,0 \end{Bmatrix} u(0.04k)$$

可见两者非常接近。

3.6　随机激励下的响应分析

以上各节介绍了基于状态空间分析法的振动分析。如果振动系统受到的外部激励是确定性的，直接运用以上各节给出的方法进行分析即可。但如果系统受到的是随机激励，则必须按随机振动理论进行振动分析。本节将介绍如何针对线性系统受随机激励的情形，采用状态空间法进行分析，以便为后面介绍的线性系统随机最优控制打下基础。

从理论上讲，振动系统的性质来自系统本身参数的性质和外部激励的性质，两者中任何一个存在随机性，对应的问题即属于随机振动问题。因此，随机振动可分为随机系统的随机振动和随机激励作用下的随机振动。前者在系统参数中存在随机性，此时无论激励是否随机，其问题都属于随机性的；后者一般是指系统参数是确定的，仅受到的激励存在随机性。本节主要针对后一种情形进行介绍。

一般情况下，随机激励可分为白噪声激励和非白噪声激励。对于线性系统，如果受到的是非白噪声激励，一般需要基于杜哈梅积分法和频率响应函数法进行分析；如果受到的是白噪声激励，则可以推导出一系列比较完备的求解方法，并可给出响应的解析解。对于基于状态方程的振动分析，也可推导出与此相应的方法。因此，本节将先从非白噪声激励入手，介绍系统响应的一般求法；然后介绍线性系统对白噪声激励的响应；最后对非白噪声激励下、基于成型滤波器和扩展系统的振动响应分析方法进行介绍。

3.6.1　关于白噪声的定义

提到白噪声，容易想到在随机振动理论中学习过的定义，即白噪声是一种功率谱密度函数为常数的零均值平稳随机过程，相应的相关函数是狄拉克 δ 函数，即

$$\begin{cases} S_X(\omega) = S_0 & (-\infty < \omega < +\infty;\ S_0 > 0) \\ R_X(\tau) = S_0\delta(\tau) & (-\infty < \tau < +\infty) \end{cases} \tag{3.6.1}$$

式中，$X = X(t)$ 为随机过程；S_0 为白噪声强度。由式(3.6.1)可知，白噪声也可以定义为均值为零、自相关函数为 δ 函数的平稳随机过程，且这个过程中在 $t_1 \neq t_2$ 时的 $X(t_1)$ 和 $X(t_2)$ 是不相关的。从这里的定义中，可以读出几个关键词：零均值、平稳过程、功率谱密度函数为常数、$X(t_1)$ 和 $X(t_2)$ 不相关 $(t_1 \neq t_2)$ 等。

然而，在随机最优控制研究领域，却给出了看上去与前面不太相同的白噪声定义。这是因为：对于随机最优控制问题，一方面，它所面对的基本变量是状态向量；另一方面，它仅在时域进行分析和计算，所面对的随机过程也未必是平稳的，甚至可能是非零均值的。因此，这里结合有关文献的介绍，给出如下的白噪声定义及其统计特征。

定义：设 $[x(t),\ t \in T]$ 为向量高斯随机过程，且该随机过程在不同时刻的取值即随机向量 $x(t_1),\ x(t_2),\ \cdots,\ x(t_m)$ 两两不相关，则称该随机过程为高斯白噪声过程。

统计特征：按上述定义的白噪声过程有如下协方差函数矩阵：

$$\begin{aligned} \mathrm{Cov}[x(t),\ x(\tau)] &= E[(x(t) - E[x(t)])(x(\tau) - E[x(\tau)])^{\mathrm{T}}] \\ &= D_x(t)\delta(t-\tau)\quad (t,\ \tau \in T) \end{aligned} \tag{3.6.2}$$

式中，$D_x(t)$ 为 $x(t)$ 的方差阵，且为对称非负定方阵；$E[x(t)]$ 为 $x(t)$ 的数学期望(即均值)；$\delta(t-\tau)$ 为狄拉克 δ 函数；t 和 τ 都为时间变量；T 为时间域。

从上述白噪声定义及统计特征可以读出以下信息：仅在时域定义，未涉及频域(即不是用功率谱密度来定义)；仅要求向量随机过程在不同时刻的取值互不相关，而对于各时刻随机向量内部各个分量之间的相关性未作具体规定，相当于矩阵 $D_x(t)$ 未必为对角阵；未提及零均值和平稳过程，仅要求服从高斯分布，相当于该定义对非零均值、非平稳随机过程也适用。为了进一步理解白噪声的定义，现作如下两点说明：① 该白噪声在一般情

况下可理解为非零均值非平稳随机过程。但当均值为零时,矩阵 $D_x(t)\delta(t-\tau)$ 可理解为与时变功率谱密度函数阵相对应的相关函数阵;当随机过程退化为零均值平稳过程时,$\delta(t-\tau)$ 退化为 $\delta(\tau)$,矩阵 $D_x(t)\delta(t-\tau)$ 退化为相关函数阵 $S_0\delta(\tau)$,其中 S_0 相当于白噪声强度[参见式(3.6.1)];② 在多数随机过程理论的文献中,未见针对非平稳随机过程定义白噪声,充其量称为白色随机过程,也有文献将具有式(3.6.2)性质的非平稳随机过程称为散粒噪声。由于散粒噪声往往与布朗运动联系在一起,而布朗运动的数学模型是维纳过程,也有随机最优控制理论的文献中将系统受到的随机激励定义为维纳过程。

在了解上述白噪声定义的来龙去脉后,本节仍将这里定义的、具有式(3.6.2)统计特征的随机过程称为白噪声,并且将其理解为一般的非零均值非平稳高斯白噪声。在此基础上,就不难逐步过渡到零均值平稳高斯白噪声了。

关于**狄拉克 $\boldsymbol{\delta}$ 函数**,也作如下两点说明。

(1) 狄拉克 δ 函数(这里简称为 δ 函数)的一般定义是

$$\delta(t-\tau)=\begin{cases}\infty & (t=\tau)\\ 0 & (t\neq\tau)\end{cases},\quad \int_{-\infty}^{+\infty}\delta(t-\tau)\,\mathrm{d}t=1 \tag{3.6.3}$$

此函数的图形可如图 3.1(a)所示。δ 函数被认为是一种广义函数,主要用于处理脉冲之类的特殊激励,它有一个重要的性质:

$$\int_{-\infty}^{+\infty}f(t)\delta(t-\tau)\,\mathrm{d}t=f(\tau) \tag{3.6.4}$$

这个性质一般称为 δ 函数的筛选性质。

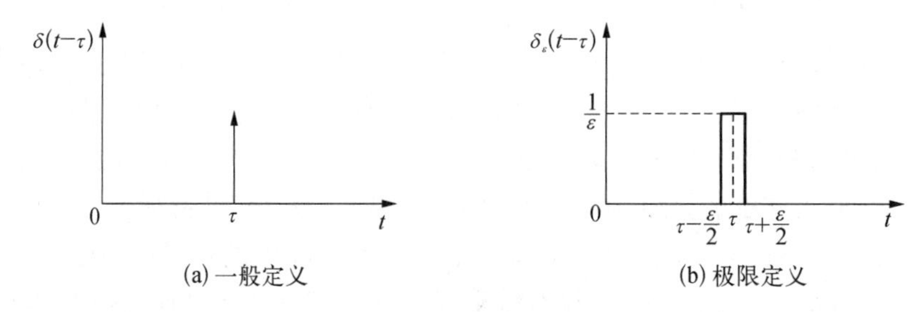

(a) 一般定义　　(b) 极限定义

图 3.1　$\boldsymbol{\delta}$ 函数定义示意图

(2) 为了使得上述 δ 函数的定义及筛选性质易于理解,还可以将 δ 函数用图 3.1(b)中狭窄方波当 ε 趋于零时的极限来定义,即

$$\delta(t-\tau)=\lim_{\varepsilon\to 0}\delta_\varepsilon(t-\tau)=\begin{cases}1/\varepsilon & (\tau-\varepsilon/2<t<\tau+\varepsilon/2)\\ 0 & (\text{其他})\end{cases} \tag{3.6.5}$$

这样定义 δ 函数后,不仅形如式(3.6.4)的性质变得比较好理解了,而且对于处理积分区间为有限区间的筛选问题具有重要意义。

3.6.2　线性系统的随机激励和响应特性

设线性系统的状态方程仍形如式(3.1.1),只是受到的外部激励是随机过程,且暂不

考虑控制力作用。同时假设系统的初始状态也为随机向量,即系统的状态方程和初始条件为

$$\begin{cases}\dot{x}(t)=A(t)x(t)+G(t)w(t)\\x(t_0)=x_0\end{cases}\tag{3.6.6}$$

式中,$x(t)$为n维向量随机过程;x_0为n维向量随机变量;$A(t)$为$n\times n$阶确定性时变矩阵;$w(t)$为p维向量高斯随机过程($p\leqslant n$);$G(t)$为$n\times p$阶确定性时变矩阵;时间域为$[t_0,t_1]$。

1. 系统激励及初始条件的统计特性

1)系统的非白噪声和白噪声激励

关于随机激励$w(t)$的统计特征,先按一般的非白噪声激励给出,然后按白噪声定义给出。

(1) $w(t)$的均值。系统激励$w(t)$的均值为

$$E[w(t)]=\mu_w(t)\tag{3.6.7}$$

式中,$\mu_w(t)$为p维确定性时变向量,是$w(t)$的均值函数。

(2) $w(t)$的协方差。当$w(t)$为非白噪声时:

$$\mathrm{Cov}[w(t_1),w(t_2)]=E[(w(t_1)-\mu_w(t_1))(w(t_2)-\mu_w(t_2))^{\mathrm{T}}]=C_w(t_1,t_2)\tag{3.6.8a}$$

当$w(t)$为白噪声时:

$$\begin{aligned}\mathrm{Cov}[w(t),w(\tau)]&=E[(w(t)-\mu_w(t))(w(\tau)-\mu_w(\tau))^{\mathrm{T}}]\\&=C_w(t,\tau)=D_w(t)\delta(t-\tau)\end{aligned}\tag{3.6.8b}$$

式中,$\delta(t-\tau)$为狄拉克δ函数;$D_w(t)$为$p\times p$阶确定性对称非负定时变方阵,是$w(t)$的方差阵,即

$$\mathrm{Var}[w(t),w(t)]=E[(w(t)-\mu_w(t))(w(t)-\mu_w(t))^{\mathrm{T}}]=D_w(t)\tag{3.6.9}$$

2)系统的初始条件x_0

设x_0的统计特征如下:

$$\begin{cases}E[x(t_0)]=E[x_0]=\mu_x(t_0)=\mu_{x_0}\\\mathrm{Var}[x(t_0)]=E[(x_0-\mu_{x_0})(x_0-\mu_{x_0})^{\mathrm{T}}]\\\qquad\qquad=D_x(t_0)=D_{x_0}\end{cases}\tag{3.6.10}$$

式中,D_{x_0}为$n\times n$阶常数方阵,是x_0的方差阵;μ_{x_0}为n维常数向量,是x_0的均值。

此外,还假设x_0和$w(t)$之间统计不相关,即

$$\mathrm{Cov}[x_0,w(t)]=E[(x_0-\mu_{x_0})(w(t)-\mu_w(t))^{\mathrm{T}}]=C_{xw}(t_0,t)=0\quad(t\geqslant t_0)\tag{3.6.11}$$

2. 线性系统在一般激励(非白噪声激励)和白噪声激励下的响应特性

下面求系统(3.6.6)在激励 $w(t)$ 和初始状态 x_0 条件下的响应 $x(t)$,也就是求在题设条件下 $x(t)$ 的统计特性。

由随机振动理论可知,当线性系统受到高斯随机激励时,系统响应也为高斯随机过程,所以式(3.6.6)中的 $x(t)$ 应也为高斯过程。以下主要任务是求 $x(t)$ 的均值函数、方差函数和协方差函数等统计特征。现仿照线性系统随机振动理论中的做法进行推导,先给出激励为非白噪声时的响应统计特征,然后给出白噪声激励下的响应特性。

1) $x(t)$ 的均值函数

首先,写出方程(3.6.6)基于状态转移矩阵的解,即系统响应时域计算的一般表达式:

$$x(t)=\phi(t,\ t_0)x_0+\int_{t_0}^{t}\phi(t,\ \tau)G(\tau)w(\tau)\mathrm{d}\tau \tag{3.6.12}$$

然后对式(3.6.12)等号两边同时取均值。假设数学期望运算和积分运算可以交换顺序,并注意到系统的状态转移矩阵 $\phi(t,\ \tau)$ 和矩阵 $G(\tau)$ 均为确定性矩阵,可得

$$E[x(t)]=\phi(t,\ t_0)\mu_{x_0}+\int_{t_0}^{t}\phi(t,\ \tau)G(\tau)\mu_w(\tau)\mathrm{d}\tau=\mu_x(t) \tag{3.6.13a}$$

此为 $x(t)$ 的均值函数。

特别地,当激励为零均值,即 $\mu_w(\tau)=0$ 时,$x(t)$ 的均值函数退化为

$$E[x(t)]=\mu_x(t)=\phi(t,\ t_0)\mu_{x_0} \tag{3.6.13b}$$

可以看出,即使激励均值为零,系统状态向量的均值一般也不为零,除非系统初始状态向量的均值也为零。回顾在随机振动理论中,给出相应的结论是:若激励均值为零,则系统响应的均值也为零。这似乎出现了矛盾,其实不然。在随机振动理论中,只针对系统的稳态响应求解,未涉及初始条件。而在基于状态转移矩阵的解法中给出的是系统响应的全解,涉及初始条件的影响。

2) $x(t)$ 的方差函数阵和自协方差函数阵

(1) 一般激励(非白噪声激励)下 $x(t)$ 的自协方差阵和方差阵。根据式(3.6.12)和式(3.6.13a),写出 t_1 和 t_2 时刻系统的响应和相应的均值:

$$\begin{cases}x(t_1)=\phi(t_1,\ t_0)x_0+\int_{t_0}^{t_1}\phi(t_1,\ \tau_1)G(\tau_1)w(\tau_1)\mathrm{d}\tau_1\\ \mu_x(t_1)=\phi(t_1,\ t_0)\mu_{x_0}+\int_{t_0}^{t_1}\phi(t_1,\ \tau_1)G(\tau_1)\mu_w(\tau_1)\mathrm{d}\tau_1\end{cases} \tag{3.6.14}$$

$$\begin{cases}x(t_2)=\phi(t_2,\ t_0)x_0+\int_{t_0}^{t_2}\phi(t_2,\ \tau_2)G(\tau_2)w(\tau_2)\mathrm{d}\tau_2\\ \mu_x(t_2)=\phi(t_2,\ t_0)\mu_{x_0}+\int_{t_0}^{t_2}\phi(t_2,\ \tau_2)G(\tau_2)\mu_w(\tau_2)\mathrm{d}\tau_2\end{cases} \tag{3.6.15}$$

将各时刻的响应减去相应均值,得

$$x(t_1)-\mu_x(t_1)=\phi(t_1,t_0)(x_0-\mu_{x_0})+\int_{t_0}^{t_1}\phi(t_1,\tau_1)G(\tau_1)[w(\tau_1)-\mu_w(\tau_1)]\mathrm{d}\tau_1 \tag{3.6.16}$$

$$x(t_2)-\mu_x(t_2)=\phi(t_2,t_0)(x_0-\mu_{x_0})+\int_{t_0}^{t_2}\phi(t_2,\tau_2)G(\tau_2)[w(\tau_2)-\mu_w(\tau_2)]\mathrm{d}\tau_2 \tag{3.6.17}$$

将式(3.6.16)乘以式(3.6.17)的转置,并对所得到的方程取均值;将取均值后的方程展开,利用x_0和$w(t)$之间统计不相关的性质[即式(3.6.11)],可使得展开式中含x_0和$w(t)$的交叉项为零;最终可整理得

$$\begin{aligned}&E[(x(t_1)-\mu_x(t_1))(x(t_2)-\mu_x(t_2))^{\mathrm{T}}]\\=&\phi(t_1,t_0)E[(x_0-\mu_{x_0})(x_0-\mu_{x_0})^{\mathrm{T}}]\phi(t_2,t_0)^{\mathrm{T}}\\&+\int_{t_0}^{t_1}\int_{t_0}^{t_2}\phi(t_1,\tau_1)G(\tau_1)E[(w(\tau_1)-\mu_w(\tau_1))(w(\tau_2)-\mu_w(\tau_2))^{\mathrm{T}}]\\&G(\tau_2)^{\mathrm{T}}\phi(t_2,\tau_2)^{\mathrm{T}}\mathrm{d}\tau_2\mathrm{d}\tau_1\end{aligned} \tag{3.6.18}$$

可见,式(3.6.18)中等号左边就是响应$x(t)$的自协方差阵,等号右边第一项中间的数学期望就是响应$x(t)$在t_0时刻的方差阵(即D_{x_0}),第二项中间的数学期望就是激励$w(t)$在τ_1和τ_2时刻的自协方差阵。记

$$C_x(t_1,t_2)=\mathrm{Cov}[x(t_1),x(t_2)]=E[(x(t_1)-\mu_x(t_1))(x(t_2)-\mu_x(t_2))^{\mathrm{T}}] \tag{3.6.19a}$$

$$C_x(t_2,t_1)=\mathrm{Cov}[x(t_2),x(t_1)]=E[(x(t_2)-\mu_x(t_2))(x(t_1)-\mu_x(t_1))^{\mathrm{T}}] \tag{3.6.19b}$$

$$C_w(\tau_1,\tau_2)=\mathrm{Cov}[w(\tau_1),w(\tau_2)]=E[(w(\tau_1)-\mu_w(\tau_1))(w(\tau_2)-\mu_w(\tau_2))^{\mathrm{T}}] \tag{3.6.20a}$$

$$C_w(\tau_2,\tau_1)=\mathrm{Cov}[w(\tau_2),w(\tau_1)]=E[(w(\tau_2)-\mu_w(\tau_2))(w(\tau_1)-\mu_w(\tau_1))^{\mathrm{T}}] \tag{3.6.20b}$$

$$D_x(t)=\mathrm{Var}[x(t)]=\mathrm{Cov}[x(t),x(t)]=E[(x(t)-\mu_x(t))(x(t)-\mu_x(t))^{\mathrm{T}}] \tag{3.6.21}$$

则式(3.6.18)可简写为

$$C_x(t_1,t_2)=\phi(t_1,t_0)D_{x_0}\phi(t_2,t_0)^{\mathrm{T}}+\int_{t_0}^{t_2}\int_{t_0}^{t_1}\phi(t_1,\tau_1)G(\tau_1)C_w(\tau_1,\tau_2)G(\tau_2)^{\mathrm{T}}\phi(t_2,\tau_2)^{\mathrm{T}}\mathrm{d}\tau_1\mathrm{d}\tau_2 \tag{3.6.22a}$$

仿照由式(3.6.16)~式(3.6.18)的推导过程,还可得出:

$$C_x(t_2,\ t_1)=\phi(t_2,\ t_0)D_{x_0}\phi(t_1,\ t_0)^{\mathrm{T}}$$
$$+\int_{t_0}^{t_1}\int_{t_0}^{t_2}\phi(t_2,\ \tau_2)G(\tau_2)C_w(\tau_2,\ \tau_1)G(\tau_1)^{\mathrm{T}}\phi(t_1,\ \tau_1)^{\mathrm{T}}\mathrm{d}\tau_2\mathrm{d}\tau_1 \quad (3.6.22\mathrm{b})$$

且可知：

$$C_x(t_2,\ t_1)=C_x(t_1,\ t_2)^{\mathrm{T}} \text{ 或 } C_x(t_1,\ t_2)=C_x(t_2,\ t_1)^{\mathrm{T}} \quad (3.6.23)$$

式(3.6.22)就是线性系统在一般激励下求**响应 $\boldsymbol{x(t)}$ 自协方差阵**的基本算式。

为求 $x(t)$ 的方差阵，只需在式(3.6.22)中令 $t_1=t_2=t$ 即可，由此可得

$$D_x(t)=\phi(t,\ t_0)D_{x_0}\phi(t,\ t_0)^{\mathrm{T}}+\int_{t_0}^{t}\int_{t_0}^{t}\phi(t,\ \tau_1)G(\tau_1)C_w(\tau_1,\ \tau_2)G(\tau_2)^{\mathrm{T}}\phi(t,\ \tau_2)^{\mathrm{T}}\mathrm{d}\tau_1\mathrm{d}\tau_2 \quad (3.6.24)$$

式(3.6.24)就是线性系统在一般激励下求**响应 $\boldsymbol{x(t)}$ 方差阵**的基本算式。

理论上讲，在一般激励作用下，如果需要求系统响应的自协方差阵和方差阵，可以直接用式(3.6.22)和式(3.6.24)计算即可。然而，由于这两组式子中均含有二重积分，实际的计算还是比较复杂的。但是，如果激励为白噪声，则计算可以得到简化。

(2) 白噪声激励下 $x(t)$ 的方差阵和自协方差阵。激励 $w(t)$ 为白噪声时的自协方差函数阵由式(3.6.8b)给出。这里，针对 τ_1 和 τ_2 时刻分别写出：

$$C_w(\tau_1,\ \tau_2)=D_w(\tau_1)\delta(\tau_1-\tau_2) \quad (3.6.25\mathrm{a})$$

$$C_w(\tau_2,\ \tau_1)=D_w(\tau_2)\delta(\tau_2-\tau_1) \quad (3.6.25\mathrm{b})$$

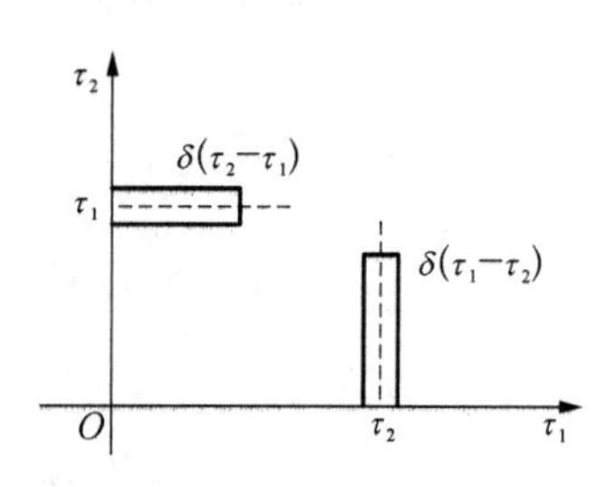

图 3.2　δ 函数图形

式中，δ 函数由式(3.6.5)给出，对应的函数图形如图 3.2 所示。这样，就可以根据需要采用合适的算式进行计算了。

a. $x(t)$ 的方差阵

观察式(3.6.24)可知，由于二重积分的积分上限相同，积分次序可以任意。先针对 τ_1 进行积分，将式(3.6.25a)代入式(3.6.24)中，可得

$$D_x(t)=\phi(t,\ t_0)D_{x_0}\phi(t,\ t_0)^{\mathrm{T}}$$
$$+\int_{t_0}^{t}\left[\int_{t_0}^{t}\phi(t,\ \tau_1)G(\tau_1)D_w(\tau_1)\delta(\tau_1-\tau_2)\mathrm{d}\tau_1\right]G(\tau_2)^{\mathrm{T}}\phi(t,\ \tau_2)^{\mathrm{T}}\mathrm{d}\tau_2 \quad (3.6.26)$$

根据由式(3.6.5)给出的 δ 函数定义可知，这里的 δ 函数完全定义在积分域中，根据 δ 函数的筛选性质可得

$$D_x(t)=\phi(t,\ t_0)D_{x_0}\phi(t,\ t_0)^{\mathrm{T}}+\int_{t_0}^{t}\phi(t,\ \tau_2)G(\tau_2)D_w(\tau_2)G(\tau_2)^{\mathrm{T}}\phi(t,\ \tau_2)^{\mathrm{T}}\mathrm{d}\tau_2 \quad (3.6.27)$$

这就是在白噪声激励下线性系统响应 $x(t)$ 方差阵的计算式。可见，此时只含有单重积分，因此计算得到简化。需要说明的是，由于式(3.6.27)中只含单重积分，积分变量 τ_2 的

下标 2 可以删去，简写成 τ 即可。

b. $x(t)$ 的自协方差阵

由于自协方差计算涉及两个时刻，没有方差计算那么容易。主要需考虑两个时刻的比较及 δ 函数的定义域问题，因此需根据 t_1 和 t_2 的大小分别计算。

当 $t_1 > t_2$ 时，采用式(3.6.22a)计算。将式(3.6.25a)代入式(3.6.22a)，先对 τ_1 积分。注意到，此时 δ 函数完全定义在积分域内，因此可得

$$
\begin{aligned}
C_x(t_1,\ t_2) &= \phi(t_1,\ t_0)D_{x_0}\phi(t_2,\ t_0)^{\mathrm{T}} \\
&\quad + \int_{t_0}^{t_2}\left[\int_{t_0}^{t_1}\phi(t_1,\ \tau_1)G(\tau_1)D_w(\tau_1)\delta(\tau_1-\tau_2)\mathrm{d}\tau_1\right]G(\tau_2)^{\mathrm{T}}\phi(t_2,\ \tau_2)^{\mathrm{T}}\mathrm{d}\tau_2 \\
&= \phi(t_1,\ t_0)D_{x_0}\phi(t_2,\ t_0)^{\mathrm{T}} + \int_{t_0}^{t_2}\phi(t_1,\ \tau_2)G(\tau_2)D_w(\tau_2)G(\tau_2)^{\mathrm{T}}\phi(t_2,\ \tau_2)^{\mathrm{T}}\mathrm{d}\tau_2
\end{aligned} \tag{3.6.28a}
$$

当 $t_2 > t_1$ 时，采用式(3.6.22b)计算。将式(3.6.25b)代入式(3.6.22b)，先对 τ_2 积分。注意到，此时 δ 函数也完全定义在积分域内，因此可得

$$
\begin{aligned}
C_x(t_2,\ t_1) &= \phi(t_2,\ t_0)D_{x_0}\phi(t_1,\ t_0)^{\mathrm{T}} \\
&\quad + \int_{t_0}^{t_1}\left[\int_{t_0}^{t_2}\phi(t_2,\ \tau_2)G(\tau_2)D_w(\tau_2)\delta(\tau_2-\tau_1)\mathrm{d}\tau_2\right]G(\tau_1)^{\mathrm{T}}\phi(t_1,\ \tau_1)^{\mathrm{T}}\mathrm{d}\tau_1 \\
&= \phi(t_2,\ t_0)D_{x_0}\phi(t_1,\ t_0)^{\mathrm{T}} + \int_{t_0}^{t_1}\phi(t_2,\ \tau_1)G(\tau_1)D_w(\tau_1)G(\tau_1)^{\mathrm{T}}\phi(t_1,\ \tau_1)^{\mathrm{T}}\mathrm{d}\tau_1
\end{aligned} \tag{3.6.28b}
$$

式(3.6.28)就是在白噪声激励下线性系统响应 $x(t)$ 自协方差阵的计算式，都已只含单重积分。

为了将式(3.6.28a)和式(3.6.28b)统一写在一起，下面再利用状态转移矩阵的性质和响应方差的计算式[式(3.6.27)]对这两个式子作进一步整理。对于 $t_1 > t_2$ 的情形，有

$$
\begin{aligned}
C_x(t_1,\ t_2) &= \phi(t_1,\ t_2)\phi(t_2,\ t_0)D_{x_0}\phi(t_2,\ t_0)^{\mathrm{T}} \\
&\quad + \phi(t_1,\ t_2)\int_{t_0}^{t_2}\phi(t_2,\ \tau_2)G(\tau_2)D_w(\tau_2)G(\tau_2)^{\mathrm{T}}\phi(t_2,\ \tau_2)^{\mathrm{T}}\mathrm{d}\tau_2 \\
&= \phi(t_1,\ t_2)\left[\phi(t_2,\ t_0)D_{x_0}\phi(t_2,\ t_0)^{\mathrm{T}}\right. \\
&\quad \left.+ \int_{t_0}^{t_2}\phi(t_2,\ \tau_2)G(\tau_2)D_w(\tau_2)G(\tau_2)^{\mathrm{T}}\phi(t_2,\ \tau_2)^{\mathrm{T}}\mathrm{d}\tau_2\right] \\
&= \phi(t_1,\ t_2)D_x(t_2)
\end{aligned} \tag{3.6.29a}
$$

对于 $t_2 > t_1$ 的情形，有

$$
\begin{aligned}
C_x(t_2,\ t_1) &= \phi(t_2,\ t_1)\phi(t_1,\ t_0)D_{x_0}\phi(t_1,\ t_0)^{\mathrm{T}} \\
&\quad + \phi(t_2,\ t_1)\int_{t_0}^{t_1}\phi(t_1,\ \tau_1)G(\tau_1)D_w(\tau_1)G(\tau_1)^{\mathrm{T}}\phi(t_1,\ \tau_1)^{\mathrm{T}}\mathrm{d}\tau_1 \\
&= \phi(t_2,\ t_1)\left[\phi(t_1,\ t_0)D_{x_0}\phi(t_1,\ t_0)^{\mathrm{T}}\right.
\end{aligned}
$$

$$+\int_{t_0}^{t_1}\phi(t_1,\tau_1)G(\tau_1)D_w(\tau_1)G(\tau_1)^{\mathrm{T}}\phi(t_1,\tau_1)^{\mathrm{T}}\mathrm{d}\tau_1\Big]$$
$$=\phi(t_2,t_1)D_x(t_1) \tag{3.6.29b}$$

将式(3.6.29a)最终等号的两边同时转置,利用式(3.6.23)的关系和方差阵为对称矩阵的性质,可将该式也写成按 t_2、t_1 顺序的形式:

$$C_x(t_2,t_1)=D_x(t_2)\phi(t_1,t_2)^{\mathrm{T}}\quad(t_1>t_2) \tag{3.6.30}$$

注意到,当 $t_2=t_1=t$ 时,协方差阵就退化为方差阵,所以可统一写出:

$$C_x(t_2,t_1)=\begin{cases}\phi(t_2,t_1)D_x(t_1) & (t_1<t_2)\\ D_x(t) & (t_1=t_2=t)\\ D_x(t_2)\phi(t_1,t_2)^{\mathrm{T}} & (t_1>t_2)\end{cases} \tag{3.6.31a}$$

将 t_1 写成 t, t_2 写成 $t+\tau$ 的形式,可进一步将式(3.6.31a)写成如下形式:

$$C_x(t+\tau,t)=\begin{cases}\phi(t+\tau,t)D_x(t) & (\tau>0)\\ D_x(t) & (\tau=0)\\ D_x(t+\tau)\phi(t,t+\tau)^{\mathrm{T}} & (\tau<0)\end{cases} \tag{3.6.31b}$$

式(3.6.31b)将会在后面的随机最优控制部分用到。

3) $x(t)$ 和 $w(t)$ 之间的互协方差函数阵

在随机振动理论中,不仅要求出响应的统计特性,还需要求出响应与激励之间的互相关特性。所以,这里也给出系统响应 $x(t)$ 和激励 $w(t)$ 之间的互协方差函数阵。

(1) 求 $C_{xw}(t,t)=E[(x(t)-\mu_x(t))(w(t)-\mu_w(t))^{\mathrm{T}}]$。仿照上面的推导过程,将式(3.6.12)减去式(3.6.13a),或者利用式(3.6.16)(将其中 t_1 和 τ_1 的下标 1 去掉),并且用 $[w(t)-\mu_w(t)]^{\mathrm{T}}$ 右乘所得到的方程,可得

$$[x(t)-\mu_x(t)][w(t)-\mu_w(t)]^{\mathrm{T}}$$
$$=\phi(t,t_0)(x_0-\mu_{x_0})[w(t)-\mu_w(t)]^{\mathrm{T}}$$
$$+\int_{t_0}^{t}\phi(t,\tau)G(\tau)[w(\tau)-\mu_w(\tau)][w(t)-\mu_w(t)]^{\mathrm{T}}\mathrm{d}\tau \tag{3.6.32}$$

将式(3.6.32)等号两边同时取均值,可见其结果有如下特点:① 等号左边就是要求的矩阵;② 由于 $x(t_0)$ 和 $w(t)$ $(t\geqslant t_0)$ 之间互不相关的性质[即式(3.6.11)],等号右边第一项应为零;③ 当 $t=t_0$ 时,等号右边的积分等于零,所以等号右边全部等于零;④ 等号右边第二项含有激励 $w(t)$ 的自协方差阵,可利用式(3.6.20a)将其写成简洁形式。因此,可得

$$C_{xw}(t,t)=\begin{cases}\int_{t_0}^{t}\phi(t,\tau)G(\tau)C_w(\tau,t)\mathrm{d}\tau & (t>t_0)\\ 0 & (t=t_0)\end{cases} \tag{3.6.33}$$

这就是在**一般激励作用下矩阵 $C_{xw}(t,t)$ 的计算式**。

当激励为白噪声时，将式(3.6.8b)代入式(3.6.33)，可以证明其中的积分式计算结果如下：

$$C_{xw}(t,\ t)=\int_{t_0}^{t}\phi(t,\ \tau)G(\tau)D_w(\tau)\delta(\tau-t)\mathrm{d}\tau$$
$$=\frac{1}{2}\phi(t,\ t)G(t)D_w(t)=\frac{1}{2}G(t)D_w(t)\quad(t>t_0)\tag{3.6.34}$$

因此可得

$$C_{xw}(t,\ t)=\begin{cases}\dfrac{1}{2}G(t)D_w(t) & (t>t_0)\\ 0 & (t=t_0)\end{cases}\tag{3.6.35}$$

这就是在**白噪声激励作用下矩阵 $\boldsymbol{C_{xw}(t,\ t)}$ 的计算式**。

(2) 求 $C_{xw}(t_1,\ t_2)=E[(x(t_1)-\mu_x(t_1))(w(t_2)-\mu_w(t_2))^{\mathrm{T}}]$。将式(3.6.16)的等号两边同时右乘 $[w(t_2)-\mu_w(t_2)]^{\mathrm{T}}$，然后将所得到的方程两边同时取均值，可得

$$\begin{aligned}&E[(x(t_1)-\mu_x(t_1))(w(t_2)-\mu_w(t_2))^{\mathrm{T}}]\\&=\phi(t_1,\ t_0)E[(x_0-\mu_{x0})(w(t_2)-\mu_w(t_2))^{\mathrm{T}}]\\&\quad+\int_{t_0}^{t_1}\phi(t_1,\ \tau)G(\tau)E[(w(\tau)-\mu_w(\tau))(w(t_2)-\mu_w(t_2))^{\mathrm{T}}]\mathrm{d}\tau\end{aligned}\tag{3.6.36}$$

同样，通过分析式(3.6.36)可知：① 等号左边就是要求的矩阵；② 由于 $x(t_0)$ 和 $w(t_2)$ $(t_2\geqslant t_0)$ 之间互不相关的性质[即式(3.6.11)]，等号右边第一项应为零；③ 当 $t_1=t_0$ 时，等号右边的积分等于零，所以等号右边全部等于零；④ 等号右边第二项含有激励 $w(t)$ 的自协方差阵，可利用式(3.6.20a)将其写成简洁形式。因此，可得

$$C_{xw}(t_1,\ t_2)=\begin{cases}\displaystyle\int_{t_0}^{t_1}\phi(t_1,\ \tau)G(\tau)C_w(\tau,\ t_2)\mathrm{d}\tau & (t_1>t_0)\\ 0 & (t_1=t_0)\end{cases}\tag{3.6.37}$$

这就是在**一般激励作用下矩阵 $\boldsymbol{C_{xw}(t_1,\ t_2)}$ 的计算式**。当 $t_1=t_2=t$ 时，式(3.6.37)退化为式(3.6.33)。

当激励为白噪声时，将式(3.6.8b)代入式(3.6.37)，其中的积分式成为

$$C_{xw}(t_1,\ t_2)=\int_{t_0}^{t_1}\phi(t_1,\ \tau)G(\tau)D_w(\tau)\delta(\tau-t_2)\mathrm{d}\tau\tag{3.6.38}$$

当 $t_1>t_2$ 时，可知 δ 函数完全定义在积分域内，因此得 $C_{xw}(t_1,\ t_2)=\phi(t_1,\ t_2)G(t_2)D_w(t_2)$；当 $t_1<t_2$ 时，可知 δ 函数定义在积分域右侧以外，此时可得 $C_{xw}(t_1,\ t_2)=0$；当 $t_1=t_2=t$ 时，式(3.6.38)结果与式(3.6.34)相同。因此，综合以上结果可写出：

$$C_{xw}(t_1,\ t_2)=\begin{cases}\phi(t_1,\ t_2)G(t_2)D_w(t_2) & (t_1>t_2\geqslant t_0)\\ \dfrac{1}{2}G(t)D_w(t) & (t_1=t_2>t_0)\\ 0 & (t_0\leqslant t_1<t_2)\end{cases}\tag{3.6.39a}$$

这就是在**白噪声激励作用下矩阵 $C_{xw}(t_1, t_2)$ 的计算式**。同理,将 t_1 写成 $t+\tau$,将 t_2 写成 t 的形式,可进一步将式(3.6.39a)写成如下形式:

$$C_{xw}(t+\tau, t)=\begin{cases}\phi(t+\tau, t)G(t)D_w(t) & (\tau>0, t\geqslant t_0)\\ \dfrac{1}{2}G(t)D_w(t) & (\tau=0, t>t_0)\\ 0 & (\tau<0)\end{cases} \tag{3.6.39b}$$

至此,可以认为在白噪声激励作用下的线性系统响应统计值已可全部求出。

3.6.3 成型滤波器扩展方法分析线性系统非白噪声激励响应

1. 成型滤波器的概念

白噪声实际上是个理想化的数学模型,实际工程中系统受到的激励一般是非白噪声,所以必须考虑系统在非白噪声激励作用下响应的计算问题,非白噪声在工程中也称为有色噪声。事实上,3.6.2 节已经求出了线性系统在一般非白噪声激励下响应的统计特性,但由于在计算式中均含有二重积分,计算很复杂。当激励是白噪声时,计算就可以得到很大简化。于是自然就想到,能否将线性系统在非白噪声激励下响应统计特征的计算也纳入激励是白噪声的计算中?答案是肯定的,其计算原理是利用线性系统的“滤波”特性,现对该特性作简要介绍。

在线性系统随机振动理论中,有一个说法:线性系统是个滤波器,这是基于线性系统随机振动响应频域计算式的特点给出的。频率响应函数相当于一个动力放大器,无论激励的频带有多宽,只有频率在系统固有频率附近的激励成分被放大和输出,而其他频率成分的激励的作用效应相对较小,可忽略不计,因而可看作被过滤掉了。以单自由度线性系统为例,设系统的频率响应函数为 $H(\mathrm{i}\omega)$,激励 $F(t)$ 为具有功率谱 $S_F(\omega)$ 的宽带平稳随机过程,则系统的输出 $y(t)$ 为具有功率谱 $S_y(\omega)$ 的窄带平稳随机过程,如图 3.3 所示。由此可见,一个白噪声随机过程通过一个线性系统时,会变成一个非白噪声随机过程。

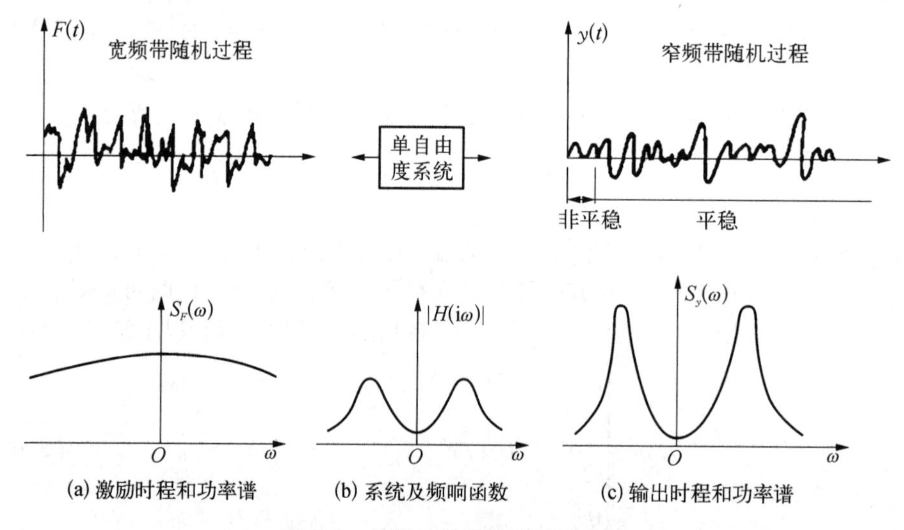

(a) 激励时程和功率谱　(b) 系统及频响函数　(c) 输出时程和功率谱

图 3.3　线性系统滤波功能示意图

于是可以想到,在一个受到非白噪声激励的线性系统的输入端,再虚拟地附加一个线性系统,使得原系统受到的非白噪声激励 $[\xi(t),\ S_\xi(\omega)]$ 成为这个附加系统受到白噪声激励 $[\eta(t),\ S_\eta(\omega)]$ 的输出 $[y(t),\ S_y(\omega)]$,如图 3.4 所示。这样,总的系统(如虚线框图所示)受到的激励就是白噪声了,就可以将其纳入白噪声激励的计算体系中去,这个附加的线性系统也称为“成型滤波器”。

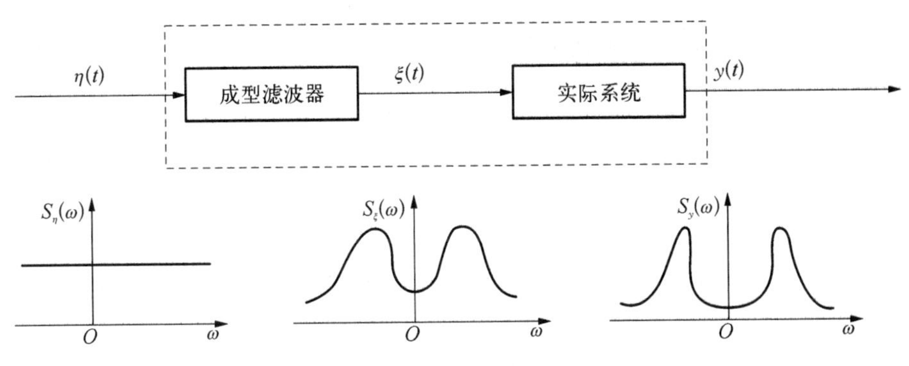

图 3.4　含成型滤波器系统示意图

2. 成型滤波器的构造

当激励 $w(t)$ 是非白噪声时,可用下列方程构造成型滤波器:

$$\begin{cases}\dot{z}(t)=A_c(t)z(t)+D_c(t)\eta(t)\\ w(t)=C_c(t)z(t)\end{cases}\tag{3.6.40}$$

式中,$z(t)$ 是附加线性系统(即成型滤波器)的状态向量,其阶数可根据问题的需要确定;$\eta(t)$ 是白噪声激励向量,阶数亦根据问题的需要确定,如果是单输入白噪声,则为标量;$w(t)$ 就是线性系统(3.6.6)的激励,是 p 阶向量高斯非白噪声过程;矩阵 $A_c(t)$、$D_c(t)$ 和 $C_c(t)$ 的阶数可依据 $z(t)$、$\eta(t)$ 和 $w(t)$ 的阶数确定。

方程(3.6.40)构成了一个线性系统成型滤波器的状态方程和输出方程,当该成型滤波器受到白噪声 $\eta(t)$ 激励时,将产生响应 $z(t)$,并经由 $w(t)$ 输出。只要成型滤波器参数设计得当,该输出就是所研究系统受到的非白噪声激励。

可见,构造成型滤波器的关键在于参数矩阵 $A_c(t)$、$D_c(t)$ 和 $C_c(t)$ 的确定。在一般随机激励下,这些参数矩阵的构造是比较困难的。在激励为零均值平稳随机过程的情况下,由线性系统随机振动理论可知:系统响应功率谱密度函数是激励功率谱密度函数与系统频率响应函数模的平方的乘积。据此,可以根据非白噪声激励功率谱密度函数的特点进行谱分解得到所求的参数矩阵。限于篇幅,关于成型滤波器的具体构造方法,这里不作进一步展开,有兴趣的读者可参阅相关文献。

3. 含成型滤波器的扩展系统

在构造出成型滤波器后,可以将该附加系统的状态方程和输出方程与所研究系统的状态方程合并,从而构造出扩展系统的状态方程,具体方法如下。

将方程(3.6.40)中的第二式代入方程(3.6.6),替换掉该方程中的 $w(t)$,得

$$\dot{x}(t)=A(t)x(t)+G(t)C_c(t)z(t) \tag{3.6.41}$$

将方程(3.6.40)中的第一式和式(3.6.41)写在一起,形成扩展系统:

$$\begin{cases}\dot{x}(t)=A(t)x(t)+G(t)C_c(t)z(t)\\ \dot{z}(t)=A_c(t)z(t)+D_c(t)\eta(t)\end{cases} \tag{3.6.42}$$

设扩展系统(3.6.42)中的状态向量为 $\bar{x}(t)=\{x(t)^{\mathrm{T}},\ z(t)^{\mathrm{T}}\}^{\mathrm{T}}$,则可以写出如下扩展状态方程:

$$\dot{\bar{x}}(t)=\bar{A}(t)\bar{x}(t)+\bar{G}(t)\eta(t) \tag{3.6.43}$$

式中,

$$\bar{x}(t)=\begin{Bmatrix}x(t)\\ z(t)\end{Bmatrix},\quad \bar{A}(t)=\begin{bmatrix}A(t) & G(t)C_c(t)\\ 0 & A_c(t)\end{bmatrix},\quad \bar{G}(t)=\begin{bmatrix}0\\ D_c(t)\end{bmatrix} \tag{3.6.44}$$

可以看出,扩展系统的激励项已成为白噪声,后面即可按白噪声激励的情形进行分析。

习　　题

3.1 试建立习题3.1图所示刚性横梁沿通过质心 C 的1和2两个方向做无阻尼自由振动时的运动微分方程,并将其写成状态方程形式。已知:已知刚性梁的质量为 $M=1\,000$ kg,绕点 C 的转动惯量为 $J=15\ \mathrm{kg\cdot m^2}$,弹簧刚度为 $k_1=3.5\times10^5$ N/m、$k_2=1.0\times10^5$ N/m;梁的长度为 $l_1=0.015$ m、$l_2=0.025$ m。

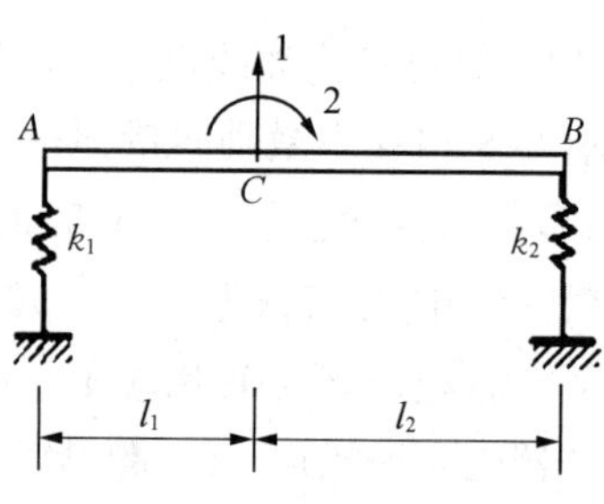

习题3.1图

3.2 试求出用三阶微分方程 $a\dddot{x}(t)+b\ddot{x}(t)+c\dot{x}(t)+dx(t)=u(t)$ 表示的系统的状态方程。

3.3 设线性定常系统的状态方程为 $\dot{x}=Ax$,其中 $A=\begin{bmatrix}0 & 1\\ 0 & 0\end{bmatrix}$,试求状态转移矩阵 $\Phi(t,\tau)$ 的表达式。

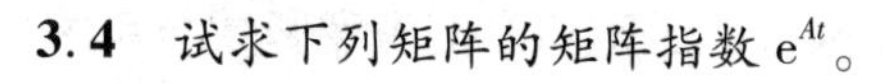

3.4 试求下列矩阵的矩阵指数 e^{At}。

(1) $A=\begin{bmatrix}0 & 1\\ 0 & -2\end{bmatrix}$;(2) $A=\begin{bmatrix}0 & 1\\ -2 & -3\end{bmatrix}$;(3) $A=\begin{bmatrix}1 & -1 & 0\\ -1 & 1 & 0\\ 0 & 0 & 1\end{bmatrix}$;

(4) $A=\begin{bmatrix}2 & 2 & 1\\ 1 & 3 & 1\\ 1 & 2 & 2\end{bmatrix}$。

3.5 试利用状态转移矩阵的性质判断下列矩阵是否为状态转移矩阵。

(1) $P=\begin{bmatrix}1 & \frac{1}{2}(1-\mathrm{e}^{-2t}) \\ 0 & \mathrm{e}^{-2t}\end{bmatrix}$；(2) $P=\begin{bmatrix}2\mathrm{e}^{2t}-\mathrm{e}^{t} & \mathrm{e}^{t}+\mathrm{e}^{2t} \\ \mathrm{e}^{2t}-\mathrm{e}^{t} & 2\mathrm{e}^{t}-\mathrm{e}^{2t}\end{bmatrix}$；

(3) $P=\begin{bmatrix}1 & 0 & 0 \\ 0 & \sin t & \cos t \\ 0 & -\cos t & \sin t\end{bmatrix}$。

3.6 设线性定常系统的状态方程和初始条件分别为

$$\begin{Bmatrix}\dot{x}_1 \\ \dot{x}_2\end{Bmatrix}=\begin{bmatrix}0 & 1 \\ -2 & -3\end{bmatrix}\begin{Bmatrix}x_1 \\ x_2\end{Bmatrix}, \quad \begin{Bmatrix}x_1(0) \\ x_2(0)\end{Bmatrix}=\begin{Bmatrix}1 \\ -1\end{Bmatrix}$$

试求系统的响应 $x_1(t)$ 和 $x_2(t)$。

3.7 设线性定常系统的状态方程和初始条件分别为

$$\begin{Bmatrix}\dot{x}_1 \\ \dot{x}_2\end{Bmatrix}=\begin{bmatrix}0 & 1 \\ 0 & 0\end{bmatrix}\begin{Bmatrix}x_1 \\ x_2\end{Bmatrix}+\begin{Bmatrix}0 \\ 1\end{Bmatrix}u, \quad \begin{Bmatrix}x_1(0) \\ x_2(0)\end{Bmatrix}=\begin{Bmatrix}1 \\ 1\end{Bmatrix}$$

试求当 $u(t)=1(t)$ 时系统的响应 $x_1(t)$ 和 $x_2(t)$ $(t_0=0)$。

3.8 设线性定常系统的状态方程、初始条件和输出方程分别为

$$\begin{Bmatrix}\dot{x}_1 \\ \dot{x}_2\end{Bmatrix}=\begin{bmatrix}0 & 1 \\ -1 & -2\end{bmatrix}\begin{Bmatrix}x_1 \\ x_2\end{Bmatrix}+\begin{Bmatrix}0 \\ 1\end{Bmatrix}u, \quad \begin{Bmatrix}x_1(0) \\ x_2(0)\end{Bmatrix}=\begin{Bmatrix}1 \\ 0\end{Bmatrix}, \quad y=\begin{bmatrix}1 & 0\end{bmatrix}\begin{Bmatrix}x_1 \\ x_2\end{Bmatrix}$$

试求当 $u(t)=\cos t+\sin t$ 时系统的输出响应 $y(t)$。

3.9 设线性定常系统的状态方程和输出方程分别为

$$\begin{Bmatrix}\dot{x}_1 \\ \dot{x}_2\end{Bmatrix}=\begin{bmatrix}-5 & -1 \\ 3 & -1\end{bmatrix}\begin{Bmatrix}x_1 \\ x_2\end{Bmatrix}+\begin{Bmatrix}2 \\ 5\end{Bmatrix}u, \quad y=\begin{bmatrix}1 & 2\end{bmatrix}\begin{Bmatrix}x_1 \\ x_2\end{Bmatrix}$$

试求系统的传递函数。

3.10 在习题 3.10 图所示的振动系统中，刚性杆的质量不计，B 端作用有激振力 $H\sin(\omega t)$。试求：

(1) 系统的运动微分方程，分析系统发生共振时质点 m 的振幅及 ω 等于固有频率 ω_0 一半时质点 m 的振幅。

(2) 写成状态方程的形式，采用状态方程分析系统发生共振时质点 m 的振幅及 ω 等于固有频率 ω_0 一半时质点 m 的振幅，并与(1)获得的结果进行对比。

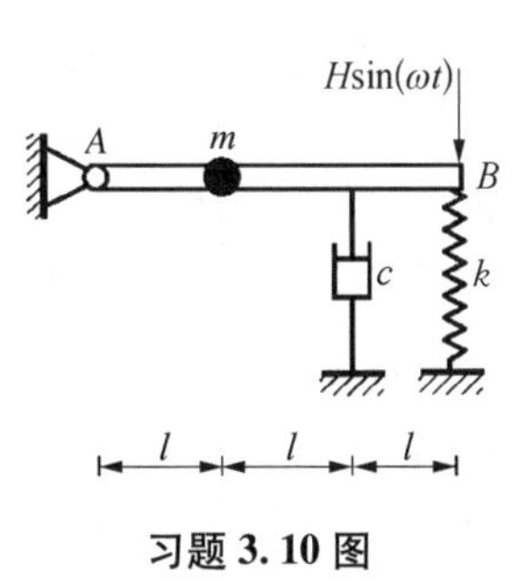

习题 3.10 图

第4章 振动系统的稳定性分析

本章首先介绍稳定性的基本概念；然后对李雅普诺夫（Lyapunov）意义下的稳定性定义及两种稳定性分析方法——李雅普诺夫间接法和李雅普诺夫直接法等进行介绍，并根据直接法推出线性定常系统和离散系统的李雅普诺夫稳定性分析方法；最后对几种非线性系统的稳定性分析方法：克拉索夫斯基（Krasovskii）法、变量梯度法及线性类比法等进行介绍。

学习要点：

（1）正确理解平衡点、稳定性、渐近稳定及一致稳定等概念，理解李雅普诺夫意义下稳定性的定义；

（2）掌握稳定性分析的两种基本方法——李雅普诺夫间接法和李雅普诺夫直接法；

（3）掌握线性定常系统和离散系统的李雅普诺夫稳定性分析方法；

（4）掌握克拉索夫斯基法、变量梯度法及线性类比法等非线性系统的稳定性分析方法。

稳定性分析是振动分析的重要组成部分，是振动系统正常工作的前提。对于单输入单输出线性定常系统，用传递函数或频率特性作为数学模型，采用劳斯判据、奈奎斯特判据等来判断系统的稳定性比较简便；但对于多变量系统，特别是时变、非线性系统，则一般在状态空间中采用李雅普诺夫定性理论进行分析。1892年，李雅普诺夫给出了稳定性概念的严格数学定义，并提出了两种判断系统稳定性的方法，即李雅普诺夫第一法和李雅普诺夫第二法。李雅普诺夫第一法是根据系统线性化方程中系数矩阵 A 的特征值去判断系统的稳定性，故称间接法，也称一次近似法；李雅普诺夫第二法则是通过构造李雅普诺夫函数来判定系统的稳定性，也称直接法，该方法特别适用于难以求解的非线性系统和时变系统。

李雅普诺夫稳定性研究的是平衡状态邻域的稳定性，而通过适当变换，运动稳定性也可以归为平衡状态稳定性处理。物理空间中的平衡状态在状态空间中一般称为平衡点，因此本章在介绍稳定性之前，首先将给出平衡状态稳定性、运动状态稳定性及平衡点等概念，然后讨论稳定性的定性、定量分析方法，并对线性、非线性振动系统的稳定性判别方法进行讨论。

4.1　稳定性的基本概念

振动系统的稳定性只与系统本身的结构和参数有关，而与输入输出信号无关。振动控制的主要目的之一是使得系统的平衡状态保持稳定，这也是动力学研究中的一个重要问题。本节首先对稳定性的一些基本概念进行介绍。

4.1.1　状态空间中的平衡点

系统的状态方程为

$$\dot{x} = f(x,\ t) \tag{4.1.1}$$

式中，x 为 n 维状态向量；$f(x,\ t)$ 为变量 $x_1,\ x_2,\ \cdots,\ x_n$ 和时间 t 的 n 维向量函数。假定在给定初始条件下，式(4.1.1)的解为

$$x = \psi(t,\ x_0,\ t_0) \tag{4.1.2}$$

式中，t_0 为初始时刻；x_0 为状态向量 x 的初始值。则

$$\psi(t_0,\ x_0,\ t_0) = x_0$$

在式(4.1.1)所描述的系统中，如果对于所有的 t，总存在：

$$f(x_e,\ t) = 0 \tag{4.1.3}$$

则称 $[x_e]$ 为系统的平衡点。

对于线性定常系统，即 $f(x,\ t) = Ax$，则当 A 为非奇异矩阵时，系统中只存在一个平衡点；若为奇异矩阵，则系统可以有无穷多个平衡点；对于非线性系统，可以存在一个或多个平衡点。一般情况下，平衡点可以是状态空间中的任意一点，但总可以通过坐标变换的方法使得平衡点与状态空间的坐标原点相重合。当平衡点与状态空间的坐标原点重合时，状态空间的坐标原点即代表系统的平衡状态或系统的未扰运动。

研究系统的稳定性，就是研究平衡点的稳定性，通常是分析坐标原点处的平衡状态稳定性。如果从物理空间的角度来理解，它对应于一个动力系统速度和加速度均为零的状态，这显然是平衡状态，而且可认为是处于静止的平衡状态，这也可以理解为平衡点名称的由来。但是，在更广泛的控制理论意义上，状态方程未必仅对应于静止的平衡状态，甚至未必仅对应于动力学系统。因此，状态空间中的平衡点比物理空间中动力学系统的平衡状态具有更为广泛的意义。

在状态空间中，平衡点以外的点[即 $\dot{x}(t) \neq 0$ 的点]对应于状态方程的非平衡解，即系统处于运动状态，这些点可称为常点(ordinary point)。

4.1.2 平衡状态稳定性

在进行结构或一般动力系统的动力学分析时,最基本的任务是确定系统的平衡状态(或平衡位置)。但是仅仅确定平衡状态还不够,更重要的是分析该平衡状态是否稳定,只有稳定的平衡状态才是有意义的平衡状态。由于物理空间中的平衡状态在状态空间中称为平衡点,平衡状态的稳定性也就是通常所说的平衡点的稳定性。

平衡点的稳定性,是指系统在平衡点处受扰后,其受扰运动最终能否收敛于平衡点或至少在平衡点附近一个邻域内的性质。平衡点稳定性问题的一个简单例子是大家熟悉的单摆,如果单摆处于图 4.1 所示的铅垂位置,它显然处于平衡状态。此时,如果给该系统一个扰动,例如,给单摆一个初位移,则单摆就会在铅垂平衡位置附近产生运动,这个运动既可以是小幅振动,也可以是大幅振动。但由直观经验或理论分析可知,该运动最终会停止(当考虑阻尼作用时),即单摆最终会回到原始平衡位置,或在扰动量范围内保持等幅振动(当不考虑阻尼作用时),系统的运动总不会发散。于是可以说,系统的该平衡位置是稳定的。但是,如果单摆处于图 4.2 所示的倒立位置,那么在理想情况下,经过一定的努力也可使其处于平衡状态。此时,如果给该系统一个扰动,例如,给单摆一个微小初位移,由直观经验或理论分析知:无论扰动多么微小,单摆都不会再回到原始平衡位置,也不会在原始平衡位置两侧的某个邻域内做等幅振动。这时,系统的运动是发散的,原始平衡位置是不稳定的。

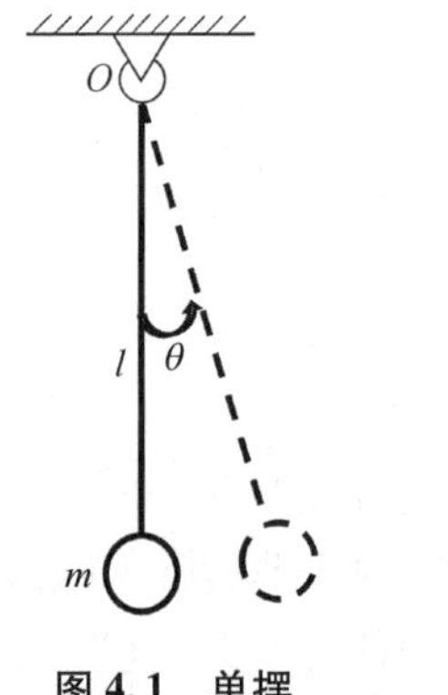

图 4.1 单摆

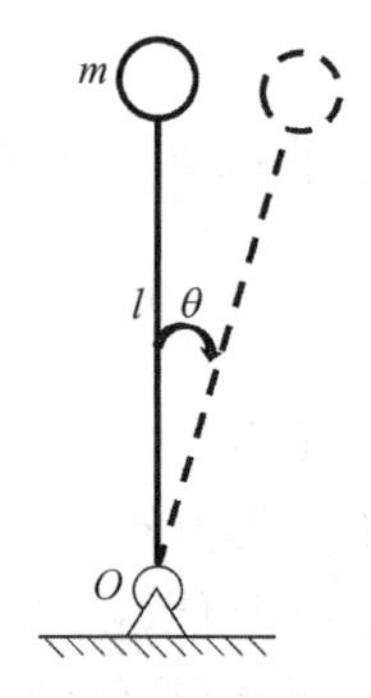

图 4.2 倒立摆

上述的单摆例子比较简单,可以直观地说明问题。对于复杂系统,稳定性判别往往没有这么简单直观,需进行分析。由单摆的例子可见,考察系统平衡状态稳定与否,涉及三个基本要素:平衡位置、扰动、系统在平衡位置附近的受扰运动。分析的原理是:分析系统在平衡位置处受扰后的运动,根据该运动的特征(即收敛或发散)来判断该平衡状态(或平衡位置)的稳定性。注意其要点:分析的是系统的受扰运动,考察的是系统平衡状态的稳定性。

分析系统平衡状态稳定性的方法之一:首先确定系统的平衡位置,然后以此平衡位置为坐标原点建立坐标系,在此坐标系内建立系统受扰后的运动微分方程。该方程的解即代表系统的受扰运动,通过分析解的性质即可分析平衡状态的稳定性。

4.1.3　运动状态稳定性

稳定性分析的另一项重要任务是研究运动状态的稳定性,称为运动稳定性。对应的提法是:设一个已知运动 $y(t)$,称为未扰运动;然后对该运动施加一个扰动(可以是初始扰动,也可以是持续扰动),使得未扰运动偏离原来的轨迹,得到一个新的运动 $y_s(t)$,称为受扰运动;未扰运动与受扰运动之差 $x(t)=y(t)-y_s(t)$ 称为扰动(运动),通过研究扰动 $x(t)$ 的运动规律而判断原来未扰运动是否稳定。一个典型例子是火箭的飞行,其理想飞行轨迹可视为未扰运动,实际飞行轨迹可视为受扰运动,两者之差为扰动,通过分析扰动,判断受扰运动是否发散,从而判断火箭的理想飞行轨迹是否稳定,也就是火箭飞行是否稳定。

在运动稳定性分析中,可以针对扰动 $x(t)$ 运用李雅普诺夫稳定性定义,对原未扰运动的稳定性进行定义。显然,与 $x(t)$ 对应的状态空间的坐标原点(也称为平衡点)对应于原未扰运动,因此可将这种运动稳定性分析归纳到平衡点稳定性研究中。

4.2　稳定性分析方法

系统的受扰运动可由其扰动的状态方程(简称扰动方程)的解来描述,因此可以通过分析系统扰动方程的解来分析平衡点的稳定性。一般来讲,系统平衡点的稳定性主要是由系统本身的性质所决定的。因此,可考虑无外荷载、无控制力的情形,此时系统的扰动方程可表达为如下形式:

$$\dot{x}=f(x) \tag{4.2.1}$$

可以认为,方程(4.2.1)代表一个一般的非线性自治系统。下面分别以定性方法和定量方法讨论系统平衡点的稳定性。

4.2.1　定性方法(李雅普诺夫意义下的稳定性定义)

这里的定性方法指的是几何方法,即通过几何方法描述系统的性质来分析平衡点的稳定性。假设扰动方程(4.2.1)代表系统在一个平衡点处受扰后的运动,由该方程解出的状态向量 $x(t)$ 是时间 t 的函数(时间 t 是参变量)。随着时间的变化,在状态空间中,状态向量 $x(t)$ 的顶点会形成一个轨迹,称为轨线(trajectory)。轨线一般有无穷多条,分别对应不同的初始条件 $x(t_0)=x(0)=x_0$。这些轨线在状态空间中的常点处互不交叉,但在平衡点处可相互交叉。

由于总可以通过坐标变换的方法将平衡点变换到状态空间中的坐标原点,不失一般性,可以假定坐标原点就是平衡点。于是,可将扰动方程(4.2.1)理解为在以平衡点为坐标原点的状态空间中建立的受扰运动状态方程。此时,方程的解称为平凡解(trivial solution),所以该平衡点的稳定性也可描述为平凡解的稳定性。

关于稳定性的定义有多种,一般采用李雅普诺夫稳定性定义。因此,以下将就李雅普诺夫稳定性定义进行讨论。为便于直观地引入稳定性的概念,现讨论一个单自由度系统

（即物理空间中的二阶系统），此时状态空间退化为状态平面，由 $x_1 = q$ 和 $x_2 = \dot{q}$ 定义。在状态平面中，状态向量 $\{x\}$ 的模用范数（norm，即欧几里得空间的长度）定义，即

$$|\{x\}| = \|\{x\}\| = \sqrt{x_1^2 + x_2^2} \tag{4.2.2}$$

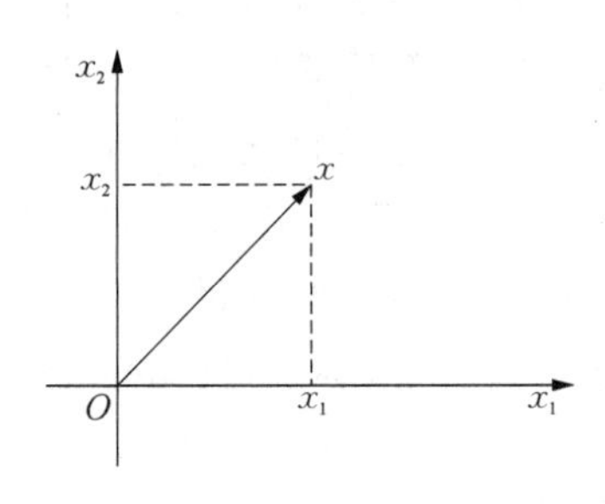

图 4.3 状态平面

式(4.2.2)实质上就是状态平面中的一点到原点的距离，如图 4.3 所示。

在状态平面中，以 r 为半径、O 为圆心可以作圆：$\|\{x\}\| = r$，则不等式 $\|\{x\}\| < r$ 定义了状态平面中的一个开域。如果在所有时间里，轨线[即方程(4.2.1)的解]都在该圆域内，则称解是有界的。虽然解有界也可理解为系统的受扰运动是有界的，但若仅以此来定义平衡点的稳定性，似乎不够严谨。

为给出李雅普诺夫稳定性定义，参考高等数学中对函数极限定义的 $\varepsilon - \delta$ 方法。考虑两个以坐标原点为中心的同心圆域：$\|\{x\}\| = \delta$，$\|\{x\}\| = \varepsilon$，其中 $\delta < \varepsilon$。设系统 $\dot{x} = f(x, t)$，$f(x_e, t) \equiv 0$，平衡状态 $x_e = 0$ 的邻域为：$\|x - x_e\| \leqslant r$，式中 $r > 0$。在 r 的邻域内，对于任意给定的 $0 < \varepsilon < r$，有以下关于平衡点的李雅普诺夫稳定性定义。

(1) 如果对于 $\|\{x(0)\}\| = \|\{x_0\}\| < \delta$，不等式 $\|\{x(t)\}\| < \varepsilon \ (t > 0)$ 成立，则称平衡点是**稳定**的（stable），即如果初始时刻从圆域 $S(\delta)$ 内出发的受扰运动在任何时刻都在圆域 $S(\varepsilon)$ 以内，则称系统的平衡状态 $x_e = 0$ 在李雅普诺夫意义下是稳定的。

一般情况下，实数 δ 与 ε 有关，通常也与 t_0 有关。若 δ 与 t_0 无关，则此时平衡状态 $x_e = 0$ 称为**一致稳定**的平衡状态。

(2) 如果在(1)的基础上，且有 $\lim\limits_{t \to \infty} \|\{x(t)\}\| = 0$，即收敛于 $x_e = 0$，则称平衡点是**渐近稳定**的（asymptotically stable），即如果平衡点不仅是稳定的，而且受扰运动最终会停止（即系统状态最终回归到状态平面的原点），则称平衡点是渐近稳定的。其中，域 $S(\delta)$ 称为平衡状态 $x_e = 0$ 的**吸引域**。

若系统的平衡状态 $x_e = 0$ 是渐近稳定的，且其吸引域 $S(\delta)$ 包括整个状态空间，则此时的平衡状态称为**大范围渐近稳定**（或称**全局渐近稳定**）。显然，大范围渐近稳定的必要条件是，在整个状态空间中只有一个平衡状态。对于实际振动系统，如果有一个足够大的吸引域，使扰动不超过它，也就足够了。

(3) 如果对于 $\|\{x(0)\}\| = \|\{x_0\}\| = \delta$，在某一有限时刻 t_1，有 $\|\{x(t_1)\}\| \geqslant \varepsilon$，则称平衡点是**不稳定**的（unstable），即如果初始时刻从圆域 $S(\delta)$ 内出发的受扰运动在某一时刻会达到或超出圆域 $S(\varepsilon)$ 的边界，则称平衡点是不稳定的。

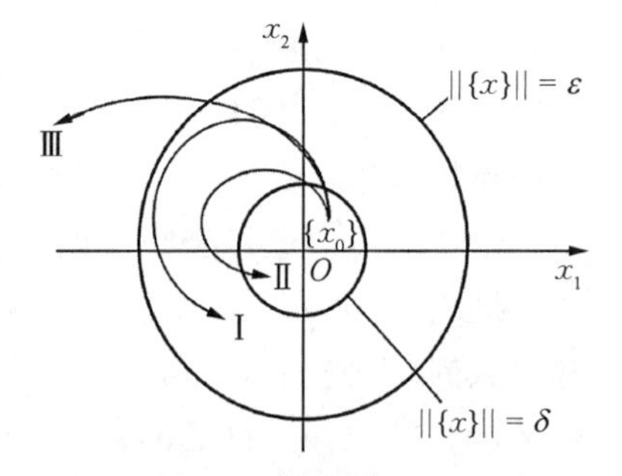

图 4.4 李雅普诺夫稳定性定义的几何表示

上述稳定性定义，可以用几何方式表示，如图 4.4 所示，曲线Ⅰ、Ⅱ、Ⅲ所代表的轨线分别对应稳定、渐近

稳定和不稳定状况。

对于更多自由度系统的稳定性定义,可以在状态空间中仿此进行定义。这里有一点需要注意:经典控制理论中的稳定性概念与李雅普诺夫意义下的稳定性概念是有一定区别的,在经典控制理论中,只有李雅普诺夫意义下渐近稳定的系统才称为稳定系统,李雅普诺夫意义下稳定但不是渐近稳定的系统,称为临界系统。两者的区别和联系见表 4.1。

表 4.1　稳定性含义之间的区别和联系

经典控制理论(线性系统)	不稳定 $R_e(s) > 0$	临界状态 $R_e(s) = 0$	稳定 $R_e(s) < 0$
李雅普诺夫意义下	不稳定	稳定	渐近稳定

下面通过几个例子来说明判断系统平衡点稳定性的几何方法。

例 4.2.1　考虑图 4.1 所示的单摆系统,已知 m、l, 试分析该系统平衡点的稳定性。

解: 不难看出,该系统的静力平衡位置为单摆的铅垂位置,此即该系统的平衡点。设单摆在该平衡位置处受扰后做微幅振动,摆动角度为 $\theta(t)$。

选择 $\theta(t)$ 为描述单摆受扰运动的广义坐标,以该系统的铅垂平衡位置为坐标原点,以图示方向为 $\theta(t)$ 的正方向。不难写出系统做微幅振动的运动微分方程:

$$\ddot{\theta} + \omega_n^2\theta = 0 \tag{a}$$

式中, $\omega_n^2 = \sqrt{g/l}$, g 为重力加速度, l 为单摆长度。进而设 $x_1 = \theta$, $x_2 = \dot{\theta}$, 可写出该系统的状态方程:

$$\begin{Bmatrix} \dot{x}_1 \\ \dot{x}_2 \end{Bmatrix} = \begin{bmatrix} 0 & 1 \\ -\omega_n^2 & 0 \end{bmatrix} \begin{Bmatrix} x_1 \\ x_2 \end{Bmatrix} \tag{b}$$

另外,根据机械能守恒定律,通过将方程(a)对 θ 进行积分,可得如下关系:

$$\frac{1}{2}\dot{\theta}^2 + \frac{1}{2}\omega_n^2\theta^2 = \frac{1}{2}\dot{\theta}_0^2 + \frac{1}{2}\omega_n^2\theta_0^2 = E_0 \tag{c}$$

式中, θ_0 和 $\dot{\theta}_0$ 分别为系统的初始位移和速度; E_0 为积分常数,由初始条件确定。容易看出,在这里 E_0 为系统的初始机械能(即动能和势能之和)。将 $x_1 = \theta$ 和 $x_2 = \dot{\theta}$ 的关系代入式(c),并加以整理,可获得如下的代数方程:

$$\left(\frac{x_1}{a}\right)^2 + \left(\frac{x_2}{b}\right)^2 = 1 \tag{d}$$

式中,

$$\begin{cases} a = \sqrt{\dfrac{2E_0}{\omega_n^2}} \\ b = \sqrt{2E_0} \end{cases} \tag{e}$$

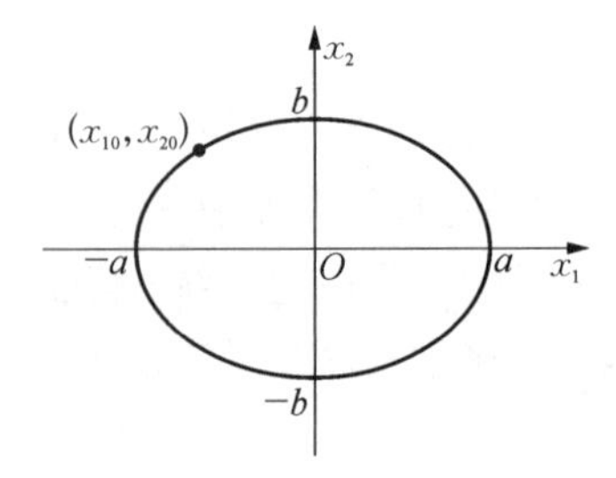

图 4.5　平衡点为中心的示例

根据不同的初始条件 $(x_{10},\ x_{20})$（对应不同的 E_0 值），基于方程(d)，可以在以 x_1 为横坐标和 x_2 为纵坐标的状态平面上作出该系统受扰运动的轨线图，如图 4.5 所示。可见，随初始条件的不同，可以作一簇椭圆曲线。

根据上述李雅普诺夫稳定性定义，该平衡点是稳定的，但非渐近稳定。根据振动分析，此系统为无阻尼自由振动系统，将在平衡位置附近做等幅摆动，且将永远持续下去，轨线不会回到坐标原点(即原来的平衡位置)。这类平衡点称为**中心**。

例 4.2.2　考虑图 4.2 所示的倒立摆系统，试分析该系统平衡点的稳定性。

解: 前面已经讨论过，该系统的静力平衡位置为摆的竖直倒立位置，此即该系统的平衡点。设在该平衡位置处给摆一个初始扰动，使摆产生运动，摆的偏移角度也为 $\theta(t)$。

选择 $\theta(t)$ 为描述单摆受扰运动的广义坐标，以该系统的平衡位置为坐标原点，以图示方向为 $\theta(t)$ 的正方向。不难写出系统做微扰运动的运动微分方程:

$$\ddot{\theta}-\omega_n^2\theta=0 \tag{a}$$

式中，ω_n^2 的表达式与例 4.2.1 相同。同理，设 $x_1=\theta,\ x_2=\dot{\theta}$，可写出该系统的状态方程:

$$\begin{Bmatrix}\dot{x}_1\\ \dot{x}_2\end{Bmatrix}=\begin{bmatrix}0 & 1\\ \omega_n^2 & 0\end{bmatrix}\begin{Bmatrix}x_1\\ x_2\end{Bmatrix} \tag{b}$$

将方程(a)对 θ 进行积分，可得如下关系:

$$\frac{1}{2}\dot{\theta}^2-\frac{1}{2}\omega_n^2\theta^2=\frac{1}{2}\dot{\theta}_0^2-\frac{1}{2}\omega_n^2\theta_0^2=C_0 \tag{c}$$

式中，C_0 为积分常数，由初始条件确定。将 $x_1=\theta$ 和 $x_2=\dot{\theta}$ 的关系代入式(c)，并加以整理，也可以获得关于 $(x_1,\ x_2)$ 的代数方程。当 $C_0>0$ 时，可得

$$\left(\frac{x_2}{b}\right)^2-\left(\frac{x_1}{a}\right)^2=1 \tag{d}$$

式中，a 和 b 的表达式与例 4.2.1 相同。当 $C_0<0$ 时，可得方程如下:

$$\left(\frac{x_1}{a}\right)^2-\left(\frac{x_2}{b}\right)^2=1 \tag{e}$$

此时，虽然 a 和 b 的表达式在形式上仍与例 4.2.1 相同，但 C_0 应以绝对值代入。基于方程(d)和方程(e)，也可以在以 x_1 为横坐标和 x_2 为纵坐标的状态平面上作出该系统受扰运动的轨线图，如图 4.6 所示。可见，随初始条件的不同，可以作一簇双曲线。

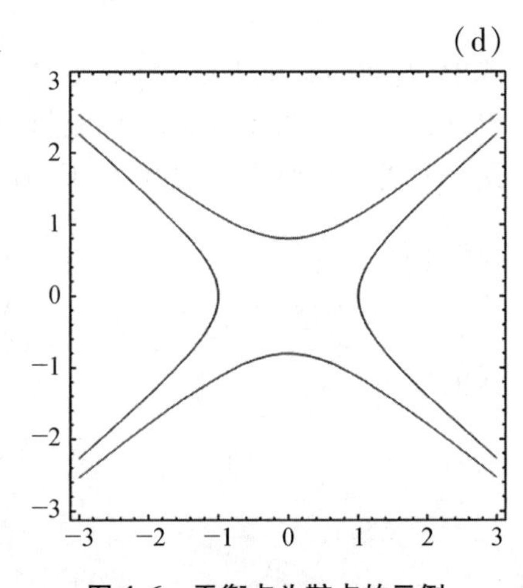

图 4.6　平衡点为鞍点的示例

根据上述李雅普诺夫稳定性定义，该平衡点是不稳定的，这与前面的分析结果一致，这类平衡点称为**鞍点**。

例 4.2.3　考虑由下列运动微分方程所描述的单自由度有阻尼振动系统：

$$\ddot{q} + 2\varsigma_n\omega_n\dot{q} + \omega_n^2 q = 0 \tag{a}$$

式中，ς_n 可正可负。该方程可看作以系统的位移为广义坐标、以系统的静平衡位置为坐标原点建立的受扰运动方程。当 $\varsigma_n > 0$ 时，可认为该方程代表一个单自由度有阻尼自由振动；当 $\varsigma_n < 0$ 时，可认为该方程代表一个具有负阻尼的单自由度自激振动。试分析该系统平衡点的稳定性。

解：首先，设 $x_1 = q$、$x_2 = \dot{q}$，可写出该系统的状态方程：

$$\begin{Bmatrix} \dot{x}_1 \\ \dot{x}_2 \end{Bmatrix} = \begin{bmatrix} 0 & 1 \\ -\omega_n^2 & -2\varsigma_n\omega_n \end{bmatrix} \begin{Bmatrix} x_1 \\ x_2 \end{Bmatrix} \tag{b}$$

可以看出，此时就不能简单地采用例 4.2.1 和例 4.2.2 对方程进行积分的方法建立该例的轨线方程并绘制轨线图了。但可以将方程(b)中的第二式除以第一式，消去时间变量，得到如下的轨线方程：

$$\frac{dx_2}{dx_1} = -\omega_n^2\frac{x_1}{x_2} - 2\varsigma_n\omega_n \tag{c}$$

利用作轨线图的近似方法(如等倾线法)，基于方程(c)可以作出当 ς_n 分别为正值和负值时该系统受扰运动的轨线图，也可以基于状态方程(b)直接作轨线图。以 $|\varsigma_n| < 1$ 情形为例，可以作出如图 4.7 所示的轨线图。

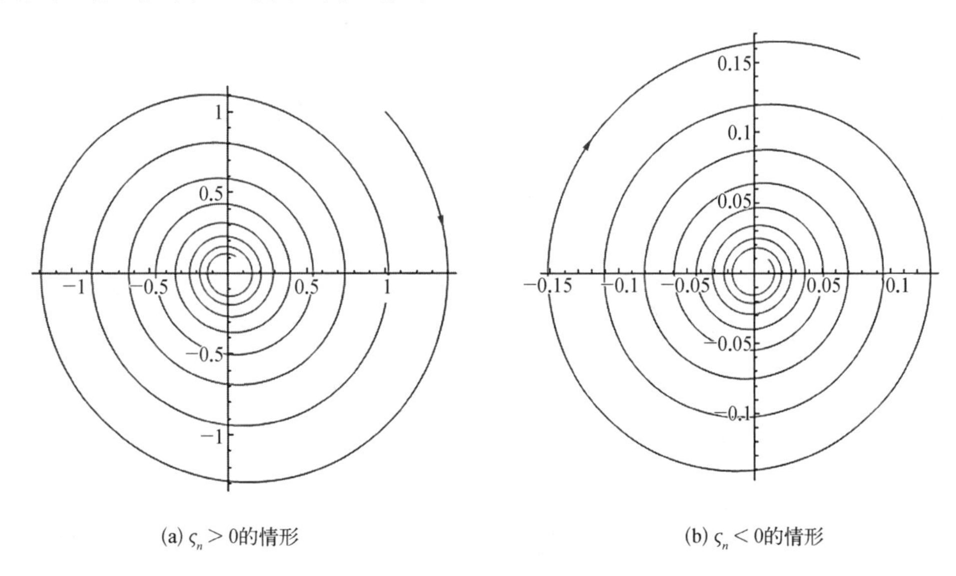

(a) $\varsigma_n > 0$的情形　　(b) $\varsigma_n < 0$的情形

图 4.7　平衡点为焦点的示例

可见，图 4.7 的轨线是螺旋线，但其变化规律与 ς_n 的取值有关。当 $\varsigma_n > 0$ 时，从状态平面上任一点出发的轨线趋向于靠近原点并最终收缩到原点，表明系统的振动最终会停

止在原来的平衡位置处；当$\varsigma_n < 0$时，从状态平面上任一点出发的轨线趋向于离开原点并最终发散，表明系统的振动发散，不会再回到原来的平衡位置。根据李雅普诺夫稳定性定义，$\varsigma_n > 0$的系统平衡点是渐近稳定的，而$\varsigma_n < 0$的系统平衡点是不稳定的。这类平衡点称为**焦点**，有稳定焦点[图4.7(a)]和不稳定焦点[图4.7(b)]之分。当然，这里主要讨论的是小阻尼自由振动情形。从数学角度看，如果$|\varsigma_n|$较大，方程(a)的特征方程的特征根为同号实数时，平衡点称为结点，同样有稳定结点和不稳定结点之分。

以上三个例子都是最简单的力学系统，其结论也是容易理解的。对于更复杂的动力学系统，将在后面各节中进一步介绍。

4.2.2 定量方法

以上采用定性方法(或几何方法)讨论了平衡点的稳定性的基本概念和基本分析方法，其特点是对线性和非线性系统都适用。但可以看出，对于简单的系统，采用几何作图的方法来判断系统的稳定性尚易操作，如果是更为复杂的系统，采用几何方法就比较困难了。因此，还需要采用定量方法进行分析。判断系统稳定性的定量方法主要有两种，即李雅普诺夫第一法(间接法)和李雅普诺夫第二法(直接法)，下面分别对它们进行介绍。

1. 李雅普诺夫第一法(间接法)

1) 非线性方程在平衡点附近线性化

一般系统平衡点的稳定性在很大程度上取决于系统的受扰运动在平衡点附近微小邻域内的表现，因此往往采用在平衡点附近微小邻域内的线性化方程分析系统的稳定性。将非线性方程$\dot{x}=f(x,t)$在平衡状态x_e附近展开为泰勒级数，得

$$\dot{x}=\left.\frac{\partial f(x,t)}{\partial x^{\mathrm{T}}}\right|_{x=x_e} x+g(x) \tag{4.2.3}$$

式中，$g(x)$是级数展开中的高次项，而$A=\left.\frac{\partial f(x,t)}{\partial x^{\mathrm{T}}}\right|_{x=x_e}$称为雅可比矩阵：

$$A=\frac{\partial f(x,t)}{\partial x^{\mathrm{T}}}=\begin{bmatrix} \frac{\partial f_1}{\partial x_1} & \frac{\partial f_2}{\partial x_1} & \cdots & \frac{\partial f_n}{\partial x_1} \\ \frac{\partial f_1}{\partial x_2} & \frac{\partial f_2}{\partial x_2} & \cdots & \frac{\partial f_n}{\partial x_2} \\ \vdots & \vdots & & \vdots \\ \frac{\partial f_1}{\partial x_n} & \frac{\partial f_2}{\partial x_n} & \cdots & \frac{\partial f_n}{\partial x_n} \end{bmatrix}_{x=x_e}$$

雅可比矩阵A是$n\times n$阶常系数矩阵。式(4.2.3)的一次近似式即系统的线性化方程：

$$\{\dot{x}\}=[A]\{x\} \tag{4.2.4}$$

式中，矩阵$[A]$是常值矩阵。可假定上述线性化方程代表一个n阶系统，其中n不一定是

偶数。

2）李雅普诺夫第一判据

为研究系统在平衡点附近的受扰运动，假定方程（4.2.4）有如下指数形式的解：

$$\{x(t)\} = \{u\} e^{\lambda t} \tag{4.2.5}$$

式中，$\{u\}$ 是常数向量；λ 为常数标量，它们均可为复数。将该形式解代入方程（4.2.4），并消去 $e^{\lambda t}$，可得如下代数方程：

$$([A] - \lambda[I])\{u\} = \{0\} \tag{4.2.6}$$

该方程是个 n 阶齐次代数方程，代表一个代数特征值问题。解之，可得到 n 个特征值 λ_r 和相应的特征向量 $\{u_r\}$ $(r = 1, 2, \cdots, n)$。这样，线性化方程的通解可以写成

$$\{x(t)\} = \sum_{r=1}^{n} \{u_r\} a_r e^{\lambda_r t} \tag{4.2.7}$$

式中，$a_r (r = 1, 2, \cdots, n)$ 为任意常数，由初始条件确定。

可以看出，方程（4.2.4）的解［式（4.2.7）］的性质主要取决于特征值 $\lambda_r (r = 1, 2, \cdots, n)$。求解特征值的代数方程是基于齐次代数方程（4.2.6）有非零解的条件（系数矩阵行列式的值应为零）而建立的，即

$$|[A] - \lambda[I]| = a_0\lambda^n + a_1\lambda^{n-1} + \cdots + a_{n-1}\lambda + a_n = 0 \tag{4.2.8}$$

方程中的多项式称为特征多项式，该方程的根即为特征根或称特征值。特征根共有 n 个，可以是实数、复数（或纯虚数）；如果是复数（包括纯虚数），则必成对出现，即为复数本身和其共轭复数的组合。如果 n 个特征根互不相同，则称为特征根互异，否则有重根出现。对于有重根的问题，定义 λ_r 作为特征多项式（4.2.8）的根的重数，称为矩阵 A 的特征值 λ_r 的代数重数；定义矩阵 A 与 λ_r 相伴随的特征子空间 $\{u_r\}$ 的维数，称为特征值 λ_r 的几何重数，特征值的几何重数小于等于其代数重数。

系统平衡点的稳定性由特征值的实部决定。实特征值可以看作虚部为零的复数，因此，一般可以将特征值当作复数看待，并将讨论范围限定在特征值的实部。现介绍**李雅普诺夫第一法**。

（1）若系数矩阵 A 的特征值中，有一个或一个以上的特征值为零实部，而其余的特征值都具有负实部。对于非线性系统（4.2.3），系统平衡状态 x_e 的稳定性取决于高次项 $g(x)$，可能稳定也可能不稳定，此时采用李雅普诺夫第一法无法判断。但当 $g(x) = 0$，即对于线性化系统（4.2.4），若实部为零的特征值没有重根或有重根且几何重数等于代数重数时，系统（4.2.4）的平衡状态 x_e 处于稳定状态；若有重根且几何重数小于代数重数时，此时平衡状态 x_e 处于不稳定状态。

（2）若系数矩阵 A 的所有特征值都具有负实部，则无论式（4.2.3）中的高次项 $g(x)$ 如何，系统的平衡状态 x_e 总是渐近稳定的。

（3）若系数矩阵 A 中，有一个或一个以上的特征值具有正实部，则无论式（4.2.3）中的高次项 $g(x)$ 如何，系统的平衡状态 x_e 是不稳定的。

可见,这里的三种情况与前面几何方法中给出的李雅普诺夫稳定性定义的三种情形相对应,因而这里对三种情况的讨论也可看作定量方法的李雅普诺夫稳定性定义。在第(1)种情况下,可以称线性化系统具有**临界表现**(critical behavior);在第(2)种和第(3)种情况下,可以称线性化系统具有**显著表现**(significant behavior)。如果线性化系统具有显著表现,则原非线性系统在平衡点附近运动的性质将与线性化系统运动的性质相同;如果线性化系统具有临界表现,则分析是不确定的,原非线性系统的稳定性将由非线性项 $g(x)$ 决定。这就是李雅普诺夫稳定性第一判据(也称为**李雅普诺夫第一法**),但该判据未给出在临界表现情况下如何对非线性系统进行分析。关于非线性系统的稳定性分析,可由李雅普诺夫稳定性第二判据给出。

由于在一般情况下,特征根 λ_r 为复数,如果可以直接求出特征根,则系统平衡点稳定性的性质可以借助于复数 λ 平面,根据特征值 λ_r 的性质进行描述。设 $\lambda = \mathrm{Re}\lambda + \mathrm{iIm}\,\lambda$,其中 $\mathrm{Re}\lambda$ 代表特征根的实部、$\mathrm{Im}\lambda$ 代表特征根的虚部,可作出如图 4.8 所示的区域划分图。其中,虚轴表示特征根仅含虚部(实部为零);左半平面代表特征根实部为负值的情形;右半平面代表特征根实部为正值的情形。据此,可以通过复平面 λ 上的区域划分,根据特征根的值,直观地看出定量方法的分析结果。

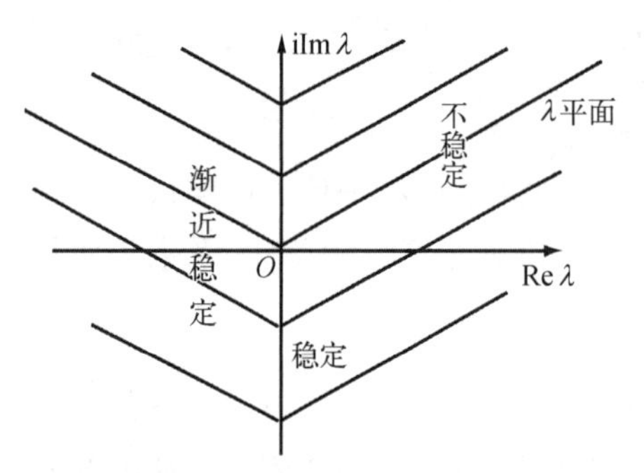

图 4.8 复平面上稳定区与不稳定区的划分

下面采用李雅普诺夫第一法再对例 4.2.1~例 4.2.3 进行计算,并与定性方法进行对比,以说明定量方法的应用。此外还对具有高阶项的非线性系统的例子进行分析。

例 4.2.4 试采用定量方法分析例 4.2.1 中平衡点的稳定性。

解: 由例 4.2.1 中的状态方程(b)可知,该系统的特征方程为

$$|[A]-\lambda[I]| = \begin{vmatrix} -\lambda & 1 \\ -\omega_n^2 & -\lambda \end{vmatrix} = \lambda^2 + \omega_n^2 = 0 \tag{a}$$

可求出该系统的两个特征根为

$$\begin{cases} \lambda_1 = \mathrm{i}\omega_n \\ \lambda_2 = -\mathrm{i}\omega_n \end{cases} \tag{b}$$

本例属于李雅普诺夫第一法中的情况(1),即所有特征根均为纯虚数,且无重根,则系统的平衡点是稳定的。通过进一步分析还可得出,对于非线性系统(即单摆大幅振荡情形),该平衡点仍是稳定的。

例 4.2.5 试采用定量方法分析例 4.2.2 中平衡点的稳定性。

解: 由例 4.2.2 的状态方程(b)可知,该系统的特征方程为

$$|[A]-\lambda[I]| = \begin{vmatrix} -\lambda & 1 \\ \omega_n^2 & -\lambda \end{vmatrix} = \lambda^2 - \omega_n^2 = 0 \tag{a}$$

可求出该系统的两个特征根为

$$\begin{cases}\lambda_1 = \omega_n \\ \lambda_2 = -\omega_n\end{cases} \tag{b}$$

本例属于李雅普诺夫第一法中的情况(3),即两个特征根均为纯实数,且其中一个为正实数,所以该系统的平衡点是不稳定的。通过进一步分析还可得出,对于非线性系统,该平衡点也是不稳定的。上面两个例子的分析结果与按定性方法分析的结果完全相同。

例 4.2.6　已知非线性系统:

$$\begin{cases}\dot{x}_1 = x_2 & (a_0 > 0) \\ \dot{x}_2 = -a_0\sin x_1 - a_1x_2 + b_0u & (a_1 > 0)\end{cases}$$

式中, $u = U =$ 常数,试分析其平衡状态的稳定性。

解: 求平衡状态。

$$\begin{cases}x_2 = 0 \\ -a_0\sin x_1 - a_1x_2 + b_0U = 0\end{cases} \tag{a}$$

由式(a)可知,系统有平衡点 $x_{2e} = 0$, $x_{1e} = \arcsin\left(\dfrac{b_0}{a_0}U\right) + 2k\pi$, $k = 0, \pm 1, \pm 2, \cdots$。

下面仅对 $k = 0$ 情况进行研究,其他情况类似。

$$A = \begin{bmatrix}\dfrac{\partial f_1}{\partial x_1} & \cdots & \dfrac{\partial f_1}{\partial x_n} \\ \vdots & \cdots & \vdots \\ \dfrac{\partial f_n}{\partial x_1} & \cdots & \dfrac{\partial f_n}{\partial x_n}\end{bmatrix}_{x=x_e} = \begin{bmatrix}0 & 1 \\ -a_0\cos x_{1e} & -a_1\end{bmatrix} \tag{b}$$

由特征方程 $|A - \lambda I| = \lambda^2 + a_1\lambda + a_0\cos x_{1e} = 0$, 得 $\lambda = \dfrac{-a_1 \pm \sqrt{a_1^2 - 4a_0\cos x_{1e}}}{2}$。

设 $a_0 > 0$, $a_1 > 0$, 则: 当 $\cos x_{1e} > 0$ 时,系统在 x_e 附近渐近稳定; $\cos x_{1e} < 0$ 时,系统在 x_e 附近不稳定;如果 $\cos x_{1e} = 0$, 其稳定性靠一次近似不能判断。

3) 劳斯-赫尔维茨判据

上面的例子按李雅普诺夫第一法直接分析系统的稳定性,这种方法一般对低阶系统比较有效,因为根据代数中的阿贝尔(Abel)定理,四阶以下的多项式代数方程可以直接求出特征根的解析解。但对于更高阶系统,求线性化系统的特征根比较困难,于是人们转而针对特征方程(4.2.8)进行研究,希望不通过求解方程,仅通过分析方程的系数即可对系统的稳定性做出判断。

由于特征根 λ_r 的虚部不影响系统的稳定性,只需考虑其实部,尤其是实部的符号性质,于是提出一系列定理,通过分析特征方程系数来判别特征根的性质。例如,系统渐近稳定的充要条件可由劳斯-赫尔维茨判据(Routh-Hurwitz criterion)给出,简称 R-H 判据,下面不加证明地给出 **R-H 判据**。

(1) 考虑特征方程(4.2.8),设其中的系数 $a_i(i = 0, 1, 2, \cdots, n)$ 均为实数,且 $a_0 > 0$。

(2) 构造如下的劳斯数组:

$$\begin{matrix} a_1 & a_0 & 0 & \cdots & \cdots & \cdots & \cdots & \cdots & 0 \\ a_3 & a_2 & a_1 & a_0 & 0 & \cdots & \cdots & \cdots & 0 \\ a_5 & a_4 & a_3 & a_2 & a_1 & a_0 & 0 & \cdots & 0 \\ \vdots & \vdots & \vdots & \ddots & & & & & \\ 0 & 0 & 0 & \cdots & \cdots & \cdots & \cdots & 0 & a_n \end{matrix} \tag{4.2.9}$$

式中,$a_i(i=0, 1, 2, \cdots, n)$ 为特征方程(4.2.8)的系数;当 $r > n$ 时,$a_r = 0$。注意到,劳斯数组[式(4.2.9)]的对角线上的元素恰好是 $a_1, a_2, \cdots, a_n$。

(3) 写出劳斯数组[式(4.2.9)]的各阶主子行列式:

$$\Delta_1 = a_1, \quad \Delta_2 = \begin{vmatrix} a_1 & a_0 \\ a_3 & a_2 \end{vmatrix}, \quad \Delta_3 = \begin{vmatrix} a_1 & a_0 & 0 \\ a_3 & a_2 & a_1 \\ a_5 & a_4 & a_3 \end{vmatrix}, \cdots, \Delta_n = a_n\Delta_{n-1} \tag{4.2.10}$$

(4) R-H 判据:特征方程(4.2.8)的所有特征根 $\lambda_i(i=1, 2, \cdots, n)$ 具有负实部的充要条件是劳斯数组[式(4.2.9)]的各阶主子行列式[式(4.2.10)]均大于0,即均为正值。

可见,R-H 判据的关键在于劳斯数组[式(4.2.9)]的构造,以及其各阶主子行列式的计算。此外,从 R-H 判据的表述可见,该判据主要用于判断系统的渐近稳定性。由于渐近稳定属于显著表现,R-H 判据对于线性和非线性系统的渐近稳定性判断均适用。但应注意,不满足 R-H 判据的条件并不一定意味着系统为不稳定,有可能系统是稳定的(非渐近稳定)。例如,如果 $\Delta_n = 0$, 则由于 $\Delta_n = a_n\Delta_{n-1} = 0$, 必有 $a_n = 0$ 或 $\Delta_{n-1} = 0$。若 $a_n = 0$, 则特征方程有零根;若 $\Delta_{n-1} = 0$, 则特征方程有纯虚根。这两种情况下,系统均可能是稳定的或不稳定的。下面采用 R-H 判据对例 4.2.3 进行分析,并与定性方法进行对比。

例 4.2.7 试采用 R-H 判据分析例 4.2.3 中平衡点的稳定性。

解: 设 $x_1 = q$, $x_2 = \dot{q}$, 可写出该系统的状态方程为

$$\begin{Bmatrix} \dot{x}_1 \\ \dot{x}_2 \end{Bmatrix} = \begin{bmatrix} 0 & 1 \\ -\omega_n^2 & -2\varsigma_n\omega_n \end{bmatrix} \begin{Bmatrix} x_1 \\ x_2 \end{Bmatrix}$$

该系统的特征方程为

$$|[A] - \lambda[I]| = \begin{vmatrix} -\lambda & 1 \\ -\omega_n^2 & -2\varsigma_n\omega_n - \lambda \end{vmatrix} = \lambda^2 + 2\varsigma_n\omega_n\lambda + \omega_n^2 = 0$$

其系数为 $a_0 = 1$，$a_1 = 2\varsigma_n\omega_n$，$a_2 = \omega_n^2$，$a_3 = 0$。据此可构造出相应的劳斯数组：

$$\Delta_1 = a_1 = 2\varsigma_n\omega_n, \quad \Delta_2 = \begin{vmatrix} a_1 & a_0 \\ a_3 & a_2 \end{vmatrix} = \begin{vmatrix} 2\varsigma_n\omega_n & 1 \\ 0 & \omega_n^2 \end{vmatrix} = 2\varsigma_n\omega_n^3$$

可见，为使得该系统保持渐近稳定，其重要条件是满足 $\varsigma_n > 0$ 和 $\omega_n > 0$，这一结果与定性分析的结果是一致的。然而，不满足该条件并非一定意味着系统不稳定，例如，当 $\varsigma = 0$ 和 $\omega_n > 0$ 时，系统是稳定的（非渐近稳定），此时 $\Delta_1 = \Delta_2 = 0$。只有当 $\varsigma_n < 0$ 或者 $\omega_n < 0$ 时，系统为不稳定，此时 Δ_1 和 Δ_2 均小于零。

以上采用单自由度系统的有阻尼自由振动问题说明了 R-H 判据的应用。但对于阶数较高的系统，得出特征多项式方程有时也比较困难，此时往往采用大型软件直接求解矩阵 A 特征根的近似值，然后进行系统的稳定性分析。目前，一般大型软件都包含有求解特征值问题的模块。

2. 李雅普诺夫第二法（直接法）

1）基本概念

在介绍李雅普诺夫直接法之前，先简单介绍一下与直接法相关的一些基本概念。

（1）标量函数的符号性质。考察以下区域内关于实变量 t、x_s 的实函数 $V(t, x_1, x_2, \cdots, x_n)$，假定：

$$\sum_s x_s^2 \leqslant H, \quad t \geqslant t_0 \tag{4.2.11}$$

式中，t_0、H 是常数，且设 H 恒大于零，同时假定函数 V 是连续、单值的，当所有 x_s 皆为零时，函数 V 也为零，即 $V(t, 0) = 0$。

常号函数：在条件[式(4.2.11)]下，如果使其中的 t_0 充分大，而 H 充分小时，所论函数 $V(t, x)$ 除可取零值外，只能取某一种符号的值，则称为常号函数。如果想指出其符号，则说它是正常号函数或负常号函数，简称正常或负常。定号函数：如果常号函数 $V(t, x)$ 不依赖于 t，而常数 H 可选得充分小，使得函数 $V(x)$ 在条件[式(4.2.11)]下，当且仅当所有变量 x_s 皆为零时才为零，则称 V 是定号函数。若要指出其符号，则称为正定号函数或负定号函数，简称正定或负定。为了保证描述的一致性，正常或负常函数也称为半正定或半负定函数，现统一描述如下。

正定函数（半正定函数）： 设 $V(x)$ 是向量 x 的标量函数，Ω 是包含状态空间原点在内的封闭有限区域。若 $\dfrac{\partial}{\partial x}V(x)$ 存在，当 $x \neq 0$ 时，$V(x) > 0$[或 $V(x) \geqslant 0$]，而 $V(0) = 0$，则在 Ω 内标量函数 $V(x)$ 称为正定函数（或半正定函数）。

负定函数（半负定函数）： 当 $x \neq 0$ 时，$V(x) < 0$[或 $V(x) \leqslant 0$]，其他条件同上，则称 $V(x)$ 为负定函数（或半负定函数）。

不定函数： 无论在多小的 Ω 内，若 $V(x)$ 既可为正值也可为负值，则称 $V(x)$ 为不定函数。

（2）二次型函数。符合下列关系的 $V(x)$ 为二次型函数：

$$V(x)=x^{\mathrm{T}}Px=[x_1\quad x_2\quad\cdots\quad x_n]\begin{bmatrix}p_{11}&p_{12}&\cdots&p_{1n}\\p_{21}&p_{22}&\cdots&p_{2n}\\\vdots&\vdots&&\vdots\\p_{n1}&p_{n1}&\cdots&p_{nn}\end{bmatrix}\begin{bmatrix}x_1\\x_2\\\vdots\\x_n\end{bmatrix}$$

或写成

$$V(x)=\sum_{i=1}^{n}\sum_{j=1}^{n}p_{ij}x_ix_j$$

式中，P 为实对称矩阵，即 $p_{ij}=p_{ji}$。

二次型函数的正定性可用西尔维斯特(Sylvester)准则来确定。

(3) 西尔维斯特准则。$V(x)=x^{\mathrm{T}}Px$ 为正定的充要条件是矩阵 P 的所有主子行列式为正。如果 P 的所有主子行列式为非负的(其中有的为零)，那么 $V(x)$ 为半正定的；如果 $-V(x)$ 是正定的(半正定的)，则 $V(x)$ 将是负定的(半负定的)。判定 $V(x)$ 负定的条件，也可以用 P 的主子行列式满足：$\Delta_i<0$(i 为奇数)，$\Delta_i>0$(i 为偶数)，$i=1,2,\cdots,n$ 来判定。

例 4.2.8 确定下列标量函数的性质：(1) $V(x)=x_1^2+x_2^2$；(2) $V(x)=(x_1+x_2)^2$；(3) $V(x)=-x_1^2-x_2^2$；(4) $V(x)=-(3x_1+2x_2)^2$；(5) $V(x)=x_1x_2-x_2^2$。

解：(1) 当 $x_1=x_2=0$ 时，$V(x)=0$；当 $x_1\neq0$，$x_2\neq0$ 时，$V(x)>0$。故 $V(x)$ 称为正定函数。

(2) 当 $x_1=x_2=0$ 时，$V(x)=0$；当 $x_1=-x_2\neq0$ 时，$V(x)=0$；当 $x_1\neq-x_2\neq0$ 时，$V(x)>0$。故 $V(x)$ 称为半正定函数。

(3) $V(x)$ 称为负定函数。

(4) $V(x)$ 称为半负定函数。

(5) $V(x)$ 称为不定函数。

例 4.2.9 证明下列二次型函数是正定的：

$$V(x)=10x_1^2+4x_2^2+x_3^2+2x_1x_2-2x_2x_3-4x_1x_3$$

解：二次型函数 $V(x)$ 可以写为

$$V(x)=x^{\mathrm{T}}Px=[x_1\quad x_2\quad x_3]\begin{bmatrix}10&1&-2\\1&4&-1\\-2&-1&1\end{bmatrix}\begin{bmatrix}x_1\\x_2\\x_3\end{bmatrix}$$

因为 $10>0$，$\begin{vmatrix}10&1\\1&4\end{vmatrix}>0$，$\begin{vmatrix}10&1&-2\\1&4&-1\\-2&-1&1\end{vmatrix}>0$，所以 $V(x)>0$，是正定函数。

2) 李雅普诺夫直接法

李雅普诺夫稳定性第二判据(也称为李雅普诺夫第二法或直接法)不是对扰动方程(4.2.1)进行求解，而是通过构造一个称为李雅普诺夫函数的标量函数，通过分析该函数正定性来判断系统的稳定性。李雅普诺夫稳定性第二判据主要由以下定理组成。

定理 4.2.1a　对于系统状态方程(4.2.1)，$x_e = 0$ 是其平衡状态。如果存在一个具有连续偏导数的标量函数 $V(x, t)$，它通过式(4.2.1)的全导数为 $\dot{V}(x, t)$。如果满足：$V(x, t)$ 是正定的，即 $V(x, t) > 0$；$\dot{V}(x, t)$ 是负定的，即 $\dot{V}(x, t) < 0$，那么系统在原点处的平衡状态是渐近稳定的。如果随着 $\|x\| \to \infty$，有 $V(x, t) \to \infty$，则在原点处的平衡状态是大范围渐近稳定的。

定理 4.2.1b　如果 $V(x, t)$ 是正定的，$V(x, t) > 0$；$\dot{V}(x, t)$ 是半负定的，$\dot{V}(x, t) \leqslant 0$，并且对于任意 t_0 和 $x_0 \neq 0$，$\dot{V}(x, t)$ 不恒等于零，则系统在原点处的平衡状态是渐近稳定的。

定理 4.2.2　如果 $V(x, t)$ 是正定的，$V(x, t) > 0$；$\dot{V}(x, t)$ 是半负定的，$\dot{V}(x, t) \leqslant 0$，则系统在原点处的平衡状态为稳定的。

定理 4.2.3a　对于系统状态方程(4.2.1)，如果可以找到一个函数 $V(x, t)$，它在区域 $V(x, t) > 0$ 内是有界的，而此区域对于任意的 $t > t_0$ 及对于绝对值任意小的变量 x_s 是存在的，而此函数的导数 $\dot{V}(x, t)$ 是在区域 $V(x, t) > 0$ 内的正定函数，则系统的未扰运动是不稳定的，即如果 $V(x, t) > 0$，$V(x, t)$ 为有界函数[若 $\forall x \in D$，有 $|V(x, t)| < L < \infty$]，$\dot{V}(x, t) > 0$，则原点不稳定。

定理 4.2.3b　若对式(4.2.1)存在一函数 $V(x, t)$，通过式(4.2.1)的全导数 $\dot{V}(x, t)$ 是正定的，在原点的任一邻域中，$V(x, t)$ 总能取得正值，则在原点处的平衡状态是不稳定的。

定理 4.2.3c　若对式(4.2.1)存在一函数 $V(x, t)$ 和一个正的常数 μ，使在原点的某个邻域内有 $\dot{V}(x, t) \geqslant \mu V(x, t)$，且在原点的任一邻域内 $V(x, t)$ 总能取得正值，则在原点处的平衡状态是不稳定的。

定理 4.2.3d　若对式(4.2.1)，可以找到这样的 $V(x, t)$，满足：在原点的任意小的邻域中，存在 $V(x, t) > 0$ 的区域，在它的边界上 $V(x, t) = 0$；在 $V(x, t) > 0$ 的区域内的所有点，$\dot{V}(x, t)$ 取正值，则在原点处的平衡状态是不稳定的。

以上定理是系统稳定性的充分条件，但不是必要条件。定理既适用于线性系统，又适用于非线性系统；既适用于定常系统，又适用于时变系统。现对李雅普诺夫函数进行简单说明。

(1) 由于李雅普诺夫直接法的稳定性条件是充分而不是必要的，对于稳定的或渐近稳定的系统，具有所要求性质的李雅普诺夫函数一定是存在的且不唯一，但只要找到一个李雅普诺夫函数即可说明其稳定性。

(2) 由于直接法不是必要条件，若未找到满足稳定性条件的李雅普诺夫函数，并不表示系统不稳定，此时无法得出该系统稳定性方面的任何结论，这也是李雅普诺夫直接法的一大难点。

(3) 李雅普诺夫函数只表示平衡状态邻域内系统局部运动的稳定情况，不能提供域外运动的信息。

例 4.2.10　已知系统：

$$\begin{cases}\dot{x}_1 = x_2 - x_1(x_1^2 + x_2^2) \\ \dot{x}_2 = -x_1 - x_2(x_1^2 + x_2^2)\end{cases}$$

试用李雅普诺夫第二法判断其稳定性。

解： 显然，原点 $x_e = 0$ 是唯一平衡点，取 $V(x) = x_1^2 + x_2^2 > 0$，则

$$\dot{V}(x) = 2x_1\dot{x}_1 + 2x_2\dot{x}_2 = -2(x_1^2 + x_2^2)^2 < 0$$

又因为当 $x \to \infty$ 时，有 $V(x) \to \infty$，所以系统在原点处是大范围渐近稳定的。

根据前面的介绍可以看出，李雅普诺夫第一法的可操作性较强，但未能有效地给出临界表现情况下非线性系统稳定性的判据；李雅普诺夫第二法针对线性系统和非线性系统稳定性的判断均有效，但构造李雅普诺夫函数目前还没有成熟的统一方法可循，因而可操作性较弱，这给李雅普诺夫稳定性理论的应用带来一定困难。下一节将对一些特定情况下的李雅普诺夫函数的构造方法进行介绍。

4.3 线性和非线性系统的李雅普诺夫稳定性分析

由李雅普诺夫第二法的表述可以看出，运用该方法的关键在于构造李雅普诺夫函数。但对一个实际系统，构造其李雅普诺夫函数的过程有时是非常困难的。一般认为，对于较简单的保守系统，可采用系统的势能函数作为李雅普诺夫函数；但对于更为一般的系统，特别是非线性系统，目前尚没有构造李雅普诺夫函数的一般方法。而李雅普诺夫直接法给出的判定条件又是充分而非必要条件，即没有找到满足定理条件的李雅普诺夫函数，并不意味着系统平衡状态不符合定理结论。因此，在实际应用时，该方法存在很大难度，常依赖于人们的经验。即便如此，通过相关工作者的不懈努力，目前针对一些特殊情形已提出了一系列行之有效的方法。下面分别对线性系统、非线性系统的李雅普诺夫函数构造方法及系统的稳定性进行介绍。

4.3.1 线性系统的李雅普诺夫稳定性分析

线性系统相对比较简单，采用李雅普诺夫第一法、第二法均可判定其稳定性。根据李雅普诺夫第一法，对于 $\dot{x} = Ax$ 的系统，在原点处渐近稳定的充要条件是矩阵 A 的所有特征值都具有负实部；对于求解特征值比较困难的高阶系统，可以利用特征多项式的系数 $|SI - A| = s^n + a_1 s^{n-1} + \cdots + a_{n-1}s + a_n = 0$、采用 R-H 判据进行分析。采用李雅普诺夫第二法分析线性系统的稳定性时，一般情况下可以采用二次型函数作为李雅普诺夫函数进行分析，下面对该方法进行介绍。

1. 线性连续系统的稳定性分析

定理 4.3.1 考虑线性连续系统：$\dot{x} = A(t)x(t)$，其中 $x \in \mathrm{R}^n$，$A \in \mathrm{R}^{n\times n}$，则系统在平衡点 $x_e = 0$ 处全局渐近稳定的充要条件为：对于任意给定的连续对称正定矩阵 $Q(t)$，存在一个连续对称正定矩阵 $P(t)$，使得

$$\dot{P}(t) = -A^{\mathrm{T}}(t)P(t) - P(t)A(t) - Q(t) \tag{4.3.1}$$

而系统的李雅普诺夫函数为

$$V(x,\ t)=x^{\mathrm{T}}(t)P(t)x(t)$$

证明：充分性：选定李雅普诺夫函数为 $V(x,t)=x^{\mathrm{T}}(t)P(t)x(t)$，若有 $P(t)=P^{\mathrm{T}}(t)>0$，则 $V(x,t)>0$。

$V(x)$ 沿任一轨迹的时间导数为

$$\begin{aligned}\dot{V}(x,t)&=\dot{x}^{\mathrm{T}}(t)P(t)x(t)+x^{\mathrm{T}}(t)\dot{P}(t)x(t)+x^{\mathrm{T}}(t)P(t)\dot{x}(t)\\&=x^{\mathrm{T}}(t)A^{\mathrm{T}}(t)P(t)x(t)+x^{\mathrm{T}}(t)\dot{P}(t)x(t)+x^{\mathrm{T}}(t)P(t)A(t)x(t)\\&=x^{\mathrm{T}}(t)[A^{\mathrm{T}}(t)P(t)+\dot{P}(t)+P(t)A(t)]x(t)=-x^{\mathrm{T}}(t)Q(t)x(t)\end{aligned}$$

若 $Q(t)>0$，则 $\dot{V}(x)<0$，$x_e=0$ 大范围渐近稳定。

必要性证明：略。

式(4.3.1)是黎卡提(Riccati)矩阵微分方程的特殊情况，其解为

$$P(t)=\phi^{\mathrm{T}}(t_0,\ t)P(t_0)\phi(t_0,\ t)-\int_{t_0}^{t}\phi^{\mathrm{T}}(\tau,\ t)Q(\tau)\phi(\tau,\ t)\mathrm{d}\tau$$

式中，$\phi(\tau,\ t)$ 是系统 $\dot{x}=A(t)x(t)$ 的状态转移矩阵；$P(t_0)$ 是式(4.3.1)的初始条件，若取 $Q(t)=Q=I$，可得：$P(t)=\phi^{\mathrm{T}}(t_0,\ t)P(t_0)\phi(t_0,\ t)-\int_{t_0}^{t}\phi^{\mathrm{T}}(\tau,\ t)\phi(\tau,\ t)\mathrm{d}\tau$。

上式表明，当取正定矩阵 $Q=I$ 时，可以通过系统的状态转移矩阵 $\phi(t_0,\ t)$ 计算矩阵 $P(t)$，并根据 $P(t)$ 是否具有连续、对称和正定性来分析线性时变系统的稳定性。

线性定常连续系统是上述系统的特例，因此时 $\dot{P}=0$，故其稳定性判据可表述如下。

定理 4.3.2　考虑线性定常连续系统：$\dot{x}=Ax$，其中 $x\in\mathrm{R}^n$，$A\in\mathrm{R}^{n\times n}$，$A^{-1}$ 存在。系统在平衡点 $x_e=0$ 处全局渐近稳定的充要条件为：对于任意给定的对称正定矩阵 Q，方程 $A^{\mathrm{T}}P+PA=-Q$ 有唯一正定对称解 P。系统的李雅普诺夫函数 $V(x,\ t)=x^{\mathrm{T}}(t)Px(t)$。如果给定的 Q 是半正定的，则要求沿任一零输入响应轨迹上的 $\dot{V}(x)$ 不恒等于零。

实际应用中，常令 $Q=I$，再由式 $A^{\mathrm{T}}P+PA=-Q$ 观察 P 是否为对称正定阵。

例 4.3.1　分析系统 $\dot{x}=\begin{bmatrix}0&1\\-1&-1\end{bmatrix}x$ 的稳定性。

解：令 $P=\begin{bmatrix}p_{11}&p_{12}\\p_{12}&p_{22}\end{bmatrix}$，则由 $A^{\mathrm{T}}P+PA=-I$ 得

$$\begin{bmatrix}0&-1\\1&-1\end{bmatrix}\begin{bmatrix}p_{11}&p_{12}\\p_{12}&p_{22}\end{bmatrix}+\begin{bmatrix}p_{11}&p_{12}\\p_{12}&p_{22}\end{bmatrix}\begin{bmatrix}0&1\\-1&-1\end{bmatrix}=\begin{bmatrix}-1&0\\0&-1\end{bmatrix}$$

解上述矩阵方程，有

$$\begin{cases}-2p_{11}=-1\\p_{11}-p_{12}-p_{22}=0\\2p_{12}-2p_{22}=-1\end{cases}\Rightarrow\begin{cases}p_{11}=\dfrac{3}{2}\\p_{22}=1\\p_{12}=\dfrac{1}{2}\end{cases}\Rightarrow P=\begin{bmatrix}p_{11}&p_{12}\\p_{12}&p_{22}\end{bmatrix}=\begin{bmatrix}\dfrac{3}{2}&\dfrac{1}{2}\\\dfrac{1}{2}&1\end{bmatrix}$$

因为 $P_{11}=\frac{3}{2}>0$, $\begin{vmatrix}\frac{3}{2} & \frac{1}{2}\\ \frac{1}{2} & 1\end{vmatrix}=\frac{5}{4}>0$, 可知 P 是对称正定阵,因此系统在原点处是大范围渐近稳定的。

2. 线性定常离散系统稳定性判据

定理 4.3.3 设 $x(k+1)=Gx(k)$, $x\in \mathrm{R}^n$, $G\in \mathrm{R}^{n\times n}$, G^{-1} 存在,则系统在原点为渐近稳定的充要条件是:对于给定的对称正定矩阵 Q, 方程 $G^{\mathrm{T}}PG-P=-Q$ 存在唯一正定对称解 $P>0$。系统的李雅普诺夫函数为:$V[x(k)]=x^{\mathrm{T}}(k)Px(k)$。如果 $\Delta V[x(k)]=V[x(k+1)]-V[x(k)]=-x^{\mathrm{T}}Qx$ 沿任一解的序列不恒等于零,则 Q 可取半正定的。

例 4.3.2 试确定系统 $\begin{bmatrix}x_1(k+1)\\ x_2(k+1)\end{bmatrix}=\begin{bmatrix}0 & 0.5\\ -0.5 & -1\end{bmatrix}\begin{bmatrix}x_1(k)\\ x_2(k)\end{bmatrix}$ 在原点的稳定性。

解: 令 $P=\begin{bmatrix}p_{11} & p_{12}\\ p_{12} & p_{22}\end{bmatrix}$, 取 $Q=I$ 得

$$\begin{bmatrix}0 & -0.5\\ 0.5 & -1\end{bmatrix}\begin{bmatrix}p_{11} & p_{12}\\ p_{12} & p_{22}\end{bmatrix}\begin{bmatrix}0 & 0.5\\ -0.5 & -1\end{bmatrix}-\begin{bmatrix}p_{11} & p_{12}\\ p_{12} & p_{22}\end{bmatrix}=\begin{bmatrix}-1 & 0\\ 0 & -1\end{bmatrix}$$

解得

$$P=\begin{bmatrix}p_{11} & p_{12}\\ p_{12} & p_{22}\end{bmatrix}=\begin{bmatrix}\frac{52}{27} & \frac{40}{27}\\ \frac{40}{27} & \frac{100}{27}\end{bmatrix}$$

因为 $\frac{52}{27}>0$, $\begin{vmatrix}\frac{52}{27} & \frac{40}{27}\\ \frac{40}{27} & \frac{100}{27}\end{vmatrix}>0$, 可知 P 为对称正定矩阵,系统在原点的平衡状态是大范围渐近稳定的。

4.3.2 非线性系统的李雅普诺夫稳定性分析

由于李雅普诺夫直接法既适用于线性系统,又适用于非线性系统,该方法已成为研究非线性系统最常用的一种方法,通过构造李雅普诺夫函数来研究非线性系统的稳定性已取得了一定的成果。但与线性系统相比,由于非线性系统的多样性和复杂性,至今没有归纳出一种通用的获得非线性系统李雅普诺夫函数的方法。目前,人们主要从两个途径研究非线性系统的李雅普诺夫函数,即选择某些特殊函数作为李雅普诺夫函数或研究某些特殊的非线性问题。如针对特殊函数的雅可比(Jacobi)矩阵法(也称克拉索夫斯基法)、变量梯度法;针对特殊非线性的线性类比法[也称阿依捷尔曼(Aizerman)法]、鲁立叶法、首次积分组合法及分离变量法等。

在非线性系统中，由于可能有多个平衡点，非线性系统稳定性具有局部性，在寻找李雅普诺夫函数时，通常需要确定平衡状态周围邻域的最大稳定范围，即满足稳定性条件的李雅普诺夫函数在适用范围上是有界限的。

1. 克拉索夫斯基方法

定理 4.3.4　设系统的状态方程为 $\dot{x}=f(x)$，$f(0)=0$，式中 $x\in\mathrm{R}^n$，设 $f(x)$ 对 $x_i(i=1, 2, \cdots, n)$ 连续可微。系统的雅克比矩阵为

$$F(x)=\begin{bmatrix}\dfrac{\partial f_1}{\partial x_1} & \dfrac{\partial f_1}{\partial x_2} & \cdots & \dfrac{\partial f_1}{\partial x_n}\\ \dfrac{\partial f_2}{\partial x_1} & \dfrac{\partial f_2}{\partial x_2} & \cdots & \dfrac{\partial f_2}{\partial x_n}\\ \vdots & \vdots & & \vdots\\ \dfrac{\partial f_n}{\partial x_1} & \dfrac{\partial f_n}{\partial x_2} & \cdots & \dfrac{\partial f_n}{\partial x_n}\end{bmatrix}$$

令 $\hat{F}(x)=F^*(x)+F(x)$，其中 $F^*(x)$ 为 $F(x)$ 的共轭转置矩阵。如果 $\hat{F}(x)<0$，那么系统在平衡点 $x=0$ 处渐近稳定；如果随着 $\|x\|\to\infty$，有 $f^*(x)f(x)\to\infty$ [$f^*(x)$ 为 $f(x)$ 的共轭转置矩阵]，那么 $x=0$ 处大范围渐近稳定。

证明：令 $V(x)=f^*(x)f(x)$，显然 $V(x)>0$

$$\begin{aligned}\dot{f}_i(x)&=\frac{\mathrm{d}}{\mathrm{d}t}[f_i(x)]=\frac{\partial f_i}{\partial x_1}\frac{\mathrm{d}x_1}{\mathrm{d}t}+\frac{\partial f_i}{\partial x_2}\frac{\mathrm{d}x_2}{\mathrm{d}t}+\cdots+\frac{\partial f_i}{\partial x_n}\frac{\mathrm{d}x_n}{\mathrm{d}t}\\&=\left[\frac{\partial f_i}{\partial x_1}\frac{\partial f_i}{\partial x_2}\cdots\frac{\partial f_i}{\partial x_n}\right]\dot{x}\quad(i=1, 2, \cdots, n)\end{aligned}$$

所以：

$$\dot{f}(x)=F(x)\dot{x}=F(x)f(x)$$

$$\begin{aligned}\dot{V}(x)&=\dot{f}^*(x)f(x)+f^*(x)\dot{f}(x)\\&=[F(x)f(x)]^*f(x)+f^*(x)[F(x)f(x)]\\&=f^*(x)[F^*(x)+F(x)]f(x)=f^*(x)\hat{F}(x)f(x)\end{aligned}$$

当 $\hat{F}(x)<0$ 时，$\dot{V}(x)<0$，所以 $x=0$ 渐近稳定。

在 $\|x\|\to\infty$ 时，$V(x)=f^*(x)f(x)\to\infty$，$x=0$ 处大范围渐近稳定。

例 4.3.3　利用克拉索夫斯基法确定下列系统在 $x=0$ 处平衡状态的稳定性。

$$\begin{cases}\dot{x}_1=-x_1\\ \dot{x}_2=x_1-x_2-x_2^3\end{cases}$$

解：由 $F(x)=\begin{bmatrix}-1 & 0\\ 1 & -1-3x_2^2\end{bmatrix}$，得：$\hat{F}(x)=F^*(x)+F(x)=\begin{bmatrix}-2 & 1\\ 1 & -2-6x_2^2\end{bmatrix}<0$，且 $\|x\|\to\infty$ 时，有 $f^*(x)f(x)=x_1^2+(x_1-x_2-x_2^3)^2\to\infty$，所以平衡状态 $x=0$ 处大范围渐近稳定。

更为普遍的克拉索夫斯基定理可表述如下：设系统状态方程为 $\dot{x}=f(x)$，$f(0)=0$，其平衡状态 $x=0$ 为渐近稳定的条件是，存在正定的埃尔米特矩阵 P 和 Q，使 $\hat{F}(x)=F^*P+PF+Q$，能在所有的 $x\neq 0$ 情况下使矩阵 $\hat{F}(x)$ 为负定的，且李雅普诺夫函数为 $V(x)=f^*(x)Pf(x)$。当 $\|x\|\to\infty$ 时，$V(x)\to\infty$，则系统在平衡状态大范围渐近稳定。

2. 变量梯度法

它与直接选取 $V(x)$ 不同，是从选取 $V(x)$ 的梯度 $\nabla V(x)=\mathrm{grad}V(x)$ 入手，使 $\dot{V}(x)=[\mathrm{grad}V(x)]^{\mathrm{T}}$ 为负定或至少为半负定，然后令 $\nabla V(x)$ 满足旋度条件，$V(x)$ 就可以从原点起到空间任一点的线积分求出。若 $V(x)$ 是正定的，则系统渐近稳定。

对于非线性系统 $\dot{x}=f(x,t)$，$f(0,t)=0$，设其李雅普诺夫函数 $V(x)$ 的梯度为 $\nabla V(x)$，则

$$\dot{V}=(\nabla V)^{\mathrm{T}}\dot{x} \tag{4.3.2}$$

如果有

$$\frac{\partial(\nabla V_i)}{\partial x_j}=\frac{\partial(\nabla V_j)}{\partial x_i}\quad (i,j=1,2,\cdots,n) \tag{4.3.3}$$

那么求 $V(x)$ 的步骤如下：

(1) 假定 $\nabla V=\begin{pmatrix}a_{11}x_1+a_{12}x_2+\cdots+a_{1n}x_n\\ \cdots\\ a_{n1}x_1+a_{n2}x_2+\cdots+a_{nn}x_n\end{pmatrix}$，其中 $a_{ij}(i,j=1,2,\cdots,n)$ 为待定系数，通常为常数或时间 t 的函数；

(2) 由式(4.3.2)通过 ∇V 确定 $\dot{V}$，令 $\dot{V}$ 是负定或至少半负定，可以确定一部分待定系数 a_{ij}；

(3) 由 $\frac{n(n-1)}{2}$ 个旋度方程 $\frac{\partial(\nabla V_i)}{\partial x_j}=\frac{\partial(\nabla V_j)}{\partial x_i}$ $(i,j=1,\cdots,n)$ 求出 ∇V 中其余待定系数 a_{ij}，并验证 $\dot{V}$ 是否是负定的；

(4) 由线积分求 V，$V=\int_0^{x_1(x_2=\cdots=x_n=0)}\nabla V_1\mathrm{d}x_1+\int_0^{x_2(x_1=x_1,\,x_3=\cdots=x_n=0)}\nabla V_2\mathrm{d}x_2+\cdots+\int_0^{x_n(x_1=x_1,\,x_2=x_2,\,\cdots,\,x_{n-1}=x_{n-1})}\nabla V_n\mathrm{d}x_n$，验证 $V(x)$ 的正定性，若不是正定的，可以尝试重新选择系数 a_{ij}；

(5) 确定系统渐近稳定的范围。

例 4.3.4 试分析非线性系统 $\begin{cases}\dot{x}_1=x_2\\ \dot{x}_2=-x_2-x_1^3\end{cases}$ 的稳定性。

解:(1) 令 $\nabla V=\begin{pmatrix}a_{11}x_1+a_{12}x_2\\a_{21}x_1+a_{22}x_2\end{pmatrix}$,取 $a_{22}=2$。

(2) $\dot{V}=\dfrac{\partial V}{\partial x_1}\dot{x}_1+\dfrac{\partial V}{\partial x_2}\dot{x}_2=x_1x_2(a_{11}-a_{21}-2x_1^2)+x_2^2(a_{12}-2)-a_{21}x_1^4$。

取 $a_{12}=1$, $a_{11}-a_{21}-2x_1^2=0$, 则: $\dot{V}=-x_2^2-a_{21}x_1^4$, $\nabla V=\begin{pmatrix}a_{21}x_1+2x_1^3+x_2\\a_{21}x_1+2x_2\end{pmatrix}=\begin{pmatrix}\nabla V_1\\\nabla V_2\end{pmatrix}$。

(3) 由 $\dfrac{\partial(\nabla V_1)}{\partial x_2}=\dfrac{\partial(\nabla V_2)}{\partial x_1}$, 得 $a_{21}=1$, 于是 $\nabla V=\begin{pmatrix}2x_1^3+x_1+x_2\\x_1+2x_2\end{pmatrix}$。

(4)
$$V=\int_0^{x_1(x_2=0)}(2x_1^3+x_1+x_2)\mathrm{d}x_1+\int_0^{x_2(x_1=x_1)}(x_1+2x_2)\mathrm{d}x_2$$
$$=\frac{x_1^4}{2}+\frac{1}{2}x_1^2+x_1x_2+x_2^2=\frac{1}{2}x_1^4+\frac{1}{4}x_1^2+\left(\frac{1}{2}x_1+x_2\right)^2;$$
$$\dot{V}=-x_2^2-x_1^4。$$

(5) 由于 $V>0,\dot{V}<0$, $x=0$ 处大范围渐近稳定。

3. 巴尔巴欣公式和线性类比法(也称阿依捷尔曼法)

因为类比法中用到巴尔巴欣公式,所以在介绍类比法之前先介绍一下巴尔巴欣公式。

1) 二阶巴尔巴欣公式

根据定理 4.3.2,对于线性定常系统: $\dot{x}=Ax$, 可以选取二次型函数 $V(x)=x^{\mathrm{T}}Px$ 作为其李雅普诺夫函数,求导得: $\dot{V}(x)=x^{\mathrm{T}}(A^{\mathrm{T}}P+PA)x$, 它仍是二次型。利用 $A^{\mathrm{T}}P+PA=-Q$ 来确定二次型函数 $V(x)$, 再根据 $V(x)$、$\dot{V}(x)$ 的符号来确定系统 $\dot{x}=Ax$ 零解的稳定性。下面利用这一思想给出二阶方程组的巴尔巴欣公式。

对于二阶系统:

$$\begin{cases}\dot{x}=ax+by\\\dot{y}=cx+dy\end{cases}\tag{4.3.4}$$

给出二次型函数:

$$W(x,y)=w_{11}x^2+2w_{12}xy+w_{22}y^2$$

来寻找如下二次型函数:

$$V(x,y)=v_{11}x^2+2v_{12}xy+v_{22}y^2$$

使得 $V(x,y)$ 沿着式(4.3.4)系统轨线的全导数满足:

$$\frac{\mathrm{d}V(x,y)}{\mathrm{d}t}=2W(x,y)\tag{4.3.5}$$

由式(4.3.5)可得如下方程组[即已知 w_{11}、w_{12}、w_{22}, 求 $V(x,y)$ 得 v_{11}、v_{12} 和 v_{22}]:

$$\begin{cases}av_{11}+cv_{12}=w_{11}\\bv_{11}+(a+d)v_{12}.+cv_{22}=2w_{12}\\bv_{12}+dv_{22}=w_{22}\end{cases}\tag{4.3.6}$$

若 $\Delta = \begin{vmatrix} a & c & 0 \\ b & a+d & c \\ 0 & b & d \end{vmatrix} = (a+d)(ad-bc) \neq 0$，由式(4.3.6)可解 v_{11}、v_{12} 和 v_{22}，再代入 $V(x,y)$ 中整理得

$$V(x,\ y) = -\frac{1}{\Delta}\begin{vmatrix} 0 & x^2 & 2xy & y^2 \\ w_{11} & a & c & 0 \\ 2w_{12} & b & a+d & c \\ w_{22} & 0 & b & d \end{vmatrix}$$

上式即为二阶巴尔巴欣公式。

2）线性类比法

线性类比法也称阿依捷尔曼法，是将一些非线性系统在形式上看作线性系统，找出线性系统的李雅普诺夫函数 V、然后用类比的方法构造出非线性系统的李雅普诺夫函数的方法。根据渐近稳定的条件，可以求出非线性元件的允许变化范围，以保证系统的稳定性。

设非线性系统中包含单值非线性特性：

$$\dot{x} = Ax + f(x_k) \tag{4.3.7}$$

式中，A 为 $n \times n$ 阶非奇异常系数矩阵；$f(x_k)$ 为单值非线性向量，并满足 $K_1 < \dfrac{f(x_k)}{x_k} < K_2$，$x_k \neq 0$。

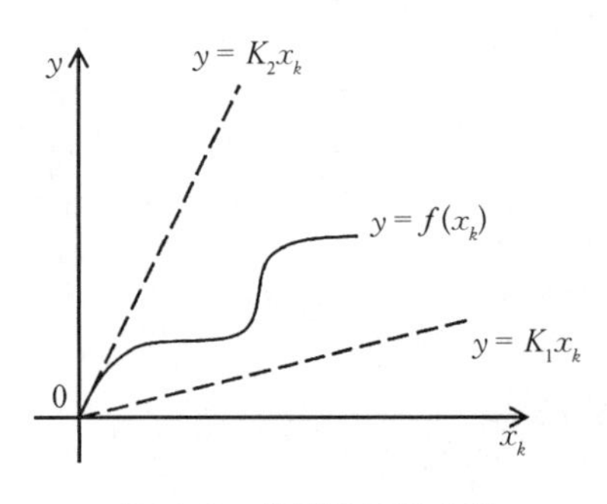

图 4.9　非线性函数曲线

显然，非线性函数 $f(x_k)$ 是通过坐标原点，并且介于直线 K_1x_k 和 K_2x_k 之间的曲线，如图 4.9 所示。

方程(4.3.7)对应的线性系统为

$$\dot{x} = Ax + Fx_k \tag{4.3.8}$$

然而，当系统(4.3.8)满足 $K_1 < F < K_2$，系统渐近稳定时，系统(4.3.7)不一定渐近稳定，二阶、三阶微分方程均有反例，所以不能直接以方程(4.3.8)的稳定性来判别方程(4.3.7)的稳定性。现以二阶系统(4.3.9)为例，说明采用线性类比法对非线性系统稳定性进行分析的方法。设

$$\begin{cases} \dot{x} = f(x) + by, & f(0) = 0 \\ \dot{y} = cx + dy, & b \neq 0;\ c \neq 0 \end{cases} \tag{4.3.9}$$

当 $f(x) = ax$ 时，式(4.3.9)是线性系统：

$$\begin{cases} \dot{x} = ax + by \\ \dot{y} = cx + dy \end{cases} \tag{4.3.10}$$

式(4.3.10)的特征方程为：$\lambda^2 - (a+d)\lambda + ad - bc = 0$。

容易看出，当 $a + d < 0$, $ad - bc > 0$ 时，特征方程的两个根都具有负实部，式(4.3.10)的零解是渐近稳定的；事实上，若利用李雅普诺夫直接法，对式(4.3.10)取 $\dot{V}(x, y) = 2(a + d)(ad - bc)x^2$，此时它是半负定函数。利用巴尔巴欣公式[式(4.3.6)]得：$V(x, y) = (ad - bc)x^2 + (dx - by)^2$，此时 $V(x, y)$ 是正定函数。同样可得式(4.3.10)是渐近稳定的。

因为是非线性方程，采用式(4.3.9)，无法直接用特征根的方法来判定其稳定性，但可以用类似于线性系统的李雅普诺夫函数去判断其稳定性。对比式(4.3.9)和式(4.3.10)得，式(4.3.10)中的 a 相当于式(4.3.9)中的 $\dfrac{f(x)}{x}$，所以很自然地猜想，若如下公式成立：

$$\frac{f(x)}{x} + d < 0, \quad \frac{f(x)}{x}d - bc > 0 \tag{4.3.11}$$

则式(4.3.9)的零解很可能是稳定的。注意到：

$$(ad - bc)x^2 = 2\int_0^x (ad - bc)x\mathrm{d}x$$

由此类比构造出与线性系统类似的 V 函数：

$$\begin{aligned} V(x, y) &= 2\int_0^x \left[\frac{f(x)}{x}d - bc\right] x\mathrm{d}x + (dx - by)^2 \\ &= 2\int_0^x [f(x)d - bcx]\mathrm{d}x + (dx - by)^2 \end{aligned}$$

计算其全导数得

$$\dot{V}(x, y) = -2\left[\frac{f(x)}{x} + d\right]\left[bc - \frac{f(x)}{x}d\right]x^2$$

若式(4.3.11)成立，则 $V(x, y)$ 正定、$\dot{V}(x, y)$ 负定，式(4.3.9)的零解是渐近稳定的。

事实上，当：① $x \neq 0$, $\dfrac{f(x)}{x}d - bc > 0$，有 $V > 0$；② 同时 $\dfrac{f(x)}{x} + d < 0$，有 $\dot{V} \leqslant 0$；③ 当 $|x| \to \infty$ 时，有 $\int_0^x [df(x) - bcx]\mathrm{d}x \to \infty$。则系统(4.3.9)全局渐近稳定。

线性类比法具有如下优点：① 在平衡点附近，线性类比法与泰勒级数展开方法的不同之处在于，它是大范围的线性近似，可以用来判断系统在大范围渐近稳定性，而不受平衡点邻域的限制；② 非线性特性的线性近似，可以由解析方法求得，也可以由试验数据得到；③ 这里的李雅普诺夫函数 $V(x,y)$ 可以选择为通常的二次型函数。

习 题

4.1 设有线性阻尼的自由振动系统，其运动微分方程为

$$\ddot{\theta} + 2\varsigma\omega\dot{\theta} + \omega^2\theta = 0$$

试写出其对应的状态方程,并确定其平衡位置。

4.2 设某系统的运动微分方程为

$$\ddot{x} - (0.1 - 3\dot{x}^2)\dot{x} + x + x^2 = 0$$

试确定系统的平衡点位置、类型与稳定性,并绘出各个平衡点附近相轨线的示意图。

4.3 试分析下列函数的正定、负定性:

(1) $V(x) = x_1^2 + 4x_1x_2 + 5x_2^2 - 2x_2x_3 + x_3^2$;

(2) $V(x) = x^{\mathrm{T}}Px,\ P = \begin{bmatrix} 1 & 7 \\ 0 & 3 \end{bmatrix},\ x = [x_1 \quad x_2]^{\mathrm{T}}$;

(3) $V(x) = x^{\mathrm{T}}Px,\ P = \begin{bmatrix} 1 & 1 & 1 \\ 1 & 2 & 0 \\ 1 & 0 & 2 \end{bmatrix},\ x = [x_1 \quad x_2 \quad x_3]^{\mathrm{T}}$;

(4) $V(x) = x_1^2 + \dfrac{x_2^2}{1 + x_2^2},\ x = [x_1 \quad x_2]^{\mathrm{T}}$;

(5) $V(x) = \begin{cases} x_1^2 + x_2 & x_2 > 0 \\ x_1^2 + x_2^4 & x_2 < 0 \end{cases},\ x = [x_1 \quad x_2]^{\mathrm{T}}$。

4.4 确定下列系统平衡点的稳定性:

(1) $\dot{x} = \begin{bmatrix} 0 & 1 \\ -1 & -2 \end{bmatrix} x$; (2) $\dot{x} = \begin{bmatrix} -2 & -1-j \\ -1+j & -3 \end{bmatrix} x$。

4.5 线性定常离散系统在零输入下的状态方程为

$$x(k+1) = \begin{bmatrix} 0 & 1 \\ -1 & 0 \end{bmatrix} x(k)$$

$Q = \begin{bmatrix} a & c \\ c & b \end{bmatrix},\ a > 0,\ b > 0,\ ab > c^2$。$x_c = 0$ 是其平衡状态,试确定平衡状态的稳定性。

4.6 确定下列线性时变系统在平衡点处的稳定性,并给出李雅普诺夫函数。

$$\dot{x} = \begin{bmatrix} \dfrac{1-t}{2t} & \dfrac{1-t}{t} \\ \dfrac{1-t}{t} & \dfrac{1+t^2}{2t(1-t)} \end{bmatrix} x$$

4.7 习题 4.7 图所示为两自由度系统,已知 $m_1 = m_2 = 8$ kg; $k_1 = k_3 = 800$ N/m, $k_2 = 1\,200$ N/m; $c_1 = c_3 = 0$, $c_2 = 250$ N·s/m; $f_1 = 0$, $f_2 = 0.01\sin(15t)$,单位为 N。初始位移和速度均为零,系统输出为两物块的位移,试求:

(1) 列出系统运动微分方程,并写成状态方程的形式;

(2) 分别采用李雅普诺夫间接法、直接法对系统的稳定性进行分析。

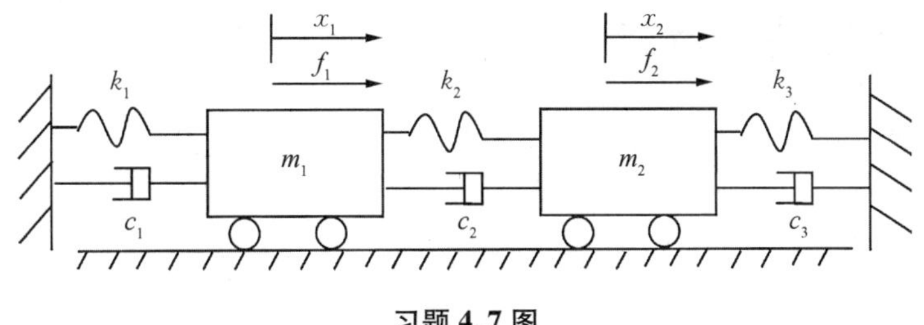

习题 4.7 图

4.8　设系统的状态方程为

$$\dot{x}_1 = x_2 + ax_1(x_1^2 + x_2^2),\quad \dot{x}_2 = -x_1 - ax_2(x_1^2 + x_2^2)$$

试求其李雅普诺夫函数，并在 $a > 0$、$a < 0$、$a = 0$ 时，分析平衡点处的系统稳定性。

第 5 章
非线性系统的振动分析

本章主要介绍非线性振动系统的定量分析方法。首先介绍非线性振动系统的定义及分类;然后对确定性非线性振动系统的响应分析方法进行介绍,主要介绍正规摄动法、林滋泰德-庞加莱(Lindstedt-Poincare, L-P)法、谐波平衡法及增量谐波平衡法等;并从统计角度介绍随机非线性振动系统的响应分析方法,包括福克尔-普朗克-柯尔莫哥洛夫(Fokker-Planck-Kolmogorov, FPK)方法、随机平均法、蒙特卡洛(Monte-Carlo)法、等效线性化方法、矩函数微分方程法及多种截断方案等,并通过实例说明:联合利用累积量截断法、非高斯截断法等,可以对非高斯强非线性系统的统计特性进行分析。

学习要点:

(1) 正确理解非线性振动系统的定义及分类;

(2) 掌握确定性非线性振动系统的几种响应分析方法,包括正规摄动法、林滋泰德-庞加莱法、谐波平衡法及增量谐波平衡法等;

(3) 了解随机非线性振动系统的响应分析方法,包括 FPK 方法、随机平均法、Monte-Carlo 法、等效线性化方法、矩函数微分方程法及多种截断方案等。

5.1 非线性振动概述

5.1.1 非线性振动系统的定义及分类

非线性振动是指需要用非线性微分方程加以描述的一类振动。在第 3 章中对线性系统的振动特性进行了系统介绍。但严格来讲,实际系统产生的振动应该都属于非线性振动,这是因为一切力学系统都含有非线性因素,包括材料非线性、几何非线性及边界条件非线性等。但是,一方面,在小位移和小变形条件下,系统的非线性因素往往不显著;另一方面,到目前为止,非线性微分方程还没有通用有效的求解方法,因此大部分振动问题在线弹性小变形假定下就按线性问题求解。对于非线性因素较弱的振动系统,按线性振动理论求得的近似解有时尚能满足工程要求;但对于非线性因素较强的系统,用线性振动理论求得的近似解往往不能满足实际需要。它除了会使计算精度受到影响，更重要的是：由于线性和非线性系统的许多本质区别，采用线性近似将会失去系统中可能发生的超谐波、亚谐波、组合谐波共振，以及跳跃、分岔、混沌等各种非线性系统特有的现象，可能给动力系统的设计和控制带来潜在风险。因此，有必要对非线性系统的动力学特性进行研究。

根据其参数的量级，非线性振动可分为弱非线性振动、强非线性振动。如果描述振动系统微分方程的非线性项系数是微小量，即非线性项带有小参数，则称系统为弱非线性系统或拟线性系统，相应的振动称为弱非线性振动；如果非线性项系数不是微小量，或系统微分方程不能归结为非线性部分带有小参数，则称系统为强非线性系统，相应的振动称为强非线性振动。还可以根据其激励的性质对非线性振动进行分类，在系统参数一定的情况下，当外激励为确定性激励时，为确定性非线性振动；而外激励为随机激励时，为随机非线性振动。

5.1.2　非线性振动的分析方法

与线性微分方程不同，由于叠加原理不再适用，非线性问题没有普遍有效的求解方法，通常只能用一些特殊方法来探索非线性系统的运动。目前，研究非线性振动的方法主要分为定性分析方法、定量分析方法，两者相辅相成，互相补充，下面分别对它们进行介绍。

1. 定性分析方法

对于非线性系统振动特性的系统性研究，始于19世纪后期，由庞加莱(Poincare)奠定了非线性振动的理论基础。他开辟了振动问题研究的一个全新方向，即定性理论。另外，他讨论了二阶系统平衡点的分类，引入了极限环的概念及分岔问题。定性理论的一个重要方向是稳定性理论，1788年，拉格朗日(Lagrange)建立了保守系统平衡位置的稳定性判据；1892年，李雅普诺夫(Lyapunov)给出了稳定性的严格定义，并提出了研究稳定性问题的直接法，至今对系统稳定性的分析基本上还是在此基础上展开的。目前，对非线性振动系统进行定性分析，主要采用相平面法、庞加莱截面法等研究平衡点的类型、稳定性，以及极限环(孤立的周期运动)的存在性和稳定性等，即对方程解的存在性、唯一性、周期性和稳定性等进行研究。采用定性方法不仅能得到系统的定性结果，而且可以为其他的分析方法提供依据，缺点是不能得到系统运动的定量规律。定性分析方法在第4章已有介绍，本章主要介绍非线性系统的定量分析方法。

2. 定量分析方法

定量分析是指通过寻求系统运动微分方程在初始条件和边界条件等定解条件下的解，从而获得系统运动的定量规律。对于确定性系统和随机系统，其定量分析方法有所不同，但都可以分为解析方法、数值方法及半解析半数值方法。解析方法是对方程解的具体表达形式和解的数目等的研究，其优点在于能给出解的解析表达式，便于研究系统的运动规律及系统运动特性与系统参数之间的关系，可为系统参数的有效选取提供理论依据；数值方法是计算机与数值计算相结合的产物，它可以对高维复杂系统进行分析，但只能得到数值结果，无法从定性角度对系统动力学行为进行分析；半解析半数值方法则是解析方法和数值方法相结合的结果，兼顾两者的优缺点。

1）确定性非线性系统

（1）解析方法。针对弱非线性系统和强非线性系统的解析方法有所不同。弱非线性系统的近似解析方法主要包括：林滋泰德–庞加莱（Lindstedt-Poincare，L-P）法、平均法、多尺度法和克雷洛夫–包戈留波夫–米特罗波尔斯基（Krylov-Bogoliubov-Mitropolsky，KBM）法等；强非线性系统的解析方法是近30年来在传统摄动法的基础上发展起来的，主要分为圆函数（三角函数）摄动方法、椭圆函数摄动方法、广义谐波函数摄动方法等，它们分别以派生方程的圆函数解、椭圆函数解或广义谐波函数解为基础进行摄动求解，以改进的L-P法（MLP法）、椭圆函数L-P法（ELP法）和推广的L-P法为代表。此外，强非线性系统的解析方法还包括直接变分法、频闪变换法等。陈予恕（2002）、刘延柱等（2001）、陈树辉（2007）对弱非线性、强非线性振动进行了系统性的研究。

（2）数值方法。计算机的高速发展和计算方法的不断完善，使数值方法成为研究非线性振动的重要方法。数值方法主要包括：初值法、边值法、点映射法、胞映射法等。其中，初值法是微分方程初值问题的数值解法，如龙格–库塔（Runge-Kutta）法、纽马克（Newmark）法、威尔逊（Wilson）法等，该方法直接对微分方程采用时间积分，可以比较精确地给出系统某一时刻的位移、速度和加速度的数值；边值法是求解微分方程边值问题的数值方法；点映射法是庞加莱于1881年提出来的，后经安德罗诺夫等推广，广泛应用于非线性振动领域；胞映射法是徐皆苏于20世纪80年代提出的方法。

数值方法只能提供系统离散的数值解，不能提供解析结果，因而不能给出系统解的全貌，难以对系统全局的性质进行分析。但对于难以求解的复杂工程问题，数值结果同样具有重要的实用价值。此外，数值结果常用来验证理论分析结果的正确性。

（3）半解析半数值方法。半解析半数值方法是指把解析方法和数值方法相结合进行分析，如比较典型的增量谐波平衡（incremental harmonic balance，IHB）法，是将牛顿–拉弗森（Newton-Raphson，N-R）方法与谐波平衡法相结合的半解析半数值方法。该方法把微分方程周期解展开为傅里叶（Fourier）级数，通过比较原方程中各谐波项的系数，把原来的非线性微分方程化为傅氏系数为未知量的非线性代数方程组，然后采用求解非线性代数方程组的数值方法（N-R方法）进行求解。该方法的优点：一是概念直观、易于应用；二是适应性强。因为不受小参数的限制，所以该方法既适用于弱非线性系统，又适用于强非线性系统。

2）随机非线性系统

线性系统随机振动理论已于20世纪70年代趋于成熟，与线性系统相比，非线性系统的随机振动理论起步较晚，但到目前为止也已做了大量有意义的工作。Caughey（1971）就非线性随机振动理论发表了一篇重要的综述性文章；Roberts（1981）分两部分介绍了非线性力学系统对随机激励的响应；Crandall等（1983）为纪念美国《应用力学杂志》创刊50周年而撰写了《随机振动：近期进展评述》论文。这些文献全面地概括了非线性随机振动理论早期至20世纪80年代初的发展状况，也是对这一领域研究工作的有力推动。自那时起，非线性随机振动研究有了很大进展。1993年，方同、张相庭和朱位秋三位学者分别撰文，回顾了20世纪80年代初至90年代初，随机振动，特别是非线性随机振动的发展概况，并且提出了新的研究方向；朱位秋（1998）撰写的专著中对非线性随机振动、非线性随机控制等作了系统性的阐述，至今很多研究工作仍是在此基础上进行的。即便如此，针对非线性随机振动的研究仍有许多问题有待解决。

目前，针对非线性随机振动的分析方法同样包括解析法、数值方法和实用近似法三大类。但到目前为止，精确解析法也只有通过 FPK 方程求解概率密度函数的 FPK 方法，且该方法只适用于激励为白噪声的情形；数值方法主要以 Monte-Carlo 法为代表，该方法将随机激励变成时域激励进行分析。研究较多的是各种半解析半数值的近似方法，主要包括：基于非线性系统微分方程或其矩方程求解的方法，如随机平均法、矩法；基于等效原则的统计等效系统法，如等效线性化方法、等效非线性化方法等。统计线性化方法适用于无本质非线性现象的弱非线性系统，它只给出响应的一阶矩和二阶矩；朱位秋提出了 Gauss 白噪声激励下多自由度耗散的 Hamilton 系统的等效非线性化方法，适用于多自由度有本质非线性的强非线性系统，无须迭代即可给出响应的近似概率密度。

目前，各种方法均取得了很大进展，下面将对一些典型方法进行介绍。

5.2　确定性非线性系统

5.2.1　解析法

这里主要对摄动法（正规摄动法、L-P 法）和谐波平衡法进行介绍。

1. 摄动法

将弱非线性系统的解表达为在线性系统解的基础上加上一个小的摄动，即表示为系统小参数 ε 的幂级数，作为系统的形式解（$\varepsilon=0$ 时，系统的解就是线性系统的周期解）。将该形式解代入原非线性方程，根据方程两边 ε 同次幂系数相等的条件，依次求得各阶近似解，并得到原系统的解。这种将弱非线性系统的解按小参数 ε 的幂次展开，以求渐近解的方法称为**正规摄动法或直接展开法**。研究发现，在处理自由振动时，采用正规摄动法有时会出现随时间不断增长的久期项。为消除久期项，人们提出了多种改进方法，这些改进方法统称为**奇异摄动法**。现主要介绍正规摄动法和奇异摄动法中较有代表性的方法，如 L-P 法。

1）正规摄动法

讨论由以下带小参数的动力学方程描述的单自由度非自治系统：

$$\ddot{x}+\omega_0^2x=F(t)+\varepsilon f(x,\ \dot{x}) \tag{5.2.1}$$

当 $\varepsilon=0$ 时，方程(5.2.1)退化为固有频率为 ω_0 的线性方程：

$$\ddot{x}+\omega_0^2x=F(t) \tag{5.2.2}$$

式(5.2.2) 称为式(5.2.1)的派生系统。设 $x_0(t)$ 为派生系统的周期解，当试验观测到原系统(5.2.1)也存在周期解时，可以在派生解 $x_0(t)$ 的基础上加以修正，构成原系统的周期解 $x(t,\ \varepsilon)$。将后者展成 ε 的幂级数：

$$x(t,\ \varepsilon)=x_0(t)+\varepsilon x_1(t)+\varepsilon^2x_2(t)+\varepsilon^3x_3(t)+\cdots \tag{5.2.3}$$

设$f(x,\dot{x})$为x和$\dot{x}$的解析函数,将其在x_0和$\dot{x}_0$附近展开为ε的幂级数,即展成x和$\dot{x}$的泰勒级数:

$$
\begin{aligned}
f(x,\dot{x}) = f(x_0,\dot{x}_0) &+ \varepsilon\left[x_1\frac{\partial f(x_0,\dot{x}_0)}{\partial x} + \dot{x}_1\frac{\partial f(x_0,\dot{x}_0)}{\partial \dot{x}}\right] \\
&+ \varepsilon^2\left\{x_2\frac{\partial f(x_0,\dot{x}_0)}{\partial x} + \dot{x}_2\frac{\partial f(x_0,\dot{x}_0)}{\partial \dot{x}}\right. \\
&\left.+ \frac{1}{2!}\left[x_1^2\frac{\partial^2 f(x_0,\dot{x}_0)}{\partial x^2} + \dot{x}_1^2\frac{\partial^2 f(x_0,\dot{x}_0)}{\partial \dot{x}^2} + 2x_1\dot{x}_1\frac{\partial^2 f(x_0,\dot{x}_0)}{\partial x\partial \dot{x}}\right]\right\} + \cdots
\end{aligned}
\tag{5.2.4}
$$

式中,$\partial f(x_0,\dot{x}_0)/\partial x$表示$\partial f(x,\dot{x})/\partial x$在$x=x_0$, $\dot{x}=\dot{x}_0$处的值,其他类同。

将式(5.2.3)、式(5.2.4)代入方程(5.2.1),于是可得

$$
\begin{aligned}
&\ddot{x}_0 + \varepsilon\ddot{x}_1 + \varepsilon^2\ddot{x}_2 + \varepsilon^3\ddot{x}_3 + \cdots + \omega_0^2(x_0 + \varepsilon x_1 + \varepsilon^2 x_2 + \varepsilon^3 x_3 + \cdots) \\
&= \varepsilon\left[f(x_0,\dot{x}_0) + \frac{\partial f(x_0,\dot{x}_0)}{\partial x}(\varepsilon x_1 + \varepsilon^2 x_2 + \varepsilon^3 x_3 + \cdots) + \right. \\
&\frac{\partial f(x_0,\dot{x}_0)}{\partial \dot{x}}(\varepsilon\dot{x}_1 + \varepsilon^2\dot{x}_2 + \varepsilon^3\dot{x}_3 + \cdots) + \cdots + \\
&\frac{1}{2!}\frac{\partial^2 f(x_0,\dot{x}_0)}{\partial x^2}(\varepsilon x_1 + \varepsilon^2 x_2 + \varepsilon^3 x_3 + \cdots)^2 + \\
&\frac{2}{2!}\frac{\partial^2 f(x_0,\dot{x}_0)}{\partial x\partial \dot{x}}(\varepsilon x_1 + \varepsilon^2 x_2 + \cdots)(\varepsilon\dot{x}_1 + \varepsilon^2\dot{x}_2 + \cdots) + \\
&\left.\frac{1}{2!}\frac{\partial^2 f(x_0,\dot{x}_0)}{\partial \dot{x}^2}(\varepsilon\dot{x}_1 + \varepsilon^2\dot{x}_2 + \varepsilon^3\dot{x}_3 + \cdots)^2 + \cdots\right] + F(t)
\end{aligned}
\tag{5.2.5}
$$

此方程对ε的任意值均成立,要求两边ε的同次幂的系数相等,由此导出各阶近似解的线性微分方程组:

$$\ddot{x}_0 + \omega_0^2 x_0 = F(t) \tag{5.2.6a}$$

$$\ddot{x}_1 + \omega_0^2 x_1 = f(x_0,\dot{x}_0) \tag{5.2.6b}$$

$$\ddot{x}_2 + \omega_0^2 x_2 = x_1\frac{\partial f(x_0,\dot{x}_0)}{\partial x} + \dot{x}_1\frac{\partial f(x_0,\dot{x}_0)}{\partial \dot{x}} \tag{5.2.6c}$$

$$
\begin{aligned}
\ddot{x}_3 + \omega_0^2 x_3 = x_2\frac{\partial f(x_0,\dot{x}_0)}{\partial x} &+ \dot{x}_2\frac{\partial f(x_0,\dot{x}_0)}{\partial \dot{x}} + \frac{1}{2!}\left[x_1^2\frac{\partial^2 f(x_0,\dot{x}_0)}{\partial x^2}\right. \\
&\left.+ \dot{x}_1^2\frac{\partial f(x_0,\dot{x}_0)}{\partial \dot{x}^2} + 2x_1\dot{x}_1\frac{\partial^2 f(x_0,\dot{x}_0)}{\partial x\partial \dot{x}}\right]
\end{aligned}
\tag{5.2.6d}
$$

$$\cdots$$

由以上方程组的第一式解出派生系统的解，依次代入下一式求出各阶近似解，代回式(5.2.3)后即得到原系统的解。这种将弱非线性系统的解按小参数 ε 的幂次展开，以求渐进解的方法称为正规摄动法或直接展开法。泊松于 1830 年最早提出了摄动法的基本思想，庞加莱于 1892 年证明了此方法的合理性，即如果微分方程包含小参数的非线性项是解析函数，那么它的解是对此小参数解析的，可展开成小参数的幂级数，并且当小参数充分小时，级数是收敛的，庞加莱的理论奠定了摄动法的数学基础。

在实际计算中，通常只取级数开头几项，因为计算工作量随着阶次的增大而迅速增大，而且变得繁复。因此，级数解当项数 $i \to \infty$ 时是否收敛并不重要，重要的是，当取一定值时级数解的渐近性。如果只取级数至 $i = N$ 项，后面的项全部截去，由此引起的误差只与 ε 的 $N + 1$ 次幂同阶，即满足：

$$x(t,\ \varepsilon) = \sum_{i=0}^{N} \varepsilon^i x_i(t) + O(\varepsilon^{N+1}) \quad (\varepsilon \ll 1) \tag{5.2.7}$$

这时，级数中的每一项只是其前面一项的微小修正。

实际系统所包含的小参数 ε 有一定的数值，不可能任意地小，所以按小参数 ε 直接展开的级数解常常只能在自变量 t 的某个区间内具有渐近性，即式(5.2.3)表示的解只能在自变量的某个区间内才是一致有效的。此外，在采用正规摄动法研究某些非线性振动时，将会碰到一个“久期项”问题。所谓“久期项”(secular term)，就是按照庞加莱假设求得的方程解[式(5.2.3)]中存在某些项，当时间 $t \to \infty$ 时，这些项无限增大，以至于破坏了级数的收敛性，下面以达芬(Duffing)系统为例，对该问题进行说明。

例 5.2.1　Duffing 方程：

$$\ddot{x} + \omega_0^2 x + \varepsilon x^3 = 0 \tag{a}$$

采用正规摄动法求满足如下初始条件的解：

$$x(0) = a,\quad \dot{x}(0) = 0 \tag{b}$$

解：将式(a)改写成

$$\ddot{x} + \omega_0^2 x = -\varepsilon x^3 \tag{c}$$

则 $f(x,\ \dot{x}) = -x^3$，将级数形式解[式(5.2.3)]代入式(c)，导出以下线性方程组：

$$\begin{cases} \ddot{x}_0 + \omega_0^2 x_0 = 0 \\ \ddot{x}_1 + \omega_0^2 x_1 = -x_0^3 \\ \ddot{x}_2 + \omega_0^2 x_2 = -3x_1 x_0^2 \\ \cdots \end{cases} \tag{d}$$

根据初始条件[式(b)]，各阶近似解的初始条件对应为

$$x_0(0) = a,\quad \dot{x}_0(0) = 0$$

$$x_i(0) = \dot{x}_i(0) = 0 \quad (i = 1,\ 2,\ \cdots) \tag{e}$$

由式(d)的第一个方程,并考虑到相应的初始条件,可得

$$x_0(t)=a\cos(\omega_0 t) \tag{f}$$

将式(f)代入式(d)的第二个方程,利用 $\cos^3(\omega_0 t)=\frac{1}{4}[\cos(3\omega_0 t)+3\cos(\omega_0 t)]$,得

$$\ddot{x}_1+\omega_0^2 x_1=-\frac{3}{4}a^3\cos(\omega_0 t)-\frac{1}{4}a^3\cos(3\omega_0 t) \tag{g}$$

考虑到初始条件[式(e)],方程(g)的解为

$$x_1(t)=-\frac{3}{8\omega_0}a^3 t\sin(\omega_0 t)+\frac{1}{32\omega_0^2}a^3[\cos(3\omega_0 t)-\cos(\omega_0 t)] \tag{h}$$

再将所得的 x_0 及 x_1 代入式(d)的第三个方程,可以求得 x_2 的解。如果只要求精确到 ε 阶的近似解,则有

$$x(t)=a\cos(\omega_0 t)+\varepsilon\left\{-\frac{3}{8\omega_0}a^3 t\sin(\omega_0 t)+\frac{1}{32\omega_0^2}a^3[\cos(3\omega_0 t)-\cos(\omega_0 t)]\right\} \tag{i}$$

从式(i)可以看出,方程右端第二项含有 $t\sin(\omega_0 t)$,它将随着 t 的增加而无限增大,通常 t 表示时间,故称为久期项。由于存在久期项,当 $t\to\infty$ 时,近似解[式(i)]的值趋于无限大,这是不符合实际的。系统做周期振动时,$x(t)$ 不可能无界。若继续求解 x_2,x_3,…,将出现形如 $t^m\sin(\omega_0 t)$、$t^m\cos(\omega_0 t)$ 的久期项。尽管有久期项出现,仍不能说所求的解是发散的,因为需要考虑整个级数,而不能仅从前几项来判断。根据庞加莱理论,当 ε 充分小时,以无穷级数表示的解收敛于原 Duffing 方程的解,此解按定性分析是有界的。

久期项的出现,一方面使得近似解具有渐近性的有效时间区间变得极短;另一方面,根据求得的前 N 项也难以断定所求的解是否具有周期性,使正规摄动法的应用范围受到很大的限制。尽管如此,这种把微分方程的解展开成小参数幂级数的方法奠定了摄动法的基础。为了消除久期项,发展了各种渐近解法,如 L-P 法、多尺度法、平均法和 KBM 法等,这些解法统称为奇异摄动法。下面仅对 L-P 法进行介绍。

2) L-P 法

从上节可以看出,非线性系统解的频率还是和线性系统的频率 ω_0 一样,没有反映非线性对系统频率的影响,这可认为是采用正规摄动法求解周期振动问题有时会失效的原因。林滋泰德于 1882 年提出了对正规摄动法的改进方法,通过引入新变量 $\tau=\omega t$(其中 ω 代表系统的非线性频率),再把 x 和 ω 都展开成小参数 ε 的幂级数,根据周期运动避免方程出现久期项的条件,依次确定幂级数的系数。1892 年,庞加莱为改进的摄动法的合理性进行了数学证明,因此称为林滋泰德-庞加莱法,简称 L-P 法。

考虑拟线性自治系统:

$$\ddot{x}+\omega_0^2 x=\varepsilon f(x,\dot{x}) \tag{5.2.8}$$

引入一个新的自变量：

$$\tau = \omega t \tag{5.2.9}$$

对于新自变量 τ，周期解的周期将为 2π，方程(5.2.8)变为

$$\omega^2 x'' + \omega_0^2 x = \varepsilon f(x,\ \omega x') \tag{5.2.10}$$

从而将原来的微分符号定义为对 τ 的微分。把 x 和 ω 都展成小参数 ε 的幂级数，即

$$x(\tau,\ \varepsilon) = x_0(\tau) + \varepsilon x_1(\tau) + \varepsilon^2 x_2(\tau) + \cdots \tag{5.2.11}$$

$$\omega(\varepsilon) = \omega_0 + \varepsilon\omega_1 + \varepsilon^2\omega_2 + \cdots \tag{5.2.12}$$

式中，$x_i(\tau)$ 为 τ 的周期函数，周期为 2π；ω_i 为待定常数，在以后的求解过程中逐步确定。将式(5.2.11)和式(5.2.12)代入方程(5.2.10)左边得

$$\begin{aligned}
\omega^2 x'' + \omega_0^2 x &= (\omega_0 + \varepsilon\omega_1 + \varepsilon^2\omega_2 + \cdots)^2 (x''_0 + \varepsilon x''_1 + \varepsilon^2 x''_2 + \cdots) \\
&\quad + \omega_0^2 (x_0 + \varepsilon x_1 + \varepsilon^2 x_2 + \cdots) \\
&= (\omega_0^2 x''_0 + \omega_0^2 x_0) + \varepsilon(\omega_0^2 x''_1 + \omega_0^2 x_1 + 2\omega_0\omega_1 x''_0) \\
&\quad + \varepsilon^2 [\omega_0^2 x''_2 + \omega_0^2 x_2 + (2\omega_0\omega_2 + \omega_1^2) x''_0 + 2\omega_0\omega_1 x''_1] \\
&\quad + \cdots
\end{aligned}$$

将函数 $f(x,\ \omega x')$ 在 $x = x_0$、$x' = x'_0$ 及 $\omega = \omega_0$ 附近展开为 ε 的幂级数，得

$$\begin{aligned}
\varepsilon f(x,\ \omega x') &= \varepsilon f(x_0,\ \omega_0 x'_0) + \varepsilon^2 \left[x_1 \frac{\partial f(x_0,\ \omega_0 x'_0)}{\partial x} + x'_1 \frac{\partial f(x_0,\ \omega_0 x'_0)}{\partial x'} + \omega_1 \frac{\partial f(x_0,\ \omega_0 x'_0)}{\partial x} \right] + \cdots \\
&= \varepsilon f(x_0,\ \omega_0 x'_0) + \varepsilon^2 \left[x_1 \frac{\partial f(x_0,\ \omega_0 x'_0)}{\partial x} + (\omega_0 x'_1 + \omega_1 x'_0) \frac{\partial f(x_0,\ \omega_0 x'_0)}{\partial \dot{x}} \right] + \cdots
\end{aligned}$$

式中，$\partial f(x_0,\ \omega_0 x'_0)/\partial x$ 表示 $\partial f(x,\ \omega x')/\partial x$ 在 $x = x_0$、$x' = x'_0$、$\omega = \omega_0$ 处取值，简记为 $\partial f_0/\partial x$。比较等式两边 ε 同次幂的系数，可得如下线性微分方程组：

$$\begin{cases}
\omega_0^2 x''_0 + \omega_0^2 x_0 = 0 \\
\omega_0^2 x''_1 + \omega_0^2 x_1 = f(x_0,\ \omega_0 x'_0) - 2\omega_0\omega_1 x''_0 \\
\omega_0^2 x''_2 + \omega_0^2 x_2 = x_1 \dfrac{\partial f(x_0,\ \omega_0 x'_0)}{\partial x} + (\omega_0 x'_1 + \omega_1 x'_0) \dfrac{\partial f(x_0,\ \omega_0 x'_0)}{\partial \dot{x}} \\
- (2\omega_0\omega_2 + \omega_1^2) x''_0 - 2\omega_0\omega_1 x''_1 \\
\cdots
\end{cases} \tag{5.2.13}$$

以上方程组与正规摄动法所得的方程组相似，可以依次求解，但需确定频率分量 ω_i $(i = 1,\ 2,\ \cdots)$，可以由 $x_i(\tau)$ 的周期性条件来确定。由式(5.2.13)可知，为使 $x_i(i = 1,\ 2,\ \cdots)$ 为周期函数，各方程式右边应不含 $\sin\tau$ 和 $\cos\tau$ 的项，因为 $\sin\tau$ 或 $\cos\tau$ 将会产生久期项。令各方程式右边 $\sin\tau$ 和 $\cos\tau$ 项的系数为零，由此可定出 $\omega_i(i=1,\ 2,\ \cdots)$，这样就可以消去久期项而得到周期解。

L-P 法的优点是方法直观明了，特别适合采用具有推导公式功能的计算机软件进行高次近似计算，但 L-P 法只能求得系统稳态解而得不到瞬态解。对于耗散系统，由于振幅随时间而变化，此时 L-P 法就不再适用了。

例 5.2.2 Duffing 方程：

$$\ddot{x}+\omega_0^2 x+\varepsilon x^3=0 \tag{a}$$

采用 L-P 法求式(a)满足如下初始条件的周期解：

$$x(0)=a,\quad \dot{x}(0)=0 \tag{b}$$

解： 对应于方程(5.2.8)，本例题中 $f(x,\ \omega x')=-x^3$，由式(5.2.13)可得

$$\begin{cases} x_0''+x_0=0 \\ x_1''+x_1=-\dfrac{x_0^3}{\omega_0^2}-2\dfrac{\omega_1}{\omega_0}x_0'' \\ x_2''+x_2=-\dfrac{3x_0^2x_1}{\omega_0^2}-\dfrac{1}{\omega_0^2}(2\omega_0\omega_2+\omega_1^2)x_0''-2\dfrac{\omega_1}{\omega_0}x_1'' \\ \cdots \end{cases} \tag{c}$$

根据初始条件［式(b)］，各阶近似解的初始条件对应为

$$\begin{aligned} &x_0(0)=a,\quad x_0'(0)=0 \\ &x_i(0)=0,\quad x_i'(0)=0\quad (i=1,\ 2,\ \cdots) \end{aligned} \tag{d}$$

由方程组［式(c)］中的第一式和初始条件［式(d)］，可得

$$x_0=a\cos\tau \tag{e}$$

把 x_0 的表达式(e)代入方程组［式(c)］的第二式，得

$$x_1''+x_1=\left(2a\frac{\omega_1}{\omega_0}-\frac{3}{4}\frac{a^3}{\omega_0^2}\right)\cos\tau-\frac{a^3}{4\omega_0^2}\cos(3\tau) \tag{f}$$

为了满足周期性条件，消去久期项，只需令方程(f)右端 $\cos\tau$ 的系数等于零，由此得

$$\omega_1=\frac{3}{8}\frac{a^3}{\omega_0} \tag{g}$$

于是，方程(f)成为

$$x_1''+x_1=-\frac{a^3}{4\omega_0^2}\cos(3\tau)$$

x_1 的解包含二部分，齐次方程的通解 x_{1h} 和特解 x_{1p}：

$$\begin{cases} x_1 = x_{1h} + x_{1p} \\ x_{1h} = A_1\cos\tau + B_1\sin\tau \\ x_{1p} = \dfrac{a^3}{32\omega_0^2}\cos(3\tau) \end{cases} \tag{h}$$

应用初始条件式(d),得

$$A_1 = -\frac{a^3}{32\omega_0^2},\quad B_1 = 0$$

因此有

$$x_1 = \frac{1}{32}\frac{a^3}{\omega_0^2}[\cos(3\tau) - \cos\tau] \tag{i}$$

将式(e)、式(g)、式(i)代入式(c)的第三式,经三角函数运算后,得

$$x''_2 + x_2 = \left(2\frac{a\omega_2}{\omega_0} + \frac{21}{128}\frac{a^5}{\omega_0^4}\right)\cos\tau + \frac{24}{128}\frac{a^5}{\omega_0^4}\cos(3\tau) - \frac{3}{128}\frac{a^5}{\omega_0^4}\cos(5\tau) \tag{j}$$

为了消除久期项,令 $\cos\tau$ 的系数为零,得

$$\omega_2 = -\frac{21}{256}\frac{a^4}{\omega_0^3} \tag{k}$$

这样,满足初始条件[式(d)]的解为

$$x_2 = \frac{1}{1\,024}\frac{a^5}{\omega_0^4}[23\cos\tau - 24\cos(3\tau) + \cos(5\tau)] \tag{l}$$

最后求得满足初始条件[式(b)]的二次近似解为

$$\begin{cases} x = a\cos\tau + \varepsilon\dfrac{1}{32}\dfrac{a^3}{\omega_0^2}[\cos(3\tau) - \cos\tau] + \varepsilon^2\dfrac{1}{1\,024}\dfrac{a^5}{\omega_0^4}[23\cos\tau \\ \qquad - 24\cos(3\tau) + \cos(5\tau)] + \cdots \\ \omega = \omega_0 + \varepsilon\dfrac{3}{8}\dfrac{a^2}{\omega_0} - \varepsilon^2\dfrac{21}{256}\dfrac{a^4}{\omega_0^3} + \cdots \\ \tau = \omega t \end{cases} \tag{m}$$

以上分析表明,达芬系统的自由振动为周期运动,相轨迹为封闭曲线族;自由振动的频率 ω 随初始位移的改变而改变,不同于线性系统仅以固有频率振动;从计算结果还可以看出,由于非线性项的影响,系统的振动周期中除含有基频 ω 的谐波外,还含有 3ω、5ω 等高次谐波项,这些都是非线性振动区别于线性振动的本质特征。这一特征可以用来解释声学中的一些现象:声学中,高次谐波称为泛音,各种声音的不同泛音结构决定了它们固有的音色。

2. 谐波平衡法

谐波平衡法(the method of harmonic balance)是求解非线性振动的定量方法之一,是最简便明了的近似方法,其基本思想是将振动系统的激励项和方程的解都展成傅里叶级数。为保证系统的作用力与惯性力的各阶谐波分量自相平衡,必须令动力学方程两端的同阶谐波的系数相等,从而得到包含未知系数的一系列代数方程组,以确定待定的傅里叶级数的系数。

现考虑如下的非线性振动方程:

$$\ddot{x} + \omega_0^2 x + f(x, \dot{x}) = F(t) \tag{5.2.14}$$

式中,$f(x, \dot{x})$ 为非线性函数。不失一般性,设 $F(t)$ 为偶函数,且不含常值分量。当试验观测到系统做周期为 $T = 2\pi/\omega$ 的周期运动时,可将 $F(t)$ 展成周期为 T 的傅里叶级数:

$$F(t) = \sum_{n=1}^{\infty} [A_n \cos(n\omega t) + B_n \sin(n\omega t)] \tag{5.2.15}$$

设方程(5.2.14)有周期解,并且以傅里叶级数表示为

$$x(t) = a_0 + \sum_{n=1}^{\infty} [a_n \cos(n\omega t) + b_n \sin(n\omega t)] \tag{5.2.16}$$

将式(5.2.15)、式(5.2.16)代入式(5.2.14),并把 $f(x, \dot{x})$ 也展开为傅里叶级数的形式,再令方程两边 $\cos(n\omega t)$、$\sin(n\omega t)$ 的系数相等(谐波平衡),则可得到确定系数 a_0、a_n 和 b_n 总共 $(2N+1)$ 个未知量的方程组,一般情况下这是非线性代数方程组。获得的周期解精度依赖于公式所取的谐波项数 N。要提高精度,必须取足够大的项数 N,并检查略去的谐波系数的量级,否则将会引起较大的误差。

由于方程(5.2.14)没有含小参数,$f(x, \dot{x})$ 可以是强非线性函数,也可以是弱非线性函数。因此,谐波平衡法最大的优点是既适用于弱非线性系统,也适合于强非线性系统。

例 5.2.3 用谐波平衡法求以下二次、三次非线性系统的解。

$$\ddot{x} + k_1 x + k_2 x^2 + k_3 x^3 = 0 \tag{a}$$

解:设方程(a)的解为

$$x = A_0 + A_1 \cos\phi + A_2 \cos(2\phi) \tag{b}$$

式中,$\phi = \omega t$。

将式(b)代入式(a)并令方程两边常数项、$\cos\phi$ 和 $\cos(2\phi)$ 项的系数相等,得

$$k_1 - \omega^2 + 2k_2 A_0 + k_2 A_2 + \frac{3}{4}k_3 A_1^2 + 3k_3 A_0 A_2 + 3k_3 A_0^2 + \frac{3}{2}k_3 A_2^2 = 0 \tag{c}$$

$$k_1 A_0 + k_2\left(A_0^2 + \frac{1}{2}A_1^2 + \frac{1}{2}A_2^2\right) + \frac{3}{2}k_3 A_1^2\left(A_0 + \frac{1}{2}A_2\right) + k_3\left(A_0^3 + \frac{3}{2}A_0 A_2^2\right) = 0 \tag{d}$$

$$(k_1 - 4\omega^2)A_2 + \frac{1}{2}k_2 A_1^2 + 2k_2 A_0 A_2 + \frac{3}{2}k_3 A_1^2(A_0 + A_2) + 3k_3 A_0^2 A_2 + \frac{3}{4}k_3 A_2^3 = 0 \tag{e}$$

当 A_1 为小量时，可以看出 $A_0 = O(A_1^2)$、$A_2 = O(A_1^2)$，因此：

$$A_0 = -\frac{1}{2}\frac{k_2}{k_1}A_1^2 + O(A_1^4) \tag{f}$$

$$A_2 = \frac{1}{6}\frac{k_2}{k_1}A_1^2 + O(A_1^4) \tag{g}$$

$$\omega^2 = k_1 + \frac{3}{4}k_3A_1^2 - \frac{5}{6}\frac{k_2^2}{k_1}A_1^2 + O(A_1^4) \tag{h}$$

于是，可得方程(a)的解为

$$x = A_1\cos\phi - \frac{A_1^2k_2}{2k_1}\left[1 - \frac{1}{3}\cos(2\phi)\right] \tag{i}$$

$$\omega = \sqrt{k_1}\left[1 + \frac{9k_1k_3 - 10k_2^2}{24k_1^2}A_1^2\right] \tag{j}$$

奈弗(Nayfeh)、穆克(Mook)用经典的 L-P 法和多尺度法求得方程(a)的频率的表达式为

$$\omega = \sqrt{k_1}\left(1 + \frac{9k_1k_3 - 10k_2^2}{24k_1^2}A_1^2\right) + \cdots \tag{k}$$

比较式(j)、式(k)二式可知，两者完全一致，说明本例取三项可得到与 L-P 法一致的结果。

5.2.2　数值方法

虽然前面介绍了非线性系统的一些解析方法，但主要适用于一些特殊方程。总体来说，目前非线性振动的解析分析还不够完善，因此采用数值方法对非线性系统进行定量分析受到人们的普遍重视。随着计算机技术的高速发展，数值方法已成为研究非线性振动系统的重要方法。数值方法主要包括：初值法(如 Runge-Kutta 法等)、边值法、点映射法、胞映射法等，现仅介绍比较常用的四阶 Runge-Kutta 法的计算方法。Runge-Kutta 法的基本思想是离散化，即将求解区域分成各离散点，然后直接求出各离散点上满足精度要求的未知函数的近似值，该方法具有计算稳定、精度高的特点。

考虑一阶微分方程的初值问题为

$$\begin{cases}\dot{y}_i = f_i(t,\ y_1,\ y_2,\ \cdots,\ y_N)\\ y_i(t_0) = y_{i0}\quad (i = 1,\ 2,\ \cdots,\ N)\end{cases}$$

采用矢量记号，记

$y=(y_1,\ y_2,\ \cdots,\ y_N)^{\mathrm{T}}$，则

$$\begin{cases}\dot{y}=f(t,\ y)\\ y(t_0)=y_0\end{cases} \tag{5.2.17}$$

则原微分方程组的解为

$$y_{n+1}=y_n+h(k_1+2k_2+2k_3+k_4)/6 \tag{5.2.18}$$

式中，$k_1=f(t_n,\ y_n)$；$k_2=f(t_n+h/2,\ y_n+hk_1/2)$；$k_3=f(t_n+h/2,\ y_n+hk_2/2)$；$k_4=f(t_n+h,\ y_n+hk_3)$。此即为四阶龙格-库塔法的计算方法，采用该方法可以计算各种情况下振动方程的数值解。

例 5.2.4 单自由度线性系统有阻尼自由振动微分方程：$\ddot{x}+2\mu\dot{x}+\omega_0^2x=0(\mu>0)$，若取 $\mu=0.6$ 和 $\omega_0=5$，初始条件为 $x_0=0.3$ 和 $\dot{x}_0=0$，求该线性振动系统的响应特性。

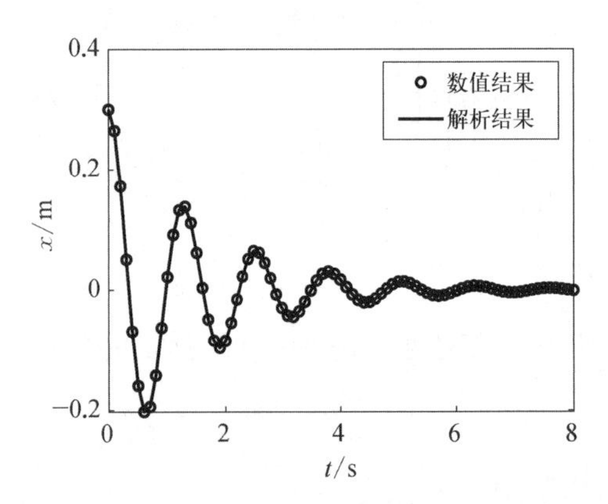

图 5.1 单自由度有阻尼振动系统的响应

解： 由于数值方法对线性、非线性系统皆适用，可以直接采用四阶龙格-库塔法获得系统的数值解。而对于线性振动系统，可以获得系统的解析结果，因此这里将同时采用解析方法和数值方法分析系统的响应特性，并对计算结果进行比较，以验证龙格-库塔法的可靠性和精确性。两种方法获得的响应结果见图 5.1。

从图 5.1 中可以看出，由于阻尼的作用，振动最终将停止下来。此外，数值解与解析解非常接近，说明四阶龙格-库塔法具有足够的精确性。

例 5.2.5 求范德波尔（van der Pol）方程 $\ddot{x}+\varepsilon(-1+x^2)\dot{x}+x=0$ 在初始条件 $x(0)=0.3$、$y(0)=0$ 时的数值解。

解： 这个方程是 van der Pol 在研究电子管振荡器电路时导出的方程，工程中许多实际的自激振动问题可以用 van der Pol 方程来描述。对于 van der Pol 方程，可以用近似解析方法求解，如 KBM 方法。但采用这种方法时，要求方程中的 ε 充分小，且要求振幅和频率缓慢变化。这里用具有较高精度的数值方法求解方程，对方程中的参数没有限制条件。通过数值方法获得的时域响应曲线见图 5.2，相平面图见图 5.3（取 $\varepsilon=0.01$）。

从图 5.2 可以发现，系统的振幅变化较小，即系统基本维持等幅运动，这正是自激振动的特征，说明这类系统以自己的运动状态作为调节器，以控制能量的输入。当输入的能量与耗散的能量达到平衡时，系统可维持等幅振动。从图 5.3 中可以看出，系统从初始状态[即相点 $x(0)=0.3$，$y(0)=0$]出发向一条闭合曲线运动，这条闭合曲线即为范德波尔振子的极限环，这一极限环是稳定的，只有稳定的极限环才是物理上可实现的自激振动。

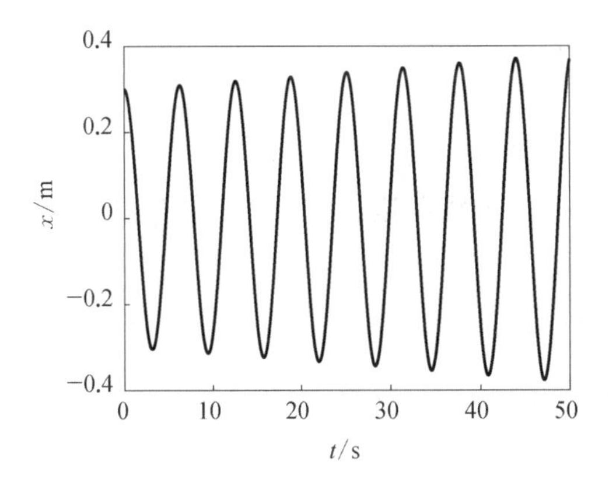

图 5.2　van der Pol 方程的数值解

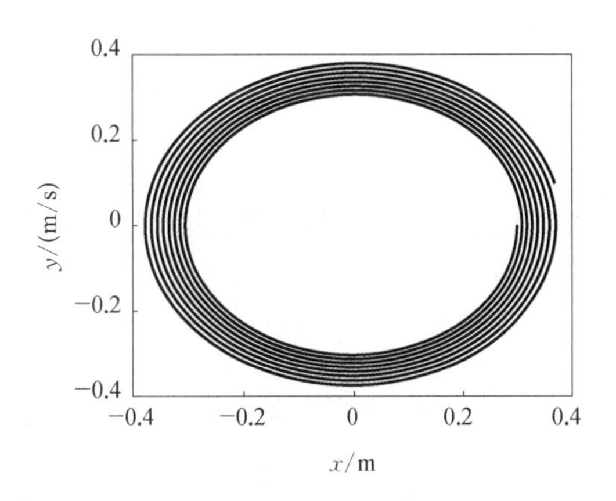

图 5.3　自激振动相图

5.2.3　半解析半数值方法

在对非线性振动系统进行定量分析时，常利用解析法和数值方法的特点，将其结合起来对系统进行分析，称为定量分析中的**半解析半数值方法**。例如，比较典型的增量谐波平衡(IHB)法，就是把增量法与谐波平衡法相结合的半解析半数值方法，其特点是概念清楚、适应性强，既适用于弱非线性系统，又适用于强非线性系统。

现以 Duffing 方程为例，说明 IHB 法的求解过程。

$$m\ddot{x} + k_1 x + k_3 x^3 = f\cos(\omega t) \tag{5.2.19}$$

设

$$\tau = \omega t \tag{5.2.20}$$

则式(5.2.19)成为

$$m\omega^2 x'' + k_1 x + k_3 x^3 = f\cos\tau \tag{5.2.21}$$

IHB 法把增量法和谐波平衡法有机地结合起来，其第一步是增量，设 x_0、ω_0 是方程(5.2.19)的解，则其邻近点可表示为

$$x = x_0 + \Delta x, \quad \omega = \omega_0 + \Delta\omega \tag{5.2.22}$$

式中，Δx、$\Delta\omega$ 为增量。把式(5.2.22)代入方程(5.2.21)，并略去高阶小量后可得到以 Δx、$\Delta\omega$ 为未知量的增量方程：

$$m\omega_0^2\Delta x'' + (k_1 + 3k_3x_0^2)\Delta x = R - 2m\omega_0 x_0''\Delta\omega \tag{5.2.23}$$

式中，R 称为不平衡力：

$$R = f\cos\tau - (m\omega_0^2 x_0'' + k_1 x_0 + k_3 x_0^3) \tag{5.2.24}$$

如果 x_0、ω_0 为准确解时，则 $R = 0$。

IHB 法的第二步是谐波平衡过程。由于 Duffing 方程的解只含有余弦的奇次谐波项，

可设

$$x_0 = a_1\cos\tau + a_3\cos(3\tau) + \cdots \tag{5.2.25}$$

$$\Delta x = \Delta a_1\cos\tau + \Delta a_3\cos(3\tau) + \cdots \tag{5.2.26}$$

把式(5.2.25)、式(5.2.26)代入方程(5.2.23)，并令方程两边相同谐波项的系数相等，可得如下方程：

$$K_m\Delta a = R + R_m\Delta\omega \tag{5.2.27}$$

式中，$K_m = K - \omega_0^2 M$；$\Delta a = [\Delta a_1, \Delta a_3]^{\mathrm{T}}$；$K$、$M$ 为 2×2 阶矩阵，其元素为

$$K_{11} = k_1 + \frac{3}{2}k_3\left(\frac{3}{2}a_1^2 + a_1a_3 + a_3^2\right),\quad K_{12} = \frac{3}{2}k_3\left(\frac{1}{2}a_1^2 + 2a_1a_3\right)$$

$$K_{21} = K_{12},\quad K_{22} = k_1 + \frac{3}{2}k_3\left(a_1^2 + \frac{3}{2}a_3^2\right)$$

$$M_{11} = m,\quad M_{12} = M_{21} = 0,\quad M_{22} = 9m$$

R、R_m 为 2×1 列阵，其元素为

$$R_1 = f + \left[m\omega_0^2 - k_1 - k_3\left(\frac{3}{4}a_1^2 + \frac{3}{4}a_1a_3 + \frac{3}{2}a_3^2\right)\right]a_1$$

$$R_2 = \left[9m\omega_0^2 - k_1 - k_3\left(\frac{3}{2}a_1^2 + \frac{3}{4}a_3^2\right)\right]a_3 - \frac{1}{4}k_3a_1^3$$

$$R_{m1} = 2m\omega_0a_1,\quad R_{m2} = 18m\omega_0a_3$$

式(5.2.27)有三个未知量 Δa_1、Δa_3 和 $\Delta\omega$，但只有两个方程。求解时可首先指定某一增量(如 $\Delta\omega$)为预先给定值，由式(5.2.27)可求得其余二项(如 Δa_1、Δa_3)；然后用 $a_1+\Delta a_1$ 和 $a_3+\Delta a_3$ 代替原来的 a_1 和 a_3 代入式(5.2.27)求得新的 Δa_1、Δa_3，这样继续下去，循环迭代，直至求得的 a_1 和 a_3 满足不平衡力 $R=0$；之后，给 ω_0 一个新的增量 $\Delta\omega$，用 $\omega_0+\Delta\omega$ 代替原先的 ω_0，以新的 ω_0 和上一次迭代求得的 a_1 和 a_3 为初值，重新进入谐波平衡过程，即可求得对应于新的 ω_0 的 a_1 和 a_3，直至稳定。实际计算时，谐波项取得越多，不平衡力 R 越容易趋于零(即迭代越易收敛)，但式(5.2.27)所含的方程数目就越多，每次求解时花费的时间也就越长；若谐波项数太少，有时会造成不收敛，不平衡力 R 很难趋于零。因此，谐波项数应根据实际情况合理选取。此外，IHB 法中的增量过程和谐波平衡过程可以互换，即先进行平衡，后进行增量，20 世纪 80 年代，有学者已证明了两者的等价性。

5.3 随机非线性振动

与线性系统的随机振动相比，非线性系统的随机振动分析有较大难度，目前用于非线

性随机振动的方法主要有：FPK 方法、等效线性化方法、矩函数法、随机平均法及数值模拟法等。其中，解析方法相对较少，主要是通过 FPK 方程获得系统的统计特性。数值方法主要采用 Monte-Carlo 法将频域下的随机激励变成时域激励进行分析。半解析半数值的近似方法相对较多，主要包括等效线性化方法、矩函数法及随机平均法等，其中等效线性化方法主要适用于弱非线性系统，采用其他方法可以对强非线性系统进行分析。下面分别对这几种典型分析方法进行介绍。

5.3.1　FPK 方法

FPK 方法是基于马尔可夫（Markov）过程的一种精确解法，可以求出系统响应概率分布的精确解，从而可求得响应的幅域和时域信息。20 世纪 60 年代，Caughey 首先导出了离散非线性动力系统受白噪声激励的 FPK 方程，是针对多自由度系统导出的，但是对该方程的适用范围作了种种限制。除要求激励必须是白噪声外，还要求多自由度系统的各外部激励之间互不相关、谱密度与阻尼无关、阻尼力正比于响应速度和线性惯性力等，这无疑大大限制了该方程的应用范围，因为工程中的外部随机荷载很难符合这一要求。因此，在此后的 20 多年里，有关 FPK 方程精确瞬态解方面的研究几乎没有什么进展。尽管如此，Caughey 提出的 FPK 方程作为一种开创性的工作，在非线性随机振动研究领域内无疑占有非常重要的地位。特别是由于 FPK 方法理论严密，其他各种近似方法都要与其比较后才能确定精度、了解优劣，目前一般都采用该方法作为讨论非线性系统随机振动的基本方法。

FPK 方法的基本思想和特点是：把系统的位移响应看成状态空间中一个多维随机过程向量的分量，当随机激励仅限于白噪声时，这个过程向量在每个时刻取得的增量是独立的，于是它在性质上是马尔可夫的，且是扩散过程，概率结构完全由概率初始条件和转移概率密度函数决定，而扩散过程的转移概率密度函数服从 FPK 方程。因此，求解实际非线性系统所对应的 FPK 方程，就可得到受高斯白噪声激励的系统响应的统计规律。

1. 马尔可夫过程和扩散过程

一个连续的随机过程 $Y(t)$，其概率密度 p_N 可以作为一种对随机过程进行分类的工具。最简单的情况是**纯粹随机过程**，意味着在某一时刻 t_1 的 y 值不依赖于另一时刻 t_2 的 y 值，或者说与另一时刻 t_2 的 y 值不相关。在这种情况下，概率分布 $p_1(yt)\mathrm{d}y$ 完全地描述了随机函数，因为更高阶的分布可从如下方程求出：

$$p_N(y_1t_1,\ y_2t_2,\ \cdots,\ y_Nt_N)=\prod_{i=1}^{N}p_1(y_it_i) \tag{5.3.1}$$

比纯粹随机过程稍复杂一点的情况是，概率密度函数 p_2 完全地描述了随机过程，这就是马尔可夫过程。为更加精确地定义马尔可夫过程，引入条件概率的概念。定义条件概率 $p_{c2}(y_2\mid y_1,\ t)\mathrm{d}y_2$ 为在 $t=0$ 时刻 $y=y_1$ 给定的情况下，在其后的 t 时刻从 y_2 到 $y_2+\mathrm{d}y_2$ 的范围内求 y 的概率。p_{c2} 可通过下面关系求出：

$$p_2(y_1t_1,\ y_2t_2)=p_1(y_1t_1)p_{c2}(y_2\mid y_1,\ t_2-t_1) \tag{5.3.2}$$

定义 5.3.1　对 T 的任意 N 个时刻 $t_1<t_2<\cdots<t_N$ 及任意的 N，若：

$$p_{cN}(y_N t_N \mid y_1 t_1, y_2 t_2, \cdots, y_{N-1} t_{N-1}) = p_{c2}(y_N t_N \mid y_{N-1} t_{N-1}) \tag{5.3.3}$$

则称满足条件概率密度 p_{cN} 存在式(5.3.3)的随机过程为**马尔可夫过程**。

马尔可夫过程的条件概率又称为转移概率。式(5.3.3)说明,给定时刻的条件概率密度只取决于最近一个过去时刻的观察值,即过程的将来只依赖于过程的现在,而与过程的过去无关。

定义 5.3.2 一个具有连续样本函数的马尔可夫过程,若其转移概率密度 $p(yt \mid y_0 t_0)$ 对 t 的一阶偏导数、对 y_j 的一阶和二阶偏导数都存在并满足一定条件,过程的一阶和二阶导数矩存在、三阶及以上的导数矩为零,则称该过程为扩散的马尔可夫过程,简称**扩散过程**。

从 p_2 和方程(5.3.3)可以推导出 p_3, p_4, $\cdots$, 如:

$$\begin{aligned} p_3(y_1 t_1, y_2 t_2, y_3 t_3) &= p_2(y_1 t_1, y_2 t_2) p_{c2}(y_3 t_3 \mid y_2 t_2) \\ &= \frac{p_2(y_1 t_1, y_2 t_2) p_2(y_2 t_2, y_3 t_3)}{p_1(y_2 t_2)} \end{aligned} \tag{5.3.4}$$

$$\begin{aligned} p_4(y_1 t_1, y_2 t_2, y_3 t_3, y_4 t_4) &= p_3(y_1 t_1, y_2 t_2, y_3 t_3) p_{c2}(y_4 t_4 \mid y_3 t_3) \\ &= \frac{p_2(y_1 t_1, y_2 t_2) p_2(y_2 t_2, y_3 t_3)}{p_1(y_2 t_2)} \times \frac{p_2(y_3 t_3, y_4 t_4)}{p_1(y_3 t_3)} \end{aligned} \tag{5.3.5}$$

说明对于马尔可夫过程,有

$$p_r(y_1 t_1, y_2 t_2, \cdots, y_r t_r) = p_1(y_1 t_1) \prod_{k=1}^{r-1} p_{c2}(y_{k+1} t_{k+1} \mid y_k t_k) \tag{5.3.6}$$

$$p_r(y_1 t_1, y_2 t_2, \cdots, y_r t_r) = \prod_{k=1}^{r-1} p_2(y_k t_k, y_{k+1} t_{k+1}) \Big/ \prod_{j=2}^{r-1} p_1(y_j t_j) \tag{5.3.7}$$

可知,马尔可夫过程的概率结构完全由初始时刻的概率密度与转移概率密度确定,也完全由二维概率密度确定。此外,p_{c2} 还必须满足下列条件:

$$p_{c2}(y_2 \mid y_1, t) = \int p_{c2}(y_2 \mid y, \tau) p_{c2}(y \mid y_1, t-\tau) \mathrm{d}y \quad (0 \leqslant \tau < t) \tag{5.3.8}$$

这一条件又称为斯莫鲁霍夫斯基(Smoluchowski)方程和查普曼-科尔莫戈罗夫(Chapman-Kolmogorov)方程。它意味着,当 y 在 $t=0$ 时刻从 y_1 出发,沿任一路径,在随后的 t 时刻到达 y_2 时,在中间的某一时刻 τ 的特定路径 y 并不重要。方程(5.3.8)可以看成任一所选路径上的概率积分,经常用于求解 FPK 方程。

2. FPK 方程

在实际问题中,涉及由 p_3、p_4 等完全描述的高阶过程的例子很少。有时,当一个过程不是马尔可夫过程的时候,可以寻求另一个变量 z, 可与 y 一起构成一个马尔可夫过程,变量 z 可以是 $\dot{y} = \mathrm{d}y/\mathrm{d}t$ 或是其他坐标,在这种情况下,Smoluchowski 方程变为

$$p_{c2}(y_2 z_2 \mid y_1 z_1, t) = \iint p_{c2}(yz \mid y_1 z_1, t_1) p_{c2}(y_2 z_2 \mid yz, t-t_1) \mathrm{d}y \mathrm{d}z \tag{5.3.9}$$

方程(5.3.9)可以从上面的两个变量推广到包含 N 个变量的问题,此时方程的一般形式为

$$p_{c2}(y_2 \mid y_1, t) = \int_{N\text{-fold}} \cdots \int \prod_{i=1}^{N} p_{c2}(z \mid y_1, t_1) \times p_{c2}(y_2 \mid z, t - t_1) \mathrm{d}z \tag{5.3.10}$$

在这里,y 是一个点在 N 维相空间中的位置向量,对整个相空间进行积分。

为推导 Fokker-Planck 方程,作如下假定:在无限小的时段内,某一相点位移的一阶、二阶统计增量矩为

$$A_i(y, t) = \int_{N\text{-fold}} \cdots \int (z_i - y_i) p_{c2}(y \mid z, \Delta t) \prod_{i=1}^{N} \mathrm{d}z_i \tag{5.3.11}$$

$$B_{ij}(y, t) = \int_{N\text{-fold}} \cdots \int (z_i - y_i)(z_j - y_j) p_{c2}(y \mid z, \Delta t) \prod_{i=1}^{N} \mathrm{d}z_i \tag{5.3.12}$$

式中,$i, j = 1, 2, \cdots, N$。根据这一假定,当 $\Delta t \to 0$ 时,只有相点位移的这几阶矩与 Δt 成正比,所以下列极限存在:

$$a_i(y, t) = \lim_{\Delta t \to 0} \frac{A_i}{\Delta t}, \quad b_{ij}(y, t) = \lim_{\Delta t \to 0} \frac{B_{ij}}{\Delta t} \tag{5.3.13}$$

考虑写成如下形式的 Smoluchowski 方程:

$$p_c(x \mid y, t + \Delta t) = \int_{N\text{-fold}} \cdots \int p_c(x \mid z, t) p_c(z \mid y, \Delta t) \prod_{i=1}^{N} \mathrm{d}z_i \tag{5.3.14}$$

式中,t 时刻的 z 是相空间中从 $t = 0$ 时的 x 到随后的 $t + \Delta t$ 时刻的 y 的任一路径 y 上的一点。令 $R(y)$ 为变量 $y_1, y_2, \cdots, y_N$ 的一个任意标量函数,于是当所有的 $y_i \to \pm\infty$ 时,$R(y) \to 0$。用 $R(y)$ 乘方程(5.3.14)并对整个相空间积分:

$$\begin{aligned} &\int_{N\text{-fold}} \cdots \int R(y) p_c(x \mid y, t + \Delta t) \prod_{i=1}^{N} \mathrm{d}y_i \\ &= \int_{N\text{-fold}} \cdots \int \prod_{i=1}^{N} \mathrm{d}z_j \int_{N\text{-fold}} \cdots \int R(y) p_c(x \mid z, t) p_c(z \mid y, \Delta t) \prod_{i=1}^{N} \mathrm{d}y_i \end{aligned} \tag{5.3.15}$$

将 $R(y)$ 展开成 $(y_i - z_i)$ 的泰勒级数:

$$\begin{aligned} R(y) = R(z) &+ \sum_{i=1}^{N} (y_i - z_i) \frac{\partial R(y)}{\partial z_i} \\ &+ \frac{1}{2} \sum_{i=1}^{N} \sum_{j=1}^{N} (y_i - z_i)(y_j - z_j) \frac{\partial^2 R(y)}{\partial z_i \partial z_j} + O(|y - z|^2) \end{aligned} \tag{5.3.16}$$

将方程(5.3.16)代入方程(5.3.15),并利用方程(5.3.13),方程(5.3.15)变为

$$\frac{1}{\Delta t} \int_{N\text{-fold}} \cdots \int R(y) \{ p_c(x \mid y, t + \Delta t) - p_c(x \mid y, t) \} \prod_{i=1}^{N} \mathrm{d}y_i$$

$$= \int_{N\text{-fold}} \cdots \int R(y) \left\{ - \sum_{i=1}^{N} \frac{\partial}{\partial y_i} [a_i p_c(x \mid y, t)] + \frac{1}{2} \sum_{i=1}^{N} \sum_{j=1}^{N} \frac{\partial^2}{\partial y_i \partial y_j} [b_{ij} p_c(x \mid y, t)] \right\} \prod_{i=1}^{N} \mathrm{d}y_i \tag{5.3.17}$$

对方程(5.3.17)左端取 $\Delta t \to 0$ 的极限,将其右端移项,并用 p_c 表示 $p_c(x \mid y, t)$,得

$$\int_{N\text{-fold}} \cdots \int R(y) \left\{ \frac{\partial p_c}{\partial t} + \sum_{i=1}^{N} \frac{\partial}{\partial y_i} [a_i p_c] - \frac{1}{2} \sum_{i=1}^{N} \sum_{j=1}^{N} \frac{\partial^2}{\partial y_i \partial y_j} [b_{ij} p_c] \right\} \prod_{i=1}^{N} \mathrm{d}y_i = 0 \tag{5.3.18}$$

因为函数 $R(y)$ 是任意的,括号中的项必须为零,由此可得

$$\frac{\partial p_c}{\partial t} = - \sum_{i=1}^{N} \frac{\partial}{\partial y_i} [a_i(y, t) p_c] + \frac{1}{2} \sum_{i=1}^{N} \sum_{j=1}^{N} \frac{\partial^2}{\partial y_i \partial y_j} [b_{ij}(y, t) p_c] \tag{5.3.19}$$

式中,

$$a_i(y, t) = \lim_{\Delta t \to 0} \frac{1}{\Delta t} E[\{Y_i(t + \Delta t) - Y_i(t)\} \mid Y(t) = y] \tag{5.3.20}$$

$$b_{ij}(y, t) = \lim_{\Delta t \to 0} \frac{1}{\Delta t} E[\{Y_i(t + \Delta t) - Y_i(t)\} \{Y_j(t + \Delta t) - Y_j(t)\} \mid Y(t) = y] \tag{5.3.21}$$

式中,$i, j = 1, 2, \cdots N$; p_c 是扩散过程的转移概率密度,两个系数 $a_i(y, t)$ 和 $b_{ij}(y, t)$ 分别称为第一增量矩、第二增量矩或称为漂移系数、扩散系数。

式(5.3.19)称为福克尔-普朗克-柯尔莫哥洛夫(Fokker-Planck-Kolmogorov)方程,简称 FPK 方程,该方程于 20 世纪初由物理学家福克尔、普朗克等在研究布朗运动与扩散过程时首先导得,后来由柯尔莫哥洛夫建立了严格的数学基础。马尔可夫过程的逆过程仍然是马尔可夫过程,仍可用转移概率密度 $p(y, t \mid y_0, t_0)$ 描述,只是此时它是 (y_0, t_0) 的函数,而把 (y, t) 看作最终量。根据马尔可夫过程的顺逆过程,可把 FPK 方程分为两种形式: 前向方程和后向方程。前向 FPK 方程主要用于响应预测,而后向 FPK 方程则用于可靠性的估计。一般,把前向 FPK 方程直接简称 FPK 方程。

FPK 方程方法是指: 由给定的运动微分方程推导出 FPK 方程,并在适当的边界条件和初始条件下求解 FPK 方程,主要工作是计算漂移系数和扩散系数。对于受高斯白噪声外激励情形,可先将动态系统运动方程写成状态方程的形式,然后改写成增量形式,再按方程(5.3.20)和方程(5.3.21)计算漂移系数和扩散系数。在某些问题中,随着时间的流逝,条件概率 $p_c(y \mid y_0, t)$ 可能刚好趋于一个有限平稳概率密度 $p(y)$,简单地说就是概率密度不再依赖于时间和初始条件,$p(y)$ 的解如果存在的话,那么它可以通过在 FPK 方程中令 $t \to \infty$,将 $\partial p/\partial t$ 写成 $\partial p/\partial t = 0$ 而求出。这时,关于 $p(y)$ 的方程为

$$\frac{1}{2} \sum_{i=1}^{N} \sum_{j=1}^{N} \frac{\partial^2}{\partial y_i \partial y_j} [b_{ij}(y) p(y)] - \sum_{i=1}^{N} \frac{\partial}{\partial y_i} [a_i(y) p(y)] = 0 \tag{5.3.22}$$

利用获得的 FPK 方程(5.3.19)或式(5.3.22)可以得到系统的解析结果。

例 5.3.1　对于具有非线性刚度的单自由度系统：

$$\ddot{x}+\beta\dot{x}+F(x)=f(t) \tag{a}$$

式中，激励 $f(t)$ 是具有零均值的平稳高斯白噪声随机过程，即

$$E[f(t)]=0,\ E[f(t_1)f(t_2)]=(W_0/2)\delta(t_1-t_2) \tag{b}$$

式中，$E[\cdots]$ 代表集合平均；W_0 为常数，为激励的白噪声功率谱密度；β 为线性黏滞阻尼系数与质量的比值；$F(x)$ 为非线性恢复力与质量的比值。试采用 FPK 方程对系统的响应特性进行分析。

解： 记 $y_1=x$，$y_2=\dot{x}$，则方程(a)等价于下面的一阶方程组：

$$\begin{cases}\dot{y}_1=y_2\\ \dot{y}_2=-\beta y_2-F(y_1)+f(t)\end{cases} \tag{c}$$

若方程(5.3.11)和方程(5.3.12)中的 A_i、B_{ij} 得以确定，FPK 方程中的系数 a_i、b_{ij} 便可通过方程(5.3.13)确定。根据对实际系统的理解可知：$A_1=E[\Delta y_1]$；$A_2=E[\Delta y_2]$；$B_{11}=E[\Delta y_1^2]$；$B_{12}=B_{21}=E[\Delta y_1\Delta y_2]$；$B_{22}=E[\Delta y_2^2]$，将它们代入方程(5.3.13)得

$$\begin{aligned}&a_1=\lim_{\Delta t\to 0}\frac{E[\Delta y_1]}{\Delta t},\quad a_2=\lim_{\Delta t\to 0}\frac{E[\Delta y_2]}{\Delta t},\quad b_{11}=\lim_{\Delta t\to 0}\frac{E[\Delta y_1^2]}{\Delta t}=0\\ &b_{12}=b_{21}=\lim_{\Delta t\to 0}\frac{E[\Delta y_1\Delta y_2]}{\Delta t}=0,\quad b_{22}=\lim_{\Delta t\to 0}\frac{E[\Delta y_2^2]}{\Delta t}\end{aligned} \tag{d}$$

利用方程(c)可得 $E[\Delta y_2]$ 和 $E[\Delta y_2^2]$ 的表达式，并将它们代入式(d)中 a_2 和 b_{22} 的表达式，同时用 τ 替换积分变量 t，则 a_2 和 b_{22} 可以写成

$$a_2=\lim_{\Delta t\to 0}\frac{E\left[(-\beta y_2-F(y_1))\Delta t+\int_t^{t+\Delta t}f(\tau)\mathrm{d}\tau\right]}{\Delta t}$$

$$\begin{aligned}b_{22}&=\lim_{\Delta t\to 0}\frac{E\left[\left\{[-\beta y_2-F(y_1)]\Delta t+\int_t^{t+\Delta t}f(\tau)\mathrm{d}\tau\right\}^2\right]}{\Delta t}\\ &=\lim_{\Delta t\to 0}E\left[\left\{[-\beta y_2-F(y_1)]^2\Delta t+2[-\beta y_2-F(y_1)]\int_t^{t+\Delta t}f(\tau)\mathrm{d}\tau\right.\right.\\ &\qquad\left.\left.+\frac{1}{\Delta t}\iint f(\tau_1)f(\tau_2)\mathrm{d}\tau_1\mathrm{d}\tau_2\right\}\right]\end{aligned}$$

应用方程(b)的条件，得 $a_2=-\beta y_2-F(y_1)=-\beta\dot{x}-F(x)$，$b_{22}=W_0/2$。

类似地，可以证明高阶矩当 $\Delta t\to 0$ 时是 $O(\Delta t)$ 阶的。因此，该系统满足 FPK 方程的必要条件，受 FPK 方程所控制。将方程(d)代入式(5.3.22)，得

$$\frac{W_0}{4}\frac{\partial^2 p}{\partial y_2^2}-\frac{\partial}{\partial y_1}(y_2 p)+\frac{\partial}{\partial y_2}\{[\beta y_2+F(y_1)]p\}=0 \tag{e}$$

进一步将方程(e)写成下面的形式:

$$\left[\beta\frac{\partial}{\partial y_2}-\frac{\partial}{\partial y_1}\right]\left[y_2 p+\frac{W_0}{4\beta}\frac{\partial p}{\partial y_2}\right]+\frac{\partial}{\partial y_2}\left[F(y_1)p+\frac{W_0}{4\beta}\frac{\partial p}{\partial y_1}\right]=0 \tag{f}$$

显然,方程(f)的一个解可通过使 $p(y_1,\ y_2)=p(x,\ \dot{x})$ 满足下列两个条件而求得:

$$y_2 p+\frac{W_0}{4\beta}\frac{\partial p}{\partial y_2}=0,\quad F(y_1)p+\frac{W_0}{4\beta}\frac{\partial p}{\partial y_1}=0 \tag{g}$$

由此可得

$$p(y_1,\ y_2)=p(x,\ \dot{x})=C\exp\left\{-\frac{4\beta}{W_0}\left[\frac{y_2^2}{2}+\int_0^{y_1}F(\varsigma)\,\mathrm{d}\,\varsigma\right]\right\} \tag{h}$$

式中, C 是归一化常数; ς 是替代 x 或 y_1 作为积分变量。从方程(h)可以看出,位移和速度是统计独立的,即

$$p(y_1,\ y_2)=p(y_1)p(y_2) \tag{i}$$

从方程(h)还可以看出,在 $p(y_1,\ y_2)$ 中,速度 y_2 服从高斯分布,这是不难理解的,因为它与线性恢复力 $F(y_1)=\omega_0^2 y_1$ 具有相同的形式。进一步,注意到概率密度函数 $p(y_1,\ y_2)$ 可以写成 $p(y_1,\ y_2)=C\exp\{-4\beta E/W_0\}$,其中 E 是系统对应单位质量的总能量,这恰好是无阻尼自治振子的麦克斯韦-玻尔兹曼(Maxwell-Boltzmann)分布,在此无阻尼自治振子中,单位质量的平均动能为 $\langle T\rangle=W_0/8\beta$。令 $C=C_1C_2$,根据方程(h)和(i)可以分别写出 x 和 $\dot{x}$ 的概率密度函数:

$$p(\dot{x})=C_1\exp\left[-\frac{4\beta}{W_0}\frac{\dot{x}^2}{2}\right],\quad p(x)=C_2\exp\left[-\frac{4\beta}{W_0}\int_0^x F(\varsigma)\,\mathrm{d}\,\varsigma\right]$$

根据归一化条件得

$$C_1=\sqrt{\frac{2\beta}{\pi W_0}},\quad C_2=1\Big/\int_{-\infty}^{\infty}\exp\left[-\frac{4\beta}{W_0}\int_0^x F(\varsigma)\,\mathrm{d}\,\varsigma\right]\mathrm{d}x$$

因此,位移响应的均方值为

$$E[x^2]=\int_{-\infty}^{\infty}x^2\exp\left[-\frac{4\beta}{W_0}\int_0^x F(\varsigma)\,\mathrm{d}\,\varsigma\right]\mathrm{d}x\Big/\int_{-\infty}^{\infty}\exp\left[-\frac{4\beta}{W_0}\int_0^x F(\varsigma)\,\mathrm{d}\,\varsigma\right]\mathrm{d}x \tag{j}$$

记 $\sigma_0=\sqrt{W_0/4\beta\omega_0^2}$ 为方程(a)所对应线性系统的位移响应根方差, $\bar{U}(x)=$

$2U(x)/\omega_0^2$，其中 $U(x)=\int_0^x F(\varsigma)\mathrm{d}\varsigma$ 为原非线性系统在任一时刻的势能，于是

$$E[x^2]=\int_{-\infty}^{\infty}x^2\exp\left[-\frac{1}{2\sigma_0^2}\bar{U}(x)\right]\mathrm{d}x\bigg/\int_{-\infty}^{\infty}\exp\left[-\frac{1}{2\sigma_0^2}\bar{U}(x)\right]\mathrm{d}x \tag{k}$$

假设具有“硬弹簧”性质的非线性系统的恢复力为 $F(y_1)=F(x)=\omega_0^2(x+\varepsilon x^3)$，其中，$\varepsilon>0$ 且具有 $1/x^2$ 的量纲，ω_0 是对应线性系统的无阻尼固有频率。$U(x)=\int_0^x F(\varsigma)\mathrm{d}\varsigma=\frac{\omega_0^2}{2}\left(x^2+\frac{\varepsilon}{2}x^4\right)$，$\bar{U}(x)=x^2+\frac{\varepsilon}{2}x^4$，则该系统的位移响应均方值为 $E[x^2]=\int_{-\infty}^{\infty}x^2\exp\left[-\frac{1}{\sigma_0^2}\left(\frac{x^2}{2}+\varepsilon\frac{x^4}{4}\right)\right]\mathrm{d}x\bigg/\int_{-\infty}^{\infty}\exp\left[-\frac{1}{\sigma_0^2}\left(\frac{x^2}{2}+\varepsilon\frac{x^4}{4}\right)\right]\mathrm{d}x$。

若均值为零，则 $\sigma_x^2=E[x^2]$，即位移方差也等于上式。

5.3.2　蒙特卡洛(Monte-Carlo)法

从上一节的 FPK 方程求解可以看出，获得非线性系统的精确解析解比较困难，一般只在一定的限制条件下才能得到解析结果，因此必须寻求其他分析方法。数值模拟法已成为非线性随机振动的重要分析方法和检验方法。

目前，比较常用的数值模拟方法是 Monte-Carlo 法，其基本思想是依托概率论的基本原理，通过大量的随机响应样本来还原系统随机响应的分布规律。该方法实际是人工产生随机数方法的总称，即利用计算机抽取满足一定概率法则的伪随机数构造随机输入，用数值方法求出系统在这些输入下的响应及其统计量。该方法具体包括以下步骤：首先通过产生伪随机数的方法产生随机激励的大量样本；然后针对每一个激励样本进行振动系统的确定性响应分析，从而求得大量响应样本；最后从大量响应样本中获取响应的统计信息。为简化计算，对于符合各态历经性条件的线性系统，可只采用一条激励样本时程曲线求系统响应；但对于非线性系统，即使激励具有各态历经性，一般也难以得到各态历经性响应，因此对非线性振动系统进行模拟时，必须采用大量样本进行计算，然后对计算结果进行统计分析。

1. 平稳高斯过程模拟

工程中常见的随机过程是平稳高斯过程，非平稳高斯过程可以通过将平稳高斯过程用某一确定性时间函数进行调制而得到，因此平稳高斯过程模拟是随机过程模拟中最基本和最重要的内容。平稳高斯过程的模拟可以有多种方法，其中最经典的方法是三角级数法，下面对三角级数法中的一种情形作简要介绍。

设 $f(t)$ 是各态历经的平稳高斯过程，其均值为零、功率谱密度为 $S_f(\omega)$，则可采用下列三角级数模拟其样本函数：

$$\eta(t)=\sum_{k=1}^{N}a_k\cos(\omega_k t+\phi_k) \tag{5.3.23}$$

式中，a_k 为零均值、根方差为 σ_k 的高斯随机变数，对于 $k=1, \cdots, N$，是互相独立的；ϕ_k 是在 $[0, 2\pi]$ 内服从均匀分布的随机变数，对于不同的 k 值，也是相互独立的；N 是充分大的正整数。在 $f(t)$ 的功率谱密度函数 $S_f(\omega)$ 的正 ω 域内，把上限值 ω_u 和下限值 ω_l 之间作 N 等分，设

$$\Delta\omega = (\omega_u - \omega_l)/N \tag{5.3.24}$$

$$\omega_k = \omega_l + \left(k - \frac{1}{2}\right)\Delta\omega \quad (k=1, \cdots, N) \tag{5.3.25}$$

$$a_k^2 = 4S_f(\omega_k)\Delta\omega \tag{5.3.26}$$

式中，ω_u 和 ω_l 分别为与 $S_f(\omega)$ 相对应的上、下截止频率，如图 5.4 所示。

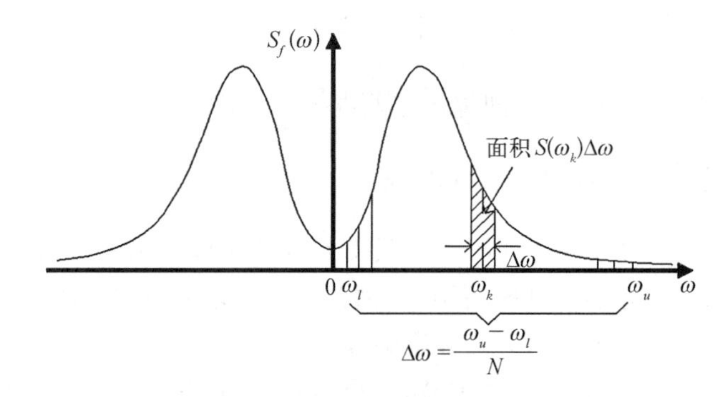

图 5.4　功率谱密度函数 $S_f(\omega)$

该模型能渐近地反映原随机过程的统计特性，且无论 N 取何值，都能保证各态历经性；缺点是不易保证高斯分布特性[除非 $S_f(\omega_k)\Delta\omega_k$ 为常数]。因此，对于不太关心分布特性的情况，可以采用该模型。另外，对于白噪声过程或近似于白噪声的宽带过程，采用该模型较为合适，因为容易以等距离的 $\Delta\omega$ 使得 $S_f(\omega_k)\Delta\omega_k$ 为常数或近似常数。该模型也称为谱表示算法(the spectral representation algorithm)。

2. 基于 Monte-Carlo 法模拟的非线性随机响应计算

通过三角级数的方法可以对某一随机激励过程进行模拟，但进行随机振动分析的目的是要在模拟随机激励过程的基础上，得到模拟的响应随机过程。经过振动系统的“过滤”，原随机过程的一些统计特性是否能够保持不变，与振动系统的性质有很大关系。如果振动系统是线性的，则激励随机过程的统计特性将保持不变；但如果振动系统是非线性的，则激励随机过程的统计特性有可能发生改变。例如，激励服从高斯分布，而非线性系统的响应不一定服从高斯分布。

由于 Monte-Carlo 法需要产生大量的激励样本时程曲线，其中每一条曲线都可以视为一个确定性激励，对于非线性系统，这里采用数值方法计算系统的响应。目前，较为实用的数值计算方法有龙格-库塔法、逐步积分法等。逐步积分法主要包括线性加速度法、威尔逊-θ(Wilson-θ)法和纽马克-β(Newmark-β)法等，其中 $\beta=1/4$ 的 Newmark 方法是被普遍接受的一种无条件稳定方法(即平均加速度法)，目前带预估-校正算子的平均加速度

法的应用较为普遍。

对于每一个时间步,外部激励值由 Monte-Carlo 法产生,响应值由数值方法获得。因此,对于大量的模拟激励样本,在每一个时间步都可以得到大量的激励样本值和响应样本值。随机振动分析的目的就是要利用这些样本值对该时间步的响应统计特性作出估计,估计方法如下。

均值:

$$\mu_x(t_i)=E[X(t_i)]=\sum_{k=1}^{N_s}X_k(t_i)/N_s \tag{5.3.27}$$

根方差:

$$\sigma_x(t_i)=\sqrt{\sum_{k=1}^{N_s}[X_k(t_i)-\mu_x(t_i)]^2/(N_s-1)} \tag{5.3.28}$$

均方值:

$$\psi_x^2(t_i)=\sum_{k=1}^{N_s}X_k^2(t_i)/N_s \tag{5.3.29}$$

其中,根方差和均方值采用的都是无偏估计。上面各算式中, N_s 是样本总数; $X_k(t_i)$ 是第 k 个样本在 t_i 时刻的值,可以是激励,也可以是响应。

如果时间步总数为 N_T, 则由式(5.3.27)~式(5.3.29)可以得到 N_T 个均值、根方差或均方值。如果是平稳过程,则各时刻的统计值应相同,即 N_T 个均值、根方差或均方值应为常数。严格地讲,平稳性的好坏应从均值是否为常数和自相关函数是否仅是时差的函数这两点来判断。但在实际计算中,要验证第二点比较困难,而自相关函数和均方值之间有密切的关系,一般情况下可以认为自相关函数仅是时差的函数与均方值为常数是一种等价关系,因此可以从均方值是否为常数来大致判断随机过程的平稳性。对于非平稳过程,各时刻的统计值是不相同的。

事实上,由于数值计算的误差,即使是平稳过程,其模拟值也会有波动。因此,一般情况下无法根据某一时刻的统计值给出最终的计算结果。可以将每一时刻的均值、根方差或均方值再看作各自总体中的一个样本,将这 N_T 个均值、根方差或均方值再利用式(5.3.27)~式(5.3.29)进行统计计算,将获得的均值作为其"**代表值**",利用各自的**根方差**对随机过程的平稳性作出大致判断。如果 N_T 个均值、根方差或均方值再统计后各自的根方差较大,则表明模拟随机过程的平稳性较差,反之则表明模拟随机过程平稳性较好。

对于第 k 个样本的 N_T 个时刻的样本值,还可以作出其时间均值和时间均方值的估计,分别为

$$E[X(t)]=\sum_{i=1}^{N_T}X_k(t_i)/N_T \tag{5.3.30}$$

$$E[X_k^2(t)]=\sum_{i=1}^{N_T}X_k^2(t_i)/N_T \tag{5.3.31}$$

通过检验时间均值、时间均方值与集合均值、集合均方值是否相等,可以对随机过程的各态历经性作出大致判断。

下面采用 Monte-Carlo 法对单自由度线性、非线性随机振动系统进行分析。由于线性系统随机振动问题有解析解,先采用 Monte-Carlo 法对线性系统进行分析,以验证方法的有效性,然后对非线性系统进行介绍。

例 5.3.2 图 5.5(a)、(b)分别为单自由度线性、非线性随机振动系统。其中,图(a)为线性系统,其运动方程为 $\ddot{x}+2\varsigma_0\omega_0\dot{x}+\omega_0^2x=f(t)$,设 $\varsigma_0=0.01$,$\omega_0=2\pi\ \mathrm{rad/s}$;图(b)为非线性系统,其运动方程为 $\ddot{x}+2\varsigma_0\omega_0\dot{x}+F_k(x)=f(t)$,其中 $F_k(x)=\omega_0^2x+\varepsilon x^3$,$\varepsilon$ 为非线性参数,设 $\varsigma_0=0.05$,$\omega_0=2\pi\ \mathrm{rad/s}$。两种情况下,$f(t)$ 皆为零均值平稳高斯过程,功率谱密度函数分下列两种工况考虑:① 白噪声,$S_f(\omega)=S_0=1$;② 有色噪声,$S_f(\omega)=\dfrac{S_0|\omega|}{(1+57\omega^2)^{\frac{4}{3}}}$,$S_0=1.7526\times10^4$。试采用 Monte-Carlo 法对系统的响应特性进行分析。

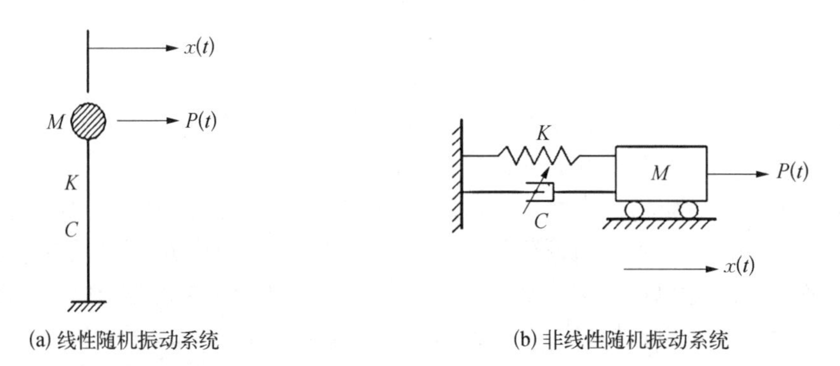

(a) 线性随机振动系统　　(b) 非线性随机振动系统

图 5.5　单自由度线性和非线性随机振动系统结构简图

解:(1) 针对图 5.5(a)的线性振动系统。

$$\ddot{x}+2\varsigma_0\omega_0\dot{x}+\omega_0^2x=f(t)$$

其中,$\varsigma_0=0.01$;$\omega_0=2\pi\ \mathrm{rad/s}$。

该线性系统的解析解为:① 白噪声:$\sigma_x^2=\pi S_0/(2\varsigma_0\omega_0^3)\approx0.6333$,$\sigma_x\approx0.7958$,$\sigma_f$ 不存在;② 有色噪声:$\sigma_x^2=\int_{-\infty}^{\infty}S_f(\omega)\mathrm{d}\omega/[(\omega_0^2-\omega^2)^2+(2\varsigma_0\omega_0\omega)^2]\approx2.9174$,$\sigma_x\approx1.708$,$\sigma_f^2=\int_{-\infty}^{\infty}S_f(\omega)\mathrm{d}\omega\approx922.3976$,$\sigma_f\approx30.3710$。

现求 Monte-Carlo 解。计算中所使用的符号含义如下:ω_l 和 ω_u 分别为上、下截止频率,N_w 为区间 $[\omega_l,\omega_u]$ 的分段数,即式(5.3.24)中的 N;T_l 和 T_u 分别为逐步积分的起始和结束时刻;N_T 为积分时段 $[T_l,T_u]$ 内的积分步数;N_S 为样本总数。取 $\omega_l=0$,$\omega_u=10\pi\ \mathrm{rad/s}$,$N_w=200$,$T_l=0$,$T_u=80\ \mathrm{s}$,$N_T=3200$,$N_S=500$ 时,两种工况下的 Monte-Carlo 解及相对于解析解的误差列于表 5.1。

表 5.1　Monte-Carlo 解及与解析解的误差

白噪声		有色噪声			
		σ_x		σ_f	
$\sigma_x^{(M)}$	误差 δ_x	$\sigma_x^{(M)}$	误差 δ_x	$\sigma_f^{(M)}$	误差 δ_f
0.739	7.14%	1.609	5.80%	28.240	7.02%

从表 5.1 可以看出，Monte-Carlo 解与解析解的最大误差为 7.14%，说明 Monte-Carlo 法具有较好的精度。产生误差，主要与两个因素有关：一是进行响应统计计算的起始时刻；二是激励谱密度曲线对应的上、下截止频率及频率分段数。为了得到较好的统计结果，应设法除去开始的一段非稳态解。分析单自由度系统强迫振动的通解可知，其中非稳态部分的幅值可由 $e^{-\varsigma_0\omega_0 t}$ 控制。因此，可以采用如下公式大致估算非稳态段的长度：$\exp(-\varsigma_0\omega_0 T_S) < \varepsilon_T$，式中 ε_T 为充分小的正整数，可根据计算精度而定，由此可得 $T_S > -\ln\varepsilon_T/\varsigma_0\omega_0$。激励谱密度上、下截止频率的选取不但要包含谱密度曲线的峰值及其他有效成分，而且要包含振动系统的固有频率；频率分段数越多，反映激励的特性越精确，但计算量也越大，因此应依据计算能力和精度要求综合而定。以本例的有色噪声为例，综合考虑上述两个因素进行改进计算。取 $\omega_l = 0$，将不同的 ω_u、N_w 值计算的结果列于表 5.2。

表 5.2　Monte-Carlo 解改进计算(有色噪声)

ω_u	N_w	$\sigma_x^{(M)}$	δ_x
31.416 (10π)	2 500	1.710	0.12%
12.566 (4π)	2 500	1.710	0.12%
12.566	1 250	1.710	0.12%
12.566	500	1.710	0.12%
12.566	200	1.693	0.88%
3.142(π)	200	0.736	56.91%

由表 5.2 可见，改进计算的结果有明显改善。事实上，对于这种窄带谱，取 $\omega_u = 2\omega_0$ 已足够；而 N_w 取 500 也已足够精确，如果取 $N_w = 200$，结果仍能令人满意，但计算工作量却可以大幅度减少。从表 5.2 还可以看出，若取 $\omega_u = \pi\ (0.5\omega_0)$，尽管已经包含了 $S_f(\omega)$ 的绝大部分有效值，但由于未包含结构的固有频率，计算结果很差，这些都与线性振动理论的结论吻合。通过线性系统分析，验证了 Monte-Carlo 法的正确性，下面采用 Monte-Carlo 法对非线性系统的响应特性进行分析。

(2) 针对图 5.5(b)的非线性振动系统。

$$\ddot{x} + 2\varsigma_0\omega_0\dot{x} + F_k(x) = f(t)$$

式中，$F_k(x) = \omega_0^2 x + \varepsilon x^3$；$\varsigma_0 = 0.05$；$\omega_0 = 2\pi\ \text{rad/s}$。

选择如下的计算参数：$\omega_l = 0$，$\omega_u = 8\pi\ \text{rad/s}$，$N_w = 400$，$T_l = 0$，$T_u = 240\ \text{s}$，$N_T =$

9 600(统计计算时除去 40 s 的非稳态响应段,在后面的 200 s 时段内,用 8 000 个时间步进行响应的平稳性分析), $N_S = 200$, $T_S = 40$ s。 采用式(5. 3. 23)给出的模型模拟激励过程,采用平均加速度法进行逐步积分。以均值和根方差为例,将非线性系统在白噪声和有色噪声激励下的计算结果随 ε 的变化情况分别列于表 5. 3 和表 5. 4。由于均值计算结果均为零,表中不再列出。

表 5. 3　白噪声下的计算结果

ε	σ_{E_x}	σ_x	σ_{σ_x}	$(\sigma_{\sigma_x}/\sigma_x)$ /%
0. 00	0. 023 1	0. 354 4	0. 018 4	5. 19
1. 00	0. 021 7	0. 314 1	0. 015 2	4. 84
2. 00	0. 018 6	0. 294 6	0. 013 0	4. 41
3. 00	0. 019 7	0. 281 6	0. 012 1	4. 30
4. 00	0. 020 2	0. 271 1	0. 011 0	4. 06
5. 00	0. 018 4	0. 262 1	0. 011 1	4. 24

表 5. 4　有色噪声下的计算结果

ε	σ_{E_x}	σ_x	σ_{σ_x}	$(\sigma_{\sigma_x}/\sigma_x)$ /%
0. 00	0. 041 4	0. 716 0	0. 038 6	5. 39
1. 00	0. 029 8	0. 475 9	0. 020 1	4. 22
2. 00	0. 023 5	0. 414 1	0. 016 5	3. 98
3. 00	0. 022 3	0. 378 4	0. 015 3	4. 04
4. 00	0. 021 9	0. 353 4	0. 013 8	3. 90
5. 00	0. 020 8	0. 335 2	0. 013 1	3. 91

从表 5. 3 和表 5. 4 中的结果可以看出,各时刻零均值的波动都比较小,根方差的波动最大也不超过其本身的 6%,表明模拟结果的平稳性是可以接受的。另外,对于窄带的有色噪声,随着 ε 的增大,其根方差下降幅度较大,主要是由于该有色噪声的卓越频率非常低,只有 0.03π 左右。随着弹簧刚度的提高,系统固有频率越来越远离卓越频率,使得噪声中的长周期成分被“过滤”掉,所以系统响应越来越小。

5. 3. 3　等效线性化方法

等效线性化方法最初来自确定性非线性振动研究,称为 Krylov-Bogoliubov 方法。20 世纪 50 年代,Caughey 和 Booton 同时将这一思想应用于非线性随机振动的近似解中,并称为统计线性化方法,Caughey(1963)在相关文献中详细介绍了这一方法,因此一般将这一方法称为 Caughey 方法或 Caughey-Booton 方法。由于该方法是以线性系统等效地代替非线性系统,又称为等效线性化方法。**等效线性化方法的基本思想是**:根据一定的等效原则,用一个线性系统等效地替代非线性系统,使得原非线性随机振动问题在均方误差最小的意义上变为形式上的线性随机振动问题,利用线性随机振动理论对系统求解,获得系统响应的二阶矩以内的信息,如均值、均方值及根方差等,从而得到一定保证率下的响应设计值。

在等效线性化方法中,根据所选物理量的不同,可分为基于运动方程的方法和基于能量的方法两大类。基于运动方程的方法主要以非线性方程与等效线性方程之差统计最小为等效原则,其中又有方程差和加权方程差之分;基于能量的方法主要是以非线性系统与等效线性系统能量之差统计最小为等效原则,其中又分为能量差、平方能量差、加权能量差等。等效线性化方法并不要求激励是白噪声,但要求非线性系统的响应是接近正态分布的平稳随机过程。该方法适用于恢复力、阻尼力或两者都是非线性的系统,也适用于具有滞回特性的非线性系统。

等效线性化方法具有思路简洁、使用方便等特点,因此受到了工程界的广泛重视,已成为非线性系统随机响应分析中最流行的方法。但由于在实际求解过程中需要循环迭代,对于多自由度系统,尤其是大型复杂系统,其实际应用尚有一定难度。

1. *以方程差为基础的等效线性化方法*

设受平稳高斯随机激励的单自由度非线性系统的运动方程为

$$M\ddot{x} + g(x,\ \dot{x}) = P(t) \tag{5.3.32}$$

其等效线性化方程为

$$M\ddot{x} + C_e\dot{x} + K_e x = P(t) \tag{5.3.33}$$

前两个方程之差为

$$\varepsilon = g(x,\ \dot{x}) - C_e\dot{x} - K_e x \tag{5.3.34}$$

方程差 ε 均方最小化的必要条件为

$$\frac{\partial E[\varepsilon^2]}{\partial C_e} = 0, \quad \frac{\partial E[\varepsilon^2]}{\partial K_e} = 0 \tag{5.3.35}$$

由此可以解得

$$C_e = \frac{E[\dot{x}g(x,\ \dot{x})]}{E[\dot{x}^2]}, \quad K_e = \frac{E[xg(x,\ \dot{x})]}{E[x^2]} \tag{5.3.36}$$

式(5.3.36)为方程差法中用于确定等效线性化参数的基本公式。目前,由该式确定等效线性化系统参数的方法通常有两种。一种是假定方程(5.3.32)所代表的系统具有小阻尼和弱非线性,使得系统的运动近似为振幅和频率受到慢变调制的正弦波,因而可以假设响应为如下形式:

$$x(t) \approx a(t)\sin[\omega_e t + \phi(t)] = a\sin\theta \tag{5.3.37}$$

式中,$\omega_e = K_e/M$ 是等效线性系统的固有频率;振幅 $a(t)$ 和相位 $\phi(t)$ 是时间的慢变函数。

另一种是假定方程(5.3.32)所代表的系统是弱非线性系统,使得在平稳高斯激励作用下的响应可以近似为平稳高斯过程,且可以认为位移 x 和速度 $\dot{x}$ 是相互独立的。因此,当激励为零均值时,响应的概率密度函数可以写成下列形式:

$$p(x, \dot{x}) = \frac{1}{2\pi\sigma_x\sigma_{\dot{x}}}\exp\left[-\left(\frac{x^2}{2\sigma_x^2}+\frac{\dot{x}^2}{2\sigma_{\dot{x}}^2}\right)\right] \tag{5.3.38}$$

将式(5.3.38)代入式(5.3.36),对于给定的 $g(x, \dot{x})$,可求出上述等效参数。但是,式(5.3.38)中含有响应的根方差(即 σ_x 和 $\sigma_{\dot{x}}$),因此在实际计算时需要求解联立方程组,方可求出 σ_x 和 $\sigma_{\dot{x}}$ 或 C_e 和 K_e。

现采用第二种方法进行分析。若系统只有恢复力为非线性而阻尼力仍为线性时,方程(5.3.32)和方程(5.3.33)成为如下形式:

$$\ddot{x}+\beta\dot{x}+F_k(x)=f(t) \tag{5.3.39}$$

$$\ddot{x}+\beta\dot{x}+\omega_{\mathrm{eq}}^2 x=f(t) \tag{5.3.40}$$

式中,$\omega_{\mathrm{eq}}^2=K_e/M$;$\beta=C_e/M$;$f(t)=P(t)/M$;$F_k(x)$ 即为非线性恢复力。

相应地,式(5.3.36)就成为

$$\omega_{\mathrm{eq}}^2=\frac{E[xF_k(x)]}{E[x^2]} \tag{5.3.41}$$

以下将针对硬弹簧非线性恢复力模型给出相应的方程差解:

$$若\ F_k(x)=\omega_0^2(x+\varepsilon x^3) \tag{5.3.42}$$

式中,ε 为非线性参数;ω_0 是对应线性系统(即 $\varepsilon=0$)的固有频率。

由式(5.3.41)可以求出:

$$\omega_{\mathrm{eq}}^2=\beta_0\omega_0^2,\quad \beta_0=1+\varepsilon\frac{E[x^4]}{E[x^2]} \tag{5.3.43}$$

又由式(5.3.38)可得

$$p(x)=\frac{1}{\sqrt{2\pi}\sigma_x}\exp\left(-\frac{x^2}{2\sigma_x^2}\right) \tag{5.3.44}$$

令 $\lambda=\sigma_x^2/\sigma_0^2$、$\mu_1=\varepsilon\sigma_0^2$,其中 σ_0 为对应线性系统的位移响应根方差,则可以求出:

$$\beta_0=1+3\mu_1\lambda \tag{5.3.45}$$

现假设 $f(t)$ 为零均值平稳高斯激励,且具有功率谱密度函数 $S_f(\omega)$,则

$$\lambda=\frac{1}{\sigma_0^2}\int_{-\infty}^{+\infty}\frac{S_f(\omega)\,\mathrm{d}\omega}{(\omega^2-\beta_0\omega_0^2)^2+(\beta\omega)^2} \tag{5.3.46}$$

其中,

$$\sigma_0^2=\int_{-\infty}^{+\infty}\frac{S_f(\omega)\,\mathrm{d}\omega}{(\omega^2-\omega_0^2)^2+(\beta\omega)^2} \tag{5.3.47}$$

联立式(5.3.45)和式(5.3.46),进行迭代运算,便可以求出系统的响应 λ 及由式

(5. 3. 43)计算等效固有频率 ω_{eq}。

2. *以能量差为基础的等效线性化方法*

仍设非线性系统和相应等效线性系统的运动方程分别为式(5. 3. 32)和式(5. 3. 33)。设非线性系统的能量为 E，而等效线性系统的能量为 E_{eq}，则两者的能量之差为

$$\varepsilon = E - E_{eq} \tag{5.3.48}$$

式中，E 为广义能量，可为势能、单位时间内的动能，也可为功。

根据能量之差均方最小的等效原则，同样令

$$\frac{\partial E[\varepsilon^2]}{\partial C_e} = 0, \quad \frac{\partial E[\varepsilon^2]}{\partial K_e} = 0 \tag{5.3.49}$$

由此得到：

$$C_e = \frac{2E[\dot{x}^2 E]}{E[\dot{x}^4]}, \quad K_e = \frac{2E[x^2 E]}{E[x^4]} \tag{5.3.50}$$

对于式(5. 3. 39)和式(5. 3. 40)所示的非线性系统和等效线性系统，E 和 E_{eq} 分别为它们的势能，即

$$E = U = \int_0^x F_k(\varsigma)\,\mathrm{d}\,\varsigma \tag{5.3.51}$$

$$E_{eq} = U_{eq} = \int_0^x \omega_{eq}^2 \varsigma\,\mathrm{d}\,\varsigma = \frac{1}{2}\omega_{eq}^2 x^2 \tag{5.3.52}$$

如果记：

$$\bar{U} = 2U/\omega_0^2 \tag{5.3.53}$$

则可以求出：

$$\omega_{eq}^2 = \beta_1 \omega_0^2, \quad \beta_1 = \frac{E[x^2 \bar{U}]}{E[x^4]} \tag{5.3.54}$$

针对硬弹簧非线性恢复力模型 $F_k(x) = \omega_0^2(x + \varepsilon x^3)$，能量差解为

$$\beta_1 = 1 + 2.5\mu_1\lambda \quad (\mu_1 = \varepsilon\sigma_0^2) \tag{5.3.55}$$

同样地，系统响应 λ 和 β_1 仍需通过联立式(5. 3. 46)和式(5. 3. 55)进行求解，只是应将式(5. 3. 46)中的 β_0 改为 β_1。

虽然能量差原则更符合力学原理，一般基于能量差方法比基于方程差方法的精度高，但由于在整个振动过程中采用统计量，与确定性振动相比，计算结果仍存在误差。等效线性化方法克服了 FPK 方法的诸多限制，因而获得了较快发展。但是，由于采用线性系统等效地代替原非线性系统，而线性系统只能获得二阶矩以内的信息，该方法只在求均方值、方差等统计值方面取得了较好的结果，进一步分析还应研究概率密度函数的改进等，以适应更广泛的要求。此外，Falsone 等(1994)还指出了等效线性化方法的一些其他不

足：例如，对自相关函数、极值等响应量的计算结果不是很可靠，不适合处理本质非线性系统等，这些有待于通过进一步研究加以改进。

5.3.4 矩函数微分方程法及截断方案

求解非线性系统响应的另一种策略是建立描述响应统计矩演化过程的矩方程法，该方法起源于湍流的研究，现今已成为随机振动分析的一种有效近似方法。非线性系统的矩方程可以直接由所给的运动微分方程经数学期望运算得到；对受白噪声激励的系统，还可经由 FPK 方程或伊藤（Itô）随机微分方程推出。使用该方法的主要困难是随机响应统计矩的矩方程一般具有非闭合的、无限层次结构特征，无法精确求解。为了得到有限层次的、封闭的近似方程组，必须设法进行截断，即将矩方程中高于某阶的矩用等于或低于某阶的矩表示出来，从而形成近似封闭的矩方程。

在随机振动中主要采用的截断方案有高斯截断、累积量截断及非高斯截断方法。其中，最常用和最简单的方案是高斯截断法，即把响应过程假设为一个零均值的高斯过程。按照高斯过程中高阶矩与一阶矩、二阶矩的关系，将高阶矩用一阶矩、二阶矩表示，使矩方程在二阶水平上截断。研究表明，高斯截断在某种程度上等价于等效线性化方法。累积量截断是假定响应过程中某阶以上的累积量函数全部为零，将高于某阶的矩用等于及低于该阶的矩表示，从而将矩方程在该阶水平上截断。随着累积量截断阶数的增大，使用累积量截断得到的结果和精确解也越接近，高斯截断法本质上就是一种二阶累积量截断方法。非高斯截断法是为非线性系统构造一个具有待定参数的非高斯概率密度函数，利用矩方程得到确定未知参数的微分或代数方程，最后由概率密度给出系统的响应统计量。

矩方程法可以应用于单自由度或多自由度随机振动系统，但矩方程组的数目将随系统自由度数的增大而急剧增加。下面对矩方程及三种截断方案分别进行介绍。

1. 矩方程

可以直接求解精确解的 FPK 方程，尤其是能求精确瞬态解的 FPK 方程相对困难，在多数工程实践中，只能获得近似解或数值解。为此，可以将求解 FPK 方程稳定或不稳定解的问题转换为求解随机响应矩的偏微分方程组问题，尤其是对于非线性项可用多项式或幂级数表示、但很难获得响应的概率密度精确解的情况，通过求解矩所满足的微分方程或代数方程，即矩方程，可以获得系统的响应矩。

一般而言，可由 FPK 方程、伊藤随机微分方程和累积量函数推导出矩方程，具体过程如下。

设一个 n 维系统的运动微分方程可化为如下伊藤随机微分方程：

$$\mathrm{d}Y(t) = F(Y,\ t)\mathrm{d}t + G(Y,\ t)\mathrm{d}W(t),\quad Y(0) = y_0 \tag{5.3.56}$$

式中，$Y(t)$ 为 n 维矢量随机过程：

$$Y(t) = [y_1(t),\ \cdots,\ y_n(t)]^{\mathrm{T}} \tag{5.3.57}$$

$W(t)$ 为由 m 个独立标准维纳过程组成的矢量维纳过程：

$$W(t) = [W_1(t), \cdots, W_m(t)]^{\mathrm{T}} \tag{5.3.58}$$

当考虑高斯白噪声时满足如下条件：

$$\begin{cases} E[W(t)] = 0 \\ E[W(t)W(t+\tau)] = 2D\delta(t) \end{cases} \tag{5.3.59}$$

$F(Y, t)$ 和 $G(Y, t)$ 是 $Y(t)$ 的非线性函数，将方程(5.3.56)改写成增量形式：

$$\Delta Y(t) = F(Y, t)\Delta t + G(Y, t)\Delta W(t) + O(\Delta t) \tag{5.3.60}$$

可得

$$\Delta y_i(t) = F_i(Y, t)\Delta t + \sum_{h=1}^{m} G_{ih}(Y, t)W_h(t)\Delta t + O(\Delta t) \tag{5.3.61}$$

$$\begin{aligned} \Delta y_i(t)\Delta y_j(t) = & F_i(Y, t)F_j(Y, t)(\Delta t)^2 + F_i(Y, t)\Delta t\sum_{k=1}^{m} G_{jk}(Y, t)\Delta W_k(t) \\ & + F_j(Y, t)\Delta t\sum_{h=1}^{m} G_{ih}(Y, t)\Delta W_h(t) \\ & + \sum_{k=1}^{m}\sum_{h=1}^{m} G_{ih}(Y, t)G_{jk}(Y, t)\Delta W_k(t)\Delta W_h(t) + O(\Delta t) \end{aligned} \tag{5.3.62}$$

对应于式(5.3.19)~式(5.3.21)，可以写出类似的 FPK 方程：

$$\frac{\partial \Phi(Y)}{\partial t} = -\sum_{i=1}^{n} \frac{\partial}{\partial y_i}[a_i(y, t)\Phi] + \frac{1}{2}\sum_{i,j=1}^{n} \frac{\partial^2}{\partial y_i \partial y_j}[b_{ij}(y, t)\Phi] \tag{5.3.63}$$

式中，

$$a_i(y_1, \cdots, y_n, t) = F_i(Y, t) \tag{5.3.64}$$

$$b_{ij}(y_1, \cdots, y_n, t) = \sum_{k=1}^{m}\sum_{h=1}^{m} 2D_{kh}G_{ih}(Y, t)G_{jk}(Y, t) = 2(GDG^{\mathrm{T}})_{ij} \tag{5.3.65}$$

由矩的定义可知：

$$m_{k_1, \cdots, k_n} = E[\Phi(Y)] = \int_{-\infty}^{\infty} \cdots \int_{-\infty}^{\infty} \Phi(Y)p(Y, t)\mathrm{d}y_1 \cdots \mathrm{d}y_n \tag{5.3.66}$$

式中，

$$\Phi(Y) = (y_1^{k_1}, \cdots, y_n^{k_n}) = \prod_{i=1}^{n} y_i^{k_i} \tag{5.3.67}$$

则矩方程为

$$\begin{aligned} \dot{m}_{k_1, \cdots, k_n} = & \int_{-\infty}^{\infty} \cdots \int_{-\infty}^{\infty} \Phi(Y) \frac{\partial p(Y, t)}{\partial t} \mathrm{d}y_1 \cdots \mathrm{d}y_n \\ = & -\int_{-\infty}^{\infty} \cdots \int_{-\infty}^{\infty} \Phi(Y) \sum_{i=1}^{n} \frac{\partial}{\partial y_i}\{p(Y, t)F_i(Y, t)\}\mathrm{d}y_1 \cdots \mathrm{d}y_n \\ & + \int_{-\infty}^{\infty} \cdots \int_{-\infty}^{\infty} \Phi(Y) \sum_{i=1}^{n}\sum_{j=1}^{n} \frac{\partial^2}{\partial y_i \partial y_j}\{p(Y, t)(GDG^{\mathrm{T}})\}\mathrm{d}y_1 \cdots \mathrm{d}y_n \end{aligned}$$

$$= \sum_{i=1}^{n} E\left[\frac{\partial \Phi(Y)}{\partial y_i} F_i(Y,\ t)\right] + \sum_{i=1}^{n}\sum_{j=1}^{n} E\left[\frac{\partial^2 \Phi(Y)}{\partial y_i \partial y_j}(GDG^{\mathrm{T}})_{ij}\right] \tag{5.3.68}$$

根据非线性函数 $F(Y,\ t)$ 和 $G(Y,\ t)$ 的性质,可以分以下四种情况。

(1) $F(Y,\ t)$ 与 Y 成正比, $G(t)$ 与 Y 无关,即线性系统受高斯白噪声外激励,响应 $Y(t)$ 为高斯过程。

(2) $F(Y,\ t)$ 和 $G(Y,\ t)$ 皆为 Y 的线性函数,即线性系统同时受高斯白噪声外激励和参数激励,响应 $Y(t)$ 为非高斯过程, r 阶矩方程中只包含 r 阶和 $(r-2)$ 阶的矩。

(3) $F(Y,\ t)$ 和(或) $G(Y,\ t)$ 为 Y 的非线性函数,即非线性系统受高斯白噪声外激和(或)参激;或 $F(Y,\ t)$ 与 $G(Y,\ t)$ 为 Y 的线性函数,但激励为滤波高斯白噪声,响应 $Y(t)$ 为非高斯过程。r 阶矩方程中同时包含低于、等于及高于 r 的矩。

(4) $F(Y,\ t)$ 和(或) $G(Y,\ t)$ 对 Y 为非解析或间断函数,矩方程较为复杂。

对于情况(1)和(2),矩方程是封闭的,可以直接求解;对于情况(3)和(4),则需要运用截断方案使矩方程封闭才可以求解。

2. 截断方案

在随机振动中,截断方案主要有高斯截断、累积量截断和非高斯截断三种。对不封闭的矩方程进行截断,相当于给响应形态施加某种约束。因此,一种截断方案的适用性,取决于相应的约束是否从根本上改变了响应的形态。且在一种截断方案基本适用的情况下,其精度取决于截断后的矩方程与原方程解在形态上的接近程度。

1) 高斯截断

响应 $Y(t)$ 为高斯过程,高斯过程的高阶矩与一阶矩、二阶矩之间的关系如下:

$$m_{2k-1} = 0,\quad m_{2k} = 1\cdot 3\cdot 5\cdots(2k-1)m_2^k \quad (k = 1,\ 2,\ \cdots) \tag{5.3.69}$$

将高阶矩用一阶矩、二阶矩表示,使矩方程在二阶水平上截断,即高斯截断方案,适用于单自由度或多自由度非线性系统受平稳与非平稳随机激励的情况。该方法已应用于二阶非线性弹性系统、迟滞系统在随机激励下的响应预测。但高斯截断法不适用于存在本质非线性的非线性系统,将高斯截断法应用于自激振子的随机响应预测将导致完全错误的结果,应用于非线性参激系统将获得错误的分岔条件。

2) 累积量截断

累积量截断也称为拟高斯截断或准矩截断,是高斯截断的一种推广,其基本思想是,假定响应过程的某阶以上的累积量函数 κ_n 全部为零,借助于累积量函数 κ_n 与矩函数之间的关系,将高于某阶的矩用等于与低于该阶的矩表示,从而将矩方程在该阶水平上截断。为应用累积量截断法,下面给出累积量函数 κ_n 与矩函数之间的关系:

$$\kappa_1[Y_i] = E[Y_i],\quad \kappa_2[Y_iY_j] = E[Y_iY_j] - E[Y_i]E[Y_j]$$

$$\kappa_3[Y_iY_jY_k] = E[Y_iY_jY_k] - \sum^{3} E[Y_i]E[Y_jY_k] + 2E[Y_i]E[Y_j]E[Y_k]$$

$$\kappa_4[Y_iY_jY_kY_l] = E[Y_iY_jY_kY_l] - \sum^{4} E[Y_i]E[Y_jY_kY_l] + 2\sum^{6} E[Y_i]E[Y_j]E[Y_kY_l]$$

$$- \sum^{3} E[Y_i Y_j] E[Y_k Y_l] - 6E[Y_i] E[Y_j] E[Y_k] E[Y_l]$$

$$\begin{aligned}\kappa_5[Y_i Y_j Y_k Y_l Y_m] = &E[Y_i Y_j Y_k Y_l Y_m] - \sum^{5} E[Y_i] E[Y_j Y_k Y_l Y_m] + 2\sum^{10} E[Y_i] E[Y_j] E[Y_k Y_l Y_m] \\ &- 6\sum^{10} E[Y_i] E[Y_j] E[Y_k] E[Y_l Y_m] + 2\sum^{15} E[Y_i] E[Y_j Y_k] E[Y_l Y_m] \\ &- \sum^{10} E[Y_i Y_j] E[Y_k Y_l Y_m] + 24E[Y_i] E[Y_j] E[Y_k] E[Y_t] E[Y_m]\end{aligned}$$

$$\begin{aligned}\kappa_6[Y_i Y_j Y_k Y_l Y_m Y_n] = &E[Y_i Y_j Y_k Y_l Y_m Y_n] - \sum^{6} E[Y_i] E[Y_j Y_k Y_l Y_m Y_n] \\ &+ 2\sum^{15} E[Y_i] E[Y_j] E[Y_k Y_l Y_m Y_n] \\ &- 6\sum^{20} E[Y_i] E[Y_j] E[Y_k] E[Y_l Y_m Y_n] \\ &+ 24\sum^{15} E[Y_i] E[Y_j] E[Y_k Y_l] E[Y_m Y_n] \\ &- 6\sum^{45} E[Y_i] E[Y_j] E[Y_k Y_l] E[Y_m Y_n] - \sum^{15} E[Y_i Y_j] E[Y_k Y_l Y_m Y_n] \\ &- \sum^{10} E[Y_i Y_j Y_k] E[Y_l Y_m Y_n] + 2\sum^{15} E[Y_i Y_j] E[Y_k Y_l] E[Y_m Y_n] \\ &+ 2\sum^{60} E[Y_i] E[Y_j Y_k] E[Y_l Y_m Y_n] \\ &- 120E[Y_i] E[Y_j] E[Y_k] E[Y_l] E[Y_m] E[Y_n]\end{aligned} \tag{5.3.70}$$

以上方程中，求和符号 $\sum^{i}$ 表示类似于和号中项的所有可置换项之和，和号上面的变量 i 表示和号中的总项数，如

$$\sum^{3} E[Y_j] E[Y_k,\ Y_l] = E[Y_l] E[Y_j,\ Y_k] + E[Y_j] E[Y_k,\ Y_l] + E[Y_k] E[Y_j,\ Y_l] \tag{5.3.71}$$

若累积量在二阶及以上截断时，则累积量截断法与高斯截断法等价。对于高阶累积量截断，一般比高斯截断更精确。累积量截断阶数越高，使用累积量截断获得的结果和精确解越接近，但计算量会成倍增加。

3）非高斯截断

非高斯截断的基本思想是为非线性系统构造一个具有待定参数的非高斯概率密度函数，利用从系统的运动微分方程或响应的 FPK 方程导出的矩方程得到确定概率密度中未知参数的微分方程或代数方程，求解此方程以确定参数，最后由概率密度给出系统的响应统计量。

克拉默(Cramer)提出了非高斯概率密度的两种渐近展式：埃奇沃思(Edgeworth)展式和格拉姆-查里尔(Gram-Charlier)展式。20 世纪 60~70 年代，许多研究者发展了以拟矩函数与累积量函数为系数的类似展式，可参考朱位秋(1998)的文献，下面主要介绍 Cramer 提出的展式。

（1）一维概率密度渐近展式。

非高斯随机过程 $X(t)$ 的一维概率密度的渐近展式为

$$p^*(z)=\sum_{n=0}^{\infty}\frac{c_n}{n!}\frac{\mathrm{d}^n p(z)}{\mathrm{d}z^n} \tag{5.3.72}$$

式中，$Z=[X(t)-\mu_X(t)]/\sigma_x(t)$；$p(z)$ 为高斯概率密度函数；c_n 为待定系数。对于非平稳的随机过程，c_n 为 t 的函数；对于平稳的随机过程，c_n 为常数。引入埃尔米特(Hermite)多项式：

$$H_n(z)=(-1)^n\exp\left(\frac{z^2}{2}\right)\frac{\mathrm{d}^n}{\mathrm{d}z^n}\exp\left(-\frac{z^2}{2}\right) \tag{5.3.73}$$

于是，式(5.3.72)可以写成

$$p^*(z)=\frac{1}{\sqrt{2\pi}}\exp\left(-\frac{z^2}{2}\right)\left[1+\sum_{n=1}^{\infty}\frac{c_n}{n!}H_n(z)\right] \tag{5.3.74}$$

利用埃尔米特多项式关于高斯加权函数的正交性：

$$\frac{1}{2\pi}\int_{-\infty}^{\infty}H_m(z)H_n(z)\exp\left(-\frac{z^2}{2}\right)\mathrm{d}z=\delta_{mn}n! \tag{5.3.75}$$

微分关系：

$$\frac{\mathrm{d}}{\mathrm{d}z}H_n(z)=nH_{n-1}(z) \tag{5.3.76}$$

及循环关系：

$$H_{n+1}(z)=zH_n(z)-nH_{n-1}(z) \tag{5.3.77}$$

展式(5.3.72)和式(5.3.74)中的系数 c_n 可以用中心矩表出：

$$v_n(t)=E[\{X(t)-\mu_x(t)\}^n] \tag{5.3.78}$$

$$c_n=\int_{-\infty}^{\infty}H_n(z)p^*(z)\mathrm{d}z=E[H_n(z)] \tag{5.3.79}$$

前几个 c_n 为

$$c_0=1,\quad c_1=c_2=0,\quad c_3=\frac{v_3}{\sigma_X^3},\quad c_4=\frac{v_4}{\sigma_X^4}-3$$

$$c_5=\frac{v_5}{\sigma_X^5}-10\frac{v_3}{\sigma_X^3},\quad c_6=\frac{v_6}{\sigma_X^6}-15\frac{v_4}{\sigma_X^4}+30$$

按如下公式引入拟矩函数 $b_n(t)$：

$$1+\sum_{n=3}^{\infty}\frac{(\mathrm{i}\theta)^n}{n!}b_n=\exp\left[\sum_{n=3}^{\infty}\frac{(\mathrm{i}\theta)^n}{n!}\kappa_n\right] \tag{5.3.80}$$

式(5.3.80)中等号右边是随机过程 $X(t)$ 的特征函数展式去掉前两项后的余式，κ_n 为 n 阶累积量函数。$X(t)$ 的特征函数也可以用拟矩函数表示为

$$\phi_X(\theta,\ t)=\exp\left(\mathrm{i}\mu_X\theta-\frac{1}{2}\sigma_X^2\theta^2\right)\left[1+\sum_{n=3}^{\infty}\frac{(\mathrm{i}\theta)^n}{n!}b_n\right] \tag{5.3.81}$$

对式(5.3.81)两边作傅里叶变换,并考虑到埃尔米特多项式的定义与性质,可以得到以拟矩函数为系数的一维高斯概率密度的渐近展式:

$$p^*(z)=\frac{1}{\sqrt{2\pi}}\exp\left(-\frac{z^2}{2}\right)\left[1+\sum_{n=3}^{\infty}\frac{b_n}{n!\ \sigma_X^n}H_n(z)\right] \tag{5.3.82}$$

比较式(5.3.74)和式(5.3.82)可得

$$b_n=\sigma_X^n c_n=\sigma_X^n E[H_n(z)] \tag{5.3.83}$$

式(5.3.80)确定了拟矩函数与累积量函数间的关系,前几个关系式为

$$b_3=\kappa_3,\quad b_4=\kappa_4,\quad b_5=\kappa_5,\quad b_6=\kappa_6+10\{\kappa_3\kappa_3\}_s,\quad b_7=\kappa_7+35\{\kappa_3\kappa_4\}_s$$

式中,$\{\ \}_s$ 表示对称运算。基于上述关系,非高斯概率密度也可以用累积量函数为系数的渐近展式表示。经过重新排列,该展式可以表示为

$$p^*(z)=p(z)\left[1+\frac{1}{3!}\frac{\kappa_3}{\sigma_X^3}H_3(z)+\frac{1}{4!}\frac{\kappa_4}{\sigma_X^4}H_4(z)+\frac{10}{6!}\frac{\kappa_3^2}{\sigma_X^6}H_6(z)+\cdots\right] \tag{5.3.84}$$

式(5.3.72)、式(5.3.74)及式(5.3.82)称为 Gram-Charlier 渐近展式,式(5.3.84)称为 Edgeworth 渐近展式。Gram-Charlier 展式不一定收敛,而 Edgeworth 展式前四项就可以给出非高斯概率密度足够精度的表达式。

(2) 高维概率密度渐近展式。

上述结果可推广到多维非高斯概率密度求解。例如,以拟矩函数为系数的渐近展式为

$$p^*(y)=p(y)\sum_{k=0}^{\infty}\sum_{k_1+\cdots k_n=k}\frac{b_{k_1,\cdots,k_n}}{k_1!\ \cdots k_n!}H_{k_1,\cdots,k_n}(y) \tag{5.3.85}$$

式中,$y=[x(t)-\mu(t)]$;$p(y)=\dfrac{1}{(2\pi)^{\frac{n}{2}}\mid A\mid^{\frac{1}{2}}}\exp\left(-\dfrac{1}{2}y^{\mathrm{T}}A^{-1}y\right)$ 为高斯概率密度;$b_{k_1,\cdots,k_n}$ 为联合拟矩函数,$b_{k_1,\cdots,k_n}=b_{k_1,\cdots,k_n}(t_1,\ \cdots,\ t_n)$。而:

$$H_{k_1,\cdots,k_n}(y)=(-1)^k\exp\left(\frac{1}{2}\sum_{j,\ l=1}^{n}a_{jl}y_jy_l\right)\frac{\partial^k}{\partial y_1^{k_1}\cdots\partial y_n^{k_n}}\exp\left(-\frac{1}{2}\sum_{j,\ l=1}^{n}a_{jl}y_jy_l\right) \tag{5.3.86}$$

式(5.3.86)为 n 维埃尔米特多项式,其中 a_{jl} 为矩阵 A 的元素。式(5.3.85)中,n 维埃尔米特

多项式常用 n 个一维埃尔米特多项式的乘积来表示。式(5.3.85)可以表示一个中心化的非高斯标量随机过程 $Y(t)= X(t)-\mu_X(t)$ 的 n 维概率密度,此时矩阵 A 即为协方差矩阵。

$$C_{XX}(t_j,t_k)=\begin{bmatrix} C_{XX}(t,t_1) & C_{XX}(t_1,t_2) & C_{XX}(t_1,t_n) \\ C_{XX}(t_2,t_1) & C_{XX}(t_2,t_n) & C_{XX}(t_2,t_1) \\ & & \\ C_{XX}(t_n,t_1) & C_{XX}(t_n,t_2) & C_{XX}(t_n,t_n) \end{bmatrix} \tag{5.3.87}$$

式(5.3.85)也可以表示为一个中心化的 n 维非高斯矢量随机过程 $Y(t)=X(t)-\mu_X(t)$ 在一个时刻上的概率密度,此时:

$$A=C_{XX}(t,t),\quad b_{k_1,\cdots,k_n}=b_{k_1,\cdots,k_n}(t) \tag{5.3.88}$$

为建立联合拟矩函数与多维埃尔米特多项式之间的关系,引入下列伴随埃尔米特多项式:

$$G_{k_1,\cdots,k_n}(y)=(-1)^k\exp\left(\frac{1}{2}\sum_{j,l=1}^{n}b_{jl}v_jv_l\right)\frac{\partial^k}{\partial v_1^{k_1}\cdots\partial v_n^{k_n}}\exp\left(-\frac{1}{2}\sum_{j,l=1}^{n}b_{jl}v_jv_l\right) \tag{5.3.89}$$

式中,$v_j=\sum\limits_{l=1}^{n}a_{jl}y_l$;$b_{jl}$ 则由 $\sum\limits_{j,l=1}^{n}a_{jl}y_jy_l$ 与 $\sum\limits_{j,l=1}^{n}b_{jl}v_jv_l$ 互为伴随条件决定。

$H_{k_1,\cdots,k_n}(y)$ 与 $G_{k_1,\cdots,k_n}(y)$ 关于高斯加权函数 $\exp\left(-\frac{1}{2}y^{\mathrm{T}}Ay\right)$ 正交:

$$\int_{-\infty}^{\infty}\exp\left(-\frac{1}{2}y^{\mathrm{T}}Ay\right)H_{k_1,\cdots,k_n}(y)G_{l_1,\cdots,l_n}(y)\mathrm{d}y=\frac{(2\pi)^{\frac{n}{2}}}{|A|^{\frac{1}{2}}}\prod_{j=1}^{n}\delta_{kjlj}l_j! \tag{5.3.90}$$

式中,δ_{kjlj} 为 δ 函数。式(5.3.86)两边同乘以 $G_{l_1,\cdots,l_n}(y)\exp\left(-\frac{1}{2}y^{\mathrm{T}}Ay\right)$,利用式(5.3.90),得到拟矩函数:

$$b_{k_1,\cdots,k_n}=E[G_{k_1,\cdots,k_n}(y)] \tag{5.3.91}$$

利用联合拟矩函数与联合累积量函数之间的关系:

$$1+\sum_{k=3}^{\infty}\mathrm{i}^k\sum_{k_1+\cdots+k_n=k}\frac{\theta_1^{k_1}\cdots\theta_n^{k_n}}{k_1!\ \cdots k_n!}b_{k_1,\cdots,k_n}=\exp\left(\sum_{k=3}^{\infty}\mathrm{i}^k\sum_{k_1+\cdots+k_n=k}\frac{\theta_1^{k_1}\cdots\theta_n^{k_n}}{k_1!\ \cdots k_n!}\kappa_{k_1,\cdots,k_n}\right) \tag{5.3.92}$$

式中,$\kappa_{k_1,\cdots,k_n}$ 为 $\kappa_{k_1,\cdots,k_n}(t_1,\cdots,t_n)$ 或 $\kappa_{k_1,\cdots,k_n}(t)$。用 $\kappa_{k_1,\cdots,k_n}$ 代替式(5.3.85)中的 $b_{k_1,\cdots,k_n}$,经过重新排列,可得 n 维非高斯概率密度的另一渐近展式:

$$p^*(y)=p(y)-\frac{1}{3!}\sum_{k,l,m}\kappa_{k,l,m}\frac{\partial^3}{\partial y_k\partial y_l\partial y_m}p(y)+\sum_{k,l,m,q}\kappa_{k,l,m,q}\frac{\partial^4}{\partial y_k\partial y_l\partial y_m\partial y_q}p(y)+\cdots \tag{5.3.93}$$

式(5.3.85)为 Gram-Charlier 渐近展式,式(5.3.93)则为 Edgeworth 渐近展式。利用式(5.3.86)和式(5.3.93)可以表示为类似于式(5.3.84)的形式,例如,二维非高斯概率密度的 Edgeworth 渐近展式为

$$
\begin{aligned}
p*(y_1, y_2) = \; & p(y_1, y_2)\left\{\sum_{n=0}^{N}\frac{\rho^n}{n!}H_n\left(\frac{y_1}{\sigma_{y_1}}\right)H_n\left(\frac{y_2}{\sigma_{y_2}}\right)+\sum_{j+l=3}^{N}\frac{1}{j!\ l!}\frac{\kappa_{jl}}{\sigma_{y_1}^{j}\sigma_{y_2}^{l}}\sum_{n=0}^{N}H_{n+j}\left(\frac{y_1}{\sigma_{y_1}}\right)H_{n+l}\left(\frac{y_2}{\sigma_{y_2}}\right)\right.\\
& +\sum_{j+l=4}^{N}\frac{1}{j!\ l!}\frac{\kappa_{jl}}{\sigma_{y_1}^{j}\sigma_{y_2}^{l}}\sum_{n=0}^{N}\frac{\rho^n}{n!}H_{n+j}\left(\frac{y_1}{\sigma_{y_1}}\right)H_{n+l}\left(\frac{y_2}{\sigma_{y_2}}\right)\\
& \left.+\frac{1}{2}\sum_{\substack{j+l=3\\ r+s=4}}^{N}\frac{1}{j!\ l!\ r!\ s!}\frac{\kappa_{jl}}{\sigma_{y_1}^{j}\sigma_{y_2}^{l}}\frac{\kappa_{rs}}{\sigma_{y_1}^{r}\sigma_{y_2}^{s}}\sum_{n=0}^{N}\frac{\rho^n}{n!}H_{n+j+r}\left(\frac{y_1}{\sigma_{y_1}}\right)H_{n+l+s}\left(\frac{y_2}{\sigma_{y_2}}\right)\right\}
\end{aligned}
\tag{5.3.94}
$$

式中,$p(y_1, y_2)=\dfrac{1}{2\pi\sigma_{y_1}\sigma_{y_2}}\exp\left[-\dfrac{(y_1-m_{y_1})^2}{2\sigma_{y_1}^2}-\dfrac{(y_2-m_{y_2})^2}{2\sigma_{y_2}^2}\right]$ 为标准高斯概率密度;κ_{np} 表示累积量;$\rho=\kappa_{11}/(\sigma_{y_1}\sigma_{y_2})$ 为相关系数。非高斯截断的结果在很大程度上取决于非高斯概率密度的形式与用以得到矩方程的相乘函数的选取,不恰当的选取可使所得结果随着截断阶次的增加而变差,甚至导致矩方程没有实解。

例 5.3.3　图 5.6 为汽车单自由度非线性动力学模型,采用速度与位移三次方的模型来模拟悬架的迟滞非线性力。试采用矩方程法对悬架系统动力学特性进行计算。

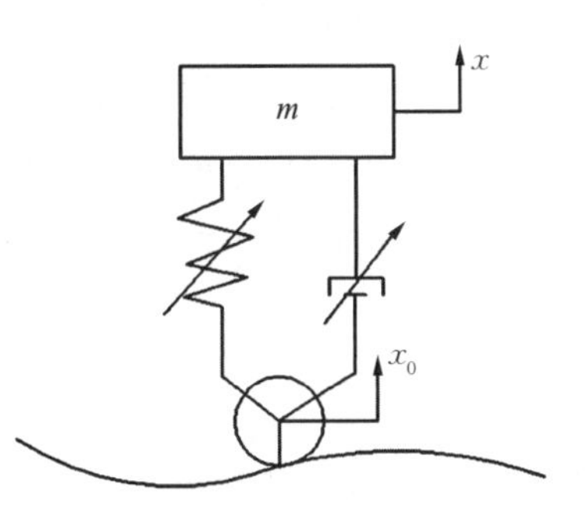

图 5.6　汽车 1/4 单自由度模型

解: 该系统的运动微分方程为

$$
m\ddot{x}+mg+k_1(x-x_0)+k_2(x-x_0)^3+c_1(\dot{x}-\dot{x}_0)+c_2(\dot{x}-\dot{x}_0)^3=0 \tag{a}
$$

式中,k_1 为悬架刚度;k_2 为悬架非线性刚度;c_1 为悬架阻尼;c_2 为悬架非线性阻尼;x 为车身垂直位移;x_0 为路面随机位移激励。

设 $y=x-x_0$,则

$$
\ddot{y}+\omega^2 y+B_1y^3+B_2\dot{y}+B_3\dot{y}^3=-g+\eta(t) \tag{b}
$$

式中,$\omega^2=k_1/m$;$B_1=k_2/m$;$B_2=c_1/m$;$B_3=c_2/m$。令 $\tau=\omega t$,把式(b)转化为对 τ 的导数,可得

$$
\ddot{y}+y+\alpha y^3+\beta\dot{y}+\gamma\dot{y}^3=-g_0+\eta(t) \tag{c}
$$

式中,$\alpha=B_1/\omega^2=k_2/k_1$;$\beta=B_2/\omega=c_1/\sqrt{k_1m}$;$\gamma=B_3\omega=c_2\sqrt{k_1/m^3}$;$g_0=g/\omega^2$。

令 $y_1=y$,$y_2=y$,则方程(b)的伊藤随机微分方程形式如下:

$$\begin{cases} dy_1 = y_2 dt \\ dy_2 = (-y_1 - \alpha y_1^3 - \beta y_2 - \gamma y_2^3 - g_0)dt + dw(t) \end{cases} \tag{d}$$

式中，$w(t)$ 为矢量随机过程。由微分方程(d)得到相应的 FPK 方程为

$$\partial p/\partial t = -\partial(y_2 p)/\partial y_1 + \partial[(y_1 + \alpha y_1^3 + \beta y_2 + \gamma y_2^3 + g_0)p]/\partial y_2 + D\frac{\partial^2}{\partial y_2^2}(p) \tag{e}$$

式中，D 为随机激励强度。方程(d)对应的 1~4 阶矩方程分别为

$$\begin{cases} m_{10}/dt = m_{01}, \quad m_{01}/dt = -(m_{10} + \alpha m_{30} + \beta m_{01} + \gamma m_{03} + g_0) \\ m_{20}/dt = 2m_{11}, \quad m_{11}/dt = m_{02} - (m_{20} + \alpha m_{40} + \beta m_{11} + \gamma m_{13} + g_0 m_{10}) \\ m_{02}/dt = -2(m_{11} + am_{31} + \beta m_{02} + \gamma m_{04} + g_0 m_{01}) + 2D \\ m_{30}/dt = 3m_{21}, \quad m_{21}/dt = 2m_{12} - (m_{30} + \alpha m_{50} + \beta m_{21} + \gamma m_{23} + g_0 m_{20}) \\ m_{12}/dt = m_{03} - 2(m_{21} + \alpha m_{41} + \beta m_{12} + \gamma m_{14} + g_0 m_{11}) + 2Dm_{10} \\ m_{03}/dt = -3(m_{03} + \alpha m_{32} + \beta m_{03} + \gamma m_{05} + g_0 m_{02}) + 6Dm_{01} \\ m_{40}/dt = 4m_{31}, \quad m_{31}/dt = 3m_{22} - (m_{40} + \alpha m_{60} + \beta m_{31} + \gamma m_{33} + g_0 m_{30}) \\ m_{22}/dt = 2m_{13} - 2(m_{31} + \alpha m_{51} + \beta m_{22} + \gamma m_{24} + g_0 m_{21}) + 2Dm_{20} \\ m_{13}/dt = m_{04} - 3(m_{22} + \alpha m_{42} + \beta m_{13} + \gamma m_{15} + g_0 m_{12}) + 6Dm_{11} \\ m_{04}/dt = -4(m_{13} + \alpha m_{33} + \beta m_{04} + \gamma m_{06} + g_0 m_{03}) + 12m_{02} \end{cases} \tag{f}$$

在矩方程(f)中，方程组右边出现了左边没有的高阶矩。为了消除高阶矩，采用如下累积量截断法将高阶矩写成低阶矩的函数：

$$\begin{cases} E[Y_j] = \kappa_1[Y_j] \\ E[Y_jY_k] = \kappa_2[Y_j, Y_k] + \kappa_1[Y_j]\kappa_1[Y_k] \\ E[Y_jY_kY_l] = \kappa_3[Y_j, Y_k, Y_l] + 3\{\kappa_1[Y_j]\kappa_2[Y_k, Y_l]\} + \kappa_1[Y_j]\kappa_1[Y_k]\kappa_1[Y_l] \\ E[Y_jY_kY_lY_m] = \kappa_4[Y_j, Y_k, Y_l, Y_m] + 3\{\kappa_2[Y_j, Y_k]\kappa_2[Y_l, Y_m]\} \\ \qquad + 4\{\kappa_1[Y_j]\kappa_3[Y_k, Y_l, Y_m]\} + 6\{\kappa_1[Y_j]\kappa_1[Y_k]\kappa_2[Y_l, Y_m]\} \\ \qquad + \kappa_1[Y_j]\kappa_1[Y_k]\kappa_1[Y_l]\kappa_1[Y_m] \\ E[Y_jY_kY_lY_mY_n] = \kappa_5[Y_j, Y_k, Y_l, Y_m, Y_n] + 5\{\kappa_1[Y_j]\kappa_4[Y_k, Y_l, Y_m, Y_n]\} \\ \qquad + 10\{\kappa_1[Y_j]\kappa_1[Y_k]\kappa_3[Y_l, Y_m, Y_n]\} \\ \qquad + 10\{\kappa_1[Y_j]\kappa_1[Y_k]\kappa_1[Y_l]\kappa_2[Y_m, Y_n]\} \\ \qquad + 15\{\kappa_1[Y_j]\kappa_2[Y_k, Y_l]\kappa_2[Y_m, Y_n]\} \\ \qquad + 10\{\kappa_2[Y_j, Y_k]\kappa_3[Y_l, Y_m, Y_n]\} \\ \qquad + \kappa_1[Y_j]\kappa_1[Y_k]\kappa_1[Y_l]\kappa_1[Y_m]\kappa_1[Y_n] \\ \cdots \end{cases} \tag{g}$$

式中，$\{\ \}$表示对称运算，即取类似于括号中项的所有可置换项的平均。现将累积量在 4 阶以上水平截断，即令 $\kappa_5 = \kappa_6 = 0$，则高阶矩可写为如下低阶矩的形式：

$$
\begin{cases}
m_{50} = 5m_{10}m_{40} + 10m_{10}^2m_{30} + 10m_{10}^3m_{20} + 15m_{10}m_{20}^2 + 10m_{20}m_{30} + m_{10}^5 \\
m_{32} = 3m_{10}m_{22} + 2m_{01}m_{31} + 3m_{10}^2m_{22} + 6m_{10}m_{01}m_{21} + m_{01}^2m_{30} + 3m_{20}m_{10}m_{01}^2 \\
\qquad + 6m_{11}m_{10}^2m_{01} + m_{02}m_{10}^3 + 6m_{20}m_{01}m_{11} + 3m_{20}m_{10}m_{02} + 6m_{11}^2m_{10} + m_{10}^3m_{01}^2 \\
\qquad + 3m_{20}m_{12} + 6m_{11}m_{21} + m_{02}m_{30} \\
\qquad\qquad \vdots \\
m_{60} = 6m_{10}m_{50} + 15m_{10}^2m_{40} + 20m_{10}^3m_{30} + 15m_{10}^4m_{20} + 45m_{10}^2m_{20}^2 + 15m_{20}m_{40} \\
\qquad + 10m_{30}^2 + 15m_{20}^3 + 60m_{10}m_{20}m_{30} + m_{10}^6 \\
\qquad\qquad \vdots
\end{cases}
\tag{h}
$$

将式(h)代入式(f)后联立求解,可得到各阶矩的计算结果。将求得的各阶矩代入式(5.3.94),即可获得单自由度非线性系统的二维联合概率密度。不同工况下的概率密度函数如图 5.7 所示,从图中可以看出,概率密度函数出现了多个火山峰。应用 Kapitaniak 方法,结合概率时差图,可对非线性系统的随机分岔、随机混沌等特性进行研究。从图中还可以看出,概率密度函数局部出现了负值,这是非高斯截断法的不足之处,朱位秋(1998)在《随机振动》一书中对此也有述及。

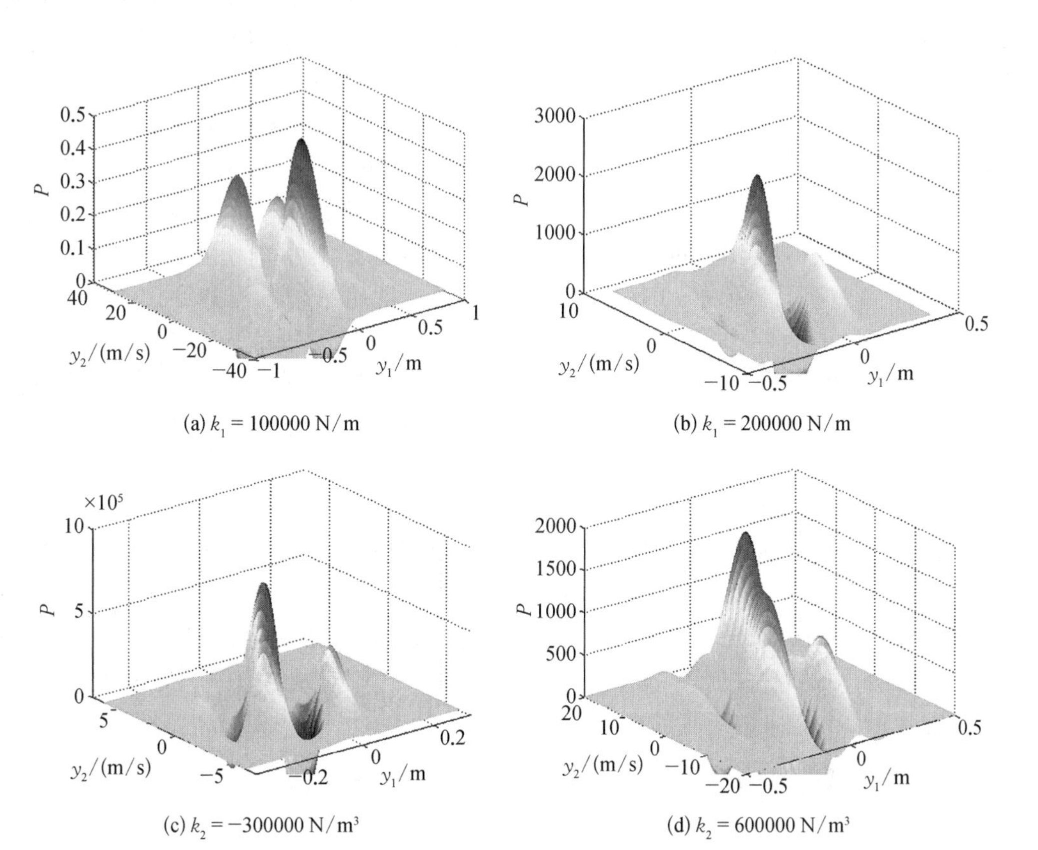

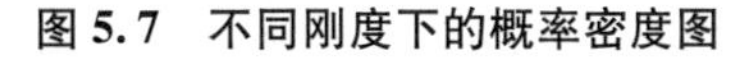
图 5.7　不同刚度下的概率密度图

5.3.5 随机平均法

与 FPK 方程法相同,随机平均法也是基于扩散过程理论。由 FPK 方程法基本理论可知,受高斯白噪声或过滤白噪声激励的系统,其转移概率密度由 FPK 方程控制。但是当系统所受的随机激励不是高斯白噪声或过滤白噪声时,FPK 方程法的适用性会受到限制。这种情况下,若随机激励具有有理谱密度,可以将其看作某个线性滤波器对高斯白噪声的响应,从而扩大了 FPK 方程的适用范围,但高阶 FPK 方程一般求解比较困难。研究发现,在一定条件下,线性或非线性动态系统对非白噪声随机激励的响应可用扩散过程来近似,该近似扩散过程的 FPK 方程的漂移系数和扩散系数可由给定系统的运动方程经适当的随机平均得到,求解这个平均后的 FPK 方程就可得到原系统响应的近似统计量,这种近似处理方法就是随机平均法。随机平均法可视为随机平均原理(或随机平均原理连同确定性平均原理)与 FPK 方程方法相结合的一种方法。经过随机平均与确定性平均,FPK 方程往往得到较大简化,对于自治系统及非共振情形的非自治系统,平均后的 FPK 方程的维数往往只是原运动方程维数的一半,从而降低了求解 FPK 方程的难度,扩大了 FPK 方程的适用范围。

事实上,随机平均法并不是一种方法,而是一类方法的总称,常见的方法包括:标准随机平均法、FPK 方程系数平均法和能量包络线随机平均法。与系统本身能量相比,当随机激励输入系统的能量与阻尼耗散系统能量之差较小时,系统响应中同时存在慢变过程与快变过程,随机平均法就是通过对快变过程的平均得到关于慢变过程的方程,且该慢变过程近似为扩散过程,可用 Itô 微分方程描述。早期的随机平均法只适用于弱非线性随机系统与单自由度强非线性随机系统。朱位秋(1998)提出并发展了拟 Hamilton 系统的随机平均法,它适用于多自由度近于保守的强非线性随机动力学系统,随机激励可以是高斯白噪声、宽带过程、谐和白噪声、窄带有界噪声等。随机平均方程的形式取决于相应 Hamilton 系统的可积性与共振性,平均方程维数等于相应哈密顿系统独立对合首次积分的个数与内外(弱)共振关系数之和。拟 Hamilton 系统的响应、稳定性及控制等都是用平均 Itô 微分方程进行研究的,因此,拟 Hamilton 系统随机平均法非常重要。

1. 随机平均原理

随机平均原理是随机平均法的数学基础。拟 Hamilton 随机平均法常用到斯特拉托诺维奇-哈斯明斯基(Stratonovich-Khasminskii)极限定理及 Khasminskii 提出的另一个定理。

1) Stratonovich-Khasminskii 极限定理

该定理由 Stratonovich 基于物理考虑提出,然后 Khasminskii 为该定理提供了严格的数学提法与证明,帕帕尼古拉(Papanicolao)和科勒(Kohler)则对该定理作了改进与引申。

考虑含正小参数 ε 的规则随机微分方程:

$$\dot{X}_i = \varepsilon f_i(X,\ t) + \varepsilon^{1/2} g_{ik}(X,\ t)\xi_k(t) \quad (i = 1,\ 2,\ \cdots,\ n;\ k = 1,\ 2,\ \cdots,\ m) \tag{5.3.95}$$

若函数 f_i、g_{ik} 满足诸如连续、有界之类在实际问题中几乎都能满足的条件,$\xi_k(t)$ 是零均值平稳随机过程,它们是宽带过程,或其相关函数 $R_{kl}(\tau)$ 随 τ 衰减得足够快(如快于

τ^{-6}),或满足强混合条件,则当 $\varepsilon \to 0$ 时,在 ε^{-1} 量级的时间区间上, $X(t)$ 弱收敛于一个 n 维扩散 Markov 过程,其漂移系数与扩散系数为

$$
\begin{aligned}
m_i(x) &= E\left[f_i(x,\ t) + \int_{-\infty}^{0} \frac{\partial g_{ik}(x,\ t)}{\partial x_j} g_{jl}(x,\ t+\tau) R_{kl}(\tau)\,\mathrm{d}\tau\right] \\
b_{ij}(x) &= E\left[\int_{-\infty}^{\infty} g_{ik}(x,\ t) g_{jl}(x,\ t+\tau) R_{kl}(\tau)\,\mathrm{d}\tau\right]
\end{aligned}
\tag{5.3.96}
$$

式中, $E[\cdot]$ 为时间平均算子:

$$
E[\cdot] = \lim_{T\to\infty} \frac{1}{T}\int_{t_0}^{t_0+T} \cdot\ \mathrm{d}t \tag{5.3.97}
$$

式(5.3.97)中只对显含 t 积分。式(5.3.96)中对 τ 积分与对 t 平均时,将 x_j 当作常数。当 f_i、g_{ik} 是 t 以 T_0 为周期的周期函数时,式(5.3.97)化为

$$
E[\cdot] = \lim_{T\to\infty} \frac{1}{T_0}\int_{t_0}^{t_0+T} \cdot\ \mathrm{d}t \tag{5.3.98}
$$

上述极限扩散过程可用下列平均 Itô 随机微分方程描述:

$$
\mathrm{d}X_i = \varepsilon m_i(X)\,\mathrm{d}t + \varepsilon^{1/2}\sigma_{il}(X)\,\mathrm{d}B_l(t) \quad (i=1,\ 2,\ \cdots,\ n;\ l=1,\ 2,\ \cdots,\ r) \tag{5.3.99}
$$

式中, $B_l(t)$ 为独立、单位维纳(Wiener)过程。

$$
\begin{cases}
m_i(X) = m_i(x)\mid_{x=X} \\
\sigma_{il}(X)\sigma_{jl}(X) = b_{ij}(x)\mid_{x=X}
\end{cases}
\tag{5.3.100}
$$

注意,鉴于 b_{ij} 分解为 σ_{il} 的非唯一性, r 可视具体情况取值。

此外,式(5.3.95)中 $X(t)$ 的矩也收敛于式(5.3.99)中相应矩。在 $\xi_k(t)$ 各态历经时,上述收敛性在 $t\to\infty$ 时仍成立。因此,对于足够小的 ε,由(5.3.99)的稳定性与不变测度可推出式(5.3.95)的相应性质,即可用式(5.3.99)近似代替式(5.3.95)考察稳定性与平稳分布。当 $\xi_k(t)$ 是强度为 $2D_{kl}$ 的高斯白噪声时,上述极限定理仍成立,此时式(5.3.96)化为

$$
\begin{cases}
m_i(x) = E\left[f_i(x,\ t) + D_{kl}\dfrac{\partial g_{ik}(x,\ t)}{\partial x_j} g_{jl}(x,\ t)\right] \\
b_{ij}(x) = E[2D_{kl} g_{ik}(x,\ t) g_{jl}(x,\ t)]
\end{cases}
\tag{5.3.101}
$$

若进一步假定 f_i、g_{ik} 不显含 t,则式(5.3.101)化为

$$
\begin{cases}
m_i(x) = f_i(x) + D_{kl}\dfrac{\partial g_{ik}(x)}{\partial x_j} g_{jl}(x) \\
b_{ij}(x) = 2D_{kl} g_{ik}(x) g_{jl}(x)
\end{cases}
\tag{5.3.102}
$$

式中,第一式中等号右侧的第二项为翁-扎凯(Wong-Zakai)修正项。

2) Khasminskii 提出的另一个定理

考虑 Itô 随机微分方程:

$$\begin{cases} \mathrm{d}X_i = \varepsilon F_i(X,\ Y)\,\mathrm{d}t + \varepsilon^{1/2} G_{ik}(X,\ Y)\,\mathrm{d}B_k(t) \\ \mathrm{d}Y_r = B_r(X,\ Y)\,\mathrm{d}t + C_{rk}(X,\ Y)\,\mathrm{d}B_k(t) \end{cases} \tag{5.3.103}$$

$$(i=1,\ 2,\ \cdots,\ n;\ k=1,\ 2,\ \cdots,\ m;\ r=1,\ 2,\ \cdots,\ s)$$

$X(t)$ 为 n 维慢变过程,$Y(t)$ 为 s 维快变过程。假定函数 F_i、B_r、G_{ik}、C_{rk} 有界,满足 Lipschitz 条件。引入随机过程 $Y^{xy}(t)$,它满足 Itô 随机微分方程:

$$\mathrm{d}Y_r^{xy} = B_r(x,\ Y^{xy})\,\mathrm{d}t + C_{rk}(x,\ Y^{xy})\,\mathrm{d}B_k(t) \tag{5.3.104}$$

其解是以 x 为参数的 s 维扩散 Markov 过程。假定存在函数 $m_i(x)$、$b_{ij}(x)$,使得

$$\begin{cases} E\left[\left|\dfrac{1}{T}\displaystyle\int_t^{t+T} F_i(x,\ Y^{xy})\,\mathrm{d}s - m_i(x)\right|\right] < \chi(T) \\ E\left[\left|\dfrac{1}{T}\displaystyle\int_t^{t+T} G_{ik}(x,\ Y^{xy})G_{jk}(x,\ Y^{xy})\,\mathrm{d}s - b_{ij}(x)\right|\right] < \chi(T) \end{cases} \tag{5.3.105}$$

式中,随着 $T\to\infty$,$\chi(T)\to 0$。则当 $\varepsilon\to 0$ 时,在 ε^{-1} 量级时间区间上,$X(t)$ 弱收敛于 n 维扩散 Markov 过程,其漂移系数和扩散系数为 $m_i(x)$、$b_{ij}(x)$,可用如下平均 Itô 随机微分方程描述:

$$\mathrm{d}X_i = \varepsilon m_i(X)\,\mathrm{d}t + \varepsilon^{1/2}\sigma_{ik}(X)\,\mathrm{d}B_k(t) \quad (i=1,\ 2,\ \cdots,\ n;\ k=1,\ 2,\ \cdots,\ m) \tag{5.3.106}$$

式中,

$$\begin{cases} m_i(X) = m_i(x)\,|_{x=X} \\ \sigma_{ik}(X)\sigma_{jk}(X) = b_{ij}(X)\,|_{x=X} \end{cases} \tag{5.3.107}$$

2. 拟不可积 Hamilton 系统的随机平均

考虑 Gauss 白噪声激励下耗散的 Hamilton 系统,其运动微分方程为

$$\dot{Q}_i = \frac{\partial H'}{\partial P_i}$$

$$\dot{P}_i = -\frac{\partial H'}{\partial Q_i} - c'_{ij}\frac{\partial H'}{\partial P_j} + f_{ik}\xi_k(t) \quad (i,\ j=1,\ 2,\ \cdots,\ n;\ k=1,\ 2,\ \cdots,\ m) \tag{5.3.108}$$

式中,Q_i 和 P_i 分别为广义位移和动量;$H' = H'(Q,\ P)$ 为未扰 Hamilton 系统的 Hamilton 函数,对于机械或结构系统,它表示系统的总能量;$c'_{ij} = c'_{ij}(Q,\ P)$ 为可微函数,表示拟线性阻尼系数;$f_{ik} = f_{ik}(Q,\ P)$ 为二次可微函数,表示激励的幅值;$\xi_k(t)$ 表示随机激励,可为白噪声、宽带或窄带、平稳或非平稳随机过程,还可包含周期或谐和激励,此处设 $\xi_k(t)$ 为高

斯白噪声，其相关函数为 $E[\xi_k(t)\xi_l(t+\tau)] = 2D_{kl}\delta(\tau)$。式(5.3.108)可模型化为 Stratonovich 随机微分方程：

$$\mathrm{d}Q_i = \frac{\partial H'}{\partial P_i}\mathrm{d}t$$

$$\mathrm{d}P_i = -\left(\frac{\partial H'}{\partial Q_i} + c'_{ij}\frac{\partial H'}{\partial P_j}\right)\mathrm{d}t + \sigma_{ik}\mathrm{d}B_k(t) \tag{5.3.109}$$

式中，$\sigma_{ik} = (fL)_{ik}$，$LL^{\mathrm{T}} = 2D$；$B_k(t)$ 为 Wiener 过程。

与式(5.3.109)等价的 Itô 随机微分方程为

$$\mathrm{d}Q_i = \frac{\partial H'}{\partial P_i}\mathrm{d}t$$

$$\mathrm{d}P_i = \left(-\frac{\partial H'}{\partial Q_i} - c'_{ij}\frac{\partial H'}{\partial P_j} + \frac{1}{2}\sigma_{jk}\frac{\partial \sigma_{ik}}{\partial P_j}\right)\mathrm{d}t + \sigma_{ik}\mathrm{d}B_k(t) \tag{5.3.110}$$

式中，$\frac{1}{2}\sigma_{jk}\frac{\partial \sigma_{ik}}{\partial P_j} = D_{kl}f_{jl}\frac{\partial f_{ik}}{\partial P_j}$ 为 Wong-Zakai 修正项，通常可分为保守部分与耗散两部分，保守部分可与 $-\frac{\partial H'}{\partial Q_i}$ 合并成为 $-\frac{\partial H}{\partial Q_i}$，$H$ 称为修正的 Hamilton 函数；而耗散部分可与 $-c'_{ij}\frac{\partial H'}{\partial P_j}$ 合并成新的修正阻尼力 $-m_{ij}\frac{\partial H}{\partial P_j}$。

于是式(5.3.110)可改写成

$$\mathrm{d}Q_i = \frac{\partial H}{\partial P_i}\mathrm{d}t$$

$$\mathrm{d}P_i = -\left(\frac{\partial H}{\partial Q_i} + m_{ij}\frac{\partial H}{\partial P_j}\right)\mathrm{d}t + \sigma_{ik}\mathrm{d}B_k(t) \tag{5.3.111}$$

设阻尼力与随机激励强度同为 ε 阶小量，即

$$m_{ij} = \varepsilon m'_{ij},\quad \sigma_{ik} = \varepsilon^{1/2}\sigma'_{ik} \tag{5.3.112}$$

式中，ε 为一正小参数；m'_{ij}、σ'_{ik} 为有限量。式(5.3.111)可改写成

$$\begin{cases} \mathrm{d}Q_i = \dfrac{\partial H}{\partial P_i}\mathrm{d}t \\ \mathrm{d}P_i = -\left[\dfrac{\partial H}{\partial Q_i} + \varepsilon m'_{ij}(Q,P)\dfrac{\partial H}{\partial P_j}\right]\mathrm{d}t + \varepsilon^{1/2}\sigma'_{ik}(Q,P)\mathrm{d}B_k(t) \end{cases} \tag{5.3.113}$$

$$(i, j = 1, 2, \cdots, n;\ k = 1, 2, \cdots, m)$$

式(5.3.113)称为拟 Hamilton 系统，引入小参数 ε 的目的是便于引用上节叙述的随机平均原理。在物理上，只要在振动一周中，随机激励输入系统的能量与阻尼消耗的能量之差

同系统本身能量相比较小时,即可视为拟 Hamilton 系统。设 Hamilton 系统为不可积,即 H 是与式(5.3.113)相应的 Hamilton 系统的唯一独立首次积分。

引入变换:

$$H = H(Q,\ P) \tag{5.3.114}$$

应用 Itô 随机微分公式,由式(5.3.113)导得 Hamilton 过程 $H(t)$ 所满足的 Itô 随机微分方程:

$$\mathrm{d}H = \varepsilon\left(-m'_{ij}\frac{\partial H}{\partial P_j}\frac{\partial H}{\partial P_i} + \frac{1}{2}\sigma'_{ik}\sigma'_{jk}\frac{\partial^2 H}{\partial P_i \partial P_j}\right)\mathrm{d}t + \varepsilon^{1/2}\frac{\partial H}{\partial P_i}\sigma'_{ik}\mathrm{d}B_k(t) \tag{5.3.115}$$

以式(5.3.115)代替式(5.3.113)中关于 P_i 的方程,并在式(5.3.113)的其余方程及式(5.3.115)中,按式(5.3.114)以 H 代替 P_i。这组新方程形同式(5.3.103),$Q(t)$,$P_2(t)$,…,$P_n(t)$ 为快变过程,而 $H(t)$ 为慢变过程。根据 Khasminskii 定理,在 $\varepsilon \to 0$ 时,在 ε^{-1} 量级时间区间上,$H(t)$ 弱收敛于一维扩散过程。仍以 $H(t)$ 表示这一极限扩散过程,则支配该过程的平均 Itô 随机微分方程形为

$$\mathrm{d}H = \bar{m}(H)\mathrm{d}t + \bar{\sigma}(H)\mathrm{d}B(t) \tag{5.3.116}$$

式中,平均漂移系数和扩散系数 $\bar{m}$、$\bar{\sigma}$ 按式(5.3.105)和式(5.3.107)计算,计算时须将 H 看作常参数。由式(5.3.113)的第一式,$\mathrm{d}t$ 可代之以 $\mathrm{d}Q_1/(\partial H/\partial P_1)$。当 H 为常数时,其余 Q_i、P_i 的运动可用相应 Hamilton 系统在等能量面上运动近似。对不可积 Hamilton 系统,在等能量面上可作遍历假设,即 $H(Q,\ P) = H$ 为常数约束条件下,系统状态以等概率分布于等能量面上。于是,式(5.3.105)中的平均可代之以空间平均,即

$$\begin{cases} \bar{m}(H) = \dfrac{1}{T(H)}\displaystyle\int_\Omega\left[\left(-m_{ij}\frac{\partial H}{\partial P_i}\frac{\partial H}{\partial P_j} + \frac{1}{2}\sigma_{ik}\sigma_{jk}\frac{\partial^2 H}{\partial P_i \partial P_j}\right)\Big/\frac{\partial H}{\partial P_1}\right]\mathrm{d}Q_1\cdots\mathrm{d}Q_n\mathrm{d}P_2\cdots\mathrm{d}P_n \\ \bar{\sigma}^2(H) = \dfrac{1}{T(H)}\displaystyle\int_\Omega\left(\sigma_{ik}\sigma_{jk}\frac{\partial H}{\partial P_i}\frac{\partial H}{\partial P_j}\Big/\frac{\partial H}{\partial P_1}\right)\mathrm{d}Q_1\cdots\mathrm{d}Q_n\mathrm{d}P_2\cdots\mathrm{d}P_n \end{cases} \tag{5.3.117}$$

式中,$T(H) = \displaystyle\int_\Omega\left(1/\frac{\partial H}{\partial P_1}\right)\mathrm{d}Q_1\cdots\mathrm{d}Q_n\mathrm{d}P_2\cdots\mathrm{d}P_n$;$\Omega = \{(Q_1,\ \cdots,\ Q_n,\ P_2,\ \cdots,\ P_n) \mid H(Q_1,\ \cdots,\ Q_n,\ 0,\ P_2,\ \cdots,\ P_n) \leqslant H\}$。

与式(5.3.116)相应的平均 FPK 方程为

$$\frac{\partial P}{\partial t} = -\frac{\partial}{\partial H}[a(H)P] + \frac{1}{2}\frac{\partial^2}{\partial H^2}[b(H)P] \tag{5.3.118}$$

式中,$a(H) = \bar{m}(H)$;$b(H) = \bar{\sigma}^2(H)$。FPK 方程[式(5.3.118)]一般需数值求解,但其平稳解容易求出,求解该 FPK 方程即可得系统的相应统计量。

习　题

5.1 当周期为 $4\pi/\omega$ 时,试用谐波平衡法确定如下非线性强迫振动系统的近似解,导出幅频特性关系式,并确定解存在的条件。

$$m\ddot{x} + k(x + \varepsilon x^2) = F\cos(\omega t)$$

5.2 试用林滋泰德-庞加莱法求如下公式的一阶近似解,并通过数值方法进行验证。

$$\dot{x} + \omega_0^2 x = \varepsilon x^5, \quad \varepsilon \ll 1$$

5.3 对于如下的一阶微分方程:

$$\dot{x} + x(t) + ax^3 = \omega(t)$$

式中,$\omega(t)$ 为高斯白噪声激励,其噪声强度为 D。试写出其一阶、二阶矩方程。

第6章 控制理论基础

本章首先对控制系统的可控性、可观性的定义及判据等进行介绍，并介绍系统的可控标准型和可观标准型；然后，对系统的结构分解、可控可观性与传递函数阵之间的关系及系统实现等问题作介绍；最后，对状态反馈、输出反馈、前馈控制及前馈反馈控制的对比等进行介绍。

学习要点：

(1) 正确理解可控性、可观性的定义及判据，了解可控标准型、可观标准型，以及可控可观性与传递函数阵之间的关系；

(2) 掌握系统的结构分解、系统实现的方法；

(3) 正确理解状态反馈、输出反馈及前馈控制的定义，理解前馈控制、反馈控制的优缺点。

任何一个动力学系统，都有其特定的任务或性能要求。当其不能满足期望的性能要求时，就需要寻找并确定适当的控制规律对系统进行干预、调节或控制来改变原有系统，使改变后的系统满足所规定的任务或性能要求，这一过程称为控制系统的综合。控制方式的选取有两大类，即前馈控制和反馈控制，它们主要包括以下三个部分：传感器（测量系统）、控制器（对测量信号进行控制计算）及作动器（对系统的机械响应产生影响）。其中，前馈控制把与干扰输入有关的信号输入给控制器，控制器产生控制信号，然后驱动作动器来抵消干扰输入，属于开环控制；而反馈控制则是使在初始扰动下已被放大的系统响应信号经过补偿电路来控制作动器，反过来消除初始扰动引起的剩余影响，因此反馈控制属于闭环控制。由于反馈控制将受控对象的输入设计为系统状态变量（或输出变量）和参考输入信号的函数，它对系统变量的变化敏感，并及时实现相应的调节，因而具有对系统模型不确定性和系统扰动的抵御能力。

当控制器能获得与干扰输入相关性好的信号时，前馈控制的效果优于反馈控制。但很多情况下，获得这样的信号并不容易，当系统模型具有不确定性或当系统环境变化时，将会极大地影响开环控制的效果，此时采用闭环反馈控制更为合理。反馈控制包括状态反馈和输出反馈，目前状态反馈的应用更为广泛。而为了实现反馈控制，首先需要确定系统的可控性、可观性,因为不可控或不可观部分是无法实现相关控制的。因此,本章将首先介绍系统的可控性、可观性问题,并对可控标准型、可观标准型、定常系统的结构分解及系统的实现等问题进行介绍;然后介绍反馈控制、前馈控制的定义及其结构形式,并对其控制特性进行对比。

6.1　系统的可控性与可观性

6.1.1　线性系统的可控性及其判据

由于线性系统现代控制理论以状态方程为数学工具,本节首先给出线性系统的状态方程,然后通过一系列数学上的定义和定理(性质、判据及推论等)建立线性系统可控性的基本概念。本节将从线性时变系统开始介绍,然后退化到线性定常系统。设线性时变系统的状态方程和输出方程为

$$\begin{cases}\dot{x}(t) = A(t)x(t) + B(t)u(t) \\ y(t) = C(t)x(t)\end{cases} \tag{6.1.1}$$

式中,$x(t)$ 为 $n\times1$ 阶向量,表示该系统有 n 个状态变量;$y(t)$ 为 $m\times1$ 阶向量,表示该系统有 m 个输出变量,一般 $m \leqslant n$;$u(t)$ 为 $r\times1$ 阶向量,表示系统受到 r 个控制的作用,一般 $r \leqslant n$;$A(t)$ 为 $n\times n$ 阶矩阵;$B(t)$ 为 $n\times r$ 阶矩阵;$C(t)$ 为 $m\times n$ 阶矩阵。注意到,在系统(6.1.1)的输出方程中没有与控制 $u(t)$ 有关的项[如 $D(t)u(t)$],相当于假设系统的输出完全由系统的状态决定。假定系统(6.1.1)的时间定义域为 $T[t_1, t_2]$,其含义是系统运行的时间一定包含在所规定的时间域 T 内。因此,初始时刻 t_0 及任意时刻 t 都在定义域 T 内。此外,规定在所讨论的时间间隔 $[t_0, t]$ 内,$u(t)$ 是平方可积的,即

$$\int_{t_0}^{t} | u(t) |^2 \mathrm{d}t < \infty \tag{6.1.2}$$

并称满足这样要求的控制为容许控制。

在方程(6.1.1)中,令系统参数矩阵 A、B、C 均为常值矩阵,其他参数和条件均不改变,就得到了线性定常系统的状态方程和输出方程,即

$$\begin{cases}\dot{x}(t) = Ax(t) + Bu(t) \\ y(t) = Cx(t)\end{cases} \tag{6.1.1a}$$

本节主要针对线性时变系统(6.1.1)给出可控性、不可控性的定义和性质及可控性判据等(显然其结果也适用于线性定常系统),并在特定情况下针对线性定常系统(6.1.1a)给出相应结果。

1. 可控性的定义

系统(6.1.1)的可控性定义如下:

定义 1: 如果系统(6.1.1)对初始时刻 $t_0 \in T$,存在时刻 $t_\alpha(t_\alpha > t_0, t_\alpha \in T)$,对于 t_0

时刻的初始状态 $x(t_0)=x_0$，可以找到一个容许控制 $u(t)$，使得 $x(t_\alpha)=0$，则称系统的状态 x_0 在 $[t_0, t_\alpha]$ 区间内是可控的。

定义 2：如果系统(6.1.1)对初始时刻 $t_0 \in T$，存在时刻 $t_\alpha(t_\alpha > t_0, t_\alpha \in T)$，对于 t_0 时刻的任意初始状态 $x(t_0)=x_0$，可以找到容许控制 $u(t)$，使 $x(t_\alpha)=0$，则称系统在 $[t_0, t_\alpha]$ 区间上是完全可控的。

定义 3：如果系统(6.1.1)对任意的初始时刻 $t_0 \in T$，只要 t_0 不等于 T 的右端，都完全可控，则称系统是完全可控的。

从系统可控性的定义可以看出，所谓系统的可控性，实际上是指系统初始状态 x_0 的可控性。

2. 可控性的基本性质

1）可控状态的性质

如果系统(6.1.1)可控，则具有以下一些性质。

性质 1：如果状态 x_0 是可控的，则存在容许控制 $u(t)$，使得如下公式成立：

$$x_0=-\phi(t_\alpha, t_0)^{-1}\int_{t_0}^{t_\alpha}\phi(t_\alpha, \tau)B(\tau)u(\tau)\mathrm{d}\tau=-\int_{t_0}^{t_\alpha}\phi(t_0, \tau)B(\tau)u(\tau)\mathrm{d}\tau \quad (6.1.3)$$

利用基于状态转移矩阵的系统状态表达式[详见式(3.1.11)]，根据可控性定义，不难得出此性质，式(6.1.3)在系统可控性分析中是非常有用的公式。

性质 2：如果系统(6.1.1)在 $[t_0, t_\alpha]$ 上完全可控，那么对于 $t_\beta > t_\alpha$，系统在 $[t_0, t_\beta]$ 上也完全可控。

事实上，根据完全可控的定义，如果系统在 $[t_0, t_\alpha]$ 上完全可控，则必存在与此对应的容许控制 $u(t)$。此时，不妨选择 $u(t)=0(t_\alpha < t \leqslant t_\beta)$，就不难证明此性质。

性质 3：如果在状态方程(6.1.1)的右端还叠加了一项不依赖于控制 $u(t)$ 的扰动 $f(t)$，即系统的状态方程如下：

$$\dot{x}(t)=A(t)x(t)+B(t)u(t)+f(t) \quad (6.1.4)$$

则：如果系统(6.1.1)在 $[t_0, t_\alpha]$ 上完全可控，且扰动 $f(t)$ 是确定的函数，那么在扰动 $f(t)$ 的作用下，系统(6.1.4)的初始状态 $x(t_0)=x_0$ 仍然是可控的。

该性质表明，确定性扰动 $f(t)$ 不会破坏系统的可控性。因此，在讨论系统的可控性问题时，可不考虑确定性扰动的作用。

性质 4：如果系统(6.1.1)的一个初始状态 x_0 在 $[t_0, t_\alpha]$ 上是可控状态，则对于任一实数 α，状态 αx_0 也是可控状态；如果 x_{01}、x_{02} 是可控状态，那么对于任意实数 α、β，状态 $\alpha x_{01}+\beta x_{02}$ 也是可控状态。

2）可控子空间

由上面的性质 4 可知，系统的可控状态可构成一个集合，因而可构成一个子空间。由所有的可控状态构成的子空间称为可控子空间，一般用符号 $X_k^+[t_0, t_\alpha]$ 表示。如果 $X_k^+[t_0, t_\alpha]$ 充满整个状态空间 X，则称系统在 $[t_0, t_\alpha]$ 上完全可控，这时有 $X_k^+[t_0, t_\alpha]=X$。显然，如果 $X_k^+[t_0, t_\alpha]$ 没有充满整个状态空间，就表明系统不是完全可控的，则必有另一部分子空间处于不可控的状态。

3. 不可控状态和不可控子空间

1) 不可控状态和不可控子空间的定义

相比可控状态,不可控状态不太容易定义,因此尚未见有专门针对不可控状态给出的定义,一般文献中多是借助于可控状态来定义。

定义: 如果系统的可控子空间为 $X_k^+[t_0, t_\alpha]$,它没有充满整个状态空间 X,则 $X_k^+[t_0, t_\alpha]$ 的正交余子空间记作 $X_k^-[t_0, t_\alpha]$,并且称为不可控子空间。凡属于不可控子空间中的状态,称为不可控状态。

由上述定义可知,可控子空间 $X_k^+[t_0, t_\alpha]$ 中的状态向量 x_0 与不可控子空间 $X_k^-[t_0, t_\alpha]$ 中的状态向量 x_1 相互正交,即 $x_0 \perp x_1$ 或 $x_1^{\mathrm{T}} x_0 = 0$。对于上述不可控状态的定义,可以这样理解:在 $[t_0, t_\alpha]$ 区间内,对于系统(6.1.1)的(某个)初始状态 $x(t_0) = x_1$,如果任何容许控制 $u(t)$ 总不能使得 $x(t_\alpha)=0$,或者说总有 $x(t_\alpha) \neq 0$,则可称系统的状态 x_1 在 $[t_0, t_\alpha]$ 区间内是不可控的。可以证明,$x_1 \in X_k^-[t_0, t_\alpha]$ 与这里关于不可控状态定义的理解是一致的。

2) 不可控状态的性质

不可控状态也具有一些性质,可以用来判断一个状态是否为不可控状态。

性质1: 状态 x_1 是系统(6.1.1)的不可控状态的充分必要条件为

$$x_1^{\mathrm{T}} \phi(t_0, \tau) B(\tau) \equiv 0^{\mathrm{T}}, \quad \tau \in [t_0, t_\alpha] \tag{6.1.5}$$

注意,式(6.1.5)中的 0^{T} 为 $1 \times r$ 阶行向量。

根据性质1可以得出如下两个推论。推论1: 如果状态 x_1 是系统(6.1.1)的不可控状态,则矩阵 $\phi(t_0, \tau)B(\tau)$ $(\tau \in [t_0, t_\alpha])$ 的行线性相关。事实上,根据向量线性相关的定义,由式(6.1.5)可直接得该推论。推论2: 如果状态 x_1 是系统(6.1.1)的不可控状态,则矩阵 $\phi(t_\alpha, t)B(t)$ $(\tau \in [t_0, t_\alpha])$ 的行线性相关。

对于线性定常系统(6.1.1a),即当 A、B、C 均为常值矩阵时,有 $\phi(t_0, \tau) = \mathrm{e}^{A(t_0-\tau)}$,此时状态 x_1 为不可控状态的充要条件可表达为

$$x_1^{\mathrm{T}} \mathrm{e}^{A(t_0-\tau)} B \equiv 0^{\mathrm{T}}, \quad \tau \in [t_0, t_\alpha] \tag{6.1.6a}$$

或

$$x_1^{\mathrm{T}} \mathrm{e}^{-At} B \equiv 0^{\mathrm{T}}, \quad t \in [0, T];\ T = t_\alpha - t_0 \tag{6.1.6b}$$

性质2: 状态 $x_1 \in X_k^-[t_0, t_\alpha]$ 的充要条件是

$$\left[\int_{t_0}^{t_\alpha} \phi(t_0, \tau) B(\tau) B(\tau)^{\mathrm{T}} \phi(t_0, \tau)^{\mathrm{T}} \mathrm{d}\tau\right] x_1 = 0 \tag{6.1.7}$$

由性质2可以得出如下推论:如果 x_1 为不可控状态,则如下矩阵列线性相关(或降秩):

$$\int_{t_0}^{t_\alpha} \phi(t_0, \tau) B(\tau) B(\tau)^{\mathrm{T}} \phi(t_0, \tau)^{\mathrm{T}} \mathrm{d}\tau \tag{6.1.8}$$

因此,式(6.1.7)所代表的齐次线性代数方程组有非零解 x_1。

性质 3: 对于线性定常系统,状态 x_1 为在 $[t_0, t_\alpha]$ 区间内不可控状态的充要条件是 x_1 正交于矩阵 $[B, AB, A^2B, \cdots, A^{n-1}B]$ 中的每一个列向量,其中矩阵 A、B 均为常值矩阵。

证明: 必要性。设 x_1 在 $[t_0, t_\alpha]$ 区间内为不可控状态,则式(6.1.6a)必满足。注意到,在式(6.1.6a)中,x_1、A、B 均为常值向量或矩阵,t_0 也为常数,于是将该式对 τ 依次微分,可得

$$
\begin{aligned}
&0\text{ 次微分}:\ x_1^{\mathrm{T}}\mathrm{e}^{A(t_0-\tau)}B \equiv 0^{\mathrm{T}} \\
&1\text{ 次微分}:\ x_1^{\mathrm{T}}A\mathrm{e}^{A(t_0-\tau)}B \equiv 0^{\mathrm{T}} \\
&2\text{ 次微分}:\ x_1^{\mathrm{T}}A^2\mathrm{e}^{A(t_0-\tau)}B \equiv 0^{\mathrm{T}} \\
&\qquad\vdots \\
&n-1\text{ 次微分}:\ x_1^{\mathrm{T}}A^{n-1}\mathrm{e}^{A(t_0-\tau)}B \equiv 0^{\mathrm{T}}
\end{aligned}
$$

在上面诸式中,令 $t_0 - \tau = 0$, 注意到, $\mathrm{e}^{A\times 0} = I$ (I 为单位矩阵),可得

$$
x_1^{\mathrm{T}}B \equiv 0^{\mathrm{T}},\quad x_1^{\mathrm{T}}AB \equiv 0^{\mathrm{T}},\quad x_1^{\mathrm{T}}A^2B \equiv 0^{\mathrm{T}},\ \cdots,\ x_1^{\mathrm{T}}A^{n-1}B \equiv 0^{\mathrm{T}}
$$

上面诸式等价于 $x_1^{\mathrm{T}}[B, AB, A^2B, \cdots, A^{n-1}B] \equiv [0^{\mathrm{T}}, 0^{\mathrm{T}}, 0^{\mathrm{T}}, \cdots, 0^{\mathrm{T}}]$,表明 x_1 与矩阵 $[B, AB, A^2B, \cdots, A^{n-1}B]$ 中的每一个列向量均正交。

充分性: 该性质的充分性证明需要用到第 3 章介绍的 Cayley-Hamilton 定理,有兴趣的读者可参阅 Kailath(1985)的文献。

4. 可控性的判据

前面给出了线性系统可控性的一些性质,这些性质只说明"如果系统可控"会怎样,还不足以判断系统是否可控,下面将介绍几个线性系统可控性的判据。

1) 线性时变系统的可控性判据

判据 1: 系统(6.1.1)在 $[t_0, t_\alpha]$ 区间完全可控的充分必要条件为矩阵 $\phi(t_0, \tau)B(\tau)$ $(\tau \in [t_0, t_\alpha])$ 的行线性独立。

根据状态转移矩阵的性质可知, $\phi(t_\alpha, \tau) = \phi(t_\alpha, t_0)\phi(t_0, \tau)$, 且 $\phi(t_\alpha, t_0)$ 为满秩矩阵。由此可推断出,矩阵 $\phi(t_0, \tau)B(\tau)$ 行线性独立等价于矩阵 $\phi(t_\alpha, \tau)B(\tau)$ 行线性独立。因此,根据判据 1 可以得出如下推论: 系统(6.1.1)在 $[t_0, t_\alpha]$ 区间完全可控的充分必要条件为矩阵 $\phi(t_\alpha, \tau)B(\tau)$ $(\tau \in [t_0, t_\alpha])$ 行线性独立。

判据 2: 系统(6.1.1)在 $[t_0, t_\alpha]$ 区间完全可控的充分必要条件为如下矩阵满秩:

$$
\int_{t_0}^{t_\alpha}\phi(t_0, \tau)B(\tau)B(\tau)^{\mathrm{T}}\phi(t_0, \tau)^{\mathrm{T}}\mathrm{d}\tau
$$

一般将矩阵 $\int_{t_0}^{t_\alpha}\phi(t_0, \tau)B(\tau)B(\tau)^{\mathrm{T}}\phi(t_0, \tau)^{\mathrm{T}}\mathrm{d}\tau$ 记为 $Q_k(t_0, t_\alpha)$, 并称为可控性矩阵。

事实上,由前面的不可控状态性质 2 的推论可知,如果系统(6.1.1)在 $[t_0, t_\alpha]$ 上不完全可控,则必至少存在一个不可控状态 x_1, 使得矩阵 $Q_k(t_0, t_\alpha)$ 列线性相关,即降秩。

根据判据 2 可以得出如下推论：系统(6.1.1)在 $[t_0, t_\alpha]$ 区间完全可控的充分必要条件为矩阵 $\int_{t_0}^{t_\alpha}\phi(t_\alpha, \tau)B(\tau)B(\tau)^{\mathrm{T}}\phi(t_\alpha, \tau)^{\mathrm{T}}\mathrm{d}\tau$ 满秩。

判据 3：假设在 $[t_0, t_\alpha]$ 上系统(6.1.1)中的矩阵 $A(t)$ 和 $B(t)$ 分别对 t 为 $(n-2)$ 次和 $(n-1)$ 次可微，且记

$$\begin{cases} B_1(t) = B(t), \quad \dot{B}_1(t) = \dot{B}(t) \\ B_2(t) = -A(t)B_1(t) + \dot{B}_1(t) \\ \qquad\vdots \\ B_i(t) = -A(t)B_{i-1}(t) + \dot{B}_{i-1}(t) \end{cases} \quad (i = 2, 3, \cdots, n) \tag{6.1.9}$$

和

$$Q(t) = [B_1(t), B_2(t), \cdots, B_n(t)] \tag{6.1.10}$$

那么，如果当 $t = t_\alpha$ 时，矩阵 $Q(t)$ 满秩，则系统(6.1.1)在 $[t_0, t_\alpha]$ 上完全可控。

证明：采用反证法。假设系统(6.1.1)在 $[t_0, t_\alpha]$ 上不完全可控，但矩阵 $Q(t)|_{t=t_\alpha} = Q(t_\alpha)$ 满秩。既然假设系统不完全可控，则必存在不可控状态。根据不可控状态性质 1 的推论 2 可知，此时矩阵 $\phi(t_\alpha, t)B(t)$ $(t \in [t_0, t_\alpha])$ 行线性相关，即存在非零状态向量 x_1，使得如下公式成立：

$$x_1^{\mathrm{T}}\phi(t_\alpha, t)B(t) \equiv 0^{\mathrm{T}}, \quad t \in [t_0, t_\alpha] \tag{6.1.11}$$

或写成

$$x_1^{\mathrm{T}}\phi(t_\alpha, t)B_1(t) \equiv 0^{\mathrm{T}}, \quad t \in [t_0, t_\alpha] \tag{6.1.12a}$$

显然，如果将 x_1 作为系统的初始状态，则它必为不可控状态。将式(6.1.12a)对 t 微分，注意到状态转移矩阵的性质 5[详见式(3.1.12e)]且 x_1 为常值向量，可得

$$\begin{aligned} \frac{\mathrm{d}[x_1^{\mathrm{T}}\phi(t_\alpha, t)B_1(t)]}{\mathrm{d}t} &= x_1^{\mathrm{T}}\frac{\mathrm{d}[\phi(t_\alpha, t)B_1(t)]}{\mathrm{d}t} = x_1^{\mathrm{T}}\left[\frac{\mathrm{d}\phi(t_\alpha, t)}{\mathrm{d}t}B_1(t) + \phi(t_\alpha, t)\frac{\mathrm{d}B_1(t)}{\mathrm{d}t}\right] \\ &= x_1^{\mathrm{T}}[-\phi(t_\alpha, t)A(t)B_1(t) + \phi(t_\alpha, t)\dot{B}_1(t)] \\ &= x_1^{\mathrm{T}}\phi(t_\alpha, t)[-A(t)B_1(t) + \dot{B}_1(t)] \\ &= x_1^{\mathrm{T}}\phi(t_\alpha, t)B_2(t) \equiv 0^{\mathrm{T}}, \quad t \in [t_0, t_\alpha] \end{aligned}$$

即得

$$x_1^{\mathrm{T}}\phi(t_\alpha, t)B_2(t) \equiv 0^{\mathrm{T}}, \quad t \in [t_0, t_\alpha] \tag{6.1.12b}$$

将式(6.1.12b)对 t 微分可得

$$x_1^{\mathrm{T}}\phi(t_\alpha, t)B_3(t) \equiv 0^{\mathrm{T}}, \quad t \in [t_0, t_\alpha] \tag{6.1.12c}$$

以此类推，可得

$$x_1^{\mathrm{T}}\phi(t_\alpha, t)B_i(t) \equiv 0^{\mathrm{T}}, \quad t \in [t_0, t_\alpha]; i = 1, 2, \cdots, n \tag{6.1.12d}$$

令 $t = t_\alpha$，可得 $\phi(t_\alpha, t)|_{t=t_\alpha} = \phi(t_\alpha, t_\alpha) = I$ 为满秩矩阵。于是，由式(6.1.12d)可得

$$x_1^{\mathrm{T}}B_i(t_\alpha) \equiv 0^{\mathrm{T}}, \quad t \in [t_0, t_\alpha]; i = 1, 2, \cdots, n \tag{6.1.13}$$

将式(6.1.13)中的 n 个方程写在一起，就得到了如下方程：

$$x_1^{\mathrm{T}}Q(t_\alpha) \equiv 0^{\mathrm{T}}, \quad t \in [t_0, t_\alpha] \tag{6.1.14}$$

其中，

$$Q(t_\alpha) = [B_1(t_\alpha), B_2(t_\alpha), \cdots, B_n(t_\alpha)] \tag{6.1.15}$$

式(6.1.14)表明，矩阵 $Q(t_\alpha)$ 的行线性相关，因而不满秩。这与假设相矛盾，而矛盾的根源在于假定系统不完全可控。因此，只要矩阵 $Q(t)$ 当 $t = t_\alpha$ 时满秩，则系统(6.1.1)在 $[t_0, t_\alpha]$ 上必完全可控。证毕。需要说明的是，判据 3 只是线性时变系统(6.1.1)完全可控的充分条件。但对于线性定常系统，可以证明判据 3 是系统完全可控的充分必要条件。

2）线性定常系统可控性判据

有了线性时变系统的可控性判据，就不难得出线性定常系统的可控性判据，只需在上述判据中代入与线性定常系统相关的参数即可。因此，下面不加证明地将上述线性时变系统的可控性判据推广到线性定常系统，得到线性定常系统的可控性判据。

判据 1： 线性定常系统(6.1.1a)在 $[t_0, t_\alpha]$ 上完全可控的充分必要条件为 $e^{A(t_\alpha-\tau)}B$ $(\tau \in [t_0, t_\alpha])$ 的行线性独立。

可见，系统可控性的判据和 t_α 的选择无关，只与 $t_\alpha - \tau$ 有关。因此，如果取 $t_\alpha - \tau = t$ 和 $t_\alpha - t_0 = T$，则上述可控性判据可表达为 $e^{At}B$ $(t \in [0, T])$ 的行线性独立，相当于系统在 $t_0 = 0$ 时的状态在 $[0, T]$ 内完全可控。这也表明，如果线性定常系统在某一时间区间上完全可控，则在所有同样大小的时间区间上也完全可控。

判据 2： 系统(6.1.1a)在 $[t_0, t_\alpha]$ 区间完全可控的充要条件为如下矩阵满秩：

$$Q_k(t_0, t_\alpha) = \int_{t_0}^{t_\alpha} e^{A(t_\alpha-\tau)}B(\tau)B(\tau)^{\mathrm{T}}e^{A^{\mathrm{T}}(t_\alpha-\tau)}d\tau$$

在有些文献中，也将矩阵 $Q_k(t_0, t_\alpha)$ 称为格拉姆矩阵，因此这种判据也称为格拉姆矩阵判据。

由于该判据涉及积分运算，尽管对于定常系统该判据的可靠性较高，但运用起来不太方便，以致于在有些文献中对于定常系统没有给出该判据，更多的是直接给出以下判据。

判据 3： 系统(6.1.1a)完全可控的充分必要条件是如下矩阵满秩：

$$U_c = [B, AB, \cdots, A^{n-1}B] \tag{6.1.16}$$

矩阵 U_c 也称为系统(6.1.1a)的可控性矩阵。

时变系统的判据 3 只是充分条件而非必要条件，但定常系统的判据 3 不仅是充分条件而且是必要条件。充分性证明比较容易，可直接在时变系统判据 3 中令矩阵 A 和 B 为

常值矩阵即可，但其必要性证明同样也需要用到 Cayley-Hamilton 定理，有兴趣的读者可参阅有关文献。此外，线性定常系统的可控性矩阵 U_c 仅与 A、B 有关而与时间 t 无关，只要 T 是个有限值即可，因此对于线性定常系统，如果在某一区间上完全可控，则在无穷区间 $(-\infty, +\infty)$ 内的任一有限子区间 $[t_0, t_\alpha]$ 上，系统也完全可控，即系统完全可控。正因如此，在给出线性定常系统的判据 3 时就没有给出时间区间了。

6.1.2　线性系统的可观性及其判据

系统可控与否需要通过观测来判断，因此一个系统不但要能被控制，而且要能被观测，即具有可观(测)性。因此，本节将仿照上一节的思路给出线性系统可观性的定义、性质、判据等，也是按照先时变系统后定常系统的顺序进行介绍。系统的状态方程仍如式(6.1.1)和式(6.1.1a)所示。

1. 可观性定义

所谓观测，一般是指通过系统的输出对系统的状态作出判断。为了根据系统(6.1.1)的输出 $y(t)$ 对系统状态 $x(t)$ 作出判断，首先要对系统的初始状态 x_0 作出判断。这是因为，只要能对 x_0 作出判断，之后任一时刻 t ($t \in [t_0, t_\alpha]$) 的状态 $x(t)$ 可以由式(6.1.17)准确地确定：

$$x(t) = \phi(t, t_0)x_0 + \int_{t_0}^{t} \phi(t, \tau)B(\tau)u(\tau)\mathrm{d}\tau \tag{6.1.17}$$

式中，$u(t)$ 是已知的。因此，问题归结为对 x_0 的判断。

系统的可观性定义如下。

定义 1：对于系统(6.1.1)，如果对于 t_0 时刻存在 t_α 时刻 ($t_0 < t_\alpha < \infty$)，根据 $[t_0, t_\alpha]$ 区间 $y(t)$ ($t \in [t_0, t_\alpha]$) 的测量值，能够唯一地确定系统在 t_0 时刻的初始状态 x_0，则称 x_0 为系统在 t_0 时刻的可观测状态，或称 x_0 为系统在 $[t_0, t_\alpha]$ 区间的可观测状态。

定义 2：对于系统(6.1.1)，如果对于 t_0 时刻存在 t_α 时刻 ($t_0 < t_\alpha < \infty$)，根据 $[t_0, t_\alpha]$ 上 $y(t)$ ($t \in [t_0, t_\alpha]$) 的测量值，能够唯一地确定系统在 t_0 时刻的任意初始状态 x_0，则称系统在 t_0 时刻是完全可观测的，或称系统在 $[t_0, t_\alpha]$ 区间上完全可观测。

定义 3：如果系统(6.1.1)对于任意初始时刻 $t_0 \in T$，t_0 不等于 T 的右端，都是完全可观测的，则称系统是完全可观测的。

2. 可观性的基本性质

1) 可观测状态的性质

如果系统(6.1.1)可观测，将具有以下一些性质。

性质 1：如果状态 x_0 在 $[t_0, t_\alpha]$ 上是可观测的，则存在容许控制 $u(t)$，使得如下矩阵满秩：

$$Q_g(t_0, t_\alpha) = \int_{t_0}^{t_\alpha} \phi(t, t_0)^{\mathrm{T}} C(t)^{\mathrm{T}} C(t) \phi(t, t_0)\mathrm{d}t \tag{6.1.18}$$

性质 2：如果系统(6.1.1)在 $[t_0, t_\alpha]$ 上完全可观测，则在 $[t_0, t_\beta]$ $(t_\beta > t_\alpha)$ 上也完全可观测。

事实上，根据系统可观性定义，可直接推出该性质。因为需要关心的是系统初始状态 x_0 是否可观测，而 x_0 是由 $[t_0, t_\beta]$ 内 $y(t)$ 的观测值唯一确定的。由于系统在 $[t_0, t_\alpha]$ 内完全可观测，则根据该区间内 $y(t)$ 的观测值已经唯一确定了 x_0，那么 $t > t_\alpha$ 区间内 $y(t)$ 的观测值实际上已经不重要了。因此，只要系统在 $[t_0, t_\alpha]$ 内完全可观测，它在 $[t_0, t_\beta]$ $(t_\beta > t_\alpha)$ 上也应该完全可观测。

性质 3：如果在状态方程[式(6.1.1)]的右端还叠加一项不依赖于控制 $u(t)$ 的扰动 $f(t)$，即系统的状态方程如式(6.1.4)所示、系统的输出方程仍如式(6.1.1)所示，那么可以证明，x_0 是否有唯一确定解，也就是说矩阵 $Q_g(t_0, t_\alpha)$ 是否满秩，与 $f(t)$ 无关，同时也与 $u(t)$ 无关，即 $u(t)$ 和 $f(t)$ 不改变系统的可观性。

据此，可仅考虑如下公式：

$$Q_g(t_0, t_\alpha)x_0 = \int_{t_0}^{t_\alpha} \phi(t, t_0)^{\mathrm{T}} C(t)^{\mathrm{T}} y(t)\,\mathrm{d}t \tag{6.1.19}$$

只要 $Q_g(t_0, t_\alpha)$ 满秩，即可以由此方程根据输出 $y(t)$ 唯一地确定 x_0。

2）可观测子空间

由上面的系统可观性定义和性质可知，系统可观测的状态 x_0 是由系统参数和系统输出 $y(t)$ 的观测值唯一确定的。不同的 $y(t)$ 观测值将确定出不同的被观测状态，所以系统的可观测状态可构成一个集合，因而可形成一个子空间。由所有的可观测状态构成的子空间称为可观测子空间，一般用符号 $X_g^+[t_0, t_\alpha]$ 表示。如果 $X_g^+[t_0, t_\alpha]$ 充满整个状态空间 X，则称系统在 $[t_0, t_\alpha]$ 上完全可观测，这时有 $X_g^+[t_0, t_\alpha] = X$。如果 $X_g^+[t_0, t_\alpha]$ 没有充满整个状态空间，就表明系统不是完全可观测的，则必有另一部分子空间处于不可观测状态。

3. 不可观测状态和不可观测子空间

1）不可观测状态的定义和性质

定义：对于系统(6.1.1)的任一非零初始状态 x_1，如果基于它给出的系统输出为

$$y(t) = C(t)\phi(t, t_0)x_1 \equiv 0, \quad t \in [t_0, t_\alpha] \tag{6.1.20}$$

则称 x_1 是系统(6.1.1)在 $[t_0, t_\alpha]$ 上的不可观测状态。

该定义的含义是，对于非零的初始状态 x_1，如果仅在其作用下[即不存在 $u(t)$ 等其他作用]，在 $[t_0, t_\alpha]$ 上 $y(t) \equiv 0$，就表明根据 $y(t)$ 的观测值得不到任何关于初始状态 x_1 的信息，因而无法正确确定 x_1，所以只能认为 x_1 是不可观测状态。

根据上述不可观测状态的定义，可以推出不可观测状态的如下两个性质。

性质 1：如果非零初始状态 x_1 是不可观测状态，则矩阵 $C(t)\phi(t, t_0)$ $(t \in [t_0, t_\alpha])$ 列线性相关。

根据向量线性相关的定义，由式(6.1.20)可直接推出该性质。矩阵 $C(t)\phi(t, t_0)$ 列线性相关必导致矩阵 $\phi(t, t_0)^{\mathrm{T}}C(t)^{\mathrm{T}}C(t)\phi(t, t_0)$ 降秩，从而使矩阵 $Q_g(t_0, t_\alpha)$ 降秩，

因此又可以得出如下推论：如果非零初始状态 x_1 是不可观测状态，则矩阵 $Q_g(t_0, t_\alpha)$ 降秩。

该推论的含义是，如果矩阵 $Q_g(t_0, t_\alpha)$ 降秩，则由线性代数方程(6.1.19)无法解出 x_0 的唯一确定解，所以就不能认为 x_0 是可观测的状态。据此，也可以更宽泛地将不可观测状态定义为：在 $[t_0, t_\alpha]$ 上根据系统输出 $y(t)$ 的观测值无法唯一确定的状态。

性质 2： 如果 x_1 是不可观测状态，则对于任一实数 α，αx_1 也为不可观测状态；如果 x_{11}、x_{12} 为不可观测状态，则对于任意实数 α、β，$\alpha x_{11} + \beta x_{12}$ 也为不可观测状态。

2）不可观测子空间

由上述性质 2 可见，系统的不可观测状态可构成一个集合，因而可构成一个子空间。由所有不可观测的状态 $x_1(t \in [t_0, t_\alpha])$ 构成的线性子空间称为不可观测子空间，一般用符号 $X_g^-[t_0, t_\alpha]$ 表示。显然，如果 $X_g^-[t_0, t_\alpha] \neq X$，则 $X_g^-[t_0, t_\alpha]$ 的正交余子空间就是可观测子空间 $X_g^+[t_0, t_\alpha]$，其中的元素为可观测状态 x_0，且有 $x_0 \perp x_1$ 或 $x_0^{\mathrm{T}} x_1 = 0$。

4. 可观性的判据

一般不仅需要知道系统在什么情况下是完全可控的，更需要知道系统在什么情况下是完全可观测的。因为如果不能确定系统是完全可观测的，那么系统的可控性也就将失去意义。下面给出线性系统完全可观测的几个判据。

1）线性时变系统的可观性判据

判据 1： 系统(6.1.1)在 $[t_0, t_\alpha]$ 区间上完全可观测的充要条件为矩阵 $C(t)\phi(t, t_0)$ $(t \in [t_0, t_\alpha])$ 的列线性独立。

参照前面可控性判据 1 的推论，可证明可观性判据 1 也有如下推论：系统(6.1.1)在 $[t_0, t_\alpha]$ 区间上完全可观测的充要条件是矩阵 $C(t)\phi(t, t_\alpha)$ $(t \in [t_0, t_\alpha])$ 的列线性独立。

判据 2： 系统(6.1.1)在 $[t_0, t_\alpha]$ 区间上完全可观测的充要条件是矩阵 $Q_g(t_0, t_\alpha)$ 满秩。

仿照前面可控性判据 2 的推论，也可以证明可观性判据 2 有如下推论：系统(6.1.1)在 $[t_0, t_\alpha]$ 区间上完全可观测的充要条件是矩阵 $\int_{t_0}^{t_\alpha} \phi(t, t_\alpha)^{\mathrm{T}} C(t)^{\mathrm{T}} C(t) \phi(t, t_\alpha) \mathrm{d}t$ 满秩。

判据 3： 设系统(6.1.1)的矩阵 $A(t)$ 和 $C(t)$ 分别对 t 为 $(n-2)$ 次和 $(n-1)$ 次可微，并记

$$\begin{cases} C_1(t)^{\mathrm{T}} = C(t)^{\mathrm{T}}, \quad \dot{C}_1(t)^{\mathrm{T}} = \dot{C}(t)^{\mathrm{T}} \\ C_2(t)^{\mathrm{T}} = A(t)^{\mathrm{T}} C_1(t)^{\mathrm{T}} + \dot{C}_1(t)^{\mathrm{T}} \\ \vdots \\ C_i(t)^{\mathrm{T}} = A(t)^{\mathrm{T}} C_{i-1}(t)^{\mathrm{T}} + \dot{C}_{i-1}(t)^{\mathrm{T}} \end{cases} \quad (i = 2, 3, \cdots, n) \tag{6.1.21}$$

和

$$\Gamma(t) = [C_1(t)^{\mathrm{T}}, C_2(t)^{\mathrm{T}}, \cdots, C_n(t)^{\mathrm{T}}] \tag{6.1.22}$$

那么,如果矩阵 $\Gamma(t)$ 当 $t=t_\alpha$ 时满秩,则系统(6.1.1)在 $[t_0, t_\alpha]$ 上完全可观测。

证明: 亦采用反证法。假设矩阵 $\Gamma(t)|_{t=t_\alpha}$ 满秩,但系统不完全可观测。根据定义,如果系统不完全可观测,则必存在不可观测状态,即存在非零向量 x_1, 使得如下公式成立:

$$C(t)\phi(t, t_0)x_1 \equiv 0 \tag{6.1.23a}$$

那么,其转置也成立,即

$$x_1^{\mathrm{T}}\phi(t, t_0)^{\mathrm{T}}C(t)^{\mathrm{T}} \equiv 0^{\mathrm{T}} \tag{6.1.23b}$$

注意到, $\phi(t_0, t_\alpha)\phi(t_\alpha, t_0)=I$ (I 为单位矩阵),因此有

$$\begin{aligned} x_1^{\mathrm{T}}\phi(t_\alpha, t_0)^{\mathrm{T}}\phi(t_0, t_\alpha)^{\mathrm{T}}\phi(t, t_0)^{\mathrm{T}}C(t)^{\mathrm{T}} &= x_1^{\mathrm{T}}\phi(t_\alpha, t_0)^{\mathrm{T}}[\phi(t, t_0)\phi(t_0, t_\alpha)]^{\mathrm{T}}C(t)^{\mathrm{T}} \\ &= [\phi(t_\alpha, t_0)x_1]^{\mathrm{T}}\phi(t, t_\alpha)^{\mathrm{T}}C(t)^{\mathrm{T}} \equiv 0^{\mathrm{T}} \end{aligned}$$

令

$$\bar{x}_1 = \phi(t_\alpha, t_0)x_1 \tag{6.1.24}$$

则有

$$\bar{x}_1^{\mathrm{T}}\phi(t, t_\alpha)^{\mathrm{T}}C(t)^{\mathrm{T}} \equiv 0^{\mathrm{T}} \tag{6.1.25a}$$

式(6.1.25a)对 t 求导,注意到 $\dot{\phi}(t, t_\alpha)^{\mathrm{T}}=\phi(t, t_\alpha)^{\mathrm{T}}A(t)^{\mathrm{T}}$, 可得

$$\begin{aligned} \bar{x}_1^{\mathrm{T}}\frac{\mathrm{d}}{\mathrm{d}t}[\phi(t, t_\alpha)^{\mathrm{T}}C(t)^{\mathrm{T}}] &= \bar{x}_1^{\mathrm{T}}[\dot{\phi}(t, t_\alpha)^{\mathrm{T}}C(t)^{\mathrm{T}}+\phi(t, t_\alpha)^{\mathrm{T}}\dot{C}(t)^{\mathrm{T}}] \\ &= \bar{x}_1^{\mathrm{T}}[\phi(t, t_\alpha)^{\mathrm{T}}A(t)^{\mathrm{T}}C(t)^{\mathrm{T}}+\phi(t, t_\alpha)^{\mathrm{T}}\dot{C}(t)^{\mathrm{T}}] \\ &= \bar{x}_1^{\mathrm{T}}\phi(t, t_\alpha)^{\mathrm{T}}[A(t)^{\mathrm{T}}C_1(t)^{\mathrm{T}}+\dot{C}_1(t)^{\mathrm{T}}] \\ &= \bar{x}_1^{\mathrm{T}}\phi(t, t_\alpha)^{\mathrm{T}}C_2(t)^{\mathrm{T}} \equiv 0^{\mathrm{T}} \end{aligned} \tag{6.1.25b}$$

继续将式(6.1.25b)的最后一式对 t 求导,可得

$$\bar{x}_1^{\mathrm{T}}\phi(t, t_\alpha)^{\mathrm{T}}C_3(t)^{\mathrm{T}} \equiv 0^{\mathrm{T}} \tag{6.1.25c}$$

依此类推,注意到式(6.1.25a)中的 $C(t)$ 可以写成 $C_1(t)$, 不难得出以下方程序列:

$$\bar{x}_1^{\mathrm{T}}\phi(t, t_\alpha)^{\mathrm{T}}C_i(t)^{\mathrm{T}} \equiv 0^{\mathrm{T}} \quad (i=1, 2, \cdots, n) \tag{6.1.26}$$

将式(6.1.26)中的方程序列用矩阵形式写在一起,即

$$\bar{x}_1^{\mathrm{T}}\phi(t, t_\alpha)^{\mathrm{T}}\Gamma(t) \equiv 0^{\mathrm{T}} \tag{6.1.27}$$

式中,矩阵 $\Gamma(t)$ 如式(6.1.22)所示。令 $t=t_\alpha$, 注意到 $\phi(t_\alpha, t_\alpha)=I$, 式(6.1.27)将变为

$$\bar{x}_1^{\mathrm{T}}\Gamma(t_\alpha) \equiv 0^{\mathrm{T}} \tag{6.1.28}$$

由于矩阵 $\phi(t_\alpha, t_0)$ 是满秩矩阵,由非零向量 x_1 经线性变换[式(6.1.24)]得到的向量 $\bar{x}_1$ 也应为非零向量。这样,式(6.1.28)就意味着矩阵 $\Gamma(t)$ 的行线性相关或降秩,这与矩阵 $\Gamma(t)$ 满秩的假定矛盾。然而,矛盾来自系统不完全可观测的假定,所以该假定不成

立,即不存在非零向量 x_1 使得式(6.1.23a)成立,或者说矩阵 $C(t)\phi(t, t_0)$ ($t \in [t_0, t_\alpha]$) 应列线性独立。因此,只要当 $t = t_\alpha$ 时,矩阵 $\Gamma(t)$ 满秩,则系统(6.1.1)在 $[t_0, t_\alpha]$ 上必完全可观测。证毕。同样,对于线性时变系统,判据 3 只是充分性命题;但对于线性定常系统,判据 3 是既充分又必要的命题。

2) 线性定常系统的可观性判据

同理,有了线性时变系统的可观性判据就不难得出线性定常系统的可观性判据,下面也将不加证明地给出线性定常系统的可观性判据。

判据 1: 线性定常系统(6.1.1a)在 $[t_0, t_\alpha]$ 上完全可观测的充要条件为矩阵 Ce^{At} ($t \in [0, T]$, $T = t_\alpha - t_0$) 的列线性独立。

判据 2: 设由系统(6.1.1a)的矩阵 A 和 C 构成如下矩阵序列:

$$\begin{cases} C_1^{\mathrm{T}} = C^{\mathrm{T}} \\ C_2^{\mathrm{T}} = A^{\mathrm{T}} C_1^{\mathrm{T}} = A^{\mathrm{T}} C^{\mathrm{T}} \\ \quad\vdots \\ C_i^{\mathrm{T}} = A^{\mathrm{T}} C_{i-1}^{\mathrm{T}} = (A^{\mathrm{T}})^{i-1} C^{\mathrm{T}} \end{cases} \quad (i = 1, 2, \cdots, n) \tag{6.1.29}$$

记

$$\Gamma = [C_1^{\mathrm{T}}, C_2^{\mathrm{T}}, \cdots, C_n^{\mathrm{T}}] = [C^{\mathrm{T}}, A^{\mathrm{T}} C^{\mathrm{T}}, \cdots, (A^{\mathrm{T}})^{n-1} C^{\mathrm{T}}] \tag{6.1.30}$$

则系统(6.1.1a)在 $[t_0, t_\alpha]$ 上完全可观测的充要条件为矩阵 Γ 满秩。

由上述线性时变系统的可观性判据 3,注意到对于线性定常系统有 $\dot{C}_i(t) \equiv 0$, 可直接得到该判据的充分性;对于线性定常系统,可以证明该判据的必要性也是成立的。此外,从线性时变系统可观性判据 3 的证明过程可以看出,矩阵 Γ 满秩等价于其行线性独立,那么矩阵 Γ 的转置 Γ^{T} 就应该是列线性独立或满秩,由此可得到线性定常系统的可观性判据 3。

判据 3: 系统(6.1.1a)在 $[t_0, t_\alpha]$ 上完全可观测的充要条件为如下矩阵满秩:

$$U_o = \Gamma^{\mathrm{T}} = \begin{bmatrix} C \\ CA \\ \vdots \\ C(A)^{n-1} \end{bmatrix} \tag{6.1.31}$$

一般称 U_o 为线性定常系统的可观矩阵。

与线性定常系统的可控矩阵 U_c 一样,线性定常系统的可观矩阵 U_o 也与时间 t 和区间 T 无关。因而,在讨论线性定常系统的可观性问题时,也可不再考虑时间区间。

本节系统地介绍了线性系统的可控性和可观性,可以看出,它们之间有一定的对偶关系。事实上,线性系统的可观性可以通过对偶系统的可控性推出,反之亦然。关于对偶性,限于篇幅,这里将不再展开。

6.1.3　系统的可控标准型和可观标准型

由于状态变量选择的非唯一性,系统的状态空间表达式也不唯一。为便于研究问题,常将状态空间表达式经过非奇异变换转化为规范型式,如对角型、约当规范型或可控/可观标准型等。对角型、约当规范型便于计算状态转移矩阵、判定系统可控/可观性,而可控/可观标准型则为系统的状态反馈、状态观察器的设计及系统辨识等提供了便利。

将状态空间表达式变换成可控/可观标准型的理论依据是:状态的非奇异变换不改变其可控/可观性,且只有状态完全可控/可观测的系统才能变换成可控/可观标准型。限于篇幅,下面仅不加证明地给出单输入单输出定常系统的可控/可观标准型。

1. 可控标准型

定理 6.1.1 对于 n 阶线性定常系统,$\dot{x} = Ax + bu$, $y = Cx$, 如果系统是完全可控的,那么必存在一非奇异变换 $\tilde{x} = Px$, 使其变换成可控标准型 $\dot{\tilde{x}} = A_c\tilde{x} + b_c u$, $y = C_c\tilde{x}$。其中,线性变换矩阵 P 为

$$P = \begin{bmatrix} p_1 \\ p_1 A \\ \vdots \\ p_1 A^{n-1} \end{bmatrix}$$

其中,$p_1 = [0 \quad 0 \quad 0 \quad \cdots \quad 0 \quad 1]\,[b \quad Ab \quad A^2b \quad \cdots \quad A^{n-1}b]^{-1}$。

$$A_c = PAP^{-1} = \begin{bmatrix} 0 & 1 & 0 & \cdots & 0 & 0 \\ 0 & 0 & 1 & \cdots & 0 & 0 \\ 0 & 0 & 0 & \cdots & 0 & 0 \\ \vdots & \vdots & \vdots & \ddots & \vdots & \vdots \\ 0 & 0 & 0 & \cdots & 0 & 1 \\ -\alpha_n & -\alpha_{n-1} & -\alpha_{n-2} & \cdots & -\alpha_2 & -\alpha_1 \end{bmatrix}, \quad b_c = Pb = \begin{bmatrix} 0 \\ 0 \\ 0 \\ \vdots \\ 0 \\ 1 \end{bmatrix}, \quad C_c = CP^{-1}$$

A_c 中的元素 $\alpha_i(i = 1, 2, \cdots, n)$ 为特征多项式各项系数:$|SI - A| = S^n + \alpha_1 S^{n-1} + \cdots + \alpha_{n-1}S + \alpha_n$, 即系统的不变量。

例 6.1.1 已知线性定常系统 $\dot{x} = \begin{bmatrix} 1 & -1 \\ 0 & -1 \end{bmatrix} x + \begin{bmatrix} 1 \\ 1 \end{bmatrix} u$, 试写出其可控标准型状态空间表达式。

解:(1)判断系统的可控性。可控性矩阵 $U_c = [b \quad Ab] = \begin{bmatrix} 1 & 0 \\ 1 & -1 \end{bmatrix}$, 其秩 $\mathrm{rank}(U_c) = 2$, 故该系统状态完全可控。

(2)确定变换矩阵 P。可控性矩阵的逆矩阵为

$$U_c^{-1} = \begin{bmatrix} 1 & 0 \\ 1 & -1 \end{bmatrix}$$

$$p_1 = [1 \quad -1], \quad P = \begin{bmatrix} p_1 \\ p_1 A \end{bmatrix} = \begin{bmatrix} 1 & -1 \\ 1 & 0 \end{bmatrix}, \quad P^{-1} = \begin{bmatrix} 0 & 1 \\ -1 & 1 \end{bmatrix}$$

则

$$A_c = PAP^{-1} = \begin{bmatrix} 1 & -1 \\ 1 & 0 \end{bmatrix} \begin{bmatrix} 1 & -1 \\ 0 & -1 \end{bmatrix} \begin{bmatrix} 0 & 1 \\ -1 & 1 \end{bmatrix} = \begin{bmatrix} 0 & 1 \\ 1 & 0 \end{bmatrix}, \quad b_c = Pb = \begin{bmatrix} 1 & -1 \\ 1 & 0 \end{bmatrix} \begin{bmatrix} 1 \\ 1 \end{bmatrix} = \begin{bmatrix} 0 \\ 1 \end{bmatrix}$$

即

$$\dot{\tilde{x}} = \begin{bmatrix} 0 & 1 \\ 1 & 0 \end{bmatrix} \tilde{x} + \begin{bmatrix} 0 \\ 1 \end{bmatrix} u$$

2. 可观标准型

定理 6.1.2　对于 n 阶线性定常系统，$\dot{x} = Ax + bu$，$y = Cx$，如果系统是完全可观测的，那么必存在一非奇异变换 $\tilde{x} = T^{-1}x$，将系统变换为可观标准型，$\dot{\tilde{x}} = A_o\tilde{x} + b_o u$，$y = C_o\tilde{x}$。其中，线性变换矩阵 T 为

$$T = [t_1 \quad At_1 \quad \cdots \quad A^{n-1}t_1]$$

式中，$t_1 = \begin{bmatrix} C \\ CA \\ \vdots \\ CA^{n-1} \end{bmatrix}^{-1} \begin{bmatrix} 0 \\ 0 \\ \vdots \\ 1 \end{bmatrix}$。

$$A_o = T^{-1}AT = \begin{bmatrix} 0 & 0 & 0 & \cdots & 0 & -\alpha_n \\ 1 & 0 & 0 & \cdots & 0 & -\alpha_{n-1} \\ 0 & 1 & 0 & \cdots & 0 & -\alpha_{n-2} \\ \vdots & \vdots & \vdots & \ddots & \vdots & \vdots \\ 0 & 0 & 0 & \cdots & 0 & -\alpha_2 \\ 0 & 0 & 0 & \cdots & 1 & -\alpha_1 \end{bmatrix}$$

$$b_o = T^{-1}b, \quad C_o = CT = [0 \quad 0 \quad \cdots \quad 0 \quad 1]$$

A_o 中的元素 $\alpha_i (i = 1, 2, \cdots, n)$ 为特征多项式各项系数：$|SI - A| = S^n + \alpha_1 S^{n-1} + \cdots + \alpha_{n-1}S + \alpha_n$。

例 6.1.2　已知线性定常系统 $\dot{x} = \begin{bmatrix} 1 & -1 \\ 0 & 2 \end{bmatrix} x$，$y = \begin{bmatrix} -1 & -\frac{1}{2} \end{bmatrix} x$，试写出其可观标准型状态空间表达式。

解：（1）判断系统的可观性。可观性矩阵 $U_o = \begin{bmatrix} C \\ CA \end{bmatrix} = \begin{bmatrix} -1 & -\frac{1}{2} \\ -1 & 0 \end{bmatrix}$，其秩为 $\text{rank}(U_o) = 2$，故该系统状态完全可观。

（2）确定变换矩阵 T。

$$t_1 = \begin{bmatrix} C \\ CA \end{bmatrix}^{-1} \begin{bmatrix} 0 \\ 1 \end{bmatrix} = \begin{bmatrix} 0 & -1 \\ -2 & 2 \end{bmatrix} \begin{bmatrix} 0 \\ 1 \end{bmatrix} = \begin{bmatrix} -1 \\ 2 \end{bmatrix}, \quad T = [t_1 \quad At_1] = \begin{bmatrix} -1 & -3 \\ 2 & 4 \end{bmatrix}$$

则

$$\dot{\tilde{x}} = T^{-1}AT\tilde{x} = \frac{1}{2}\begin{bmatrix} 4 & 3 \\ -2 & -1 \end{bmatrix}\begin{bmatrix} 1 & -1 \\ 0 & 2 \end{bmatrix}\begin{bmatrix} -1 & -3 \\ 2 & 4 \end{bmatrix}\tilde{x} = \begin{bmatrix} 0 & -2 \\ 1 & 3 \end{bmatrix}\tilde{x}$$

$$y = CT\tilde{x} = \begin{bmatrix} -1 & -\frac{1}{2} \end{bmatrix}\begin{bmatrix} -1 & -3 \\ 2 & 4 \end{bmatrix}\tilde{x} = [0 \quad 1]\,\tilde{x}$$

6.2 系统的结构分解与系统实现

6.2.1 线性定常系统的结构分解

若系统不完全可控,则该系统一定包含可控、不可控两种状态变量;类似地,若系统不完全可观测,那么它一定包含可观、不可观两种状态变量。因此,从可控性和可观性角度,可将状态变量分为四类:可控可观 x_{co}、可控不可观 $x_{c\bar{o}}$、不可控可观 $x_{\bar{c}o}$ 及不可控不可观 $x_{\bar{c}\bar{o}}$。相应地,由这些状态变量构成的子空间也分为四类。按可控性和可观性将系统分割成对应子系统的过程,称为**系统的结构分解**。

系统结构分解的方法是选取一种特殊的相似(非奇异)变换,使原来的状态向量 x 变换成 $[x_{co}x_{c\bar{o}}x_{\bar{c}o}x_{\bar{c}\bar{o}}]^{\mathrm{T}}$,相应地使原状态空间表达式中的 A、B、C 系数矩阵变换成某种规范的结构形式。把系统可控、可观测部分同不可控、不可观测部分区分开来,将有利于更深入地了解系统的内部结构,为最小实现问题提供理论依据。在工程中,它还与系统的状态反馈、系统镇定等问题的解决密切相关。下面给出定常系统结构分解的过程与方法。

1. 按可控性分解

对于 n 阶线性定常系统,设其状态空间表达式为

$$\begin{cases} \dot{x} = Ax + Bu \\ y = Cx \end{cases} \tag{6.2.1}$$

系统可控性矩阵 $U_c = [B\ AB\cdots A^{n-1}B]$,假设可控性矩阵 U_c 的秩 $n_1 < n$(n 为状态向量维数),即系统不完全可控。关于系统的可控性分解,有如下结论:

定理 6.2.1 存在非奇异变换矩阵 T_c,对系统进行状态变换 $x = T_c\tilde{x}$,可使系统的状态空间表达式变换成

$$\begin{cases} \dot{\tilde{x}} = \tilde{A}\tilde{x} + \tilde{B}u \\ y = \tilde{C}x \end{cases} \tag{6.2.2}$$

式中,$\tilde{A} = T_c^{-1}AT_c = \begin{bmatrix} \tilde{A}_{11} & \tilde{A}_{12} \\ 0 & \tilde{A}_{22} \end{bmatrix}$;$\tilde{B} = T_c^{-1}B = \begin{bmatrix} \tilde{B}_1 \\ 0 \end{bmatrix}$;$\tilde{C} = CT_c = [\tilde{C}_1 \quad \tilde{C}_2]$。

变换矩阵 T_c 的构造方法如下:① 在可控性矩阵 $U_c = [B\ AB\cdots A^{n-1}B]$ 中选择 n_1 个线性无关的列向量;② 将所得列向量作为 T_c 的前 n_1 个列,其余列可以在保证 T_c 为非奇异矩阵条件下任意选取。

在变换后的系统中，将前 n_1 维部分提出来，得到如下公式：

$$\begin{cases}\dot{\tilde{x}}_c = \tilde{A}_{11}\tilde{x}_c + \tilde{A}_{12}\tilde{x}_{\bar{c}} + \tilde{B}_1 u \\ y_1 = \tilde{C}_1\tilde{x}_c\end{cases} \tag{6.2.3}$$

这部分构成 n_1 维可控子系统，而后 $(n - n_1)$ 维子系统：

$$\begin{cases}\dot{\tilde{x}}_{\bar{c}} = \tilde{A}_{22}\tilde{x}_{\bar{c}} \\ y_2 = \tilde{C}_2\tilde{x}_{\bar{c}}\end{cases} \tag{6.2.4}$$

式(6.2.4)为 $(n - n_1)$ 维不可控子系统。系统可控性结构规范分解方框图见图 6.1。

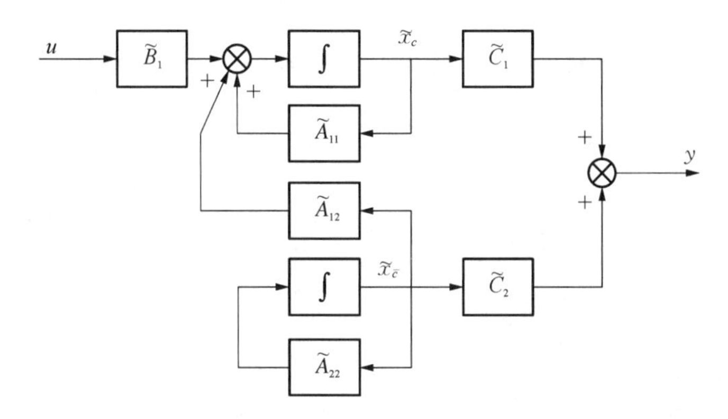

图 6.1　系统可控性分解结构图

注：由于变换矩阵 T_c 的诸个列向量的非唯一性，虽然系统可控规范分解的形式不变，但各个系数矩阵可能不相同，可控性规范分解不是唯一的。

例 6.2.1　已知线性定常系统：

$$\dot{x} = \begin{bmatrix}0 & 0 & -1 \\ 1 & 0 & -1 \\ 0 & 1 & -3\end{bmatrix}x + \begin{bmatrix}1 \\ 1 \\ 0\end{bmatrix}u,\quad y = \begin{bmatrix}0 & 1 & -2\end{bmatrix}x$$

试将该系统按可控性进行分解。

解：求可控性矩阵的秩：$U_c = [b \quad Ab \quad A^2b] = \begin{bmatrix}1 & 0 & -1 \\ 1 & 1 & -3 \\ 0 & 1 & -2\end{bmatrix}$，$\text{rank}(U_c) = 2 < 3$，可知系统不完全可控，在可控性矩阵中任选两列线性无关的列向量，为计算简单，选取其中的第 1 列和第 2 列，易知它们是线性无关的；再选任一列向量，与前两个列向量线性无关。

则变换矩阵 T_c 为

$$T_c = \begin{bmatrix}1 & 0 & 2 \\ 1 & 1 & 0 \\ 0 & 1 & 1\end{bmatrix},\quad T_c^{-1} = \frac{1}{3}\begin{bmatrix}1 & 2 & -2 \\ -1 & 1 & 2 \\ 1 & -1 & 1\end{bmatrix}$$

状态变换后的系统状态空间表达式为

$$\dot{\tilde{x}} = \begin{bmatrix} 0 & 1 & 1 \\ 1 & -2 & -2 \\ 0 & 0 & 1 \end{bmatrix} \tilde{x} + \begin{bmatrix} 1 \\ 0 \\ 0 \end{bmatrix} u, \quad y = [1 \quad -1 \quad -2]\, \tilde{x}$$

其中,二维可控子系统为

$$\dot{\tilde{x}}_c = \begin{bmatrix} 0 & 1 \\ 1 & -2 \end{bmatrix} \tilde{x}_c + \begin{bmatrix} 1 \\ -2 \end{bmatrix} \tilde{x}_{\bar{c}} + \begin{bmatrix} 1 \\ 0 \end{bmatrix} u, \quad y_1 = [1 \quad -1]\, \tilde{x}_c$$

一维不可控子系统为

$$\dot{\tilde{x}}_{\bar{c}} = \tilde{x}_{\bar{c}}, \quad y_2 = -2\tilde{x}_{\bar{c}}$$

定理 6.2.2 可控子系统的传递函数矩阵与原系统的传递函数矩阵相同,即 $\tilde{G}_1(s) = G(s)$。

因为:

$$G(s) = C(sI - A)^{-1}B = \tilde{C}(sI - \tilde{A})^{-1}\tilde{B} = [\tilde{C}_1 \quad \tilde{C}_2] \begin{bmatrix} sI - \tilde{A}_{11} & -\tilde{A}_{12} \\ 0 & sI - \tilde{A}_{22} \end{bmatrix}^{-1} \begin{bmatrix} \tilde{B}_1 \\ 0 \end{bmatrix}$$

$$= \tilde{C}_1[sI - \tilde{A}_{11}]^{-1}\tilde{B}_1 = \tilde{G}_1(s)$$

2. 按可观性分解

设系统的状态空间表达式为

$$\begin{cases} \dot{x} = Ax + Bu \\ y = Cx \end{cases} \tag{6.2.5}$$

假设系统的可观性矩阵的秩 $n_2 < n$ (n 为状态向量维数),即系统不完全可观。关于系统的可观性分解,有如下结论。

定理 6.2.3 存在非奇异变换矩阵 T_o,对系统进行状态变换 $x = T_o\tilde{x}$,可使系统的状态空间表达式变换成

$$\begin{cases} \dot{\tilde{x}} = \tilde{A}\tilde{x} + \tilde{B}u \\ y = \tilde{C}x \end{cases} \tag{6.2.6}$$

式中, $\tilde{A} = T_o^{-1}AT_o = \begin{bmatrix} \tilde{A}_{11} & 0 \\ \tilde{A}_{21} & \tilde{A}_{22} \end{bmatrix}$; $\tilde{B} = T_o^{-1}B = \begin{bmatrix} \tilde{B}_1 \\ \tilde{B}_2 \end{bmatrix}$; $\tilde{C} = CT_o = [\tilde{C}_1 \quad 0]$。

求解可观性变换矩阵时先求 T_o^{-1},其构造方法如下:① 从可观性矩阵中选择 n_2 个线性无关的行向量;② 将所求行向量作为 T_o^{-1} 的前 n_2 个行,其余的行可以在保证 T_o^{-1} 为非奇异矩阵的条件下任意选取。

在变换后的系统中,将前 n_2 维部分提出来,得到如下公式:

$$\dot{\tilde{x}}_o = \tilde{A}_{11}\tilde{x}_o + \tilde{B}_1 u, \quad y = \tilde{C}_1\tilde{x}_o \tag{6.2.7}$$

这部分构成 n_2 维可观子系统, $(n - n_2)$ 维子系统:

$$\dot{\tilde{x}}_{\bar{o}} = \tilde{A}_{21}\tilde{x}_o + \tilde{A}_{22}\tilde{x}_{\bar{o}} + \tilde{B}_2 u \tag{6.2.8}$$

式(6.2.8)为 $(n - n_2)$ 维不可观子系统。系统可观性结构规范分解方框图见图 6.2。

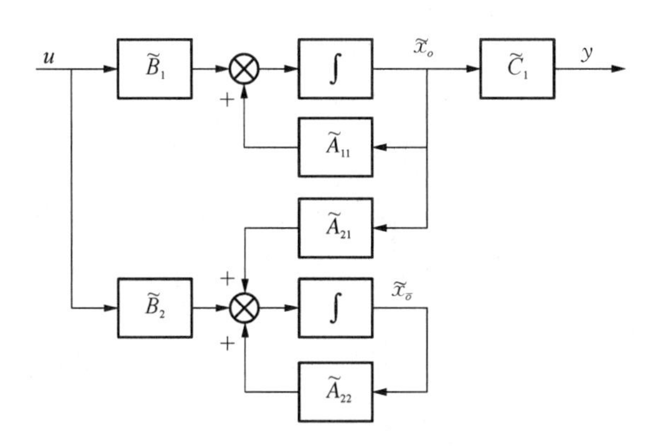

图 6.2　系统可观性分解结构图

同可控性分解一样，可观规范分解也不唯一。

例 6.2.2　系统同例 6.2.1，试将该系统按可观性进行分解。

解： $U_0 = \begin{bmatrix} C \\ CA \\ CA^2 \end{bmatrix} = \begin{bmatrix} 0 & 1 & -2 \\ 1 & -2 & 3 \\ -2 & 3 & -4 \end{bmatrix}$，$\text{rank}(U_0) = 2 < 3$，可知系统不完全可观。任选其中两行线性无关的行向量，再选任一个与之线性无关的行向量，得

$$T_o^{-1} = \begin{bmatrix} 0 & 1 & -2 \\ 1 & -2 & 3 \\ 0 & 0 & 1 \end{bmatrix},\quad T_o = \begin{bmatrix} 2 & 1 & 1 \\ 1 & 0 & 2 \\ 0 & 0 & 1 \end{bmatrix}$$

状态变换后的系统状态空间表达式：

$$\dot{\tilde{x}} = \begin{bmatrix} 0 & 1 & 0 \\ -1 & -2 & 0 \\ 1 & 0 & -1 \end{bmatrix} \tilde{x} + \begin{bmatrix} 1 \\ -1 \\ 0 \end{bmatrix} u,\quad y = [1 \quad 0 \quad 0]\ \tilde{x}$$

二维可观子系统：

$$\dot{\tilde{x}}_o = \begin{bmatrix} 0 & 1 \\ -1 & -2 \end{bmatrix} \dot{\tilde{x}}_o + \begin{bmatrix} 1 \\ -1 \end{bmatrix} u,\ y = [1 \quad 0]\ \tilde{x}_o$$

一维不可观子系统：

$$\dot{\tilde{x}}_2 = [1 \quad 0]\ \tilde{x}_o - \tilde{x}_{\bar{o}}$$

定理 6.2.4　可观子系统与原系统的传递函数矩阵相同，$\tilde{G}_1(s) = G(s)$。

因为：

$$G(s) = C(sI - A)^{-1}B = \tilde{C}(sI - \tilde{A})^{-1}\tilde{B} = [\tilde{C}_1 \quad 0] \begin{bmatrix} sI - \tilde{A}_{11} & 0 \\ -\tilde{A}_{21} & sI - \tilde{A}_{22} \end{bmatrix}^{-1} \begin{bmatrix} \tilde{B}_1 \\ \tilde{B}_2 \end{bmatrix}$$

$$= \tilde{C}_1[sI - \tilde{A}_{11}]^{-1}\tilde{B}_1 = \tilde{G}_1(s)$$

3. 按可控性与可观性分解

设系统状态空间表达式为

$$\dot{x} = Ax + Bu, \quad y = Cx \tag{6.2.9}$$

先对系统进行可控性分解,即 $x = T_c\begin{bmatrix}\tilde{x}_c \\ \cdots \\ \tilde{x}_{\bar{c}}\end{bmatrix}$,式中 T_c 按系统可控性矩阵来构造。然后分别对 $\tilde{x}_c$、$\tilde{x}_{\bar{c}}$ 进行可观性分解,即 $\tilde{x}_c = T_{o1}\begin{bmatrix}\tilde{x}_{co} \\ \cdots \\ \tilde{x}_{c\bar{o}}\end{bmatrix}$, $\tilde{x}_{\bar{c}} = T_{o2}\begin{bmatrix}\tilde{x}_{\bar{c}o} \\ \cdots \\ \tilde{x}_{\bar{c}\bar{o}}\end{bmatrix}$。综合前面的三次结构分解,可将系统(6.2.9)分解成下列规范结构形式:

$$\begin{bmatrix}\dot{\tilde{x}}_{co} \\ \dot{\tilde{x}}_{c\bar{o}} \\ \dot{\tilde{x}}_{\bar{c}o} \\ \dot{\tilde{x}}_{\bar{c}\bar{o}}\end{bmatrix} = \begin{bmatrix}\tilde{A}_{11} & 0 & \tilde{A}_{13} & 0 \\ \tilde{A}_{21} & \tilde{A}_{22} & \tilde{A}_{23} & \tilde{A}_{24} \\ 0 & 0 & \tilde{A}_{33} & 0 \\ 0 & 0 & \tilde{A}_{43} & \tilde{A}_{44}\end{bmatrix}\begin{bmatrix}\tilde{x}_{co} \\ \tilde{x}_{c\bar{o}} \\ \tilde{x}_{\bar{c}o} \\ \tilde{x}_{\bar{c}\bar{o}}\end{bmatrix} + \begin{bmatrix}\tilde{B}_{co} \\ \tilde{B}_{c\bar{o}} \\ 0 \\ 0\end{bmatrix}u \tag{6.2.10}$$

$$y = \begin{bmatrix}\tilde{C}_{co} & 0 & \tilde{C}_{co} & 0\end{bmatrix}\begin{bmatrix}\tilde{x}_{co} \\ \tilde{x}_{c\bar{o}} \\ \tilde{x}_{\bar{c}o} \\ \tilde{x}_{\bar{c}\bar{o}}\end{bmatrix} \tag{6.2.11}$$

展开式(6.2.10)和式(6.2.11),可得系统的可控可观子系统为

$$\begin{cases}\dot{\tilde{x}}_{co} = \tilde{A}_{11}\tilde{x}_{co} + \tilde{A}_{13}\tilde{x}_{\bar{c}o} + \tilde{B}_{co}u \\ y_1 = \tilde{c}_{co}\tilde{x}_{co}\end{cases} \tag{6.2.12}$$

可控不可观子系统为

$$\begin{cases}\dot{\tilde{x}}_{c\bar{o}} = \tilde{A}_{21}\tilde{x}_{co} + \tilde{A}_{22}\tilde{x}_{c\bar{o}} + \tilde{A}_{23}\tilde{x}_{\bar{c}o} + \tilde{A}_{24}\tilde{x}_{\bar{c}\bar{o}} + \tilde{B}_{c\bar{o}}u \\ y_2 = 0\end{cases} \tag{6.2.13}$$

不可控可观子系统为

$$\begin{cases}\dot{\tilde{x}}_{\bar{c}o} = \tilde{A}_{33}\tilde{x}_{\bar{c}o} \\ y_3 = \tilde{C}_{\bar{c}o}\tilde{x}_{\bar{c}o}\end{cases} \tag{6.2.14}$$

不可控不可观子系统为

$$\begin{cases}\dot{\tilde{x}}_{\bar{c}\bar{o}} = \tilde{A}_{43}\tilde{x}_{\bar{c}o} + \tilde{A}_{44}\tilde{x}_{\bar{c}\bar{o}} \\ y_4 = 0\end{cases} \tag{6.2.15}$$

系统可控与可观性结构分解方框图见图6.3。

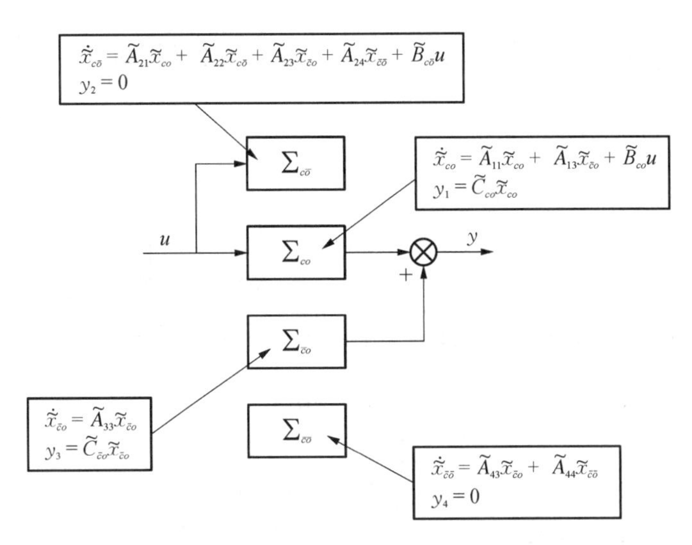

图 6.3　系统可控与可观性分解结构图

从图 6.3 可以清楚地看出四个子系统信息传递的路径。在系统的输入 u 和输出 y 之间，只存在一条唯一的单向控制通路，即 $u \to \tilde{B}_{co} \to \sum_{co} \to \tilde{C}_{co} \to y$。需要说明的是，对于不可控又不可观测的线性定常系统，描述其输入输出特性的传递函数阵 $G(S)$ 只能反映系统中可控且可观测的那个子系统的动力学行为，即

$$G(S) = C(SI - A)^{-1}B = \tilde{C}_{co}(SI - \tilde{A}_{11})^{-1}\tilde{B}_{co} \tag{6.2.16}$$

同时也表明，传递函数阵对系统结构的描述是不完全的。只有当整个系统可控且可观测时，输入输出的描述才可完整地表征系统的结构，实现完全描述。因而，根据给定传递函数阵求对应的状态空间表达式，其解有时会有无穷多个。但是其中阶数最小的那个状态空间表达式则是最常用的，这就是**最小实现问题**。因此，系统结构的规范分解为最小实现问题的提出提供了理论依据。

例 6.2.3　已知不可控且不可观测线性定常系统的状态空间表达式为

$$\dot{x} = \begin{pmatrix} 0 & 0 & -1 \\ 1 & 0 & -3 \\ 0 & 1 & -3 \end{pmatrix} x + \begin{pmatrix} 1 \\ 1 \\ 0 \end{pmatrix} \dot{u}$$

$$y = [0 \quad 1 \quad -2]\, x$$

试将系统分别按可控性、可观性和可控/可观性分解成结构规范形式。

解：(1) 按可控性分解。系统可控性矩阵为

$$U_c = [b \quad Ab \quad A^2 b] = \begin{pmatrix} 1 & 0 & -1 \\ 1 & 1 & -3 \\ 0 & 1 & -2 \end{pmatrix}$$

$\mathrm{rank}(U_c)=2<n=3$，故系统不可控，其可控状态维数为2，即 $x=\begin{pmatrix} x_c \\ \cdots \\ x_{\bar{c}} \end{pmatrix}\begin{matrix} 2\text{维} \\ 1\text{维} \end{matrix}$。

构造可控性规范分解的变换矩阵：

$$T_c=[b \quad Ab \quad \vdots \quad p_3]=\begin{pmatrix} 1 & 0 & 0 \\ 1 & 1 & 0 \\ 0 & 1 & 1 \end{pmatrix}$$

式中，$p_3=[0 \quad 0 \quad 1]^{\mathrm{T}}$ 是与 b、Ab 线性无关的任选列向量，计算得

$$T_c^{-1}=\begin{pmatrix} 1 & 0 & 0 \\ -1 & 1 & 0 \\ 1 & -1 & 1 \end{pmatrix}$$

经变换矩阵 T_c 变换后，系统为

$$\begin{pmatrix} \dot{\bar{x}}_c \\ \cdots \\ \dot{\bar{x}}_{\bar{c}} \end{pmatrix}=\begin{pmatrix} 0 & -1 & -1 \\ 1 & -2 & -2 \\ 0 & 0 & -1 \end{pmatrix}\begin{pmatrix} \bar{x}_c \\ \cdots \\ \bar{x}_{\bar{c}} \end{pmatrix}+\begin{pmatrix} 1 \\ 0 \\ \cdots \\ 0 \end{pmatrix}u$$

$$y=[1 \quad -1 \quad \vdots \quad -2]\begin{pmatrix} \bar{x}_c \\ \cdots \\ \bar{x}_{\bar{c}} \end{pmatrix}$$

其中，可控子系统为

$$\begin{cases} \dot{\bar{x}}_c=\begin{pmatrix} 0 & -1 \\ 1 & -2 \end{pmatrix}\bar{x}_c+\begin{pmatrix} 1 \\ 0 \end{pmatrix}u \\ y_1=[1 \quad -1]\,\bar{x}_c \end{cases}$$

不可控子系统为

$$\begin{cases} \dot{\bar{x}}_{\bar{c}}=-\bar{x}_{\bar{c}} \\ y_2=-2\bar{x}_{\bar{c}} \end{cases}$$

（2）按可观性分解。系统可观性矩阵为

$$U_o=\begin{pmatrix} C \\ CA \\ CA^2 \end{pmatrix}=\begin{pmatrix} 0 & 1 & -2 \\ 1 & -2 & 3 \\ -2 & 3 & -4 \end{pmatrix}$$

$\mathrm{rank}(U_o)=2$，故系统不可观测，其不可观测状态维数为1，即 $x=\begin{pmatrix} x_o \\ \cdots \\ x_{\bar{o}} \end{pmatrix}\begin{matrix} 2\text{维} \\ 1\text{维} \end{matrix}$。

现构造可观性规范分解的变换矩阵：

$$T_o^{-1} = \begin{pmatrix} C \\ CA \\ \cdots \\ p_3 \end{pmatrix} = \begin{pmatrix} 0 & 1 & -2 \\ 1 & -2 & 3 \\ 0 & 0 & 1 \end{pmatrix}$$

式中，$p_3 = [0 \quad 0 \quad 1]$，为与 C、CA 线性无关的任取行向量。

求出 $T_o = \begin{pmatrix} 2 & 1 & 1 \\ 1 & 0 & 2 \\ 0 & 0 & 1 \end{pmatrix}$，经变换矩阵 T_o 变换后的系统为

$$\begin{pmatrix} \dot{\bar{x}}_o \\ \cdots \\ \dot{\bar{x}}_{\bar{o}} \end{pmatrix} = \begin{pmatrix} 0 & 1 & 0 \\ -1 & -2 & 0 \\ 1 & 0 & -1 \end{pmatrix} \begin{pmatrix} \bar{x}_o \\ \cdots \\ \bar{x}_{\bar{o}} \end{pmatrix} + \begin{pmatrix} 1 \\ -1 \\ \cdots \\ 0 \end{pmatrix} u$$

$$y = [1 \quad 0 \quad \vdots \quad 0] \begin{pmatrix} \bar{x}_o \\ \cdots \\ \bar{x}_{\bar{o}} \end{pmatrix}$$

其中，可观子系统为

$$\begin{cases} \dot{\bar{x}}_o = \begin{pmatrix} 0 & 1 \\ -1 & -2 \end{pmatrix} \bar{x}_o + \begin{pmatrix} 1 \\ -1 \end{pmatrix} u \\ y_1 = [1 \quad 0] \bar{x}_0 \end{cases}$$

不可观子系统为

$$\begin{cases} \dot{\bar{x}}_{\bar{o}} = [1 \quad 0] \bar{x}_o - \bar{x}_{\bar{o}} \\ y_2 = 0 \end{cases}$$

（3）按可控/可观性分解。在上述按可控性结构分解中，可控子系统的可观性矩阵为：$U_{o1} = \begin{pmatrix} \bar{C}_c \\ \bar{C}_c \bar{A}_c \end{pmatrix} = \begin{pmatrix} 1 & -1 \\ -1 & 1 \end{pmatrix}$，$\text{rank}(U_{o1}) = 1$，故该可控子系统是不可观测的，需按可观性再分解，其变换矩阵可取：

$$T_{o1}^{-1} = \begin{pmatrix} \bar{C}_c \\ p_2 \end{pmatrix} = \begin{pmatrix} 1 & -1 \\ 0 & 1 \end{pmatrix}, \quad T_{o1} = \begin{pmatrix} 1 & 1 \\ 0 & 1 \end{pmatrix}$$

而系统的一维不可控子系统显然是可观测的，无须再分解，故可令其变换矩阵 $T_{o2} = 1$。

通过对可控性分解后的子系统再按可观性分解，并结合一维不可控子系统，得到系统按

可控/可观性分解的最后结果为

$$\begin{cases}\dot{\tilde{x}} = \tilde{A}\tilde{x} + \tilde{b}u \\ y = \tilde{C}\tilde{x}\end{cases}$$

式中，$\tilde{x} = \begin{pmatrix}\tilde{x}_{co} \\ \tilde{x}_{c\bar{o}} \\ \tilde{x}_{\bar{c}o}\end{pmatrix}$；$\tilde{A} = \begin{pmatrix}1 & -1 & 1 \\ 0 & 1 & 0 \\ 0 & 0 & -1\end{pmatrix}$；$\tilde{b} = \begin{pmatrix}1 \\ 0 \\ \cdots \\ 0\end{pmatrix}$；$\tilde{C} = [1 \quad 0 \quad \vdots \quad 2]$。

6.2.2 可控性、可观性与传递函数矩阵的关系

为了更确切地了解可控性、可观性与系统结构之间的关系，现对可控性、可观性与传递函数之间的关系进行介绍。

1. 单输入单输出系统

首先对单输入单输出系统进行分析。

定理 6.2.5 对于如下的单输入单输出系统：

$$\begin{cases}\dot{x} = Ax + bu \\ y = Cx\end{cases} \tag{6.2.17}$$

从输入到输出间的传递函数为

$$G(s) = C(sI - A)^{-1}b = C\frac{\mathrm{adj}(sI - A)}{\det(sI - A)}b = \frac{N(s)}{D(s)}$$

该系统既可控又可观的充要条件是：传递函数 $G(s)$ 中没有零极点对消现象。

事实上，利用传递函数 $G(s)$，还可以进一步得到如下结论：① 若 $C \cdot \mathrm{adj}(sI - A)b$ 与 $\det(sI - A)$ 有公因子 $s - s_0$，则 s_0 或是不可控模态，或是不可观模态，或是既不可控又不可观模态；② 若 $\mathrm{adj}(sI - A)b$ 与 $\det(sI - A)$ 有公因子 $s - s_0$，则 s_0 是不可控模态；③ 若 $C \cdot \mathrm{adj}(sI - A)$ 与 $\det(sI - A)$ 有公因子 $s - s_0$，则 s_0 是不可观模态；④ 若 $\mathrm{adj}(sI - A)b$ 与 $C \cdot \mathrm{adj}(sI - A)$ 和 $\det(sI - A)$ 都有公因子 $s - s_0$，则 s_0 是既不可控又不可观模态。

根据定理 6.2.5 及上面的结论，可得以下**两个推论**：① 一个系统的传递函数所表示的是该系统既可控又可观的那部分子系统；② 一个系统的传递函数若有零极点对消现象，则视状态变量的选择不同，系统或是不可控的或是不可观的。

例 6.2.4 对于如下系统微分方程，试分析该系统的可控可观性。

$$\ddot{y} + 2\dot{y} + y = \dot{u} + u \tag{a}$$

解：该系统的传递函数为：$G(s) = \dfrac{s + 1}{s^2 + 2s + 1} = \dfrac{1}{s + 1}$，有零极点对消现象，说明系统不可控或不可观，或既不可控又不可观。事实上，其不可控、不可观性与选择的状态变量有关。选择不同的状态向量，会有不同的结果。

(1) 方法 1。取状态变量：

$$x_1 = y,\quad x_2 = \dot{y} - u$$

则系统的状态方程与输出方程为

$$\begin{bmatrix}\dot{x}_1\\ \dot{x}_2\end{bmatrix} = \begin{bmatrix}0 & 1\\ -1 & -2\end{bmatrix}\begin{bmatrix}x_1\\ x_2\end{bmatrix} + \begin{bmatrix}1\\ -1\end{bmatrix}u,\quad y = \begin{bmatrix}1 & 0\end{bmatrix}\begin{bmatrix}x_1\\ x_2\end{bmatrix}$$

该系统的可控性矩阵为: $U_c = [b\quad Ab] = \begin{bmatrix}1 & -1\\ -1 & 1\end{bmatrix}$,其秩为1;可观性矩阵为 $U_o = \begin{bmatrix}C\\ CA\end{bmatrix} = \begin{bmatrix}1 & 0\\ 0 & 1\end{bmatrix}$,其秩为2。说明系统不完全可控、但完全可观。系统可分解为可控可观和不可控可观两部分子系统。

(2) 方法2。引入中间变量 z,将传递函数写成 $G(s) = \dfrac{y(s)}{z(s)} \times \dfrac{z(s)}{u(s)} = (s+1) \times \dfrac{1}{s^2+2s+1}$,则有

$$\frac{\mathrm{d}^2 z}{\mathrm{d}t^2} + 2\frac{\mathrm{d}z}{\mathrm{d}t} + z = u,\quad y = \frac{\mathrm{d}z}{\mathrm{d}t} + z$$

选择状态变量: $x_1 = z$, $x_2 = \dot{z}$,则系统的状态空间表达式为

$$\begin{bmatrix}\dot{x}_1\\ \dot{x}_2\end{bmatrix} = \begin{bmatrix}0 & 1\\ -1 & -2\end{bmatrix}\begin{bmatrix}x_1\\ x_2\end{bmatrix} + \begin{bmatrix}0\\ 1\end{bmatrix}u$$

$$y = \begin{bmatrix}1 & 1\end{bmatrix}\begin{bmatrix}x_1\\ x_2\end{bmatrix}$$

系统的可控性矩阵为 $U_c = [b\quad Ab] = \begin{bmatrix}0 & 1\\ 1 & -2\end{bmatrix}$,其秩为2;可观性矩阵为 $U_o = \begin{bmatrix}C\\ CA\end{bmatrix} = \begin{bmatrix}1 & 1\\ -1 & -1\end{bmatrix}$,其秩为1。说明系统完全可控、但不完全可观,系统可分解为可控可观和可控不可观两部分子系统。

因此,对传递函数有零极点对消的系统,其状态变量的选择不同,系统的可控性、可观性也有所不同。

2. 多输入多输出系统

定理6.2.6 对于下面的多输入多输出系统:

$$\begin{cases}\dot{x} = Ax + Bu\\ y = Cx\end{cases} \tag{6.2.18}$$

其传递函数矩阵 $G(s) = C\dfrac{\mathrm{adj}(sI-A)}{\det(s)}B$。如果在传递矩阵 $G(s)$ 中, $\det(s)$ 与 $C\cdot\mathrm{adj}(sI-$

$A)B$ 之间没有非常数公因子,则该系统是可控且可观测的(注: 仅为充分条件)。

例如,对于如下系统: $\dot{x}=\begin{bmatrix}1&0\\0&1\end{bmatrix}x+\begin{bmatrix}1&0\\0&1\end{bmatrix}u,\quad y=\begin{bmatrix}1&0\\0&1\end{bmatrix}x$, 其传递函数为

$$G(s)=\frac{1}{(s-1)^2}\begin{bmatrix}s-1&0\\0&s-1\end{bmatrix}=\begin{bmatrix}\dfrac{1}{s-1}&0\\0&s-1\end{bmatrix}$$

由于存在公因子 $s-1$, 该系统不完全可控或可观。

6.2.3 系统的实现

系统实现是系统分析的反问题,指由系统输入/输出之间的外部关系求其完整状态空间内部描述的问题。对于线性系统,可由其传递函数矩阵来建立系统的状态空间表达式,实现系统由频域描述向时域描述的转化。反之,若状态空间描述是传递函数矩阵的实现,则必有: $C(sI-A)^{-1}B+D=G(s)$。对应于同样输入/输出响应的状态空间模型均相互等价,即可经相似变换来相互转换。在所有可能的实现中,状态空间维数最小的实现称为**最小实现**。可以证明,最小实现的充要条件是系统既可控又可观。

线性定常系统的实现相对比较简单,但非线性系统的实现难度很大,由于其存在各种不同的表现形式,目前仅有一些特定形式的解决方案,如求双线性模型的实现等。现仅对有限维线性定常系统的实现进行简单介绍。

1. 单输入单输出系统的实现

对于单输入单输出的线性定常系统,其传递函数的一般形式为

$$G(s)=\frac{\beta_1 s^{n-1}+\beta_2 s^{n-2}+\cdots+\beta_{n-1}s+\beta_n}{s^n+\alpha_1 s^{n-1}+\cdots+\alpha_{n-1}s+\alpha_n} \tag{6.2.19}$$

当其具有严格真分式有理函数时,其实现形式为: $\sum=(A,\ b,\ C)$。

对于式(6.2.19)中的传递函数 $G(s)$, 其可控标准型实现为

$$\begin{cases}A=\begin{bmatrix}0&1&0&\cdots&0&0\\0&0&1&\cdots&0&0\\0&0&0&\cdots&0&0\\\vdots&\vdots&\vdots&\ddots&\vdots&\vdots\\0&0&0&\cdots&0&1\\-\alpha_n&-\alpha_{n-1}&-\alpha_{n-2}&\cdots&-\alpha_2&-\alpha_1\end{bmatrix},\quad b=\begin{bmatrix}0\\0\\0\\\vdots\\0\\1\end{bmatrix}\\C=\begin{bmatrix}\beta_n&\beta_{n-1}&\cdots&\beta_1\end{bmatrix}\end{cases} \tag{6.2.20}$$

而 $G(s)$ 的可观标准型实现为

$$
\begin{cases}
A=\begin{bmatrix}
0 & 0 & 0 & \cdots & 0 & -\alpha_n \\
1 & 0 & 0 & \cdots & 0 & -\alpha_{n-1} \\
0 & 1 & 0 & \cdots & 0 & -\alpha_{n-2} \\
\vdots & \vdots & \vdots & \ddots & \vdots & \vdots \\
0 & 0 & 0 & \cdots & 0 & -\alpha_2 \\
0 & 0 & 0 & \cdots & 1 & -\alpha_1
\end{bmatrix}, \quad b=\begin{bmatrix}\beta_n \\ \beta_{n-1} \\ \beta_{n-2} \\ \vdots \\ \beta_2 \\ \beta_1\end{bmatrix} \\
C=[0 \quad 0 \quad 0 \quad \cdots \quad 0 \quad 1]
\end{cases}
\tag{6.2.21}
$$

说明对于同一传递函数,其系统实现的形式可以不同。但它们均是相互等价的,可通过相似变换相互转换。

2. 多输入多输出系统的实现

对于多输入多输出系统,若其输入向量为r维,输出向量为m维,其传递函数矩阵为$m\times r$阶矩阵。讨论其实现问题要满足如下条件：传递函数矩阵中每个元素都是有理分式,且为严格真分式传递函数矩阵,即$G(\infty)=0$；系统实现的形式为：$\begin{cases}\dot{x}=Ax+Bu\\ y=Cx\end{cases}$。

(1) 当$G(s)$矩阵中$m<r$时,可采用可控标准型实现：

$$
\begin{cases}
A=\begin{bmatrix}
0 & I_r & \cdots & 0 \\
\vdots & \vdots & \ddots & \vdots \\
0 & 0 & \cdots & I_r \\
-a_l I_r & -a_{l-1} I_r & \cdots & -a_1 I_r
\end{bmatrix}_{rl\times rl}, \quad B=\begin{bmatrix}0 \\ 0 \\ \vdots \\ I_r\end{bmatrix}_{rl\times r} \\
C=[b_l \quad b_{l-1} \quad \cdots \quad b_1]_{m\times rl}
\end{cases}
\tag{6.2.22}
$$

式中,a_1, a_2, $\cdots$, a_l为$G(s)$各元素分母的最小公分母$\Phi(s)$的各项系数,l为最小公分母$\Phi(s)$的次数,$\Phi(s)=s^l+a_1s^{l-1}+\cdots+a_l$；$b_1$, b_2, $\cdots$, b_l为多项式矩阵$P(s)$的各项系数,$P(s)=\Phi(s)G(s)=b_1s^{l-1}+b_2s^{l-2}+\cdots+b_l$。

(2) 当$G(s)$矩阵中$m>r$时,可采用可观标准型实现：

$$
\begin{cases}
A=\begin{bmatrix}
0 & \cdots & 0 & -a_l I_m \\
I_m & \cdots & 0 & -a_{l-1} I_m \\
\vdots & \ddots & \vdots & \vdots \\
0 & \cdots & I_m & -a_1 I_m
\end{bmatrix}_{ml\times ml}, \quad B=\begin{bmatrix}b_l \\ b_{l-1} \\ \vdots \\ b_1\end{bmatrix}_{ml\times r} \\
C=[0 \quad \cdots \quad 0 \quad I_m]_{m\times ml}
\end{cases}
\tag{6.2.23}
$$

3. 线性系统的最小实现

对于给定的线性系统,传递函数矩阵的最小实现并不是唯一的,但它们的维数应该相同。

定理 6.2.7　通过传递函数矩阵$G(s)$获得最小实现(A、B、C和D)的充要条件是：系统状态完全可控且完全可观测。

根据上述判断最小实现的准则,构造最小实现的途径为:求传递函数矩阵的任何一种可控标准型或可观标准型实现,再检查实现的可观性或可控性。若已是可控可观,则必是最小实现;否则采用结构分解定理,对系统进行可观性或可控性分解,找出既可控又可观的子空间,从而得到最小实现。

例 6.2.5 已知 $G(s)=\begin{bmatrix}\frac{2}{s+1} & \frac{1}{s+1}\\ \frac{1}{s+2} & \frac{1}{s+2}\end{bmatrix}$,求该系统的最小实现。

解: $G(s)$ 的最小公分母为

$$\Phi(s)=(s+1)(s+2)=s^2+3s+2$$

则

$$m=2,\quad r=2,\quad l=2$$

(1) 先采用可控标准型实现。

$$G(s)=\frac{1}{s^2+3s+2}\begin{bmatrix}2(s+2) & (s+2)\\ (s+1) & (s+1)\end{bmatrix}$$

$$=\frac{1}{s^2+3s+2}\left\{\begin{bmatrix}2 & 1\\ 1 & 1\end{bmatrix}s+\begin{bmatrix}4 & 2\\ 1 & 1\end{bmatrix}\right\}$$

则

$$a_2=2,\quad a_1=3,\quad b_2=\begin{bmatrix}4 & 2\\ 1 & 1\end{bmatrix},\quad b_1=\begin{bmatrix}2 & 1\\ 1 & 1\end{bmatrix}$$

$$A_{4\times4}=\begin{bmatrix}0_{2\times2} & I_{2\times2}\\ -a_2I_{2\times2} & -a_1I_{2\times2}\end{bmatrix}=\begin{bmatrix}0 & 0 & 1 & 0\\ 0 & 0 & 0 & 1\\ -2 & 0 & -3 & 0\\ 0 & -2 & 0 & -3\end{bmatrix}$$

$$B=\begin{bmatrix}0 & 0\\ 0 & 0\\ 1 & 0\\ 0 & 1\end{bmatrix},\quad C=\begin{bmatrix}4 & 2 & 2 & 1\\ 1 & 1 & 1 & 1\end{bmatrix}$$

计算可知, $\mathrm{rank}(U_c)=4$, 系统可控; $\mathrm{rank}(U_o)=2$, 系统不可观。

(2) 进行可观性分解。

在 U_o 中选取两个线性无关的行:

$$h_1=[4\quad 2\quad 2\quad 1],\ h_2=[1\quad 1\quad 1\quad 1]$$

另外再选 2 行与 h_1、h_2 线性无关,组成变换矩阵:

$$T_o^{-1} = \begin{bmatrix} 4 & 2 & 2 & 1 \\ 1 & 1 & 1 & 1 \\ 1 & 0 & 0 & 0 \\ 0 & 1 & 0 & 0 \end{bmatrix}, \quad T_o = \begin{bmatrix} 0 & 0 & 1 & 0 \\ 0 & 0 & 0 & 1 \\ 1 & -1 & -3 & -1 \\ -1 & 2 & 2 & 0 \end{bmatrix}$$

则

$$A_1 = T_o^{-1} A T_o = \begin{bmatrix} -1 & 0 & 0 & 0 \\ 0 & -2 & 0 & 0 \\ 1 & -1 & -3 & -1 \\ -1 & 2 & 2 & 0 \end{bmatrix}, \quad B_1 = T_o^{-1} B = \begin{bmatrix} 2 & 1 \\ 1 & 1 \\ 0 & 0 \\ 0 & 0 \end{bmatrix}$$

$$C_1 = C T_o = \begin{bmatrix} 1 & 0 & 0 & 0 \\ 0 & 1 & 0 & 0 \end{bmatrix}$$

显然，$A_{11} = \begin{bmatrix} -1 & 0 \\ 0 & -2 \end{bmatrix}$，$B_{11} = \begin{bmatrix} 2 & 1 \\ 1 & 1 \end{bmatrix}$，$C_{11} = \begin{bmatrix} 1 & 0 \\ 0 & 1 \end{bmatrix}$，是原系统的最小实现。

6.3　反馈控制和前馈控制

6.3.1　反馈控制

反馈控制是将作为控制结果的某些变量(输出量或状态量)的检测值送回到系统的输入端,作为修改控制量的依据。若控制结果是满意的,就保持控制量不变,否则需对控制量作适当的修正,以使系统的控制结果达到期望的状态。反馈控制能有效改善系统的品质,根据反馈变量的不同,反馈控制可分为输出反馈、状态反馈。

由于现代控制理论主要基于状态空间描述,下面将主要介绍状态空间下的反馈控制。为了与传统控制对比,对采用传递函数描述的经典反馈控制也将作简要介绍。

1. 状态空间下的反馈控制

1) 输出反馈

输出反馈是指采用反馈增益矩阵,使得输出向量通过反馈增益矩阵中的元素反馈至系统输入。输出反馈的结构形式如图 6.4 所示。

设系统控制前的状态方程和输出方程为

$$\dot{x}(t) = Ax(t) + Bu(t) \tag{6.3.1}$$

$$y(t) = Cx(t) + Du(t) \tag{6.3.2}$$

式中，x、y、u 分别为 n 维状态向量、m 维输出向量和 r 维输入向量。

此时,系统的输入信号 $u(t)$ 为“需要”的输入信号 $r(t)$ 减去增益矩阵 H 与输出信号 y 之积,因此有

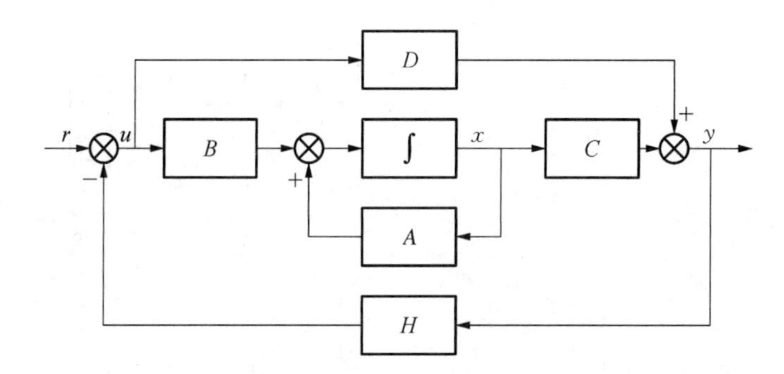

图 6.4　输出反馈框图

$$u(t) = r(t) - Hy(t) \tag{6.3.3}$$

将式(6.3.2)代入式(6.3.3)得

$$u(t) = [I + HD]^{-1}[r(t) - HCx(t)] \tag{6.3.4}$$

将式(6.3.4)代入式(6.3.1),得到输出反馈控制系统的状态方程为

$$\dot{x}(t) = (A - B[I + HD]^{-1}HC)x(t) + B[I + HD]^{-1}r(t) \tag{6.3.5}$$

则系统原状态变量的运动特性将取决于新的系统矩阵 A_0:

$$A_0 = A - B[I + HD]^{-1}HC \tag{6.3.6}$$

对给定的系统和反馈增益,可通过式(6.3.6)得到闭环系统的特性,通过 A_0 的特征值可判断闭环系统的稳定性。目前,已有很多方法用于设计增益矩阵 H, 以来保证闭环系统的稳定性,其中极点配置法是广泛采用的一种方法,其目的在于确保闭环系统特征值比开环系统更靠近需要的规定值。极点配置法将在第 7 章中进行介绍。

2) 状态反馈

状态反馈是指采用反馈增益矩阵,使得状态向量通过反馈增益矩阵中的元素反馈至系统输入。状态反馈的结构形式如图 6.5 所示。

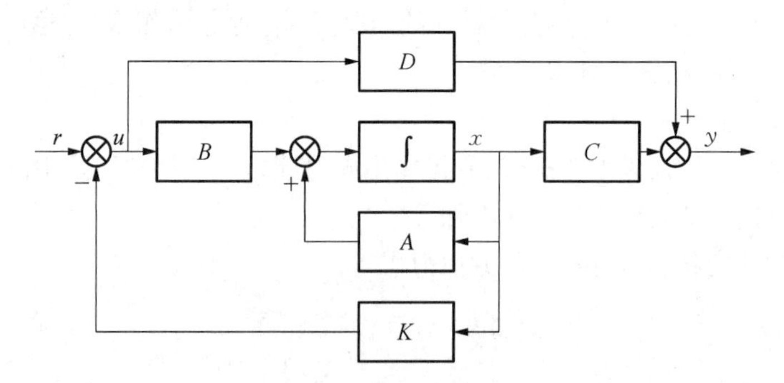

图 6.5　状态反馈框图

对于系统(6.3.1)和系统(6.3.2),在系统中引入反馈控制律:

$$u(t) = r(t) - Kx(t) \tag{6.3.7}$$

则状态反馈控制系统的状态方程为

$$\sum_K:\begin{cases}\dot{x}(t) = (A - BK)x(t) + Br(t) & (6.3.8)\\ y(t) = (C - DK)x(t) + Dr(t) & (6.3.9)\end{cases}$$

若 $D = 0$，则

$$y(t) = Cx(t) \tag{6.3.10}$$

但与输出反馈不同，采用状态反馈的前提是可以通过某种方式获得受控系统的状态变量。最直接可行的方式是确保能获得与其状态向量数量相同的相互独立的信号输出，从而重构状态向量。该条件等价于式(6.3.2)中 C 可逆(即 C 为非奇异方阵)。这样，状态变量的重构可以通过式(6.3.2)转换为：$x(t) = C^{-1}[y(t) - Du(t)]$，再利用式(6.3.7)即可进行系统状态反馈控制。

但实际系统中，输出向量往往小于状态向量，此时 C 往往不是方阵，那么如何重构状态向量并进行状态反馈控制呢？这将牵涉状态观测器的问题，状态观测器也将在第7章加以介绍。

3）输出反馈与状态反馈的对比

(1) 两种形式反馈的重要特点是，反馈的引入并不增加新的状态变量，即闭环系统和开环系统具有相同的阶数。

(2) 两种闭环反馈系统均能保持反馈引入前的可控性，而可观性则不然。对于状态反馈形式，闭环以后不一定保持原系统的可观性；对于输出反馈形式，闭环以后必定能保持原系统的可观性。

(3) 实现状态反馈的一个基本前提是，状态变量 x 必须是物理上可量测。当状态变量不可量测时，就要设法由输出变量和控制量来重构状态，即由状态观测器来获得状态的观测量，以实现状态反馈。输出反馈的一个突出优点是工程上构成方便，不存在不可量测问题。但可以证明，输出反馈的基本形式不能满足任意给定的动态性能指标要求，包括系统稳定的必要性。事实证明，状态反馈具有更好的特性，随着状态观测器和卡尔曼理论的发展，状态反馈的物理实现已基本解决，状态反馈具有更大的适应性。

例 6.3.1　试分析以下系统引入状态反馈后，系统的可控性与可观性。

$$\sum:\dot{x} = \begin{bmatrix}1 & 2\\3 & 1\end{bmatrix}x + \begin{bmatrix}0\\1\end{bmatrix}u,\quad y = [1\quad 2]\,x$$

解：容易证明原系统 $\sum$ 完全可控可观，现引入状态反馈：

$$u(t) = -[3\quad 1]\,x(t) + r(t)$$

则闭环系统 $\sum_K$ 的状态空间表达式为

$$\sum_K:\begin{cases}\dot{x} = \begin{bmatrix}1 & 2\\0 & 0\end{bmatrix}x + \begin{bmatrix}0\\1\end{bmatrix}r(t)\\ y = [1\quad 2]\,x\end{cases}$$

$U_c = [b \quad Ab] = \begin{bmatrix} 0 & 2 \\ 1 & 1 \end{bmatrix}$, $U_o = \begin{bmatrix} c \\ cA \end{bmatrix} = \begin{bmatrix} 1 & 2 \\ 1 & 2 \end{bmatrix}$, $\mathrm{rank}(U_c) = 2$, $\mathrm{rank}(U_o) = 1$, 说明系统 $\sum_K$ 仍然是可控的，但已不再可观测。

2. 经典控制中反馈控制的传递函数描述

前面介绍的状态反馈和输出反馈，是现代控制理论中基于状态空间进行描述的。为了进行对比，现对采用传递函数描述的经典反馈控制作简要介绍。传递函数是指在零初始条件下，线性系统输出量与输入量的拉普拉斯变换象函数之间的比值，传递函数是系统动力学分析和经典控制理论中十分重要的概念。

经典控制中，振动方程一般写成二阶微分方程的形式。某振动系统的结构简图如图 6.6(a)所示，其中 M、C、K 分别为系统的质量、线性黏滞阻尼系数和线弹性弹簧的刚度系数，$f(t)$ 是作用于系统的外部激励，$x(t)$ 是系统响应，$u(t)$ 是对系统施加的反馈控制力。控制系统在系统的输出端检测输出信号，将其输入控制单元，经过控制单元的决策，将控制信号 $u(t)$ 反馈到输入端，对输入作出调节，从而达到控制的目的。整个系统构成一个封闭的回路，如图 6.6(b)所示，该系统可看作典型的闭环反馈控制系统，对应前面的状态反馈。大多数情况下，控制系统的控制目标都是希望通过对输入的调节来减小系统的输出，因此控制作用往往是与输入反向的，一般将这种反馈称为负反馈。

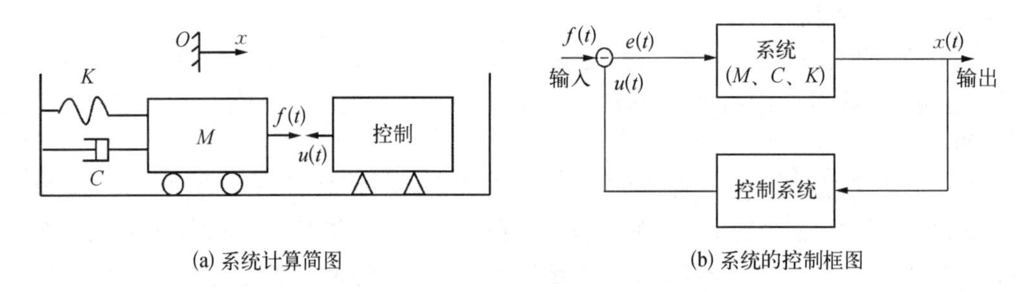

(a) 系统计算简图　　(b) 系统的控制框图

图 6.6　典型闭环反馈控制系统

假设该系统是线性定常系统，根据系统的具体物理特性，可写出系统在时域的控制微分方程为

$$\begin{cases} M\ddot{x}(t) + C\dot{x}(t) + Kx(t) = e(t) \\ u(t) = Fx(t) \\ e(t) = f(t) - u(t) \end{cases} \tag{6.3.11}$$

式中，$e(t)$ 为中间变量(代表外部激励与控制力之间的差值)，有待消去；F 是某种算子，由系统的具体物理性质所决定，可以是微分算子，也可以是代数算子。

对上述方程中的每个方程作拉普拉斯变换，假设系统的初始条件为零，可得如下在拉普拉斯域中的象函数方程：

$$\begin{cases} (Ms^2 + Cs + K)x(s) = e(s) \\ u(s) = F(s)x(s) \\ e(s) = f(s) - u(s) \end{cases} \tag{6.3.12}$$

式中，$F(s)$是控制单元的输入 x 和输出 u 之间的传递函数；s 是拉普拉斯域的自变量，一般为复数($s=\zeta+\mathrm{i}\omega$)。

令 $Z(s)=Ms^2+Cs+K$，称为原振动系统的阻抗；$L(s)=Z(s)^{-1}=(Ms^2+Cs+K)^{-1}$ 为原振动系统的导纳［$L(s)$ 也称为系统单元的输入 e 和输出 x 之间的传递函数］。

则方程(6.3.12)可以写成：

$$\begin{cases}x(s)=L(s)e(s)\\u(s)=F(s)x(s)\\e(s)=f(s)-u(s)\end{cases}\tag{6.3.13}$$

在方程(6.3.13)中消去中间变量 $e(s)$ 和 $u(s)$，可得系统的输入 f 和输出 x 在拉普拉斯域内的关系：

$$x(s)=G(s)f(s)\tag{6.3.14}$$

式中，

$$G(s)=\frac{L(s)}{1+Q(s)}\tag{6.3.15}$$

$$Q(s)=L(s)F(s)\tag{6.3.16}$$

令

$$W(s)=1+Q(s)\tag{6.3.17}$$

则 $G(s)$ 可写成如下一般形式：

$$G(s)=\frac{L(s)}{W(s)}\tag{6.3.18}$$

$G(s)$ 称为该闭环反馈控制系统的传递函数，它给出了闭环系统的输入和输出在拉普拉斯域内的传递关系；而 $Q(s)$ 则称为该闭环系统的开环传递函数，它给出了由系统单元和控制单元组成的串联开环系统的输入和输出之间的传递关系。

基于闭环传递函数[式(6.3.15)]，可以将图6.6(b)所示的系统框图用图6.7所示的传递函数框图表示；而式(6.3.16)给出的表达式称为该闭环系统的开环传递函数，对应的开环框图如图6.8所示，可见该开环系统由各基本单元串联而成。

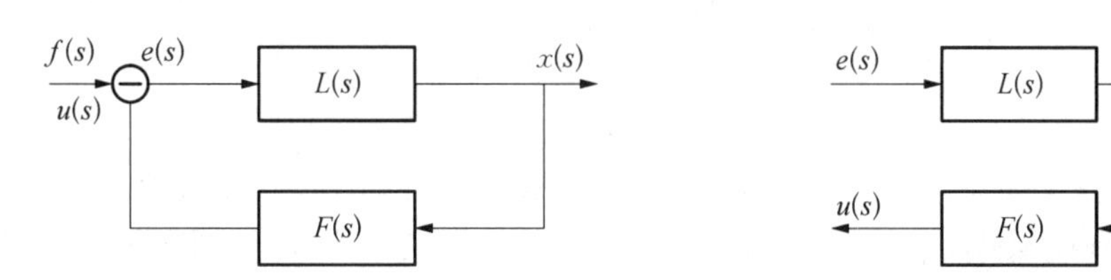

图6.7　基于传递函数的闭环反馈控制框图　　**图6.8　与闭环反馈控制对应的开环系统框图**

以上给出了图6.6所示的简单振动控制系统的传递函数，其闭环传递函数可以写成式(6.3.15)所示的形式;而对于由基本单元按串联方式组成的更复杂的闭环系统,其传递函数也可以写成式(6.3.16)所示的乘积形式。式(6.3.15)和式(6.3.16)在经典控制理论中是十分重要的表达式。

6.3.2 前馈控制

前馈控制是在苏联学者所倡导的不变性原理的基础上发展而成的,20 世纪 50 年代以后,前馈控制在工程中逐渐得到了应用。前馈控制是根据扰动或给定值的变化按补偿原理进行工作的控制系统,其特点是:当扰动产生而被控变量还未发生变化之前,根据扰动作用的大小进行控制,以补偿扰动作用对被控变量的影响。前馈控制系统若运用得当,可以将被控变量的扰动消灭在萌芽之中,避免被控变量因扰动作用或给定值变化而产生偏差。相比反馈控制,前馈控制能更加及时地进行控制,并且不受系统时滞的影响(因为反馈控制器要在接收到受控部分的反馈信号后才能发出纠正受控部分活动的指令,因此会出现时间滞后)。前馈控制属于开环控制,而反馈控制属于闭环控制。Full 等(2014)对前馈控制的基本原理、结构特点等作了详细介绍。

一般情况下,前馈控制需要机械系统的原始激励已知。一是已知扰动,理论上讲,这种扰动的未来状态完全可以通过当前的状态进行预测;二是当振动激励通过机械结构传播时,能采用传感器检测该激励信号。采用前馈控制系统中的传感器检测控制器的性能,依据传感器的输出来调节或“调谐”电子控制器的频率响应或脉冲响应,从而使前馈控制系统具有自适应性。前馈控制取决于初级激励源与次级激励源作用之间微妙的平衡关系,必须非常精确地调整前馈控制器的幅频特性,因此相对于反馈控制器,前馈控制器更需自适应算法来保证控制结果。下面对前馈控制的基本原理进行介绍,并对前馈控制和反馈控制进行分析对比,以讨论其各自的优越性及适用范围。

1. 前馈控制系统的基本原理

前馈控制结构如图 6.9 所示,它与反馈控制的区别在于,控制器 H 由初级激励源的估计值所驱动。与机械系统响应 e 成正比的信号不直接传入控制器,而是用于调整控制器的响应。

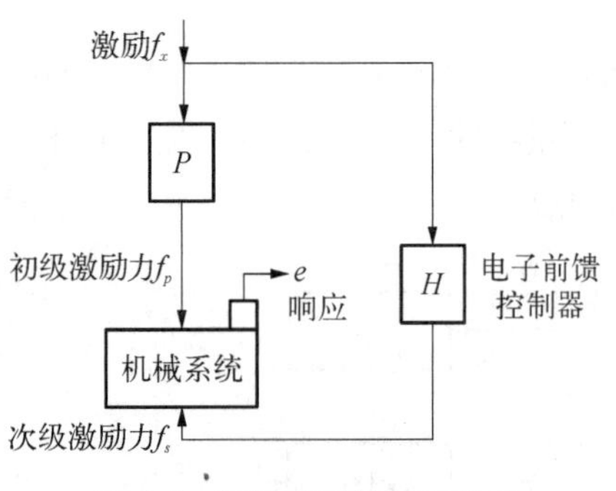

图 6.9 前馈控制系统的组成

假设原始激励信号通过主传输路径 P 形成初级激励力 f_p,机械系统的净激励与初级、次级激励力之差 $(f_p - f_s)$ 成正比,且系统响应通过机械系统响应 G 与该激励相关联。前馈控制系统等效框图如图 6.10 所示,其中所有信号都使用拉普拉斯变换,各部分响应用传递函数表示。

若机械系统的响应仅由初级激励和次级激励源产生,无其他未知噪声信号,从图 6.10 中可以看出,机械系统响应的拉普拉斯变换可表示为

$$E(s) = G(s)[P(s) - H(s)]X(s) \tag{6.3.19}$$

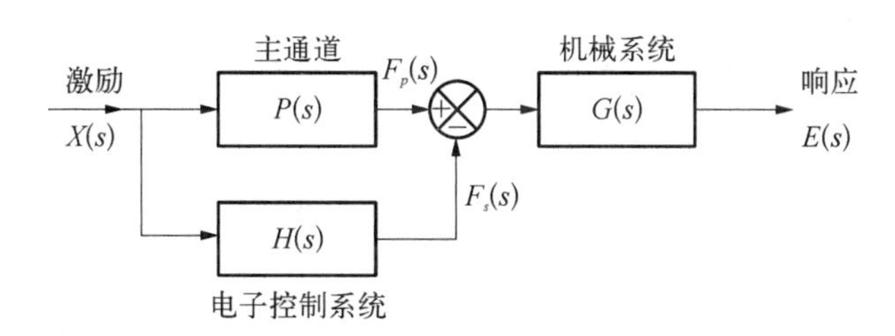

图 6.10　前馈控制系统的等效框图

从式(6.3.19)可以看出,无噪声情况下,可以采用前馈控制将系统响应控制为零,即在任何时候可以通过调节,使 F_p 和 F_s 相等来消除系统响应。若 $H(s)=P(s)$,则

$$E(s)=0 \tag{6.3.20}$$

现以角频率为 ω_0 的正弦扰动作为单通道前馈控制的例子,并选择在复频域进行研究。此时,参考信号为单位复正弦函数 $[X(\mathrm{j}\omega_0)=\mathrm{e}^{\mathrm{j}\omega_0 t}]$,因此机械系统的复响应可写为

$$E(\mathrm{j}\omega_0)=G(\mathrm{j}\omega_0)[P(\mathrm{j}\omega_0)-H(\mathrm{j}\omega_0)]X(\mathrm{j}\omega_0) \tag{6.3.21}$$

为了准确地消除该频率下的响应,只需设计控制器在频率 ω_0 下的幅值和相位与主通道相等即可,即若 $P(\mathrm{j}\omega_0)=H(\mathrm{j}\omega_0)$,则

$$E(\mathrm{j}\omega_0)=0 \tag{6.3.22}$$

显然,对于这种理想的控制性能,反馈控制系统是做不到的。因为反馈控制是按被控变量的偏差作动的,在干扰作用下,受控变量总要经历一个偏离设定值的过渡过程。前馈控制的另一突出优点是,本身不形成闭合反馈回路,不存在闭环稳定性问题,因而也就不存在控制精度与稳定性矛盾的问题。

从理论上讲,单通道主动控制系统能够完全控制结构中单点单方向的振动,但实际情况下,常常需要控制多个方向上的振动或结构上多个点的振动,或激励信号 x 为不同频率的谐波参考信号,此时需要采用多通道前馈控制器进行控制,如图 6.11 所示。系统采用多个作动器进行控制,且这些作动器的性能通常由多个响应(或误差)传感器进行测量。系统控制器 H 由电子滤波器矩阵组成,这些滤波器用滤波信号的总和来驱动每个作动器。

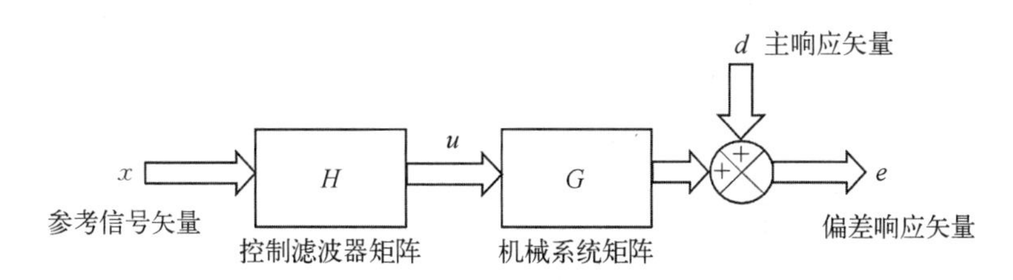

图 6.11　多通道前馈控制系统框图

对于确定性激励,总可以采用前述的单通道或多通道控制方法进行有效控制,但随机激励相对复杂。假设初级激励是随机的,则式(6.3.20)必须满足所有复数频率值,即要求前馈控制器在所有工作频率范围内都有预测性响应。原则上,可通过设计电子滤波器

来实现该目标。但通常情况下,前馈控制器为数字式的,数字式电子滤波器必然会有延迟,因此用于随机振动前馈控制的数字控制器的时延可能会严重影响响应消除的程度。对于确定性激励,则不存在上述问题,因为确定性激励的下一时刻状态完全可由当前状态预测得到,因此随机系统往往需要采用自适应控制来提高前馈控制的效果。

2. 自适应数字控制器

通过对前馈控制系统的分析可知,前馈控制器的控制规律取决于对象干扰通道与控制通道的特性。工程对象的特性极为复杂,导致前馈控制规律的形式繁多。但从工程应用的观点看,尤其是应用常规控制器组成的控制系统,总是力求控制器的模式具有一定的通用性,以利于设计、运行和维护。下面将以自适应数字控制器为例,说明前馈控制器的控制算法。

尽管使用上一节的方法可推导出最佳前馈控制器的频率响应,但设计出能实现这种频率响应的实用滤波器仍然存在问题,因为最优控制器取决于激励信号的统计学属性和主通道的频率响应。实际上,激励信号和主通道都将随时间缓慢变化,并且保持前馈控制所需的微妙平衡,因此控制器的响应也必须随时间改变。通过调整系数改变数字滤波器的特性相对简单,但改变复杂模拟滤波器的响应则比较困难。因此,大多数用于振动前馈控制的主动系统在实际应用中都使用了自适应数字滤波器。这些控制器对采样信号进行操作,因而通常称为"时域"控制器。

本节所关注的算法可用于自动调整该滤波器系数,以达到预期目标,这些滤波器的输出信号为先前输入信号的加权和。这类数字滤波器具有有限持续时间的脉冲响应,称为有限脉冲响应(finite impulse response, FIR)滤波器。如果对初级激励源的激励信号进行定步长采样来产生序列 $x(n)$,并将该激励信号作为 FIR 滤波器的输入信号,该 FIR 滤波器为前馈振动控制系统的控制器,则其输出信号序列可写为

$$u(n) = \sum_{i=0}^{I-1} h_i x(n-i) \tag{6.3.23}$$

式中,n 表示采样序号,只能为整数值,$n = \cdots, -3, -2, -1, 0, 1, 2, 3, \cdots$;变量 h_i 表示加权信号 $x(n)$ 当前和先前的 $I-1$ 个输入信号样本的滤波器系数。为标记方便,可使用算子符号来表示数字过滤运算。

q^{-1} 表示单位时延算子。当其在序列 $x(n)$ 上进行运算时,将该序列转换为一定采样延时的相同序列,该运算通常可表示为

$$q^{-1}x(n) = x(n-1) \tag{6.3.24}$$

FIR 滤波器作用也可用一个算子形式表示,即

$$H(q) = h_0 + h_1 q^{-1} + h_2 q^{-2} + \cdots + h_{I-1} q^{I-1} \tag{6.3.25}$$

那么式(6.3.23)可用算子形式改写为

$$u(n) = H(q)x(n) \tag{6.3.26}$$

为了使用式(6.3.23)定义的输出序列来驱动次级作动器,必须通过数模转换器将其

转换成模拟电压,并使用模拟低通滤波器对其进行平滑处理。同样地,在用于调整数字控制器系数前,机械系统的稳态响应必须以相同的频率进行采样,通过模拟低通滤波器传递模拟信号来防止混叠,然后通过模数转换器转化成数字信号序列。总信号路径是从控制器的输出序列到代表稳态响应的序列,因此还包含除机械系统响应之外的多个分量。模拟滤波器可防止数字信号的混叠,但是该通道中的每个分量均具有线性响应。如图6.12所示,该总通道完全可用等效定步长数字滤波器的响应[用算子 $G(q)$ 表示]进行模拟。

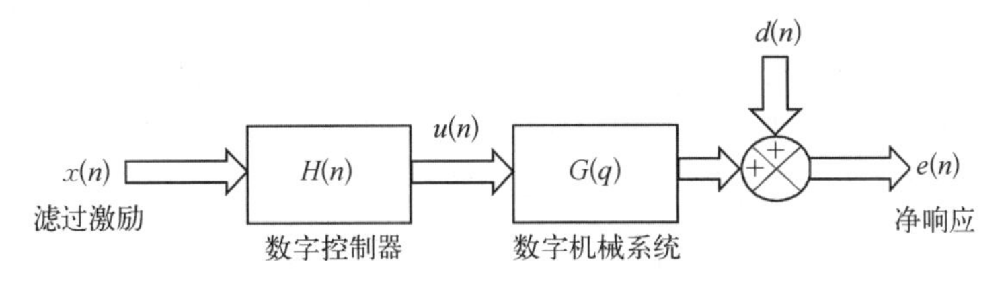

图6.12　数字前馈控制器框图

机械系统净响应的信号序列 $e(n)$,可表示为无控制下的响应 $d(n)$ 和次级作动器产生的响应 $G(q)u(n)$ 之和,即

$$e(n)=d(n)+G(q)u(n) \tag{6.3.27}$$

可将式(6.3.26)代入式(6.3.27),将净响应序列用控制器响应和激励序列 $x(n)$(也称为参考信号)来表示,因此有

$$e(n)=d(n)+G(q)H(q)x(n) \tag{6.3.28}$$

由于算子 $G(q)$ 和 $H(q)$ 为线性非时变,可在式(6.3.28)中改变其顺序,则

$$e(n)=d(n)+H(q)r(n) \tag{6.3.29}$$

式中,

$$r(n)=G(q)x(n) \tag{6.3.30}$$

该序列由机械系统激励信号通过数字滤波器产生,称为滤波参考信号。使用式(6.3.25)展开算子符号,则式(6.3.29)可写成

$$e(n)=d(n)+\sum_{i=0}^{I-1}h_i r(n-i) \tag{6.3.31}$$

从式(6.3.31)中可明显看出,系统的稳态响应与数字控制器的每个系数线性相关。将瞬态净响应均方值作为目标函数,即可解决这些系数的最佳适应问题。设目标函数为

$$J=e^2(n) \tag{6.3.32}$$

该值为每个系数 h_i 的二次函数,假定激励[此时为滤波参考信号 $r(n)$]具有的频谱分量至少为控制器系数的一半,那么控制滤波器会受到持续激励,则该二次函数具有唯一全局最小值。因此,简单的梯度下降算法可以确保收敛,使该问题具有全局最优解。那么,自适应算法可写为

$$h_i(n+1)=h_i(n)-\mu\frac{\partial J}{\partial h_i(n)} \tag{6.3.33}$$

式中，μ 为收敛系数；$h_i(n)$ 为第 n 个采样时刻的第 i 个控制器系数。

由式(6.3.32)给出的目标函数 J 的定义，式(6.3.33)中的偏导数可写作

$$\frac{\partial J}{\partial h_i(n)}=2e(n)\frac{\partial e(n)}{\partial h_i(n)} \tag{6.3.34}$$

从式(6.3.31)中可以看出，$e(n)$ 关于 h_i 的导数可简单地写作 $r(n-i)$，假设控制滤波器的系数仅缓慢变化，因此实际上 $h_i(n)$ 也是时变函数，但不会显著地改变。式(6.3.33)给出的数字滤波器系数最陡下降算法为

$$h_i(n+1)=h_i(n)-ae(n)r(n-i) \tag{6.3.35}$$

式中，$a=2\mu$，为另一个收敛系数。$r(n)$ 是通过式(6.3.30)中的 $G(q)$ 过滤参考信号 $x(n)$ 得到的，因此该算法称为基于滤波 x 的最小均方(least mean square, LMS)算法，即滤波 x-LMS 算法。滤波 x-LMSk 算法的最大收敛系数与滤波参考信号的均方值 $E[r^2]$ 的关联方式和一般 LMS 算法中参考信号的均方值的关联方式相同，因此 a 的最大稳定值可近似表示为

$$a_{\max}\approx\frac{1}{E[r^2]L} \tag{6.3.36}$$

式中，L 为自适应滤波器[式(6.3.23)]中系数的数量；$E[r^2]$ 为滤波参考信号的均方值。当循环中出现延时，收敛系数必须减小。

$$a_{\max}\approx\frac{1}{E[r^2](L+\delta)} \tag{6.3.37}$$

使用 δ 采样的纯时延可更准确地估算出系统最大收敛系数。实际上，必须使用接近真实响应 $G(q)$ 的独立数字滤波器来产生滤波参考信号。滤波 x-LMS 算法对模型滤波器与真实通道的响应的差别具有较好的鲁棒性。图 6.13 所示为单通道滤波 x-LMS 算法的实际应用框图，参考序列 $x(n)$ 通过次级通道 $G(q)$ 的估算值 $\hat{G}(q)$ 来更新滤波参考序列 $r(n)$，而 $H_1(q)$ 为由 $r(n)$ 驱动的虚拟自适应滤波器，其系数被复制到控制器 $H(q)$ 中。

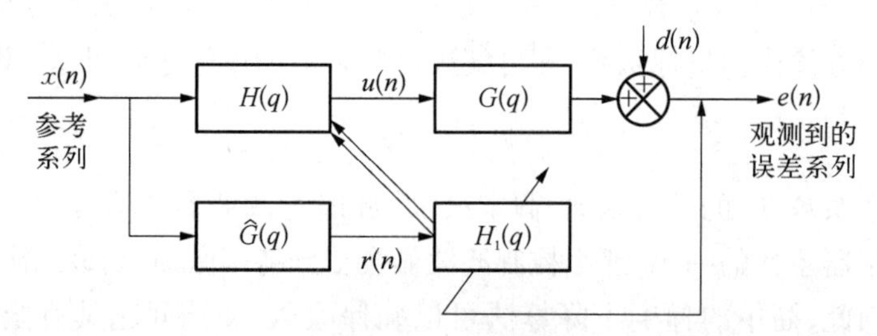

图 6.13 滤波 x-LMS 算法实际应用框图

6.3.3　前馈控制与反馈控制的比较

通过前面介绍,可以发现前馈控制和反馈控制有各自的特点,现对其进行比较。

(1) 前馈控制系统中测量干扰量,反馈控制系统中测量被控变量。一般情况下,在单纯的前馈控制系统中不测量被控变量,在单纯的反馈控制系统中不测量干扰量,因此在以下情况下会首先考虑采用前馈控制:扰动可测但不可控、扰动变化频繁且变化幅度大、扰动对被控变量影响显著而反馈控制难以及时克服等。前馈控制属于开环控制,反馈控制属于闭环控制。

(2) 前馈控制需要专用调节器,反馈控制一般只要用通用调节器。由于前馈控制的精确性和及时性取决于干扰通道和调节通道的特性,且要求较高,因此每一种前馈控制通常都需要采用特殊的专用调节器。而反馈基本上不管干扰通道的特性,且允许被控变量有波动,因此可以采用通用调节器。

(3) 前馈控制只能克服所测量的干扰,反馈控制可克服所有干扰。前馈控制系统中,若干扰量不可测量,前馈控制就不可能加以克服;而反馈控制系统中,对于任何干扰,只要它影响到被控变量,都能在一定程度上加以克服。

(4) 前馈控制理论上可以无差,反馈控制必定有差。如果系统中的干扰数量很少,前馈控制系统可以逐个测量干扰并加以克服,理论上可以做到被控变量无差;对于反馈控制系统,无论干扰的多与少、大与小,只有当干扰影响到被控变量,产生“差”之后才能知道有了干扰,然后加以克服,因此必定有差。

根据前馈控制与反馈控制的比较,可以看出在实际系统中,前馈控制和反馈控制各有优缺点。有时单独使用前馈控制或反馈控制会难以达到要求,为了获得更满意的控制效果,会考虑将两者结合起来而构成前馈-反馈复合控制系统。

习　　题

6.1　试判别下列系统的状态可控性、输出可控性。

$$\dot{x} = \begin{bmatrix} -3 & 1 \\ -2 & 1.5 \end{bmatrix} x + \begin{bmatrix} 1 \\ 4 \end{bmatrix} u, \quad y = [1 \quad 0]\, x$$

6.2　试求下列系统的可控性判别矩阵,并判断其可控性。

$$\dot{x} = \begin{bmatrix} 0 & t \\ 0 & 0 \end{bmatrix} x + \begin{bmatrix} 0 \\ 1 \end{bmatrix} u$$

6.3　试判别下列系统的可观性。

(1) $\dot{x} = \begin{bmatrix} -4 & 0 \\ 0 & -6 \end{bmatrix} x + \begin{bmatrix} 0 \\ 1 \end{bmatrix} u,\ y = [2 \quad 5]\, x$;

(2) $\dot{x} = \begin{bmatrix} 3 & 1 & 0 \\ 0 & 3 & 1 \\ 0 & 0 & 3 \end{bmatrix} x + \begin{bmatrix} 0 \\ 0 \\ 2 \end{bmatrix} u,\ y = \begin{bmatrix} 0 & 4 & 2 \\ 0 & 3 & 1 \end{bmatrix} x$。

6.4 试判别下列离散系统的可控性。

$$x(k+1)=\begin{bmatrix}1 & 2 & 1\\ 0 & 1 & 0\\ 1 & 0 & 3\end{bmatrix}x(k)+\begin{bmatrix}1 & 0 & 0\\ 0 & 1 & 0\\ 1 & 0 & 1\end{bmatrix}u(k)$$

6.5 试判别下列离散系统的可观性。

$$x(k+1)=\begin{bmatrix}1 & 0 & -1\\ 0 & -1 & 1\\ 2 & 0 & 1\end{bmatrix}x(k),\quad y(k)=\begin{bmatrix}0 & 1 & 0\end{bmatrix}x(k)$$

6.6 已知系统的状态方程为：$\dot{x}=\begin{bmatrix}1 & -2\\ 3 & 4\end{bmatrix}x+\begin{bmatrix}1\\ 1\end{bmatrix}u$，试判别系统可控性，并将其状态方程转换成可控规范型。

6.7 已知系统的状态方程为

$$\dot{x}=\begin{bmatrix}1 & -1\\ 1 & 1\end{bmatrix}x+\begin{bmatrix}2\\ 1\end{bmatrix}u,\quad y=\begin{bmatrix}-1 & 1\end{bmatrix}x$$

试判别系统的可观性，并将其状态方程转换成可观规范型。

6.8 试将下列系统分别按可控性、可观性进行结构规范分解。

$$\dot{x}=\begin{bmatrix}-2 & 2 & -1\\ 0 & -2 & 0\\ 1 & -4 & 0\end{bmatrix}x+\begin{bmatrix}0\\ 0\\ 1\end{bmatrix}u,\quad y=\begin{bmatrix}1 & -1 & 1\end{bmatrix}x$$

6.9 习题 6.9 图所示为二自由度系统，已知 $m_1=m_2=8$ kg，$k_1=k_3=800$ N/m、$k_2=1\,200$ N/m，$c_1=c_3=0$、$c_2=250$ N·s/m，$f_1=0$、$f_2=0.01\sin(15t)$，单位为 m。初始位移和速度均为零，系统输出为两物块的位移，试求：

(1) 列出系统二自由度运动微分方程，并写成状态方程的形式；

(2) 判别系统的状态可控性、输出可控性及系统可观性。

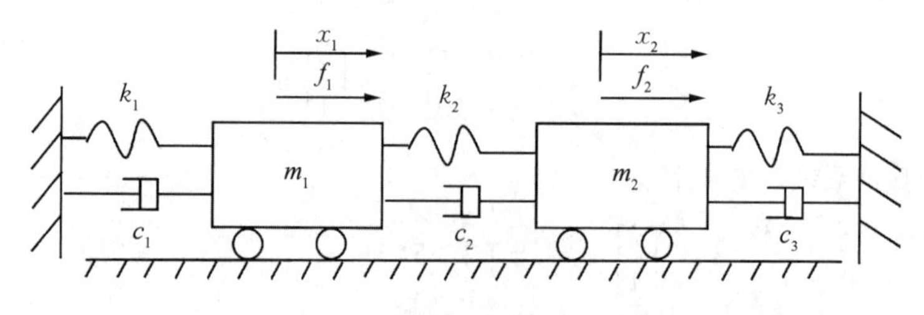

习题 6.9 图

6.10 已知系统为

$$\begin{cases}\dot{x}_1 = x_2 \\ \dot{x}_2 = x_3 \\ \dot{x}_3 = -x_1 - x_2 - x_3 + 3u\end{cases}$$

令状态反馈控制为 $u = -\begin{bmatrix}\frac{26}{3} & \frac{26}{3} & \frac{8}{3}\end{bmatrix}x$，试画出该闭环状态反馈控制系统结构图。

第7章 极点配置与状态观测器

本章首先介绍通过反馈控制实现单输入、多输入系统的极点配置方法;然后对完全可控、不完全可控系统的镇定问题进行介绍,并介绍线性定常系统输出反馈能使系统镇定的充要条件;最后对全维状态观测器、降维状态观测器及带状态观测器的状态反馈系统等作介绍。

学习要点:

(1) 掌握单输入、多输入系统的极点配置方法;

(2) 理解系统镇定问题,了解输出反馈使系统镇定的充要条件;

(3) 掌握全维状态观测器、降维状态观测器及带状态观测器的状态反馈系统的设计方法,能绘制含状态观测器的系统结构框图。

第6章对控制系统的结构形式进行了介绍,而系统控制的任务通常以性能指标的形式来描述。一般性能指标可分为两大类:优化型指标、非优化型指标。其中,优化型指标是通过选择合适的控制规律使得性能指标取得极值,如各类最优控制问题;非优化指标通常是一类不等式形式的指标,只要系统性能值达到或优于性能指标即满足控制要求,如极点配置问题、系统镇定问题等。极点配置是以一组希望的闭环极点为目标,将闭环极点配置到相应的位置,反映了对系统的稳定性和动态响应的快速性的要求。

但在实现系统的反馈控制过程中,需要保证系统的可控性、可观性。然而对于部分控制系统,即使状态完全可控,也不一定能实现状态反馈。因为部分状态不一定是能够直接量测的物理量,或即使能够量测但非常困难,这时需要通过数量有限的可量测参量(输出及输入)重新构造在一定指标下与系统真实状态等价的估计状态或重构状态,即通过状态观测器实现状态重构。因此,本章将首先介绍极点配置问题、系统镇定问题,然后分别介绍全维状态观测器、降维状态观测器,而有关优化型指标的最优控制问题将在下一章介绍。

7.1 极点配置问题

系统的动力学特性在很大程度上是由系统的极点决定的。所谓极点配置,就是通过

状态反馈矩阵 K 的选择,使闭环系统的极点刚好处于希望的一组极点位置。选取极点时需遵循以下原则: ① 对于一个 n 阶控制系统,必须给定 n 个希望的极点;② 希望的极点可以为实数或复数,但复数必须以共轭复数对形式出现,即物理上是可实现的;③ 需要从工程实际的角度选取所希望的极点,需要研究其对系统品质的影响及与零点分布状况的关系;④ 选取的极点需要有较强的抑制干扰的能力及较低的对系统参数变动的灵敏性。下面分别对单输入、多输入系统的极点配置问题进行介绍。

7.1.1　单输入系统的极点配置法

定理 7.1.1　对于给定单输入系统:

$$\sum : \begin{cases} \dot{x} = Ax + bu \\ y = cx + du \end{cases} \tag{7.1.1}$$

可通过状态反馈 $u(t) = r(t) - Kx(t)$ 任意配置极点的充要条件是: 受控系统 $\sum$ 完全可控。

证明: 仅证明充分性。若 $\sum$ 完全可控,则状态反馈增益矩阵 K 可任意配置。因给定系统 $\sum$ 可控,所以通过等价变换 $\tilde{x} = Px$ 必能将其变为可控标准型:

$$\tilde{\sum} : \begin{cases} \dot{\tilde{x}} = \tilde{A}\tilde{x} + \tilde{b}u \\ y = \tilde{c}\tilde{x} + \tilde{d}u \end{cases} \tag{7.1.2}$$

式中, P 为非奇异的实常量等价变换矩阵,且有

$$\tilde{A} = PAP^{-1} = \begin{bmatrix} 0 & 1 & & \\ & & \ddots & \\ & & & 1 \\ -a_n & -a_{n-1} & \cdots & -a_1 \end{bmatrix}$$

$$\tilde{b} = Pb = \begin{bmatrix} 0 \\ \vdots \\ 0 \\ 1 \end{bmatrix}, \quad \tilde{c} = cP^{-1} = [\beta_n \quad \beta_{n-1} \quad \cdots \quad \beta_1], \quad \tilde{d} = d$$

对式(7.1.2)引入状态反馈:

$$u = r - \tilde{K}\tilde{x}, \quad \tilde{K} = [\tilde{k}_1 \quad \tilde{k}_2 \quad \cdots \quad \tilde{k}_n]$$

则闭环系统的状态空间表达式为

$$\tilde{\sum}_K : \begin{cases} \dot{\tilde{x}} = (\tilde{A} - \tilde{b}\tilde{K})\tilde{x} + \tilde{b}r \\ y = (\tilde{c} - \tilde{d}\tilde{K})\tilde{x} + \tilde{d}r \end{cases}$$

其中,显然有

$$\tilde{A}-\tilde{b}\tilde{K}=\begin{bmatrix} 0 & 1 & & \\ & & \ddots & \\ & & & 1 \\ -a_n-\tilde{k}_1 & -a_{n-1}-\tilde{k}_2 & \cdots & -a_1-\tilde{k}_n \end{bmatrix}$$

系统 $\tilde{\sum}_K$ 的闭环特征方程为

$$s^n+(a_1+\tilde{k}_n)s^{n-1}+(a_2+\tilde{k}_{n-1})s^{n-2}+\cdots+(a_n+\tilde{k}_1)=0$$

同时,由指定的任意 n 个期望的闭环极点 λ_1^*, λ_2^*, $\cdots$, λ_n^*,可得期望的闭环特征方程为

$$(s-\lambda_1^*)(s-\lambda_2^*)\cdots(s-\lambda_n^*)=s^n+a_1^*s^{n-1}+\cdots+a_{n-1}^*s+a_n^*=0$$

通过比较系数,可得

$$\begin{cases} a_1+\tilde{k}_n=a_1^* \\ a_2+\tilde{k}_{n-1}=a_2^* \\ \quad\vdots \\ a_n+\tilde{k}_1=a_n^* \end{cases} \tag{7.1.3}$$

由此可得

$$\begin{cases} \tilde{k}_1=a_n^*-a_n \\ \tilde{k}_2=a_{n-1}^*-a_{n-1} \\ \quad\vdots \\ \tilde{k}_n=a_1^*-a_1 \end{cases}$$

又因为 $u=r-Kx=r-KP^{-1}\tilde{x}=r-\tilde{K}\tilde{x}$,则

$$K=[a_n^*-a_n \quad a_{n-1}^*-a_{n-1} \quad \cdots \quad a_1^*-a_1]P \tag{7.1.4}$$

证毕。证明过程同时也得到了反馈增益系数 K 的求解方法,这种求解反馈增益系数 K 的方法称为**间接配置法**。此外,反馈增益系数 K 还可以采用**直接配置方法求解**。

在证明系统可控性的前提下,不进行非奇异变换,将反馈控制律 $u=r-Kx$(其中 $K=[k_1, k_2, \cdots, k_n]$)直接代入系统,则控制后的方程变为

$$\dot{x}=(A-bK)x+br$$
$$y=(c-dK)x+dr$$

此闭环系统的特征多项式为

$$f(s)=\det(sI-A+bK)=s^n+a_1(k)s^{n-1}+\cdots+a_{n-1}(k)s+a_n(k)$$

计算理想特征多项式:

$$f^*(x)=(s-\lambda_1^*)(s-\lambda_2^*)\cdots(s-\lambda_n^*)=s^n+a_1^*s^{n-1}+\cdots+a_{n-1}^*s+a_n^*$$

通过比较系数,可得

$$\begin{cases} a_1(k) = a_1^* \\ a_2(k) = a_2^* \\ \quad\vdots \\ a_n(k) = a_n^* \end{cases} \tag{7.1.5}$$

解方程组(7.1.5),可得到各个 $k_i(i = 1, \cdots, n)$, 从而求得反馈增益矩阵 $K = [k_1, \cdots, k_n]$。

例 7.1.1　给定系统的状态空间表达式为 $\dot{x} = \begin{bmatrix} 0 & 0 & 0 \\ 1 & -1 & 0 \\ 0 & 1 & -1 \end{bmatrix} x + \begin{bmatrix} 1 \\ 0 \\ 0 \end{bmatrix} u$, $y = [0 \quad 1 \quad 1] x$, 求状态反馈增益矩阵 K, 使反馈后闭环特征值为 $\lambda_1^* = -2$, $\lambda_{2,3}^* = -1 \pm \mathrm{j}\sqrt{3}$。

解: 因为 $\mathrm{rank}(b \quad Ab \quad A^2b) = \mathrm{rank}\begin{pmatrix} 1 & 0 & 0 \\ 0 & 1 & -1 \\ 0 & 0 & 1 \end{pmatrix} = 3$, 系统状态完全可控,通过状态反馈控制律能任意配置闭环特征值。

(1) 方法一: 间接配置法。

由 $\det(sI - A) = \det\begin{bmatrix} s & 0 & 0 \\ -1 & s+1 & 0 \\ 0 & -1 & s+1 \end{bmatrix} = s^3 + 2s^2 + s$, 得 $a_1 = 2$, $a_2 = 1$, $a_3 = 0$。

由 $(s - \lambda_1^*)(s - \lambda_2^*)(s - \lambda_3^*) = (s+2)(s+1+\mathrm{j}\sqrt{3})(s+1-\mathrm{j}\sqrt{3}) = s^3 + 4s^2 + 8s + 8$, 得 $a_1^* = 4$, $a_2^* = 8$, $a_3^* = 8$。

则

$$\tilde{K} = [a_3^* - a_3, \ a_2^* - a_2, \ a_1^* - a_1] = [8, \ 7, \ 2]$$

又:

$$Q = [b \quad Ab \quad A^2b]\begin{bmatrix} a_2 & a_1 & 1 \\ a_1 & 1 & 0 \\ 1 & 0 & 0 \end{bmatrix} = \begin{bmatrix} 1 & 0 & 0 \\ 0 & 1 & -1 \\ 0 & 0 & 1 \end{bmatrix}\begin{bmatrix} 1 & 2 & 1 \\ 2 & 1 & 0 \\ 1 & 0 & 0 \end{bmatrix} = \begin{bmatrix} 1 & 2 & 1 \\ 1 & 1 & 0 \\ 1 & 0 & 0 \end{bmatrix}$$

$$P = Q^{-1} = \begin{bmatrix} 1 & 2 & 1 \\ 1 & 1 & 0 \\ 1 & 0 & 0 \end{bmatrix}^{-1} = \begin{bmatrix} 0 & 0 & 1 \\ 0 & 1 & -1 \\ 1 & -2 & 1 \end{bmatrix}$$

因此:

$$K = \tilde{K}P = [8 \quad 7 \quad 2]\begin{bmatrix} 0 & 0 & 1 \\ 0 & 1 & -1 \\ 1 & -2 & 1 \end{bmatrix} = [2 \quad 3 \quad 3]$$

（2）方法二：直接配置法。

因为经过状态反馈 $u = r - Kx$ 后，闭环系统特征多项式为

$$
\begin{aligned}
f(s) &= \det(sI - A + bK) \\
&= \det\left\{\begin{bmatrix} s & 0 & 0 \\ 0 & s & 0 \\ 0 & 0 & s \end{bmatrix} - \begin{bmatrix} 0 & 0 & 0 \\ 1 & -1 & 0 \\ 0 & 1 & -1 \end{bmatrix} + \begin{bmatrix} 1 \\ 0 \\ 0 \end{bmatrix} [k_1 \quad k_2 \quad k_3]\right\} \\
&= s^3 + (2 + k_1)s^2 + (2k_1 + k_2 + 1)s + (k_1 + k_2 + k_3)
\end{aligned}
$$

根据要求的闭环期望极点，可求得闭环期望特征多项式为

$$f^*(s) = (s + 2)(s + 1 + \mathrm{j}\sqrt{3})(s + 1 - \mathrm{j}\sqrt{3}) = s^3 + 4s^2 + 8s + 8$$

比较两多项式同次幂的系数，有

$$
\begin{cases}
2 + k_1 = 4 \\
2k_1 + k_2 + 1 = 8 \\
k_1 + k_2 + k_3 = 8
\end{cases}
$$

得：$k_1 = 2,\ k_2 = 3,\ k_3 = 3$。

状态反馈增益矩阵为

$$K = [2 \quad 3 \quad 3]$$

两种方法的计算结果相同。

讨论：

（1）状态反馈不改变系统的维数，但闭环传递函数的阶次可能会降低，这是由分子分母的公因子对消所致。

（2）对于单输入单输出系统，对于给定的 n 个极点，K 具有唯一性。

（3）若系统是不完全可控的，可将其状态方程变换成如下形式：

$$\begin{bmatrix} \dot{\tilde{x}}_1 \\ \dot{\tilde{x}}_2 \end{bmatrix} = \begin{bmatrix} \tilde{A}_{11} & \tilde{A}_{12} \\ 0 & \tilde{A}_{22} \end{bmatrix} \begin{bmatrix} \tilde{x}_1 \\ \tilde{x}_2 \end{bmatrix} + \begin{bmatrix} \tilde{b}_1 \\ 0 \end{bmatrix} u$$

式中，$\tilde{A}_{22}$ 的特征值不能任意配置。因此，只有当 $\tilde{A}_{22}$ 的全部特征值都具有负实部时，系统才能稳定。

7.1.2 多输入系统的极点配置

考虑多输入受控对象的状态方程：

$$\dot{x} = Ax + Bu \tag{7.1.6}$$

式中，x、u 分别为 n 维状态向量和 m 维输入向量。

引入状态反馈控制律：$u = r - Kx$，其中 K 为 $m \times n$ 阶反馈增益矩阵。则闭环系统的状态方程为

$$\dot{x} = (A - BK)x + Br \tag{7.1.7}$$

与单输入系统中 K 具有唯一性不同，多输入系统中 K 有 $m \times n$ 个元素，而其闭环系统特征多项式中只有 n 个可调整的系数，因此 K 矩阵的选择不唯一，系统的响应特征也不相同。常用的多输入系统极点配置主要有两种方式：一是人为地对 K 矩阵的结构加以限制，将多输入系统的极点配置问题转换为单输入系统问题来求解；另一种是利用多变量系统的可控规范型方法来解。现仅介绍第一种方法，步骤如下。

（1）根据给定的期望极点获得闭环系统特征多项式。若给定闭环系统任意 n 个期望极点为：$\{\lambda_1^*,\ \lambda_2^*,\ \cdots,\ \lambda_n^*\}$，则闭环系统期望的特征多项式为：$D^*(s) = (s - \lambda_1^*)(s - \lambda_2^*)\cdots(s - \lambda_n^*) = s^n + a_1^* s^{n-1} + \cdots + a_{n-1}^* s + a_n^*$。

（2）根据可控性矩阵 U_c 构造 Q、W，求 K'。求出系统可控性矩阵 U_c，判定系统的可控性。若系统可控，则可根据 U_c 分别按下列方式构造 Q、W。

设 $B = [b_1,\ b_2,\ \cdots,\ b_m]$，若式(7.1.6)完全可控，则可以找到一个状态反馈控制律 $u = r' - K'x$，其中 K' 为 $m \times n$ 矩阵，得到如下的闭环系统：$\dot{x} = (A - BK')x + Br'$，使得由第 i 个输入 r_i' 决定的闭环系统（$b_i \neq 0$）：$\dot{x} = (A - BK')x + b_i r_i'$ 完全可控。不失一般性，取 $i = 1$，并设 $b_1 \neq 0$，则

$$\dot{x} = (A - BK')x + b_1 r_1' \tag{7.1.8}$$

因为原系统可控，所以 $U_c = [B,\ AB,\ \cdots A^n B]$ 的秩为 n。在 U_c 中按列搜索，得到 n 个线性无关的列向量和指数集 $[v_1,\ \cdots,\ v_p]$，构成一个 $n \times n$ 阶非奇异方阵。

$$Q = [b_1,\ Ab_1,\ \cdots,\ A^{v_1-1}b_1,\ b_2,\ Ab_2,\ \cdots,\ A^{v_2-1}b_2,\ \cdots,\ b_p,\ Ab_p,\ \cdots,\ A^{v_p-1}b_p]$$

再定义一个 $m \times n$ 矩阵 W，令 $W = [0\cdots0 \quad e_2\cdots0 \quad e_3\cdots e_{v_p} \quad 0\cdots0]$，其中 e_i 表示第 i 个元素为 1，其余元素为 0 的列向量，$e_2,\ \cdots,\ e_{v_p}$ 分别位于第 v_1 列，…，第 $\sum_{k=1}^{v_p-1} v_k$ 列。

令

$$K' = -WQ^{-1} \tag{7.1.9}$$

则可以证明 $\sum(A - BK',\ b_1)$ 完全可控。

（3）利用单输入极点配置方法，求 F_1。令 $r_1' = z_1 - F_1 x$，代入式(7.1.8)，则

$$\dot{x} = (A - BK' - b_1F_1)x + b_1 z_1 \tag{7.1.10}$$

利用单输入极点配置方法，确定反馈控制律 F_1，实现（$A - BK' - b_1F_1$）的闭环极点为 $\{\lambda_1^*,\ \lambda_2^*,\ \cdots,\ \lambda_n^*\}$。

（4）求 K。

令

$$F=\begin{bmatrix}F_1\\0\\\vdots\\0\end{bmatrix},\quad Z=\begin{bmatrix}z_1\\0\\0\end{bmatrix}$$

则

$$A-BK'-b_1F_1=A-BK'-BF=A-B(K'+F)$$

令

$$K=K'+F \tag{7.1.11}$$

则相应的闭环系统状态方程[式(7.1.10)]可写成

$$\dot{x}=(A-BK)x+BZ$$

而 $K=K'+F$ 即为所求的反馈增益矩阵 K。

例 7.1.2 给定受控对象的状态方程为

$$\dot{x}=\begin{bmatrix}1&0\\0&1\end{bmatrix}x+\begin{bmatrix}1&1\\0&1\end{bmatrix}u$$

试求反馈增益矩阵 K,通过 $u=r-Kx$ 将闭环系统极点配置在 $s_1=-1$, $s_2=-2$ 上。

解: 计算可得期望闭环特征多项式:

$$D^*(s)=(s+1)\times(s+2)=s^2+3s+2$$

可控性矩阵为

$$U_c=(B\quad AB)=\begin{bmatrix}1&1&1&1\\0&1&0&1\end{bmatrix}$$

该矩阵的秩为2,故系统完全可控。按列搜索,在 U_c 中找到线性独立的两列,并得到 $v_1=v_2=1$, 由之构成 $Q=\begin{bmatrix}1&1\\0&1\end{bmatrix}$。

由定义得 $W=\begin{bmatrix}0&0\\1&0\end{bmatrix}$, 根据式(7.1.9),得

$$K'=-WQ^{-1}=-\begin{bmatrix}0&0\\1&0\end{bmatrix}\begin{bmatrix}1&1\\0&1\end{bmatrix}^{-1}=\begin{bmatrix}0&0\\-1&1\end{bmatrix}$$

这样,在闭环系统 $\dot{x}=(A-BK')x+Br'=\begin{bmatrix}2&-1\\1&0\end{bmatrix}x+\begin{bmatrix}1&1\\0&1\end{bmatrix}r'$ 中,只考虑第一个分量 r'_1 的单输入系统 $\dot{x}=\begin{bmatrix}2&-1\\1&0\end{bmatrix}x+\begin{bmatrix}1\\0\end{bmatrix}r'_1$ 是完全可控的。

利用行列式方法,设 $F_1=[f_1\quad f_2]$, 可得

$$D_k(s)=\det\left(sI-\begin{bmatrix}2 & -1\\1 & 0\end{bmatrix}+\begin{bmatrix}1\\0\end{bmatrix}\times[f_1 \quad f_2]\right)=s^2+(f_1-2)s+(1+f_2)$$

$D_k(s)=D^*(s)$ 中,对应系数相等,得 $\begin{cases}f_1-2=3\\f_2+1=2\end{cases}$,解得:$F_1=[f_1 \quad f_2]=[5 \quad 1]$。

令 $F=\begin{bmatrix}F_1\\0\end{bmatrix}=\begin{bmatrix}5 & 1\\0 & 0\end{bmatrix}$,则 $K=K'+F=\begin{bmatrix}0 & 0\\-1 & 1\end{bmatrix}+\begin{bmatrix}5 & 1\\0 & 0\end{bmatrix}=\begin{bmatrix}5 & 1\\-1 & 1\end{bmatrix}$。

可以验证 $A-BK$ 的特征值为:$s_1=-1$, $s_2=-2$。

7.2　系统镇定问题

受控系统通过状态反馈(或者输出反馈),将不稳定的极点移到[S]平面的左半部,使得闭环系统渐近稳定,这样的问题称为**系统镇定问题**。能通过反馈控制而渐近稳定的系统是可镇定的,镇定只要求闭环极点位于复平面的左半平面内(对于离散时间系统,只要求闭环极点位于复平面上的单位圆内)。镇定问题的重要性主要体现在以下三个方面:① 稳定性是对控制系统的最基本要求,是控制系统能够正常工作的必要条件;② 很多控制以渐近稳定作为最终设计目标;③ 稳定往往是确保系统其他性能的前提和条件,如渐进跟踪控制问题。

若系统 $\sum(A, B, C)$ 是完全可控的,就可以通过状态反馈任意配置闭环系统的极点,将所有极点配置到复平面的左半平面内,就能保证闭环系统的渐近稳定性。因此,完全可控的系统必定是可镇定的。若系统是不完全可控的,可将其分成可控与不可控部分,只有当不可控部分 $\tilde{A}_{22}$ 的全部特征值都具有负实部时,系统才能镇定。

7.2.1　完全可控的系统镇定

对于系统:

$$\dot{x}=Ax+Bu$$

$$y=Cx+Du$$

其反馈控制方程为 $u=r-Kx$,引入状态反馈矩阵 K 后系统的状态方程为

$$\dot{x}=(A-BK)x+Br$$

假设原系统是可控的,总可以通过状态反馈矩阵 K,把系统的特征值(即 $A-BK$ 的特征值)配置在[S]平面的左半部分,即状态反馈总可以使系统稳定。

7.2.2　系统不完全可控的情况

如果系统不是完全可控的,则线性状态反馈使系统获得镇定的充要条件是:系统不可控部分是渐近稳定的,即系统不稳定的极点全分布在系统的可控部分。如果不可控部分是不稳定的,则无法通过状态反馈使系统实现镇定。

证明：如果上述系统方程为

$$\begin{cases}\dot{x}_1 = A_{11}x_1 + A_{12}x_2 + B_1u \\ \dot{x}_2 = A_{22}x_2\end{cases} \tag{7.2.1}$$

式中，x_1 为 n_1 维状态向量，它表示系统可控部分；x_2 为 n_2 维状态向量，它表示系统不可控部分，$n_1 + n_2 = n$。则

$$A = \begin{bmatrix} A_{11} & A_{12} \\ 0 & A_{22} \end{bmatrix}, \quad B = \begin{bmatrix} B_1 \\ 0 \end{bmatrix}$$

式中，A_{11} 为 $n_1 \times n_1$ 阶系统矩阵；A_{22} 为 $n_2 \times n_2$ 阶系统矩阵；B_1 为 $n_1 \times m$ 阶系统矩阵；m 为输入量的个数。

由于 $(A_{11} \quad B_1)$ 是完全可控对，通过状态反馈矩阵 K_1 总可以使 $(A_{11} - B_1K_1)$ 的特征值配置在 $[S]$ 平面的左半部，若系统不可控部分是渐近稳定的，则系统可获得镇定。因为对式(7.2.1)求解，有

$$\begin{cases}x_1(t) = \mathrm{e}^{(A_{11}-B_1k_1)t}x_1(0) + \int_0^t \mathrm{e}^{(A_{11}-B_1k_1)(t-\tau)}A_{12}x_2(\tau)\mathrm{d}\tau \\ x_2(t) = \mathrm{e}^{A_{22}t}x_2(0)\end{cases} \tag{7.2.2}$$

因给定条件是当 $t \to \infty$ 时，$x_2(t) \to 0$，而选取状态反馈矩阵 K_1 使 $t \to \infty$ 时，$x_1(t) \to 0$，所以整个系统是渐近稳定的。显然，如果不可控部分是不稳定的，即 $t \to \infty$ 时，$x_2(t) \to \infty$，则无法通过状态反馈使系统实现镇定。

推论：如果系统 $\sum(A, B, C)$ 是完全可控的，其状态反馈必然使系统镇定；反之，一个可镇定的系统状态不一定完全可控。

7.2.3 线性定常系统输出反馈能使系统镇定的充要条件

对于线性定常系统 $\sum(A, B, C)$，输出反馈能使系统镇定的充要条件为：其可控又可观部分是可以镇定的，其可控不可观、可观不可控或既不可观又不可控部分的特征值均有负实部。

推论：如果线性系统 $\sum(A, B, C)$ 输出反馈是可镇定的，则该系统状态反馈必可镇定；反之，一个状态反馈可以镇定的系统，其输出反馈不一定可镇定。

因为输出反馈能配置的极点，状态反馈均能配置，而状态反馈能配置的极点输出反馈不一定能配置。

例 7.2.1 考虑线性定常系统，其中 $A = \begin{bmatrix} 0 & 0 & 5 \\ 1 & 0 & -1 \\ 0 & 1 & -3 \end{bmatrix}$，$B = \begin{bmatrix} -2 & 0 \\ 1 & -2 \\ 0 & 1 \end{bmatrix}$，$C = [0 \quad 0 \quad 1]$，试分析通过输出反馈后系统的可镇定性。

解：系统的特征多项式为：$D(s) = \det(sI - A) = s^3 + 3s^2 + s - 5$，显然系统不是渐近

稳定的。通过对 $\sum(A, B, C)$ 的可控性矩阵 U_c 和可观性矩阵 U_o 的分析,并利用秩判据可知,$\sum(A, B, C)$ 是完全可控且完全可观的,因此通过状态反馈一定能保证系统的镇定性。

现采用输出反馈分析系统的可镇定性。设 $u = r - Hy$,反馈增益矩阵 $H = [h_1 \quad h_2]^{\mathrm{T}}$,则闭环系统的系数矩阵为

$$A - BHC = \begin{bmatrix} 0 & 0 & 5 \\ 1 & 0 & -1 \\ 0 & 1 & -3 \end{bmatrix} - \begin{bmatrix} -2 & 0 \\ 1 & -2 \\ 0 & 1 \end{bmatrix} \begin{bmatrix} h \\ h_2 \end{bmatrix} [0 \quad 0 \quad 1] = \begin{bmatrix} 0 & 0 & 5 + 2h_1 \\ 1 & 0 & -h_1 + 2h_2 - 1 \\ 0 & 1 & -h_2 - 3 \end{bmatrix}$$

闭环特征多项式为

$$D_H(s) = \det(sI - A + BHC) = s^3 + (3 + h_2)s^2 + (1 + h_1 - 2h_2)s + (-2h_1 - 5)$$

利用 Routh 判据,可以得出为保证 $D_H(s)$ 的所有特征根都具有负实部的参数 h_1、h_2 的取值范围。本例中,若取 $h_1 = -3$、$h_2 = -2$,则闭环特征多项式 $D_H(s) = s^3 + s^2 + 2s + 1$ 的根位于 $s_1 = -0.57$、$s_{2,3} = -0, 22 \pm 1.3\mathrm{j}$,因此闭环系统是渐近稳定的。系统可通过输出反馈 $u = r - \begin{bmatrix} -3 \\ -2 \end{bmatrix} y$ 而镇定。

另,如果考虑单输入单输出系统 $\sum(A, B_1, C)$,其中:

$$A = \begin{bmatrix} 0 & 0 & 5 \\ 1 & 0 & -1 \\ 0 & 1 & -3 \end{bmatrix}, \quad B_1 = \begin{bmatrix} -2 \\ 1 \\ 0 \end{bmatrix}, \quad C = [0 \quad 0 \quad 1]$$

则在输出反馈 $u = r - hy$ 中,h 是一个纯量,类似前面的推导,此时闭环系统的特征多项式为 $D_H(s) = s^3 + 3s^2 + (1 + h)s + (-2h - 5)$。显然找不到合适的 h,使 $1 + h$ 和 $-2h - 5$ 同时为正数,根据 Routh 判据,闭环系统不可能渐近稳定,即系统 $\sum(A, B_1, C)$ 不可能通过输出反馈而镇定。

但该系统可控,因此可以通过状态反馈实现系统的镇定。

7.3　状态观测器

状态反馈实现的前提是获得系统全部状态信息。然而,状态变量并不一定是系统的物理量,选择状态变量的这种自由性本是状态空间综合法的优点之一,但这也导致系统的所有状态变量不一定都能直接量测。另外,有些状态变量即使可测,但所需的传感器价格也可能过于昂贵。状态观测或状态重构问题正是为了克服状态反馈物理实现的这些困难而提出的,其核心是通过数量有限的可量测参量(输出及输入)重新构造在一定指标下与系统真实状态 $x(t)$ 等价的估计状态或重构状态 $\hat{x}(t)$,且常采用如下公式作为渐近等价指标,即

$$\lim_{t\to\infty}[\hat{x}(t)-x(t)]=\lim_{t\to\infty}\Delta_x(t)=0 \tag{7.3.1}$$

式中，$\Delta_x(t)$ 为观测误差。式(7.3.1)也称观测器存在条件。

实现状态重构的系统(或计算机程序)称为状态观测器,它是对受控机械系统的内部动力学特性进行模拟的电路或数字系统。实现状态观察器的一种直接方法就是确保其与假定已知的受控系统具有相同的动力学特性,估计的状态变量 $\hat{x}(t)$ 满足：$\dot{\hat{x}}(t)=A\hat{x}(t)+Bu(t)$，其输出信号 $\hat{y}(t)$ 满足：$\hat{y}(t)=C\hat{x}(t)+Du(t)$，其目的就是确保这个可测的电子状态观察器的内部状态量跟踪不可测机械系统的内部状态,将状态观察器的内部状态当成机械系统的估计值,并反馈为输入信号,实现状态变量的反馈控制。因此,状态观测器的良好设计在机械系统的 A、B、C、D 矩阵均完全已知的情况下才具有较高精度。

当观测器重构状态向量的维数等于或小于被控系统状态向量维数时，分别称为全维状态观测器或降维状态观测器,下面将对它们分别进行介绍。

7.3.1 全维状态观测器

对于系统：

$$\sum_{o}:\begin{cases}\dot{x}=Ax+Bu\\ y=Cx\end{cases} \tag{7.3.2}$$

反馈控制方程为

$$u=r-Kx$$

若被控系统 $\sum_{o}(A,B,C)$ 状态完全可观，一条重构状态向量的可能途径是对输出 $y(t)$求导 $n-1$ 次,即

$$\begin{cases}y=Cx\\ \dot{y}=C\dot{x}=CAx+CBu\\ \ddot{y}=C\ddot{x}=CA\dot{x}+CB\dot{u}=CA^2x+CABu+CB\dot{u}\\ \qquad\vdots\\ y^{(n-1)}=CA^{n-1}x+CA^{n-2}Bu+CA^{n-3}B\dot{u}+\cdots+CBu^{(n-2)}\end{cases}$$

因为 $\sum_{o}(A,B,C)$ 可观,则其可观性判别阵的秩为 n,故从上式一定可选出关于状态变量的 n 个独立方程,进而获得 $x(t)$ 的唯一解。可见,只要被控系统可观,理论上可通过输入、输出及其导数重构系统状态向量 $x(t)$。但这种方法要对输入、输出进行微商运算,而纯微分器难以构造,且微分器不合理地放大输入、输出测量中混有的高频干扰,以致状态估计值产生很大误差,故从工程实际出发,该方法不可取。

为避免在状态重构中采用微分运算,一个直观的想法是构造一个与 $\sum_{o}(A,B,C)$ 结构和参数相同的仿真系统 $\sum_{G}(A,B,C)$ 来观测系统实际状态 $x(t)$，且使 $\sum_{G}$ 与 $\sum_{o}$ 具有相同的输入,如图 7.1 所示的开环观测器。

显然,当假设矩阵 A、B 和 C 在实际被控对象 $\sum_{o}$ 及其计算机仿真系统 $\sum_{G}$ 中相同

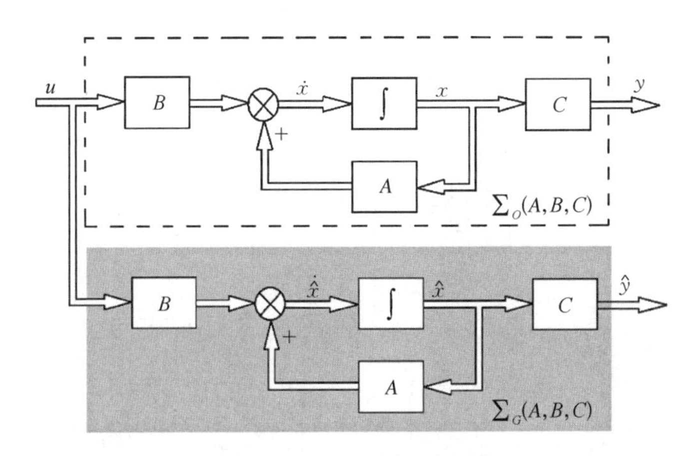

图 7.1　开环观测器

时，只要设置 $\sum_G$ 的初态与 $\sum_O$ 的初态相同，即 $\hat{x}(t_0)=x(t_0)$，则可保证重构状态 $\hat{x}(t)$ 与系统的实际状态 $x(t)$ 始终相同。尽管只要 $\sum_O$ 可观，根据输入和输出的测量值总能计算出系统的初态 $x(t_0)$，但每次应用图 7.1 所示的开环观测器均要计算 $x(t_0)$ 并设置 $\hat{x}(t_0)$，计算量太大。另外，开环观测器的观测误差 $\Delta_x(t)$ 所满足的微分方程为

$$\dot{\Delta}_x(t)=\dot{\hat{x}}(t)-\dot{x}(t)=A[\hat{x}(t)-x(t)]=A\Delta_x \tag{7.3.3}$$

而由于存在外界扰动和设置误差，通常 $\hat{x}(t_0)\neq x(t_0)$，即 $\Delta_x(t_0)\neq 0$，这时由式(7.3.3)可得观测误差 $\Delta_x(t)$ 为

$$\Delta_x(t)=\mathrm{e}^{A(t-t_0)}\Delta_x(t_0)=\mathrm{e}^{A(t-t_0)}[\hat{x}(t_0)-x(t_0)] \tag{7.3.4}$$

式(7.3.4)表明，只有当 $\sum_O$ 的系统矩阵 A 的特征值均具有负实部时，才满足观测器存在条件，即当时间足够长时，观测误差 $\Delta_x(t)$ 趋于零，实现状态重构。若 $\sum_O$ 为不稳定系统，则 $\hat{x}(t)$ 将不能复现 $x(t)$。因此，一般情况下，开环观测器也无实用价值。

可应用反馈控制原理对图 7.1 所示的开环观测器方案进行改进，即引入观测误差 $\Delta_x(t)=\hat{x}(t)-x(t)$ 负反馈，以不断修正仿真系统，加快观测误差趋于零的速度。但 $\Delta_x(t)$ 不可直接量测，而 $\Delta_x(t)\neq 0$ 对应 $\hat{y}(t)-y(t)=C\hat{x}(t)-Cx(t)\neq 0$，且系统输出估计值与实际值的误差 $\hat{y}(t)-y(t)$ 可量测，故引入输出偏差 $\hat{y}(t)-y(t)$ 负反馈至观测器的 $\dot{\hat{x}}$ 处，构成以 u 和 y 为输入、$\hat{x}(t)$ 为输出的闭环渐近状态观测器，如图 7.2 所示。它采用了输出反馈的另一种结构，是一种较实用的观测器结构。

图 7.2 中，G 为 $n\times m$ 阶输出偏差反馈增益矩阵(其中 m 为系统输出变量的个数)，且其为实数阵。由图 7.2 可得闭环状态观测器的状态方程为

$$\dot{\hat{x}}=A\hat{x}-G(\hat{y}-y)+Bu=A\hat{x}-GC\hat{x}+Gy+Bu=(A-GC)\hat{x}+Gy+Bu \tag{7.3.5}$$

由式(7.3.5)及待观测系统 $\sum_O$ 的状态方程，可得闭环观测器的观测误差所满足的

微分方程为

$$\dot{\Delta}_x(t)=\dot{\hat{x}}(t)-\dot{x}(t)=(A-GC)[\hat{x}(t)-x(t)]=(A-GC)\Delta_x \tag{7.3.6}$$

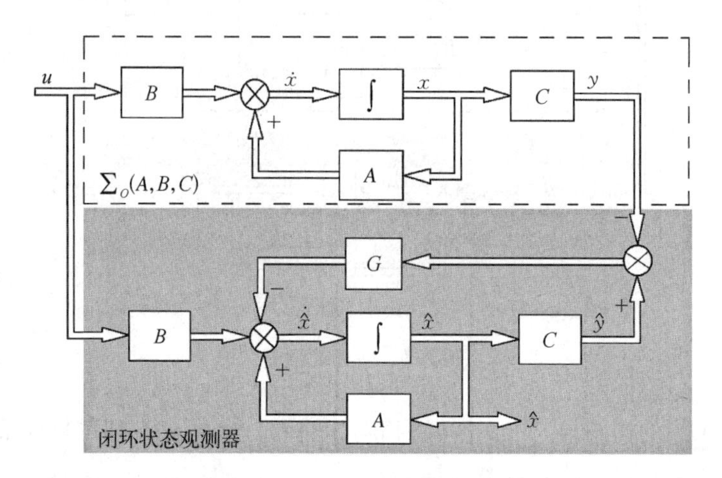

图 7.2　闭环(渐近)状态观测器

设初始时刻 $t_0=0$, 式(7.3.6)的解为

$$\Delta_x(t)=\mathrm{e}^{(A-GC)t}\Delta_x(0)=\mathrm{e}^{(A-GC)t}[\hat{x}(0)-x(0)] \tag{7.3.7}$$

式(7.3.6)和式(7.3.7)表明,若通过选择输出偏差反馈增益矩阵 G 使 $A-GC$ 的所有特征值均位于复平面的左半开平面,尽管初始时刻 $t_0=0$ 时, $x(0)$ 与 $\hat{x}(0)$ 存在差异,观测器的状态 $\hat{x}(t)$ 仍将以一定精度和速度渐渐逼近系统的实际状态 $x(t)$, 即满足式(7.3.1)所示的渐近等价指标,故闭环观测器也称为渐近观测器。显然,观测误差 $\Delta_x(t)$ 趋于零的收敛速率由观测器系统矩阵 $A-GC$ 的主特征值决定。

下面给出闭环观测器的极点,即 $A-GC$ 的特征值,可通过选择偏差反馈增益矩阵 G 而任意配置的条件。

定理 7.3.1　图 7.2 中的闭环状态观测器的极点可任意配置的充分条件是: 被控系统 $\sum_O(A, B, C)$ 可观测(系统可观测只是其观测器存在的充分条件,并非必要条件)。闭环状态观测器的极点可任意配置的充要条件是: 被控系统 $\sum_O(A, B, C)$ 不可观子系统渐近稳定。

全维闭环状态观测器的设计,就是确定合适的输出偏差反馈增益矩阵 G, 使 $A-GC$ 具有期望的特征值,使由式(7.3.6)描述的观测误差动态方程以足够快的响应速度渐近稳定。

状态完全可观测的单输入单输出系统闭环观测器的极点配置设计,可仿照状态完全可控的单输入系统用状态反馈进行闭环极点配置的设计方法进行。但如何选择状态观测器的极点是一个颇费周折的问题,因为很难给出一个系统性的方法。一般说来,希望观察器的误差衰减得快一些,即将观测器的极点选择在[S]平面上位于虚轴左边较远的地方。但是这样做有可能使得 G 的增益过大,从而将系统的观测噪声放大。一般认为,应选择观测器的极点位于［S］平面上比被观测系统的极点离虚轴左边略远一点的地方。

例 7.3.1　设被控系统 $\sum_{o}(A,\ B,\ C)$ 的状态空间表达式为 $\begin{cases}\dot{x}=\begin{bmatrix}1 & 3\\0 & -1\end{bmatrix}x+\begin{bmatrix}0\\1\end{bmatrix}u\\ y=[1\quad 1]\,x\end{cases}$，试设计全维状态观测器使其极点为-3、-3。

解：(1) $\mathrm{rank}(U_o)=\mathrm{rank}\begin{pmatrix}C\\CA\end{pmatrix}=\mathrm{rank}\begin{pmatrix}1 & 1\\1 & 2\end{pmatrix}=2=n$，因此系统状态完全可观，可建立状态观测器，且观测器的极点可任意配置。

(2) 确定闭环状态观测器系统矩阵的期望特征多项式。观测器系统矩阵 $A-GC$ 的期望特征值为 $\lambda_1^*=\lambda_2^*=-3$，对应的期望特征多项式为

$$p^*(s)=(s-\lambda_1^*)(s-\lambda_2^*)=(s+3)(s+3)=s^2+6s+9$$

则 $a_1^*=6$、$a_2^*=9$。

(3) 求所需的观测器偏差反馈增益矩阵 $G=[g_1\quad g_2]^{\mathrm{T}}$。与状态反馈闭环系统极点配置的情况类似，若系统是低阶的，将观测器偏差反馈增益矩阵 G 直接代入所期望的特征多项式往往较为简便。观测器系统矩阵 $A-GC$ 的特征多项式为

$$\begin{aligned}p_o(s)&=\det[sI-(A-GC)]=\det\left(\begin{bmatrix}s & 0\\0 & s\end{bmatrix}-\begin{bmatrix}1 & 3\\0 & -1\end{bmatrix}+\begin{bmatrix}g_1 & g_1\\g_2 & g_2\end{bmatrix}\right)\\&=\begin{vmatrix}s-1+g_1 & -3+g_1\\g_2 & s+1+g_2\end{vmatrix}\\&=s^2+(g_1+g_2)s+2g_2+g_1-1\end{aligned}$$

令 $p_o(s)=p^*(s)$，则

$$s^2+(g_1+g_2)s+2g_2+g_1-1=s^2+6s+9$$

比较等式两边的同次幂项系数，得如下联立方程：

$$\begin{cases}g_1+g_2=6\\g_1+2g_2-1=9\end{cases}$$

解得：$g_1=2,\ g_2=4$。

(4) 由式(7.3.5)，观测器的状态方程为

$$\dot{\hat{x}}=A\hat{x}+Bu-G(\hat{y}-y)=\begin{bmatrix}1 & 3\\0 & -1\end{bmatrix}\hat{x}+\begin{bmatrix}0\\1\end{bmatrix}u-\begin{bmatrix}2\\4\end{bmatrix}(\hat{y}-y)$$

或

$$\dot{\hat{x}}=(A-GC)\hat{x}+Bu+Gy=\begin{bmatrix}-1 & 1\\-4 & -5\end{bmatrix}\hat{x}+\begin{bmatrix}0\\1\end{bmatrix}u+\begin{bmatrix}2\\4\end{bmatrix}y$$

被控系统及上述两种形式的全维状态观测器的状态变量图如图 7.3 所示。

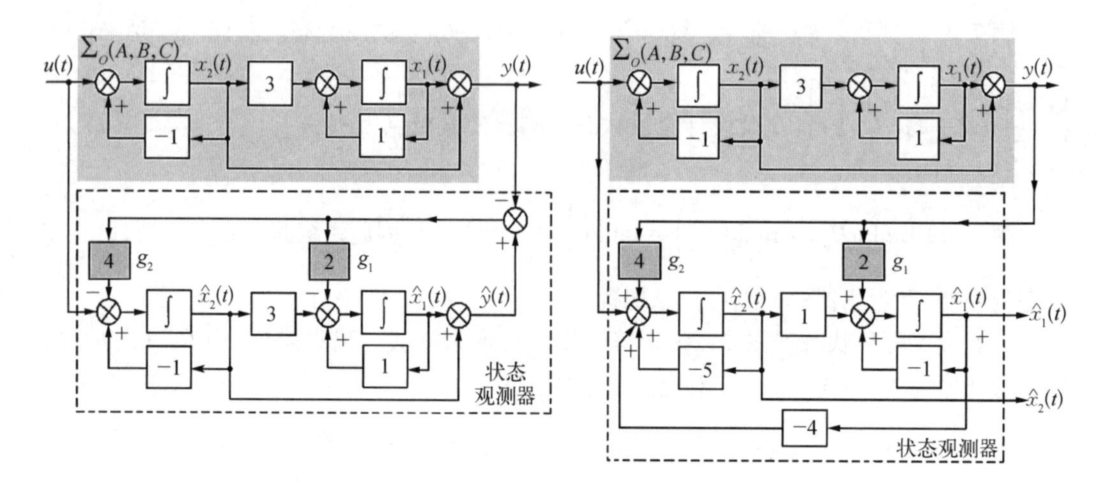

图 7.3　例 7.3.1 全维状态观测器结构图

7.3.2　降维状态观测器

若多变量系统可观且输出矩阵 C 的秩为 m，则系统的 m 个状态变量可用系统的 m 个输出变量直接代替或线性表达而不必重构，只需建立 $(n-m)$ 维降维观测器（常称为 Luenberger 观测器）对其余的 $(n-m)$ 个状态变量进行重构。

设可观测被控系统 $\sum_o(A,\ B,\ C)$ 的状态空间表达式为

$$\begin{cases}\dot{x} = Ax + Bu \\ y = Cx\end{cases} \tag{7.3.8}$$

式中，x、u、y 分别为 n 维、r 维和 m 维列向量；A、B、C 分别为 $n\times n$ 阶、$n\times r$ 阶、$m\times n$ 阶实数矩阵，并设输出矩阵 C 的秩为 m。

由式(7.3.8)可知，一般情况下，输出变量 y 是状态变量的线性组合，并不是用于状态反馈的状态变量。为此，将状态变量按照输出作坐标变换，使状态变量的后 m 个分量等于输出变量。取：

$$\bar{x} = \begin{bmatrix}\bar{x}_{\mathrm{I}} \\ \bar{x}_{\mathrm{II}}\end{bmatrix} = \begin{bmatrix}\bar{x}_{\mathrm{I}} \\ y\end{bmatrix} = \begin{bmatrix}T_{n-m}x \\ Cx\end{bmatrix} = \begin{bmatrix}T_{n-m} \\ C\end{bmatrix} x = Tx$$

即取坐标变换阵：

$$T = \begin{bmatrix}T_{n-m} \\ C\end{bmatrix} \tag{7.3.9}$$

式中，T_{n-m} 是使矩阵 T 非奇异而任意选择的 $(n-m)$ 个行向量，为 $(n-m)\times n$ 阶矩阵。T 的逆矩阵 T^{-1} 以分块矩阵的形式表示为

$$T^{-1}=[Q_{n-m}\quad Q_m] \tag{7.3.10}$$

式中，Q_{n-m} 为 $n\times(n-m)$ 阶矩阵；Q_m 为 $n\times m$ 阶矩阵。显然，有

$$TT^{-1}=\begin{bmatrix}T_{n-m}\\C\end{bmatrix}[Q_{n-m}\quad Q_m]=\begin{bmatrix}T_{n-m}Q_{n-m} & T_{n-m}Q_m\\CQ_{n-m} & CQ_m\end{bmatrix}=I_n=\begin{bmatrix}I_{n-m} & 0\\0 & I_m\end{bmatrix} \tag{7.3.11}$$

改写坐标变换的顺序，得

$$x=T^{-1}\bar{x} \tag{7.3.12}$$

则将 $\sum_o(A,\ B,\ C)$ 变换为按输出分解形式的 $\overline{\sum}_o(\bar{A},\ \bar{B},\ \bar{C})$，即

$$\begin{cases}\dot{\bar{x}}=TAT^{-1}\bar{x}+TBu=\bar{A}\bar{x}+\bar{B}u\\y=CT^{-1}\bar{x}=\bar{C}\bar{x}=C[Q_{n-m}\quad Q_m]\bar{x}=[0\quad I_m]\bar{x}\end{cases} \tag{7.3.13}$$

式中，0为 $m\times(n-m)$ 阶零矩阵；I_m 为 $m\times m$ 单位矩阵。由式(7.3.13)的输出方程可见，$\bar{x}$ 中的后 m 个状态分量可用系统的 m 个输出变量直接代替。故通过式(7.3.13)所示的线性变换，可将 n 维状态向量按可检测性分解为 $\bar{x}_{\mathrm{I}}$ 和 $\bar{x}_{\mathrm{II}}$ 两部分，其中 $\bar{x}_{\mathrm{I}}$ 为 $\bar{x}$ 中前$(n-m)$个状态分量，$\bar{x}_{\mathrm{I}}$ 需要重构；$\bar{x}_{\mathrm{II}}$ 为 $\bar{x}$ 中后 m 个状态分量，$\bar{x}_{\mathrm{II}}$ 可由输出 y 直接检测取得。按 $\bar{x}_{\mathrm{I}}$ 和 $\bar{x}_{\mathrm{II}}$ 分块，$\overline{\sum}_o(\bar{A},\ \bar{B},\ \bar{C})$ 的动态方程[式(7.3.13)]可重新写成式(7.3.14)所示的分块形式，即

$$\begin{cases}\begin{bmatrix}\dot{\bar{x}}_{\mathrm{I}}\\\dot{\bar{x}}_{\mathrm{II}}\end{bmatrix}=\begin{bmatrix}\bar{A}_{11} & \bar{A}_{12}\\\bar{A}_{21} & \bar{A}_{22}\end{bmatrix}\begin{bmatrix}\bar{x}_{\mathrm{I}}\\\bar{x}_{\mathrm{II}}\end{bmatrix}+\begin{bmatrix}\bar{B}_1\\\bar{B}_2\end{bmatrix}u\\y=[0\quad I_m]\begin{bmatrix}\bar{x}_{\mathrm{I}}\\\bar{x}_{\mathrm{II}}\end{bmatrix}=\bar{x}_{\mathrm{II}}\end{cases} \tag{7.3.14}$$

式中，$\bar{A}_{11}$、$\bar{A}_{12}$、$\bar{A}_{21}$、$\bar{A}_{22}$ 分别为 $(n-m)\times(n-m)$ 阶、$(n-m)\times m$ 阶、$m\times(n-m)$ 阶、$m\times m$ 阶矩阵；$\bar{B}_1$、$\bar{B}_2$ 分别为 $(n-m)\times r$ 阶、$m\times r$ 阶矩阵。

式(7.3.14)表明，$\overline{\sum}_o(\bar{A},\ \bar{B},\ \bar{C})$ 可按状态变量是否需要重构来分解为两个子系统，即不需要重构状态的 m 维子系统 $\overline{\sum}_{\mathrm{II}}$ 和需要重构状态的 $(n-m)$ 维子系统 $\overline{\sum}_{\mathrm{I}}$。将式(7.3.14)的状态方程展开，并根据 $y=\bar{x}_{\mathrm{II}}$，得

$$\begin{cases}\dot{\bar{x}}_{\mathrm{I}}=\bar{A}_{11}\bar{x}_{\mathrm{I}}+\bar{A}_{12}y+\bar{B}_1u\\\dot{y}=\bar{A}_{21}\bar{x}_{\mathrm{I}}+\bar{A}_{22}y+\bar{B}_2u\end{cases} \tag{7.3.15}$$

令

$$z=\dot{y}-\bar{A}_{22}y-\bar{B}_2u \tag{7.3.16}$$

将其代入式(7.3.15)，得待观测子系统 $\overline{\sum}_{\mathrm{I}}$ 的状态空间表达式为

$$\begin{cases}\dot{\bar{x}}_{\mathrm{I}}=\bar{A}_{11}\bar{x}_{\mathrm{I}}+\bar{A}_{12}y+\bar{B}_1u\\z=\bar{A}_{21}\bar{x}_{\mathrm{I}}\end{cases} \tag{7.3.17}$$

因为式(7.3.17)中 u 已知,y 可检测得出,所以 $\bar{A}_{12}y+\bar{B}_1u$ 可看作子系统 $\bar{\sum}_{\mathrm{I}}$ 中已知的输入项,而 $z=\dot{y}-\bar{A}_{22}y-\bar{B}_2u$ 则可看作子系统 $\bar{\sum}_{\mathrm{I}}$ 已知的输出向量,$\bar{A}_{11}$ 为 $\bar{\sum}_{\mathrm{I}}$ 的系统矩阵,而 $\bar{A}_{21}$ 则相当于 $\bar{\sum}_{\mathrm{I}}$ 的输出矩阵。由系统 $\sum_o(A,\ B,\ C)$ 可观,易证明子系统 $\bar{\sum}_{\mathrm{I}}$ 可观,即 $(\bar{A}_{11},\ \bar{A}_{21})$ 为可观测对,故可仿照全维观测器设计方法,对$(n-m)$维子系统 $\bar{\sum}_{\mathrm{I}}$ 设计$(n-m)$维观测器重构 $\bar{x}_{\mathrm{I}}$。参照全维观测器的状态方程[式(7.3.5)],对式(7.3.17)所示子系统 $\bar{\sum}_{\mathrm{I}}$ 列写关于状态估值 $\hat{\bar{x}}_{\mathrm{I}}$ 的状态方程且将子系统 $\bar{\sum}_{\mathrm{I}}$ 的输出 z 用式(7.3.16)代入,得

$$\dot{\hat{\bar{x}}}_{\mathrm{I}}=(\bar{A}_{11}-\bar{G}_1\bar{A}_{21})\hat{\bar{x}}_{\mathrm{I}}+\bar{G}_1(\dot{y}-\bar{A}_{22}y-\bar{B}_2u)+\bar{A}_{12}y+\bar{B}_1u \tag{7.3.18}$$

式中,反馈矩阵 $\bar{G}_1$ 为 $(n-m)\times m$ 阶矩阵。根据定理7.3.1,通过适当选择 $\bar{G}_1$ 可任意配置系统矩阵 $(\bar{A}_{11}-\bar{G}_1\bar{A}_{21})$ 的特征值。但式(7.3.18)中含有系统输出的导数 $\dot{y}$,会使输出量 y 中的高频噪声加强,可能影响观测器的正常工作。

为了消去式(7.3.18)中的 $\dot{y}$,将如下变换代入式(7.3.18)并整理:

$$w=\hat{\bar{x}}_{\mathrm{I}}-\bar{G}_1y \tag{7.3.19}$$

得降维观测器的方程为

$$\begin{cases}\dot{w}=(\bar{A}_{11}-\bar{G}_1\bar{A}_{21})(w+\bar{G}_1y)+(\bar{A}_{12}-\bar{G}_1\bar{A}_{22})y+(\bar{B}_1-\bar{G}_1\bar{B}_2)u\\ \quad=(\bar{A}_{11}-\bar{G}_1\bar{A}_{21})w+(\bar{B}_1-\bar{G}_1\bar{B}_2)u+[(\bar{A}_{11}-\bar{G}_1\bar{A}_{21})\bar{G}_1+\bar{A}_{12}-\bar{G}_1\bar{A}_{22}]y\\ \hat{\bar{x}}_{\mathrm{I}}=w+\bar{G}_1y\end{cases} \tag{7.3.20}$$

结合 $\bar{x}_{\mathrm{II}}=y$,整个状态向量 $\bar{x}$ 的估值可表示为

$$\hat{\bar{x}}=\begin{bmatrix}\hat{\bar{x}}_{\mathrm{I}}\\ \bar{x}_{\mathrm{II}}\end{bmatrix}=\begin{bmatrix}w+\bar{G}_1y\\ y\end{bmatrix} \tag{7.3.21}$$

由式(7.3.12),原系统 $\sum_o(A,\ B,\ C)$ 的状态向量 x 的估值 $\hat{x}$ 为

$$\hat{x}=T^{-1}\hat{\bar{x}}=[Q_{n-m}\quad Q_m]\begin{bmatrix}\hat{\bar{x}}_{\mathrm{I}}\\ \bar{x}_{\mathrm{II}}\end{bmatrix}=[Q_{n-m}\quad Q_m]\begin{bmatrix}w+\bar{G}_1y\\ y\end{bmatrix} \tag{7.3.22}$$

根据式(7.3.20)及式(7.3.22)可得降维观测器结构图如图7.4所示。

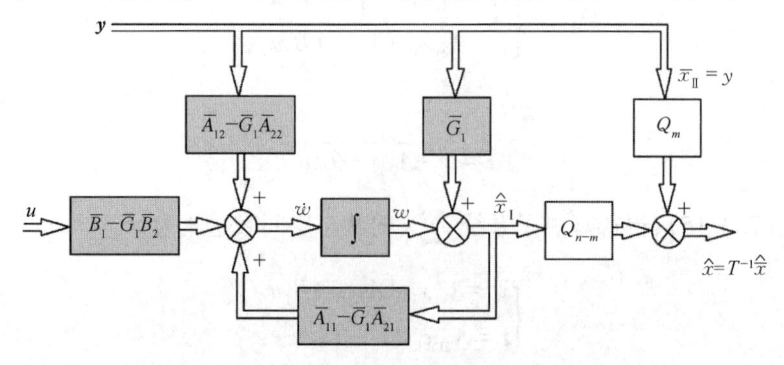

图7.4 降维观测器结构图(Luenberger 观测器)

例 7.3.2　设系统 $\sum_{o}(A,\ B,\ C)$ 的状态空间表达式为

$$\begin{cases}\dot{x}=\begin{bmatrix}4 & 0 & 4\\ -7 & 0 & -8\\ 1 & 1 & 1\end{bmatrix}x+\begin{bmatrix}1\\ 0\\ -1\end{bmatrix}u\\ y=[1\quad 0\quad 1]\ x\end{cases}$$

试设计极点为-4、-4 的降维状态观测器。

解：(1) $\operatorname{rank}\begin{pmatrix}C\\ CA\\ CA^2\end{pmatrix}=\operatorname{rank}\begin{pmatrix}1 & 0 & 1\\ 5 & 1 & 5\\ 18 & 5 & 17\end{pmatrix}=3=n$，故系统可观。又 $m=\operatorname{rank}(C)=1$，故可构造 $n-m=2$ 维降维观测器。

(2) 根据式(7.3.9)，构造 $n\times n$ 阶非奇异矩阵 T 为

$$T=\begin{bmatrix}T_{n-m}\\ C\end{bmatrix}=\begin{bmatrix}1 & 0 & 0\\ 0 & 1 & 0\\ 1 & 0 & 1\end{bmatrix}$$

则

$$T^{-1}=\begin{bmatrix}1 & 0 & 0\\ 0 & 1 & 0\\ -1 & 0 & 1\end{bmatrix}$$

作变换 $x=T^{-1}\bar{x}$，则将 $\sum_{o}(A,\ B,\ C)$ 变换为 $\bar{\sum}_{o}(\bar{A},\ \bar{B},\ \bar{C})$，即

$$\begin{cases}\dot{\bar{x}}=TAT^{-1}\bar{x}+TBu=\bar{A}\bar{x}+\bar{B}u=\begin{bmatrix}0 & 0 & 4\\ 1 & 0 & -8\\ 0 & 1 & 5\end{bmatrix}\bar{x}+\begin{bmatrix}1\\ 0\\ 0\end{bmatrix}u\\ y=CT^{-1}\bar{x}=\bar{C}\bar{x}=[0\quad 0\quad 1]\ \bar{x}\end{cases}$$

由于 $\bar{x}_{\mathrm{II}}=\bar{x}_3=y$，故只需设计二维观测器重构 $\bar{A}$、$\bar{B}$。将 $x_{\mathrm{I}}=\begin{bmatrix}\bar{x}_1\\ \bar{x}_2\end{bmatrix}$ 分块，得

$$\bar{A}_{11}=\begin{bmatrix}0 & 0\\ 1 & 0\end{bmatrix},\quad \bar{A}_{12}=\begin{bmatrix}4\\ -8\end{bmatrix},\quad \bar{A}_{21}=[0\quad 1],\quad \bar{A}_{22}=5,\quad \bar{B}_1=\begin{bmatrix}1\\ 0\end{bmatrix},\quad \bar{B}_2=0$$

(3) 求降维观测器的 $(n-m)\times m$ 反馈矩阵 $\bar{G}_1=\begin{bmatrix}\bar{g}_1\\ \bar{g}_2\end{bmatrix}$。降维观测器特征多项式：

$$f(\lambda)=\det[\lambda I-(\bar{A}_{11}-\bar{G}_1\bar{A}_{21})]=\det\begin{bmatrix}\lambda & \bar{g}_1\\ -1 & \lambda+\bar{g}_2\end{bmatrix}=\lambda^2+\bar{g}_2\lambda+\bar{g}_1$$

期望特征多项式：

$$f^*(\lambda)=(\lambda+4)(\lambda+4)=\lambda^2+8\lambda+16$$

比较$f(\lambda)$与$f^*(\lambda)$的各个相应项系数,联立方程并解之,得

$$\bar{G}_1=\begin{bmatrix}\bar{g}_1\\ \bar{g}_2\end{bmatrix}=\begin{bmatrix}16\\ 8\end{bmatrix}$$

(4) 变换后状态空间中的降维观测器状态方程为

$$\begin{cases}\dot{w}=(\bar{A}_{11}-\bar{G}_1\bar{A}_{21})w+(\bar{B}_1-\bar{G}_1\bar{B}_2)u+[(\bar{A}_{11}-\bar{G}_1\bar{A}_{21})\bar{G}_1+\bar{A}_{12}-\bar{G}_1\bar{A}_{22}]y\\ \quad=\begin{bmatrix}0 & -16\\ 1 & -8\end{bmatrix}\begin{bmatrix}w_1\\ w_2\end{bmatrix}+\begin{bmatrix}1\\ 0\end{bmatrix}u+\begin{bmatrix}-204\\ -96\end{bmatrix}y\\ \hat{\bar{x}}_{\mathrm{I}}=\begin{bmatrix}\hat{\bar{x}}_1\\ \hat{\bar{x}}_2\end{bmatrix}=w+\bar{G}_1y=\begin{bmatrix}w_1\\ w_2\end{bmatrix}+\begin{bmatrix}16\\ 8\end{bmatrix}y=\begin{bmatrix}w_1+16y\\ w_2+8y\end{bmatrix}\end{cases}$$

则$\overline{\sum}_o(\bar{A},\bar{B},\bar{C})$所对应的状态向量$\bar{x}$的估值为

$$\hat{\bar{x}}=\begin{bmatrix}\hat{\bar{x}}_{\mathrm{I}}\\ \bar{x}_3\end{bmatrix}=\begin{bmatrix}\hat{\bar{x}}_{\mathrm{I}}\\ y\end{bmatrix}=\begin{bmatrix}w_1+16y\\ w_2+8y\\ y\end{bmatrix}$$

(5) 将$\hat{\bar{x}}$变换到原系统状态空间,得到原系统$\sum_o(A,B,C)$的状态重构为

$$\hat{x}=T^{-1}\hat{\bar{x}}=\begin{bmatrix}1 & 0 & 0\\ 0 & 1 & 0\\ -1 & 0 & 1\end{bmatrix}\begin{bmatrix}w_1+16y\\ w_2+8y\\ y\end{bmatrix}=\begin{bmatrix}w_1+16y\\ w_2+8y\\ -w_1-15y\end{bmatrix}$$

由降维观测器状态方程可画出其结构图,如图7.5所示。

7.3.3 带状态观测器的状态反馈系统

对于带有全维状态观测器的状态反馈控制系统,由于系统方程为n维,而状态观测器也为n维,所以整个系统的维数为$2n$维,其结构如图7.6所示。

设可控且可观的被控系统$\sum_o(A,B,C)$的状态空间表达式为

$$\begin{cases}\dot{x}=Ax+Bu\\ y=Cx\end{cases}\tag{7.3.23}$$

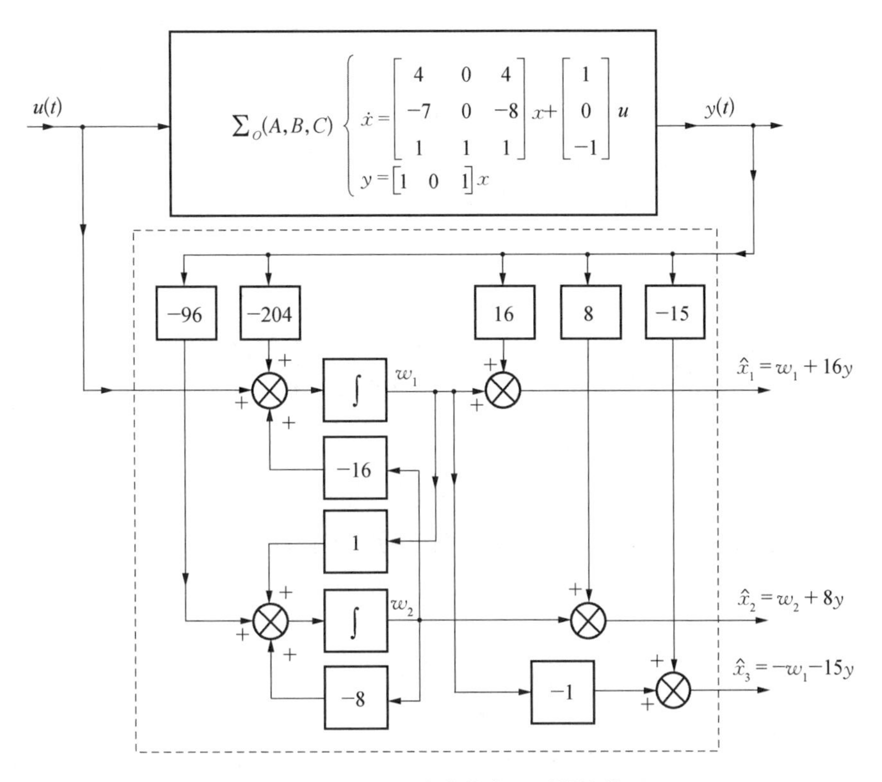

图 7.5　例 7.3.2 降维状态观测器结构图

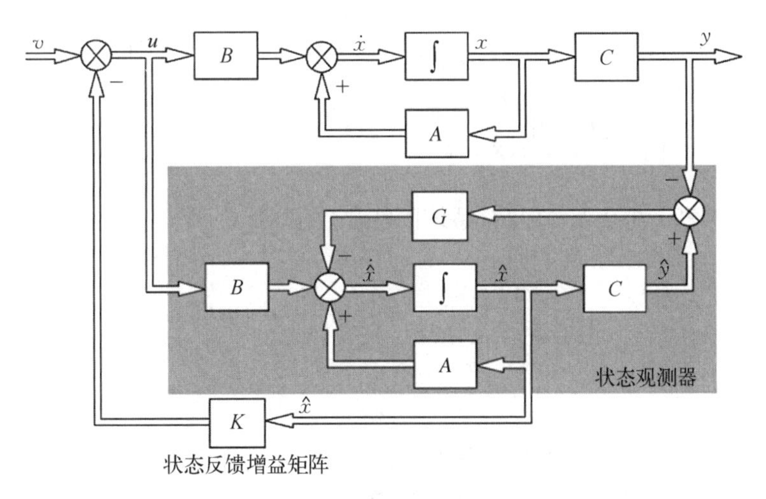

图 7.6　带有全维状态观测器的状态反馈系统

渐近状态观测器的状态方程为

$$\dot{\hat{x}} = (A - GC)\hat{x} + Gy + Bu \tag{7.3.24}$$

利用观测器的状态估值 $\hat{x}$ 所实现的状态反馈控制律为

$$u = v - K\hat{x} \tag{7.3.25}$$

将式(7.3.25)代入式(7.3.23)和式(7.3.24),得到整个闭环系统的状态空间表达式为

$$\begin{cases}\dot{x} = Ax - BK\hat{x} + Bv \\ \dot{\hat{x}} = (A - GC - BK)\hat{x} + GCx + Bv \\ y = Cx\end{cases} \tag{7.3.26}$$

将式(7.3.26)写成矩阵形式,即

$$\begin{cases}\begin{bmatrix}\dot{x} \\ \dot{\hat{x}}\end{bmatrix} = \begin{bmatrix}A & -BK \\ GC & A - GC - BK\end{bmatrix}\begin{bmatrix}x \\ \hat{x}\end{bmatrix} + \begin{bmatrix}B \\ B\end{bmatrix}v \\ y = \begin{bmatrix}C & 0\end{bmatrix}\begin{bmatrix}x \\ \hat{x}\end{bmatrix}\end{cases} \tag{7.3.27}$$

这是一个 $2n$ 维复合系统。为便于研究复合系统的基本特性,对式(7.3.27)进行线性非奇异变换:

$$\begin{bmatrix}x \\ \hat{x}\end{bmatrix} = \begin{bmatrix}I_n & 0 \\ I_n & -I_n\end{bmatrix}\begin{bmatrix}x \\ x - \hat{x}\end{bmatrix} \tag{7.3.28}$$

则

$$\begin{cases}\begin{bmatrix}\dot{x} \\ \dot{x} - \dot{\hat{x}}\end{bmatrix} = \begin{bmatrix}A - BK & BK \\ 0 & A - GC\end{bmatrix}\begin{bmatrix}x \\ x - \hat{x}\end{bmatrix} + \begin{bmatrix}B \\ 0\end{bmatrix}v \\ y = \begin{bmatrix}C & 0\end{bmatrix}\begin{bmatrix}x \\ x - \hat{x}\end{bmatrix}\end{cases} \tag{7.3.29}$$

根据式(7.3.29)可得 $2n$ 维复合系统的特征多项式:

$$\begin{vmatrix}sI_n - (A - BK) & -BK \\ 0 & sI_n - (A - GC)\end{vmatrix} = |sI_n - (A - BK)||sI_n - (A - GC)| \tag{7.3.30}$$

式(7.3.30)表明,由观测器构成状态反馈的 $2n$ 维复合系统,其特征多项式等于矩阵 $A-BK$ 的特征多项式 $|sI_n - (A - BK)|$ 与矩阵 $A-GC$ 的特征多项式 $|sI_n - (A - GC)|$ 的乘积。也就是说,$2n$ 维复合系统的 $2n$ 个特征值由相互独立的两部分特征值组成:一部分为直接状态反馈系统的系统矩阵 $A - BK$ 的 n 个特征值,另一部分为状态观测器的系统矩阵 $A - GC$ 的 n 个特征值。复合系统特征值的这种性质称为**分离定理**。

只要被控系统 $\sum_o(A, B, C)$ 可控可观,则用状态观测器估值形成状态反馈时,可对 $\sum_o(A, B, C)$ 的状态反馈控制器及状态观测器分别按各自的要求进行独立设计,即先

按闭环控制系统的动态要求确定 $A-BK$ 的特征值，从而设计出状态反馈增益矩阵 K；再按状态观测误差趋于零的收敛速率要求确定 $A-GC$ 的特征值，从而设计出输出偏差反馈增益矩阵 G；最后，将两部分独立设计的结果联合起来，合并为带状态观测器的状态反馈系统。复合系统的分离原理给控制系统的设计带来了极大方便。

为了使观测器对其自身输出与机械系统的差值作出迅速响应，通常选择观测器的响应速度比所考虑的状态反馈闭环系统快2~5倍。但观测器反馈增益也不能取得太大，否则会使状态估计值对系统的不相干噪声变得非常敏感，特别是机械系统输出处的“传感器”噪声。如果必须考虑机械系统输入、输出噪声，可考虑不同噪声源的统计特性，设计“理想”状态观察器，使得机械系统状态量和观测器的均方值之差最小，即卡尔曼滤波器（这部分内容将在第10章中详细介绍）。

例 7.3.3　被控系统 $\sum_{0}(A,\ B,\ C)$ 的状态空间表达式为 $\begin{cases}\dot{x}=\begin{bmatrix}1 & 3\\0 & -1\end{bmatrix}x+\begin{bmatrix}0\\1\end{bmatrix}u\\ y=\begin{bmatrix}1 & 1\end{bmatrix}x\end{cases}$，试设计极点为-3、-3的全维状态观测器，构成状态反馈系统，使闭环极点配置为 $-1+\mathrm{j}$ 和 $-1-\mathrm{j}$。

解：（1）因为：

$$\operatorname{rank}(U_c)=\operatorname{rank}([B\quad AB])=\operatorname{rank}\begin{pmatrix}0 & 3\\1 & -1\end{pmatrix}=2=n$$

$$\operatorname{rank}(U_o)=\operatorname{rank}\begin{pmatrix}C\\CA\end{pmatrix}=\operatorname{rank}\begin{pmatrix}1 & 1\\1 & 2\end{pmatrix}=2=n$$

此被控系统 $\sum_{0}(A,\ B,\ C)$ 可控可观，可分别独立设计状态反馈增益矩阵 K 和观测器偏差反馈增益矩阵 G。

（2）设计状态反馈增益阵 K。令 $K=[k_1\quad k_2]$，则 $(A-BK)$ 特征多项式为

$$p_K(s)=\det[sI-(A-BK)]=\begin{vmatrix}s-1 & -3\\k_1 & s+1+k_2\end{vmatrix}=s^2+k_2s-1-k_2+3k_1$$

与期望特征多项式 $p_F^*(s)=(s+1-\mathrm{j})(s+1+\mathrm{j})=s^2+2s+2$ 比较，得

$$K=[k_1\quad k_2]=\begin{bmatrix}\dfrac{5}{3} & 2\end{bmatrix}$$

（3）设计全维状态观测器偏差反馈增益矩阵 G。例7.3.1中已求出此被控系统无状态反馈时，使观测器极点配置为-3、-3所需的 $G=\begin{bmatrix}g_1\\g_2\end{bmatrix}=\begin{bmatrix}2\\4\end{bmatrix}$，即为本题所设计的观测器偏差反馈增益矩阵 G。

（4）获得带全维状态观测器的状态反馈系统结构图。将前两部分独立设计的结果相结合，得到带全维状态观测器的状态反馈系统结构图，如图7.7所示。

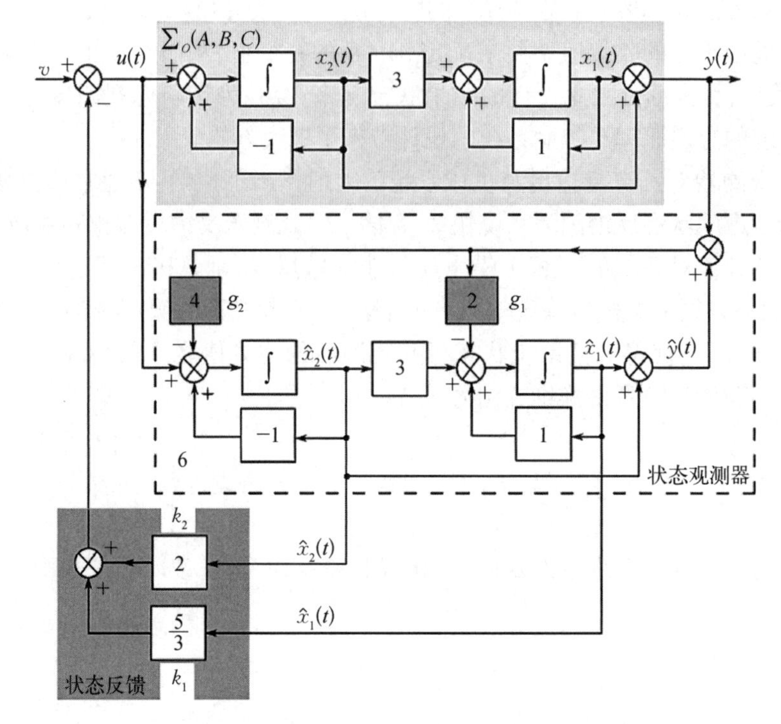

图 7.7 带全维状态观测器的状态反馈系统结构图

例 7.3.4 已知受控系统的状态方程为 $\begin{cases}\dot{x} = \begin{bmatrix}0 & 1\\0 & -6\end{bmatrix}x + \begin{bmatrix}0\\1\end{bmatrix}u\\ y = [1 \quad 0]\,x\end{cases}$，试设计降维状态观测器，以构成状态反馈系统（希望反馈系统的闭环极点为 $-6+6\mathrm{j}$ 和 $-6-6\mathrm{j}$，状态观测器的极点自取）。

解：（1）因为：

$$\operatorname{rank}(U_c) = \operatorname{rank}(B \quad AB) = \operatorname{rank}\begin{pmatrix}0 & 1\\1 & -6\end{pmatrix} = 2 = n$$

$$\operatorname{rank}(U_o) = \operatorname{rank}\begin{pmatrix}C\\CA\end{pmatrix} = \operatorname{rank}\begin{pmatrix}1 & 0\\1 & 1\end{pmatrix} = 2 = n$$

可知，原被控系统可控可观，可分别独立设计状态反馈增益矩阵 K 和观测器偏差反馈增益矩阵 G。

（2）根据闭环极点配置要求设计状态反馈增益阵 K。令 $K = [k_1 \quad k_2]$，则 $(A-BK)$ 的特征多项式为

$$p_F(s) = \det[sI - (A - BK)] = \begin{vmatrix} s & -1\\ k_1 & s+6+k_2\end{vmatrix} = s^2 + (6+k_2)s + k_1$$

与期望特征多项式 $p_F^*(s) = (s+6+6\mathrm{j})(s+6-6\mathrm{j}) = s^2 + 12s + 72$ 比较，得

$$K = [k_1 \quad k_2] = [72 \quad 6]$$

（3）设计降维观测器。取：

$$T = \begin{bmatrix} T_{n-m} \\ c \end{bmatrix} = \begin{bmatrix} 0 & 1 \\ 1 & 0 \end{bmatrix}$$

则

$$T^{-1} = [Q_{n-m} \quad Q_m] = \begin{bmatrix} 0 & 1 \\ 1 & 0 \end{bmatrix}$$

令 $x = T^{-1}\bar{x}$，则将 $\sum_o(A, B, C)$ 变换为按输出分解形式的 $\overline{\sum}_o(\bar{A}, \bar{B}, \bar{C})$，即

$$\begin{cases} \dot{\bar{x}} = TAT^{-1}\bar{x} + TBu = \begin{bmatrix} -6 & 0 \\ 1 & 0 \end{bmatrix}\bar{x} + \begin{bmatrix} 1 \\ 0 \end{bmatrix}u \\ y = CT^{-1}\bar{x} = \bar{C}\bar{x} = C[Q_{n-m} \quad Q_m]\bar{x} = [0 \quad 1]\bar{x} \end{cases}$$

$\overline{\sum}_o(\bar{A}, \bar{B}, \bar{C})$ 中，有 $\bar{x}_2 = y$，且输出量 y 可准确测量，故只需设计一维观测器重构 $\bar{x}_1$，对应的降维观测器状态方程为

$$\begin{cases} \dot{w} = (\bar{A}_{11} - \bar{G}_1\bar{A}_{21})w + (\bar{B}_1 - \bar{G}_1\bar{B}_2)u + [(\bar{A}_{11} - \bar{G}_1\bar{A}_{21})\bar{G}_1 + \bar{A}_{12} - \bar{G}_1\bar{A}_{22}]y \\ \hat{\bar{x}}_1 = w + \bar{G}_1 y \end{cases}$$

式中，$\bar{G}_1 = g_1$；$\bar{A}_{11} = -6$；$\bar{A}_{12} = 0$；$\bar{A}_{21} = 1$；$\bar{A}_{22} = 0$；$\bar{B}_1 = 1$；$\bar{B}_2 = 0$。

基于通常选择观测器的响应速度比所考虑的状态反馈闭环系统快 2~5 倍这一经验规则，本例取观测器期望极点为 $\lambda^* = 2.5 \times (-6) = -15$，则降维观测器特征多项式为

$$f(\lambda) = \det[\lambda I - (\bar{A}_{11} - \bar{G}_1\bar{A}_{21})] = \lambda - (-6 - g_1) = \lambda + 6 + g_1$$

与期望特征多项式 $f^*(\lambda) = \lambda + 15$ 比较，得 $\bar{G}_1 = g_1 = 9$。
则降维观测器状态方程为

$$\begin{cases} \dot{w} = -15w - 135y + u \\ \hat{\bar{x}}_1 = w + 9y \end{cases}$$

又因为 $\bar{x}_2 = y$，则 $\sum_o(A, B, C)$ 所对应状态向量 x 的估值为

$$\hat{\bar{x}} = \begin{bmatrix} \hat{\bar{x}}_1 \\ \bar{x}_2 \end{bmatrix} = \begin{bmatrix} w + 9y \\ y \end{bmatrix}$$

从而得

$$\hat{x} = T^{-1}\hat{\bar{x}} = \begin{bmatrix} y \\ w + 9y \end{bmatrix}$$

(4) 将两部分独立设计的结果联合起来,得到带降维观测器的状态反馈系统结构,如图 7.8 所示。

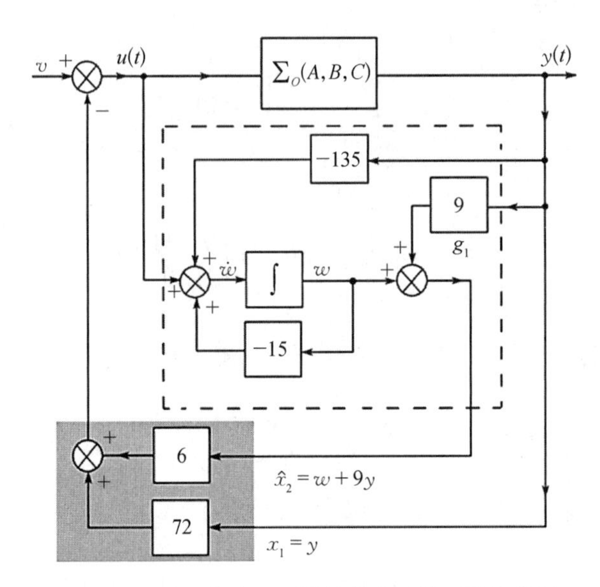

图 7.8　带降维状态观测器的状态反馈系统结构图

习　　题

7.1　判断下列系统能否用状态反馈任意地配置特征值:

(1) $\dot{x} = \begin{bmatrix} 1 & 2 \\ 3 & 1 \end{bmatrix} x + \begin{bmatrix} 1 \\ 0 \end{bmatrix} u$;

(2) $\dot{x} = \begin{bmatrix} 1 & 0 & 0 \\ 0 & -2 & 1 \\ 0 & 0 & -2 \end{bmatrix} x + \begin{bmatrix} 1 & 0 \\ 0 & 1 \\ 0 & 0 \end{bmatrix} u$。

7.2　已知系统为

$$\begin{cases} \dot{x}_1 = x_2 \\ \dot{x}_2 = x_3 \\ \dot{x}_3 = - x_1 - x_2 - x_3 + 3u \end{cases}$$

试确定线性状态反馈控制律,使闭环极点都是-3。

7.3　给定单输入线性定常系统为

$$\dot{x} = \begin{bmatrix} 0 & 0 & 0 \\ 1 & -6 & 0 \\ 0 & 1 & -12 \end{bmatrix} x + \begin{bmatrix} 1 \\ 0 \\ 0 \end{bmatrix} u$$

试求出状态反馈 $u = -kx$, 使得闭环系统的特征值为 $\lambda_1^* = -2$, $\lambda_2^* = -1 + \mathrm{j}$, $\lambda_3^* =$

$-1-\mathrm{j}$。

7.4　判别如下系统能否通过状态反馈实现系统镇定：

(1) $\dot{x}=\begin{bmatrix}-1 & 0 & 0\\ 0 & 0 & 1\\ 0 & 1 & 3\end{bmatrix}x+\begin{bmatrix}0\\0\\1\end{bmatrix}u$；

(2) $\dot{x}=\begin{bmatrix}1 & 0 & -1\\ 0 & -2 & 0\\ -1 & 0 & 2\end{bmatrix}x+\begin{bmatrix}0\\0\\1\end{bmatrix}u$。

7.5　系统的状态方程和输出方程为：$\dot{x}=\begin{bmatrix}0 & 1\\ 0 & 0\end{bmatrix}x+\begin{bmatrix}0\\1\end{bmatrix}u$；$y=[1\quad 0]\,x$。试设计一个状态观测器，使得该观测器增益矩阵的特征值为：$\mu_1=-2+2\sqrt{3}\mathrm{j}$，$\mu_2=-2-2\sqrt{3}\mathrm{j}$。

7.6　给定系统的状态空间表达式为

$$\dot{x}=\begin{bmatrix}-1 & -2 & -3\\ 0 & -1 & 1\\ 1 & 0 & -1\end{bmatrix}x+\begin{bmatrix}2\\0\\1\end{bmatrix}u$$

$$y=[1\quad 1\quad 0]\,x$$

(1) 设计一个具有特征值为 -3、-4、-5 的全维状态观测器；

(2) 设计一个具有特征值为 -3、-4 的降维状态观测器，绘制系统结构图；

(3) 设计一个带全维观测器的状态反馈系统，使期望闭环极点为 -1、-1、-2。

第8章 经典最优控制方法

本章首先通过典型示例给出最优控制问题的一般提法；然后分别介绍最优控制的三种经典方法：变分法、极小值原理及动态规划法，并对泛函、变分等相关知识作补充。

学习要点：

(1) 正确理解最优控制问题的一般提法；

(2) 掌握泛函、变分等相关知识；

(3) 掌握最优控制问题的三种经典方法：变分法、极小值原理及动态规划法，理解变分法的局限性。

最优控制理论起源于20世纪50年代，是现代控制理论的重要内容之一。最优控制法是一种基于受控系统精确数学模型的控制方法，其性能指标属于优化型指标，是在满足系统所受到的约束条件下，寻求使设定的系统性能指标达到最大或最小的最优控制策略。一般性能指标为泛函，最优控制就是求解一类带有约束条件的泛函条件极值问题。本章将首先通过示例对最优控制的提法进行介绍，并对泛函及变分等相关知识进行补充；然后对最优控制的主要求解方法，如变分法、极小值原理及动态规划法等进行讨论。

8.1 最优控制问题的提法

最优控制理论的关键在于最优，那么何为最优？根据前面关于可控性的定义，如果能在一定时间内将系统的某个初始状态顺利转移到状态空间的原点，其控制当然是最优的。然而，现实问题却往往无法做到如此理想化，因为控制过程受到各种制约因素的作用，可能无法精确达到理想状态或者达到理想状态的代价巨大，所以往往不得不考虑在某种意义上最优的问题，即考虑选择怎样的控制规律能够使得系统的性能及品质在某种意义上最优。通过设立某种性能指标(一种数学表达式，一般为泛函)，可以将系统的“性能及品质”和“某种意义”用数学表达式来反映，从而连同系统的状态方程一起，在数学上将最优控制问题提炼成性能指标最优问题,进而采用函数求极值的方法或泛函变分方法等建立最优控制理论。

那么怎样才能提出系统的“性能及品质”和“某种意义”呢?控制问题是多种多样的,控制的目标也是多种多样的,为了将其描述成数学表达式,就不得不进行提炼和归纳。通常情况下,评价一个控制系统优劣的基本指标有三个:**时间最短、效益最大、成本最小**。因此,最基本的最优控制问题可以提炼成这三类问题及其组合。此外,控制问题涉及系统的初始状态、末值状态(即控制结束时刻的状态)及控制规律等,它们都需要用数学表达式来反映。

本节将从以下两方面来考察最优控制问题在数学上的提法:首先从三个典型的最优控制示例入手,建立其在数学上的提法;然后以此为基础提炼出最优控制问题的一般提法。

8.1.1　最优控制问题的典型示例

例 8.1.1　有关二阶线性系统快速控制问题。设系统运动微分方程为: $\ddot{x} + 2\zeta_n\omega_n\dot{x} + \omega_n^2 = u$, 其中 u 为控制变量。设初始状态为: $x(0) = x_0$, $\dot{x}(0) = \dot{x}_0$; 末值状态为: $x(t_f) = x_{t_f}$, $\dot{x}(t_f) = \dot{x}_{t_f}$。试给出该最优控制问题的一般提法。

答: 本例的最优控制问题是,寻求一个控制规律 $u(t)$, 它能在最短的过渡过程时间 t_f 内,将系统由初始状态转移到确定的末值状态。

本例的特点是:系统确定(为线性定常系统),初始状态、末值状态确定,但过渡时间待定,系统在过渡时间内的轨迹也待定,要求过渡时间最短。可见,这是个快速控制问题,追求的性能指标是时间最短。所以,不妨将过渡时间列为性能指标,即 $J = t_f$, 最优控制追求的是 $J_{\min}$。

本例还可进一步拓展,例如,末值状态可能不是完全确定的,而是需要在一个有限范围内追求与初始状态的误差最小。此时末值状态也是待定的,可以将其与初始状态之间误差的某个评价指标作为性能指标。进一步,将本例的最优控制问题提为:系统确定、初始状态确定,但过渡时间和末值状态均待定,要求在最短过渡时间内使末值状态的性能指标最小,这时的最优控制性能指标就是复合型性能指标。

例 8.1.2　有关围网渔船的操纵问题。设有一艘正在进行围网捕鱼作业的渔船,渔船相对海流的速度 v 的大小是常数,作业区的海流速度 w 的大小和方向也一定。试求使渔船在给定时间 t_f 内所围面积最大时渔船方位角 θ 的最优变化规律。

答: 选择 w 的方向为 x 轴方向,建立坐标系,如图 8.1 所示。

假设在 t 时刻渔船位于 (x, y) 处,则渔船的运动方程为: $\begin{cases}\dot{x} = v\cos\theta + w \\ \dot{y} = v\sin\theta\end{cases}$。设初始条件与末值条件为: $\begin{cases}x(0) = x_0 = x(t_f) \\ y(0) = y_0 = y(t_f)\end{cases}$。本例的最优控制问题是:寻求最优控制规律 $\theta = \theta(t)$, 使得渔船所围出的面积 A 最大。

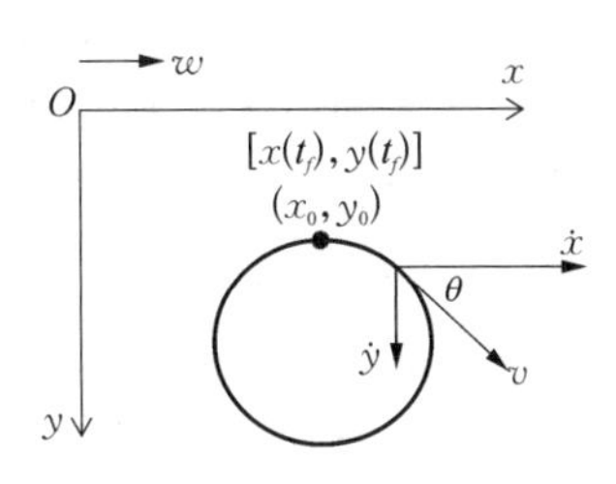

图 8.1　例 8.1.2 的坐标系示意图

不妨取该面积为性能指标,因为 $A=\oint y\mathrm{d}x=\int_0^{t_f} y\dot{x}\mathrm{d}t=\int_0^{t_f}(v\cos\theta+w)y\mathrm{d}t$,于是本例的性能指标就可以写成:$J=A=\int_0^{t_f}(v\cos\theta+w)y\mathrm{d}t$。显然,这是积分型性能指标,是个泛函,最优控制追求的是 $J_{\max}$。可见,本例是效益最大的控制问题。

例 8.1.3 有关飞船在月球表面软着陆的问题。考虑飞船在月球表面上实行软着陆,寻求发动机推力的最优变化规律,以使燃料消耗量最小。

答: 设在任意时刻 t 飞船的质量为 $m(t)$、高度为 $h(t)$、垂直速度为 $v(t)$、发动机推力为 $u(t)$,月球表面的重力加速度为常数 g。设不带燃料的飞船质量为 M、初始燃料总质量为 F、飞船的初始高度为 h_0、初始垂直速度为 v_0。注意到,飞船发动机的推力大小应与燃料的消耗成正比,而燃料消耗量可用飞船质量的变化率来表征,因此可假设飞船发动机推力与飞船质量变化率成正比,比例常数为 K。飞船动力学模型示意图如图 8.2 所示。

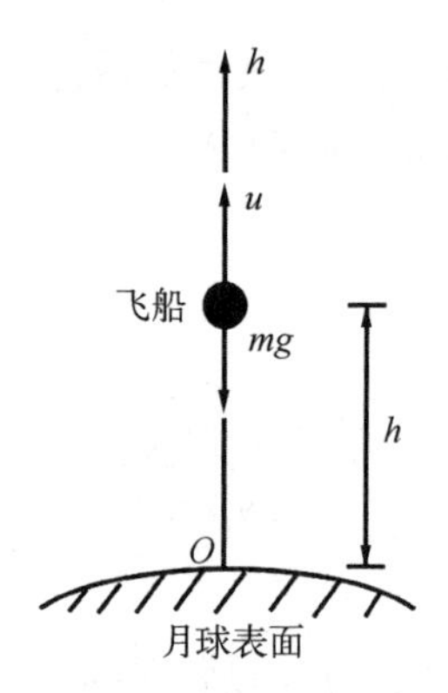

图 8.2 飞船动力学模型示意图

设飞船的运动微分方程为

$$\begin{cases}\dot{h}=v\\ \dot{v}=-g+\dfrac{u}{m}\\ \dot{m}=Ku\end{cases}$$

初始条件为

$$h(0)=h_0,\quad v(0)=v_0,\quad m(0)=M+F$$

末值条件为

$$h(t_f)=0,\quad v(t_f)=0$$

发动机推力应不超过最大推力 $u_{\max}$,因此发动机推力的约束条件为 $0\leqslant u\leqslant u_{\max}$。

本例虽然追求的是发动机燃料消耗量为最小,但题中却没有出现燃料变量,而是通过飞船质量的变化来表征发动机燃料的消耗,所以可知燃料消耗量最小对应飞船质量的末值 $m(t_f)$ 为最大。于是可以用飞船质量的末值作为本例的性能指标(可称为末值型性能指标),即 $J=m(t_f)$,最优控制追求的是 $J_{\max}$。

本例的最优控制问题是:寻求最优推力变化规律 $u=u(t)$,它满足约束条件,且能把系统由初始状态(即初始条件)转移到末值状态(即末值条件),同时使性能指标 J 为极大值,也就是发动机燃料消耗量极小。因此,虽然本例最优控制追求的是 $J_{\max}$,但实际上却是成本最小的控制问题。

从以上三个典型示例可以看出,最优控制问题可归结为求性能指标极小(大)值问题。对于极大值问题,可通过取其负值而转为极小值问题,所以又可以统一将问题归纳为求性能指标泛函的极小值问题。

8.1.2　最优控制问题的一般提法

通过以上三个典型示例,可以归纳出最优控制问题的一些关键要素,以及如何将其在数学上提炼成一般的泛函极值问题。

1. 最优控制问题涉及的关键要素

最优控制涉及的关键要素主要包括: 系统、时间域、控制变量、控制域、容许控制、末值状态、目标集及性能指标等,下面将对它们分别加以介绍。

(1) 系统: 系统可以是线性系统也可以是非线性系统,通过运动微分方程和初始条件来表征。由于一般工程系统的运动微分方程总可以转化为状态方程,控制系统的第一个要素是状态方程及其确定的初始条件。

(2) 时间域: 控制需经历从起始时刻 t_0 到终止时刻 t_f 的一段时间历程,所以控制的时间历程可用$[t_0, t_f]$表示,但$[t_0, t_f]$一般包含在更大的时间域$[T_1, T_2]$中。

(3) 控制变量、控制域及容许控制: 控制变量是控制系统的核心,是实现控制目标的主要手段。但控制变量不能任意取值,必须满足一定的约束条件。因此,如果控制变量的全体构成一个控制空间,那么满足约束条件的控制变量就构成了其中的一个封闭子集,一般称为控制域。通常,控制变量在控制域内部取值且为连续函数,但也不排除控制变量可能在控制域边界上取值,甚至可能是跳跃取值,所以控制变量可以是分段连续函数。一般,将在控制域内取值、在时间上分段连续且平方可积的函数称为容许控制。

(4) 末值状态和目标集: 末值状态就是控制终止时刻系统所处的状态,也是控制需要达到的目标。但系统的末值状态往往不是一个准确的状态,而只是状态空间中某个点集中的一点,这个点集往往是由一定的约束方程确定的,可称为目标集。

(5) 性能指标: 性能指标是衡量控制系统最优的一个指标,一般由末值型指标、积分型指标或其组合构成,常为泛函。性能指标在很大程度上决定了最优控制的形式及最优控制的性能。

2. 最优控制问题的一般性提法

综合最优控制的典型示例及基本要素,可以提炼出最优控制问题的一般性提法。

设非线性时变系统的状态方程为

$$\dot{x} = f(x, u, t) \tag{8.1.1}$$

初始状态为

$$x(t_0) = x_0 \tag{8.1.2}$$

式中, x 为 n 维状态向量; u 为 r 维控制向量; f 为 n 维向量函数。

其控制域为

$$U = \{u \mid \theta_i(u) \leqslant 0,\quad i = 1, 2, \cdots, p\} \tag{8.1.3}$$

目标集为

$$S = \{x(t_f) \mid g_i[x(t_f), t_f] = 0,\quad i = 1, 2, \cdots, k\} \tag{8.1.4}$$

要求在控制空间中寻求一个最优控制向量 $u(t)$，使以下性能指标沿最优轨线 $x(t)$ 取极小值：

$$J=\varphi[x(t_f),\ t_f]+\int_{t_0}^{t_f}L(x,\ u,\ t)\mathrm{d}t \tag{8.1.5}$$

即

$$J_{\min}=\varphi[x(t_f),\ t_f]+\int_{t_0}^{t_f}L(x,\ u,\ t)\mathrm{d}t$$

求解最优控制问题，就是寻求这样的容许控制 $u=u(t)$，它能够同时满足以下几点：满足对控制作用的约束条件，即 $u\in U$；在时间间隔 $[t_0,\ t_f]$ 内将系统由初始状态 x_0 转移到目标集 S；使性能指标 J 为极小值（如果原问题要求 J 极大，则只需引入 $J'=-J$ 即可）。满足这些要求的容许控制称为最优控制，通常用 $u^*(t)$ 表示，而与之对应的状态方程的解 $x(t)$ 称为最优轨线，通常用 $x^*(t)$ 表示。

为了更好地理解最优控制，现对前面的几个表达式加以说明。

（1）关于式（8.1.3）。通常，控制不能任意选取，会受到某些约束，如满足 p 个不等式 $\theta_j(u_1,\ u_2,\ \cdots,\ u_r)\leqslant 0\ (j=1,\ 2,\ \cdots,\ p)$。如果引入 r 维控制空间 R_r，则控制作用 $(u_1,\ u_2,\ \cdots,\ u_r)$ 的任何集合都对应于 R_r 空间中的一点。而上面的不等式将在控制空间 R_r 中分出一个闭点集，称为控制域，用 U 表示，式（8.1.3）就是 U 的数学表达式。对于在 U 内取值的控制，即 $u\in U$，且为时间的分段连续函数，这样的控制即容许控制。

（2）关于式（8.1.4）。在容许控制的作用下，经过一定的时间历程，系统在 t_f 时刻由初始状态 x_0 转到末值状态 x_{t_f}。在有些情况下，末值状态 x_{t_f} 是状态空间中确定的点，但在另一些情况下，末值状态可能是状态空间中某个点集 S 中的任一点。S 称为目标集，它由如下 k 个方程决定：$g_i[x(t_f),\ t_f]=0,\ i=1,\ 2,\ \cdots,\ k,\ k<n,\ t_f\in[T_1,\ T_2]$，式（8.1.4）就是集合 S 的数学表达式。显然，目标集 S 是 n 维状态空间中的 $(n-k)$ 维流形（可形象地理解为 n 维状态空间中的超曲面）。

（3）关于式（8.1.5）。“最优”是指在某种意义下的最优，这种“意义”就是控制系统的性能指标 J，式（8.1.5）就是 J 的数学表达式。一般来说，J 完全取决于问题本身的具体要求，并无普遍法则。但是从 J 的数学形式和物理意义上看，可以将其分为如下三类：① **末值型性能指标**，J 只包含式（8.1.5）中的第一项，即 $J_{\min}=\varphi[x(t_f),\ t_f]$，它表示在控制过程终止时系统的末值状态达到的某些要求，称为迈耶（Mayer）问题；② **积分型性能指标**，J 只包含式（8.1.5）中的第二项，即 $J_{\min}=\int_{t_0}^{t_f}L(x,\ u,\ t)\mathrm{d}t$，它表示在整个控制过程中要求系统的状态变量及控制变量达到某些要求，称为拉格朗日（Lagrange）问题；③ **复合型性能指标**，J 同时包含式（8.1.5）中的两项，即 $J_{\min}=\varphi[x(t_f),\ t_f]+\int_{t_0}^{t_f}L(x,\ u,\ t)\mathrm{d}t$，称为博尔札（Bolza）问题。这三个问题是古典变分学的三个基本问题。对于工程中的线性系统，其性能指标常采用如下的二次型性能指标，即 $J=\frac{1}{2}x_{t_f}^{\mathrm{T}}Sx_{t_f}+\frac{1}{2}\int_{t_0}^{t_f}[x^{\mathrm{T}}Q(t)x+$

$u^{\mathrm{T}}R(t)u]\mathrm{d}t$。其中,$S$ 和 $Q(t)$ 是状态向量的某个加权矩阵,$R(t)$ 是控制力的某个加权矩阵,而 $x_{t_f}=x(t_f)$ 是系统的末值状态向量。

前面的分析表明:最优控制问题本质上是一个泛函的条件极值问题。其中,系统的状态方程[式(8.1.1)]和初始条件[式(8.1.2)]都可以理解为约束,容许控制 $u\in U$ 也可看作一种约束,甚至目标集也是一种约束,而性能指标 J 则是待求极值的泛函。因此,最优控制问题的提法也可以表述为:设法在控制域 U 中寻找一个最优控制 $u^*(t)$,在系统状态方程、初始条件、目标集等约束条件下,使得性能指标 J 最小。

求泛函极值问题的经典方法主要包括:变分法、极小值原理及动态规划法等,它们也是最优控制问题的基本解法,下面将分别对这几种方法进行介绍。

8.2 求解最优控制问题的变分法

8.1 节说明最优控制实际上就是求解一类带有约束条件的泛函条件极值问题,现介绍求泛函极值问题的变分法。为便于理解,在介绍变分法之前,首先对泛函及变分的相关知识进行补充。

8.2.1 泛函与变分

现对泛函与变分的定义、性质及泛函极值等问题进行介绍。

1. 泛函的定义及其性质

定义:对于某个函数集合 $\{x(t)\}$ 中的每一个函数 $x(t)$,如果变量 J 都有一个值与之对应,则称变量 J 为依赖于函数 $x(t)$ 的泛函,记作 $J[x(t)]$。

可见,泛函为标量,可以理解为"函数的函数"。例如:$J[x]=\int_0^3 x(t)\mathrm{d}t$,其中 $x(t)$ 为在 $[0,3]$ 上连续可积的函数,当 $x(t)=t$ 时,有 $J=4.5$;当 $x(t)=\mathrm{e}^t$ 时,有 $J=\mathrm{e}^3-1$。

泛函 $J[x(t)]$ 满足以下条件时称为线性泛函:① $J[cx(t)]=cJ[x(t)]$,其中 c 为任意常数;② $J[x_1(t)+x_2(t)]=J[x_1(t)]+J[x_2(t)]$。对于一个任意小正数 ε,如果总可以找到 δ,当 $|x(t)-x_0(t)|<\delta$ 时,有 $|J[x(t)]-J[x_0(t)]|<\varepsilon$,就称泛函 $J[x(t)]$ 在 $x(t)=x_0(t)$ 处是连续的。

2. 泛函的变分

泛函宗量 $x(t)$ 的变分是指两个函数间的差值,即 $\delta x=x(t)-x_0(t)$,$\forall x(t)$,$x_0(t)\in\mathrm{R}^n$。

泛函变分的定义:设 $J[x]$ 是线性赋范空间 R^n 上的连续泛函,其增量可表示为

$$\Delta J[x]=J[x+\delta x]-J[x]=L[x,\delta x]+r[x,\delta x]$$

式中,$L[x,\delta x]$ 是关于 δx 的线性连续泛函;$r[x,\delta x]$ 是关于 δx 的高阶无穷小。则 $\delta J=L[x,\delta x]$ 称为泛函 $J[x]$ 的变分,即泛函变分为 $\delta J=\dfrac{\partial}{\partial\alpha}J[x(t)+\alpha\delta x]\Big|_{\alpha=0}$。

一般,泛函变分具有以下规则:

(1) $\delta(L_1+L_2)=\delta L_1+\delta L_2$;

(2) $\delta(L_1L_2)=L_1\delta L_2+L_2\delta L_1$;

(3) $\delta\int_a^b L[x,\dot{x},t]\mathrm{d}t=\int_a^b \delta L[x,\dot{x},t]\mathrm{d}t$;

(4) $\delta\dfrac{\mathrm{d}x}{\mathrm{d}t}=\dfrac{\mathrm{d}}{\mathrm{d}t}\delta x$。

3. 泛函的极值

设 $J[x]$ 是在线性赋范空间 R^n 上某个子集 D 中的线性连续泛函,$x_0\in D$,若在 x_0 的某邻域内 $U(x_0,\sigma)=\{x\mid \|x-x_0\|<\sigma,\ x\in\mathrm{R}^n\}$,$x\in U(x_0,\sigma)\subset D$ 时,均有

$$\Delta J[x]=J[x]-J[x_0]\leqslant 0\ \text{或}\ \Delta J[x]=J[x]-J[x_0]\geqslant 0$$

则称 $J[x]$ 在 $x=x_0$ 处达到极大值或极小值。

定理 8.2.1 设 $J[x]$ 是在线性赋范空间 R^n 上某个开子集 D 中定义的可微泛函,且在 x_0 处达到极值,则泛函 $J[x]$ 在 $x=x_0$ 处必有 $\delta J[x_0,\delta x]=0$。

定理 8.2.2 设有泛函极值问题 $\min\limits_{x(t)}J[x]=\int_{t_0}^{t_f}L(x,\dot{x},t)\mathrm{d}t$,其中 $L(x,\dot{x},t)$ 和 $x(t)$ 在 $[t_0,t_f]$ 上连续可微,t_0 和 t_f 给定,已知 $x(t_0)=x_0$、$x(t_f)=x_f$、$x(t)\in\mathrm{R}^n$,则极值轨线 $x^*(t)$ 满足如下的欧拉方程及横截条件。

欧拉方程:

$$\frac{\partial L}{\partial x}-\frac{\mathrm{d}}{\mathrm{d}t}\frac{\partial L}{\partial \dot{x}}=0 \tag{8.2.1}$$

横截条件:

$$\left(\frac{\partial L}{\partial \dot{x}}\right)^{\mathrm{T}}\Bigg|_{t_f}\delta x(t_f)-\left(\frac{\partial L}{\partial \dot{x}}\right)^{\mathrm{T}}\Bigg|_{t_0}\delta x(t_0)=0 \tag{8.2.2}$$

欧拉方程是二阶微分方程,求解时有两个积分常数待定,可由横截条件确定(注:满足欧拉方程是必要条件,不是充分条件)。

8.2.2 最优控制的变分法

求泛函极值问题的经典方法是变分法,但是运用变分法的前提条件是泛函及其中涉及的函数都应该是光滑连续的且可在整个空间中取值,而在最优控制问题的提法中,控制变量 u 是被限制在控制域中且被允许是分段连续的。因此,分析时需要暂时放松限制,认为容许控制是可以在整个控制空间中取值,并假定其为时间 t 的连续函数。此外,假定在最优控制问题提法中所涉及的泛函和函数等都是连续的,且具有连续的一阶偏导数。

为了顺利运用变分法来解决最优控制问题,还需要进一步考虑上述最优控制问题提法中,哪些量是确定的,哪些量是可以自由变化,从而可以变分的?回顾最优控制问题的提法可见,系统状态方程的形式[即式(8.1.1)中的函数 $f(x,u,t)$]及系统参数、系统的初始状态等都可认为是给定的;而末值状态可以是给定的或被限制在目标集中,也可以是

自由的；系统最优控制所经历的时间历程 $[t_0, t_f]$ 也可以是给定的或自由的。据此，可根据系统的末值状态情况、时间历程情况（通常用末值时刻 t_f 表征）等将最优控制问题分为以下几种情形：① 末端自由情形，即假设时间历程 $[t_0, t_f]$ 是固定不变的，而系统的末值状态 x_{t_f} 可以是自由的；② 末端受约束情形，即仍假设时间历程 $[t_0, t_f]$ 是固定不变的，但系统的末值状态 x_{t_f} 或为固定或为受约束（即不是自由的）；③ t_f 自由情形，即允许时间历程 $[t_0, t_f]$ 变化（用 t_f 变化表征），而末值状态 x_{t_f} 是自由的；④ 其他情形，即时间历程 $[t_0, t_f]$、末值状态 x_{t_f} 及性能指标形式等的其他组合。其中，以第一种情形应用最为广泛。因此，本节将主要以第一种情形为例，介绍变分法的基本原理及主要算法，第二种和第三种情形以类推的方法给出相应的结果。

1. 第一种情形：末值时刻固定、末值状态自由情况下的最优控制

设非线性时变系统状态方程 $\dot{x}=f(x, u, t)$、初始状态 $x(t_0)=x_0$。要求在控制空间中寻求一个最优控制向量 $u(t)$，使性能指标 $J=\varphi[x(t_f), t_f]+\int_{t_0}^{t_f}L(x, u, t)\mathrm{d}t$ 沿最优轨线 $x^*(t)$ 取极小值。它表示：最优控制系统 $\dot{x}=f(x, u, t)$ 原处于平衡状态，当外扰动使其偏离该状态到达 $x(t_0)=x_0$ 时，应施加怎样的控制 $u(t)$，才能使系统从 $t_0\to t_f$，达到希望的状态 $x(t_f)$，并满足目标 J 取最小。其中，J 的前一项为对稳态提出的要求，如稳态误差；后一项为对过渡过程提出的要求，如瞬态误差、能量消耗等。

由于最优控制问题本质上是泛函的条件极值问题，可采用拉格朗日乘子法，将其演变为泛函的无条件极值问题。为此，首先将系统的状态方程改写为如下形式：

$$f(x, u, t)-\dot{x}=0 \tag{8.2.3}$$

引入拉氏乘子，它是有 n 个元素的待定列向量函数，即

$$\boldsymbol{\lambda}(t)=\{\lambda_1(t), \lambda_2(t), \cdots, \lambda_n(t)\}^{\mathrm{T}} \tag{8.2.4}$$

将性能指标[式(8.1.5)]改写为其等价形式：

$$J=\varphi[x(t_f), t_f]+\int_{t_0}^{t_f}\{L(x, u, t)+\boldsymbol{\lambda}^{\mathrm{T}}(t)[f(x, u, t)-\dot{x}]\}\mathrm{d}t \tag{8.2.5}$$

定义哈密顿函数：

$$H(x, u, \boldsymbol{\lambda}, t)=L(x, u, t)+\boldsymbol{\lambda}^{\mathrm{T}}(t)f(x, u, t) \tag{8.2.6}$$

将其代入式(8.2.5)，可将 J 写为

$$J=\varphi[x(t_f), t_f]+\int_{t_0}^{t_f}H(x, u, \boldsymbol{\lambda}, t)\mathrm{d}t-\int_{t_0}^{t_f}\boldsymbol{\lambda}^{\mathrm{T}}(t)\dot{x}\mathrm{d}t \tag{8.2.7}$$

对式(8.2.7)中等号右边的第三项运用分部积分，得

$$J=\varphi[x(t_f), t_f]+\int_{t_0}^{t_f}H(x, u, \boldsymbol{\lambda}, t)\mathrm{d}t-\boldsymbol{\lambda}^{\mathrm{T}}(t)x\Big|_{t_0}^{t_f}+\int_{t_0}^{t_f}\dot{\boldsymbol{\lambda}}^{\mathrm{T}}(t)x\mathrm{d}t \tag{8.2.8}$$

当泛函 J 取极值时，其一阶变分等于零，即

$$\delta J = 0 \tag{8.2.9}$$

为此，需要对式(8.2.8)等号右端各项取变分。但应注意到，泛函式(8.2.8)中引起变分的因果关系应理解为：由 δu 引起 δx 和 δx_{t_f} 扰动，从而引起 δJ 扰动，其物理意义是，当最优控制 u 产生扰动 δu 时，它将使得最优轨线 x（包括末值状态 x_{t_f}）也产生扰动 δx 和 δx_{t_f}，从而使得泛函 J 也产生扰动 δJ。但是，t_f、x_0、λ 等均为确定值，因而不产生扰动，即不产生变分。因此，可以变分的量为 $u(t) \to u(t) + \delta u$, $x(t) \to x(t) + \delta x$, $x(t_f) \to x(t_f) + \delta x(t_f)$；不可以变分的量为 t_0、t_f、$x(t_0)$、$\lambda(t)$。

根据变分法则可求出 J 的一阶变分，并令其为零，则

$$\delta J = \left[\frac{\partial \varphi}{\partial x(t_f)}\right]^{\mathrm{T}} \delta x(t_f) - \lambda^{\mathrm{T}}(t_f)\delta x(t_f) + \int_{t_0}^{t_f}\left\{\left[\frac{\partial H}{\partial x}\right]^{\mathrm{T}} \delta x + \left[\frac{\partial H}{\partial u}\right]^{\mathrm{T}} \delta u + \dot{\lambda}^{\mathrm{T}}\delta x\right\} \mathrm{d}t = 0 \tag{8.2.10}$$

通过合并同类项，可将式(8.2.10)改写成：

$$\delta J = \left[\frac{\partial \varphi}{\partial x(t_f)} - \lambda(t_f)\right]^{\mathrm{T}} \delta x(t_f) + \int_{t_0}^{t_f}\left\{\left[\frac{\partial H}{\partial x} + \dot{\lambda}\right]^{\mathrm{T}} \delta x + \left[\frac{\partial H}{\partial u}\right]^{\mathrm{T}} \delta u\right\} \mathrm{d}t = 0 \tag{8.2.11}$$

在式(8.2.11)中有一个待定的函数，就是拉格朗日乘子 $\lambda(t)$。目前为止，并未对 λ 加以任何限制，但根据拉格朗日乘子法的基本思想，可以按照使得泛函取驻值的要求来确定 λ。现在不妨选择 λ，使之满足下列微分方程：

$$\dot{\lambda} = -\frac{\partial H}{\partial x} \tag{8.2.12}$$

及端点条件：

$$\lambda(t_f) = \frac{\partial \varphi}{\partial x(t_f)} \tag{8.2.13}$$

这样，就可以完全确定 λ。而且，这使得式(8.2.11)中的前两项为零，从而将原 $\delta J = 0$ 的方程变为

$$\delta J = \int_{t_0}^{t_f}\left[\frac{\partial H}{\partial u}\right]^{\mathrm{T}} \delta u \mathrm{d}t = 0 \tag{8.2.14}$$

根据变分法基本原理，由于 δu 的任意性，式(8.2.14)成立等价于

$$\frac{\partial H}{\partial u} = 0 \tag{8.2.15}$$

式(8.2.15)连同式(8.2.12)和式(8.2.13)一起，就构成了使性能指标泛函取极小值的必要条件。

概括来说，第一种情况下求解最优控制问题包括以下3类方程及2个端点条件：

$$\dot{x} = f(x, u, t) \tag{8.2.16}$$

$$\dot{\lambda} = -\frac{\partial H}{\partial x} = -\frac{\partial L}{\partial x} - \left(\frac{\partial f}{\partial x}\right)^{\mathrm{T}} \lambda \tag{8.2.17}$$

$$\frac{\partial H}{\partial u} = \frac{\partial L}{\partial u} + \left(\frac{\partial f}{\partial u}\right)^{\mathrm{T}} \lambda = 0 \tag{8.2.18}$$

$$x(t_0) = x_0 \tag{8.2.19}$$

$$\lambda(t_f) = \frac{\partial \varphi}{\partial x(t_f)} \tag{8.2.20}$$

其中,前两类方程是 $2n$ 个关于时间 t 的微分方程,连同 $2n$ 个端点条件,可求出 $2n$ 个未知函数的定解;第三类方程是 r 个代数方程,可求出 r 个未知函数的解。联立起来,本问题的 $(2n+r)$ 个未知量 x、λ 和 u 均可解出,最优控制 $u^*(t)$ 和最优轨线 $x^*(t)$ 也可随之确定,所以问题是封闭的。由此看出,本问题的求解思路是将原来的最优控制求解问题转化为求解微分方程的两点边值问题。事实上,方程(8.2.17)和方程(8.2.18)也可以由变分法中的欧拉方程得出。限于篇幅,这里将不再展开。

下面对上述结果加以讨论。

(1) 根据式(8.2.6)可知:

$$\frac{\partial H}{\partial \lambda} = f(x, u, t) \tag{8.2.21}$$

将其代入式(8.2.16),连同式(8.2.17),可得如下对偶的方程组:

$$\dot{x} = \frac{\partial H}{\partial \lambda}, \quad x(t_0) = x_0 \tag{8.2.22}$$

$$\dot{\lambda} = -\frac{\partial H}{\partial x}, \quad \lambda(t_f) = \frac{\partial \varphi}{\partial x(t_f)} \tag{8.2.23}$$

这组方程称为哈密顿正则方程,函数 H 称为哈密顿函数;λ 称为伴随变量,方程 $\dot{\lambda} = -\frac{\partial H}{\partial x}$ 称为伴随方程,端点条件 $\lambda(t_f) = \frac{\partial \varphi}{\partial x(t_f)}$ 称为横截条件。

而控制方程:

$$\frac{\partial H}{\partial u} = 0 \tag{8.2.24}$$

式(8.2.24)表明,性能指标泛函 J 取极值意味着哈密顿函数 H 对最优控制 u 具有极值或稳定值,因而式(8.2.24)又称为极值条件。

有些文献中,也将式(8.2.22)~式(8.2.24)称为哈密顿-庞特里亚金(Hamilton-Pontryagin)方程,简称 H-P 方程,它们是求解最优控制问题变分法的基本方程。

(2) 为考查哈密顿函数沿最优轨线 $x^*(t)$ 随时间的变化规律,现求 H 对时间 t 的全导数，也就是将式(8.2.6)对时间求导：

$$\frac{\mathrm{d}H}{\mathrm{d}t}=\left(\frac{\partial H}{\partial x}\right)^{\mathrm{T}}\dot{x}+\left(\frac{\partial H}{\partial u}\right)^{\mathrm{T}}\dot{u}+\left(\frac{\partial H}{\partial \boldsymbol{\lambda}}\right)^{\mathrm{T}}\dot{\boldsymbol{\lambda}}+\frac{\partial H}{\partial t} \tag{8.2.25}$$

借助方程(8.2.22)和方程(8.2.23)，可证明式(8.2.26)成立：

$$\left(\frac{\partial H}{\partial x}\right)^{\mathrm{T}}\dot{x}+\left(\frac{\partial H}{\partial \boldsymbol{\lambda}}\right)^{\mathrm{T}}\dot{\boldsymbol{\lambda}}=\left(\frac{\partial H}{\partial x}\right)^{\mathrm{T}}\left(\frac{\partial H}{\partial \boldsymbol{\lambda}}\right)-\left(\frac{\partial H}{\partial \boldsymbol{\lambda}}\right)^{\mathrm{T}}\left(\frac{\partial H}{\partial x}\right)=0 \tag{8.2.26}$$

再考虑方程(8.2.24)，可以将式(8.2.25)化简为如下等式：

$$\frac{\mathrm{d}H}{\mathrm{d}t}=\frac{\partial H}{\partial t} \tag{8.2.27}$$

或写成全微分形式：

$$\mathrm{d}H=\frac{\partial H}{\partial t}\mathrm{d}t \tag{8.2.28}$$

这表明，哈密顿函数 H 沿最优轨线对时间的全导数等于其对时间的偏导数。由此，将最优解 $x^*(t)$、$u^*(t)$ 和 $\boldsymbol{\lambda}^*(t)$ 代入式(8.2.28)，并将其在 $[t_0, t_f]$ 区间内对时间 t 积分，可以求出函数 H 沿最优轨线随时间的变化规律：

$$H^*(t)=H[x^*(t),\ u^*(t),\ \boldsymbol{\lambda}^*(t),\ t]=H^*(t_f)-\int_t^{t_f}\frac{\partial}{\partial \tau}H^*(\tau)\mathrm{d}\tau \tag{8.2.29}$$

如果 H 中不显含时间 t，则 $\partial H/\partial t=0$，于是可得

$$H^*(t)=H^*(t_f)=\text{常数} \tag{8.2.30}$$

即此时函数 H 沿最优轨线保持为常数。

综上所述，可以将第一种情形所需满足的必要条件作如下归纳：设 $u(t)$ 为容许控制，$x(t)$ 为系统(8.1.1)对应该容许控制的响应轨线。为使 $u(t)$ 成为最优控制 $u^*(t)$，$x(t)$ 成为最优轨线 $x^*(t)$，需存在一向量函数 $\boldsymbol{\lambda}^*(t)$，使得 $x^*(t)$ 和 $\boldsymbol{\lambda}^*(t)$ 成为正则方程 $\begin{cases}\dot{x}^*(t)=\left(\dfrac{\partial H}{\partial \boldsymbol{\lambda}}\right)^*\\ \dot{\boldsymbol{\lambda}}^*(t)=-\left(\dfrac{\partial H}{\partial x}\right)^*\end{cases}$ 满足端点条件 $\begin{cases}x^*(t_0)=x_0\\ \boldsymbol{\lambda}^*(t_f)=\left[\dfrac{\partial \varphi}{\partial x(t_f)}\right]^*\end{cases}$ 的解，其中 $H(x,\ u,\ \lambda,\ t)=L(x,\ u,\ t)+\boldsymbol{\lambda}(t)^{\mathrm{T}}f(x,\ u,\ t)$。同时，函数 H 对最优控制而言有稳定值，即 $\left(\dfrac{\partial H}{\partial u}\right)^*=0$，且其沿最优轨线随时间变化的规律可以表达为 $H^*(t)=H^*(t_f)-\int_t^{t_f}\left(\dfrac{\partial H}{\partial \tau}\right)^*\mathrm{d}\tau$。若 H 中不显时间 t，则 H 为常数(在上面各式中，“ * ”代表与最优控制对应的量)。

需要注意的是，理论上讲，由上述必要条件求出的解 $u^*(t)$、$x^*(t)$、$\boldsymbol{\lambda}^*(t)$ 只能保证

性能指标泛函 J 取驻值,而泛函 J 取极值的充分条件应由其二阶变分 $\delta^2 J$ 给出。对于泛函 J 极小化的问题,应有: $\delta^2 J > 0$(使解最优的充分条件)。不过在实际工程问题中,如果由上述必要条件能够求出唯一解,则它必能够确定最优控制(除非原问题的最优控制不存在),此时往往仅应用必要条件就可以了。此外,在上面推导时并没有对系统提出可控性的要求。事实上,"末端自由"本身就意味着控制终止时,系统的末端状态未必一定等于零,这显然不符合完全可控的要求。但是,只要系统的末端状态尽量接近零且其不可控状态对性能指标的贡献为有限值,也可认为最优控制是存在的。然而,如果是第二种情形,即末端受约束情形,且要求系统的末端状态等于零,那就必须对系统提出完全可控的要求。

例 8.2.1　已知系统状态方程为 $\dot{x}=u$,初始条件为 $x(t_0)$, t_f 已知, $x(t_f)$ 自由,其性能指标为

$$J=\frac{1}{2}cx^2(t_f)+\frac{1}{2}\int_{t_0}^{t_f}u^2\mathrm{d}t \quad (c>0)$$

试求最优控制 u^*,使 J 取极小值。

解:由哈密顿函数的定义[式(8.2.6)]知:

$$H(x,u,\lambda,t)=\frac{1}{2}u^2+\lambda u$$

由伴随方程 $\dot{\lambda}=-\dfrac{\partial H}{\partial x}=0$,得 $\lambda=$ 常数。

由横截条件 $\lambda(t_f)=\dfrac{\partial}{\partial x(t_f)}\left[\dfrac{1}{2}cx^2(t_f)\right]=cx(t_f)$,因为 $\lambda=$ 常数,故 $\lambda(t)=\lambda(t_f)=cx(t_f)$。

由控制方程 $\dfrac{\partial H}{\partial u}=u+\lambda=0$,即 $u^*=-\lambda(t)=-cx(t_f)$。

将 u^* 代入状态方程 $\dot{x}=u=-cx(t_f)$,解为 $x(t)=-cx(t_f)(t-t_0)+c_1$,当 $t=t_0$ 时,求得 $c_1=x(t_0)$,所以 $x(t)=-cx(t_f)(t-t_0)+x(t_0)$;当 $t=t_f$ 时, $x(t_f)=\dfrac{x(t_0)}{1+c(t_f-t_0)}$。

由此可得

$$u^*=-\frac{cx(t_0)}{1+c(t_f-t_0)},\quad x^*(t)=-\frac{cx(t_0)}{1+c(t_f-t_0)}(t-t_0)+x(t_0)$$

最优性能指标为

$$J^*=\frac{1}{2}cx^2(t_f)+\frac{1}{2}\int_{t_0}^{t_f}u^2\mathrm{d}t=\frac{1}{2}\cdot\frac{cx^2(t_0)}{1+c(t_f-t_0)}$$

2. 第二种情形:末值时刻固定、末端状态固定情况下的最优控制

此时最优控制问题可以作如下描述:对于非线性时变系统,其状态方程 $\dot{x}=$

$f(x, u, t)$，初始状态 $x(t)|_{t=t_0} = x(t_0)$，末值状态 $x(t)|_{t=t_f} = x(t_f)$，性能指标 $J = \int_{t_0}^{t_f} L(x, u, t)\mathrm{d}t$，寻求最优控制 u^*，在 $[t_0, t_f]$ 内将系统从 $x(t_0)$ 转移到 $x(t_f)$，同时使性能指标 J 取极小值。

与前述类似,引入哈密顿函数:

$$H(x, u, \lambda, t) = L(x, u, t) + \lambda^{\mathrm{T}}(t)f(x, u, t)$$

及

$$\lambda(t) = \{\lambda_1(t), \lambda_2(t), \cdots, \lambda_n(t)\}^{\mathrm{T}}$$

因为:

$$L(x, u, t) = H(x, u, \lambda, t) - \lambda^{\mathrm{T}}(t)f(x, u, t) = H(x, u, \lambda, t) - \lambda^{\mathrm{T}}(t)\dot{x} \tag{8.2.31}$$

于是可得

$$J = \int_{t_0}^{t_f} [H(x, u, \lambda, t) - \lambda^{\mathrm{T}}\dot{x}]\mathrm{d}t$$

对上式等号右边第 2 项进行分部积分,可以得到:

$$J = \lambda^{\mathrm{T}}(t_0)x(t_0) - \lambda^{\mathrm{T}}(t_f)x(t_f) + \int_{t_0}^{t_f} [H(x, u, \lambda, t) + \dot{\lambda}^{\mathrm{T}}x]\mathrm{d}t \tag{8.2.32}$$

式中,可以变分的量为 $u(t) \to u(t) + \delta u$、$x(t) \to x(t) + \delta x$；不可以变分的量：t_0、t_f、$x(t_0)$、$x(t_f)$、$\lambda(t)$。

令性能指标 J 的一阶变分等于零,得

$$\delta J = \int_{t_0}^{t_f} \left\{ \left[\frac{\partial H}{\partial x} + \dot{\lambda} \right]^{\mathrm{T}} \delta x + \left[\frac{\partial H}{\partial u} \right]^{\mathrm{T}} \delta u \right\} \mathrm{d}t = 0 \tag{8.2.33}$$

选择 $\lambda(t)$，使其满足 $\dot{\lambda} = -\dfrac{\partial H}{\partial x}$，则 $\delta J = \int_{t_0}^{t_f} \left[\dfrac{\partial H}{\partial u} \right]^{\mathrm{T}} \delta u \mathrm{d}t = 0$。然而,在末端状态固定情况下,不能认为 δu 是任意的。但可证明,在系统完全可控的情况下,仍有控制方程 $\dfrac{\partial H}{\partial u} = 0$。

第二种情况下求解最优控制问题的方程包括:

$\dot{x} = f(x, u, t)$，$x(t_0) = x_0$；$\dot{\lambda} = -\dfrac{\partial H}{\partial x}$，$x(t_f) = x_{t_f}$；$\dfrac{\partial H}{\partial u} = 0$（需满足系统可控条件）

例 8.2.2 设系统状态方程为

$$\begin{bmatrix} \dot{x}_1 \\ \dot{x}_2 \end{bmatrix} = \begin{bmatrix} 0 & 1 \\ 0 & 0 \end{bmatrix} \begin{bmatrix} x_1 \\ x_2 \end{bmatrix} + \begin{bmatrix} 0 \\ \dfrac{K_m}{J_D} \end{bmatrix} u - \begin{bmatrix} 0 \\ \dfrac{1}{J_D} \end{bmatrix} T_F$$

初始状态为 $\begin{bmatrix} x_1(0) \\ x_2(0) \end{bmatrix} = \begin{bmatrix} 0 \\ 0 \end{bmatrix}$，末值状态为 $\begin{bmatrix} x_1(t_f) \\ x_2(t_f) \end{bmatrix} = \begin{bmatrix} \theta \\ 0 \end{bmatrix}$，性能指标 $J = \int_0^{t_f} u^2(t)\,\mathrm{d}t$。试寻求 $u(t)$，使 $x(0)$ 转移到 $x(t_f)$，并使 J 取极小值。

解：根据可控性判据：$\mathrm{rank}(U_c) = \mathrm{rank}\begin{bmatrix} 0 & \dfrac{K_m}{J_D} \\ \dfrac{K_m}{J_D} & 0 \end{bmatrix} = 2$，该系统是完全可控的。

（1）哈密顿函数为 $H(x,\ u,\ \lambda,\ t) = u^2 + \lambda^{\mathrm{T}}\left\{\begin{bmatrix} 0 & 1 \\ 0 & 0 \end{bmatrix} x + \begin{bmatrix} 0 \\ \dfrac{K_m}{J_D} \end{bmatrix} u - \begin{bmatrix} 0 \\ \dfrac{1}{J_D} \end{bmatrix} T_F \right\}$。

（2）由控制方程得到：$\dfrac{\partial H}{\partial u} = 2u + [\lambda_1 \quad \lambda_2]\begin{bmatrix} 0 \\ \dfrac{K_m}{J_D} \end{bmatrix} = 0$，即

$$2u + \frac{K_m}{J_D}\lambda_2 = 0, \quad u = -\frac{1}{2}\frac{K_m}{J_D}\lambda_2$$

（3）由伴随方程 $\dot{\lambda} = -\dfrac{\partial H}{\partial x}$，得到 $\dot{\lambda}_1 = 0$，$\lambda_1 = c_1 =$ 常数，$\dot{\lambda}_2 = -\lambda_1 = -c_1$，$\lambda_2 = -c_1 t + c_2$，$u = \dfrac{1}{2}\dfrac{K_m}{J_D}(c_1 t - c_2)$。

（4）由状态方程得

$$\dot{x}_1 = x_2$$

$$\dot{x}_2 = \frac{K_m}{J_D}u(t) - \frac{1}{J_D}T_F = \frac{1}{2}\frac{K_m^2}{J_D^2}c_1 t - \frac{1}{2}\frac{K_m^2}{J_D^2}c_2 - \frac{1}{J_D}T_F$$

则

$$x_2 = \frac{1}{4}\frac{K_m^2}{J_D^2}c_1 t^2 - \left(\frac{1}{2}\frac{K_m^2}{J_D^2}c_2 + \frac{1}{J_D}T_F\right)t + c_3$$

$$x_1 = \frac{1}{12}\frac{K_m^2}{J_D^2}c_1 t^3 - \frac{1}{4}\frac{K_m^2}{J_D^2}c_2 t^2 - \frac{1}{2}\frac{1}{J_D}T_F t^2 + c_3 t + c_4$$

式中，c_1、c_2、c_3、c_4 为积分常数。

根据边界条件及初始条件，确定积分常数，得

$$c_3 = c_4 = 0, \quad c_1 = \frac{-24\theta}{t_f^3}\frac{J_D^2}{K_m^2}, \quad c_2 = \frac{-12\theta}{t_f^2}\frac{J_D^2}{K_m^2} - \frac{2J_D}{K_m^2}T_F$$

代入 $x_2(t)$ 和 $u(t)$，得

$$x_2 = \frac{6\theta}{t_f^2}\left[t - \frac{t^2}{t_f}\right], \quad u(t) = \frac{1}{K_m}\left[\left(\frac{6\theta J_D}{t_f^2} + T_F\right) - \frac{12\theta J_D}{t_f^3}t\right]$$

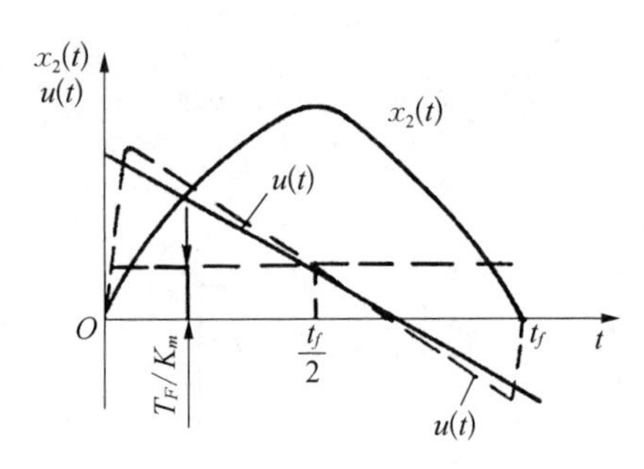

图 8.3　$x_2(t)$ 和 $u(t)$ 的变化曲线

x_2 和 u 随时间的变化曲线如图 8.3 所示。图中,实线是理论轨线,虚线是实际轨线。

3. 第三种情形：末值时刻自由情况下的最优控制

此时,最优控制问题可以描述为：非线性时变系统状态方程为 $\dot{x} = f(x, u, t)$，初始状态 $x(t)|_{t=t_0} = x(t_0)$，初始时刻 t_0 固定,末值时刻 t_f 是自由的,显然 $x(t_f)$ 也是自由的,性能指标 $J = \varphi[x(t_f), t_f] + \int_{t_0}^{t_f} L(x, u, t)\mathrm{d}t$，寻求最优控制 u^* 及 t_f^*，使性能指标 J 取极小值。

引入哈密顿函数 $H(x, u, \lambda, t) = L(x, u, t) + \lambda^{\mathrm{T}}(t)f(x, u, t)$，$\lambda(t)$ 同前。$J = \varphi[x(t_f), t_f] + \int_{t_0}^{t_f}[H(x, u, \lambda, t) - \lambda^{\mathrm{T}}(t)\dot{x}]\mathrm{d}t$，可以变分的量为 u、x、$x(t_f)$、t_f，不能变分的量为 $x(t_0)$、t_0、$\lambda(t)$。于是可得

$$\delta J = \left(\frac{\partial \varphi}{\partial x(t_f)}\right)^{\mathrm{T}}\delta x(t_f) + \left(\frac{\partial \varphi}{\partial t_f}\right)\delta t_f + \int_{t_0}^{t_f}\left[\left(\frac{\partial H}{\partial x}\right)^{\mathrm{T}}\delta x + \left(\frac{\partial H}{\partial u}\right)^{\mathrm{T}}\delta u - \lambda^{\mathrm{T}}\delta\dot{x} + \lambda'^{\mathrm{T}}\delta x\right]\mathrm{d}t + [H - \lambda^{\mathrm{T}}\dot{x}]_{t=t_f}\delta t_f \tag{8.2.34}$$

对式(8.2.34)中的 $\int_{t_0}^{t_f}\lambda^{\mathrm{T}}\delta\dot{x}\mathrm{d}t$ 进行分部积分，δJ 成为

$$\delta J = \left(\frac{\partial \varphi}{\partial x}\right)^{\mathrm{T}}\delta x(t_f) + \left(\frac{\partial \varphi}{\partial t_f}\right)\delta t_f + \int_{t_0}^{t_f}\left[\left(\frac{\partial H}{\partial x}\right)^{\mathrm{T}}\delta x + \left(\frac{\partial H}{\partial u}\right)^{\mathrm{T}}\delta u + \lambda'^{\mathrm{T}}\delta x\right]\mathrm{d}t - [\lambda^{\mathrm{T}}\delta x]_{t=t_f} + [H - \lambda^{\mathrm{T}}\dot{x}]_{t=t_f}\delta t_f$$

应当注意,末值时刻 t_f 自由时，$\delta x|_{t=t_f}$ 不等于 $\delta x(t_f)$，如图 8.4 所示。

$$\delta x(t_f) \approx \delta x|_{t=t_f} + \dot{x}(t_f)\delta t_f$$

或

$$\delta x|_{t=t_f} \approx \delta x(t_f) - \dot{x}(t_f)\delta t_f$$

则

$$\delta J = \left[\frac{\partial \varphi}{\partial x(t_f)} - \lambda(t_f)\right]^{\mathrm{T}}\delta x(t_f) + \int_{t_0}^{t_f}\left[\left(\frac{\partial H}{\partial x} + \dot{\lambda}\right)^{\mathrm{T}}\delta x + \left(\frac{\partial H}{\partial u}\right)^{\mathrm{T}}\delta u\right]\mathrm{d}t + \left[\frac{\partial \varphi}{\partial t_f} + H(t_f)\right]\delta t_f$$

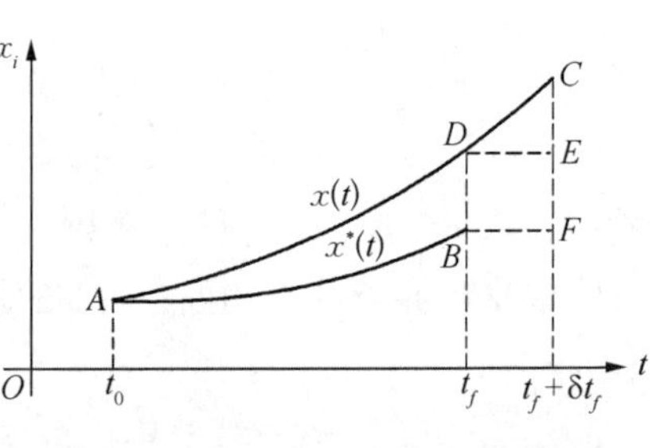

图 8.4　$\delta x|_{t=t_f}$ 与 $\delta x(t_f)$ 的关系

性能指标取极值时,必有 $\delta J = 0$, 即

$$\delta J = \left[\frac{\partial\varphi}{\partial x(t_f)} - \lambda(t_f)\right]^{\mathrm{T}} \delta x(t_f) + \int_{t_0}^{t_f}\left[\left(\frac{\partial H}{\partial x} + \dot{\lambda}\right)^{\mathrm{T}} \delta x + \left(\frac{\partial H}{\partial u}\right)^{\mathrm{T}} \delta u\right] \mathrm{d}t$$
$$+ \left[\frac{\partial\varphi}{\partial t_f} + H(t_f)\right] \delta t_f = 0 \tag{8.2.35}$$

选择 $\lambda(t)$ 使其满足: $\dot{\lambda} = -\dfrac{\partial H}{\partial x}$、$\lambda(t_f) = \dfrac{\partial\varphi}{\partial x(t_f)}$。由于 δu、δt_f 是任意的,可得

$$\frac{\partial H}{\partial u} = 0$$

$$H(t_f) = -\frac{\partial\varphi}{\partial t_f}$$

即第三种情况下,求解最优控制问题的方程包括:

$$\dot{x} = f(x,\ u,\ t),\quad x(t_0) = x_0$$

$$\dot{\lambda} = -\frac{\partial H}{\partial x},\quad \lambda(t_f) = \frac{\partial\varphi}{\partial x(t_f)}$$

$$\frac{\partial H}{\partial u} = 0,\quad H(t_f) = -\frac{\partial\varphi}{\partial t_f}$$

8.3　有约束最优控制的极小值原理

虽然变分法是一种比较严密的数学方法,但实际工程中,有些控制问题并不满足变分法的条件。因为用变分法求解最优控制时,认为控制向量 $u(t)$ 不受限制,所以可以从式(8.2.14)推到式(8.2.15)。但是实际系统,控制变量 $u(t)$ 可能受到各种限制而不能任意取值,甚至可能不是连续函数,因此应用控制方程 $\dfrac{\partial H}{\partial u} = 0$ 来确定最优控制有时会出错。例如,图 8.5 所示的两种情况,图(a)中 H 最小值出现在左侧,不满足控制方程;而图(b)

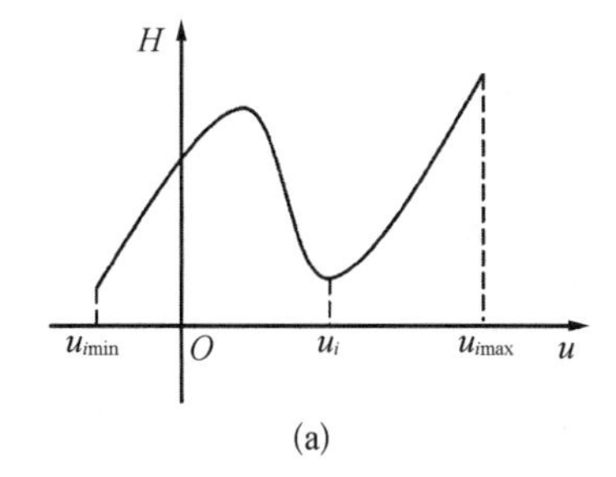

(a)

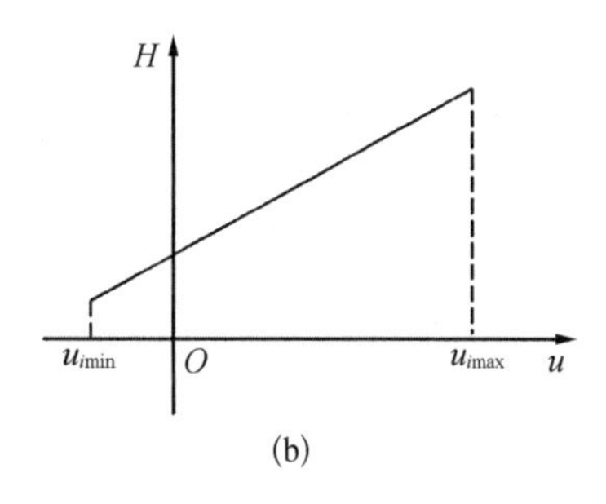

(b)

图 8.5　H 与 u 的关系曲线

中根本不存在 $\dfrac{\partial H}{\partial u}=0$ 的情况。显然,以上两种情形都不能采用变分法分析最优控制问题。此时可运用极小值原理或贝尔曼动态规划法等更有力的解决方法,本节和8.4节将分别对这两种方法进行介绍。

设非线性定常系统的状态方程为

$$\dot{x}=f(x,\ u) \tag{8.3.1}$$

初始时刻 t_0、初始状态 $x(t_0)$、末值时刻 t_f、末端状态 $x(t_f)$ 自由, $u(t)\in U$, 性能指标为

$$J=\varphi[x(t_f),\ t_f]+\int_{t_0}^{t_f}L(x,\ u,\ t)\,\mathrm{d}t \tag{8.3.2}$$

要求在状态方程约束下,寻求最优控制 $u^*\subset U$ 及 t_f, 使系统从 $x(t_0)$ 转移到 $x(t_f)$, 并使 J 取极小值。

现采用极小值原理来求解该问题。设 $u(t)$ 为容许控制, $x(t)$ 为对应的状态轨线。为了使它们分别成为最优控制 $u^*(t)$ 和最优轨线 $x^*(t)$, 存在一个向量函数 $\boldsymbol{\lambda}^*(t)$, 使得

$$\dot{x}^*=\frac{\partial H}{\partial \boldsymbol{\lambda}} \tag{8.3.3}$$

$$\dot{\boldsymbol{\lambda}}^*=-\frac{\partial H}{\partial x} \tag{8.3.4}$$

式中,哈密顿函数为

$$H(x,\ u,\ \boldsymbol{\lambda},\ t)=L(x,\ u,\ t)+\boldsymbol{\lambda}(t)^{\mathrm{T}}f(x,\ u,\ t) \tag{8.3.5}$$

$x^*(t)$ 和 $\boldsymbol{\lambda}^*(t)$ 满足如下边界条件:

$$x^*(t)\big|_{t=t_0}=x(t_0) \tag{8.3.6}$$

$$\boldsymbol{\lambda}^*(t_f)=\frac{\partial \varphi}{\partial x(t_f)} \tag{8.3.7}$$

则哈密顿函数 H 相对最优控制取极小值,即

$$H(x^*,\ u^*,\ \boldsymbol{\lambda}^*,\ t)=\min_{u\in U}\ H[x^*,\ u,\ \boldsymbol{\lambda}^*,\ t] \tag{8.3.8}$$

或者

$$H(x^*,\ u^*,\ \boldsymbol{\lambda}^*,\ t)\leqslant H[x^*,\ u,\ \boldsymbol{\lambda}^*,\ t] \tag{8.3.9}$$

哈密顿函数沿最优轨线随时间的变化规律:

$$H^*(t)=H^*(t_f)=\text{常数}\quad (t_f\ \text{固定}) \tag{8.3.10}$$

$$H^*(t)=H^*(t_f)=0\quad (t_f\ \text{自由}) \tag{8.3.11}$$

以下作几点说明：

（1）最小值原理只是最优控制所满足的必要条件，但对于线性系统 $\dot{x}(t)=A(t)x(t)+B(t)u(t)$，$A(t)=\begin{bmatrix}a_{11}(t) & \cdots & a_{1n}(t)\\ \vdots & \ddots & \vdots\\ a_{n1}(t) & \cdots & a_{nn}(t)\end{bmatrix}$，$B(t)=\begin{bmatrix}b_1(t)\\ \vdots\\ b_n(t)\end{bmatrix}$，最小值原理也是使泛函取最小值的充分条件；

（2）极小值原理的结果与用变分法求解最优问题的结果相比，其差别仅在于极值条件；

（3）这里给出了极小值原理，而在庞德里亚金的著作中论述的是极大值原理，因为求性能指标 J 的极小值与求 $-J$ 的极大值等价；

（4）非线性时变系统也可用极小值原理。

例 8.3.1　设线性定常系统的状态方程及初值为：$\dot{x}(t)=-x(t)+u(t)$，$x(0)=1$，且 $|u(t)|\leqslant 1$，性能指标为 $J=\int_0^1 x(t)\mathrm{d}t$。试用极小值原理分析系统的最优控制及最优轨线？

解： 哈密顿函数：

$$H=x(t)+\lambda(t)[-x(t)+u(t)]=(1-\lambda)x(t)+\lambda u(t)$$

伴随方程：

$$\dot{\lambda}(t)=-\frac{\partial H}{\partial x}=\lambda(t)-1,\quad \lambda(t_f)=\frac{\partial K}{\partial x(t_f)}$$

所以 $\lambda(1)=0$，得

$$\lambda(t)=1-\mathrm{e}^{t-1}\quad (0\leqslant t\leqslant 1)$$

由极值必要条件，知

$$u=-\operatorname{sign}\lambda=\begin{cases}-1 & (\lambda>0)\\ 1 & (\lambda<0)\end{cases}$$

又当 $0\leqslant t\leqslant 1$ 时，$\lambda(t)=1-\mathrm{e}^{t-1}>0$，于是有 $u^*(t)=-1$，则 $\dot{x}(t)=-x(t)-1$，因为 $x(0)=1$，所以 $x^*(t)=2\mathrm{e}^{-t}-1$，$J^*=\int_0^1 x^*\mathrm{d}t=-2\mathrm{e}^{-1}+1$。

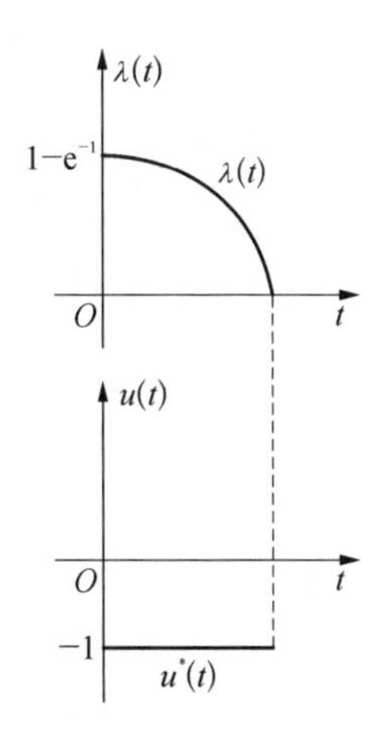

图 8.6　协态变量与控制变量的关系图

$\lambda(t)$、$u^*(t)$ 随时间的变化曲线如图 8.6 所示。

8.4 动态规划法

8.4.1 用动态规划法求解离散系统最优控制问题

对于泛函 $J=\int_{t_0}^{t_f} L(x,\ u,\ t)\mathrm{d}t$，求其极小值，可以将定积分写成无限和式：

$$J_{\min}=\int_{t_0}^{t_f} L(x,\ u,\ t)\mathrm{d}t=\lim_{\substack{N\to\infty\\ \Delta t_i\to 0}}\sum_{i=0}^{N-1} L(x,\ u,\ t)\Delta t_i \tag{8.4.1}$$

根据式(8.4.1)，泛函求极值就是在每个等间隔 Δt_i 中，寻求 $u(t_i)$ 使得 J 取极小值，即寻求最优序列 $\{u(t_i)\}$。

对于多段决策过程的研究，美国数学家贝尔曼在20世纪50年代首先提出了动态规划法，其核心是贝尔曼最优性原理，即在一个多级决策问题中的最优决策具有这样的性质，不管初始级、初始状态和初始决策如何，当把其中任何一级和这一级的状态再作为初始级和初始状态时，余下的决策对此必定构成一个最优决策。

这个原理可归结为一个基本的递推公式，求解多级决策问题时，要从末端开始，到始端结束，逆向递推。采用动态规划法，需作如下假设：① 目标函数具有如下性质，现在和将来的决策[控制量 $u(k)$]不影响过去的状态 $x(k)$、决策和目标；② 存在状态反馈控制：认为 $u(k)=u[x(k),\ k]$，且 $x(k)$ 可以获得(不论直接测量或重构)，根据 $x(k)$ 可以立即作出决策 $u(k)$。

为了便于讨论，将离散系统最优控制问题改写为

$$\begin{cases} J_{\min}=\sum\limits_{j=k}^{N-1} L[x(j),\ u(j),\ j] \\ \text{s.t.}\ \ x(j+1)=g[x(j),\ u(j),\ j],\ x(k)=x_k,\ x(N)=x_N \end{cases} \tag{8.4.2}$$

该目标函数称为“加性可分目标函数”。其中，“可分”是指本段的目标函数只决定于本段的段变量 k、本段的控制 $u(k)$ 及本段的状态 $x(k)$；“加性”是指总目标为各段目标之和。以式(8.4.2)中的 k 时刻为起点，令目标函数为

$$J^*(x,\ k)=\min_{u(k),\ u(k+1),\ \cdots,\ u(N-1)}\sum_{j=k}^{N-1} L[x(j),\ u(j),\ j] \tag{8.4.3}$$

此目标函数是指寻求最优控制序列 $\{u(k)\}$，使得从第 k 段起到末段值止，目标值的总和为最小，则

$$\begin{aligned} J^*(x,\ k)&=\min_{u(k),\ u(k+1),\ \cdots,\ u(N-1)}\sum_{j=k}^{N-1} L[x(j),\ u(j),\ j] \\ &=\min_{u(k)}\ \min_{u(k+1),\ \cdots,\ u(N-1)}\left\{L[x(k),\ u(k),\ k]+\sum_{j=k+1}^{N-1} L[x(j),\ u(j),\ j]\right\} \end{aligned}$$

$$= \min_{u(k)}\left\{L[x(k),u(k),k] + \min_{u(k+1),\cdots,u(N-1)}\sum_{j=k+1}^{N-1}L[x(j),u(j),j]\right\}$$

即对于任意级 k, 有

$$J^*(x,k) = \min_{u(k)}\{L[x(k),u(k),k] + J^*[x(k+1),k+1]\} \tag{8.4.4}$$

方程(8.4.4)称为**贝尔曼方程**,它具有递推性。式中推导时利用了假定 1,即将来的决策 $u(k+1),\cdots,u(N-1)$ 不影响过去,故可先决定 $u(k+1),\cdots,u(N-1)$,使得从 $k+1$ 段起到末段止的目标函数总和为最小,随后再决定 $u(k)$,使得从第 k 段起到末段值止,目标函数的总和为最小,即利用最优性原理:不论现在的状态和过去的决策如何,随后各阶段的决策对于现在的状态必定构成最优决策。应该指出,最优性原理所肯定的是余下的决策为最优决策,对以前的决策没有明确的要求。

现将动态规划法应用到下面的离散系统中,设离散系统的状态方程为

$$x(k+1) = f[x(k),u(k)] \tag{8.4.5}$$

初始状态:

$$x(k)\big|_{k=0} = x(0)$$

目标函数:

$$J = \sum_{k=0}^{N}L[x(k),u(k)]$$

要求确定 $u(k)$,使性能指标最优,即 $J=\text{opt}$。其中,$u(k)$ 可以受限制,也可以不受限制。

根据最优性原理,知:$u(k)=u[x(k),x(k-1),\cdots,u(k),u(k-1),\cdots]$,即第 k 级决策 $u(k)$ 与第 k 级及 k 级前各级状态 $x(k-i)$ 和决策 $u(k-i)$ 有关 $(i=1,2,\cdots)$,但不影响后面的状态 $x(k)$、决策和目标,一般称这种函数为策略函数。

则

$$\begin{aligned}J^*[x(0),0] &= \underset{u(0),u(1),\cdots,u(N)}{\text{opt}}\{L[x(0),u(0)] + L[x(1),u(1)] + \cdots \\ &\quad + L[x(N),u(N)]\} \\ &= \underset{u(0)}{\text{opt}}\{L[x(0),u(0)]\} + \underset{u(1),u(2),\cdots,u(N)}{\text{opt}}\{L[x(1),u(1)] + \cdots \\ &\quad + L[x(N),u(N)]\}\end{aligned}$$

令

$$J^*[x(1),1] = \underset{u(1),u(2),\cdots,u(N)}{\text{opt}}\{L[x(1),u(1)] + \cdots + L[x(N),u(N)]\}$$

则

$$J^*[x(0),0] = \underset{u(0)}{\text{opt}}\{L[x(0),u(0)] + J^*[x(1),1]\} \tag{8.4.6}$$

同理可得

$$
\begin{cases}
J^*[x(1),1]=\underset{u(1)}{\text{opt}}\{L[x(1),u(1)]+J^*[x(2),2]\} \\
J^*[x(2),2]=\underset{u(2)}{\text{opt}}\{L[x(2),u(2)]+J^*[x(3),3]\} \\
\qquad\qquad\qquad\qquad\vdots
\end{cases}
\tag{8.4.7}
$$

利用贝尔曼方程的递推性,从末端开始,依次向前递推,可以逐级计算出各级的控制策略、状态向量及目标函数,从而获得最终的控制结果。

例 8.4.1 设线性定常离散系统的状态方程为 $x(k+1)=x(k)+u(k)$,初始状态为 $x(0)$,性能指标为 $J=\frac{1}{2}cx^2(N)+\frac{1}{2}\sum_{k=0}^{N-1}u^2(k)$,寻求最优控制序列 $u(k)$,使 J 取极小值(为了简单起见,设 $N=2$)。

解: 运用动态规划法,利用贝尔曼方程的递推公式逆向求解。

(1) 从最后一级开始,即 $k=2$,有

$$
J^*[x(2),2]=\frac{1}{2}cx^2(2)
$$

(2) 向前倒推一级,即 $k=1$,有

$$
\begin{aligned}
J^*[x(1),1]&=\min_{u(1)}\left\{\frac{1}{2}u^2(1)+J^*[x(2),2]\right\}=\min_{u(1)}\left\{\frac{1}{2}u^2(1)+\frac{1}{2}cx^2(2)\right\} \\
&=\min_{u(1)}\left\{\frac{1}{2}u^2(1)+\frac{1}{2}c[x(1)+u(1)]^2\right\}
\end{aligned}
$$

因为 $u(k)$ 不受限制,故 $u^*(1)$ 可以通过下式求得:

$$
\frac{\partial J^*[x(1),1]}{\partial u(1)}=u(1)+cx(1)+cu(1)=0
$$

$$
u^*(1)=-\frac{cx(1)}{1+c},\quad J^*[x(1),1]=\frac{cx^2(1)}{2(1+c)},\quad x^*(2)=x(1)+u^*(1)=\frac{x(1)}{1+c}
$$

(3) 再向前倒推一级,即 $k=0$,有

$$
\begin{aligned}
J^*[x(0),0]&=\min_{u(0)}\left\{\frac{1}{2}u^2(0)+J^*[x(1),1]\right\}=\min_{u(0)}\left\{\frac{1}{2}u^2(0)+\frac{cx^2(1)}{2(1+c)}\right\} \\
&=\min_{u(0)}\left\{\frac{1}{2}u^2(0)+\frac{c[x(0)+u(0)]^2}{2(1+c)}\right\}
\end{aligned}
$$

由 $\frac{\partial J^*[x(0),0]}{\partial u(0)}=0$,解得

$$
u^*(0)=-\frac{cx(0)}{1+c}
$$

因此:

$$J^*[x(0),\ 0]=\frac{cx^2(0)}{2(1+c)},\quad x^*(1)=\frac{1+c}{1+2c}x(0)$$

$$x^*(2)=\frac{1}{1+2c}x(0),\quad u^*(1)=-\frac{cx(0)}{1+2c}$$

注意：① 对一个多级决策过程，最优性原理保证了全过程性能指标最小，并不保证每一级性能指标最小。但是在每考虑一级时，都不是孤立地只把这一级的性能指标最小的决策作为最优决策，而总是把这一级放到全过程中间去考虑，取全过程的性能指标最优的决策作为最优决策；② 动态规划法给出的是最优控制的充分条件，不是必要条件，这与极小值原理是必要条件有所不同。

原则上讲，动态规划的递推算法可以应用于高阶系统、非线性系统，当控制向量和状态向量受不等式条件约束时，计算反而会更简单。但随着系统阶数增加，计数量和存储量将有较大程度的增加，因此对于高阶系统的计算会比较困难。

8.4.2　用动态规划法求解连续系统最优控制问题

设非线性时变连续系统状态方程为

$$\dot{x}=f(x,\ u,\ t) \tag{8.4.8}$$

初始条件：

$$x(t)\big|_{t=t_0}=x(t_0) \tag{8.4.9}$$

性能指标：

$$J=\varphi[x(t_f),\ t_f]+\int_{t_0}^{t_f}L(x,\ u,\ t)\mathrm{d}t \tag{8.4.10}$$

要寻求最优控制，在满足状态方程(8.4.8)的条件下，使 J 取极小值，即

$$J^*[t_0,\ x(t_0)]=\min_{u\in U}\left\{\varphi[x(t_f),\ t_f]+\int_{t_0}^{t_f}L(x^*,\ u^*,\ t)\mathrm{d}t\right\} \tag{8.4.11}$$

式中，

$$J^*[x(t_f),\ t_f]=\varphi[x(t_f),\ t_f] \tag{8.4.12}$$

求解时，需用到连续系统的最优性原理。如果对于初始时刻 t_0 和初始状态 $x(t_0)$，$u^*(t)$ 和 $x^*(t)$ 是系统的最优控制和最优轨线。那么，对于 $t+\Delta t\in[t_0,\ t_f]$ 和状态 $x(t+\Delta t)$，$u^*(t)$ 和 $x^*(t)$ 仍是所研究的系统向后的最优控制和最优轨线。

假定 $J^*[x(t),\ t]$ 存在且连续，有连续的一阶、二阶偏导数，由最优性原理可以写出：

$$\begin{aligned}J^*[x(t),\ t]&=\min_{u[t,\ t_f]\in U}\int_t^{t_f}L[x(\tau),\ u(\tau),\ \tau]\mathrm{d}\tau\\&=\min_{u[t,\ t_f]\in U}\left\{\int_t^{t+\Delta t}L[x(\tau),\ u(\tau),\ \tau]\mathrm{d}\tau+\int_{t+\Delta t}^{t_f}L[x(\tau),\ u(\tau),\ \tau]\mathrm{d}\tau\right\}\end{aligned}$$

$$= \min_{u[t,\ t+\Delta t] \in U} \left\{ \min_{u[t+\Delta t,\ t_f] \in U} \left[\int_t^{t+\Delta t} L[x(\tau),\ u(\tau),\ \tau] d\tau + \int_{t+\Delta t}^{t_f} L[x(\tau),\ u(\tau),\ \tau] d\tau \right] \right\} \tag{8.4.13}$$

令

$$J^*[x(t+\Delta t),\ t+\Delta t] = \min_{u[t+\Delta t,\ t_f] \in U} \int_{t+\Delta t}^{t_f} L[x(\tau),\ u(\tau),\ \tau] d\tau \tag{8.4.14}$$

则式(8.4.13)可以写成

$$J^*[x(t),\ t] = \min_{u[t,\ t+\Delta t] \in U} \left\{ \int_t^{t+\Delta t} L[x(\tau),\ u(\tau),\ \tau] d\tau + J^*[x(t+\Delta t),\ t+\Delta t] \right\} \tag{8.4.15}$$

由于 $J^*[x(t),\ t]$ 对于 x、t 是连续可微的,式(8.4.15)右边第二项可以展开成泰勒级数,取一阶近似得

$$J^*[x(t+\Delta t),\ t+\Delta t] = J^*[x(t),\ t] + \left(\frac{\partial J^*[x(t),\ t]}{\partial x} \right)^{\mathrm{T}} \frac{dx}{\mathrm{d}t} \Delta t + \frac{\partial J^*[x(t),\ t]}{\partial t} \Delta t \tag{8.4.16}$$

而由中值定理,式(8.4.15)右边第一项可以写成

$$\int_t^{t+\Delta t} L[x(\tau),\ u(\tau),\ \tau] d\tau = L[x(t+\alpha\Delta t),\ u(t+\alpha\Delta t),\ t+\alpha\Delta t] \Delta t \tag{8.4.17}$$

式中,α 是介于 0 和 1 之间的某一常数。

将式(8.4.16)、式(8.4.17)代入式(8.4.15)得

$$J^*[x(t),\ t] = \min_{u[t,\ t+\Delta t] \in U} \left\{ L[x(t+\alpha\Delta t),\ u(t+\alpha\Delta t),\ t+\alpha\Delta t] \Delta t + J^*[x(t),\ t] + \left(\frac{\partial J^*[x(t),\ t]}{\partial x} \right)^{\mathrm{T}} \frac{\mathrm{d}x}{\mathrm{d}t} \cdot \Delta t + \frac{\partial J^*[x(t),\ t]}{\partial t} \cdot \Delta t \right\} \tag{8.4.18}$$

对式(8.4.18)进行简化,并且令 $\Delta t \to 0$, 得

$$-\frac{\partial J^*[x(t),\ t]}{\partial t} = \min_{u[t,\ t+\Delta t] \in U} \left\{ L[x(t),\ u(t),\ t] + \left(\frac{\partial J^*[x(t),\ t]}{\partial x} \right)^{\mathrm{T}} f(x,\ u,\ t) \right\} \tag{8.4.19}$$

式(8.4.19)称为**哈密顿-贝尔曼方程**,是用**动态规划法**求解连续系统最优控制问题的基本方程。

显然有

$$u^*(t) = u^* \left[x(t),\ \frac{\partial J^*[x(t),\ t]}{\partial x},\ t \right] \tag{8.4.20}$$

方程(8.4.19)的边界条件为

$$J^*[x(t_f), t_f] = \varphi[x(t_f), t_f] \tag{8.4.21}$$

如果性能指标泛函中无末值项,则

$$J^*[x(t_f), t_f] = 0 \tag{8.4.22}$$

注意:哈密顿-贝尔曼方程是求解最优控制问题的充分条件,不是必要条件。

用动态规划法求解连续系统最优控制问题的步骤如下。

(1) 求满足式(8.4.23)的解 $u^*(t)$:

$$\min_{u[t,\ t+\Delta t]\in U}\left\{L[x(t), u(t), t] + \left(\frac{\partial J^*[x(t), t]}{\partial x}\right)^{\mathrm{T}} f(x, u, t)\right\} \tag{8.4.23}$$

求解时,若 $u(t)$ 不受限制,则在引入哈密顿函数时,有 $\dfrac{\partial H}{\partial u}=0$;如果 $u(t)$ 受限,即 $u\in U\in \mathrm{R}^r$,在确定 $u^*(t)$ 时,只能用极小值原理,使 $H(x^*, u^*, \lambda, t)\leqslant H(x^*, u, \lambda, t)$。

(2) 将 $u^*(t)$ 代入式(8.4.19)、式(8.4.21)或式(8.4.22),解出 $J^*[x(t), t]$。

(3) 将 $J^*[x(t), t]$ 代回式(8.4.23)得到最优控制 $u^*(t)$,此时 $u^*(t)=u^*\left[x(t), \dfrac{\partial J^*[x(t), t]}{\partial x}, t\right]$。

(4) 将上一步获得的 $u^*(t)$ 代入系统状态方程 $\dot{x}=f[x(t), u^*(t), t]$,$x|_{t=t_0}=x(t_0)$,可以求出最优轨线 $x^*(t)$。

(5) 把 $x^*(t)$ 再代入式(8.4.20),可获得最终的最优控制 $u^*(t)$,此时:

$$u^*(t) = u^*\left[x^*(t), \frac{\partial J^*[x(t), t]}{\partial x}, t\right]$$

习　题

8.1　试求泛函 $J[x(t)]=\int_0^{\frac{\pi}{2}}(\dot{x}^2-x^2)\mathrm{d}t$,$x(0)=0$,$x\left(\dfrac{\pi}{2}\right)=2$ 的极值曲线 $x^*(t)$ 及 $J[x^*(t)]$。

8.2　试求泛函 $J[y(x)]=\int_{x_0}^{x_1}\left(\dfrac{1}{2}\dot{y}^2+y\dot{y}+y+\dot{y}\right)\mathrm{d}x$,$y(x_0)=y_0$,$y(x_1)=y_1$ 的极值曲线 $y^*(x)$。

8.3　已知一阶系统:$\dot{x}(t)=-x(t)+u(t)$,$x(0)=1$,目标函数 $J=\int_0^1(x^2+u^2)\mathrm{d}t$。试求:

(1) 最优控制 $u^*(t)$ 及最优轨线 $x^*(t)$;

(2) 在最优轨线上的 Hamilton 函数值,$t\in[0, 1]$。

8.4　已知一阶系统:$\dot{x}(t)=-x(t)+u(t)$,$x(0)=10$,转移到 $x(1)=0$,目标函数 $J=\dfrac{1}{2}\int_0^1 u^2\mathrm{d}t$。试求最优控制 $u^*(t)$ 及最优轨线 $x^*(t)$。

8.5 已知离散受控系统：$x(k+1)=x(k)+u(k)$，$x(0)=x_0$。试求最优控制序列$\{u(k)\}$，使得代价函数 $\min\limits_{u(k)} J=\sum\limits_{k=0}^{2}\left[x^2(k)+u^2(k)\right]$ 为最小，并求最优状态及最小代价函数的值。

第9章 控制策略及控制实现

本章首先介绍在经典控制理论基础上针对线性系统推出的二次型最优控制方法,该方法计算简单、控制快捷,在工程中应用非常广泛。为了便于计算,还据此给出瞬时最优控制方法;然后分别对 H_∞ 控制、模态控制、自适应控制等进行介绍,并简单介绍模糊控制、神经网络控制等智能控制方法,对不同的控制策略进行对比;最后对控制系统的主要硬件设备: 传感器、控制器及作动器等作介绍。

学习要点:

(1) 熟练掌握线性二次型最优控制方法、瞬时最优控制方法;

(2) 掌握 H_∞ 控制、模态控制及自适应控制方法,了解模糊控制、神经网络控制等智能控制方法;

(3) 了解控制系统的主要硬件设备: 传感器、控制器及作动器等。

第8章介绍了控制理论的基本概念及经典控制方法。在实际工程中,控制系统主要包括以下三部分: 传感器、控制器和作动器。传感器将测得的信息传送到控制器,控制器按给定的控制策略计算所需的控制力,经过回路变成控制信号传到作动器,由此借助外部能源产生控制力加于机械系统上,以减小系统的响应。控制器是控制系统中的核心元件,采用不同的控制策略设计控制器,在一定程度上决定了被控对象在不同的环境条件及精度要求下所能达到的控制效果。

前面介绍的求解最优控制问题的经典控制策略: 变分法、极小值原理及动态规划法等,虽然这些方法经过了严格推导,并且归纳出了相应的必要条件和充分条件,也采用了最一般的复合型性能指标,且对于线性、非线性系统都适用,但要采用这些方法直接进行控制还是有一定困难的,主要是计算过程比较复杂。为了简化计算,在经典控制理论基础上针对线性系统推出了二次型最优控制方法[即线性二次型调节器(linear quadratic regulator, LQR)],该方法计算简单、控制快捷,在工程中得到了非常广泛的应用。此外,经过多年的发展,目前针对不同的研究对象已涌现出许多其他控制方法,如 H_∞ 控制、模态控制、自适应控制、模糊控制和神经网络控制等。下面将对几种常用的控制策略进行介绍,并进行分析对比。为了说明控制实现的过程,本章还将对传感器、控制器及作动器等硬件设备进行简单介绍。

9.1 经典最优控制算法

9.1.1 线性系统二次型最优控制

在机械振动控制领域,大量的问题可归结为线性系统和二次型性能指标,在这种情况下,基于经典控制理论可以建立一套相对简单、操作性强的最优控制算法,一般称为线性二次型最优控制方法(LQR 控制方法),同时推出著名的黎卡提(Riccati)矩阵微分方程。下面将对此方法进行介绍。

1. 线性系统状态调节器问题

1) 有限时间状态调节器

考虑线性时变系统的状态方程和初始条件为

$$\dot{x}(t)=A(t)x(t)+B(t)u(t) \tag{9.1.1}$$

$$x(t_0)=x_0 \tag{9.1.2}$$

式中, $x(t)$ 为 n 阶状态向量; x_0 为系统初始状态向量,为已知值; $u(t)$ 为 r 阶控制向量,设为符合容许控制的条件; $A(t)$ 和 $B(t)$ 分别为 $n\times n$ 阶和 $n\times r$ 阶时变矩阵 $(r\leqslant n)$; 时间域为 $[t_0, t_f]$, 设 t_f 为固定值。

系统的性能指标为如下二次型性能指标:

$$J=\frac{1}{2}x_{t_f}^{\mathrm{T}}Sx_{t_f}+\frac{1}{2}\int_{t_0}^{t_f}[x(t)^{\mathrm{T}}Q(t)x(t)+u(t)^{\mathrm{T}}R(t)u(t)]\mathrm{d}t \tag{9.1.3}$$

式中, $Q(t)$ 和 S 为 $n\times n$ 阶非负定对称阵; $R(t)$ 为 $r\times r$ 阶正定对称阵,它们都是一种加权矩阵; x_{t_f} 为系统的末值状态向量,假设为自由的。

可见,现在的问题可归结为: t_f 固定、末端自由、二次型性能指标的线性时变系统最优控制问题。由于在性能指标泛函中以系统的状态变量为自变量函数,相当于是对系统的状态进行调节,这里的问题也称为状态调节器问题。

求解这个最优控制问题,可以采用变分法、极小值原理,也可以采用动态规划法。这里采用变分法进行分析,引入如下哈密顿函数:

$$H(t)=\frac{1}{2}x(t)^{\mathrm{T}}Q(t)x(t)+\frac{1}{2}u(t)^{\mathrm{T}}R(t)u(t)+\lambda(t)^{\mathrm{T}}[A(t)x(t)+B(t)u(t)] \tag{9.1.4}$$

将其代入式(8.2.22)~式(8.2.24)(即 H-P 方程)及相应的端点条件,可得

$$\frac{\partial H}{\partial\lambda}=Ax+Bu=\dot{x},\quad x(t_0)=x_0 \tag{9.1.5}$$

$$\frac{\partial H}{\partial x}=Qx+A^{\mathrm{T}}\lambda=-\dot{\lambda} \tag{9.1.6}$$

$$\lambda(t_f) = \frac{\partial}{\partial x_{t_f}}\left(\frac{1}{2}x_{t_f}^{\mathrm{T}}Sx_{t_f}\right) = Sx_{t_f} \tag{9.1.7}$$

$$\frac{\partial H}{\partial u} = Ru + B^{\mathrm{T}}\lambda = 0 \tag{9.1.8}$$

$\frac{\partial^2 H}{\partial u^2} = R(t)$，$R$ 为正定对称阵，$R(t) > 0$，可逆，故 $\frac{\partial^2 H}{\partial u^2} > 0$，$J$ 取得极小值。

同时，可将式(9.1.8)改写为如下形式：

$$u = -R^{-1}B^{\mathrm{T}}\lambda \tag{9.1.9}$$

将式(9.1.9)代入式(9.1.5)，可得

$$\dot{x} = A(t)x - B(t)R(t)^{-1}B(t)^{\mathrm{T}}\lambda,\quad x(t_0) = x_0 \tag{9.1.10}$$

将式(9.1.5)~式(9.1.10)联立，即可求解该最优控制问题。

但求解时变系统的状态转移矩阵很困难，而且还要求解状态转移矩阵的逆，因此直接用状态转移矩阵法求解难度太大。美国科学家卡尔曼(Kalman)找到了另一种解决方法，现对卡尔曼方法进行介绍。

比较式(9.1.6)和式(9.1.7)可见，它们都是线性微分方程，且具有可比拟性，从式(9.1.7)的端点条件可见，λ_{t_f} 与 x_{t_f} 也成线性关系。于是有理由猜想，在 $[t_0, t_f]$ 内的任一时刻，λ 与 x 之间也有可能具有某种线性关系。据此令

$$\lambda(t) = P(t)x(t) \tag{9.1.11}$$

式中，$P(t)$ 为待定的系数矩阵，为 n 阶方阵。可见，如果能求出 $P(t)$，就可以通过 x 确定 λ，并且进而确定 u。于是，问题的关键转变为求解矩阵 $P(t)$。

为求解 $P(t)$，将式(9.1.11)对 t 求导[为书写方便，推导过程中省略了 (t)]，得

$$\dot{\lambda} = \dot{P}x + P\dot{x} \tag{9.1.12}$$

将式(9.1.11)代入式(9.1.10)，可得

$$\dot{x} = (A - BR^{-1}B^{\mathrm{T}}P)x \tag{9.1.13}$$

于是

$$\dot{\lambda} = \dot{P}x + P(A - BR^{-1}B^{\mathrm{T}}P)x \tag{9.1.14}$$

另外，将式(9.1.11)代入式(9.1.6)中的微分方程，可得

$$\dot{\lambda} = -Qx - A^{\mathrm{T}}Px = -(Q + A^{\mathrm{T}}P)x \tag{9.1.15}$$

对比式(9.1.14)和式(9.1.15)，经整理得

$$(\dot{P} + PA - PBR^{-1}B^{\mathrm{T}}P + A^{\mathrm{T}}P + Q)x = 0 \tag{9.1.16}$$

可以看出，式(9.1.16)等号左边括弧内的项经过矩阵运算后仍为一个 n 阶的方阵，所

以式(9.1.16)代表一个齐次线性代数方程组,只不过其系数矩阵内含有对时间的导数。由于式(9.1.11)必须对任意的 x 均成立,可令方程(9.1.16)的系数矩阵为零矩阵,由此可得

$$\dot{P}(t)=-P(t)A(t)-A(t)^{\mathrm{T}}P(t)-Q(t)+P(t)B(t)R(t)^{-1}B(t)^{\mathrm{T}}P(t) \tag{9.1.17}$$

这是一个关于矩阵 $P(t)$ 的一阶常微分方程,该方程就是著名的 Riccati 矩阵微分方程。

为求解方程(9.1.17),需要提供边界条件,可以从式(9.1.7)及式(9.1.11)得出。因为:

$$\lambda(t_f)=P(t_f)x(t_f)=Sx(t_f)$$

有

$$P(t_f)=S \tag{9.1.18}$$

由微分方程解的存在性和唯一性定理知,Riccati 矩阵微分方程的半正定解也是存在和唯一的。这样,通过求出矩阵微分方程[式(9.1.17)]满足边界条件[式(9.1.18)]的解,即可求得 $P(t)$ 的唯一确定解。

由式(9.1.17)还可以证明,$P(t)$ 是个对称矩阵。事实上,将方程(9.1.17)转置,并注意到 Q 和 R 均为对称矩阵,可得如下形式的方程:

$$\begin{aligned}\dot{P}(t)^{\mathrm{T}}&=-A(t)^{\mathrm{T}}P(t)^{\mathrm{T}}-P(t)^{\mathrm{T}}A(t)-Q(t)^{\mathrm{T}}+P(t)^{\mathrm{T}}B(t)[R(t)^{\mathrm{T}}]^{-1}B(t)^{\mathrm{T}}P(t)^{\mathrm{T}}\\&=-P(t)^{\mathrm{T}}A(t)-A(t)^{\mathrm{T}}P(t)^{\mathrm{T}}-Q(t)+P(t)^{\mathrm{T}}B(t)[R(t)]^{-1}B(t)^{\mathrm{T}}P(t)^{\mathrm{T}}\end{aligned} \tag{9.1.19}$$

这是一个关于转置矩阵 $P(t)^{\mathrm{T}}$ 的微分方程。另外,由于 S 为对称矩阵,边界条件[式(9.1.18)]对于 $P(t)^{\mathrm{T}}$ 也适用。可见,方程(9.1.19)在形式上与方程(9.1.17)完全相同,边界条件也相同,其解也应相同,所以必有 $P(t)^{\mathrm{T}}=P(t)$,即 $P(t)$ 为对称矩阵。

在确定矩阵 $P(t)$ 后,将式(9.1.11)代入式(9.1.9),得

$$u^*(t)=-R(t)^{-1}B(t)^{\mathrm{T}}P(t)x(t) \tag{9.1.20}$$

令

$$K(t)=R(t)^{-1}B(t)^{\mathrm{T}}P(t) \tag{9.1.21}$$

则

$$u^*(t)=-K(t)x(t) \tag{9.1.22}$$

式中,$K(t)$ 可看作一个反馈系统的反馈增益,P 确定后,K 也完全确定,而且是时变的。因此,本节的解法相当于构建了一个最优反馈控制系统,且式(9.1.22)表示这是一个负反馈的形式。此时,方程(9.1.13)可改写为 $\dot{x}=(A-BK)x$,结合 $x(t_0)=x_0$,由此可确定最优轨线 $x^*(t)$,此时最优控制 $u^*(t)=-K(t)x^*(t)$。

至此,需要求解的二次型最优控制问题完全解出,最优反馈控制系统的结构如图 9.1

所示。由以上可知,最优控制 $u^*(t)$ 需要靠状态反馈来实现,而不能靠输出反馈实现。由最优控制理论可以得知,系统的极点如何配置才能使系统的性能指标达到最优。

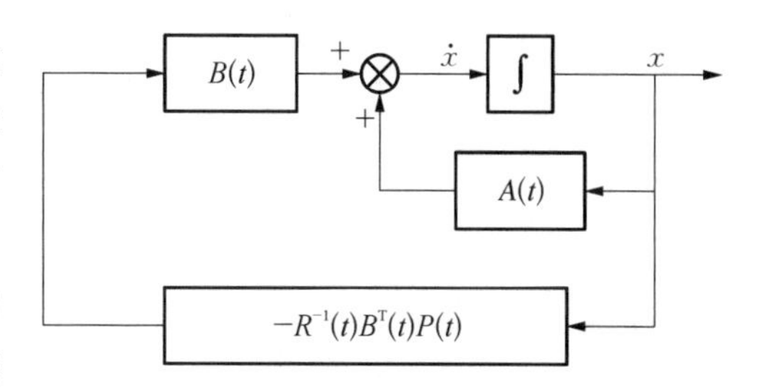

图 9.1　线性系统二次型最优反馈控制的系统框图

现对控制过程中 Riccati 矩阵微分方程的求解进行简单说明：① Riccati 方程是非线性矩阵微分方程,求解比较困难,是否需要在控制过程中在线求解？如果在线求解,将要耗费很多时间,将直接影响控制结果。事实上,不需要在线求解,因为方程(9.1.17)仅与系统的参数(A、B)和性能指标参数(Q、R、S)有关,其边界条件也仅与 S 有关,它们都与系统的状态 x 无关,所以在控制过程中系统状态的变化对其不产生影响;② 由于 Riccati 矩阵微分方程求解困难,通常情况下难以获得解析解,目前多采用数值解法,关于这方面有很多研究,也有很多文献或书籍可供参阅,如王翼等(1995)的《现代控制理论基础》。在求数值解时需要注意,因为 Riccati 矩阵微分方程的边界条件是末值条件,所以求解时一般是从 t_f 时刻开始往回求解,最后求 t_0 时刻的值 $P(t_0)=P_0$,也就是说,一般是在控制过程开始之前,先将需要的 $P(t)$ 数值解全部求出并存储起来,以便在控制过程中随时调用。

例 9.1.1　系统状态方程为 $\dot{x}=ax+u$, $x(t_0)=x(0)$,求最优控制 $u^*(t)$,使如下性能指标取极小值:

$$J=\frac{1}{2}Sx^2(t_f)+\frac{1}{2}\int_{t_0}^{t_f}[x^2+u^2]\mathrm{d}t$$

解: 根据式(9.1.17)和式(9.1.18),该系统的 Riccati 微分方程及边界条件为

$$\dot{P}(t)=P^2(t)-2aP(t)-1,\quad P(t_f)=S$$

求解上面的微分方程,有

$$\int_{P(t)}^{P(t_f)}\frac{\mathrm{d}P(\tau)}{P^2(\tau)-2aP(\tau)-1}=\int_t^{t_f}\mathrm{d}\tau$$

即

$$\int_{P(t)}^{S}\frac{\mathrm{d}P(\tau)}{P^2(\tau)-2aP(\tau)-1}=\int_t^{t_f}\mathrm{d}\tau$$

得

$$\int_{P(t)}^{S}\frac{\mathrm{d}P(\tau)}{P^2(\tau)-2aP(\tau)-1}=-\frac{1}{2b}\ln\frac{P(t)-(a+b)[S-(a-b)]}{P(t)-(a-b)[S-(a+b)]}=t_f-t$$

式中, $b=\sqrt{a^2+1}$。

则

$$P(t)=\frac{a+b+(b-a)\dfrac{S-a-b}{S-a+b}e^{-2b(t_f-t)}}{1-\dfrac{S-a-b}{S-a+b}e^{-2b(t_f-t)}}$$

最优控制为

$$u^*(t)=-P(t)x$$

由 $\dot{x}=[a-P(t)]x$，得最优轨线为

$$x^*=e^{\int_0^t[a-P(t)]dt}x(0)$$

2）无限时间状态调节器

对于上一节的线性时变系统，当 $t_f\to\infty$ 时，有限时间调节器问题将变为无限时间调节器问题。

定理 9.1.1 已知完全可控的线性时变系统：$\dot{x}(t)=A(t)x(t)+B(t)u(t)$，$x(t_0)=x_0$，取二次型性能指标 $J=\dfrac{1}{2}\int_{t_0}^{\infty}[x^TQ(t)x+u^TR(t)u]dt$，其中 R 为正定对称、Q 为非负定对称矩阵，假定该系统在任意时刻 $t\in(0,\infty)$ 完全可控，$u(t)$ 不受约束，则最优控制 u^* 存在且唯一：

$$u(t)^*=-R(t)^{-1}B(t)^TP(t)x(t)$$

其中，P 是如下 Riccati 方程的解：

$$\dot{P}(t)=-P(t)A(t)-A(t)^TP(t)-Q(t)+P(t)B(t)R(t)^{-1}B(t)^TP(t)$$

$$P(\infty)=0$$

且最优性能指标为

$$J^*=\frac{1}{2}x^T(t_0)P(t_0)x(t_0)$$

证明略。

可见，无限时间状态调节器与有限时间状态调节器类似，均可以用状态负反馈构成状态闭环控制。但是通常得到的矩阵 P 和 K 都是时变的，这给工程实践带来不便。

3）线性定常调节器

对于一般的线性定常系统，虽然 A、B、Q、R 等均为常数矩阵，但式(9.1.17)是个矩阵微分方程，一般情况下，$P(t)$ 仍为时变矩阵，因此由式(9.1.21)求出的反馈增益矩阵 $K(t)$ 也是时变的。由此可得出结论：一般情况下，无论是时变还是定常系统，线性系统的最优反馈控制中的反馈增益矩阵 $K(t)$ 都是时变矩阵。

卡尔曼研究了 Riccati 矩阵微分方程解的各种性质，给出了 P、K 是常值的情况。完

全可控的线性定常系统，$\dot{x}(t) = Ax(t) + Bu(t)$，$x(t_0) = x_0$，其二次型性能指标 $J = \frac{1}{2}\int_{t_0}^{\infty}[x(t)^{\mathrm{T}}Qx(t) + u(t)^{\mathrm{T}}Ru(t)]\mathrm{d}t$，且 A、B、Q 和 R 是具有适当维数的常数矩阵(其中 Q、R 分别为非负定、正定对称矩阵)，控制量 $u(t)$ 不受约束时，P 才是常数矩阵，且满足如下的代数 Riccati 方程：

$$PA + A^{\mathrm{T}}P + Q - PBR^{-1}B^{\mathrm{T}}P = 0 \tag{9.1.23}$$

最优性能指标：

$$J^* = \frac{1}{2}x^{\mathrm{T}}(t_0)Px(t_0)$$

此时，$K = R^{-1}B^{\mathrm{T}}P$ 也是常数矩阵。由 $u^*(t) = -Kx(t)$，则闭环反馈系统的微分方程 $\dot{x} = (A - BR^{-1}B^{\mathrm{T}}P)x$ 也是定常系统。

以上分析说明，当无限时间状态调节器同时满足以下条件时，状态反馈增益矩阵才为常数矩阵：① 系统为线性定常系统；② 系统完全可控；③ 末值时刻 $t_f \to \infty$；④ J 中不含末值项，即 $S=0$；⑤ Q 为半正定矩阵，R 为正定矩阵。

此类问题称为**线性定常调节器**问题，也是工程中应用最广的一类调节器问题。

例 9.1.2 设线性定常系统的状态方程为 $\dot{x} = \begin{bmatrix} 0 & 1 \\ 0 & -1 \end{bmatrix}x + \begin{bmatrix} 0 \\ 1 \end{bmatrix}u$，$x(0) = \begin{bmatrix} 1 \\ 0 \end{bmatrix}$，其性能指标 $J = \int_0^{\infty}\left\{x^{\mathrm{T}}\begin{bmatrix} 1 & 0 \\ 0 & \mu \end{bmatrix}x + u^2\right\}\mathrm{d}t$，其中 $\mu \geqslant 0$。求最优控制 u^*，使性能指标 J 取极小值。

解： 检验系统可控性，可控性矩阵 $Q_c = \mathrm{rank}(B \quad AB) = 2$，系统可控。

设 $P = \begin{bmatrix} P_{11} & P_{12} \\ P_{21} & P_{22} \end{bmatrix}$，代入式(9.1.23)的代数 Riccati 方程，得

$$P = \begin{bmatrix} \sqrt{3+\mu} & 1 \\ 1 & \sqrt{3+\mu} - 1 \end{bmatrix}, \quad u^* = -x_1 - (\sqrt{3+\mu} - 1)x_2$$

$$J^* = \frac{1}{2}x^{\mathrm{T}}(0)Px(0) = \frac{1}{2}[1 \quad 0]\begin{bmatrix} \sqrt{3+\mu} & 1 \\ 1 & \sqrt{3+\mu} - 1 \end{bmatrix}\begin{bmatrix} 1 \\ 0 \end{bmatrix} = \frac{1}{2}\sqrt{3+\mu}$$

当 $\mu = 0$ 时，$J^* = \frac{\sqrt{3}}{2}$；当 $\mu = 1$ 时，$J^* = 1$。

4) 线性定常调节器的稳定性问题

现采用 Lyapunov 直接法来研究闭环系统的稳定性问题。取 Lyapunov 函数，$V(x) = x^{\mathrm{T}}Px$，假设 P 正定，则 $V(x)$ 正定。

这里不加证明地给出结论：使 P 为正定对称阵的充要条件是：$[A, E]$ 可观测。其中，E 是任意一个使 $EE^{\mathrm{T}} = Q$ 成立的矩阵。

现对 $V(x)=x^{\mathrm{T}}Px$ 求导,得

$$\dot{V}(x)=\dot{x}^{\mathrm{T}}Px+x^{\mathrm{T}}P\dot{x} \tag{9.1.24}$$

将 $\dot{x}=(A-BR^{-1}B^{\mathrm{T}}P)x$ 代入式(9.1.24),并且考虑式(9.1.23),有

$$\begin{aligned}\dot{V}(x)&=[Ax-BR^{-1}B^{\mathrm{T}}Px]^{\mathrm{T}}Px+x^{\mathrm{T}}P[Ax-BR^{-1}B^{\mathrm{T}}Px]\\&=x^{\mathrm{T}}[PA+A^{\mathrm{T}}P-PBR^{-1}B^{\mathrm{T}}P]x-x^{\mathrm{T}}PBR^{-1}B^{\mathrm{T}}Px\\&=-x^{\mathrm{T}}Qx-x^{\mathrm{T}}PBR^{-1}B^{\mathrm{T}}Px\end{aligned}$$

由于 Q 为非负定矩阵、R 为正定矩阵,而 P 也为正定矩阵,则 $\dot{V}(x)$ 负定。因此,定常情况下状态调节器平衡状态 $x_e=0$ 是渐近稳定的。即使开环系统 $\dot{x}=Ax+Bu$ 是不稳定的,只要 Q 为非负定矩阵、R 为正定矩阵,则线性定常调节器总是渐近稳定的。

2. 线性系统输出调节器问题

以上讨论的是状态调节器问题,即以系统的状态变量构造性能指标泛函,如果不用状态变量构造性能指标泛函,而是采用系统的输出观察值来构造性能指标泛函,此时称为输出调节器问题,那么该问题如何求解?

设系统(9.1.3)的输出方程为

$$y(t)=C(t)x(t)+D(t)u(t) \tag{9.1.25}$$

式中,$y(t)$ 为 m 阶输出向量(或称观察值向量);$C(t)$、$D(t)$ 分别为 $m\times n$ 阶、$m\times r$ 阶时变矩阵 $(m\leqslant n)$;$x(t)$ 和时间域均与前面系统(9.1.1)相同;系统的性能指标改为如下形式:

$$J=\frac{1}{2}\int_{t_0}^{t_f}[y(t)^{\mathrm{T}}Q_y(t)y(t)+u(t)^{\mathrm{T}}R_y(t)u(t)]\mathrm{d}t+\frac{1}{2}y_{t_f}{}^{\mathrm{T}}S_y y_{t_f} \tag{9.1.26}$$

式中,$Q_y(t)$ 和 S_y 为 m 阶非负定对称阵;$R(t)$ 仍为 r 阶正定对称阵 $(m\leqslant r)$;y_{t_f} 为系统的末值输出向量。这时的最优控制问题就变成了寻求最优控制律 $u^*(t)$,使性能指标泛函[式(9.1.26)]取得极小值的问题。可以证明,在系统(9.1.1)、系统(9.1.25)为完全可观测的条件下,可以将性能指标[式(9.1.26)]等效为性能指标[式(9.1.3)]。

首先,将式(9.1.25)代入式(9.1.26),得到如下形式的性能指标泛函:

$$\begin{aligned}J=&\frac{1}{2}\int_{t_0}^{t_f}[x(t)^{\mathrm{T}}Q(t)x(t)+u(t)^{\mathrm{T}}R(t)u(t)+2x^{\mathrm{T}}Nu(t)]\mathrm{d}t\\&+\frac{1}{2}[x_{t_f}{}^{\mathrm{T}}Sx_{t_f}+u(t)^{\mathrm{T}}R_1(t)u(t)+2x^{\mathrm{T}}N_1u(t)]\end{aligned} \tag{9.1.27}$$

式中,$Q(t)=C(t)^{\mathrm{T}}Q_y(t)C(t)$,$S=C(t_f)^{\mathrm{T}}S_yC(t_f)$,均为 n 阶非负定对称矩阵;$R=D(t)^{\mathrm{T}}Q_y(t)D(t)+R_y(t)$,为正定增益矩阵;$N=C(t)^{\mathrm{T}}Q_y(t)D(t)$;$R_1=D(t_f)^{\mathrm{T}}S_yD(t_f)$;$N_1=C(t_f)^{\mathrm{T}}S_yD(t_f)$。

采用前面介绍的方法,可得系统的最优控制律为

$$u(t)=-K(t)x(t)=-R(t)^{-1}[B(t)^{\mathrm{T}}P(t)+N(t)^{\mathrm{T}}]x(t) \tag{9.1.28}$$

Riccati 矩阵微分方程及其边界条件为

$$\dot{P}(t)+P(t)A(t)+A(t)^{\mathrm{T}}P(t)+Q(t)$$
$$-[P(t)B(t)+N(t)]R(t)^{-1}[B(t)^{\mathrm{T}}P(t)+N(t)^{\mathrm{T}}]=0$$
$$P(t_f)=S \tag{9.1.29}$$

若为无限时间调节器问题,则

$$J=\frac{1}{2}\int_{t_0}^{\infty}[y(t)^{\mathrm{T}}Q_y(t)y(t)+u(t)^{\mathrm{T}}R_y(t)u(t)]\mathrm{d}t$$

将式(9.1.25)代入后得

$$J=\frac{1}{2}\int_{t_0}^{\infty}[x(t)^{\mathrm{T}}Q(t)x(t)+u(t)^{\mathrm{T}}R(t)u(t)+2x^{\mathrm{T}}Nu(t)]\mathrm{d}t \tag{9.1.30}$$

式中,$Q(t)$、R、N 与式(9.1.27)相同,得到的控制方程和 Riccati 方程与式(9.1.28)和式(9.1.29)相同,只是边界条件变为 $P(\infty)=0$。

当 $D=0$,即方程(9.1.25)变为 $y(t)=C(t)x(t)$ 时,其控制方程与 Riccati 方程在形式上将完全退化到与 9.1.1 节中的对应方程完全相同。说明当系统是完全可观测时,即使采用输出观察值定义性能指标,也可以采用式(9.1.20)的最优控制解法,只要将从式(9.1.3)~式(9.1.22)的求解过程中的 $Q(t)$ 和 S 替换为 $Q(t)=C(t)^{\mathrm{T}}Q_y(t)C(t)$、$S=C(t_f)^{\mathrm{T}}S_yC(t_f)$ 即可。此时的反馈控制系统框图应该改变为如图 9.2 所示的形式。

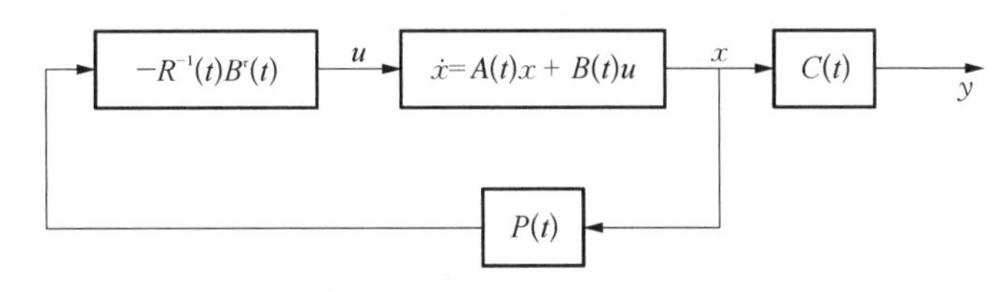

图 9.2　基于输出观察值定义性能指标的最优反馈控制系统框图

从图 9.2 可以看出,虽然输出调节器问题用输出值定义了性能指标,但最优控制律仍然是用系统的状态作为反馈,而不是用输出作反馈。也就是说,在构成最优控制律时仍然需要了解系统全部状态信息,这就要求根据系统输出的测量值能够完全确定系统的状态,即系统是完全可观测的,否则就不能求得最优控制,这也就是系统为完全可观测条件的重要性所在。

那么,能不能直接用系统的输出作为反馈呢?从本节的推导过程和式(9.1.20)可见,最优控制需要靠状态反馈来实现,而不能靠输出反馈来实现。但是,如果矩阵 $C(t)$ 是 $n\times n$ 阶非奇异方阵时,系统的输出 $y(t)$ 就与状态 $x(t)$ 一一对应了,此时也可以用系统的输出作反馈。不过,在实际工程问题中,$C(t)$ 一般都是 $m\times n$ 阶矩阵,且 $m<n$。这时,系统的输出量仅能反映系统状态中各分量的线性组合,而不能提供各分量的全部信息。也就是说,由 $x(t)$ 可以唯一确定 $y(t)$,而由 $y(t)$ 却未必能唯一确定 $x(t)$(系统未必完全能观测),此时就不能用输出作为反馈来得到最优控制。但一般认为,仍可以用输出作反馈,只

不过获得的是次最优控制,这在工程中也是十分有意义的。

3. 二次型最优控制问题讨论

为了在工程中更好地利用二次型最优控制,现对其中的一些问题加以讨论。

1) 关于控制变量 u 的约束问题

为了运用变分法,要求控制变量 u 不受限制,但在实际工程问题中往往是有困难的。如果 u 受到约束,就不能再用变分法进行推导。这时可以运用最小值原理(或庞特里亚金最大值原理)、动态规划法进行分析,对此本节不作进一步讨论。但可以证明,采用这些方法得到的最优控制规律与式(9.1.20)完全一致,区别仅在于哈密顿函数的最优值有所不同。

2) 最优控制 $u^*(t)$ 与性能指标极小值 $J_{\min}$ 之间的关系

根据变分法的基本思想,本节给出的最优控制应该只是使得性能指标泛函[式(9.1.3)]取极小值的必要条件,其充分条件需要考察性能指标泛函的二阶变分。但对于本节的问题,可以证明这里得到的最优控制不仅是使性能指标泛函[式(9.1.3)]取极小值的必要条件,而且也是充分条件。

证明: 由于矩阵 $P(t)$ 为对称阵,考察二次型 $x(t)^{\mathrm{T}}P(t)x(t)$,将其对时间 t 求导,可得

$$\frac{\mathrm{d}}{\mathrm{d}t}[x(t)^{\mathrm{T}}P(t)x(t)] = \dot{x}(t)^{\mathrm{T}}P(t)x(t) + x(t)^{\mathrm{T}}\dot{P}(t)x(t) + x(t)^{\mathrm{T}}P(t)\dot{x}(t) \tag{9.1.31}$$

将状态方程[式(9.1.1)]和 Riccati 矩阵微分方程[式(9.1.17)]代入式(9.1.31)右端,并引入恒等式:

$$u(t)^{\mathrm{T}}R(t)u(t) - u(t)^{\mathrm{T}}R(t)u(t) = 0 \tag{9.1.32}$$

可将式(9.1.32)写成如下形式(为节省篇幅,省略时间变量 t):

$$\frac{\mathrm{d}}{\mathrm{d}t}(x^{\mathrm{T}}Px) = -x^{\mathrm{T}}Qx - u^{\mathrm{T}}Ru + u^{\mathrm{T}}Ru + u^{\mathrm{T}}B^{\mathrm{T}}Px + x^{\mathrm{T}}PBu + x^{\mathrm{T}}PBR^{-1}B^{\mathrm{T}}Px \tag{9.1.33}$$

注意到 R 也为对称矩阵,经过配方等代数运算,可以将式(9.1.33)整理成如下简洁的二次型方程:

$$\frac{\mathrm{d}}{\mathrm{d}t}(x^{\mathrm{T}}Px) + x^{\mathrm{T}}Qx + u^{\mathrm{T}}Ru = \varepsilon^{\mathrm{T}}R\varepsilon \tag{9.1.34}$$

式中,

$$\varepsilon = u + R^{-1}B^{\mathrm{T}}Px \tag{9.1.35}$$

将式(9.1.34)在 $[t_0,\ t_f]$ 内对 t 积分,利用式(9.1.18)的关系和性能指标 J 的表达式

(9.1.3),可整理出如下方程:

$$J=\frac{1}{2}x_{t_f}^{\mathrm{T}}Sx_{t_f}+\frac{1}{2}\int_{t_0}^{t_f}(x^{\mathrm{T}}Qx+u^{\mathrm{T}}Ru)\mathrm{d}t=\frac{1}{2}x_0^{\mathrm{T}}P_0x_0+\frac{1}{2}\int_{t_0}^{t_f}\varepsilon^{\mathrm{T}}R\varepsilon\mathrm{d}t \tag{9.1.36}$$

分析式(9.1.36),现只知道矩阵 $P_0=P(t_0)$ 为对称阵,但还不知道它是否为正定或半正定,所以 $x_0^{\mathrm{T}}P_0x_0$ 未必一定大于等于零。而 R 却是正定对称阵,所以 $\varepsilon^{\mathrm{T}}R\varepsilon$ 为正定二次型,使得式(9.1.36)等号右边第二项积分式必大于零。由此可以得出结论,为使得性能指标 J 取极小值,须使式(9.1.36)等号右端第二项为零;或者说,只要 $\varepsilon=0$ 就可以使得式(9.1.36)等号右端第二项为零,从而使得性能指标 J 取极小值。而由式(9.1.35)可知,$\varepsilon=0$ 等价于 $u=-R^{-1}B^{\mathrm{T}}Px$,这正是本节得到的最优控制律[式(9.1.20)],这就证明了充分条件。证毕。

由于矩阵 R 正定,其逆可唯一确定,Riccati 矩阵微分方程的解 $P(t)$ 也是唯一确定的,本节的最优控制解存在且唯一。此外,对于线性系统二次型最优控制问题,在最优控制的条件下,性能指标泛函 J 的最优值为

$$J^{*}=\frac{1}{2}x_0^{\mathrm{T}}P_0x_0 \tag{9.1.37}$$

进一步地,由性能指标 J 的表达式(9.1.3)可知,在 $u\neq0$ 的情况下,J 一定大于零,所以从式(9.1.37)可以推断出矩阵 P_0 为正定对称阵,说明在整个区间 $[t_0,\ t_f]$ 内 $P(t)$ 皆为正定对称矩阵。

3）最优控制系统的搭建及控制流程的展开

注意到本节的系统是线性系统,最优控制已求出为状态变量的线性函数,因此根据状态变量的线性反馈就可以较容易地搭建起闭环反馈控制系统,对应的系统框图见图 9.1。根据该图可以这样理解最优控制流程:首先,系统的初始状态也是属于最优轨线中的一点,且为起点,即

$$x_0=x^{*}(t_0) \tag{9.1.38}$$

其次,由 Riccati 方程可以求出 $P(t)$ 矩阵的初值 $P(t_0)$;将 $x^{*}(t_0)$ 作用在 $P(t_0)$ 上反馈到输入端,就可以确定最优控制的初值:

$$u^{*}(t_0)=-R(t_0)^{-1}B(t_0)^{\mathrm{T}}P(t_0)x^{*}(t_0) \tag{9.1.39}$$

将该最优控制作用在系统上,可以得到下一时刻系统的最优状态,并进入下一步的反馈控制。由此可使最优反馈控制持续下去,直至达到控制的末端时刻 t_f。

4）本节最优控制算法的推广

本节仅针对 t_f 固定、末端状态自由的情形介绍了线性系统二次型性能指标最优控制的原理和方法。对于其他情形,可基于同样的控制规律进行分析,证明从略。由于针对线性系统二次型性能指标的最优控制问题,已建立了相对比较完整和成熟的求解方法,线性二次型最优控制方法在实际工程中得到了非常广泛的应用。

5）时滞问题

本节介绍的二次型性能指标线性系统的最优反馈控制算法，具有理论体系严密、逻辑关系明确等特点，但也存在一些问题，其中最主要的是时滞问题。由于反馈控制是利用系统的状态或者输出作为反馈，经过一定的运算获得最优控制律，然后施加到输入端对系统进行控制。但这时已经经过一定时间，系统状态已经发生变化，因此对系统发出的控制指令实际上已经滞后，控制效果是否还能达到最优，是否会发生不可预料的结果，如使系统失稳等，这些都有待于进一步研究。关于时滞对控制系统的影响，本书将在第 11 章中作进一步讨论。

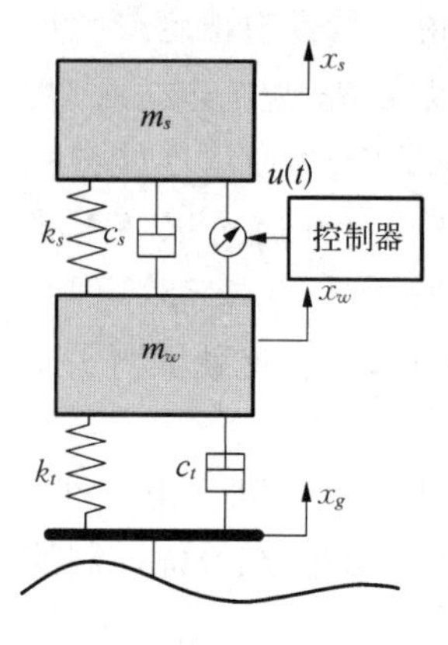

图 9.3　汽车悬架控制系统模型图

例 9.1.3　车身垂直振动是影响汽车行驶平顺性的主要因素，由于汽车结构复杂，现忽略车身的俯仰运动和侧倾运动，以磁流变阻尼器作为作动器，将系统简化为两自由度悬架半主动控制模型，其简化模型如图 9.3 所示。取悬架系统参数为：$m_s=136.05$ kg、$m_w=24.288$ kg、$k_s=10\ 200$ N/m、$k_t=98\ 000$ N/m、$c_t=15$ N/m。试采用二次型最优控制研究主动悬架的振动特性。

解： 利用第二类拉氏方程，得到悬架系统的动力学方程为

$$\begin{cases} m_s\ddot{x}_s+k_s(x_s-x_w)+c_s(\dot{x}_s-\dot{x}_w)-u(t)=0 \\ m_w\ddot{x}_w-k_s(x_s-x_w)-c_s(\dot{x}_s-\dot{x}_w)+k_t(x_w-x_g)+c_t(\dot{x}_w-\dot{x}_g)+u(t)=0 \end{cases} \tag{a}$$

式中，m_s 为簧载质量；m_w 为非簧载质量；k_s、c_s 分别为悬架刚度和阻尼；k_t、c_t 分别为轮胎刚度和阻尼；x_s、x_w 分别为簧载质量位移和非簧载质量位移；$u(t)$ 为控制力；x_g 为路面不平度。

选取状态向量为 $x=[x_s,\ \dot{x}_s,\ x_w,\ \dot{x}_w]^{\mathrm{T}}$，悬架系统的状态方程为

$$\dot{x}=Ax+Bu(t)+EW \tag{b}$$

式中，$A=\begin{bmatrix} 0 & 1 & 0 & 0 \\ -\dfrac{k_s}{m_s} & -\dfrac{c_s}{m_s} & \dfrac{k_s}{m_s} & \dfrac{c_s}{m_s} \\ 0 & 0 & 0 & 1 \\ \dfrac{k_s}{m_w} & \dfrac{c_s}{m_w} & \dfrac{-k_s-k_t}{m_w} & \dfrac{-c_s-c_t}{m_w} \end{bmatrix}$；$B=\begin{bmatrix} 0 \\ \dfrac{1}{m_s} \\ 0 \\ -\dfrac{1}{m_w} \end{bmatrix}$；$E=\begin{bmatrix} 0 & 0 \\ 0 & 0 \\ 0 & 0 \\ \dfrac{k_t}{m_w} & \dfrac{c_t}{m_w} \end{bmatrix}$；$W=\begin{bmatrix} x_g \\ \dot{x}_g \end{bmatrix}$。

令车身加速度 $y_1=\ddot{x}_s$，悬架动行程 $y_2=x_s-x_w$，轮胎动载荷 $y_3=k_t(x_w-x_g)+c_t(\dot{x}_w-\dot{x}_g)$，输出量为 $y=[y_1,\ y_2,\ y_3]^{\mathrm{T}}$，则悬架系统的输出方程为

$$y = Cx + Du(t) + GW \tag{c}$$

式中，$C = \begin{bmatrix} -\dfrac{k_s}{m_s} & -\dfrac{c_s}{m_s} & \dfrac{k_s}{m_s} & \dfrac{c_s}{m_s} \\ 1 & 0 & -1 & 0 \\ 0 & 0 & k_t & c_t \end{bmatrix}$；$D = \begin{bmatrix} \dfrac{1}{m_s} \\ 0 \\ 0 \end{bmatrix}$；$G = \begin{bmatrix} 0 & 0 \\ 0 & 0 \\ -k_t & -c_t \end{bmatrix}$。

因为路面激励不改变系统本身的稳定性，其状态方程为

$$\begin{cases} \dot{x} = Ax + Bu(t) \\ y = Cx + Du(t) \end{cases} \tag{d}$$

悬架系统的控制目标是提高汽车行驶平顺性和操纵稳定性，即尽可能地减小车身垂向振动加速度、轮胎动载荷和悬架动行程，同时要求实现控制目标的能量最小。因此，根据二次型最优控制方法，最优控制器的目标函数为

$$J = \frac{1}{2}\int_0^{\infty} [y^{\mathrm{T}}(t)Q_y y(t) + u(t)^{\mathrm{T}}R_y u(t)]\mathrm{d}t \tag{e}$$

式中，$Q_y = \mathrm{diag}[q_1,\ q_2,\ q_3]$；$R_y = [r]$；$q_1$、$q_2$、$q_3$ 和 r 分别为车身垂向振动加速度、悬架动行程、轮胎动载荷和控制力的加权系数，加权系数的大小表示性能指标在悬架设计中的重要程度，选取时必须综合考虑悬架的安全性和舒适性。

将输出方程代入式(e)中，整理可得二次型最优控制标准形式：

$$J = \frac{1}{2}\int_{t_0}^{\infty} [x(t)^{\mathrm{T}}Q(t)x(t) + u(t)^{\mathrm{T}}R(t)u(t) + 2x^{\mathrm{T}}Nu(t)]\mathrm{d}t \tag{f}$$

式中，$Q = C^{\mathrm{T}}Q_yC$；$R = D^{\mathrm{T}}Q_yD + R_y$；$N = C^{\mathrm{T}}Q_yD$。

根据最优控制理论，使目标函数取极小值，最优控制律为

$$u(t) = -Kx = -R^{-1}(B^{\mathrm{T}}P + N^{\mathrm{T}})x \tag{g}$$

式中，P 为如下矩阵 Riccati 方程的解：

$$PA + A^{\mathrm{T}}P - (PB + N)R^{-1}(B^{\mathrm{T}}P + N^{\mathrm{T}}) + Q = 0 \tag{h}$$

现对控制前后系统的响应进行分析。取 $Q_y = \mathrm{diag}[10^6, 800, 70]$，$R_y = [0.3]$，获得 P 后，可得 $K = [-9\,442, 398, -44\,115, -1\,360]$。由于人体对悬架垂直方向上 4~8 Hz 的振动频率较为敏感，取路面激励频率 $f = 5$ Hz，系统在路面确定性激励 $x_g = 0.004\sin(2\pi ft)$ 作用下，通过仿真可得主动悬架簧载质量加速度的响应特性如图 9.4 所示。为了与无控制时系统的响应特性进行对比，还将无控制时被动悬架的簧载质量加速度响应特性也列于图 9.4 中。从图 9.4 可以看出，与被动悬架相比，主动悬架控制后振幅有较大幅度减少。

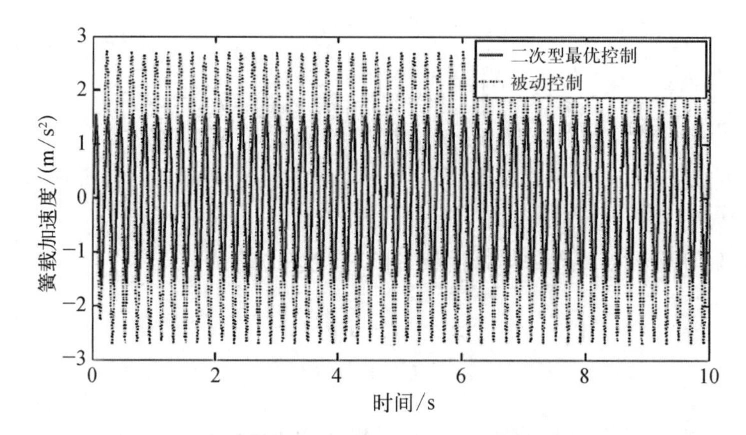

图 9.4　控制前后悬架簧载质量加速度响应特性

9.1.2　瞬时最优控制

进行最优控制过程中,对于有外扰的问题,由于要预知外扰信息,使用上受到很大限制,其根本原因是采用的优化目标函数是一段时间内的积分值。为克服该问题,有学者提出了瞬时最优控制,如 Yang(1987)。

考虑如下有外干扰的方程:

$$\dot{x} = Ax + Bu(t) + d(t), \quad x(t_0) = x_0 \tag{9.1.40}$$

$$y(t) = C(t)x(t) \tag{9.1.41}$$

采用如下的瞬时二次型目标函数 $J(t)$:

$$J(t) = x^{\mathrm{T}}(t)Qx(t) + u^{\mathrm{T}}(t)Ru(t) \tag{9.1.42}$$

式中, Q 为非负定对称矩阵; R 为正定增益矩阵。

要求在 $0 \leqslant t \leqslant t_f$ 的每一瞬时 t 设计 $u(t)$, 使 $J(t)$ 达到极小。

该问题可通过四阶 Runge-Kutta 法求解,解的形式为

$$x = x(t - 2\Delta t) + \frac{1}{6}(A_0 + 2A_1 + 2A_2 + A_3) \tag{9.1.43}$$

式中, Δt 为积分时间步长; A_0、A_1、A_2 和 A_3 是 $t - 2\Delta t$、$t - \Delta t$ 和 t 的函数:

$$A_0 = 2\Delta t[Ax(t - 2\Delta t) + Bu(t - 2\Delta t) + d(t - 2\Delta t)]$$

$$A_1 = 2\Delta t\{A[x(t - 2\Delta t) + 0.5A_0] + Bu[(t - \Delta t)] + d(t - \Delta t)\}$$

$$A_2 = 2\Delta t\{A[x(t - 2\Delta t) + 0.5A_1] + Bu[(t - \Delta t)] + d(t - \Delta t)\}$$

$$A_3 = 2\Delta t\{A[x(t - 2\Delta t) + A_2] + Bu[(t)] + d(t)\}$$

为了简化式子,令

$$D(t-2\Delta t,\ t-\Delta t)=x(t-2\Delta t)+\frac{1}{3}\Delta t\left\{\begin{matrix}Ax(t-2\Delta t)+Bu[(t-2\Delta t)]+d(t-2\Delta t)\\+2A[x(t-2\Delta t)+0.5A_0]\\+4Bu[(t-\Delta t)]+4d(t-\Delta t)\\+A[x(t-2\Delta t)+A_2]\end{matrix}\right\}\tag{9.1.44}$$

则

$$x=D(t-2\Delta t,\ t-\Delta t)+\frac{1}{3}\Delta t\{Bu[(t)]+d(t)\}\tag{9.1.45}$$

系统的最优控制问题,即是在满足式(9.1.45)的约束条件下使得系统的性能指标 $J(t)$ 取得最小值。现定义 Hamilton 函数:

$$\begin{aligned}H=&x^{\mathrm{T}}(t)Qx(t)+u^{\mathrm{T}}(t)Ru(t)+\lambda^{\mathrm{T}}(t)(x(t)-D(t-2\Delta t,\ t-\Delta t)\\&-\frac{1}{3}\Delta t\{Bu[(t)]+d(t)\})\end{aligned}\tag{9.1.46}$$

式中, $\lambda(t)$ 为拉格朗日算子。$J(t)$ 要取得最小值,必须满足以下条件:

$$\frac{\partial H}{\partial x}=0,\quad \frac{\partial H}{\partial u}=0,\quad \frac{\partial H}{\partial \lambda}=0\tag{9.1.47}$$

将式(9.1.46)代入式(9.1.47),可以获得系统反馈最优控制律:

$$u(t)=-\frac{1}{3}\Delta tR^{-1}B^{\mathrm{T}}Qx(t)\tag{9.1.48}$$

由式(9.1.48)可知,控制律 $u(t)$ 是 $x(t)$ 的函数,将控制律代入式(9.1.45),可得系统的状态量:

$$x(t)=\left[I+\left(\frac{\Delta t}{3}\right)^2BR^{-1}B^{\mathrm{T}}Q\right]^{-1}\left[D(t-2\Delta t,\ t-\Delta t)+\frac{\Delta t}{3}d(t)\right]\tag{9.1.49}$$

但瞬时反馈最优控制必须满足一定的条件,参见 Papalambros 等(2000)的文献可知,充分条件如下:

$$[\partial x^{\mathrm{T}}\quad \partial u^{\mathrm{T}}]\begin{bmatrix}\partial^2H/\partial x^2 & \partial^2H/\partial x\partial u\\ \partial^2H/\partial u\partial x & \partial^2H/\partial u^2\end{bmatrix}\begin{bmatrix}\partial x\\ \partial u\end{bmatrix}>0\tag{9.1.50}$$

对式(9.1.46)求微分可得

$$\frac{\partial H}{\partial x}=2Qx+\lambda^{\mathrm{T}},\quad \frac{\partial H}{\partial u}=2Ru-\frac{\Delta t}{3}B\lambda^{\mathrm{T}},\quad \frac{\partial^2 H}{\partial x^2}=2Q$$

$$\frac{\partial^2 H}{\partial u^2}=2R,\quad \frac{\partial^2 H}{\partial x\partial u}=\frac{\partial^2 H}{\partial u\partial x}=0\tag{9.1.51}$$

将式(9.1.51)代入式(9.1.50)中可得

$$2[\partial x^{\mathrm{T}} \quad \partial u^{\mathrm{T}}]\begin{bmatrix}Q & 0\\0 & R\end{bmatrix}\begin{bmatrix}\partial x\\\partial u\end{bmatrix}=2(\partial x^{\mathrm{T}}Q\partial x+\partial u^{\mathrm{T}}R\partial u)>0 \tag{9.1.52}$$

因此,只要保证 Q 为非负定矩阵,R 为正定矩阵,则可保证式(9.1.52)关系成立。

由式(9.1.48)和式(9.1.49)可见,t 时刻的控制 $u(t)$ 只与 t 时刻的外扰 $d(t)$ 及前一时刻 $(t-\Delta t)$ 的状态量、控制与外扰有关。与解 Riccati 方程相比,确定控制 $u(t)$ 的计算量要小得多,尤其是对于高阶系统。因此,瞬时最优控制对于有外扰的情况有较大的优越性。

9.2 H_∞ 控制

经过多年不断发展和完善,H_∞ 控制已成为一种具有较完整体系的鲁棒控制方法,它具有设计思想明确、控制效果好等优点,尤其适用于模型摄动的多输入多输出系统。H_∞ 控制以闭环传递函数的 H_∞ 范数极小作为性能指标,求出使系统内部稳定的控制器来达到控制的目的,目前基于频域的 H_∞ 控制理论已基本成熟,形成了一套完整的频域设计理论和方法;而基于时域的状态空间 H_∞ 控制算法主要包括基于 Riccati 方程的 DGKF 方法及线性矩阵不等式(linear matrix inequality, LMI)方法,由于它们具有揭示系统内部结构、易于结合计算机辅助设计等特点,已成为近年来 H_∞ 控制的主要研究方向,参见王广雄等(2010)的文献。下面主要针对 H_∞ 控制理论和基于状态空间的 Riccati 算法、LMI 算法进行介绍。

9.2.1 H_∞ 控制基本理论

如图 9.5 所示的控制系统,G 为广义被控对象,K 为控制器。图中各信号均为向量信号,w 为外部输入信号,包括参与(指令)信号、干扰和传感器噪声;u 为控制信号;z 为所要控制的系统响应,也称评价信号,通常包括跟踪误差、调节误差和执行机构输出等;y 为量测输出信号,它们分别满足:$w\in \mathrm{R}^{m1}$, $u\in \mathrm{R}^{m2}$, $z\in \mathrm{R}^{p1}$, $y\in \mathrm{R}^{p2}$。控制的任务在于寻找 K,使得从 w 到 z 的闭环传递函数 $G_{zw}(s)$ 的 H_∞ 范数最小。

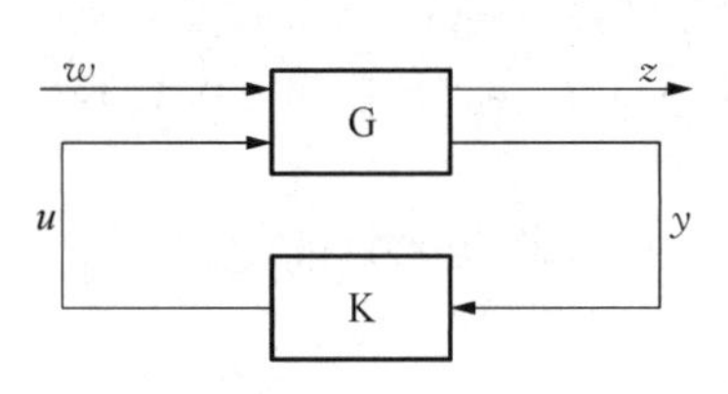

图 9.5 H_∞ 标准控制问题

对一个稳定的有理函数矩阵 H, 其 H_∞ 范数定义为

$$\|H\|_\infty=\sup_{\mathrm{Re}(s)\geqslant 0}\sigma\{[H(s)]\} \tag{9.2.1}$$

式中,sup 表示上确界;Re 表示 s 的实部;$\sigma(*)$ 表示最大奇异值向量运算符。

若 H 所代表的稳定系统的输入为 $w(t)$,输出为 $z(t)$,$\tilde{w}(s)$、$\tilde{z}(s)$ 为其拉普拉斯变换,则有

$$\|H\|_\infty=\sup_{w(t)\neq 0}\frac{\|z(t)\|_2}{\|w(t)\|_2}=\sup_{\tilde{w}(s)\neq 0}\frac{\|\tilde{z}(s)\|_2}{\|\tilde{w}(s)\|_2} \tag{9.2.2}$$

其中，$\| z \|_2$ 定义为

$$\| z \|_2 = \sqrt{\int_0^{\infty} z^*(t) z(t) \mathrm{d}t} = \sqrt{\frac{1}{2\pi}\int_{-\infty}^{\infty} \tilde{z}^*(\mathrm{j}\omega) \tilde{z}(\mathrm{j}\omega) \mathrm{d}\omega}$$

设广义被控对象 G 的状态空间实现为

$$\begin{cases} \dot{x} = Ax + B_1 w + B_2 u \\ z = c_1 x + D_{11} w + D_{12} u \\ y = c_2 x + D_{21} w + D_{22} u \end{cases} \tag{9.2.3}$$

相应的传递函数矩阵为

$$G(s) = \begin{bmatrix} G_{11}(s) & G_{12}(s) \\ G_{21}(s) & G_{22}(s) \end{bmatrix} = \begin{bmatrix} A & B_1 & B_2 \\ C_1 & D_{11} & D_{12} \\ C_2 & D_{21} & D_{22} \end{bmatrix} \tag{9.2.4}$$

于是,有

$$\begin{bmatrix} z \\ y \end{bmatrix} = G(s) \begin{bmatrix} w \\ u \end{bmatrix} = \begin{bmatrix} G_{11}(s) & G_{12}(s) \\ G_{21}(s) & G_{22}(s) \end{bmatrix} \begin{bmatrix} w \\ u \end{bmatrix} \tag{9.2.5}$$

设反馈控制律为

$$u = K(s) y \tag{9.2.6}$$

则从 w 到 z 的闭环传递函数矩阵为

$$G_{zw}(s) = G_{11} + G_{12} K (I - G_{22} K)^{-1} G_{21} \tag{9.2.7}$$

所要设计的反馈控制律 u,应使闭环系统内稳定且满足:

$$\| G_{zw}(s) \|_{\infty} < \gamma \tag{9.2.8}$$

式中,γ 为一给定正实数。

9.2.2　H_{∞} 控制问题的解法

1. 基于 Riccati 方程方法

针对式(9.2.3)的系统,若 $D_{11} = 0$, $D_{22} = 0$,且 G 满足下列假设条件:(A, B_1) 能稳定、(C_1, A) 能检测、(A, B_2) 能稳定、(C_2, A) 能检测,以及:

$$D_{12}^{\mathrm{T}} [C_1 \quad D_{12}] = [0 \quad I], \quad \begin{bmatrix} B_1 \\ D_{21} \end{bmatrix} D_{21}^{\mathrm{T}} = \begin{bmatrix} 0 \\ I \end{bmatrix}$$

则可以通过求解如下两个 Riccati 方程求得 X_{∞} 和 Y_{∞},进而求得 K:

$$A^{\mathrm{T}} X_{\infty} + X_{\infty} A + X_{\infty} (\gamma^{-2} B_1 B_1^{\mathrm{T}} - B_2 B_2^{\mathrm{T}}) X_{\infty} + C_1^{\mathrm{T}} C_1 = 0 \tag{9.2.9}$$

$$A Y_{\infty} + Y_{\infty} A^{\mathrm{T}} + Y_{\infty} (\gamma^{-2} C_1^{\mathrm{T}} C_1 - C_2^{\mathrm{T}} C_2) Y_{\infty} + B_1 B_1^{\mathrm{T}} = 0 \tag{9.2.10}$$

且满足：

$$X_\infty \geqslant 0,\quad Y_\infty \geqslant 0,\quad \rho(X_\infty Y_\infty) < \gamma^2$$

则输出反馈动态控制器为

$$K(s)=\begin{bmatrix}\hat{A}_\infty & -Z_\infty L_\infty \\ F_\infty & 0\end{bmatrix} \tag{9.2.11}$$

式中，$\hat{A}_\infty = A+\gamma^{-2}B_1B_1^{\mathrm{T}}X_\infty + B_2F_\infty + Z_\infty L_\infty C_2$；$F_\infty = -B_2^{\mathrm{T}}X_\infty$；$L_\infty = -Y_\infty C_2^{\mathrm{T}}$；$Z_\infty = (I-\gamma^{-2}Y_\infty X_\infty)^{-1}$。

2. 基于 LMI 算法

该方法主要通过对式(9.2.3)进行变换，分离出控制器参数，然后推导出不含控制器参数的 H_∞ 控制器的存在条件，该条件是由两个未知对称矩阵 R、S 及广义对象的状态空间参数表示的 3 个 LMI，利用 LMI 求出 R、S 等参数后可以获得控制器参数。

从式(9.2.8)可以看出，在 H_∞ 控制问题中，系统的性能指标用系统闭环传递函数矩阵的 H_∞ 范数来表示。若在状态空间描述的系统中采用 LMI 算法求解 H_∞ 控制问题，建立状态空间参数矩阵与传递函数矩阵的 H_∞ 范数之间的关系是研究 H_∞ 控制算法的关键。

引理 9.2.1 （有界实引理）针对系统(9.2.3)的闭环系统，给定的一个常数$\gamma>0$，条件(1)和(2)是等价的。

(1) A 是稳定的，且 $\| G_{zw}(s) \|_\infty < \gamma$；

(2) 下面的 LMI 存在对称矩阵 $P_{cl}>0$ 的解：

$$\begin{bmatrix} A_{cl}^{\mathrm{T}}P_{cl}+P_{cl}A_{cl} & P_{cl}B_{cl} & C_{cl}^{\mathrm{T}} \\ B_{cl}^{\mathrm{T}}P_{cl} & -\gamma I & D_{cl}^{\mathrm{T}} \\ C_{cl} & D_{cl} & -\gamma I \end{bmatrix} < 0 \tag{9.2.12}$$

式中，$(A_{cl},\ B_{cl},\ C_{cl},\ D_{cl})$ 为闭环传递函数 $G_{zw}(s)$ 的状态空间实现。

该引理是闭环传递函数 $G_{zw}(s)$ 的 H_∞ 范数与 LMI 之间的关系，使得 H_∞ 控制问题可基于 LMI 得以求解。由于 LMI 算法不是利用解析式进行分析和推导，对广义对象的假设比较简单，只有以下两条：①$(A,\ B_2,\ C_2)$ 是可镇定和可检测的；② $D_{22}=0$。

设 $K(s)$ 为待求的控制器，其传递函数为

$$K(s)=\begin{bmatrix}A_K & B_K \\ C_K & D_K\end{bmatrix},\quad A_K \in \mathrm{R}^{k\times k}$$

根据 $G(s)$、$K(s)$ 可得系统从 w 到 z 的闭环传递函数为

$$G_{zw}(s)=F_l(G,\ K)=\begin{bmatrix}A_{cl} & B_{cl} \\ C_{cl} & D_{cl}\end{bmatrix}$$

式中，$A_{cl}=\begin{bmatrix}A+B_2D_KC_2 & B_2C_K \\ B_KC_2 & A_K\end{bmatrix}$；$B_{cl}=\begin{bmatrix}B_1+B_2D_KD_{21} \\ B_KD_{21}\end{bmatrix}$；$C_{cl}=[C_1+D_{12}D_KC_2 \quad D_{12}C_K]$；

$D_{cl} = D_{11} + D_{12}D_KD_{21}$。

现将控制器的所有参数集中为一个变量：

$$\theta = \begin{bmatrix} A_K & B_K \\ C_K & D_K \end{bmatrix} \in \mathrm{R}^{(k+m_2)\times(k+p_2)} \tag{9.2.13}$$

并采用下列符号以便将控制器与广义对象的参数分开：

$$A_0 = \begin{bmatrix} A & 0 \\ 0 & 0_K \end{bmatrix},\quad B_0 = \begin{bmatrix} B_1 \\ 0 \end{bmatrix},\quad C_0 = [C_1 \quad 0],\quad \beta_1 = \begin{bmatrix} 0 & B_2 \\ I_K & 0 \end{bmatrix}$$

$$\beta_2 = \begin{bmatrix} 0 & I_K \\ C_2 & 0 \end{bmatrix},\quad \beta_{12} = [0 \quad D_{12}],\quad \beta_{21} = \begin{bmatrix} 0 \\ D_{21} \end{bmatrix} \tag{9.2.14}$$

这时，闭环的各矩阵可写为

$$\begin{cases} A_{cl} = A_0 + \beta_1\theta\beta_2, & B_{cl} = B_0 + \beta_1\theta\beta_{21} \\ C_{cl} = C_0 + \beta_{12}\theta\beta_2, & D_{cl} = D_{11} + D_{12}\theta\beta_{21} \end{cases} \tag{9.2.15}$$

将闭环系统 $F(G, K)$ 的这个实现 $(A_{cl}, B_{cl}, C_{cl}, D_{cl})$ 代入有界实引理中的式(9.2.12)，整理后得

$$\varphi_{P_{cl}} + \varsigma_1^{\mathrm{T}}\theta^{\mathrm{T}}\varsigma_2 D_{P_{cl}} + D_{P_{cl}}\varsigma_2^{\mathrm{T}}\theta\varsigma_1 < 0 \tag{9.2.16}$$

式中，

$$\varsigma_1 = [\beta_2 \quad \beta_{21} \quad 0],\quad \varsigma_2 = [\beta_1^{\mathrm{T}} \quad 0 \quad \beta_{12}^{\mathrm{T}}],\quad D_{P_{cl}} = \mathrm{diag}(P_{cl} \quad I \quad I)$$

$$\varphi_{P_{cl}} = \begin{bmatrix} A_0^{\mathrm{T}}P_{cl} + P_{cl}A_0 & P_{cl}B_0 & C_0^{\mathrm{T}} \\ B_0^{\mathrm{T}}P_{cl} & -\gamma I & D_{11}^{\mathrm{T}} \\ C_0 & D_{11} & -\gamma I \end{bmatrix} \tag{9.2.17}$$

式(9.2.17)表明，$\varphi_{P_{cl}}$ 中只包含对象的参数，控制器参数 θ 都只出现在式(9.2.16)的后两项中，且呈仿射关系。现在考虑 θ 矩阵的求解问题。

引理 9.2.2 （投影引理）已知对称矩阵 $\varphi \in \mathrm{R}^{m\times m}$ 和列的维数均为 m 的两个矩阵 P 和 Q，θ 矩阵满足下列不等式：

$$\varphi + P^{\mathrm{T}}\theta^{\mathrm{T}}Q + Q^{\mathrm{T}}\theta P < 0 \tag{9.2.18}$$

设 P 和 Q 的零空间由 W_P 和 W_Q 矩阵的各列所生成，则式(9.2.18)可解的充要条件是

$$W_P^{\mathrm{T}}\varphi W_P < 0,\quad W_Q^{\mathrm{T}}\varphi W_Q < 0 \tag{9.2.19}$$

利用引理 9.2.2 消去式(9.2.16)中的控制器参数 θ，从而可得出 H_∞ 次优问题有解的条件。

定理 9.2.1 对于 n 阶系统(9.2.3)，假设 (A, B_2, C_2) 是可镇定和可检测的 $(D_{22} = 0)$；并设 N_R、N_S 分别为表示 $(B_2^{\mathrm{T}}, D_{12}^{\mathrm{T}})$ 和 (C_2, D_{21}) 零空间的正交基。性能指标是 γ

的 H_∞ 问题可解的充要条件是,存在满足下列三个 LMI 的对称阵 $R,\ S \in \mathrm{R}^{n\times n}$:

$$\begin{bmatrix} N_R & 0 \\ 0 & I \end{bmatrix}^{\mathrm{T}} \begin{bmatrix} AR + RA^{\mathrm{T}} & RC_1^{\mathrm{T}} & B_1 \\ C_1 R & -\gamma I & D_{11} \\ B_1^{\mathrm{T}} & D_{11}^{\mathrm{T}} & -\gamma I \end{bmatrix} \begin{bmatrix} N_R & 0 \\ 0 & I \end{bmatrix} < 0$$

$$\begin{bmatrix} N_S & 0 \\ 0 & I \end{bmatrix}^{\mathrm{T}} \begin{bmatrix} A^{\mathrm{T}}S + SA & SB_1 & C_1^{\mathrm{T}} \\ B_1^{\mathrm{T}}S & -\gamma I & D_{11}^{\mathrm{T}} \\ C_1 & D_{11} & -\gamma I \end{bmatrix} \begin{bmatrix} N_S & 0 \\ 0 & I \end{bmatrix} < 0,\quad \begin{bmatrix} R & I \\ I & S \end{bmatrix} \geqslant 0$$

此外,关于降阶的 k 阶控制器 ($k < n$) 存在的充要条件还要补充秩的条件: $\mathrm{rank}(I - RS) \leqslant k$。

利用这三个 LMI 可获得参数 R、S,并将其进一步用于确定控制器参数,这就是 H_∞ 次优控制问题,也称为 H_∞ 次优控制器的参数化。R、S 表示所有 H_∞ 范数小于 γ 的控制器,现介绍获得 R、S 矩阵后确定控制器参数的方法。对于全阶控制器,即控制器的阶数与广义系统对象相同,$k = n$。先用奇异值分解(singular value decomposition, SVD)计算出满足下式的两个可逆阵 $M,\ N \in \mathrm{R}^{n\times n}$:

$$MN^{\mathrm{T}} = I - RS \tag{9.2.20}$$

这样,P_{cl} 就是下列线性方程的唯一解:

$$P_{cl}\begin{bmatrix} R & I \\ M^{\mathrm{T}} & 0 \end{bmatrix} = \begin{bmatrix} I & S \\ 0 & N^{\mathrm{T}} \end{bmatrix} \tag{9.2.21}$$

式中,M、N 的具体值不会影响最终结果。

$\begin{bmatrix} R & I \\ I & S \end{bmatrix} \geqslant 0$ 还保证了 $P_{cl} > 0$。有了 P_{cl},式(9.2.16)中就只有控制器的参数 θ 是未知的,而且这个不等式对 θ 来说是仿射的,因此控制器的参数 ($A_k,\ B_k,\ C_k,\ D_k$) 就可以用凸优化的算法求得。式(9.2.16)也称为控制器的线性矩阵不等式,具体在求解这个控制器的 LMI 时还要考虑所用算法的效率和数值稳定性问题。

H_∞ 控制是一种具有很好鲁棒性的设计方法,可直接在状态空间进行设计,具有计算精确和最优化等优点,为具有模型摄动的不确定性 MIMO 系统提供了一种既能保证控制系统的鲁棒稳定性,又能优化某些性能指标的控制器设计方法。相信随着 H_∞ 控制研究的深入和计算机技术的发展,H_∞ 控制存在的一些问题(如理论复杂、计算量大及对某些对象控制效果不好等)将会逐步得到解决,适用范围更广泛,应用前景更好。

9.3 模态控制

第 2 章振动系统动力学建模已经介绍,对于多自由度或无限自由度的振动系统,往往通过解析方法、有限元法或试验方法获得系统的振型和频率,进而将物理坐标下多自由度或无限自由度动力学方程变为有限自由度的模态坐标下的动力学方程。模态控制就是对模态坐标下的动力学方程进行控制,从而抑制系统振动的方法。模态控制于1983年首次由Meirovitch提出,这种控制方法清晰直观并可使系统简化。模态控制法主要分为模态耦合控制法、独立模态空间控制法两种,可参见顾仲权等(1998)的专著。模态耦合控制的优点是可以利用模态间的相互耦合,采用较少的作动器控制较多的模态,缺点是求解困难,需要耗费大量机时;而后者对所需控制的模态进行独立控制,不影响其他模态,具有计算量小、设计方便、不会导致不稳定等优点,已成为模态控制中的主流方法。但该方法也有缺点,如需要较多的传感器和作动器,其数量需大于或等于模态阶数。

9.3.1　模态控制的基本原理

1. 模态方程建立

首先讨论有限自由度振动系统。设系统自由度为 n,系统状态空间方程为

$$\begin{cases}\dot{x}(t) = Ax(t) + Bu(t)\\ y(t) = Cx(t)\end{cases} \tag{9.3.1}$$

式中, $x(t)$ 为 $2n\times1$ 阶向量。设 A 的特征向量矩阵为 E,令

$$x(t) = Ez(t) \tag{9.3.2}$$

式中, $z(t)$ 称为模态坐标。

则

$$\begin{cases}\dot{z}(t) = E^{-1}AEz(t) + E^{-1}Bu(t)\\ y(t) = CEz(t)\end{cases} \tag{9.3.3}$$

令 $E^{-1}AE = A'$, $E^{-1}B = B'$, $CE = C'$, A' 为特征值构成的对角矩阵,则系统模态坐标下的方程为

$$\begin{cases}\dot{z}(t) = A'z(t) + B'u(t)\\ y(t) = C'z(t)\end{cases} \tag{9.3.4}$$

有限自由度系统的动力学方程可由常微分方程组准确描述,且系统模态数量有限,可以直接获得式(9.3.4)的模态方程。

现在讨论无限自由度振动系统。对于无穷自由度的连续系统,由于其动力学方程为偏微分方程,系统原则上具有无穷多个模态,取无穷多个模态进行分析显然是不可能的。但一般只有部分模态对系统的振动响应有较大贡献,因此无限自由度系统可通过降维用有限模态来近似,并且可通过加大模态数量实现任意精度的逼近。需要说明的是,模态降维不仅适用于无限自由度系统,即使是有限维自由度,有时为了简化计算,也需要对模型进行降维,即只考虑部分模态的影响。

一般将系统中予以考虑的模态称为控制模态,未加考虑的模态称为剩余模态,分别用 $z_c(t)$ 和 $z_r(t)$ 表示,则系统的模态方程可写为

$$\begin{bmatrix} \dot{z}_c(t) \\ \dot{z}_r(t) \end{bmatrix} = \begin{bmatrix} A_c & 0 \\ 0 & A_r \end{bmatrix} \begin{bmatrix} z_c(t) \\ z_r(t) \end{bmatrix} + \begin{bmatrix} B_c \\ B_r \end{bmatrix} u(t) \tag{9.3.5}$$

$$y(t) = [C_c \quad C_r] \begin{bmatrix} z_c(t) \\ z_r(t) \end{bmatrix} \tag{9.3.6}$$

式中,矩阵 $[B_c^{\mathrm{T}} \quad B_r^{\mathrm{T}}]$ 和 $[C_c \quad C_r]$ 分别等效于式(9.3.3)中的 $E^{-1}B$ 和 CE, 其中:

$$\dot{z}_c(t) = A_c z_c(t) + B_c u(t) \tag{9.3.7}$$

说明降维后的控制方程仍可以写成与式(9.3.4)类似的形式,因此下面将采用式(9.3.4)进行讨论。

2. 耦合模态控制和独立模态控制

耦合模态控制: 对于模态方程(9.3.4),令 $u(t) = -Kz(t)$,可以直接利用前述的方法进行极点配置或最优控制等。由于控制力相互耦合,直接进行控制的方法称为**耦合模态控制**。若进行最优控制,$K = R^{-1}B'^{\mathrm{T}}P$,其中 P 为 Riccati 方程的解,为 $2n \times 2n$ 阶矩阵,求解高阶 Riccati 方程比较困难。虽然可以利用模态间的相互耦合,采用较少的作动器控制较多的模态,但由于耦合控制求解困难,目前应用较少。

独立模态控制: 在输入 $u(t)=0$ 的情况下,由于 A' 为对角矩阵,则模态坐标 z 的各个元素的自然响应衰减与所有其他量无关。考虑机械系统模态响应的动力学特点,可以设计一个不影响模态振型、但能独立控制模态频率的控制系统。

若系统的输入信号数量、可测响应数量皆与状态变量相同,则 C、B、E 均为方阵。若矩阵 CE 的任一列不全为零,则该系统为可观系统。若矩阵 CE 可逆,则

$$z(t) = [CE]^{-1} y(t) \tag{9.3.8}$$

同理,若矩阵 $E^{-1}B$ 任一行不全为零,则该系统为可控系统。若矩阵 $E^{-1}B$ 可逆,设

$$u(t) = -B^{-1}EG_z z(t) \tag{9.3.9}$$

则式(9.3.3)变为

$$\dot{z}(t) = (A' - G_z) z(t) \tag{9.3.10}$$

若 G_z 为对角矩阵,则 $A' - G_z$ 也为对角矩阵。因此,可在不改变特征向量的情况下,通过控制独立改变系统特征值,使控制后的系统解耦,实现各个模态独立控制。因为反馈是在模态空间中进行的,所以控制策略[式(9.3.9)]称为**独立模态控制**。该方法比较便于控制,因此得到了广泛应用。

式(9.3.10)中,G_z 称为模态增益矩阵,矩阵中非零元素的数目与状态变量数目相对应。矩阵 $E^{-1}C^{-1}$ 称为模态分析器,矩阵 $B^{-1}E$ 称为模态合成器。模态反馈控制过程结构图见图 9.6。

模态增益矩阵 G_z 可调整,以实现不同的控制目标。独立模态控制中需要 C、B、E 均为方阵,即模态分析器和模态合成器的实施均需要满秩矩阵。

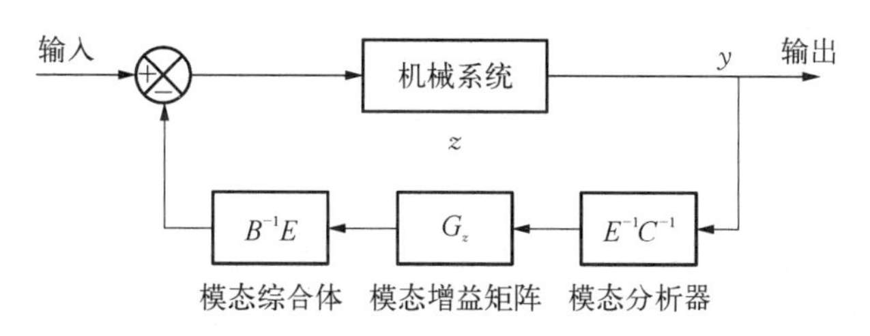

图 9.6　模态反馈控制器框图

9.3.2　模态溢出

为了获得有限自由度的模态坐标下的方程,多自由度系统或连续系统往往需要降维,只考虑部分模态的影响,未加考虑的模态称为剩余模态。但剩余模态会对模态控制产生一定的影响,现对该问题进行分析。

对于式(9.3.5)、式(9.3.6),由于式(9.3.6)中存在 C_r,说明系统输出 $y(t)$ 至少受到部分剩余模态的影响,这种现象称为**观测溢出**。此外,系统的输入信号能通过式(9.3.5)中的矩阵 B_r 激发一些剩余模态,这种现象称为**控制溢出**。若仅考虑控制模态的模态反馈系统,式(9.3.8)和式(9.3.9)可化为

$$u(t) = -B_c^{-1}G_cC_c^{-1}y(t)$$

式中,G_C 为模态增益对角矩阵。

将反馈策略代入式(9.3.5),并根据式(9.3.6),得闭环系统方程为

$$\begin{bmatrix}\dot{z}_c(t)\\ \dot{z}_r(t)\end{bmatrix} = \left(\begin{bmatrix}A_c & 0\\ 0 & A_r\end{bmatrix} - \begin{bmatrix}G_c & G_cC_c^{-1}C_r\\ B_rB_c^{-1}G_c & B_rB_c^{-1}G_cC_c^{-1}C_r\end{bmatrix}\right)\begin{bmatrix}z_c(t)\\ z_r(t)\end{bmatrix} \tag{9.3.11}$$

从式(9.3.11)可以看出,即使 G_c 的对角元素以期望的方式影响控制模态的特征值 A_C,但剩余模态也会产生影响。如果系统矩阵不是对角矩阵,则向量 $\begin{bmatrix}z_c(t)\\ z_r(t)\end{bmatrix}$ 中的元素不再是模态坐标,闭环系统特征向量变化,则特征值也随之变化。最坏的情况是,特征值实部增加到非负,导致闭环系统失稳。因此,无论是观测溢出(非负矩阵 C_r)还是控制溢出(非负矩阵 B_r),都会破坏系统的稳定性,但当只对连续系统有限维模态坐标实施控制时,必然产生以上影响。

9.3.3　滤模态及模态坐标的估计

在控制过程中,由于模态参数无法直接量测,获取模态参数有两种方法,分别为滤模态及模态坐标估计。

1. 滤模态

为实现模态空间控制,首先需要测量物理空间下的输出 $y(t)$,然后利用 $y(t) = CEz(t)$ 获得模态坐标 $z(t)$。从物理坐标提取模态坐标的环节称为**"滤模态"**,进行模态

提取时,传感器数量应大于或等于模态阶数。对于式(9.3.8),若 $E^{-1}C^{-1}$ 为方阵,即传感器的数量与模态坐标数相同时,则通过该式可以唯一地确定模态坐标,该式为模态滤波器的表达式。

2. 模态坐标估计

由于模态提取时传感器数量应大于等于模态阶数,当选取的模态较多时,获得同等数量的输出测量值难度往往比较大。此时可以考虑采用模态观测器(有随机输入时采用卡尔曼滤波器),通过电子模型模拟机械系统进行模态坐标估计,该电子模型由和物理系统相同的输入信号驱动。

由 $z(t)=[z_c(t)z_r(t)]^{\mathrm{T}}$, 设观测器的阶数与可控模态矢量 $z_c(t)$ 的阶数相同。由式(9.3.5)和式(9.3.6)可知,利用模态观测器获得模态坐标的估计值为

$$\dot{\hat{z}}_c=A_c\hat{z}_c+B_cu+M(y-C_c\hat{z}_c)=A_c\hat{z}_c+B_cu-MC_c(\hat{z}_c-z_c)+MC_rz_r$$

而由(9.3.5)知, $\dot{z}_c=A_cz_c+B_cu$, 记 $e_c=\hat{z}_c-z_c$, 则

$$\dot{e}_c=(A_c-MC_c)e_C+MC_rz_r \tag{9.3.12}$$

从式 (9.3.12)可以看出,观测溢出项直接影响模态观测器的性能。为了消除或减轻其不利影响,通常采用如下的方法:对传感器输出进行滤波,滤掉含剩余模态频率的振动分量;采用大量传感器,实现近似性好的模态滤波;增加被动阻尼,使受控对象的各级模态阻尼增大,增大剩余模态稳定裕度等。此外,还可以采用对位速度反馈、直馈法、罚函数法及非线性控制方法等。

9.4 自适应控制

前面介绍的控制方法,都假定被控对象或过程的数学模型是已知的,这类方法统称为基于完全模型方法。基于完全模型的控制方法可以进行各种分析、综合,并得到可靠、精确和满意的控制效果。然而在许多工程中,被控对象或过程的数学模型事先是难以确定的,即使在某一条件下被确定的数学模型,在工况和条件改变以后,其动态参数,乃至模型的结构仍然经常发生变化。对于这些事先难以确定数学模型的系统,采用事先鉴定好控制器参数的常规控制器不可能得到很好的控制品质。为此,需要设计一种特殊的控制系统,它能够自动地补偿在模型阶次、参数和输入信号方面非预知的变化,这就是**自适应控制**。

自适应控制的特点就是对于系统无法预知的变化,能自动地不断使系统保持所希望的状态。因此,一个自适应控制系统,在其运行过程中,应能通过不断地测取系统的输入、状态、输出或性能参数,逐渐地了解和掌握对象,然后根据所获得的过程信息,作出控制决策去修正控制器的结构、参数或控制作用,以便在某种意义下使控制效果达到最优或次优。目前,比较成熟的自适应控制可分为两大类:模型参考自适应控制(model reference adaptive control, MRAC)和自校正控制(self-turning control, STC)。下面将分别对这两种控制方式进行介绍。

9.4.1　模型参考自适应控制

模型参考自适应控制(即简化自适应控制),通过跟踪一个预先定义的参考模型,按照反馈和辅助控制器参数的自适应控制规则,使系统达到预期的最优性能。模型参考自适应控制系统的基本结构如图9.7所示,它由四部分组成:被控对象(包含未知参数)、参考模型(即系统的期望输出)、包含调节参数的控制器和一个在线调节控制器参数的自适应控制调节器。下面对这四部分结构进行简单说明。

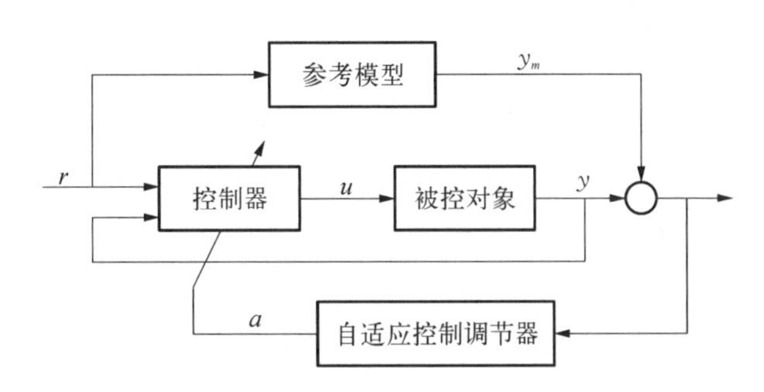

图9.7　模型参考自适应控制系统的基本结构

(1) 被控对象:尽管参数未知,但假设其具有已知的结构。对于线性系统,意味着系统零点和极点的数目是已知的,但是其分布是未知的。对于非线性系统,意味着动态系统的结构已知,但是其中某些参数是未知的。

(2) 参考模型:是用来描述自适应控制系统对外界命令的理想响应,提供了自适应机制通过自适应调节参数应该能跟踪的理想特性。参考模型的合理选取是自适应控制系统设计的一部分,其选择应当满足两个条件:① 参考模型应当能够反映控制任务所制定的性能;② 这一理想的行为对于自适应控制系统应当是可以实现的。

(3) 控制器:具有参数化的形式,由一些可调节的参数构成(意味着可以通过制定可调节参数的值获得一类控制器),控制器应该具有完全跟踪的能力。

(4) 自适应控制调节器:用来调节控制器中的参数。

模型参考自适应系统通过这四个部分结构构成了内环、外环两个环路:由控制器和受控对象组成内环,这一部分称为可调系统;由参考模型和自适应机构组成外环。实际上,模型参考自适应控制相当于在常规的反馈控制回路上附加一个参考模型和控制器参数的自动调节回路。在该系统中,参考模型的输出或状态相当于给定一个动态性能指标(通常,参考模型是一个响应较好的模型),目标信号同时加在可调系统与参考模型上,通过比较受控对象与参考模型的输出或状态来得到两者之间的误差信息,按照一定的规律(自适应律)来更新控制器的参数(称为参数自适应方案)或直接改变加到对象输入端的信号(即产生一个辅助输入信号,称为信号综合自适应方案),从而使受控制对象的输出尽可能地跟随参考模型的输出。参数修正的规律或辅助输入信号的产生是由自适应机构来完成的。由于在一般情况下,被控对象的参数是不便于直接调整的,为了实现参数可调,必须设置一个包含可调参数的控制器,这些可调参数可以位于反馈通道、前馈通道或前置通道中,分别对应称为反馈控制器、前馈控制器及前置滤波器。

模型参考自适应控制设计的核心问题是怎样决定和综合自适应律,有两类方法:一类为**基于局部参数最优化的设计方法**,即利用优化方法寻找一组控制器的最优参数,使与系统有关的某个评价目标,如 $J=\frac{1}{2}\int_{t_0}^{t}e^2(\tau)\mathrm{d}\tau$ 达到最小;另一类为**基于稳定性理论的方法**,其基本思想是保证控制器参数自适应调节过程是稳定的,如基于 Lyapunov 稳定性理论的设计方法、基于 Popov 超稳定理论和正实性概念的方法。早期的自适应控制大多采用局部参数最优化的设计方法,其主要缺点是在整个自适应过程中难以保证闭环系统的全局稳定性。而基于稳定性理论的设计方法则从保证系统稳定性的角度出发来选择自适应规律,因此可以保证系统的稳定性。

模型参考自适应控制系统一般有如下假设:① 参考模型是时不变系统;② 参考模型和可调模型是线性的,有时为了便于分析,还假设其阶次相同;③ 广义误差可测;④ 在自适应控制过程中,可调参数或辅助信号仅依赖于自适应机构。

现对基于稳定性理论的模型参考自适应控制机理进行介绍。为便于理解,首先介绍一阶系统的模型参考自适应控制方法,然后对一般系统模型参考自适应控制计算方法进行介绍。

1. 一阶系统的模型参考自适应控制

为了用 Lyapunov 第二法进行模型参考自适应控制,首先回顾一下 Lyapunov 第二法的定义。对于一个系统,假设存在平衡点 x_e,构造一个广义标量函数 $V(x)$,在 $x=0$ 处,恒有 $V(0)=0$,对于所有定义域中的任何非零状态向量 x,若同时满足:$V(x)$ 对所有状态变量 x 具有一阶连续偏导数、$V(x)>0$ 且 $\dot{V}(x)<0$,则称这些状态变量的状态轨迹都收敛在平衡点 x_e 处,即由该状态下构成的系统是渐近稳定的。当 $x\to\infty$ 时,$V(x)\to\infty$,则称系统在平衡点 x_e 处是大范围渐近稳定的。

现假设要控制的对象是一阶线性定常系统,受控对象的模型为

$$\dot{x}(t)=ax(t)+bu(t) \tag{9.4.1}$$

式中,a、b 为未知参数。

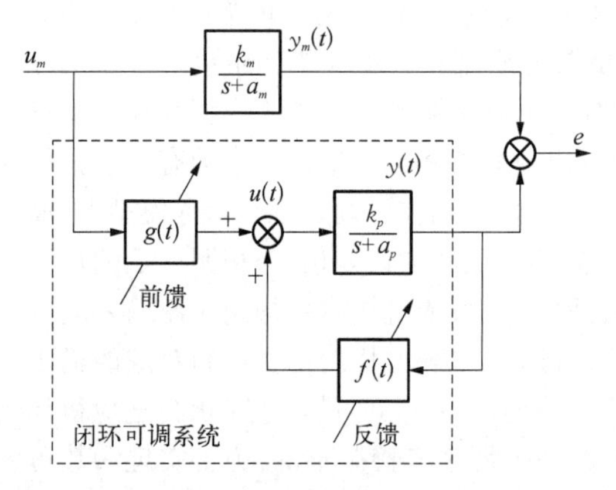

图 9.8　一阶系统的模型参考自适应控制结构简图

现引入稳定参考模型:

$$\dot{x}_m(t)=a_m x_m(t)+b_m u_m(t) \tag{9.4.2}$$

式中,a_m、b_m 可由设计者按希望的输出响应选取,$a_m<0$。

一阶系统的模型参考自适应控制结构简图见图 9.8。

设被控系统的状态与参考模型状态之间的误差为

$$e=x_m-x \tag{9.4.3}$$

则

$$\begin{aligned}\dot{e}(t) &= a_m x_m(t) + b_m u_m(t) - ax(t) - bu(t) \\ &= a_m e(t) + [a_m x(t) - ax(t) + b_m u_m(t) - bu(t)]\end{aligned} \tag{9.4.4}$$

若要使 $t\to\infty$ 时误差 e 趋向于零，只需要 a_m 具有负实部，且 $a_m x(t) - ax(t) + b_m u_m(t) - bu(t) = 0$。此时，控制器输出 u 满足：$u(t) = b^{-1}[(a_m - a)x(t) + b_m u_m(t)]$，但式中，$a$、$b$ 未知。现令

$$u(t) = -f(t)x(t) + g(t)u_m(t) \tag{9.4.5}$$

则自适应控制中只需要求出待定参数 $f(t)$、$g(t)$。图 9.8 中虚线所框的部分是一个闭环可调系统，它由被控对象、前馈可调参数 $g(t)$ 和反馈可调参数 $f(t)$ 组成。

将式(9.4.5)代入式(9.4.1)，得

$$\dot{x} = [a(t) - b(t)f(t)]x + b(t)g(t)u_m(t) \tag{9.4.6}$$

设 $f(t)$、$g(t)$ 的标称参数为 f^*、g^*：

$$f^* = \frac{a - a_m}{b}, \quad g^* = \frac{b_m}{b} \tag{9.4.7}$$

则当 $f(t)$、$g(t)$ 等于其标称参数时，式(9.4.6)变为

$$\dot{x} = [a(t) - b(t)f(t)]x + b(t)g(t)u_m(t) = a_m x_m(t) + b_m u_m(t)$$

即受控对象可以与希望的参考模型完全匹配。但式(9.4.7)中含多个未知的参数，不能直接求解，可以采用 Lyapunov 直接法进行分析。

为了便于分析，现定义 $f(t)$、$g(t)$ 的参数误差为 $\tilde{f}(t)$、$\tilde{g}(t)$，其中：

$$\tilde{f}(t) = f^* - f(t), \quad \tilde{g}(t) = g^* - g(t) \tag{9.4.8}$$

并令 $f(t)$、$g(t)$ 等于其标称参数时，$\dfrac{b_m}{g^*} = \bar{b}$。此时，式(9.4.4)可改写为

$$\begin{aligned}\dot{e}(t) &= a_m e(t) + [a_m x(t) - ax(t) + b_m u_m(t) - \bar{b}u(t)] \\ &= a_m e(t) + \bar{b}[-(f^* - f)x(t) + (g^* - g)u_m(t)] \\ &= a_m e(t) - \bar{b}\tilde{f}(t)x(t) + \bar{b}\tilde{g}(t)u_m(t)\end{aligned} \tag{9.4.9}$$

现构建如下标量函数 $V(e, f, g)$：

$$V(e, \tilde{f}, \tilde{g}) = \frac{1}{2}\left\{e^2 + \frac{1}{\bar{\gamma}_1}[\tilde{f}(t)]^2 + \frac{1}{\bar{\gamma}_2}[\tilde{g}(t)]^2\right\} \tag{9.4.10}$$

对式(9.4.10)求导数得

$$\dot{V}(e, f, g) = \frac{\mathrm{d}V(e, \tilde{f}, \tilde{g})}{\mathrm{d}t} = e\dot{e} + \frac{1}{\bar{\gamma}_1}\tilde{f}\dot{\tilde{f}} + \frac{1}{\bar{\gamma}_2}\tilde{g}\dot{\tilde{g}} \tag{9.4.11}$$

将式(9.4.9)看作零输入下的一阶状态方程，系统状态的唯一平衡点 e_x 为

$$e = 0, \quad \tilde{f} = 0, \quad \tilde{g} = 0 \tag{9.4.12}$$

根据 Lyapunov 第二法,若构造的标量函数 V 满足对所有变量具有一阶连续偏导数且满足:

$$V(e, \tilde{f}, \tilde{g}) > 0(e \neq 0, \tilde{f} \neq 0, \tilde{g} \neq 0), \quad V(0) = 0$$

$$\dot{V}(e, \tilde{f}, \tilde{g}) = \frac{\mathrm{d}V(e, \tilde{f}, \tilde{g})}{\mathrm{d}t} < 0 \tag{9.4.13}$$

则状态方程[式(9.4.9)]构成的系统渐近稳定,三个状态变量的状态轨迹都收敛在稳定点 e_x 处,即 e、$\tilde{f}$、$\tilde{g}$ 都收敛为零,即式(9.4.13)与 e、$\tilde{f}$、$\tilde{g}$ 均趋向于零等价。

根据式(9.4.10),构造的 Lyapunov 函数 $V(e, \tilde{f}, \tilde{g})$,通过适当选取 $\bar{\gamma}_1$、$\bar{\gamma}_2$(如 $\bar{\gamma}_1$、$\bar{\gamma}_2$ 皆大于零),可以满足式(9.4.13)的前两项。

根据式(9.4.8)和式(9.4.9),将式(9.4.11)进一步简化为

$$\begin{aligned}\dot{V}(e, \tilde{f}, \tilde{g}) &= e\dot{e} + \frac{1}{\bar{\gamma}_1}\tilde{f}\dot{\tilde{f}} + \frac{1}{\bar{\gamma}_2}\tilde{g}\dot{\tilde{g}} = a_m e^2(t) - e\bar{b}\tilde{f}x(t) + e\bar{b}\tilde{g}u_m(t) - \frac{1}{\bar{\gamma}_1}\tilde{f}\dot{f}(t) - \frac{1}{\bar{\gamma}_2}\tilde{g}\dot{g}(t) \\ &= a_m e^2(t) - \frac{1}{\bar{\gamma}_1}\tilde{f}[\bar{\gamma}_1\bar{b}e(t)x(t) + \dot{f}(t)] + \frac{1}{\bar{\gamma}_2}\tilde{g}[\bar{\gamma}_2\bar{b}e(t)u_m(t) - \dot{g}(t)]\end{aligned} \tag{9.4.14}$$

若令 $\gamma_1 = \bar{\gamma}_1\bar{b}$, $\gamma_2 = \bar{\gamma}_2\bar{b}$,则当满足如下公式时:

$$\dot{f}(t) = -\bar{\gamma}_1\bar{b}e(t)x(t), \quad \dot{g}(t) = \bar{\gamma}_2\bar{b}e(t)u_m(t) \tag{9.4.15}$$

即

$$\dot{f}(t) = -\gamma_1 e(t)x(t), \quad \dot{g}(t) = \gamma_2 e(t)u_m(t) \tag{9.4.16}$$

此时,$\dot{V}(e, \tilde{f}, \tilde{g}) = a_m e^2(t)$。由于选定的 $a_m < 0$,满足式(9.4.13)的最后一项,此时 e、$\tilde{f}$、$\tilde{g}$ 都收敛为零。因此,基于 Lyapunov 第二法的 MRAC,可以利用式(9.4.16)来获得参数 f、g。

这里有两点要求:① 由于 $\bar{\gamma}_1$、$\bar{\gamma}_2 > 0$,利用式(9.4.16)选取 γ_1、γ_2 时,其符号性质受 $\bar{b}$ 影响,需要预先知道对象 b 的符号,一般选 $b/b_m > 0$,而 b_m 由设计者选定;② 参考模型的类型应受到限制,必须是稳定模型。

2. 一般系统的模型参考自适应控制计算方法

设受控对象的数学模型为

$$\dot{x}(t) = Ax(t) + Bu(t) \tag{9.4.17}$$

式中,$x(t) \in \mathrm{R}^{nA}$;$u \in \mathrm{R}^{nB}$;(A, B)可控。

引入稳定参考模型:

$$\dot{x}_m(t) = A_m x_m(t) + B_m u(t) \tag{9.4.18}$$

式中,$x_m(t) \in \mathrm{R}^{nA}$;$u_m(t) \in \mathrm{R}^{nB_1}$。

设被控系统的状态与参考模型状态之间的误差为 $e = x_m - x$，则

$$\begin{aligned}\dot{e}(t) &= A_m x_m(t) + B_m u_m(t) - Ax(t) - Bu(t) \\ &= A_m e(t) + [A_m x(t) - Ax(t) + B_m u_m(t) - Bu(t)]\end{aligned} \tag{9.4.19}$$

若要 e 为零，只需要 A_m 的特征根具有负实部，且 $A_m x(t) - Ax(t) + B_m u_m(t) - Bu(t) = 0$。

现令

$$u(t) = -Fx(t) + Gu_m(t) \tag{9.4.20}$$

则自适应控制只需要求出待定参数 F、G：

$$\dot{x} = [A(t) - B(t)F(e,\ t)]x + B(t)G(e,\ t)u_m(t) \tag{9.4.21}$$

广义误差状态方程为

$$\dot{e}(t) = A_m e(t) + [A_m - A(t) + B(t)F(e,\ t)]x + [B_m - B(t)G(e,\ t)]u_m(t) \tag{9.4.22}$$

控制系统设计的任务就是采用 Lyapunov 稳定性理论求出调整参数 G、F 的自适应律，以达到状态的收敛性和参数收敛性，即

$$\lim_{t\to\infty} e(t) = 0,\quad \lim_{t\to\infty}[A(t) - B(t)F(e,\ t)] = A_m,\quad \lim_{t\to\infty}[B(t)G(e,\ t)] = B_m \tag{9.4.23}$$

假设 $F(e,\ t) = F^*$，$G(e,\ t) = G^*$ 时，参考模型和可调系统达到完全匹配，即

$$\begin{cases} A(t) - B(t)F^* = A_m \\ B(t)G^* = B_m \end{cases} \tag{9.4.24}$$

当 G 取 G^* 时，$B(t)$ 可用 $\bar{B}$ 表示，则 $\bar{B} = B_m G^{*\mathrm{T}}[G^* G^{*\mathrm{T}}]^{-1}$。

令

$$\tilde{F}(e,\ t) = F^* - F(e,\ t),\quad \tilde{G}(e,\ t) = G^* - G(e,\ t) \tag{9.4.25}$$

将其代入式(9.4.22)，并消去时变系统矩阵有

$$\dot{e}(t) = A_m e(t) - \bar{B}\tilde{F}(e,\ t)x + \bar{B}\tilde{G}(e,\ t)u_m \tag{9.4.26}$$

构造二次型正定函数作为 Lyapunov 函数：

$$V = \frac{1}{2}[e^{\mathrm{T}}Pe + \mathrm{tr}(\tilde{F}^{\mathrm{T}}\bar{\Gamma}_1^{-1}\tilde{F} + \tilde{G}^{\mathrm{T}}\bar{\Gamma}_2^{-1}\tilde{G})] \tag{9.4.27}$$

式中，P、$\bar{\Gamma}_1^{-1}$、$\bar{\Gamma}_2^{-1}$ 都是正定对称矩阵。

式(9.4.27)两边对时间求导，并将式(9.4.22)代入得

$$\dot{V} = \frac{1}{2}[e^{\mathrm{T}}Pe + \mathrm{tr}(\tilde{F}^{\mathrm{T}}\bar{\Gamma}_1^{-1}\tilde{F} + \tilde{G}^{\mathrm{T}}\bar{\Gamma}_2^{-1}\tilde{G})]'$$

$$= \frac{1}{2}[\dot{e}^{\mathrm{T}}Pe + e^{\mathrm{T}}P\dot{e} + \mathrm{tr}(\dot{\tilde{F}}^{\mathrm{T}}\bar{\Gamma}_1^{-1}\tilde{F} + \tilde{F}^{\mathrm{T}}\bar{\Gamma}_1^{-1}\dot{\tilde{F}} + \dot{\tilde{G}}^{\mathrm{T}}\bar{\Gamma}_2^{-1}\tilde{G} + \tilde{G}^{\mathrm{T}}\bar{\Gamma}_2^{-1}\dot{\tilde{G}})]$$

$$= \frac{1}{2}[e^{\mathrm{T}}(A_m^{\mathrm{T}}P + PA_m)e] - e^{\mathrm{T}}P\bar{B}\tilde{F}x + e^{\mathrm{T}}P\bar{B}\tilde{G}u_m + \mathrm{tr}(\dot{\tilde{F}}^{\mathrm{T}}\bar{\Gamma}_1^{-1}\tilde{F}) + \mathrm{tr}(\dot{\tilde{G}}^{\mathrm{T}}\bar{\Gamma}_2^{-1}\tilde{G})$$

因为 $e^{\mathrm{T}}P\bar{B}\tilde{F}x = \mathrm{tr}(xe^{\mathrm{T}}P\bar{B}\tilde{F})$， $e^{\mathrm{T}}P\bar{B}\tilde{G}u_m = \mathrm{tr}(u_m e^{\mathrm{T}}P\bar{B}\tilde{G})$，所以有

$$\dot{V} = \frac{1}{2}[e^{\mathrm{T}}(A_m^{\mathrm{T}}P + PA_m)e] + \mathrm{tr}(\dot{\tilde{F}}^{\mathrm{T}}\bar{\Gamma}_1^{-1}\tilde{F} - xe^{\mathrm{T}}P\bar{B}\tilde{F})$$
$$+ \mathrm{tr}(\dot{\tilde{G}}^{\mathrm{T}}\bar{\Gamma}_2^{-1}\tilde{G} + u_m e^{\mathrm{T}}P\bar{B}\tilde{G})$$

若选择：

$$\begin{cases} \dot{\tilde{F}}(e, t) = \bar{\Gamma}_1\bar{B}^{\mathrm{T}}Pe(t)x^{\mathrm{T}}(t) \\ \dot{\tilde{G}}(e, t) = -\bar{\Gamma}_2\bar{B}^{\mathrm{T}}Pe(t)u_m^{\mathrm{T}}(t) \end{cases} \tag{9.4.28}$$

则 $\dot{V} = \frac{1}{2}[e^{\mathrm{T}}(A_m^{\mathrm{T}}P + PA_m)e]$，式中 A_m 为稳定矩阵，若选择正定矩阵 Q，使得 $PA_m + A_m^{\mathrm{T}}P = -Q$ 成立，则 V 为负定。

由式(9.4.28)可得参数自适应的调节规律：

$$\begin{cases} \dot{F}(e, t) = -\bar{\Gamma}_1\bar{B}^{\mathrm{T}}Pe(t)x^{\mathrm{T}}(t) \\ \dot{G}(e, t) = \bar{\Gamma}_2\bar{B}^{\mathrm{T}}Pe(t)u_m^{\mathrm{T}}(t) \end{cases} \tag{9.4.29}$$

同样，令 $\Gamma_1 = \bar{\Gamma}_1\bar{B}^{\mathrm{T}}$， $\Gamma_2 = \bar{\Gamma}_2\bar{B}^{\mathrm{T}}$，则

$$\begin{cases} \dot{F}(e, t) = -\Gamma_1 Pe(t)x^{\mathrm{T}}(t) \\ \dot{G}(e, t) = \Gamma_2 Pe(t)u_m^{\mathrm{T}}(t) \end{cases} \tag{9.4.30}$$

由于 $\dot{V}$ 为负定，按式(9.4.29)或式(9.4.30)设计的自适应律，输入向量 u 能够使模型参考自适应系统渐近稳定。同样，在设置控制律时，需要预先知道受控对象中矩阵 B 的大致结构和符号性质。

9.4.2 自校正控制

自校正控制是一种带有在线参数识别的控制方法，是于 20 世纪 70 年代发展起来的一种随机自适应控制方法。由于强随机干扰、模型未知、参数时变、大时滞等，系统参数经常会发生变化，使常规的严格依赖模型的控制方法效果变差。自校正控制通过参数在线估计与随机最小方差控制的结合实现控制，特别适用于结构已知而参数未知但恒定或缓慢变化的随机系统。自校正控制可以看作由参数估计器和控制器两部分组成、不含参考模型及自适应率的控制系统，在振动控制过程中得到了广泛的应用，该控制方法的难点在于收敛性。

1. 自校正控制系统的基本结构

自校正控制是将受控对象参数在线估计与控制器参数整定相结合，形成一个能自动

校正控制器参数的离散实时计算机控制系统(即数据采样系统),是目前应用最广的一类自适应控制方法。与模型参考自适应控制系统一样,自校正控制系统也由内环、外环两个环路组成,内环与常规反馈系统类似,由受控对象和控制器组成;外环由参数估计器和控制器参数计算机构组成,正是外环的存在使系统具有自适应能力。自校正控制器典型结构如图9.9所示。

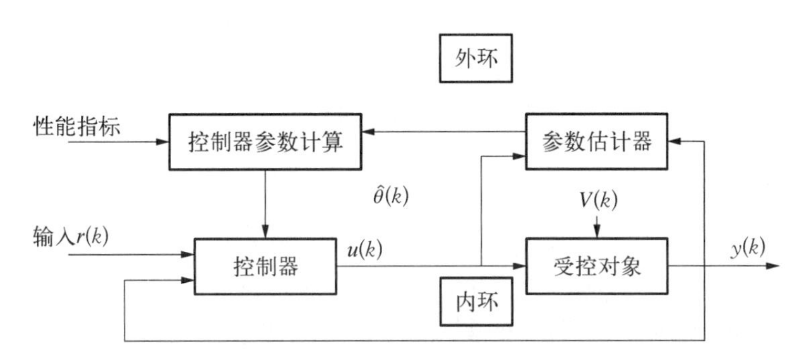

图9.9　自校正控制系统的典型结构

图9.9中,$y(k)$为输出,$u(k)$为控制量,$r(k)$为参考输入(给定值),$V(k)$为随机干扰。图中的"受控对象"为将采样器和零阶保持器考虑在内的离散化的离散时间系统。

参数估计器的功用是根据受控对象的输入及输出信息,连续不断地估计受控对象的参数估计值$\hat{\theta}(k)$;而控制器参数计算机构则根据参数估计器不断送来的$\hat{\theta}(k)$,采用一定的控制算法,按某一性能指标计算控制器参数,控制器再用新的控制参数计算控制量。系统开始运行时,由于参数估计值$\hat{\theta}(k)$与其真值$\theta(k)$的差别可能很大,控制效果可能很差。但随着过程的进行,参数估计值会越来越精确,控制效果也会越来越好。当对象特性发生变化时,$\hat{\theta}(k)$会发生相应的改变,从而使控制器参数也发生相应的变化,自动适应变化了的对象。自校正控制系统可分为显式(间接)自校正控制系统和隐式(直接)自校正控制系统两类,若采用参数估计器直接估计控制器参数,则可省去"控制器参数计算",这时就成了隐式自校正控制系统。显然,显式算法的计算量比隐式算法大。

由于存在着多种参数估计器和控制器参数计算方法,自校正控制的设计方法很多。常见的参数估计方法有:最小二乘法、扩张最小二乘法、快速仿射投影算法、最小均方误差、卡尔曼滤波或扩展卡尔曼滤波等。常见的控制器参数计算有:使输出误差的方差为最小的最小方差自适应控制器、使闭环极点为希望极点的极点配置自适应控制器、比例积分微分(proportional-integral-derivative, PID)控制器、滑模控制(sliding mode control, SMC)、模糊控制、神经网络、遗传算法、预测控制(predictive control, PC)、线性二次型最优控制(LQR)、时间延迟控制(timing delay control, TDC)、基于不确定扰动估计器(uncertainty disturbance estimator, UDE)的控制器等。其中,以用最小二乘法进行参数估计、按最小方差来形成控制作用的最小方差自校正控制器最为简单,并获得了较多应用。

2. 最小方差自校正控制器

以一个单输入、单输出、线性时不变的系统为讨论对象。假如系统经常处在随机扰动作用之下,如不加以控制,随机扰动将使系统输出相对其设定值产生很大波动。或者说,系统输出的稳态方差将很大。最小方差自校正控制就是根据给定的对象数学模型,综合一个最优控制律,使系统输出的稳态方差最小。

设对象用线性差分模型描述:

$$A(q^{-1})y(k+m)=B(q^{-1})u(k)+C(q^{-1})e_w(k+m) \tag{9.4.31}$$

或

$$y(k+m)=\frac{B(q^{-1})}{A(q^{-1})}u(k)+\frac{C(q^{-1})}{A(q^{-1})}e_w(k+m) \tag{9.4.32}$$

式中,$A(q^{-1})=1+a_1q^{-1}+\cdots+a_{n_A}q^{-n_A}$; $B(q^{-1})=b_0+b_1q^{-1}+\cdots+b_{n_B}q^{-n_B}$; $C(q^{-1})=1+c_1q^{-1}+\cdots+c_{n_C}q^{-n_C}$;$e_w(k)$ 为均值为零、方差为 σ_w^2 的白噪声干扰; $m\geqslant 1$, 为延时; $C(q^{-1})$ 称为滤波多项式,又称观测多项式,代表了关于噪声的先验知识。

1) 丢番图(Diophantine)方程中的多项式 $E(q^{-1})$、$F(q^{-1})$

为了将 $\dfrac{C(q^{-1})}{A(q^{-1})}$ 分解为与 $[y(k),\ y(k-1),\ y(k-2),\ \cdots]$ 独立和不独立两部分,设 $E(q^{-1})$ 为 $\dfrac{C(q^{-1})}{A(q^{-1})}$ 的 $(m-1)$ 阶商, $q^{-m}F(q^{-1})$ 为 $\dfrac{C(q^{-1})}{A(q^{-1})}$ 的余式,记:

$$\begin{cases}E(q^{-1})=1+e_1q^{-1}+\cdots+e_{m-1}q^{-n_E}\\ F(q^{-1})=f_0+f_1q^{-1}+\cdots+f_{n_A-1}q^{-n_F}\end{cases} \tag{9.4.33}$$

式中, $n_E=m-1$; $n_F=n_A-1$。

则

$$\frac{C(q^{-1})}{A(q^{-1})}=E(q^{-1})+\frac{q^{-m}F(q^{-1})}{A(q^{-1})} \text{ 或 } C(q^{-1})=A(q^{-1})E(q^{-1})+q^{-m}F(q^{-1}) \tag{9.4.34}$$

式(9.4.34)为 Diophantine 方程,在自适应控制中经常用到。将其代入式(9.4.31),得

$$y(k+m)=\frac{B(q^{-1})}{A(q^{-1})}u(k)+\left[E(q^{-1})e_w(k+m)+\frac{q^{-m}F(q^{-1})}{A(q^{-1})}e_w(k+m)\right] \tag{9.4.35}$$

式中, $E(q^{-1})e_w(k+m)\Rightarrow[e_w(k+m),\ e_w(k+m-1),\ \cdots,\ e_w(k+1)]$ 为与 $[y(k),\ y(k-1),\ y(k-2),\ \cdots]$ 相互独立的部分,而 $\dfrac{q^{-m}F(q^{-1})}{A(q^{-1})}e_w(k+m)\Rightarrow[e_w(k),\ e_w(k-1),\ e_w(k-2),\ \cdots]$ 为非独立部分。

多项式 $E(q^{-1})$ 和 $F(q^{-1})$ 可以通过长除法得到;也可以通过解 Diophantine 方程,即令式(9.4.34)两边 q^{-1} 的同次幂的系数相等,然后解线性方程组而求得。

例 9.4.1 设 $A(q^{-1})=1-1.2q^{-1}+0.3q^{-2}$, $C(q^{-1})=1+1.5q^{-1}+0.6q^{-2}$, $m=2$,

求 $E(q^{-1})$ 和 $F(q^{-1})$。

解：$n_E = m - 1 = 1$，$n_F = n_A - 1 = 1$。

（1）用长除法。

$$
\begin{array}{r}
1 + 2.7q^{-1} \\
(1 - 1.2q^{-1} + 0.3q^{-2})\overline{\big)\, 1 + 1.5q^{-1} + 0.6q^{-2}} \\
\underline{1 - 1.2q^{-1} + 0.3q^{-2}} \\
2.7q^{-1} + 0.3q^{-2} \\
\underline{2.7q^{-1} - 3.24q^{-2} + 0.81q^{-3}} \\
3.54q^{-2} - 0.81q^{-3}
\end{array}
$$

$$E(q^{-1}) = 1 + 2.7q^{-1},\quad F(q^{-1}) = 3.54 - 0.81q^{-1}$$

（2）解 Diophantine 方程。

$$
\begin{aligned}
1 + 1.5q^{-1} + 0.6q^{-2} &= (1 - 1.2q^{-1} + 0.3q^{-2})(1 + e_1q^{-1}) + q^{-2}(f_0 + f_1q^{-1}) \\
&= 1 + (e_1 - 1.2)q^{-1} + (-1.2e_1 + f_0 + 0.3)q^{-2} + (0.3e_1 + f_1)q^{-3}
\end{aligned}
$$

比较方程两边 q^{-1} 的同次幂的系数，有

$$
\begin{cases}
e_1 - 1.2 = 1.5 \\
-1.2e_1 + f_0 + 0.3 = 0.6 \\
0.3e_1 + f_1 = 0
\end{cases}
$$

解此方程组，得

$$e_1 = 2.7,\quad f_0 = 3.54,\quad f_1 = -0.81$$

$$E(q^{-1}) = 1 + 2.7q^{-1},\quad F(q^{-1}) = 3.54 - 0.81q^{-1}$$

两种方式获得的结果一致。

2）受控对象的预测模型及控制律

用 $E(q^{-1})$ 乘式(9.4.31)两边，得

$$E(q^{-1})A(q^{-1})y(k+m) = E(q^{-1})B(q^{-1})u(k) + E(q^{-1})C(q^{-1})e_w(k+m) \tag{9.4.36}$$

将 $E(q^{-1})A(q^{-1})$ 用 Diophantine 方程代入，得

$$[C(q^{-1}) - q^{-m}F(q^{-1})]y(k+m) = E(q^{-1})B(q^{-1})u(k) + E(q^{-1})C(q^{-1})e_w(k+m) \tag{9.4.37}$$

于是有

$$C(q^{-1})y(k+m) = F(q^{-1})y(k) + E(q^{-1})B(q^{-1})u(k) + E(q^{-1})C(q^{-1})e_w(k+m) \tag{9.4.38}$$

令

$$G(q^{-1}) = E(q^{-1})B(q^{-1})$$
$$y'(k) = y(k)/C(q^{-1})$$
$$u'(k) = u(k)/C(q^{-1})$$

则

$$y(k+m) = F(q^{-1})y'(k) + G(q^{-1})u'(k) + E(q^{-1})e_w(k+m) \tag{9.4.39}$$

式中，$y'(k)$ 和 $u'(k)$ 分别为 $y(k)$ 和 $u(k)$ 经过线性系统 $\dfrac{1}{C(q^{-1})}$ 滤波后的值，称为滤波数据。式(9.4.39)称为受控对象的 m 步超前预测模型。

设 k 时刻对 $k+m$ 时刻输出的预测为 $\hat{y}(k+m/k)$，则预测误差的方差为

$$\begin{aligned} &E[y(k+m) - \hat{y}(k+m/k)]^2 \\ &= E[F(q^{-1})y'(k) + G(q^{-1})u'(k) + E(q^{-1})e_w(k+m) - \hat{y}(k+m/k)]^2 \end{aligned} \tag{9.4.40}$$

式中，$F(q^{-1})y'(k) + G(q^{-1})u'(k) - \hat{y}(k+m/k)$ 由 k 时刻以前(包括 k 时刻)的输入/输出数据组成；而 $E(q^{-1})e_w(k+m)$ 由 $k+1 \sim k+m$ 时刻的白噪声组成。这两部分是统计独立的，且 $E(q^{-1})e_w(k+m)$ 具有零均值 $E[E(q^{-1})e_w(k+m)] = 0$，因此有

$$\begin{aligned} E[y(k+m) - \hat{y}(k+m/k)]^2 = &E[F(q^{-1})y'(k) + G(q^{-1})u'(k) - \hat{y}(k+m/k)]^2 \\ &+ E[E(q^{-1})e_w(k+m)]^2 \end{aligned} \tag{9.4.41}$$

$\hat{y}(k+m/k)$ 由 k 时刻以前(包括 k 时刻)的输入/输出数据组成，而式(9.4.41)中的第二项取决于未来时刻的白噪声干扰，与 $\hat{y}(k+m/k)$ 无关，因此当满足 $F(q^{-1})y'(k) + G(q^{-1})u'(k) - \hat{y}(k+m/k) = 0$ 时，$E[y(k-m) - y(k+m/k)]^2$ 最小，即预测误差的方差最小。从而，最小方差预测模型为

$$\hat{y}^*(k+m/k) = F(q^{-1})y'(k) + G(q^{-1})u'(k) \tag{9.4.42}$$

根据控制系统的要求，令预测值等于某给定值 $\hat{y}^*\left(k+\dfrac{m}{k}\right) = y_r(k)$，得控制律为

$$u(k) = \frac{C(q^{-1})}{G(q^{-1})}y_r(k) - \frac{F(q^{-1})}{G(q^{-1})}y(k) \tag{9.4.43}$$

若 $y_r(k) = 0$，则转化为给定值为零的调节问题，得最小方差调节器：

$$u(k) = -\frac{F(q^{-1})}{G(q^{-1})}y(k) \tag{9.4.44}$$

预测误差为

$$\begin{aligned}\tilde{y}^*(k+m/k) &= E(q^{-1})e_w(k+m) \\ &= e_w(k+m) + e_1 e_w(k+m-1) + \cdots + e_{m-1}e_w(k+1)\end{aligned} \tag{9.4.45}$$

式(9.4.45)为未来 $(m-1)$ 阶白噪声的移动平均。预测误差的方差为

$$\sigma^2 = E[E(q^{-1})e_w(k+m)]^2 = (1+e_1^2+e_2^2+\cdots+e_{m-1}^2)\sigma_w^2 \tag{9.4.46}$$

从式(9.4.46)可以看出,其由未来的白噪声组成,故与 $u(k)$ 无关, 不可控制,因而这时的预测为输出误差的方差最小。

3）单步预测自校正控制算法

当模型参数已知时,可以直接使用前述方法由式(9.4.43)来设计控制律(或最小方差控制器)。当对象模型参数不确定(未知或者时变)时,需要采用递推辨识的方法来估计这些参数,然后根据确定性等价原理,获得自校正控制算法。

自校正控制算法的基本思想是: 用递推(实时)最小二乘法在线估计预测模型[式(9.4.39)]中 $F(q^{-1})$ 和 $G(q^{-1})$ 的系数,得到 $\hat{F}(q^{-1})$ 和 $\hat{G}(q^{-1})$, 然后用 $\hat{F}(q^{-1})$ 和 $\hat{G}(q^{-1})$ 代替式(9.4.43)中的 $F(q^{-1})$ 和 $G(q^{-1})$, 则得到自校正控制器:

$$u(k) = \frac{C(q^{-1})}{\hat{G}(q^{-1})}y_r(k) - \frac{\hat{F}(q^{-1})}{\hat{G}(q^{-1})}y(k) \tag{9.4.47}$$

如果给定值 $r(k) \equiv 0$, 则得到如下自校正调节器:

$$u(k) = -\frac{\hat{F}(q^{-1})}{\hat{G}(q^{-1})}y(k) \tag{9.4.48}$$

下面讨论上述问题中的参数估计。

由式(9.4.38),即

$$C(q^{-1})y(k+m) = F(q^{-1})y(k) + E(q^{-1})B(q^{-1})u(k) + E(q^{-1})C(q^{-1})e_w(k+m)$$

令

$$G(q^{-1}) = E(q^{-1})B(q^{-1}) = g_0 + g_1 q^{-1} + \cdots + g_{n_G} q^{-n_G}$$

$$S(q^{-1}) = E(q^{-1})C(q^{-1}) = 1 + s_1 q^{-1} + \cdots + s_{n_S} q^{-n_S}$$

$$C(q^{-1}) = 1 + c_1 q^{-1} + \cdots + c_{n_C} q^{-n_C}$$

$$F(q^{-1}) = f_0 + f_1 q^{-1} + \cdots + f_{n_F} q^{-n_F}$$

则

$$C(q^{-1})y(k+m) = F(q^{-1})y(k) + G(q^{-1})u(k) + S(q^{-1})e_w(k+m) \tag{9.4.49}$$

设参数向量为

$$\begin{aligned}\varphi^{\mathrm{T}}(k) = [&y(k),\ y(k-1),\ \cdots,\ y(k-n_F);\\ &u(k),\ u(k-1),\ \cdots,\ u(k-n_G);\end{aligned}$$

$$e_w(k+m-1), e_w(k+m-2), \cdots, e_w(k+m-n_S);$$

$$-y(k+m-1), -y(k+m-2), \cdots, -y(k+m-n_C)]$$

$$\theta^{\mathrm{T}} = [f_0, f_1, \cdots, f_{n_F}; g_0, g_1, \cdots, g_{n_G}; s_1, \cdots, s_{n_S}; c_1, \cdots, c_{n_C}]$$

则闭环系统模型[式(9.4.49)]可以改写为

$$y(k+m) = \varphi^{\mathrm{T}}(k)\theta + e_w(k+m) \tag{9.4.50}$$

式(9.4.50)为一个最小二乘估计(least square estimate, LSE)模型,可以用最小二乘估计算法估计控制器参数(证明略)。

$$\begin{cases} \hat{\theta}(k) = \hat{\theta}(k-1) + L(k)[y(k) - \varphi(k)\hat{\theta}(k-1)] \\ L(k) = \dfrac{P(k-1)\varphi(k)}{\beta + \varphi^{\mathrm{T}}(k)P(k-1)\varphi(k)} \\ P(k) = [P(k-1) - L(k)\varphi^{\mathrm{T}}(k)P(k-1)]/\beta \\ P(0) = \alpha^2 I \end{cases} \tag{9.4.51}$$

式中,β 为遗忘算子,一般取 $P(0) = \alpha^2 I$。

当采用递推最小二乘法时,已有的所有信息向量都会在递推过程中发挥作用,因此随着时间的推移,新采集到的信息向量对参数估计值的修正作用会逐渐减弱,称为“数据饱和”现象,也就是说递推算法的计算效率逐渐降低。当被辨识的系统参数发生缓慢时变时,递推最小二乘法参数估计不能很好地实现系统辨识。遗忘因子递推最小二乘法参数估计是在递推公式中加入遗忘因子,逐渐减小旧信息向量在参数估计中的权重,以加强新信息向量的作用,跟随系统参数的时变。一般取 $0.95 \leqslant \beta < 1$,β 值越大,遗忘作用越小,参数估计的精度越高;β 值越小,遗忘作用越大,参数估计的跟踪能力越强。

递推中,信息向量 $e_w(k)$ 不可预测,可用残差作为估计量代替:

$$\hat{e}_w(k) = y(k) - \varphi^{\mathrm{T}}(k-m)\hat{\theta}(k) \tag{9.4.52}$$

采用这种自校正算法,必须事先确定预测模型的结构,即时滞 m,以及 n_F 和 n_G。若已知对象的线性差分模型的结构,即已知 m、n_A 和 n_B,则 n_F 和 n_G 也可以确定:

$$n_F = n_A - 1, \quad n_G = n_B + n_E = m + n_B - 1 \tag{9.4.53}$$

滤波多项式 $C(q^{-1})$ 也可事先选定,对于多数实际应用,$C(q^{-1})$ 选一阶多项式就够了,即

$$C(q^{-1}) = 1 + t_1 q^{-1} \tag{9.4.54}$$

式中,$t_1 = -\left(1 - \dfrac{h}{T_d}\right)$,$h$ 为采样周期,T_d 为过程阶跃响应达到 63.2%的时间。

由于自校正控制器运行在系统闭环的条件下,还必须考虑闭环可辨识问题。$m > 1$ 时,闭环可辨识条件满足;$m = 1$ 时,则必须先固定某个参数。

例 9.4.2　设对象用如下模型描述：

$$
\begin{aligned}
& y(k) + a_1 y(k-1) + a_2 y(k-2) \\
& = b_0 u(k-2) + b_1 u(k-3) + e_w(k) + c_1 e_w(k-1) + c_2 e_w(k-2)
\end{aligned}
$$

式中，$e_w(k)$ 是方差为 σ_w^2 的零均值白噪声；a_1、a_2、b_0、b_0、c_1、c_2 未知且有缓慢时变。试设计一个最小方差控制器。

解：(1)预测模型。

$$
m = 2,\quad n_A = 2,\quad n_B = 1,\quad n_F = n_A - 1 = 1,\quad n_G = n_B + m - 1 = 2
$$

$$
\begin{aligned}
y(k+2) &= F(q^{-1}) y(k) + G(q^{-1}) u(k) + \varepsilon(k+2) \\
&= f_0 y(k) + f_1 y(k-1) + g_0 u(k) + g_1 u(k-1) + g_2 u(k-2) + \varepsilon(k+2)
\end{aligned}
$$

(2) LSE 模型。

$$
\begin{aligned}
y(k) &= f_0 y(k-2) + f_1 y(k-3) + g_0 u(k-2) + g_1 u(k-3) + g_2 u(k-4) + \varepsilon(k) \\
&= \varphi^{\mathrm{T}} \theta + \varepsilon(k)
\end{aligned}
$$

$$
\varphi^{\mathrm{T}} = [y(k-2),\, y(k-3),\, u(k-2),\, u(k-3),\, u(k-4)],\quad \theta = [f_0, f_1, g_0, g_1, g_2]^{\mathrm{T}}
$$

(3) 估计器。

$$
\hat{\theta}(0) = 0,\quad P(0) = \alpha^2 I
$$

$$
\hat{\theta}(k) = \hat{\theta}(k-1) + \frac{P(k-1)\varphi(k)}{\beta + \varphi^{\mathrm{T}}(k) P(k-1) \varphi(k)} [y(k) - \varphi^{\mathrm{T}}(k) \hat{\theta}(k-1)]
$$

$$
P(k) = \left[P(k-1) - \frac{P(k-1)\varphi(k)\varphi^{\mathrm{T}}(k) P(k-1)}{\beta + \varphi^{\mathrm{T}}(k) P(k-1) \varphi(k)} \right] / \beta
$$

(4) 控制器。

$$
\begin{aligned}
u(k) &= \frac{y_r(k) - \hat{F}(q^{-1}) y(k)}{\hat{G}(q^{-1})} \\
&= [y_r(k) - \hat{f}_0 y(k) - \hat{f}_1 y(k-1) - \hat{g}_1 u(k-1) - \hat{g}_2 u(k-2)] / \hat{g}_0
\end{aligned}
$$

9.5　其他控制策略及比较

针对模型不确定的系统，除了前面介绍的自适应控制外，随着计算机科学和控制理论的发展，模糊控制算法、神经网络算法逐渐受到人们的广泛关注，下面将对模糊控制、神经网络控制的原理作简要说明。为便于不同控制策略的比较，本节还将对经典的 PID 控制作简单介绍。

9.5.1 PID 控制

由于其算法简单、鲁棒性好和可靠性高，PID 控制被广泛用于可建立精确数学模型的确定性控制系统中。

1. PID 控制原理

PID 控制器是一种线性控制器，它根据给定值 $r(t)$ 与实际输出值 $c(t)$ 构成控制偏差，即

$$e(t)=r(t)-c(t) \tag{9.5.1}$$

将偏差按比例(P)、积分(I)、微分(D)通过线性组合构成控制量，对被控对象进行控制，因此称为 PID 控制器。图 9.10 为 PID 控制系统的组成示意图。

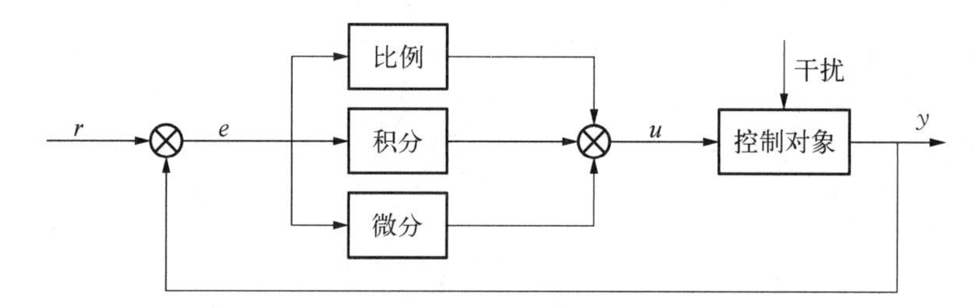

图 9.10 PID 控制原理图

PID 控制律为

$$u(t)=k_p\left[e(t)+\frac{1}{T_1}\int_0^t e(t)\mathrm{d}t+T_D\frac{\mathrm{d}e(t)}{\mathrm{d}t}\right] \tag{9.5.2}$$

或者写为传递函数形式：

$$G(s)=\frac{U(s)}{E(s)}=k_p\left(1+\frac{1}{T_1 s}+T_D s\right) \tag{9.5.3}$$

式中，k_p 为比例系数；T_1 为积分时间常数；T_D 为微分时间常数。

PID 参数直接影响到控制系统的调节品质和性能，简单地说，PID 控制器中各校正环节的作用如下。

(1) 比例环节。成比例地反映控制系统的偏差信号 $e(t)$，偏差一旦产生，控制器立即产生控制作用，以减小偏差。

(2) 积分环节。主要用于消除静差，提高系统的无差度。积分作用的强弱取决于积分时间常数 T_1。T_1 越大，积分作用越弱，反之则越强。

(3) 微分环节。反映偏差信号的变化趋势，并能在偏差信号变得太大之前，在系统中引入一个有效的早期修正信号，从而加快系统的运作速度，缩短调节时间。

2. 数字 PID 控制算法

计算机控制是一种采样控制，它只能根据采样时刻的偏差值计算控制量，因而需要将连续形式的 PID 微分方程转化成为离散形式的 PID 差分方程，实现 PID 控制算法的数字

化。按模拟 PID 控制算法,用一系列的采样时刻点 kT 代表连续时间 t, 以矩形法数值积分近似代替积分,以一阶后向差分近似代替微分,即

$$t = kT \tag{9.5.4}$$

$$\int_0^t e(t)\,\mathrm{d}t = T\sum_{j=0}^{k} e(\mathrm{j}T) = T\sum_{j=0}^{k} e(\mathrm{j}) \tag{9.5.5}$$

$$\frac{\mathrm{d}e(t)}{\mathrm{d}t} \approx \frac{e(kT) - e[(k-1)T]}{T} \approx \frac{e(k) - e(k-1)}{T} \tag{9.5.6}$$

式中,为书写方便,将 $e(\mathrm{j}T)$ 简写成 $e(\mathrm{j})$ 的形式。将式(9.5.4)~式(9.5.6)代入式(9.5.2),可得离散 PID 控制:

$$\begin{aligned} u(k) &= k_p\left\{e(k) + \frac{T}{T_1}\sum_{j=0}^{k} e(\mathrm{j}) + \frac{T_D}{T}[e(k) - e(k-1)]\right\} \\ &= k_p e(k) + k_i\sum_{j=0}^{k} e(\mathrm{j})T + k_d\frac{e(k) - e(k-1)}{T} \end{aligned} \tag{9.5.7}$$

式中,$k_i = \dfrac{k_p}{T_1}$; $k_d = k_p T_d$; T 为采样周期; k 为采样序号, $k = 0, 1, 2, \cdots$; $e(k-1)$ 和 $e(k)$ 分别为第 $k-1$ 次和第 k 次采样时刻所得的偏差信号。式(9.5.7)称为位置式 PID 控制算法。

当执行机构需要的是控制量的增量时,应采用增量式 PID 控制。根据式(9.5.7),采用递推原理可得

$$u(k-1) = k_p e(k-1) + k_i\sum_{j=0}^{k-1} e(\mathrm{j})T + k_d\frac{e(k-1) - e(k-2)}{T} \tag{9.5.8}$$

于是,增量式 PID 控制算法为

$$\Delta u(k) = k_p[e(k) - e(k-1)] + k_i T e(k) + k_d\frac{e(k) - 2e(k-1) + e(k-2)}{T} \tag{9.5.9}$$

9.5.2 模糊控制

模糊控制不依赖于结构或系统的精确计算模型,主要通过状态输出和控制输入的模糊逻辑关系,即模糊控制规则(或称模糊控制算法)来实现系统的调节或控制。1974 年,英国的 Mamdani 首先把模糊集理论应用于锅炉和蒸汽机的控制,效果良好,模糊控制由此诞生。模糊控制中无须建立数学模型,有较强的鲁棒性,可用于非线性、时变、时滞等复杂系统的控制。模糊控制是一种典型的智能控制系统,其核心是把人类专家对特定的被控对象或过程的控制策略总结成一系列控制规则,通过推理得到控制作用集,并作用于被控对象或过程。

模糊控制应用模糊集合论、模糊语言变量和模糊逻辑推理的知识,模拟人的模糊思维方法。模糊控制器就是模糊化接口、知识库、推理决策逻辑和反模糊化计算四个部分的设计问题,下面分别对它们进行介绍。

(1) 模糊化接口。主要是测量输入变量的值,并将数字表示的输入量转化为语言值表示的某一限定码的序数。每一个限定码表示论域内的一个模糊子集,并由其隶属度函数来定义。隶属度函数的种类很多,常选择三角形和梯形函数作为隶属度函数。

(2) 知识库:包括数据库和规则库。其中,数据库提供必要的定义,包含语言控制规则、论域的离散化、输入空间的分区、隶属度函数的定义等。这些概念都是建立在经验和工程判断的基础上的,其定义带有一定的主观性;规则库根据控制目的和控制策略给出一套由语言变量描述的并由专家或自学习产生的控制规则的集合。在建立控制规则时,首先需要解决诸如状态变量、控制变量、规则类型的选择和规则数目的确定等问题。

(3) 推理决策逻辑。推理决策逻辑是模糊控制的核心,它利用知识库的信息模拟人类的推理决策过程,给出适合的控制量。推理决策逻辑的实质是模糊逻辑推理,这是一种不确定性推理方法,其基础是模糊逻辑,它是在逻辑三段论的基础上发展起来的。虽然其数学基础没有形式逻辑那么严密,但用这种推理方法得到的结论与人类的思维推理结论是一致或者相近的,并在实际使用中得到了验证,因此模糊逻辑推理方法已经得到了广泛的重视。

(4) 反模糊化。要有一个确定的值才能去控制或驱动执行机构。在推理得到的模糊集合中,取一个能最佳代表这个模糊推理结果的精确值的过程称为反模糊化,常见的方法有最大隶属度值法、最大隶属度平均值法、面积平均法及重心法等。

模糊控制的基础是模糊逻辑,从含义上,模糊逻辑比其他传统逻辑更接近人类的思想和自然语言。利用模糊逻辑建立一种“自由逻辑”的非线性控制算法,在那些采用传统定量技术分析过于复杂,或者提供的信息是非精确或非确定的系统中,模糊控制的效果相当明显。但模糊控制也有其缺陷,例如,简单的模糊处理将导致系统的控制精度降低和控制品质变差,模糊控制的设计缺乏系统性等。目前,模糊控制在振动控制领域得到了较广泛的应用,其中研究较多的问题是对于隶属度函数的改进,如使用优化技术以获得最优隶属度函数、使用遗传算法调整隶属度函数的形状与参数、基于自适应模糊神经推理系统模型使用神经网络得到隶属度函数等。

9.5.3 神经网络控制

人工神经网络由许多处理单元(神经元)相互连接组成,具有很强的非线性逼近、自学习和自适应、数据融合及并行分布处理等能力,在多变量、强非线性、大滞后系统的辨识、建模和控制中显示出了明显的优势和应用前景。

神经神经网络可以很好地实现对多变量非线性系统模型的辨识与预测,进而实现系统的自适应控制。神经网络控制一般分两步进行:① 训练神经网络根据机构系统已有的反应时程和控制信号预测结构之后的反应,采用训练好的神经网络模仿器模仿结构反应并评估控制信号与系统反应之间的敏感程度,在模仿过程的每一小时段均对控制信号加以校正,使控制器产生所需的控制力,其大小是由控制目标决定的;② 在神经网络模仿器的帮助下训练一个神经网络控制系统来学习结构反应与控制信号和校正后控制信号之间的关系。这样,经过训练的控制系统可以根据结构已有的反应时程和控制信号的时程,给出一个当前的控制信号,从而对系统进行有效控制。

对于振动系统的神经网络控制,当系统受到外激励时,首先由神经网络根据所掌握的被控对象的动力性能和外部激励之间的关系,对结构控制驱动器输出一个控制信号;然后由驱动器提供动力对系统振动进行控制。由于神经网络在学习结构动力性能时,自动学习了结构控制系统中时滞等因素的影响,在神经网络控制系统中不存在传统控制系统具有时滞的问题,而且神经网络控制系统也适用于非线性结构系统。应当指出,采用神经网络对结构反应进行控制时,应注意神经网络结构的确定、神经网络输入变量的选择等问题。

9.5.4　不同控制算法的比较

在所研究的控制策略中,PID 控制最简单。LQR 控制虽也较简单,但其状态估计增益矩阵 K 与干扰信号有关,当干扰信号发生变化而状态估计增益矩阵 K 未同时调整时,将会影响控制效果。模态控制主要针对模态坐标下振动系统的控制问题,而自适应控制能很好地解决难以获得精确模型的系统控制。H_∞ 控制的效果虽不一定是最好的,但当系统参数和干扰发生变化时,H_∞ 控制具有较好的鲁棒性。模糊控制需要对受控对象的特性有充分了解,才能获得较好的控制效果和跟踪特性。神经网络控制的控制算法相对较复杂,其计算和训练的速度很慢,难以满足实际振动控制系统的实时性要求。在实际的振动控制中,采用何种控制方法,应根据实际振动控制系统的特性、要求及干扰的情况来决定,往往采用多种控制相结合、取长补短的方式来实现对系统的最佳控制。

9.6　控制系统的硬件实现

前面介绍了控制系统的核心部分——控制器中控制律的设计,属于软件部分。如何对实际工程问题实现实时控制,离不开控制系统的硬件实现。控制系统主要包括传感器、控制器和作动器三部分,其中传感器将测得的信息传给控制器,控制器按给定的控制律计算所需的控制信号给作动器,作动器将产生的作动力施加于被控对象上,以实现主动控制的目的。下面将对传感器、控制器及作动器进行介绍,并简单介绍传感器与作动器的定位问题。

9.6.1　传感器

传感器的作用是将机械量(应变、位移、速度、加速度)转化为非机械量(电、光等),主要包括:常规传感器(加速度计、应变仪和近程探测器),采用压电材料、光学纤维和形状记忆合金的传感器及各种非接触式传感器(如激光振动计)等。传感器的选择取决于所检测的系统变量及所采用的信号处理方式。

图 9.11　压电式加速度传感器

用于振动主动控制的传感器主要有加速度传感器、速度传感器和位移传感器等,其中加速度传感器应用最为广泛。图 9.11 为美国压电有限公司(PCB)生产的压电式加速度传感器,它以压电材料为转换元件,将加速度信号输入转化成与之成比例的电压输出,具有结构简单、质量小、体积小、耐高温、输出线性好、测量动态范围大、便于安装等特点。该传感器的相关技术参数为: 100 mV/g、灵敏度为±5%、频率范围为 0.5~10 000 Hz、测量加速度范围为±50g,其精度高,抗干扰性能好。

但有些情况下也需要用到其他类型的传感器。与加速度传感器相比,虽然位移传感器的动态范围较小,但在低频(0~10 Hz)时位移传感器更实用,因为此时要测量的加速度值太小。此外,在一些位移是首选控制变量的振动系统中,也适合采用位移传感器。

9.6.2 控制器

控制器是控制系统中的核心元件,采用不同的控制律来设计控制器,在一定程度上决定了被控对象的控制效果。就目前振动主动控制的应用来看,控制律设计主要有: LQR 控制、模态控制、H_∞ 控制、自适应控制及其他一些智能控制方法,前几节已有详细介绍。这里主要介绍进行控制律计算的硬件设施,各种高性能的计算机都可以作为控制器中控制律的计算工具,但要实现对系统的实时控制,除了控制律的计算外,还需要对各种信号进行采集和传输,因此仅有控制律的计算远远不够。工程中往往将控制计算、信号采集与传输等进行集成。实际工程中,作为控制器硬件设备的种类很多,这里仅对美国国家仪器(National Instruments, NI)公司生产的一款控制器设备进行介绍,其实物图如图 9.12 所示,包括 PXI 系列工控机 A、B(PXI1050 机箱及 PXI8196 控制器),多功能采集卡 D、E(包括信号采集卡 PXI4472 和信号输出卡 PXI6251)及专用接线盒 C(SCB-68A)等。

图 9.12　NI 公司 PXI 系列控制器

PXI1050 机箱中包括 8 个总线槽和 4 个 SCXI 总线槽,采用工业级标准尺寸,抗干扰能力强、可靠性高。PXI8196 嵌入式计算机是一个高性能兼容系统控制器,是工控机的核心部件,主要对主动控制律进行处理,在实时操作系统下执行数据运算功能。PXI 系列工控机集成了多个标准输入/输出功能接口,包括: 4 个 USB 接口、2 个 RS232 串行口、1 个 GPIB 并行接口、1 个千兆以太网接口、1 个复位按钮及 PXI 触发按钮等。内部配置为: P4/2.4 GHz 处理器、512 M/DDR 内存、40 G 硬盘空间,并安装了 LabVIEW、RT 引擎等。PXI4472 是 8 通道动态信号采集模块,24 位分辨率、45 kHz 无混叠带宽、最高采样率达 1.024×10^5 次/s,具有 8 路同步采样模拟输入通道,软件可配置 AC/DC 耦合或 IEPE 调理,输入电压范围为±10 V,还可以通过 SMB-120 电缆将其扩展到±31 V,在振动控制中,主要用于采集振动系统的加速度信号。PXI6251 具有 8 个差分输入或 16 个单端输入的 A/D 转换通道、2 个 D/A 转换通道,A/D 和 D/A 的分辨率均为 16 位,总采样率单通道最大值为 1.25×10^6 次/s,多通道(多路综合)最大值为 1.0×10^6 次/s,定时分辨率为 50 ns,定时精度采样率为 5×10^{-5},24 个数字量输入/输出接口,均是晶体管-晶体管逻辑(transistor-

transistor logic, TTL)电平。在振动控制中主要输出控制力信号;因为在实际控制系统中,信号输出至作动器还需要其他硬件设备,图 9.12 中 C 所示的 NI 公司生产的专用接线盒 SCB-68A 就是用于该信号传输的设备,它是一个带有 68 个螺栓端子的屏蔽式输入/输出连接器模块,可为 68 针/100 针 DAQ 设备提供便捷的信号连接。

系统要实现实时控制,需要软件、硬件同步工作。软件部分包括 LabVIEW、RT 引擎及虚拟仪器(virtual instrument, VI)。LabVIEW 是 NI 公司开发的图形化编程控制软件,在数据采集、仪器控制、数据分析和表达上应用广泛,其人机交互界面简单友好,便于非专业程序员使用,有强大的数据可视化分析功能,前面板主要是数据显示,后面板是图形化编程。因为 LabVIEW 程序的功能及可视化界面与真实仪器相似,所以在 LabVIEW 环境下编写的程序也称为 VI。硬件部分为图 9.12 中的相关设备,其主要功能是在进行数据采集、控制运算和信号输出时,使工控机进入实时操作状态,能够保证控制系统连续实时地运行。

9.6.3　作动器

作动器又称致动器或执行机构,其作用是将控制器输出的非机械量转变为应变、位移、力等机械量,以实现对控制对象的位移驱动和力驱动目的。因此,作动器是主动控制系统中必不可少的一个环节。作动器的基本参数和性能要求包括:最大极限应变量、刚度、频带、强度、温度灵敏度、有效性和可靠性等。作动器的选择取决于系统需求,如要求的控制权(控制力、应变或位移的大小等),能耗,频率响应及物理限制(如尺寸和安装要求)等。目前,用于振动控制的作动器主要有:气动伺服作动器、液压伺服作动器、电磁式作动器、压电式作动器、形状记忆合金作动器及超磁致伸缩作动器等,此外各种磁流变、电流变阻尼器也应用在主动控制中。

气动伺服作动器通常由一个气缸和一个供气泵组成,通过改变二位四通的气阀,可以控制气缸活塞的上下运动,实现控制杆的位移和力的输出。气动伺服作动器的优点是结构简单、价格低廉,缺点是机构时延大,容易出现时滞现象,此外对气泵的输入输出管道要求比较高。液压伺服作动器是液压作动筒,其工作原理和气动式类似。液压式作动器的控制力或控制位移大、稳定性及可靠性高,因此得到了广泛应用。液压式作动器的缺点也是时延大,容易出现时滞、爬行、蠕动等缺点,主要适用于低频、控制力要求比较大的场合。根据主磁路磁场形成的机理不同,电磁式作动器分为永磁式和电磁式两种。由于电源通常比气源、液压源更简单易行,近年来在主动控制中逐渐受到重视,其优点是频率范围宽、可控性好、易于对复杂周期振动及随机振动实施控制,主要应用于频率较高、控制力不大的场合。压电式作动器利用压电材料的双极性,即正、逆压电效应进行工作,可分为薄膜型和叠层型两种。可以进一步将薄膜型分成压电陶瓷片或压电薄膜,薄膜型通常黏结在激励的结构上,通过向该结构施加弯矩来产生激励。压电式作动器具有精度高、不发热、响应速度快、重量轻、机电转换效率高等优点,其缺点是输出力小、驱动电压高且存在滞后现象,它也主要适用于高频、控制力不大的场合。

形状记忆合金作动器由新型智能材料——形状记忆合金(shape memory alloys, SMA)制成,由于 SMA 具有形状记忆效应,可根据热、力、电等各种物理参变量之间的关系对系统进行主、被动控制。SMA 作动器既有传感功能(感知并接收应力、应变、电、热等信号),

又具有驱动功能(对激励产生响应),由于该作动器只需形状记忆合金一种材料,其体积可以做得很小,且可以做成纤维状。它具有很强的抗疲劳破坏能力,且也不易受环境因素的影响,其缺点是实时性较差,不适合精度要求高的场合。超磁致伸缩作动器(giant magnetostrictive actuators, GMA)是在超磁致伸缩材料(giant magnetostrictive material, GMM)的基础上发展起来的一种新型作动器,与常用的压电材料、形状记忆合金作动器相比,超磁致伸缩作动器具有响应速度快、应变大、使用频带宽(0~3 000 Hz)、驱动电压低等优点,因而受到广泛关注。1842 年,焦耳发现,磁性材料所处的磁场变化时,其长度和体积也随之发生微小变化,此现象称为磁致伸缩,又称焦耳效应。长期以来,作为磁致伸缩材料的主要是镍、铁等金属或合金。由于磁致伸缩值较小,功率密度不高,其应用面较窄,主要用于声呐、超声波发射等领域。“稀土超磁致伸缩材料”则指国外于 20 世纪 80 年代末开发的新型功能材料,主要指稀土-铁系金属化合物,这类材料具有比铁、镍等高 100 倍左右的磁致伸缩值,因此称为超磁致伸缩材料。目前,应用较广的一种超磁致伸缩材料是 Terfenol-D 磁致伸缩合金,能够提供较大的控制力。

在振动控制中,常采用磁流变、电流变阻尼器代替作动器的功能。图 9.13 为洛德(Lord)公司生产的一款磁流变阻尼器(RD-1005-3),其填充物为磁流变液,主要通过变化的阻尼提供反馈控制力。该阻尼器的主要性能参数为:缸径 41.4 mm、运动活塞杆直径 10 mm、最大运动行程 53 mm、最大电流输入值为 2A,能提供最大拉伸力为 4 448 N。由于磁流变阻尼器是通过改变电流来改变其阻尼值,而控制器输出的一般是电压信号,在实际工程中,还需要针对阻尼器的控制装置,其作用就是将反馈电压信号转换成电流信号,使磁流变阻尼器产生需要的控制力。磁流变阻尼器的控制装置如图 9.14 所示,它有三个接

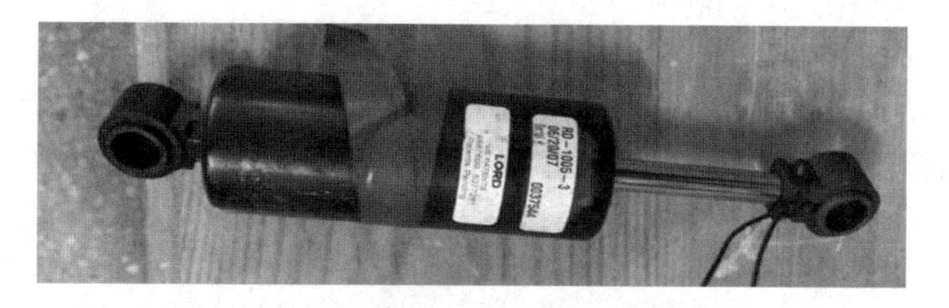

图 9.13　RD-1005-3 磁流变阻尼器

图 9.14　磁流变阻尼器控制装置

口,接口 A 为装置电源供给端口(12~24 V)、接口 B 为电压信号输入端口(-10~10 V)、接口 C 为电流信号输出接口(最大 2 A),此接口与磁流变阻尼器相连。此外,磁流变阻尼器的控制装置在使用时需要由稳压电源供电,图 9.15 所示为 GPC-3030D 线性直流电源,它共有三组输出:一组固定(电压 5 V、电流 3 A),两组可调(电压可调范围为 0~30 V、电流可调范围为 0~3 A),分别为磁流变阻尼器(非控制状态下)及其控制装置提供电流。

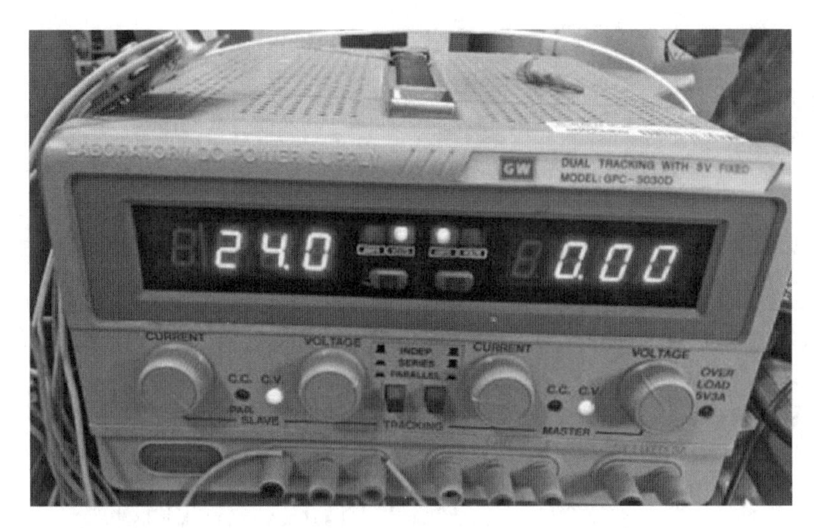

图 9.15　线性直流电源

9.6.4　传感器/作动器的优化配置

传感器/作动器的优化配置包括系统中的配置位置和配置数目,是主动振动控制中的一个重要环节。传感器的优化配置是在尽可能获得结构状态完备的观测信息和尽可能少地消耗控制能量的前提下,获得最优的控制效果。而作动器的优化配置是以实现系统预期的控制效果为目标,合理地确定各个作动器出力的具体量值。传感器/作动器的优化配置直接决定了振动控制系统的稳定性、可控性、可观性及控制的有效性。随着控制技术的发展,传感器/作动器在振动系统中的优化配置问题日趋重要。尽管有些情况下利用经验就可以确定合理的配置,但对于较为复杂的结构,则需借助适当的优化计算来完成。目前,研究主要集中在:寻求合理的能反映设计要求的优化准则及求解优化问题的有效计算方法两个方面。目前,用于传感器/作动器优化配置的准则主要有:基于系统可控性和可观性准则、基于系统能量准则。作动器/传感器配置的优化计算主要有:模拟退火技术、遗传基因算法等。

传感器、控制器和作动器是振动主动控制的三项关键技术,随着对控制要求的提高,对传感器、控制器及作动器的要求也日益提高。研制高灵敏度、高可靠性的传感器,高模量、高可靠性及大应变冲程的作动器,高性能的控制器及其集成技术,已成为提高主动控制效果的关键。而对于新型鲁棒控制器的设计方法研究、智能控制及其在主动控制中的应用、混合控制方式研究、主被动一体化振动控制技术研究，以及非线性控制、时滞控制研究等，也将成为今后控制器研究的方向。

习　题

9.1 设定常二阶系统的状态方程和性能指标为

$$\dot{x}_1(t)=x_2(t)$$

$$\dot{x}_2(t)=u(t)$$

$$J=\int_0^\infty [x_1^2(t)+4x_2^2(t)+u^2(t)]\mathrm{d}t$$

试求最优反馈控制律，且验证解是唯一的。

9.2 设线性系统的状态方程和初始条件为

$$\dot{x}(t)=A(t)x(t)+B(t)u(t),\quad x(t_0)=x_0$$

试求最优控制，使得以下性能指标为最小：

$$J=\frac{1}{2}x_{t_f}^{\mathrm{T}}Sx_{t_f}+\frac{1}{2}\int_{t_0}^{t_f}[x^{\mathrm{T}}\quad u^{\mathrm{T}}]\begin{bmatrix}Q(t) & M(t)\\ M^{\mathrm{T}}(t) & R(t)\end{bmatrix}\begin{bmatrix}x\\ u\end{bmatrix}\mathrm{d}t$$

9.3 已知系统的状态方程为：$\dot{x}=Ax+Bu$，$y=Cx$，$x(0)=0$，式中，$A=\begin{bmatrix}0 & 1 & 0\\ 0 & 0 & 1\\ 0 & -7\,744 & -35.2\end{bmatrix}$，$B=\begin{bmatrix}0\\ 0\\ 15\,488\end{bmatrix}$，$C=[1\quad 0\quad 0]$，其性能指标 $J=\frac{1}{2}\int_0^{t_f}[y^{\mathrm{T}}My+u^{\mathrm{T}}Ru]\mathrm{d}t$。取 $M=5$，$R=0.01$，求最优控制 $u(t)$，使性能指标 J 取极小值。

9.4 习题9.4图为3盘两轴无阻尼扭振系统，该系统有一个刚体转动模态，两个存在盘间相对扭转的模态。该系统的扭转振动的微分方程为

$$\begin{bmatrix}I_1 & & \\ & I_2 & \\ & & I_3\end{bmatrix}\begin{Bmatrix}\ddot{\theta}_1\\ \ddot{\theta}_2\\ \ddot{\theta}_3\end{Bmatrix}+\frac{GJ}{L}\begin{bmatrix}1 & -1 & 0\\ -1 & 2 & -1\\ 0 & -1 & 1\end{bmatrix}\begin{Bmatrix}\theta_1\\ \theta_2\\ \theta_3\end{Bmatrix}=\begin{Bmatrix}T_1\\ T_2\\ T_3\end{Bmatrix}$$

试通过独立模态控制，在各盘上施加主动力矩提高系统的模态阻尼，使控制后的闭环系统具有如下的特征值：$s_{11}=s_{12}=-\Omega_1$，$s_{21}=-\xi_2\omega_2+\mathrm{j}\omega_2$，$s_{22}=-\xi_2\omega_2-\mathrm{j}\omega_2$，$s_{31}=-\xi_3\omega_3+\mathrm{j}\omega_3$，$s_{32}=-\xi_3\omega_3-\mathrm{j}\omega_3$。其中，$\omega_2$、$\omega_3$ 分别为系统第2阶和第3阶固有频率。令 $I_1=I_2=I_3=I$，$\Omega_1=0.25\sqrt{\frac{GJ}{IL}}$，$\xi_2=\xi_3=0.5$。

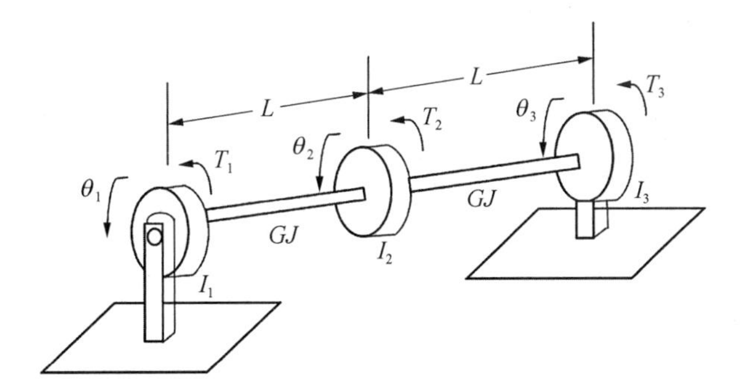

习题 9.4 图

第 10 章
随机振动控制

本章首先对线性系统的随机最优控制进行介绍，分别介绍随机状态反馈调节器、随机输出反馈调节器问题，并对分离定理、卡尔曼滤波等概念进行介绍；然后在Hamilton 系统中，联合利用随机平均法、动态规划法及 FPK 方程等对随机非线性系统的最优控制问题进行介绍。

学习要点：

(1) 正确理解分离定理、卡尔曼滤波等概念，掌握线性系统的随机状态反馈调节器、随机输出反馈调节器问题的分析方法；

(2) 正确理解在 Hamilton 系统中利用随机平均法、动态规划法及 FPK 方程等对随机非线性系统的最优控制问题进行分析的方法。

前面介绍的控制策略主要针对确定性系统，没有对系统参数和外部激励的性质进行讨论，如它们是否具有随机性。在 3.6 节中曾介绍过，当系统参数或外部激励存在随机性时，系统的响应具有随机性，而控制系统的量测值往往也是随机的，此时系统的最优控制就是随机最优控制问题。以状态空间模型为例，完整的随机控制系统如图 10.1 所示。图中各部分及有关问题都是随机控制理论的研究内容，主要包括以下几部分：分析随机动力学系统和系统变量的统计特性、系统辨识、状态变量的估计及随机最优控制等。但具体问题不一定包括每一部分，例如，很多系统可直接通过理论计算而不需用复杂的系统辨识即可获得系统的动力学模型等。

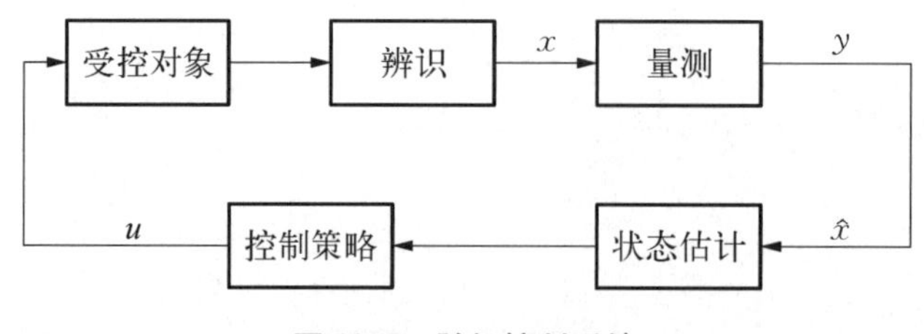

图 10.1 随机控制系统

随机控制理论的发展是与随机过程理论的发展密切相关的，随机过程理论产生于

20世纪初期，是为适应物理学、生物学、通信与控制等方面的需要而逐步发展起来的。随机过程的研究和发展，为随机控制的发展提供了理论基础。Wiener和Kolmogorov发展起来的滤波和预测理论，使从信号加噪声的观测中抽取有用信号成为可能，这是随机控制理论的重要基础；数字计算机的广泛应用大大加速了随机控制理论的发展，Kalman和Bucy于1960年提出了求解滤波和预测问题的递推算法，对滤波和预测理论做出了重大贡献；1961年，Joseph等提出了分离定理，可把线性随机控制问题分为两部分分别求解，一部分是状态估计器，另一部分是求解最优控制策略，且证明了随机最优控制策略与确定性最优控制策略是相同的，即确定性等价原理。分离定理为线性随机最优控制提供了便捷而实用的方法，对于具有集中控制器和状态完全能观测的线性系统，目前随机控制理论已经相当完善。近几十年来，线性随机控制理论在很多领域已有广泛和成功的应用，其中随机系统的线性二次高斯(linear quadratic Gauss, LQG)控制在工程应用最为广泛。

但目前国内外关于随机主动控制方面的研究中，绝大多数控制策略针对线性系统，对随机非线性系统的控制问题研究还非常有限，分离定理对非线性系统也不成立。由美国著名控制方面的专家Housner等(1997)撰写的评述论文也指出，非线性系统的随机控制是一个非常重要但又是十分困难的问题，尚有很多问题有待解决。目前，对随机非线性问题研究相对比较成熟的有朱位秋(2003)等，他们将非线性随机动力学系统表述为随机激励的耗散的Hamilton系统，并按相应Hamilton系统的可积性与共振性将系统分成不可积、可积非共振、可积共振、部分可积非共振、部分可积共振五类，提出与发展了随机激励的耗散的Hamilton系统理论，包括高斯白噪声激励下耗散的Hamilton系统的五类精确平稳解、等效非线性化方法、拟Hamilton系统随机平均法、拟Hamilton系统随机稳定性、随机分岔、首次穿越及非线性随机最优控制方法等，上述研究成果构成了一个完整的非线性随机动力学与控制的Hamilton理论体系，为解决多自由度强非线性系统的随机动力学与控制这个极为困难的问题提供了一系列崭新而有效的理论方法。针对随机非线性控制问题，朱位秋(2003)将拟Hamilton系统的随机平均法与动态规划原理结合起来寻求响应、稳定性及最优控制律。这一控制策略可用于受随机外激或参激的线性与非线性系统，随机平均法的应用使动态规划方程简化、维数降低，并使原来退化的动态规划方程变成非退化，从而有古典解，可参见应祖光等(2008)的文献。本章将主要介绍拟Hamilton系统的非线性随机最优控制方法。

10.1 线性系统的随机最优控制

本节将以3.6节和9.1节的内容为基础，仅针对确定性系统(即系统参数均为确定)受到随机激励的情形介绍线性系统的随机最优控制问题及其解法，并假定系统具有二次型性能指标。

本节仍采用式(9.1.1)给出的线性系统，但在其中加入随机激励，所以本节系统的状态方程及初始条件为

$$\begin{cases}\dot{x}(t)=A(t)x(t)+B(t)u(t)+G(t)w(t)\\x(t_0)=x_0\end{cases}\tag{10.1.1}$$

式中，$x(t)$ 为 n 阶状态向量；$u(t)$ 为 r 阶确定性控制向量，设为符合容许控制的条件；$A(t)$ 和 $B(t)$ 分别为 $n\times n$ 阶和 $n\times r$ 阶确定性时变矩阵 $(r\leqslant n)$，时间域为 $[t_0,\ t_f]$，设 t_f 为固定值；x_0 为系统初始状态向量，设为随机变量；$w(t)$ 为 p 阶随机激励向量，假定为高斯白噪声；$G(t)$ 为 $n\times p$ 阶确定性时变矩阵 $(p\leqslant n)$。正因为激励 $w(t)$ 为随机过程、初始条件 x_0 为随机变量，所以系统的响应 $x(t)$ 也为随机过程。

根据 3.6 节中关于白噪声的定义，$w(t)$ 的统计特性如下。

（1）$w(t)$的均值。

$$E[w(t)]=\mu_w(t)\tag{10.1.2}$$

式中，$\mu_w(t)$ 为 p 维确定性时变向量，是 $w(t)$ 的均值函数。

（2）$w(t)$的协方差。

$$\begin{aligned}\mathrm{Cov}[w(t),\ w(\tau)]&=E[(w(t)-\mu_w(t))(w(\tau)-\mu_w(\tau))^{\mathrm{T}}]\\&=C_w(t,\ \tau)=D_w(t)\delta(t-\tau)\end{aligned}\tag{10.1.3}$$

式中，$\delta(t-\tau)$ 为狄拉克 δ 函数；$D_w(t)$ 为 $p\times p$ 阶确定性对称非负定时变方阵，是 $w(t)$ 的方差阵，即

$$D_w(t)=\mathrm{Var}[w(t),\ w(t)]=E[(w(t)-\mu_w(t))(w(t)-\mu_w(t))^{\mathrm{T}}]\tag{10.1.4}$$

设 x_0 的统计特征如下：

$$\begin{cases}E[x(t_0)]=E[x_0]=\mu_x(t_0)=\mu_{x_0}\\\mathrm{Var}[x(t_0)]=E[(x_0-\mu_{x_0})(x_0-\mu_{x_0})^{\mathrm{T}}]=D_x(t_0)=D_{x_0}\end{cases}\tag{10.1.5}$$

式中，D_{x_0} 为 $n\times n$ 阶常数方阵，是 x_0 的方差阵；μ_{x_0} 为 n 维常数向量，是 x_0 的均值。

此外，还假设 x_0 和 $w(t)$ 之间统计不相关，即

$$\begin{aligned}\mathrm{Cov}[x_0,\ w(t)]&=E[(x_0-\mu_{x_0})(w(t)-\mu_w(t))^{\mathrm{T}}]\\&=C_{xw}(t_0,\ t)=0\quad(t\geqslant t_0)\end{aligned}\tag{10.1.6}$$

根据 9.1 节的介绍，系统(10.1.1)的性能指标有两种形式：基于系统状态向量定义的形式[式(9.1.3)]，相应的最优控制问题称为状态调节器问题；基于系统输出向量定义的形式[式(9.1.26)]，相应的最优控制问题称为输出调节器问题。本节也分状态调节器和输出调节器两种情况进行分析。

10.1.1 随机状态反馈调节器问题

设该系统的性能指标仍为形如式(9.1.3)的二次型性能指标，但由于此时系统的状

态 $x(t)$ 为向量随机过程,性能指标 J 也就成为随机变量。此时就不能直接采用式(9.1.3)进行计算,而应当考虑 J 的统计特性。最常见的是采用 J 的均值[对式(9.1.3)取数学期望]进行计算。因此,本节系统的性能指标取为

$$J = E\left[\frac{1}{2}x_{t_f}^{\mathrm{T}}Sx_{t_f} + \frac{1}{2}\int_{t_0}^{t_f}[x(t)^{\mathrm{T}}Q(t)x(t) + u(t)^{\mathrm{T}}R(t)u(t)]\mathrm{d}t\right] \tag{10.1.7}$$

式中,$Q(t)$ 和 S 为 $n\times n$ 阶确定性非负定对称阵,$R(t)$ 是 $r\times r$ 阶确定性正定对称阵,它们都是一种加权矩阵;x_{t_f} 为系统的末值状态向量,假设为自由的,但为随机变量。

可见,此时的问题仍可归结为:线性时变系统、t_f 固定、末端自由、二次型性能指标的最优控制问题。在性能指标泛函中,仍以系统的状态变量为自变函数,因此仍属于状态调节器问题。只不过,由于激励为随机过程,系统的状态向量、性能指标也为随机变量。假设仍采用反馈控制,则由于系统的随机性,就要求反馈信号采用全部状态,且假定这些状态信息能够无误差地完全精确测量到,此时的问题可称为随机状态反馈调节器问题。

可以证明,该系统的最优控制律与确定性线性系统二次型最优控制问题的解相同,即最优控制律为

$$u(t) = -K(t)x(t) \tag{10.1.8}$$

反馈增益为

$$K(t) = R(t)^{-1}B(t)P(t) \tag{10.1.9}$$

式中,$P(t)$ 由下列 Riccati 矩阵微分方程及末端条件求出:

$$\dot{P}(t) = -P(t)A(t) - A(t)^{\mathrm{T}}P(t) + P(t)B(t)R(t)^{-1}B(t)^{\mathrm{T}}P(t) - Q(t) \tag{10.1.10}$$

$$P(t_f) = S \tag{10.1.11}$$

只不过,此时系统的最优性能指标可写成如下形式:

$$J = \frac{1}{2}\mu_{x_0}^{\mathrm{T}}P_0\mu_{x_0} + \frac{1}{2}\mathrm{tr}\left[D_{x_0}P_0 + \int_{t_0}^{t_f}G(t)^{\mathrm{T}}D_w(t)G(t)P(t)\mathrm{d}t\right] \tag{10.1.12}$$

式中,$P_0 = P(t_0)$;“tr”是矩阵迹的简写符号,矩阵的迹等于矩阵对角线元素之和。

此外还可以证明,由于随机因素的存在,系统随机性性能指标总大于确定性性能指标。关于这些结论的证明,涉及多个预备定理的证明,需要较多篇幅,因此不作进一步展开介绍,有兴趣的读者可参阅有关文献,如王照林(1981)的论述。

10.1.2　随机输出反馈调节器问题

从前面的介绍可以看出,随机状态反馈调节器具有很好的性质,但存在的主要问题是它需要以系统的全部状态作为反馈,且要求系统的状态能完全精确地测量到,这就给这种方法的实际应用带来很大的困难。事实上,系统的状态往往是通过一定的测量手段观察

到的,即通过输出方程得到系统响应,因而实际应用中更多的是基于系统的输出来构建最优反馈控制器。测量系统往往也具有随机性,称为测量噪声,再加上系统本身的模型噪声(这里只考虑来自外部激励的噪声),此时最优控制问题就称为随机输出反馈调节器问题。

但需要注意的是,这里的随机输出反馈调节器问题与9.1节中的确定性输出反馈调节器问题不同,这里并不是用系统的输出去构建性能指标[式(9.1.26)],性能指标仍然采用系统的状态向量构建。但由于系统模型噪声[来自激励 $w(t)$ 的随机性]和测量噪声(来自测量系统的随机性)的影响,无法确切感知系统的真实状态,只能基于系统输出的测量值对系统的状态进行估计,然后采用系统状态的估计值进行反馈,构建最优控制算法。因此,随机输出反馈调节器问题的特点在于采用估计理论来处理问题。

估计是统计学上的一个概念,它指的是根据已经掌握的一定时间段里系统输出的实测资料对系统的状态进行估计。通常分为如下三种估计问题。

(1) 平滑估计。根据已知实测资料对这段时间里某一时刻系统的状态进行估计(也就是通常所说的插值)。

(2) 滤波估计。根据这段时间的已知实测资料对该时段的末值时刻(即当前)系统的状态进行估计。

(3) 预测估计。根据这段时间的已知实测资料对将来某个时刻系统的状态进行估计。

显然,随机输出反馈调节器问题涉及的是滤波估计问题。在滤波估计理论中,最著名的是卡尔曼滤波方法,它是一类线性最小方差估计的递推算法,也称为线性最优滤波算法。

关于卡尔曼滤波算法的原理和理论基础,已经有很多文献进行了介绍,在此不再展开,仅不加证明地给出卡尔曼滤波算法的主要公式,并在此基础上给出基于卡尔曼滤波的随机输出反馈调节器问题的最优控制律。

1. 卡尔曼滤波主要递推公式

设系统的状态方程和输出方程可写成如下形式:

$$\begin{cases}\dot{x}(t)=A(t)x(t)+G(t)w(t), \quad x(t_0)=x_0\\ y(t)=C(t)x(t)+v(t)\end{cases} \tag{10.1.13}$$

式中,$x(t)$ 为 n 阶状态向量,代表系统的状态;$A(t)$ 为 $n \times n$ 阶确定性时变矩阵(它的每个元素都是分段连续的已知时间函数);x_0 为系统初始状态向量,设为随机变量;$w(t)$ 为 p 阶高斯白噪声向量 ($p \leqslant n$),代表系统的动态噪声;$G(t)$ 为 $n \times p$ 阶确定性时变矩阵[它的每个元素性质同 $A(t)$ 的元素];$y(t)$ 为 m 阶输出向量 ($m \leqslant n$),代表对系统状态的量测值;$C(t)$ 为 $m \times n$ 阶确定性时变矩阵[它的每个元素性质同 $A(t)$ 的元素];$v(t)$ 为 m 阶高斯白噪声向量,代表量测噪声。正因为 $w(t)$ 和 $v(t)$ 均为随机过程,x_0 为随机变量,所以 $x(t)$ 和 $y(t)$ 也都为随机过程。

假定系统的统计信息如下:

（1）假定 $w(t)$ 和 $v(t)$ 均为零均值高斯白噪声向量，且它们之间互不相关，即

$$\begin{cases} E[w(t)]=\mu_w(t)=0 \\ \mathrm{Cov}[w(t),\ w(\tau)]=E[w(t)w(\tau)^{\mathrm{T}}]=D_w(t)\delta(t-\tau) \end{cases} \tag{10.1.14}$$

$$\begin{cases} E[v(t)]=\mu_v(t)=0 \\ \mathrm{Cov}[v(t),\ v(\tau)]=E[v(t)v(\tau)^{\mathrm{T}}]=D_v(t)\delta(t-\tau) \end{cases} \tag{10.1.15}$$

$$E[w(t)v(\tau)^{\mathrm{T}}]=0 \tag{10.1.16}$$

式中，$D_w(t)$ 为 $p\times p$ 阶确定性对称非负定时变方阵，$D_v(t)$ 为 $m\times m$ 阶确定性对称正定时变方阵，它们分别是 $w(t)$ 和 $v(t)$ 的方差阵（与其均方值阵相同），其中的各元素也都与矩阵 $A(t)$ 中各元素的性质相同，以上各式中均有 $t,\ \tau\geqslant t_0$。

（2）假定 x_0 的统计特性如下：

$$\begin{cases} E[x(t_0)]=\mu_x(t_0)=\mu_{x_0} \\ \mathrm{Var}[x(t_0)]=D_x(t_0)=D_{x_0} \end{cases} \tag{10.1.17}$$

式中，D_{x_0} 为 $n\times n$ 阶确定性对称常值方阵，是 x_0 的方差阵。不失一般性，可假定 x_0 也为零均值，即 $\mu_{x_0}=0$，此时 x_0 的方差阵也与其均方值阵相同，即 $D_{x_0}=E[x_0x_0^{\mathrm{T}}]$。此外，还假定 x_0 与 $w(t)$ 和 $v(t)$ 均不相关，即

$$\begin{cases} E[x_0w(t)^{\mathrm{T}}]=0,\quad t\geqslant t_0 \\ E[x_0v(t)^{\mathrm{T}}]=0,\quad t\geqslant t_0 \end{cases} \tag{10.1.18}$$

卡尔曼滤波问题的提法是：在给定量测值 $y(t)$ $(t\geqslant t_0)$（即在得到一段时间的量测数据）后，要求得到系统（10.1.13）的状态 $x(t)$ 的滤波估计 $\hat{x}(t)$，使估计误差 $\tilde{x}(t)=\hat{x}(t)-x(t)$ 的均方误差最小。定义估计误差的均方误差阵为

$$D_{t/t}=D_{\tilde{x}}(t)\triangleq E[\tilde{x}(t)\tilde{x}(t)^{\mathrm{T}}] \tag{10.1.19}$$

则估计误差的均方误差最小就是使均方误差阵 $D_{\tilde{x}}(t)$ 取极小值。

线性滤波是指滤波估计值 $\hat{x}(t)$ 是量测值 $y(t)$ 的线性函数，所以卡尔曼滤波算法是一类线性最小方差估计的递推算法，也称为线性最优滤波算法。可以证明（略），状态 $x(t)$ 的最优滤波估计 $\hat{x}(t)$ 可由如下卡尔曼滤波方程求出：

$$\dot{\hat{x}}(t)=A(t)\hat{x}(t)+K_1(t)[y(t)-C(t)\hat{x}(t)] \tag{10.1.20}$$

式中，$K_1(t)$ 为是滤波增益，由式（10.1.21）计算：

$$K_1(t)=D_{\tilde{x}}(t)C(t)^{\mathrm{T}}D_v(t)^{-1} \tag{10.1.21}$$

式中，均方误差阵 $D_{\tilde{x}}(t)$ 由如下方差方程（也是一种 Riccati 矩阵微分方程）求出：

$$\dot{D}_{\tilde{x}}(t)=A(t)D_{\tilde{x}}(t)+D_{\tilde{x}}(t)A(t)^{\mathrm{T}}+G(t)D_{w}(t)G(t)^{\mathrm{T}}-D_{\tilde{x}}(t)C(t)^{\mathrm{T}}D_{v}(t)^{-1}C(t)D_{\tilde{x}}(t) \tag{10.1.22}$$

$D_{\tilde{x}}(t)$ 的初始条件由式(10.1.23)给出：

$$D_{\tilde{x}}(t_0)=\mathrm{Var}[x(t_0)]=D_{x_0} \tag{10.1.23}$$

方程(10.1.20)的初始条件 $\hat{x}(t_0)$ 由式(10.1.24)给出：

$$\hat{x}(t_0)=E[x(t_0)]=\mu_{x_0} \tag{10.1.24}$$

当 $\mu_{x_0}=0$ 时，$\hat{x}(t_0)=0$。

可以看出，在方程(10.1.22)中只用到了 $w(t)$ 和 $v(t)$ 的二阶统计参量，而不涉及量测值 $y(t)$，所以 $D_{\tilde{x}}(t)$ 的值不依赖于量测值 $y(t)$，可以在滤波估计开始前事先由方程(10.1.22)和方程(10.1.23)求出所有的 $D_{\tilde{x}}(t)$ 值。这样，一方面可以提高滤波估计效率，另一方面也可以估计误差的传播。由上述各方程给出的卡尔曼滤波系统可用图 10.2 直观表示。

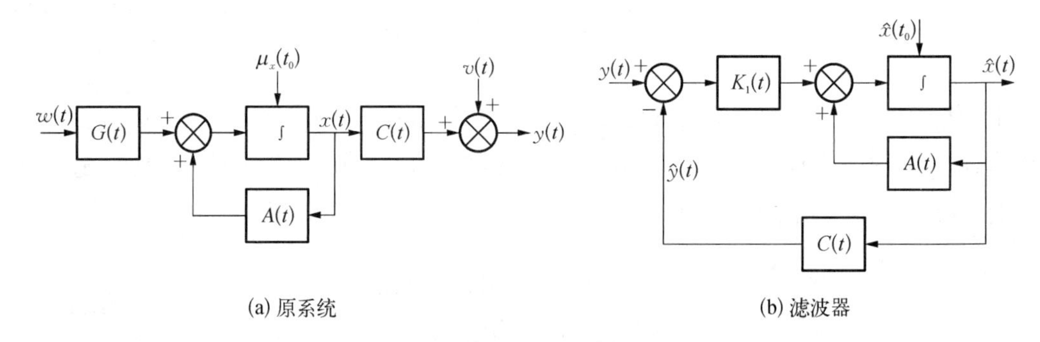

(a) 原系统　　(b) 滤波器

图 10.2　原被控对象及卡尔曼滤波系统框图

当系统为定常系统时，即在方程(10.1.13)中，A、G、C 都是常值矩阵；在式(10.1.14)和式(10.1.15)中，D_w、D_v 也是常值矩阵，此外还假定所研究的过程已达到稳态，则卡尔曼滤波算法可得到简化。此时，由于可假定所研究的随机过程为平稳过程、估计过程也已达到平稳状态，有理由假定均方误差阵 $D_{\tilde{x}}$ 也与时间无关。这样，可给出如下卡尔曼滤波方程：

$$\dot{\hat{x}}(t)=A\hat{x}(t)+K_1[y(t)-C\hat{x}(t)] \tag{10.1.25}$$

式中，滤波增益矩阵 K_1 由式(10.1.26)计算：

$$K_1=D_{\tilde{x}}C^{\mathrm{T}}D_v^{-1} \tag{10.1.26}$$

式中，均方误差阵 $D_{\tilde{x}}$ 由如下 Riccati 矩阵代数方程求出：

$$AD_{\tilde{x}}+D_{\tilde{x}}A^{\mathrm{T}}+GD_wG^{\mathrm{T}}-D_{\tilde{x}}C^{\mathrm{T}}D_v^{-1}CD_{\tilde{x}}=0 \tag{10.1.27}$$

需要注意的是，这里的 $D_{\tilde{x}}$ 应理解为定常系统卡尔曼滤波器滤波误差方差阵的稳态值。

2. 随机输出反馈调节器问题的最优控制

在构造出卡尔曼滤波器后,由于卡尔曼滤波器的输出是对系统状态的最优估计,于是自然想到:能否用该估计状态作为输入,来设计状态调节器?答案是肯定的。也就是说,可将卡尔曼滤波器与随机状态调节器结合在一起求解随机输出反馈调节器问题的最优控制律。这种求解方法的合理性由下面的分离定理保证。

分离定理: 随机线性输出反馈调节器问题,其最优控制律就是随机状态调节器的最优控制律,反馈的状态变量 $x(t)$ 用最小线性方差估计 $\hat{x}(t)$ 来代替,$\hat{x}(t)$ 则由卡尔曼滤波方程给出。求解卡尔曼滤波增益与最优控制律互不影响。

分离定理的证明涉及卡尔曼滤波算法的证明,需要较长篇幅。另外,关于该定理的证明在关于随机最优控制理论的文献中都有论述。因此,本节不再对此展开进一步讨论,有兴趣的读者可参阅相关文献。

根据分离定理,可以将随机输出反馈调节器问题的线性最优控制表述如下。

设系统的状态方程和量测方程(即输出方程)为

$$\begin{cases}\dot{x}(t)=A(t)x(t)+B(t)u(t)+G(t)w(t), \quad x(t_0)=x_0 \\ y(t)=C(t)x(t)+v(t)\end{cases} \tag{10.1.28}$$

式中,$x(t)$ 为 n 阶状态向量,$u(t)$ 为 r 阶控制向量 $(r\leqslant n)$,$A(t)$ 和 $B(t)$ 分别为与其对应的 $n\times n$ 阶和 $n\times r$ 阶确定性时变矩阵;x_0 为系统初始状态向量,设为随机变量;$w(t)$ 为 p 阶高斯白噪声向量 $(p\leqslant n)$;$G(t)$ 为与其对应的 $n\times p$ 阶确定性时变矩阵;$y(t)$ 为 m 阶输出向量 $(m\leqslant n)$,代表对系统状态的量测值;$C(t)$ 为 $m\times n$ 阶确定性时变矩阵;$v(t)$ 为 m 阶高斯白噪声向量,代表量测噪声。因为 $w(t)$ 和 $v(t)$ 均为随机过程,x_0 为随机变量,所以 $x(t)$ 和 $y(t)$ 也都为随机过程。

假定系统的统计信息如下(同卡尔曼滤波器):

(1) 假定 $w(t)$ 和 $v(t)$ 均为零均值高斯白噪声向量,且它们之间互不相关,即

$$\begin{cases}E[w(t)]=\mu_w(t)=0 \\ \mathrm{Cov}[w(t),\ w(\tau)]=E[w(t)w(\tau)^{\mathrm{T}}]=D_w(t)\delta(t-\tau)\end{cases}$$

$$\begin{cases}E[v(t)]=\mu_v(t)=0 \\ \mathrm{Cov}[v(t),\ v(\tau)]=E[v(t)v(\tau)^{\mathrm{T}}]=D_v(t)\delta(t-\tau)\end{cases}$$

$$E[w(t)v(\tau)^{\mathrm{T}}]=0$$

式中,$D_w(t)$ 为 $p\times p$ 阶确定性对称非负定时变方阵;$D_v(t)$ 为 $m\times m$ 阶确定性对称正定时变方阵。它们分别是 $w(t)$ 和 $v(t)$ 的方差阵(与其均方值阵相同),在以上各式中均有 t, $\tau\geqslant t_0$。

(2) 假定 x_0 的统计特性如下:

$$\begin{cases}E[x(t_0)]=\mu_x(t_0)=\mu_{x_0} \\ \mathrm{Var}[x(t_0)]=D_x(t_0)=D_{x_0}\end{cases}$$

式中，D_{x_0} 为 $n\times n$ 阶确定性对称常值方阵，是 x_0 的方差阵。不失一般性，也可以假定 x_0 为零均值，即 $\mu_{x_0}=0$。此时，x_0 的方差阵也与其均方值阵相同，即 $D_{x_0}=E[x_0x_0^{\mathrm{T}}]$。此外，还假定 x_0 与 $w(t)$ 和 $v(t)$ 均不相关，即

$$\begin{cases}E[x_0w(t)^{\mathrm{T}}]=0, & t\geqslant t_0\\ E[x_0v(t)^{\mathrm{T}}]=0, & t\geqslant t_0\end{cases}$$

设系统的性能指标为(同随机状态反馈调节器问题)

$$J=E\left[\frac{1}{2}x_{t_f}^{\mathrm{T}}Sx_{t_f}+\frac{1}{2}\int_{t_0}^{t_f}[x(t)^{\mathrm{T}}Q(t)x(t)+u(t)^{\mathrm{T}}R(t)u(t)]\mathrm{d}t\right] \tag{10.1.29}$$

式中，$Q(t)$ 和 S 为 $n\times n$ 阶确定性非负定对称阵，$R(t)$ 是 $r\times r$ 阶确定性正定对称阵，它们都是一种加权矩阵；x_{t_f} 为系统的末值状态向量，假设为自由的，但为随机变量。

基于分离定理，该系统的最优控制律如下：

$$u(t)=-K(t)\hat{x}(t) \tag{10.1.30}$$

式中，反馈增益矩阵 $K(t)$ 和系统的状态估计向量 $\hat{x}(t)$ 分别由下列方程确定。

$K(t)$ 由式(10.1.31)给出：

$$K(t)=R(t)^{-1}B(t)^{\mathrm{T}}P(t) \tag{10.1.31}$$

而 $P(t)$ 由下列 Riccati 矩阵微分方程及末端条件求出：

$$\dot{P}(t)=-P(t)A(t)-A(t)^{\mathrm{T}}P(t)+P(t)B(t)R(t)^{-1}B(t)^{\mathrm{T}}P(t)-Q(t) \tag{10.1.32}$$

$$P(t_f)=S \tag{10.1.33}$$

$\hat{x}(t)$ 由下列卡尔曼滤波方程和初始条件给出：

$$\dot{\hat{x}}(t)=A(t)\hat{x}(t)+B(t)u(t)+K_1(t)[y(t)-C(t)\hat{x}(t)] \tag{10.1.34}$$

$$\hat{x}(t_0)=\mu_{x_0} \tag{10.1.35}$$

其中，滤波增益 $K_1(t)$ 由式(10.1.36)计算：

$$K_1(t)=D_{\tilde{x}}(t)C(t)^{\mathrm{T}}D_v(t)^{-1} \tag{10.1.36}$$

式中，滤波误差方差阵 $D_{\tilde{x}}(t)$ 由下面的 Riccati 矩阵微分方程求出：

$$\dot{D}_{\tilde{x}}(t)=A(t)D_{\tilde{x}}(t)+D_{\tilde{x}}(t)A(t)^{\mathrm{T}}+G(t)D_w(t)G(t)^{\mathrm{T}}-D_{\tilde{x}}(t)C(t)^{\mathrm{T}}D_v(t)^{-1}C(t)D_{\tilde{x}}(t) \tag{10.1.37}$$

$D_{\tilde{x}}(t)$ 的初始条件由式(10.1.38)给出：

$$D_{\tilde{x}}(t_0)=D_{x_0} \tag{10.1.38}$$

据此，可绘出该系统的框图如图 10.3 所示。

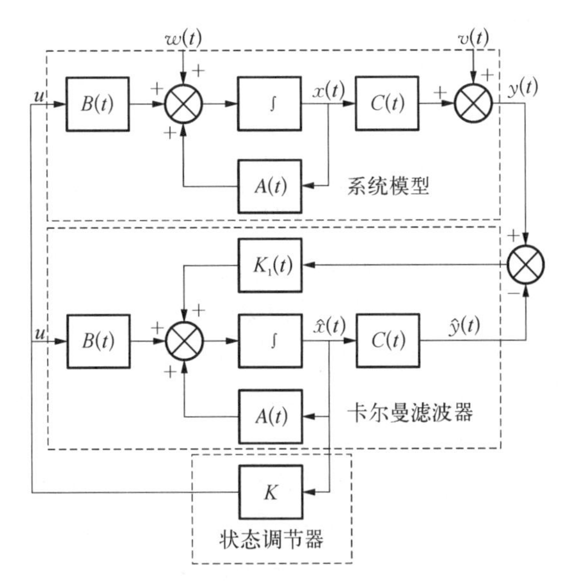

图 10.3　随机输出反馈调节器最优控制系统框图

可以证明，当随机输出反馈调节器达到最优控制时，系统的性能指标可表达为

$$J=\frac{1}{2}\mu_{x_0}^{\mathrm{T}}P_0\mu_{x_0}+\frac{1}{2}\mathrm{tr}\left\{P_0D_{x_0}+\int_{t_0}^{t_f}[P(t)G(t)^{\mathrm{T}}D_w(t)G(t)+K(t)^{\mathrm{T}}R(t)K(t)D_{\tilde{x}}(t)]\mathrm{d}t\right\}\tag{10.1.39}$$

式中，前三项的含义与式(10.1.12)相同，第四项是由估计状态所产生的附加项，其作用也是使系统性能指标增大。

当系统退化为定常系统时，即矩阵 A、B、G、C、Q、R 均为常值矩阵，假定矩阵 D_w、D_v 也为常值矩阵，即假设系统的模型噪声和量测噪声均为平稳高斯白噪声，则当 $t_0\ll t\ll t_f$ 时，可认为系统在统计意义上处于稳态。据此，有理由假定 $\dot{P}(t)=0$、$\dot{D}_{\tilde{x}}(t)=0$，即 P 和 $D_{\tilde{x}}$ 也都是常值矩阵。因而，矩阵 K 和 K_1 也都是常值矩阵。此时，如果系统是完全可观测和完全可控的，那么可以证明，由式(10.1.30)~式(10.1.38)给出的最优控制律仍适用，只不过式(10.1.32)和式(10.1.37)对应的 Riccati 矩阵微分方程退化为 Riccati 矩阵代数方程。有兴趣的读者可自行写出对应的控制方程并绘出相应的系统框图。

10.2　非线性系统的随机最优控制

对随机非线性系统进行控制难度较大，很多时候是联合利用统计线性化方法和随机线性系统的最优控制方法进行分析，直接对非线性系统进行随机控制分析较少，目前比较成熟的是朱位秋团队研究的拟 Hamilton 系统的非线性随机最优控制。该方法首先应用随机平均法得到关于系统总能量的平均 Itô 方程，然后通过求解平均系统遍历控制问题的动态规划方程得到最优控制力，最后求解与平均 Itô 方程相应的 FPK 方程得到控制前后系统的响应与性能。现对该方法进行介绍。

考虑 n 自由度受控拟 Hamilton 系统，其微分方程为

$$\begin{cases}\dot{Q}_i = \dfrac{\partial H'}{\partial P_i} \\ \dot{P}_i = -\dfrac{\partial H'}{\partial Q_i} - \varepsilon C'_{ij}\dfrac{\partial H'}{\partial P_j} + \varepsilon^{\frac{1}{2}} f_{ik}\xi_k(t) + u_i\end{cases} \tag{10.2.1}$$

式中，Q_i 与 P_i 分别为广义位移与动量；$H' = H'(Q, P)$ 为未扰 Hamilton 系统的 Hamilton 函数，对于机械或结构系统，它表示系统的总能量；$C'_{ij} = C'_{ij}(Q, P)$ 为可微函数，表示拟线性阻尼系数；$f_{ik} = f_{ik}(Q, P)$ 为二次可微函数，表示激励的幅值；ε 为正的小参数；$\xi_k(t)$ 表示随机激励，可为白噪声、宽带或窄带、平稳或非平稳随机过程，还可包含周期或谐和激励；$u_i = u_i(Q, P)$ 表示反馈控制力。

为下面叙述方便，此处设 $\xi_k(t)$ 为高斯白噪声，其相关函数为 $E[\xi_k(t)\xi_l(t+\tau)] = 2D_{kl}\delta(\tau)$。式(10.2.1)可模型化为 Stratonovich 随机微分方程，加上 Wong-Zakai 修正项后，可将其变换为 Itô 随机微分力方程。Wong-Zakai 修正项可分为保守部分与耗散部分，保守部分可与 $-\dfrac{\partial H'}{\partial Q_i}$ 合并，组成一个新的 Hamilton 函数；而耗散部分可与 $-\varepsilon C'_{ij}\dfrac{\partial H'}{\partial P_j}$ 合并成新的拟线性阻尼系数。

反馈控制力 u_i 也可分为保守部分 $u_i^{(1)}$ 与耗散部分 $u_i^{(2)}$，保守控制力可与 $-\dfrac{\partial H'}{\partial Q_i}$ 合并，改变 Hamilton 系统的稳定性、可积性及共振性，从而可改变能量与响应的分布；耗散控制力则可与 $-\varepsilon C'_{ij}\dfrac{\partial H'}{\partial P_j}$ 合并，改变系统的等效阻尼及其分布，从而改善响应、稳定性及可靠性等。完成上述步骤后，式(10.2.1)可改写成如下随机微分方程：

$$\begin{aligned} \mathrm{d}Q_i &= \frac{\partial H}{\partial P_i}\mathrm{d}t \\ \mathrm{d}P_i &= -\left[\frac{\partial H}{\partial Q_i} + \varepsilon C_{ij}\frac{\partial H}{\partial P_j} - u_i^{(2)}\right]\mathrm{d}t + \varepsilon^{\frac{1}{2}} f_{ik}\mathrm{d}\bar{B}_k(t) \end{aligned} \tag{10.2.2}$$

式中，$H = H(Q, P)$ 称为修正的 Hamilton 函数；$C_{ij} = C_{ij}(Q, P)$ 为修正的拟线性阻尼系数；$\bar{B}_k(t)$ 为独立的单位 Wiener 过程。

对式(10.2.2)应用拟 Hamilton 系统的随机平均法，进行部分平均(保持 u_i 暂不平均)，所得的平均方程的个数与形式取决于修正的 Hamilton 系统的可积性与共振性，可分成不可积、可积非共振、可积共振、部分可积非共振、部分可积共振五种情形。对于不可积情形，平均方程形为

$$\mathrm{d}H = \left[m(H) + u_i^{(2)}\frac{\partial H}{\partial P_i}\right]\mathrm{d}t + \sigma(H)\mathrm{d}B(t) \tag{10.2.3}$$

式中，$B(t)$ 为单位 Wiener 过程；平均漂移系数 m 与扩散系数 σ 分别为

$$m(H)=\frac{1}{T(H)}\int_{\Omega}\left[\left(-C_{ij}\frac{\partial H}{\partial P_i}\frac{\partial H}{\partial P_j}+\frac{1}{2}f_{ik}f_{jk}\frac{\partial^2 H}{\partial P_i\partial P_j}\right)\Big/\frac{\partial H}{\partial P_1}\right]\mathrm{d}Q_1\cdots\mathrm{d}Q_n\mathrm{d}P_2\cdots\mathrm{d}P_n$$

$$\sigma^2(H)=\frac{1}{T(H)}\int_{\Omega}\left(-f_{ik}f_{jk}\frac{\partial H}{\partial P_i}\frac{\partial H}{\partial P_j}\Big/\frac{\partial H}{\partial P_1}\right)\mathrm{d}Q_1\cdots\mathrm{d}Q_n\mathrm{d}P_2\cdots\mathrm{d}P_n$$

式中，$T(H)=\int_{\Omega}\left(1\Big/\frac{\partial H}{\partial P_1}\right)\mathrm{d}Q_1\cdots\mathrm{d}Q_n\mathrm{d}P_2\cdots\mathrm{d}P_n$；$\Omega=\{(Q_1,\cdots,Q_n,P_2,\cdots,P_n)\mid H(Q_1,\cdots,Q_n,P_2,\cdots,P_n)\leqslant H\}$。

式(10.2.3)意味着 H 为受控的一维扩散过程,现在是寻求最优控制 $u_i^{(2)*}$，这取决于控制目的,控制的目的用性能指标表达。

响应控制的性能指标可有多种形式,下面主要叙述两种。对于受控系统(10.2.3)，有限时间区间控制的性能指标可表示为

$$J=E\left[\int_0^{t_f}L(H(\tau),u^{(2)}(\tau))\mathrm{d}\tau+\varphi(H(t_f))\right]\tag{10.2.4}$$

式中，t_f 表示控制终止时刻;L 称为成本函数，φ 称为终时成本,由于 H 为随机过程,L 和 φ 也是随机的；$E[\cdot]$ 为期望算子。式(10.2.4)常称为 Boltz 型指标。

当控制时间区间为无限时,可认为系统(10.2.3)的状态是平稳与遍历的,于是,性能指标可取为

$$J=\lim_{T\to\infty}\frac{1}{T}\int_0^{T}L[H(\tau),u^{(2)}(\tau)]\mathrm{d}\tau\tag{10.2.5}$$

相应的控制问题称为遍历控制。

随机最优控制,就是为系统(10.2.3)寻找一种最优控制 $u_i^{(2)*}$，使性能指标[式(10.2.4)或式(10.2.5)]之一达到极小值。

取性能指标的极小值为值函数,例如,对于式(10.2.3)和式(10.2.4),为

$$V(H,t)=\min_{u^{(2)}}E\left[\int_0^{t_f}L(H(\tau),u^{(2)}(\tau))\mathrm{d}\tau+\varphi(H(t_f))\right]\tag{10.2.6}$$

根据 Bellman 的动态规划原理,若 $u^{(2)*}$ 是 $[0,t_f]$ 上的最优控制,则它也是 $[0,t_f]$ 的任一子区间上的最优控制。据此,可导出动态规划方程。对于问题[式(10.2.3)和式(10.2.4)],其动态规划方程为

$$\frac{\partial V}{\partial t}=-\min_{u^{(2)}}\left\{L[H,u^{(2)}]+\frac{\partial V}{\partial H}\left[m(H)+u_i^{(2)}\frac{\partial H}{\partial P_i}\right]+\frac{1}{2}\sigma^2(H)\frac{\partial^2 V}{\partial H^2}\right\}\tag{10.2.7}$$

终时条件为

$$V(H,t_f)=E[\varphi(H(t_f))]\tag{10.2.8}$$

另,对于遍历控制问题[式(10.2.3)和式(10.2.5)],其动态规划方程为

$$\min_{u^{(2)}}\left\{L[H,\ u^{(2)}]+\frac{\partial V}{\partial H}\left[m(H)+u_i^{(2)}\frac{\partial H}{\partial P_i}\right]+\frac{1}{2}\sigma^2(H)\frac{\partial^2 V}{\partial H^2}\right\}=\gamma \tag{10.2.9}$$

式中，

$$\gamma=\lim_{T\to\infty}\frac{1}{T}\int_0^T L[H(\tau),\ u^{(2)*}]\mathrm{d}\tau \tag{10.2.10}$$

由动态规划方程，如式(10.2.7)或式(10.2.9)，对 $u^{(2)}$ 取极小值的条件可确定最优控制 $u^{(2)*}$。例如，设式(10.2.4)或式(10.2.5)中：

$$L[H,\ u^{(2)}]=f(H)+u^{(2)\mathrm{T}}Ru^{(2)} \tag{10.2.11}$$

式中，R 为正定对角阵，则

$$u^{(2)*}=-\frac{1}{2R_i}\frac{\partial V}{\partial H}\frac{\partial H}{\partial P_i}=-\frac{1}{2R_i}\frac{\partial V}{\partial H}\dot{Q}_i,\quad i=1,\ \cdots,\ n \tag{10.2.12}$$

这意味着最优控制力是广义速度的拟线性函数，其系数取决于系统的状态。因此，一般为非线性反馈，只有当受控系统为线性、$f(H)$ 正比于 H 时，才是线性反馈，即 LQG 控制。

将最优控制律[如式(10.2.12)]代入动态规划方程[如式(10.2.7)或式(10.2.9)]，可得最后动态规划方程。由该方程可解出值函数 V，再代入最优控制律，然后代入部分平均 Itô 方程[式(10.2.3)]，对 $u_i^{(2)}\frac{\partial H}{\partial P_i}$ 作平均，可得完全平均 Itô 方程及相应的 FPK 方程，求解该 FPK 方程即可得受控系统的相应统计量：

$$\mathrm{d}H=\bar{m}(H)\mathrm{d}t+\sigma(H)\mathrm{d}B(t) \tag{10.2.13}$$

例 10.2.1 考虑如下受随机激励的非线性系统的最优控制问题：

$$\ddot{x}+c\dot{x}+\omega^2x+\gamma(x)=W(t)+u \tag{a}$$

式中，c 和 ω 为常数；$\gamma(x)=-\gamma(-x)=\frac{\partial V}{\partial x}-\omega^2x$ 是反对称的非线性函数；W 是强度为 $2D$ 的高斯白噪声；u 是控制力。

解： 令

$$Q_i=X_i,\quad P_i=\dot{X}_i,\quad H=\sum_{i=1}^{n}\left(\frac{P_i^2}{2}+\frac{\partial V}{\partial Q_i}\right),\quad L=g(H)+Ru^2$$

将式(a)改写成拟 Hamilton 形式，应用随机平均法与动态规划原理，可得平均系统的最优控制律：

$$u^{(2)*}=-\frac{1}{2R}\frac{\partial V}{\partial H}\dot{Q} \tag{b}$$

式中,R 为正定权参数,值函数 V 满足:

$$\frac{\partial V}{\partial t} + g(H) + m(H)\frac{\partial V}{\partial H} - \frac{1}{4R} < P^2 > \left(\frac{\partial V}{\partial H}\right)^2 + \frac{1}{2}\sigma^2(H)\frac{\partial^2 V}{\partial H^2} = 0 \tag{c}$$

式中,

$$m(H) = D - c < P^2 >$$

$$\sigma^2(H) = 2D < P^2 > \tag{d}$$

$$< P^2 > = \frac{2}{T(H)}\int_{-\infty}^{\infty}\sqrt{H - V(Q)}\,\mathrm{d}Q$$

$$T(H) = 2\int_{-\infty}^{\infty}\frac{\mathrm{d}Q}{\sqrt{H - V(Q)}}$$

$$V(\pm\alpha) = H \tag{e}$$

原关于状态(Q, P)的动态规划方程简化为关于 Hamilton 函数(H)的平均方程,易于求解。控制后,位移均方根响应有显著降低。

若 $\gamma(x) = 0$,取函数 $L(H) = s_0 + s_1 H + s_2 H^2 + s_3 H^3 + < Ru^2 >$,则无限时间间隔控制的最优平均控制律为

$$u^{(2)*} = -\frac{1}{2R}(P_1 + 2P_2 H)Q \tag{f}$$

式中,$P_1 = \omega_1\sqrt[3]{b_1 + \sqrt{b_1^2 - b_2^3}} + \omega_2\sqrt[3]{b_1 - \sqrt{b_1^2 - b_2^3}} - 2Rc$, $b_1 = 8S_2DR^2$, $b_2 = 4R(s_1 + Rc^2)/3)$, $\omega^3 = 1$; $P_2 = \dfrac{RS_2}{P_1 + 2Rc}$。

而相应于系统(a)的 LQG 控制律为

$$u^* = -\frac{1}{R}(P_{12}^l Q + P_{22}^l Q),\quad P_{12}^l = -R\omega^2 + \sqrt{R^2\omega^4 + Rs_{11}^l}$$

$$P_{22}^l = -Rc + \sqrt{R^2c^2 + R(s_{22}^l + 2P_{12}^l)}$$

选取控制权参数 $s_2 = s_{11}^l = 0$ 和 $s_1 = s_{22}^l$,则 $P_2 = P_{12}^l = 0$, $P_1 = 2P_{22}^l$,从而有 $u^{(2)*} = u^*$,即最优平均控制力等同于 LQR 控制力,是原动态规划方程的精确解,即基于随机平均的非线性随机最优控制方法,在一定条件下,最优平均控制律是随机动态规划方程的精确解。

习　题

10.1 已知连续系统的数学模型为:$\dot{x}(t) = -x(t) - w(t)$, $y(t) = x(t) + v(t)$。$w(t)$、$v(t)$ 为零均值的白噪声, $E[w(t)] = 0$, $E[v(t)] = 0$。 且 $\mathrm{Con}[w(t), w(\tau)] =$

$E[w(t)w(\tau)^{\mathrm{T}}]=Q(t)\delta(t-\tau)$, $\mathrm{Con}[v(t),v(\tau)]=E[v(t)v(\tau)^{\mathrm{T}}]=R(t)\delta(t-\tau)$, $\mathrm{Con}[w(t),v(\tau)]=E[w(t)v(\tau)^{\mathrm{T}}]=0$。

初态 $x(0)$ 的统计特性为

$$E[x(0)]=\bar{x}_0,\quad \mathrm{Var}[x(0)]=P_0,\quad E[x(0)w(t)^{\mathrm{T}}]=0,\quad E[x(0)v(t)^{\mathrm{T}}]=0$$

$$\mathrm{Con}[x(t),w(\tau)]=E[x(t)w(\tau)^{\mathrm{T}}]=0,\quad \mathrm{Con}[x(t),v(\tau)]=E[x(t)v(\tau)^{\mathrm{T}}]=0$$

并已知 $Q(t)=1$, $R(t)=1$, 试求稳态情况下的卡尔曼滤波方程。

10.2 设变加速运动可由下列状态方程和输出方程表示:

$$\begin{Bmatrix}\dot{x}_1(t)\\ \dot{x}_2(t)\end{Bmatrix}=\begin{bmatrix}0 & 1\\ 0 & 0\end{bmatrix}\begin{Bmatrix}x_1(t)\\ x_2(t)\end{Bmatrix}+\begin{Bmatrix}0\\ 1\end{Bmatrix}w(t)$$

$$y(t)=[1\quad 0]\begin{Bmatrix}x_1(t)\\ x_2(t)\end{Bmatrix}+v(t)$$

式中, $x_1(t)$ 表示物体在 t 时刻位置; $x_2(t)=\dot{x}_1(t)$ 表示物体在 t 时刻的速度; $w(t)$、$v(t)$ 分别为系统的动态噪声和测量噪声,且有下列性质:

$$E[w(t)]=0,\quad E[w(t+\tau)w(t)]=Q(k)\delta_{kj}=\begin{cases}Q(k), & k=j\\ 0, & k\neq j\end{cases}$$

$$E[v(t)]=0,\quad E[v(t+\tau)v(t)]=R(k)\delta_{kj}=\begin{cases}R(k), & k=j\\ 0, & k\neq j\end{cases}$$

试求该系统的最优卡尔曼滤波。

10.3 已知某连续系统的数学模型为

$$\dot{x}(t)=\begin{bmatrix}0 & 1\\ -1 & 0\end{bmatrix}x(t)+\begin{bmatrix}0\\ 1\end{bmatrix}w(t),\quad y(t)=[1\quad 0]\,x(t)+v(t)$$

式中, $w(t)$、$v(t)$ 为零均值的白噪声, $E[w(t)]=0$, $E[v(t)]=0$, 且:

$$\mathrm{Con}[w(t),w(\tau)]=E[w(t)w(\tau)^{\mathrm{T}}]=\delta(t-\tau)$$

$$\mathrm{Con}[v(t),v(\tau)]=E[v(t)v(\tau)^{\mathrm{T}}]=3\delta(t-\tau)$$

$$\mathrm{Con}[w(t),v(\tau)]=E[w(t)v(\tau)^{\mathrm{T}}]=0$$

初态 $x(0)$ 的统计特性为

$$E[x(0)]=\bar{x}_0,\quad \mathrm{Var}[x(0)]=P_0,\quad E[x(0)w(t)^{\mathrm{T}}]=0,\quad E[x(0)v(t)^{\mathrm{T}}]=0$$

$$\mathrm{Con}[x(t),w(\tau)]=E[x(t)w(\tau)^{\mathrm{T}}]=0,\quad \mathrm{Con}[x(t),v(\tau)]=E[x(t)v(\tau)^{\mathrm{T}}]=0$$

试求稳态情况下的卡尔曼滤波方程。

10.4 设在白噪声激励下的系统方程为

$$\dot{x}_1(t) = x_2(t)$$

$$\dot{x}_2(t) = \frac{-1}{a} x_2(t) + ku(t) + w(t)$$

$$y(t) = x_1(t)$$

式中,$w(t)$是强度为 q 的白噪声;$a>0$;$k>0$。试求最优控制,使得下列性能指标为最小:

$$J = E\left[\int_{t_0}^{T} (y^2(t) + \rho u^2(t))\,\mathrm{d}t\right]$$

式中,$\rho>0$。并绘出系统的框图。

10.5 已知某连续系统的数学模型为

$$\dot{x} = \begin{bmatrix} 2 & 1 \\ -5 & 1 \end{bmatrix} x + \begin{bmatrix} 0 \\ 1 \end{bmatrix} u + \begin{bmatrix} 1 \\ 1 \end{bmatrix} w(t), \quad y(t) = [3 \quad 1]\, x + v(t)$$

其目标函数为

$$J = E\left[\frac{1}{2}\int_0^{\infty} \left[x(t)^{\mathrm{T}} \begin{bmatrix} 500 & 200 \\ 200 & 100 \end{bmatrix} x(t) + u(t)^{\mathrm{T}} [1.667] u(t)\right] \mathrm{d}t\right]$$

$w(t)$、$v(t)$ 为零均值的白噪声, $E[w(t)] = 0$, $E[v(t)] = 0$, 且

$$\mathrm{Con}[w(t),\, w(\tau)] = E[w(t)w(\tau)^{\mathrm{T}}] = \delta(t-\tau)$$

$$\mathrm{Con}[v(t),\, v(\tau)] = E[v(t)v(\tau)^{\mathrm{T}}] = 4\delta(t-\tau)$$

$$\mathrm{Con}[w(t),\, v(\tau)] = E[w(t)v(\tau)^{\mathrm{T}}] = 0$$

初态 $x(0)$ 的统计特性为

$$E[x(0)] = \bar{x}_0 = \begin{bmatrix} 0 \\ 2 \end{bmatrix}, \quad \mathrm{Var}[x(0)] = P_0 = \begin{bmatrix} 50 & 0 \\ 0 & 70 \end{bmatrix}$$

$$E[x(0)w(t)^{\mathrm{T}}] = 0, \quad E[x(0)v(t)^{\mathrm{T}}] = 0$$

$x(t)$ 与 w、v 不相关。

$$\mathrm{Con}[x(t),\, w(\tau)] = E[x(t)w(\tau)^{\mathrm{T}}] = 0, \quad \mathrm{Con}[x(t),\, v(\tau)] = E[x(t)v(\tau)^{\mathrm{T}}] = 0$$

试求:

(1) 系统二次型最优反馈控制律;

(2) 系统稳态情况下卡尔曼滤波方程;

(3) 绘制线性随机系统的最优反馈控制框图。

第 11 章 考虑时滞的振动主动控制

为了使问题得到简化，前面章节中均未考虑时滞的影响。事实上，由于信号的采集与传输、控制器计算及作动器作动等，反馈控制中的时滞不可避免。研究表明，时滞较小时，有时可以忽略其影响；但时滞较大时，会对控制结果产生较大影响，甚至导致系统失稳发散。为此本章以汽车主动悬架和汽车刚弹耦合系统为研究对象，考虑反馈控制过程中时滞的影响，采用两种控制方法：状态变换法及时滞 H_∞ 控制方法，对系统的控制特性进行分析，并采用试验方法对结果进行验证。

学习要点：

（1）掌握考虑时滞的振动主动控制方法：状态变换法，理解将系统进行离散求解的方法；

（2）掌握考虑时滞的振动主动控制方法——时滞 H_∞ 控制方法，理解通过 Lyapunov-Krasovskii 泛函和自由权矩阵法，设计满足闭环系统稳定性和鲁棒性的时滞 H_∞ 控制策略。

在前面介绍的控制方法中，均未考虑控制时滞的影响。实际情况下，由于信号的采集与传输、控制器计算及作动器作动等，时滞不可避免。时滞的存在，使得控制方法对应的反馈控制力与实际控制力不同步，将影响控制方案的控制效果。某些情况下，甚至会导致整个控制系统的失稳发散，见 Mihai 等（2014）、Yan 等（2019）的研究。此时，必须考虑时滞对控制系统的影响，并对系统的稳定性等定性特性进行分析，以保证系统的控制效果。由于时滞的存在，系统的特征方程将变成超越方程，有无穷多个特征根，对时滞动力系统的研究难度增大。近年来，众多学者开展了广泛研究，总体说来，目前对时滞控制的研究分两大类：一类是在传统的反馈控制中考虑时滞的影响，并提出相应的控制策略；另一类则是直接利用时滞实现对系统的有效控制。

为了消除控制过程中产生的时滞影响，主要采用的方法是状态变换法及时滞 H_∞ 控制方法。状态变换法主要通过系统状态变量的转换，将系统时滞控制方程转换成不显含时滞的动力学方程，然后采用传统的最优控制方法对系统进行控制；时滞 H_∞ 控制方法主要利用 Lyapunov-Krasovskii 泛函设计满足闭环系统稳定性和多目标要求的时滞控制策略，推导出反馈增益系数所需满足的矩阵不等式条件，根据舒尔(Schur)补定理将非线性矩阵不等式转化成等价的线性矩阵不等式并求解。例如，Liu 等(2009)采用状态变换法，研究了因时延造成的系统失稳的抑制问题；Cai 等(2003)通过特定的积分变换将系统时滞动力学方程改写为不显含时滞的形式，仿真研究证明了该控制方法的有效性；闫盖等(2018)采用状态变换法对 2 自由度车辆主动悬架系统的时滞反馈控制律进行了设计，对比仿真和试验结果，表明采用该控制律不仅可以保证系统稳定性，系统的减振特性也有较大改善；蔡国平等(2015)采用状态变换法对粘贴有橡胶层的柔性板的时滞反馈控制进行研究，滞回模型采用 Bouc-Wen 模型，控制律的设计采用瞬时最优控制方法，提出了一个滞回结构主动控制中时滞问题的处理方法，仿真结果与试验结果具有较好的一致性；赵童等(2011)以柔性板为对象，开展了时滞 H_∞ 控制的理论与试验研究，研究了已知控制律求解最大稳定时滞量和已知最大稳定时滞量求解 H_∞ 控制律两类问题，结果表明获得的 H_∞ 控制律能够有效地抑制板的弹性振动，所确定的保证系统稳定性的时滞区间更接近实际情况；纪仁杰等(2020)、李佩琳等(2020)、吴彪等(2023)建立了考虑时滞的主动悬架系统动力学模型，利用 H_∞ 控制对系统进行设计，结果表明，该控制律能有效抑制簧载质量加速度。

直接利用时滞实现对系统的控制研究，即时滞反馈控制研究，也得到了国内外学者的广泛关注。例如，Zhao 等(2007)发现，在控制中采用合理的时滞可以提高系统的稳定性和阻尼效果，且时滞可以改变饱和控制的有效频率范围，可以作为有效抑制系统振动的控制参数；Sun 等(2015)考虑了固有时滞和主动时滞，设计了时滞反馈吸振器，理论、仿真和试验结果表明，当被动吸振器失效时，时滞反馈吸振器可以有效抑制系统振动，而且选择合适的控制参数可以拓宽振动吸收的频带；Naik 等(2011)以简谐激励下的非线性 1/4 车辆模型为研究对象，考察了时滞状态反馈对系统的主共振、超谐波和次谐波共振响应的影响。

本章将延续前面的内容，主要介绍在传统的反馈控制中考虑时滞的影响问题，给出两种控制方法：状态变换法和时滞 H_∞ 控制方法，并分别以汽车主动悬架系统和汽车刚弹耦合系统为研究对象，对这两种控制方法进行讨论。

11.1　基于状态变换法进行时滞振动控制

11.1.1　时滞对传统二次型最优控制的影响

在 9.1 节中已经证明，对于采用二次型最优控制的线性系统，控制后系统一定能保持稳定性，但考虑控制时滞后的系统是否仍能保持稳定？现通过 2 自由度汽车主动悬架系统的控制特性对该问题进行分析。

1. 汽车悬架系统时滞动力学模型

考虑时滞的 2 自由度悬架控制系统，以磁流变阻尼器作为作动器，其结构简图如图 11.1 所示。

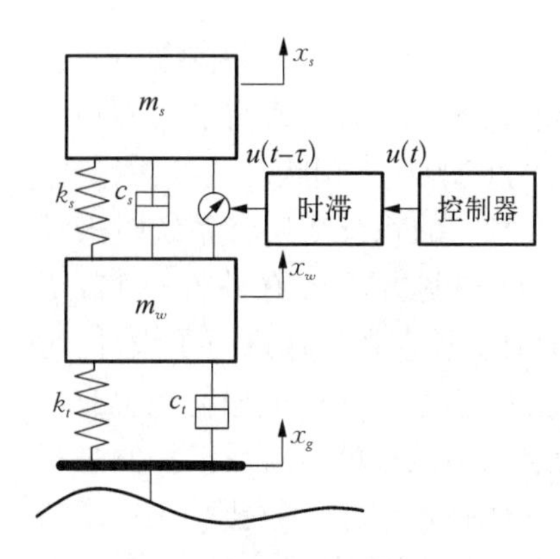

图 11.1　悬架控制系统模型图

采用第二类拉格朗日方程,得到悬架系统的动力学方程为

$$\begin{cases} m_s\ddot{x}_s + k_s(x_s - x_w) + c_s(\dot{x}_s - \dot{x}_w) - u(t-\tau) = 0 \\ m_w\ddot{x}_w - k_s(x_s - x_w) - c_s(\dot{x}_s - \dot{x}_w) + k_t(x_w - x_g) \\ \quad + c_t(\dot{x}_w - \dot{x}_g) + u(t-\tau) = 0 \end{cases} \tag{11.1.1}$$

式中, m_s 为簧载质量; m_w 为非簧载质量; k_s、c_s 分别为悬架刚度和阻尼; k_t、c_t 分别为轮胎刚度和阻尼; x_s、x_w 分别为簧载质量位移和非簧载质量位移; $u(t-\tau)$ 为控制力; τ 为悬架控制系统中的固有时滞(由于反馈控制引起的时滞称为系统的固有时滞); x_g 为路面不平度。

选取状态向量为 $x = [x_s, \dot{x}_s, x_w, \dot{x}_w]^{\mathrm{T}}$, 则悬架系统的状态方程为

$$\dot{x} = Ax + Bu(t-\tau) + EW \tag{11.1.2}$$

式中,

$$A = \begin{bmatrix} 0 & 1 & 0 & 0 \\ -\dfrac{k_s}{m_s} & -\dfrac{c_s}{m_s} & \dfrac{k_s}{m_s} & \dfrac{c_s}{m_s} \\ 0 & 0 & 0 & 1 \\ \dfrac{k_s}{m_w} & \dfrac{c_s}{m_w} & \dfrac{-k_s-k_t}{m_w} & \dfrac{-c_s-c_t}{m_w} \end{bmatrix}$$

$$B = \begin{bmatrix} 0 \\ \dfrac{1}{m_s} \\ 0 \\ -\dfrac{1}{m_w} \end{bmatrix}, \quad E = \begin{bmatrix} 0 & 0 \\ 0 & 0 \\ 0 & 0 \\ \dfrac{k_t}{m_w} & \dfrac{c_t}{m_w} \end{bmatrix}, \quad W = \begin{bmatrix} x_g \\ \dot{x}_g \end{bmatrix}$$

令簧载质量加速度 $\ddot{x}_s$、悬架动行程 $x_s - x_w$、轮胎动载荷 $k_t(x_w - x_g) + c_t(\dot{x}_w - \dot{x}_g)$ 为输出量 y, 则悬架系统的输出方程为

$$y = Cx + Du(t-\tau) + GW \tag{11.1.3}$$

式中, $C = \begin{bmatrix} -\dfrac{k_s}{m_s} & -\dfrac{c_s}{m_s} & \dfrac{k_s}{m_s} & \dfrac{c_s}{m_s} \\ 1 & 0 & -1 & 0 \\ 0 & 0 & k_t & c_t \end{bmatrix}$; $D = \begin{bmatrix} \dfrac{1}{m_s} \\ 0 \\ 0 \end{bmatrix}$; $G = \begin{bmatrix} 0 & 0 \\ 0 & 0 \\ -k_t & -c_t \end{bmatrix}$。

2. 采用传统控制律设计的主动悬架系统稳定性分析

由于路面激励不改变系统的稳定性,仅对悬架自治系统的稳定性进行分析,其状态方程为

$$\begin{cases}\dot{x} = Ax + Bu(t-\tau) \\ y = Cx + Du(t-\tau)\end{cases} \tag{11.1.4}$$

为便于对比,现分别对采用传统控制律的无时滞和有时滞的振动控制系统的稳定性进行分析。

1）采用传统控制律的无时滞系统稳定性

当不考虑系统固有时滞 ($\tau = 0$) 时,式(11.1.4)变为

$$\begin{cases}\dot{x} = Ax + Bu(t) \\ y = Cx + Du(t)\end{cases} \tag{11.1.5}$$

悬架系统的控制目标是提高汽车行驶平顺性和操纵稳定性,即尽可能地降低车身垂向振动加速度、悬架动行程和轮胎动载荷,同时要求实现控制目标的能量最小。因此,根据二次型最优控制方法,最优控制器的性能指标选为

$$J = \lim_{T\to\infty} \frac{1}{T}\int_0^T [q_1 y_1^2 + q_2 y_2^2 + q_3 y_3^2 + ru(t)^2]\mathrm{d}t \tag{11.1.6}$$

式中, q_1、q_2、q_3 和 r 分别为车身垂向振动加速度、悬架动行程、轮胎动载荷和控制力的加权系数。加权系数的大小表示性能指标在悬架设计中的重要程度,选取时必须综合考虑悬架的安全性和舒适性。将性能指标 J 写成矩阵形式:

$$J = \frac{1}{2}\int_0^\infty y^{\mathrm{T}}(t) Q_y y(t) + u(t)^{\mathrm{T}} R_y u(t)\mathrm{d}t \tag{11.1.7}$$

式中, $Q_y = \mathrm{diag}[q_1, q_2, q_3]$; $R_y = \{r\}$。将输出方程代入式(11.1.7)中,整理可得二次型最优控制的标准形式:

$$J = \lim_{T\to\infty} \frac{1}{T}\int_0^T [x^{\mathrm{T}} Q x + u(t)^{\mathrm{T}} R u(t) + 2x^{\mathrm{T}} N u(t)]\mathrm{d}t \tag{11.1.8}$$

式中, $Q = C^{\mathrm{T}} Q_y C$ 为非负定对称矩阵; $R = D^{\mathrm{T}} Q_y D + R_y$ 为正定增益矩阵; $N = C^{\mathrm{T}} Q_y D$。根据最优控制理论,使目标函数取极小值,最优控制律为

$$u(t) = -K_1 x = -R^{-1}(B^{\mathrm{T}} P + N^{\mathrm{T}})x \tag{11.1.9}$$

式中, P 为式(11.1.10)矩阵 Riccati 微分方程的解:

$$PA + A^{\mathrm{T}} P - (PB + N)R^{-1}(B^{\mathrm{T}} P + N^{\mathrm{T}}) + Q = 0 \tag{11.1.10}$$

当系统参数和加权系数确定后,由式(11.1.10)可求得唯一正定解 P。另根据 9.1 节的结论,采用传统二次型最优控制律,不考虑时滞时,主动悬架系统一定是稳定的。

现通过实例对系统的稳定性进行验证。为了与试验结果进行对比,取悬架系统参数

为悬架台架试验参数：$m_s=136.05\ \mathrm{kg}$，$m_w=24.288\ \mathrm{kg}$，$k_s=10\,200\ \mathrm{N/m}$，$k_t=98\,000\ \mathrm{N/m}$，$c_t=15\ \mathrm{N/m}$，$c_s=153\ \mathrm{N/m}$，$Q_y=\mathrm{diag}[1\,000\,000,\ 800,\ 70]$，$R_y=[0.3]$，通过计算可得 $K_1=[-9\,442,\ 398,\ -44\,115,\ -1\,360]$。由于人体对悬架垂直方向上 4~8 Hz 的振动频率较为敏感，取路面激励频率 $f=5\ \mathrm{Hz}$。系统在路面确定性激励 $x_g=0.004\sin(2\pi ft)$ 作用下，通过仿真可得不考虑时滞的主动悬架系统的簧载质量加速度响应特性如图 11.2 所示。为了与无控制时系统的响应特性进行对比，还将被动悬架的簧载质量加速度响应特性列于图 11.2 中。

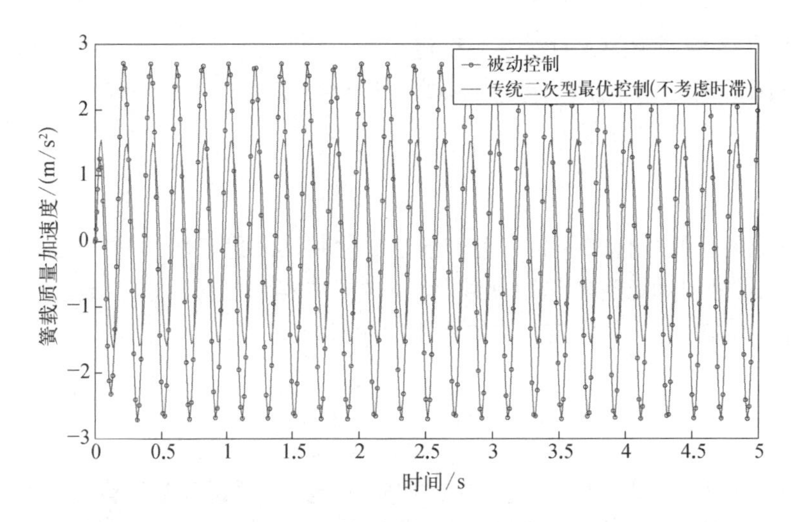

图 11.2　被动悬架和不考虑时滞的主动悬架簧载质量加速度响应

从图 11.2 中可以看出，在传统二次型最优控制律下，不考虑时滞的主动悬架系统能保持稳定，与被动悬架相比，悬架控制后的振幅也大幅降低。事实上，这正是二次型最优控制在工程中得到普遍应用的理论基础。但控制过程中时滞不可避免，考虑时滞时系统是否仍能保持稳定和减振特性呢?

2）考虑系统固有时滞的主动悬架稳定性分析

现对考虑固有时滞时系统的稳定特性进行分析。

(1) 含时滞的主动悬架模型建立及响应分析。当系统中含有固有时滞时，即方程(11.1.2)中的 $\tau\neq 0$。当仍采用传统二次型最优控制律，即

$$u(t)=-K_1x=-R^{-1}(B^{\mathrm{T}}P+N^{\mathrm{T}})x \tag{11.1.11}$$

此时方程(11.1.2)变为

$$\dot{x}=Ax-BK_1x(t-\tau)+EW \tag{11.1.12}$$

由于式(11.1.12)中含有时滞 τ，系统由有限维变为无限维。现研究不同固有时滞时式(11.1.12)的响应特性。仍采用前面所述的悬架系统参数，通过数值仿真可得 $\tau=0.01\ \mathrm{s}$、$0.02\ \mathrm{s}$、$0.03\ \mathrm{s}$、$0.04\ \mathrm{s}$ 时的簧载质量加速度响应曲线，如图 11.3 所示。

由图 11.3 中可以看出，当固有时滞为 0.01 s 时，系统保持稳定；当固有时滞为 0.02 s、0.03 s、0.04 s 时，系统控制后失稳发散。说明采用传统的二次型最优控制，不能保

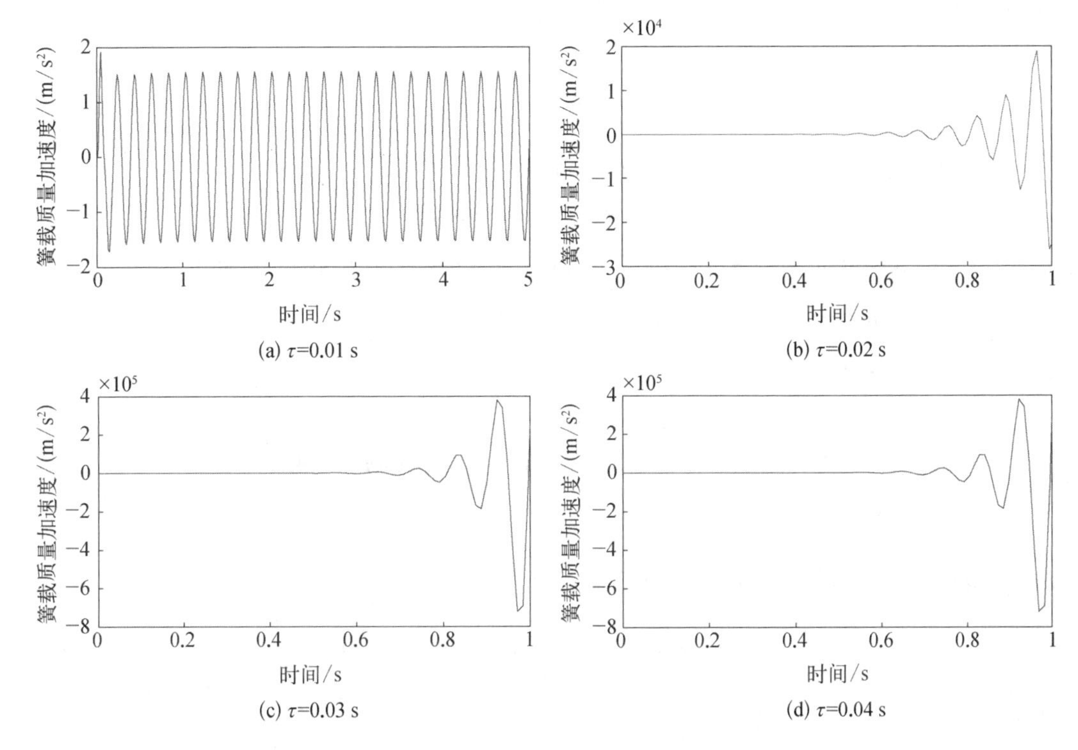

图 11.3　传统控制律下考虑时滞的主动悬架簧载质量加速度响应

证考虑时滞的控制系统的稳定性。事实上,系统稳定的临界时滞可通过常微分方程理论获得。

(2) 主动悬架系统稳定的临界时滞计算。根据常微分方程理论,方程(11.1.1)解的形式为

$$x_r = X_r e^{\lambda t} \quad (r = 1,\ 2) \tag{11.1.13}$$

令 $K_1 = [g_1,\ g_2,\ g_3,\ g_4]$, 由式(11.1.9)可得

$$u(t-\tau) = K_1 x(t-\tau) = g_1 x_s(t-\tau) + g_2 \dot{x}_s(t-\tau) + g_3 x_w(t-\tau) + g_4 \dot{x}_w(t-\tau) \tag{11.1.14}$$

将式(11.1.13)和式(11.1.14)代入式(11.1.1),并根据非零解条件可得系统特征方程为

$$\begin{vmatrix} m_s\lambda^2 + c_s\lambda + k_s - (g_1 + g_2\lambda)e^{-\lambda\tau} & -c_s\lambda - k_s - (g_3 + g_4\lambda)e^{-\lambda\tau} \\ -c_s\lambda - k_s + (g_1 + g_2\lambda)e^{-\lambda\tau} & m_w\lambda^2 - (c_s - c_t)\lambda - (k_s - k_t) + (g_3 + g_4\lambda)e^{-\lambda\tau} \end{vmatrix} = 0 \tag{11.1.15}$$

根据李雅普诺夫稳定性判据,参考 Ogata(2017)的文献,系统实现稳定的条件是式(11.1.15)的特征根均有负实部,因此系统失稳的临界条件为式(11.1.15)仅有纯虚根 $\lambda = \mathrm{i}w$, 其中 w 是系统自激振动下的基频。将 λ 代入式(11.1.15),运用欧拉公式分离方

程实部和虚部，得到系统仅有纯虚根的条件为

$$
\left\{\begin{aligned}
& m_s m_w w^4 + [g_2 m_w \sin(w\tau) - g_4 m_s \sin(w\tau)] w^3 \\
& \quad + [k_s m_s - c_s c_t - k_t m_s - k_s m_w + 2c_s^2 - 2c_s g_2 \cos(w\tau) \\
& \quad + c_t g_2 \cos(w\tau) - g_3 m_s \cos(w\tau) + g_1 m_w \cos(w\tau)] w^2 \\
& \quad + [2c_s g_1 \sin(w\tau) - c_t g_1 \sin(w\tau) + 2g_2 k_s \sin(w\tau) \\
& \quad - g_2 k_t \sin(w\tau)] w + k_s k_t - 2k_s^2 + 2g_1 k_s \cos(w\tau) - g_1 k_t \cos(w\tau) = 0 \\
& [-g_4 m_s \cos(w\tau) - c_t m_s - c_s m_w + c_s m_s + g_2 m_w \cos(w\tau)] w^3 \\
& \quad + [2c_s g_2 \sin(w\tau) - c_t g_2 \sin(w\tau) + g_3 m_s \sin(w\tau) \\
& \quad - g_1 m_w \sin(w\tau)] w^2 + [c_s k_t + 2c_s g_1 \cos(w\tau) \\
& \quad + 2g_2 k_s \cos(w\tau) + c_t k_s - g_2 k_t \cos(w\tau) - c_t g_1 \cos(w\tau) - 4c_s k_s] w \\
& \quad - 2g_1 k_s \sin(w\tau) + g_1 k_t \sin(w\tau) = 0
\end{aligned}\right. \tag{11.1.16}
$$

由 $\sin(w\tau)^2 + \cos(w\tau)^2 = 1$，可得关于 w 的方程：

$$
a_0 w^8 + a_2 w^6 + a_4 w^4 + a_6 w^2 + a_8 = 0 \tag{11.1.17}
$$

式中，

$$
a_0 = m_s^2 m_w^2;
$$

$$
\begin{aligned}
a_2 = {} & c_s^2 m_s^2 + c_t^2 m_s^2 + c_s^2 m_w^2 - g_4^2 m_s^2 - g_2^2 m_w^2 - 2k_s m_s m_w^2 + 2k_s m_s^2 m_w - 2k_t m_s^2 m_w - 2c_s c_t m_s^2 \\
& + 2c_s^2 m_s m_w + 2g_2 g_4 m_s m_w;
\end{aligned}
$$

$$
\begin{aligned}
a_4 = {} & 4c_s^4 - 4c_s^3 c_t + c_s^2 c_t^2 - 4c_s^2 g_2^2 - 4c_s^2 k_s m_s + 4c_s^2 k_s m_w - 2c_s^2 k_t m_s - 2c_s^2 k_t m_w + 4c_s c_t g_2^2 \\
& + 8c_s c_t k_s m_s + 4g_4 c_s g_1 m_s - 4c_s g_2 g_3 m_s \\
& - c_t^2 g_2^2 - 2c_t^2 k_s m_s - 2g_4 c_t g_1 m_s + 2c_t g_2 g_3 m_s - g_1^2 m_w^2 + 2g_1 g_3 m_s m_w - 4g_2^2 k_s m_w \\
& + 2g_2^2 k_t m_w + 4g_4 g_2 k_s m_s - 2g_4 g_2 k_t m_s - g_3^2 m_s^2 \\
& + k_s^2 m_s^2 - 6k_s^2 m_s m_w + k_s^2 m_w^2 - 2k_s k_t m_s^2 + 4k_s k_t m_s m_w + k_t^2 m_s^2;
\end{aligned}
$$

$$
\begin{aligned}
a_6 = {} & 4k_s^3 m_w - 4k_s^3 m_s - 4c_s^2 g_1^2 - c_t^2 g_1^2 + 8c_s^2 k_s^2 + c_s^2 k_t^2 + c_t^2 k_s^2 - 4g_2^2 k_s^2 - g_2^2 k_t^2 - 2k_s k_t^2 m_s \\
& + 6k_s^2 k_t m_s - 2k_s^2 k_t m_w + 4c_s c_t g_1^2 \\
& - 4c_s c_t k_s^2 - 4c_s^2 k_s k_t + 4g_2^2 k_s k_t - 4g_1^2 k_s m_w + 2g_1^2 k_t m_w + 4g_1 g_3 k_s m_s - 2g_1 g_3 k_t m_s;
\end{aligned}
$$

$$
a_8 = -4g_1^2 k_s^2 + 4g_1^2 k_s k_t - g_1^2 k_t^2 + 4k_s^4 - 4k_s^3 k_t + k_s^2 k_t^2 \text{。}
$$

由式(11.1.17)可得 w_c，将其代入方程(11.1.16)，可得悬架系统失稳的临界时滞 τ_c 为

$$
\tau_c = \frac{\arcsin \dfrac{P(w)}{Q(w)}}{w_c} + \frac{2n_0\pi}{w_c} \quad (n_0 = 0,\ 1,\ 2,\ \cdots) \tag{11.1.18}
$$

式中，

$$P(w) = (g_4m_s^2m_w - g_2m_sm_w^2)w^7 + (2c_s^2g_4m_s - c_sg_3m_s^2 - 2c_s^2g_2m_s - c_t^2g_2m_s + c_tg_3m_s^2 - c_sg_1m_w^2 + g_4k_sm_s^2 - g_4k_tm_s^2 + g_2k_sm_w^2 - c_sg_1m_sm_w + c_sg_3m_sm_w - 3g_2k_sm_sm_w - g_4k_sm_sm_w + 2g_2k_tm_sm_w + 3c_sc_tg_2m_s - c_sc_tg_4m_s)w^5 + (4c_s^2c_tg_1 - c_sc_t^2g_1 - 4c_s^3g_1 + 4c_s^2g_2k_s + c_t^2g_2k_s - 2g_2k_s^2m_s - 2g_4k_s^2m_s - g_2k_t^2m_s + 4g_2k_s^2m_w + 4c_sg_3k_sm_s + c_sg_1k_tm_s - c_tg_1k_sm_s - c_sg_3k_tm_s - c_tg_3k_sm_s - 4c_sg_1k_sm_w + 2c_sg_1k_tm_w + 3g_2k_sk_tm_s + g_4k_sk_tm_s - 2g_2k_sk_tm_w - 4c_sc_tg_2k_s)w^3 + (4g_2k_s^3 - 4g_2k_s^2k_t - 4c_sg_1k_s^2 + g_2k_sk_t^2 + 4c_sg_1k_sk_t - c_sg_1k_t^2)w$$

$$Q(w) = (g_2^2m_w^2 - 2g_2g_4m_sm_w + g_4^2m_s^2)w^6 + (4c_s^2g_2^2 + c_t^2g_2^2 + g_3^2m_s^2 + g_1^2m_w^2 - 4c_sc_tg_2^2 + 4g_2^2k_sm_w - 2g_2^2k_tm_w - 4g_2g_4k_sm_s + 2g_2g_4k_tm_s - 2g_1g_3m_sm_w - 4c_sg_1g_4m_s + 4c_sg_2g_3m_s + 2c_tg_1g_4m_s - 2c_tg_2g_3m_s)w^4 + (4c_s^2g_1^2 - 4c_sc_tg_1^2 + c_t^2g_1^2 + 4m_wg_1^2k_s - 2m_wg_1^2k_t - 4g_3m_sg_1k_s + 2g_3m_sg_1k_t + 4g_2^2k_s^2 - 4g_2^2k_sk_t + g_2^2k_t^2)w^2 + 4g_1^2k_s^2 - 4g_1^2k_sk_t + g_1^2k_t^2$$

现用 l_0 表示方程正实根的个数，当反馈增益 K_1 取一定值时，l_0 的大小取决于方程系数 $a_i(i=0, 2, 4, 6, 8)$。当 $l_0=0$，方程无正实根，系统不发生稳定性切换。当 $l_0\neq0$，方程正实根为 $\{w_{c1}, w_{c2}, \cdots, w_{cl}\}$，每个 $w_{cm}(m=1, \cdots, l)$ 对应着无限多个 $\tau_{cn}(n=1, 2, \cdots, \infty)$。当 τ_c 从 $\tau_{cn}-\varepsilon$ 增加到 $\tau_{cn}+\varepsilon(0<\varepsilon\ll1, n=1, 2, \cdots, \infty)$ 时，方程特征根的变化趋势由式(11.1.19)确定：

$$RT = \mathrm{sgn}\left[\mathrm{Re}\left(\left.\frac{\partial s}{\partial \tau}\right|_{s=w_ci}\right)\right] \tag{11.1.19}$$

式中，$RT=+1$ 表示 τ_c 从左至右穿过临界值 τ_{cn} 时，特征方程不稳定特征根的数量增加两个；$RT=-1$ 表示 τ_c 从左至右穿过临界值 τ_{cn} 时，特征方程不稳定特征根的数量减少两个。基于以上的特征值分析，可以得到系统在一定反馈增益下的时滞稳定和不稳定区间，可参考 Wang 等(2000)的研究。

仍利用前面的悬架系统参数，在传统二次型最优控制律下，得到四个 w 值，分别为 $w_{c1}=1.7847$，$w_{c2}=16.6004$，$w_{c3}=31.3055$，$w_{c4}=97.6973$，每个 w 值对应无数个临界时滞量，分别为 $\tau_{c1}=0.0558+3.5206n_1$，$\tau_{c2}=0.0143+0.3785n_1$，$\tau_{c3}=0.0242+0.2007n_1$，$\tau_{c4}=0.0199+0.0643n_1(n_1=1, 2, \cdots, \infty)$。依据特征值分析方法，可得在反馈增益 K_1 下系统的时滞稳定区间为(0, 0.014 3 s)。

现通过仿真对解析结果进行验证。在确定性激励 $x_g=0.004\sin(2\pi ft)$（其中 $f=5$ Hz)的作用下，分别取固有时滞 $\tau=0.0142$ s、0.014 3s、0.014 4s、0.05 s，系统在传统二次型最优控制律下的簧载质量加速度响应特性如图 11.4 所示。

从图 11.4 可以看出，当固有时滞 $\tau\in(0, 0.0143$ s) 时，传统控制律可以保证系统的稳定性；但当 $\tau\geq0.0143$ s 时，控制后系统失稳发散，仿真结果验证了理论分析的正确性。

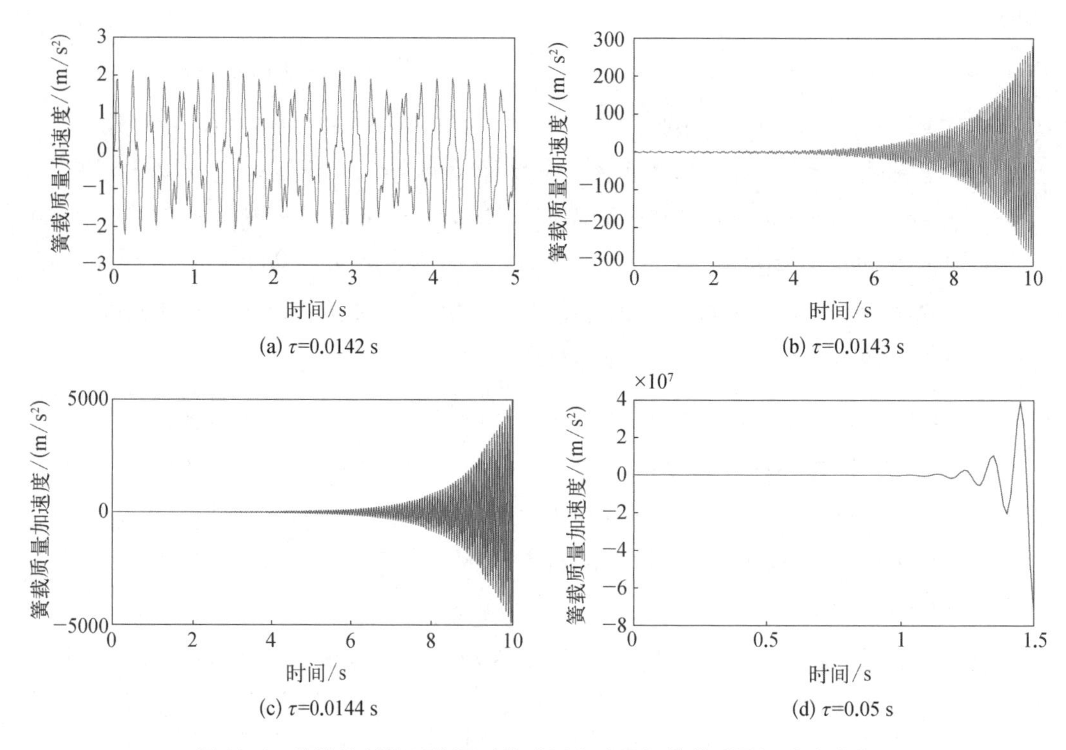

图 11.4 传统控制律下临界时滞附近主动悬架簧载质量加速度响应

11.1.2 基于状态变换法进行时滞控制

11.1.1 节分析了悬架系统时滞稳定性,发现当系统中固有时滞较小时,系统能保持稳定,但当固有时滞较大时,系统的稳定特性将发生改变。因此,在考虑系统时滞的情况下,如何运用控制理论获得系统的反馈控制增益,对于考虑时滞的振动系统具有重要意义。现基于状态变换方法,将含时滞系统转换成一个不显含时滞的系统,进而再通过二次型最优控制理论设计时滞反馈最优控制律。

1. 时滞反馈最优控制律设计

对含时滞的状态方程[式(11.1.2)],采用状态变换方法,对系统状态进行如下变换:

$$H = x + \int_{-\tau}^{0} \mathrm{e}^{-A(\eta+\tau)} Bu(t+\eta)\mathrm{d}\eta \tag{11.1.20}$$

对式(11.1.20)两边求关于时间 t 的导数,可得

$$\dot{H}(t) = \dot{x}(t) + \int_{-\tau}^{0} \mathrm{e}^{-A(\eta+\tau)} B\dot{u}(t+\eta)\mathrm{d}\eta \tag{11.1.21}$$

通过分部积分法,可以得到

$$\begin{aligned}&\int_{-\tau}^{0} \mathrm{e}^{-A(\eta+\tau)} B\dot{u}(t+\eta)\mathrm{d}\eta \\ &= [\mathrm{e}^{-A(\eta+\tau)} Bu(t+\eta)]_{-\tau}^{0} + A\int_{-\tau}^{0} \mathrm{e}^{-A(\eta+\tau)} Bu(t+\eta)\mathrm{d}\eta\end{aligned}$$

$$= Be^{-A\tau}u(t) - Bu(t-\tau) + A\int_{-\tau}^{0} e^{-A(\eta+\tau)}Bu(t+\eta)\mathrm{d}\eta \tag{11.1.22}$$

将式(11.1.21)、式(11.1.22)代入方程(11.1.2)中，化简可得

$$\begin{aligned}\dot{H}(t) &= \dot{x}(t) + A\int_{-\tau}^{0} e^{-A(\eta+\tau)}Bu(\tau+\eta)\mathrm{d}\eta - Bu(t-\tau) + Be^{-A\tau}u(t)\\ &= AH(t) + e^{-A\tau}Bu(t) + EW\end{aligned} \tag{11.1.23}$$

从式(11.1.23)可以看出，变换后系统为不显含时滞的状态方程，利用二次型最优控制方法可获得其最优控制律为

$$u(t) = -R^{-1}[(e^{-A\tau}B)^{\mathrm{T}}\tilde{P} + N^{\mathrm{T}}]H \tag{11.1.24}$$

式中，$\tilde{P}$ 为如下 Riccati 方程的解：

$$\tilde{P}A + A^{\mathrm{T}}\tilde{P} - (\tilde{P}e^{-A\tau}B + N)R^{-1}[(e^{-A\tau}B)^{\mathrm{T}}\tilde{P} + N^{\mathrm{T}}] + Q = 0 \tag{11.1.25}$$

根据传统二次型控制稳定性可知，不显含时滞系统的最优控制律可以保证 H 全局渐进稳定，即 $\|H(t)\|$ 有界，且

$$\begin{cases}\lim\limits_{t\to\infty}\|H(t)\| = 0\\ \lim\limits_{t\to\infty}\|u(t)\| \leqslant \|-R^{-1}(B_1^{\mathrm{T}}\tilde{P} + N^{\mathrm{T}})\|\lim\limits_{t\to\infty}\|H(t)\| = 0\end{cases} \tag{11.1.26}$$

则由式(11.1.20)得

$$x(t) = H(t) - \int_{-\tau}^{0} e^{-A(\eta+\tau)}Bu(t+\eta)\mathrm{d}\eta \tag{11.1.27}$$

显然，在 $\|H(t)\|$ 有界时 $\|x(t)\|$ 也有界，且有

$$\lim_{t\to\infty}\|x(t)\| \leqslant \|H(t)\| + \int_{-\tau}^{0}\|e^{-A(\eta+\tau)}B\|\lim_{t\to\infty}\|u(t+\eta)\|\mathrm{d}\eta = 0 \tag{11.1.28}$$

因此，时滞反馈最优控制律下可以保证含时滞系统(11.1.2)是渐近稳定的。由式(11.1.20)和式(11.1.24)可以看出，控制律中包含时滞 τ 和积分项 $T(t) = \int_{-\tau}^{0} e^{-A(\eta+\tau)}Bu(t+\eta)\mathrm{d}\eta$，控制时积分项可通过如下计算获得。设采样周期为 $\bar{T}$，将时滞量表示为 $\tau = lT - m$，其中 l 为大于 0 的正整数，m 为小于 T 的非负数，采用零阶保持器，当 $t = kT$ 时，积分项可变换为

$$\begin{aligned}T(kT) &= \int_{-(lT-m)}^{0} e^{-A(\eta+lT-m)}Bu(kT+\eta)\mathrm{d}\eta\\ &= e^{-A(lT-m)}\left[\int_{-(lT-m)}^{-(l-1)T} e^{-A\eta}Bu(kT+\eta)\mathrm{d}\eta + \int_{-(l-1)T}^{-(l-2)T} e^{-A\eta}Bu(kT+\eta)\mathrm{d}\eta + \cdots\right.\\ &\quad\left. + \int_{-T}^{0} e^{-A\eta}Bu(kT+\eta)\mathrm{d}\eta\right]\\ &= e^{-A(lT-m)}\left[e^{A(lT-m)}\int_{0}^{T-m} e^{-A\eta_1}\mathrm{d}\eta_1 Bu(k-l)T + e^{A(l-1)T}\int_{0}^{T} e^{-A\eta_2}\mathrm{d}\eta_2 Bu(k-l+1)T + \cdots\right.\end{aligned}$$

$$+ e^{AT}\int_0^T e^{-A\eta_l} d\eta_l Bu(k-1)T\Big] \tag{11.1.29}$$

设 $D(t)=e^{At}$，$G(t)=\int_0^t e^{-A\theta}d\theta$，则式(11.1.29)可表示为

$$\begin{aligned} T(kT) = {} & I_{2n\times 2n}G(T-m)Bu(k-l)T + D(m-T)G(T)Bu(k-l+1)T + \cdots \\ & + D[m-(l-1)T]G(T)Bu(k-1)T \end{aligned} \tag{11.1.30}$$

当时滞量是采样周期的整数倍时，则 $m=0$，此时式(11.1.30)可表示为

$$\begin{aligned} T(kT) = {} & I_{2n\times 2n}G(T)Bu(k-l)T + D(-T)G(T)Bu(k-l+1)T + \cdots \\ & + D[-(l-1)T]G(T)Bu(k-1)T \end{aligned} \tag{11.1.31}$$

式中，$G(t)$ 可通过式(11.1.32)进行迭代计算：

$$G(t) = \sum_{n_2=1}^{\infty} \frac{(-A)^{n_2-1}T^{n_2}}{n_2!} \tag{11.1.32}$$

当 t 给定时，$G(t)$ 将于有限步趋于常数矩阵。

仍采用前面的悬架系统参数，进行时滞反馈最优控制计算。当 $\tau=0$ 时，时滞反馈最优控制退化为传统二次型最优控制，仿真结果已在图 11.2 中绘出；当 $\tau\neq 0$ 时，为了便于对比，取与前面类似的时滞值，通过仿真可获得 τ=0.010 s、0.014 2 s、0.014 3 s 和 0.05 s 时的悬架系统簧载质量加速度响应，如图 11.5 所示。

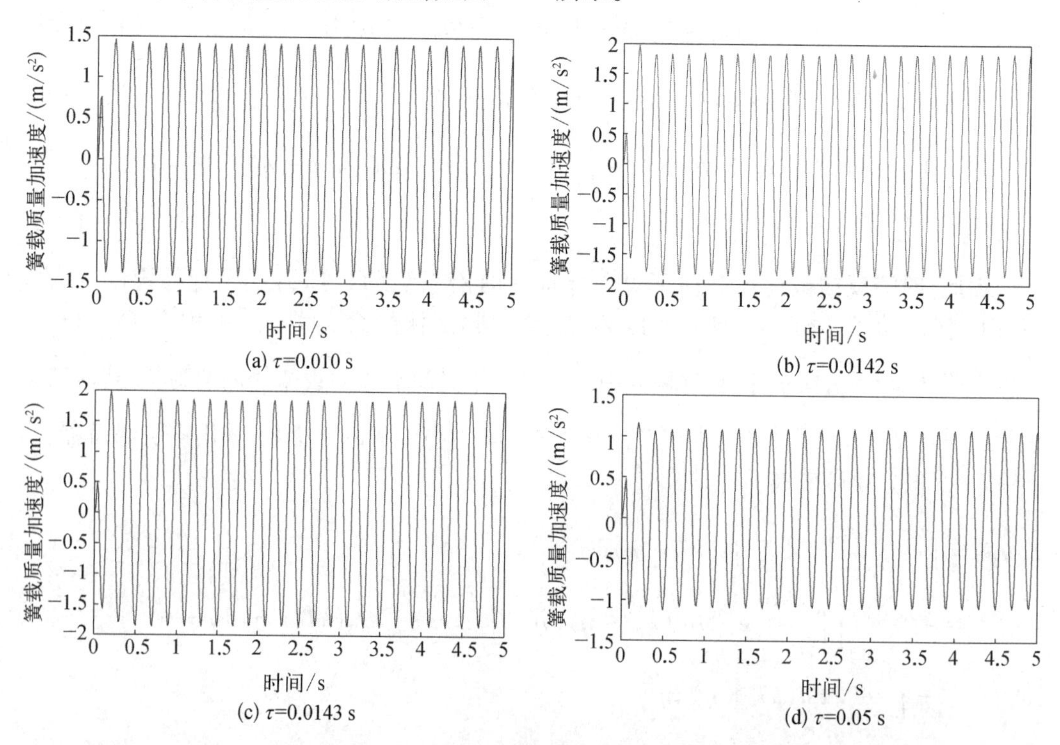

图 11.5　时滞反馈控制下含时滞悬架系统簧载质量加速度响应

从图 11.5 可以看出,在时滞反馈控制下,系统均保持稳定,克服了传统二次型最优控制无法保证时滞系统稳定性的问题。且与图 11.2 中无控制情况相比,簧载质量加速度均得到一定程度的降低,控制后悬架减振性能得到有效改善。但时滞反馈最优控制系统的输出响应幅值并不是随着时滞的增加而增加,有时反而会变小。例如,$\tau=0.05$ s 时的振动幅值比 $\tau=0.01$ s 时还要小。因此,需要研究时滞对幅值的影响,并考虑在系统中主动引入合理的时滞,以达到系统减振的目的。引入主动时滞以实现减振的方法称为时滞控制方法。

2. 引入主动时滞的时滞反馈最优控制

现分析在系统中主动引入时滞 τ_a 对含固有时滞 τ 的悬架系统响应特性的影响。当引入主动时滞 τ_a 时,悬架系统状态方程[式(11.1.2)]变为

$$\dot{x} = Ax + Bu(t - \tau - \tau_a) + EW \tag{11.1.33}$$

采用时滞反馈最优控制方法可得系统最优控制律为

$$u(t) = -R^{-1}\{[e^{-A(\tau+\tau_a)}B]^{T}P_a + \tilde{N}^{T}\}H_a \tag{11.1.34}$$

式中,$H_a = x + \int_{-(\tau+\tau_a)}^{0} e^{-A(\eta+\tau+\tau_a)}Bu(t+\eta)\mathrm{d}\eta$;$P_a$ 为如下 Riccati 方程的解:

$$P_aA + A^{T}P_a - (P_ae^{-A\tau}B + N)R^{-1}[(e^{-A\tau}B)^{T}P_a + N^{T}] + Q = 0$$

仍采用前面的悬架系统参数,取固有时滞 $\tau = 0.065$ s,引入主动时滞 $\tau_a = 0$ s∶0.005 s∶0.13 s,在谐波激励 $x_g = 0.004\sin(2\pi ft)$(其中 $f = 5$ Hz)下通过仿真可获得主动悬架簧载质量加速度响应特性曲线,图 11.6 给出了部分主动时滞($\tau_a = 0$ s、0.02 s、0.035 s、0.05 s、0.065 s 和 0.1 s)的仿真结果。

从图 11.6 中可以得出,与 $\tau_a = 0$ 相比,$\tau_a = 0.035$ s 时,簧载质量加速度幅值降低了 69.27%;而 $\tau_a = 0.05$ s 时,振幅增大了 76.1%。因此,在系统中引入的主动时滞,可以使系统振动幅值降低,也可能会使系统振幅增加。为了获得 τ_a 与加速度幅值之间的关系,现绘制加速度幅值随 τ_a 的变化曲线,如图 11.7 所示。

从图 11.7 中可看出,簧载质量加速度幅值与 τ_a 不是线性相关,而是具有一定的周期性。通过计算在时滞系统中引入合理的主动时滞,可以降低系统振动幅值。因此,在控制中可以充分利用主动时滞 τ_a 来改善系统控制效果,即通过时滞控制方法来实现系统减振的目的。

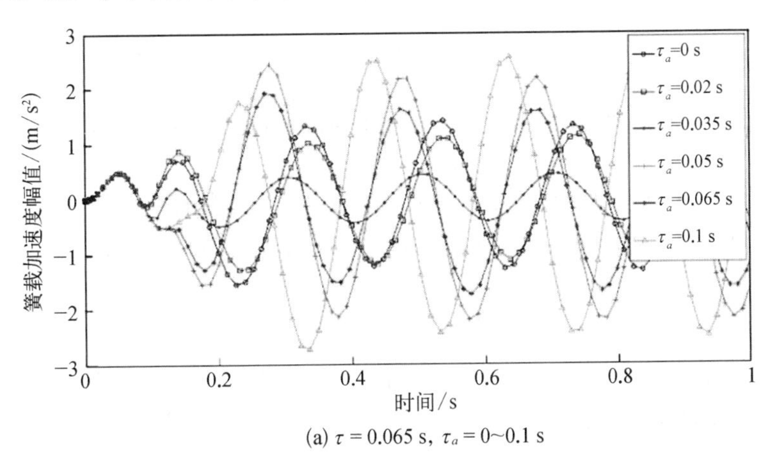

(a) $\tau = 0.065$ s, $\tau_a = 0\sim0.1$ s

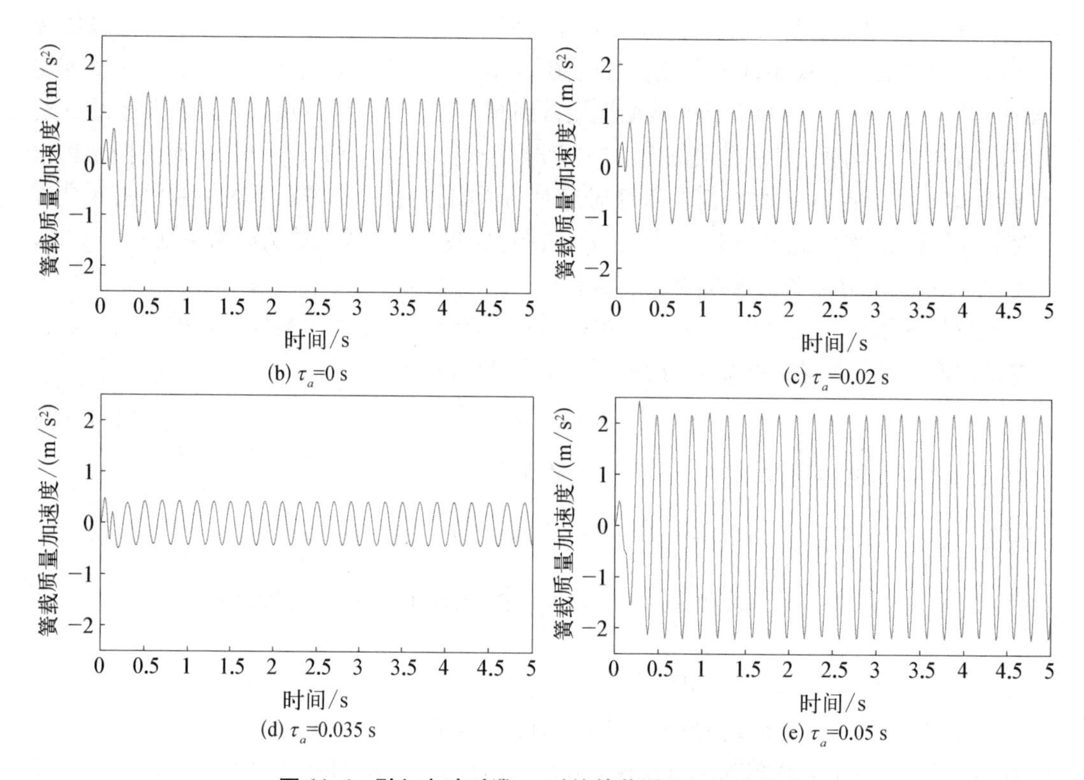

图 11.6　引入主动时滞 τ_a 时的簧载质量加速度响应

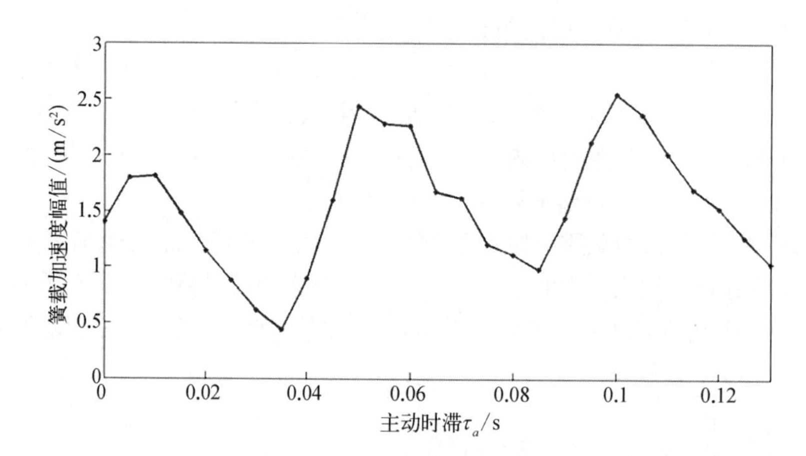

图 11.7　固有时滞为 0.065 s 时簧载质量加速度幅值与 τ_a 的关系

需要说明的是,这里的研究仅说明可以利用时滞以实现减振的目的,有关直接利用时滞反馈控制的研究可见相关文献,如 Udwadia 等(2006)、Zhang 等(2018)及 Cavdaroglu 等(2008)。

11.1.3　试验验证

现采用悬架时滞控制平台验证分析的可信度。将相同工况下的试验结果与仿真结果进行对比,以验证研究结果的有效性。

1. 试验系统及设备简介

汽车悬架试验系统如图 11.8 所示，系统结构主要包括：2 自由度悬架模拟装置、Lord 公司的磁流变阻尼器 RD－1005－3、亿恒科技有限公司的 VT－9002 振动控制器、功率放大器、振动台、美国 NI 公司的 PXI8196 工控机等。其中，模拟悬架装置中的配重块模拟簧载质量及非簧载质量，磁流变阻尼器为作动器，并在配重块上安装传感器，用以测量加速度。

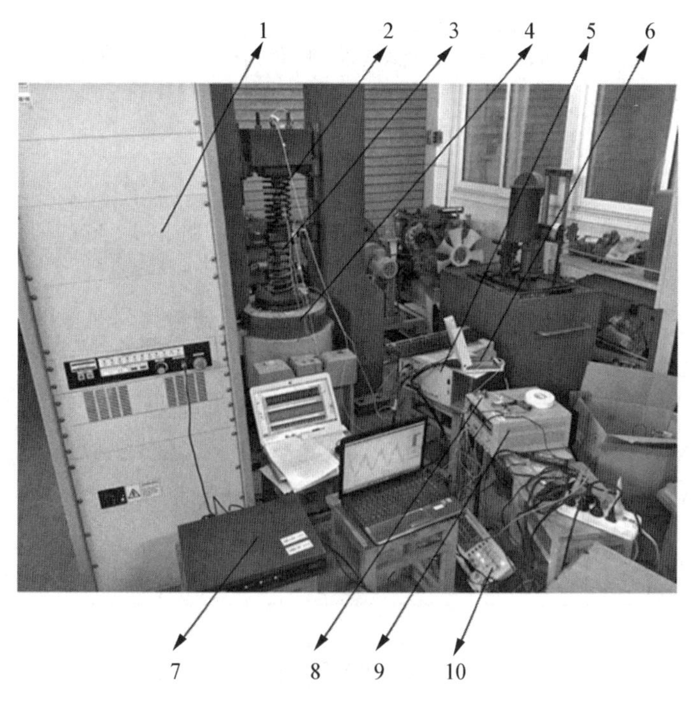

图 11.8 主动悬架时滞控制试验系统

1－功率放大器；2－磁流变阻尼器；3－2 自由度悬架模拟装置；4－振动台；5－PXI8196 工控机；6－接线盒；7－振动控制器；8－作动器控制装置；9－稳压电源；10－示波器

试验过程中，个人计算机（personal computer，PC）向振动控制器输入激振信号，通过振动台传递给悬架装置，利用振动台的作用模拟悬架系统路面激励；用三个加速度传感器分别采集悬架簧载质量、非簧载质量和振动台台面加速度信号，经过采集卡及软件滤波处理后送至 PXI8196 工控机，控制器根据设计好的控制算法计算出期望的控制电压值，并通过 NI SCB－68A 将电压信号输出；最后，将控制信号输送至作动器控制装置，通过电流控制板将控制电压转换为相应的电流，输入磁流变阻尼器中，调节磁流变阻尼器阻尼力，实现对 RD－1005－3 的实时控制。与此同时将 PC 与 PXI8196 控制器通过网线连接，应用 LabVIEW 将加速度传感器采集的簧载质量加速度信号存储在 PC 中，用来评价控制算法的控制效果。试验系统结构示意图如图 11.9 所示。

搭建的主动悬架系统参数为：$m_s = 136.05$ kg，$m_w = 24.288$ kg，$k_s = 10\,200$ N/m，$k_t = 98\,000$ N/m，$c_t = 15$ N/m，$c_s = 153$ N/m，即前面仿真中采用的参数。其中，m_s 和 m_w 通过直接称量获得，k_s 和 k_t 由厂家通过专业测量仪器给出，而 c_s 和 c_t 则通过传递函数法进行参数识别获得。

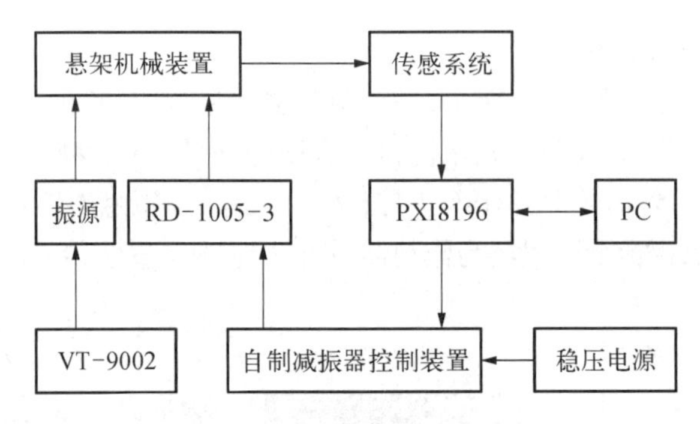

图 11.9 试验系统结构示意图

2. 固有时滞 τ 的测量

根据时滞反馈最优控制仿真结果,固有时滞对系统影响很大,现通过试验获得系统的固有时滞 τ。

试验中将模拟悬架系统固有时滞分为两部分,一部分为信号从采集到输入磁流变阻尼器前的时滞量 τ_1,另一部分为磁流变阻尼器反应延迟 τ_2,系统的固有时滞量 $\tau=\tau_1+\tau_2$。针对 τ_1,基于时域信号进行时滞辨识,其辨识原理见图 11.10。

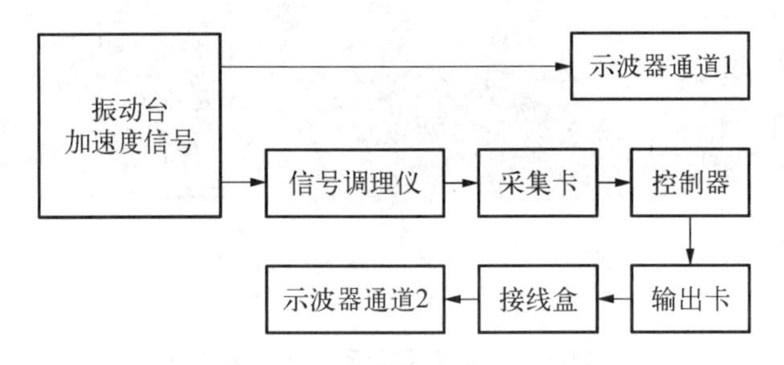

图 11.10 时滞量 τ_1 辨识原理框图

给系统施加正弦激励,将基础激励加速度信号直接接入示波器通道 1,再将经过工控机、输出卡、接线盒和自制减振器控制装置的信号接入示波器通道 2,则 τ_1 是示波器通道 2 信号相对通道 1 信号的延迟量,试验结果如图 11.11 所示,经过多次测量取平均得 $\tau_1\approx0.037$ s。针对 τ_2,根据磁流变阻尼器响应时滞辨识结果,$\tau_2\approx0.0279$ s。因此系统的固

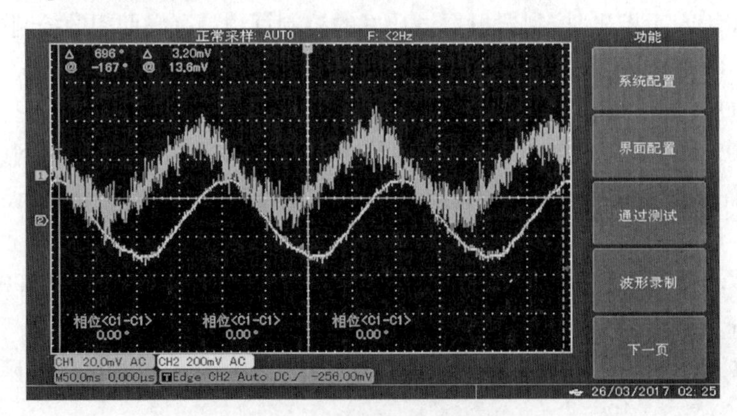

图 11.11 测量时滞的时域信号

有时滞 $\tau \approx 0.065$ s。

3. 试验结果与仿真结果对比分析

为了便于与前面的仿真结果进行对比,试验中仍取简谐激励,振幅和频率与仿真计算中相同。

1）被动控制悬架系统试验与仿真结果对比

为了确定系统参数的有效性和精度,现对被动控制悬架系统进行振动试验。将采集的数据导出,经处理后获得系统响应,图 11.12 为簧载质量加速度试验与仿真结果。

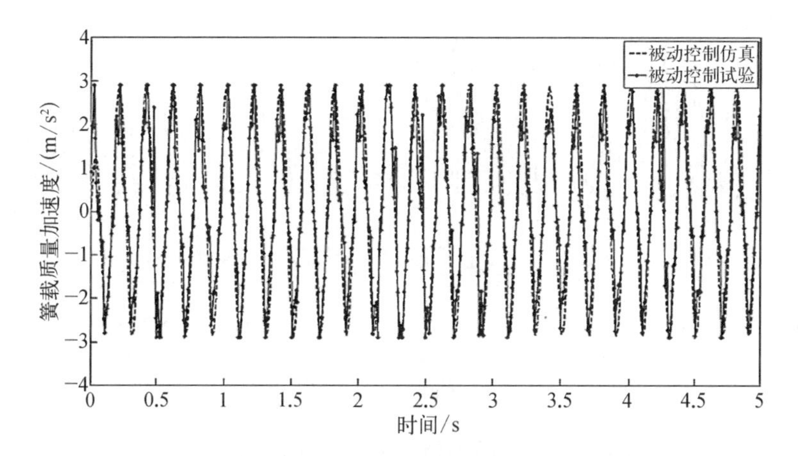

图 11.12　被动控制悬架簧载质量加速度响应

从图 11.12 中可以得出,仿真与试验结果基本相同,误差在 5%以内,说明系统刚度、阻尼取值具有足够的精度。

2）含固有时滞的悬架时滞反馈系统试验与仿真结果对比

为了验证采用状态变换法获得的时滞反馈最优控制律的有效性,现对含固有时滞 $\tau \approx 0.065$ s($\tau_a = 0$ s)的悬架系统进行试验与仿真,所得簧载质量加速度响应曲线如图 11.13 所示。

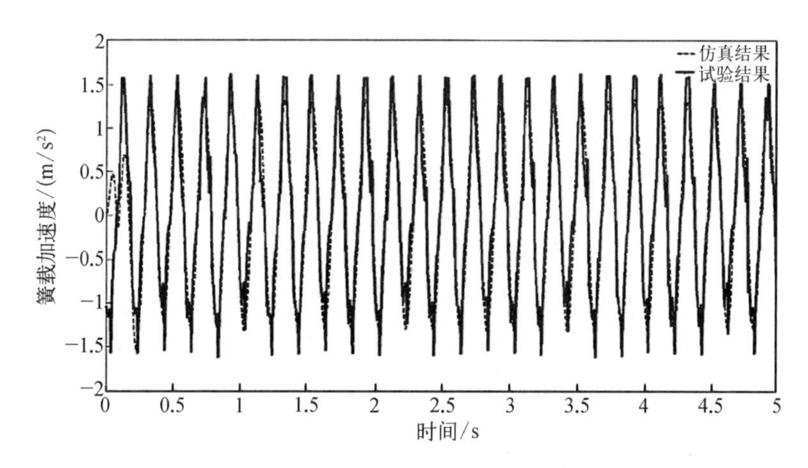

图 11.13　时滞反馈最优控制下的簧载质量加速度响应

从图 11.13 中可以看出,试验结果与仿真结果均保持稳定,簧载质量加速度幅值试验结果比仿真结果略大,但误差在15%以内,满足工程要求。对比图 11.12 和图 11.13,发现无论是试验结果还是仿真结果,均表明控制后的系统具有较好的减振效果。

3）引入主动时滞的悬架控制系统试验与仿真结果对比

在控制中引入主动时滞 τ_a 进行试验,验证主动时滞对系统减振效果的影响。图 11.14 为不同主动时滞下试验与仿真获得的簧载质量加速度响应。根据试验结果绘制簧载质量加速度幅值与主动时滞之间的关系曲线,如图 11.15 所示。

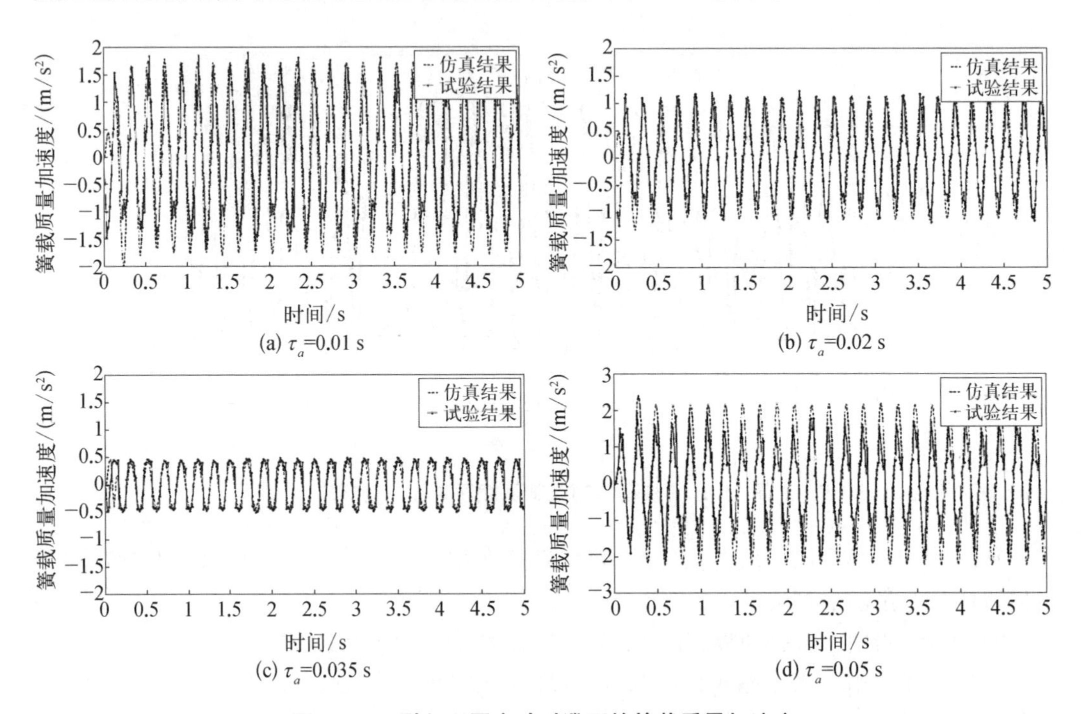

图 11.14 引入不同主动时滞下的簧载质量加速度

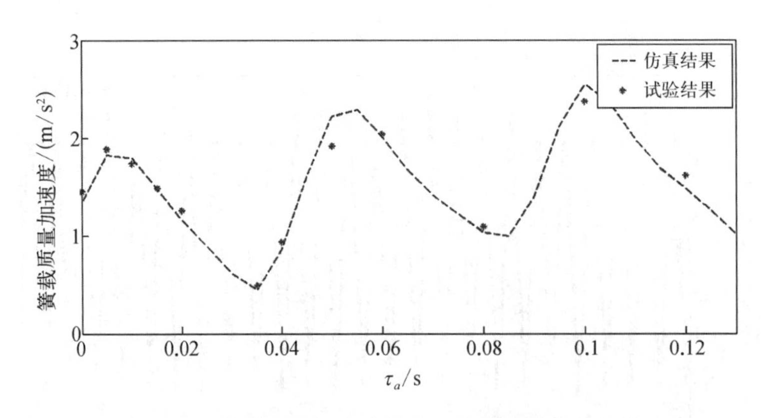

图 11.15 簧载质量加速度幅值与主动时滞之间的关系

从图 11.14 和图 11.15 中可以看出,试验结果与仿真结果具有较好的一致性,满足工程要求,试验结果验证了仿真结果的有效性。

11.2　基于 H_∞ 控制法进行时滞振动控制

11.2.1　基于 H_∞ 控制法对轮毂驱动电动汽车主动悬架的时滞控制

本节以具有主动悬架的轮毂驱动电动汽车为研究对象，采用时滞 H_∞ 控制策略，研究电动汽车在路面和电机双重激励下的振动特性。首先，建立考虑控制时滞的轮毂驱动电动汽车 4 自由度主动悬架模型；然后采用 Lyapunov-Krasovskii 泛函和自由权矩阵法，设计满足闭环系统稳定性和鲁棒性的时滞 H_∞ 控制策略，推导出控制策略满足的条件为一组非线性矩阵不等式。根据参数调节法，将其转化成便于求解的等价的线性矩阵不等式，并获得系统的反馈增益矩阵；最后，分别采用不考虑时滞的 H_∞ 控制策略与考虑时滞的 H_∞ 控制策略，对电磁激励力和路面随机激励力共同作用下的主动悬架控制特性进行分析。

1. 含主动悬架的轮毂驱动电动汽车时滞动力学模型

随着能源危机的日益加重，人们对汽车的节能环保性能提出了更高的要求，新能源汽车的研究和发展成为国内外关注的焦点。其中，以轮毂电机为动力驱动的电动汽车具有结构简单、能源利用率高、传动效率高、无污染等优点，被视为未来电动汽车发展的方向。但轮毂驱动电机的存在，使汽车的非簧载质量增加，对汽车的振动特性具有较大影响，因此在轮毂驱动电动汽车上更加迫切地需要安装主动控制悬架。考虑到控制过程中时滞不可避免，因此需建立考虑时滞的轮毂驱动电动汽车的主动悬架系统模型。

电动汽车通常采用的驱动电机包括直流电机、交流异步电机、开关磁阻电机、永磁同步电机等，由于永磁同步电机具有重量轻、效率高、调速范围宽等优点，已成为电动汽车广泛采用的驱动电机。现采用永磁同步电机作为驱动系统，含主动悬架的轮毂驱动电动汽车的 4 自由度结构简化模型如图 11.16 所示。

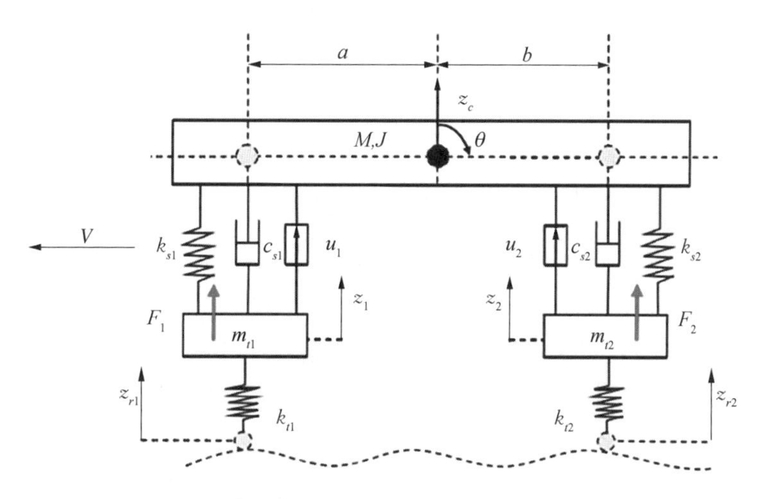

图 11.16　含主动悬架的电动汽车 4 自由度结构简化模型

采用第二类拉氏方程,得到电动汽车4自由度控制系统的动力学模型为

$$\begin{cases} M\ddot{z}_c - f_1 - f_2 = 0 \\ J\ddot{\theta} - af_1 + bf_2 = 0 \\ m_{t1}\ddot{z}_1 + k_{t1}(z_1 - z_{r1}) + f_1 - F_1 = 0 \\ m_{t2}\ddot{z}_2 + k_{t2}(z_2 - z_{r2}) + f_2 - F_2 = 0 \end{cases} \tag{11.2.1}$$

式中,

$$f_1 = k_{s1}(z_1 - a\theta - z_c) + c_{s1}(\dot{z}_1 - a\dot{\theta} - \dot{z}_c) + u_1(t-\tau)$$

$$f_2 = k_{s2}(z_2 + b\theta - z_c) + c_{s2}(\dot{z}_2 + b\dot{\theta} - \dot{z}_c) + u_2(t-\tau)$$

式中,z_c、θ分别表示车身质心的垂直和俯仰角位移;z_1、z_2分别表示前后非簧载质量垂直位移,图11.16中的z_{r1}、z_{r2}分别表示前后轮的路面随机干扰;u_1、u_2分别表示前后悬架的主动控制力;F_1、F_2分别表示前后轮毂电机产生的不平衡垂向力;M、J分别表示簧载质量和其对质心的转动惯量;m_{t1}、m_{t2}分别表示前后轮毂的非簧载质量(含电机质量);k_{s1}、k_{s2}分别表示前后悬架刚度;c_{s1}、c_{s2}分别表示前后悬架阻尼系数;k_{t1}、k_{t2}分别表示前后轮胎刚度;a、b分别表示前后轴与车身质心的水平距离;τ为控制回路中的固有时滞。由于轮胎的阻尼较小,在建模中忽略不计。

选取状态向量$x = [z_c + a\theta - z_1,\ z_c - b\theta - z_2,\ z_1 - z_{r1},\ z_2 - z_{r2},\ \dot{z}_c + a\dot{\theta},\ \dot{z}_c - b\dot{\theta},\ \dot{z}_1,\ \dot{z}_2]^{\mathrm{T}}$,得到系统的八维状态方程为

$$\dot{x}(t) = Ax(t) + Bu(t-\tau) + B_w w(t) \tag{11.2.2}$$

式中,

$$A = \begin{bmatrix} 0 & 0 & 0 & 0 & 1 & 0 & -1 & 0 \\ 0 & 0 & 0 & 0 & 0 & 1 & 0 & -1 \\ 0 & 0 & 0 & 0 & 0 & 0 & 1 & 0 \\ 0 & 0 & 0 & 0 & 0 & 0 & 0 & 1 \\ -a_1k_{s1} & -a_2k_{s2} & 0 & 0 & -a_1c_{s1} & -a_2c_{s2} & a_1c_{s1} & a_2c_{s2} \\ -a_2k_{s2} & -a_3k_{s2} & 0 & 0 & -a_2c_{s1} & -a_3c_{s2} & a_2c_{s1} & a_3c_{s2} \\ \dfrac{k_{s1}}{m_{t1}} & 0 & -\dfrac{k_{t1}}{m_{t1}} & 0 & \dfrac{b_{s1}}{m_{t1}} & 0 & -\dfrac{b_{s1}}{m_{t1}} & 0 \\ 0 & \dfrac{k_{s2}}{m_{t2}} & 0 & -\dfrac{k_{t2}}{m_{t2}} & 0 & \dfrac{c_{s2}}{m_{t2}} & 0 & -\dfrac{c_{s2}}{m_{t2}} \end{bmatrix}$$

$$
B = \begin{bmatrix} 0_{4\times1} & 0_{4\times1} \\ a_1 & a_2 \\ a_2 & a_3 \\ -\dfrac{1}{m_{t1}} & 0 \\ 0 & -\dfrac{1}{m_{t2}} \end{bmatrix}, \quad B_w = \begin{bmatrix} 0_{2\times1} & 0_{2\times1} & 0_{2\times1} & 0_{2\times1} \\ -1 & 0 & 0 & 0 \\ 0 & -1 & 0 & 0 \\ 0 & 0 & 0 & 0 \\ 0 & 0 & 0 & 0 \\ 0 & 0 & \dfrac{1}{m_{t1}} & 0 \\ 0 & 0 & 0 & \dfrac{1}{m_{t2}} \end{bmatrix}
$$

$$
u = \begin{bmatrix} u_1 \\ u_2 \end{bmatrix}, \quad w = \begin{bmatrix} \dot{z}_{r1} \\ \dot{z}_{r2} \\ F_1 \\ F_2 \end{bmatrix}, \quad a_1 = \frac{1}{M} + \frac{a^2}{J}, \quad a_2 = \frac{1}{M} - \frac{ab}{J}, \quad a_3 = \frac{1}{M} + \frac{b^2}{J}
$$

悬架的舒适性与车身的垂直和俯仰加速度密切相关,因此将控制目标设置为抑制车身垂直和俯仰加速度,此外悬架的控制性能还包括悬架动行程、轮胎动载荷及控制饱和等。因此,将控制输出和约束输出分别定义为

$$
y_1 = [\ddot{z}_c, \ddot{\theta}]
$$

$$
y_2 = \left[\frac{z_c + a\theta - z_1}{z_{s1\max}}, \frac{z_c - b\theta - z_2}{z_{s2\max}}, \frac{k_{t1}(z_1 - z_{s1})}{9.8\left(\dfrac{bM}{a+b} + m_{t1}\right)}, \frac{k_{t2}(z_2 - z_{s2})}{9.8\left(\dfrac{aM}{a+b} + m_{t2}\right)}, \frac{u_1}{u_{1\max}}, \frac{u_2}{u_{2\max}}\right]^{\mathrm{T}}
$$

式中,$z_{s1\max}$、$z_{s2\max}$、$u_{1\max}$、$u_{2\max}$ 分别表示前、后悬架的最大安全行程和最大控制力。将控制目标写为状态空间形式:

$$
\begin{cases} y_1(t) = C_1 x(t) + D_1 u(t-\tau) \\ y_2(t) = C_2 x(t) + D_2 u(t) \end{cases} \tag{11.2.3}
$$

式中,

$$
C_1 = \begin{bmatrix} -\dfrac{k_{s1}}{M} & -\dfrac{k_{s2}}{M} & 0 & 0 & -\dfrac{c_{s1}}{M} & -\dfrac{c_{s2}}{M} & \dfrac{c_{s1}}{M} & \dfrac{c_{s2}}{M} \\ -\dfrac{ak_{s1}}{J} & \dfrac{bk_{s2}}{J} & 0 & 0 & -\dfrac{ac_{s1}}{J} & \dfrac{bc_{s2}}{J} & \dfrac{ac_{s1}}{J} & -\dfrac{bc_{s2}}{J} \end{bmatrix}, \quad D_1 = \begin{bmatrix} \dfrac{1}{M} & \dfrac{1}{M} \\ \dfrac{a}{J} & -\dfrac{b}{J} \end{bmatrix}
$$

$$C_2 = \begin{bmatrix} \frac{1}{z_{s1\max}} & & & \\ & \frac{1}{z_{s2\max}} & & \\ & & \frac{k_{t1}}{9.8\left(\frac{bM}{a+b}+m_{t1}\right)} & \\ & & & \frac{k_{t2}}{9.8\left(\frac{aM}{a+b}+m_{t2}\right)} \\ & & & 0_{2\times 4} \end{bmatrix}, \quad D_2 = \begin{bmatrix} 0_{4\times 1} & 0_{4\times 1} \\ \frac{1}{u_{1\max}} & 0 \\ 0 & \frac{1}{u_{2\max}} \end{bmatrix}$$

2. H_∞ 反馈控制设计

从式(11.2.2)和式(11.2.3)可以看出,该方程是含时滞的控制方程。向系统引入状态反馈 $u = Kx$, 则方程变为

$$\begin{cases} \dot{x}(t) = Ax(t) + BKx(t-\tau) + B_w w(t) \\ y_1(t) = C_1 x(t) + D_1 Kx(t-\tau) \\ y_2(t) = C_2 x(t) + D_2 Kx(t) \end{cases} \tag{11.2.4}$$

对于传统的 H_∞ 控制,在考虑时滞的情况下系统很容易失稳,可参见 Du 等(2007)的文献。下面将基于 H_∞ 控制理论,设计考虑时滞的 H_∞ 控制策略,以获得系统的反馈增益矩阵 K。根据对性能指标的分析,可将控制问题描述为: ① 控制后闭环系统是渐近稳定的;② 零初始条件下,满足 H_∞ 性能指标,即 $\|T_{y_1w}\|_\infty < \gamma$; ③ 零初始条件下,对于一个满足 H_∞ 扰动水平的激励,系统能够满足输出约束和最大控制力约束。

因此,解决含有时滞的主动悬架系统 H_∞ 控制器的设计问题,需要满足从干扰到输出对应的 H_∞ 范数最小,同时在时域内需满足控制约束和输出约束条件。与传统的 H_∞ 控制一样,需建立状态空间描述的线性矩阵不等式与传递函数矩阵的 H_∞ 范数之间的等效关系,例如,Li 等(2014)利用 Lyapunov-Krasovskii 泛函推导了闭环时滞系统渐近稳定的矩阵不等式,有如下结论:考虑上述闭环系统,对于给定的时滞 τ, 如果存在具有适当维数的实矩阵 $P > 0$, $R > 0$, $Q > 0$, 以及两个自由权矩阵 N_1 和 N_2, 使得以下矩阵不等式成立:

$$\Xi = \begin{bmatrix} \Xi_{11} & \Xi_{12} & PB_w & \tau A^{\mathrm{T}} & \tau N_1 & C_1^{\mathrm{T}} \\ * & \Xi_{22} & 0 & \tau B_K^{\mathrm{T}} & \tau N_2 & D_K^{\mathrm{T}} \\ * & * & -\gamma^2 I & \tau D^{\mathrm{T}} & 0 & 0 \\ * & * & * & -\tau R^{-1} & 0 & 0 \\ * & * & * & * & -\tau R & 0 \\ * & * & * & * & * & -I \end{bmatrix} < 0 \tag{11.2.5}$$

$$\begin{vmatrix} -P & \sqrt{\rho}(C_2 + D_2K)^{\mathrm{T}} \\ * & -I \end{vmatrix} < 0 \tag{11.2.6}$$

则对于所有满足 $0 \leqslant d(t) \leqslant \tau$ 的时滞,闭环时滞系统都是渐近稳定的。在零初始条件下,具有 H_∞ 抑制水平 γ,并且当扰动能量小于 $w_{\max} = [\rho - V(0)]/\gamma^2$ 时,系统满足输出约束。其中,$\Xi_{11} = PA + A^{\mathrm{T}}P + Q + N_1 + N_1^{\mathrm{T}}$,$\Xi_{12} = PB_K - N_1 + N_2^{\mathrm{T}}$,$\Xi_{22} = -Q - N_2 - N_2^{\mathrm{T}}$。

由于式(11.2.5)和式(11.2.6)为非线性矩阵不等式,无法用 LMI 求解器求解,采用如下的参数调节法,可将非线性矩阵不等式转化为线性矩阵不等式,见吴敏等(2008)的文献。

定义新矩阵:

$$W = \begin{bmatrix} P & 0 \\ N_1^{\mathrm{T}} & N_2^{\mathrm{T}} \end{bmatrix},\quad W^{-1} = \begin{bmatrix} P^{-1} & 0 \\ M_1 & M_2 \end{bmatrix},\quad \chi = \mathrm{diag}(W^{-1}, I, I, R^{-1}, I)$$

由于 $W \times W^{-1} = \begin{bmatrix} I & 0 \\ N_1^{\mathrm{T}}P^{-1} + N_2^{\mathrm{T}}M_1 & N_2^{\mathrm{T}}M_2 \end{bmatrix}$,可得 $N_1^{\mathrm{T}}P^{-1} + N_2^{\mathrm{T}}M_1 = 0$ 且 $N_2^{\mathrm{T}}M_2 = I$。现对式(11.2.5)进行合同变换,将其左乘 χ^{T},右乘χ;同样对式(11.2.6)进行合同变换,左乘 $\mathrm{diag}(P^{-1}, I)$,右乘 $\mathrm{diag}(P^{-1}, I)$。令 $M_1 = nP^{-1}$,$M_2 = mP^{-1}$,其中 n 和 m 为实数,$m \neq 0$,$Q^{-1} = P^{-1}QP^{-1}$。记 $\bar{P} = P^{-1}$,$\bar{Q} = Q^{-1}$,$\bar{R} = R^{-1}$,$Y = P^{-1}K^{\mathrm{T}}$。则对于给定的时滞τ,$n \in \mathrm{R}$,$m \in \mathrm{R}\ (m \neq 0)$,如果存在具有适当维数的实矩阵 $\bar{P} > 0$,$\bar{R} > 0$,$\bar{Q} > 0$,以及 Y,使得以下矩阵不等式成立:

$$\begin{bmatrix} \omega_{11} & \omega_{12} & B_w & \omega_{14} & 0 & \omega_{16} \\ * & \omega_{22} & 0 & \tau mYB^{\mathrm{T}} & \tau\bar{R} & mYD_1^{\mathrm{T}} \\ * & * & -\gamma^2 I & \tau B_w^{\mathrm{T}} & 0 & 0 \\ * & * & * & -\tau\bar{R} & 0 & 0 \\ * & * & * & * & -\tau\bar{R} & 0 \\ * & * & * & * & * & -I \end{bmatrix} < 0 \tag{11.2.7}$$

$$\begin{vmatrix} -\bar{P} & \sqrt{\rho}(\bar{P}C_2^{\mathrm{T}} + YD_2^{\mathrm{T}}) \\ * & -I \end{vmatrix} < 0 \tag{11.2.8}$$

式中,$\omega_{11} = \bar{P}A + A^{\mathrm{T}}\bar{P} + nBY^{\mathrm{T}} + nYB^{\mathrm{T}} + \bar{Q} - n^2\bar{Q}$;$\omega_{12} = (1-n)\bar{P} + mBY^{\mathrm{T}} - nm\bar{Q}$;$\omega_{22} = -m^2\bar{Q} - 2m\bar{P}$;$\omega_{14} = \tau(\bar{P}A^{\mathrm{T}} + nYB^{\mathrm{T}})$;$\omega_{16} = \bar{P}C_1^{\mathrm{T}} + nYD_1^{\mathrm{T}}$。则对于所有满足 $0 \leqslant d(t) \leqslant \tau$ 的时滞,闭环时滞系统都是渐近稳定的,且在零初始条件下,具有 H_∞ 抑制水平 γ,并且当扰动能量小于 $w_{\max} = [\rho - V(0)]/\gamma^2$ 时,系统满足输出约束。至此,非线性不等式[式(11.2.5)和式(11.2.6)]成功转化为便于求解的线性矩阵不等式[式(11.2.7)和式(11.2.8)]。

当系统最大稳定时滞量 d_{max} 已知时,对于给定的 n 和 m, 以线性矩阵不等式 H_∞ 抑制水平 γ 最小为目标,目标函数可以使用如下描述:

$$\min_{n,\ m} \quad \gamma \quad \text{subject to LMI[式(9.2.4)、式(9.2.7) 和式(9.2.8)]} \qquad (11.2.9)$$

通过求解优化问题[式(11.2.9)],寻求满足目标函数的矩阵, 利用 $Y = P^{-1}K^{\mathrm{T}}$ 获得 H_∞ 控制增益系数 K ($K = Y^{\mathrm{T}}P^{\mathrm{T}}$), 然后代入式(11.2.4),即可对悬架控制系统的振动特性进行分析。

3. 电动汽车悬架控制系统仿真

1) 轮毂电机的不平衡力和路面随机干扰力

方程(11.2.4)中, $w(t) = [\dot{z}_{r1} \quad \dot{z}_{r2} \quad F_1 \quad F_2]^{\mathrm{T}}$, 其中 F_1、F_2 分别表示前、后轮毂电机产生的不平衡垂向力, z_{r1}、z_{r2} 分别表示前后轮的路面随机干扰。

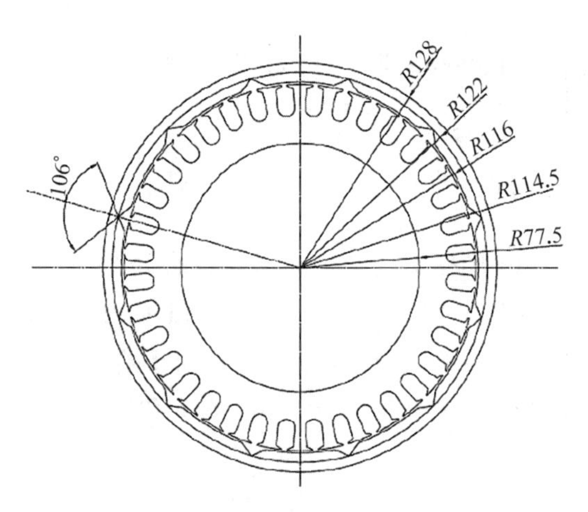

图 11.17 轮毂电机结构示意图(尺寸单位: mm)

轮毂电机结构示意图见图 11.17。不考虑时间谐波电流,根据 Maxwell 张量法,永磁同步电机气隙磁场产生的径向力密度分布可以表示为

$$P_r = \frac{1}{2\mu_0}(B_{\mathrm{load}r}^2 - B_{\mathrm{load}\theta}^2) \qquad (11.2.10)$$

式中, $B_{\mathrm{load}r}$、$B_{\mathrm{load}\theta}$ 分别为负载时瞬态径向、切向气隙磁密; μ_0 为真空磁导率。

假设永磁体磁场呈瞬态分布,定子开矩形槽,永磁同步电机为三相正弦波电流,忽略电机磁路饱和。气隙内的永磁体磁场分布等于定子不开槽时的永磁体磁路乘以定子开槽时的相对磁导,其中不开槽时的负载瞬态气隙磁场分布函数为永磁体产生的空载气隙磁场 $B_m(r,\ \alpha,\ t)$ 和三相定子绕组产生的电枢反应磁场 $B_a(r,\ \alpha,\ t)$ 的合成。则

$$B_{\mathrm{load}}(r,\ \alpha,\ t) = [B_m(r,\ \alpha,\ t) + B_a(r,\ \alpha,\ t)]\tilde{\lambda}(r,\ \alpha,\ t) \qquad (11.2.11)$$

式中, α 为相对于 A 相绕组轴线的定子角位置; $\tilde{\lambda}$ 为相对气隙磁导函数。由于径向气隙磁密一般远大于切向气隙磁密,电磁径向力可近似表示为

$$P_r(r,\ \alpha,\ t) = \frac{B_{\mathrm{load}r}^2(r,\ \alpha,\ t)}{2\mu_0} \qquad (11.2.12)$$

不考虑气隙磁密随轴向变化,对图 11.18 所示的径向力密度分布进行面积分,可得到 x 和 y 方向的集中力分别为: $F_x = rl_a\int_0^{2\pi} P_r\cos\theta \mathrm{d}\theta$, $F_y = rl_a\int_0^{2\pi} P_r\sin\theta \mathrm{d}\theta$。轮毂电机产生的不平衡垂向力可通过 F_x 和 F_y 获得,其中 l_a 为铁芯厚度, r 为 P_r 作用半径。

路面不平度激励一般用路面空间频率功率谱密度描述。引入路面空间下截止频率,前轮的路面不平度时域模型可以表示成如下形式:

$$\dot{z}_{r1}(t) = -2\pi n_c u z_{r1}(t) + 2\pi n_0 \sqrt{G_0 u}\, w(t) \tag{11.2.13}$$

式中,n_c 为下截止空间频率;u 为车速;n_0 为参考空间频率;G_0 为路面不平度系数;$w(t)$ 为高斯白噪声。后轮路面干扰与前轮路面干扰的时延 $t_d = \dfrac{L}{u}$,其中 L 为前后轴距。采用数值方法对汽车在路面随机激励和电机电磁力双重激励下进行仿真。选择仿真参数为:B 级路面,车速 $u = 60$ km/h,轮胎半径 r_t 为 0.3 m(则电机转速 $\omega_r = u/r_t = 55.5$ rad/s),$M = 600$ kg,$J = 1\,050$ kg·m^2,$m_{t1} = m_{t2} = 60$ kg,$a = b = 1.5$ m,$k_{s1} = k_{s2} = 20\,000$ N/m,$k_{t1} = k_{t2} = 230\,000$ N/m,$c_{s1} = c_{s2} = 2\,300$ N·s/m,$z_{s1,\,2\max} = 0.05$ m,$u_{1,\,2\max} = 2\,500$ N。由于方程中含有控制时滞,现分别采用传统的 H_∞ 控制策略和考虑时滞的 H_∞ 控制策略对系统进行控制,并对控制结果进行对比。

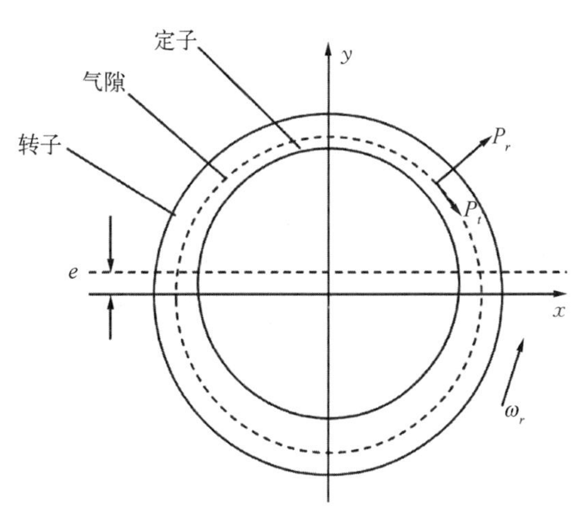

图 11.18　电机气隙长度

2）采用传统 H_∞ 控制策略进行控制

对控制回路中含有固有时滞的控制系统(11.2.4),当不考虑时滞的影响而直接采用传统的 H_∞ 控制策略时,式(11.2.7)变为

$$\begin{bmatrix} \bar{P}A + A^{\mathrm{T}}\bar{P} + BY^{\mathrm{T}} + YB^{\mathrm{T}} & B_w & \bar{P}C_1^{\mathrm{T}} + YD_1^{\mathrm{T}} \\ * & -\gamma^2 I & 0 \\ * & * & -I \end{bmatrix} < 0$$

得到系统的反馈增益矩阵 $K = Y^{\mathrm{T}}P^{\mathrm{T}}$。图 11.19 为采用不考虑时滞的 H_∞ 控制策略下,分别取固有时滞为 0 s、0.01 s 和 0.065 s 时,系统的车身簧载质量加速度响应特性曲线。

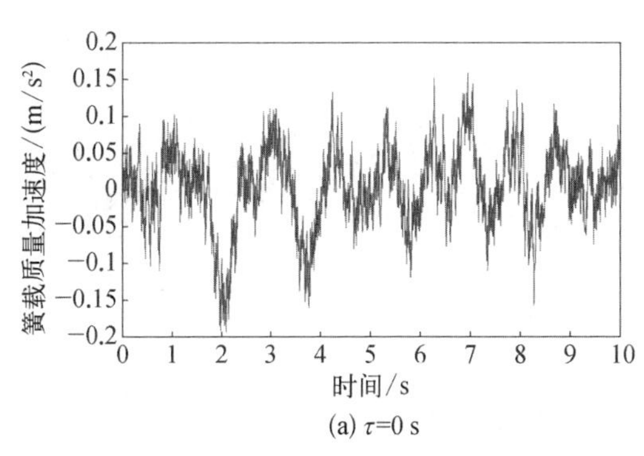

(a) τ=0 s

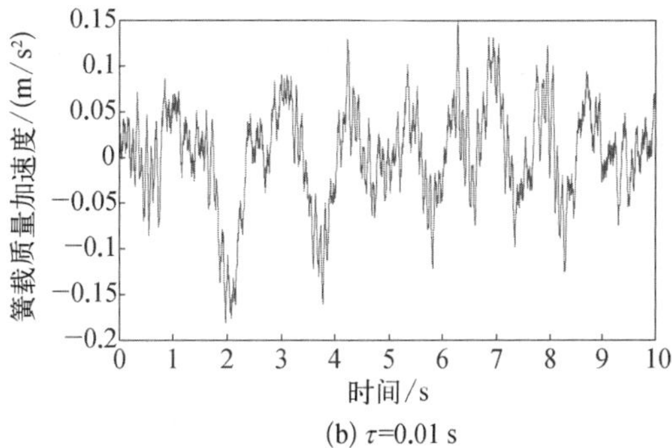

(b) τ=0.01 s

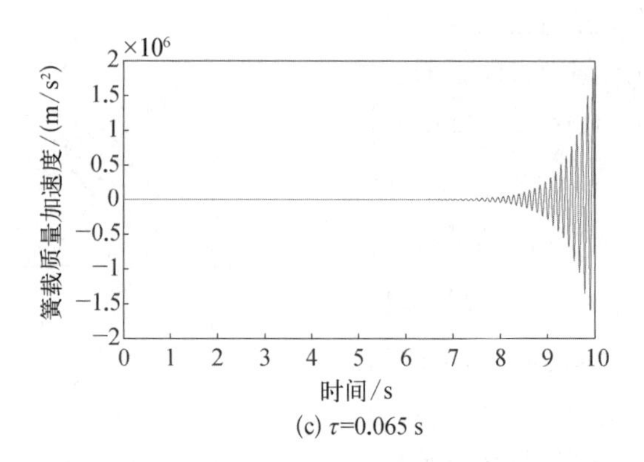

(c) τ=0.065 s

图 11.19　传统 H_∞ 控制下车身簧载质量加速度响应特性

从图 11.19 中可以看出,不考虑控制回路中的固有时滞而将 τ 直接取为 0 时,采用传统的不考虑时滞的 H_∞ 控制策略,从计算结果看可以达到一定的控制效果。但闭环控制中固有时滞是不可避免的,因此该计算结果与实际情况不符。当实际系统的固有时滞为 0.01 s 时,系统响应仍具有收敛性,但当固有时滞继续增大时,车身簧载质量加速度在几秒内迅速发散,控制策略失效。由此看出,当系统中存在较大的固有时滞时,传统 H_∞ 控制策略不再适用。

3）采用考虑时滞的 H_∞ 控制策略进行控制

现采用考虑时滞的 H_∞ 控制策略对悬架系统进行主动控制,当时滞 τ = 0 时,与图 11.19(a)的结果一致。考虑固有时滞为 0.065 s,采用时滞 H_∞ 控制策略得到的系统响应曲线如图 11.20 所示。

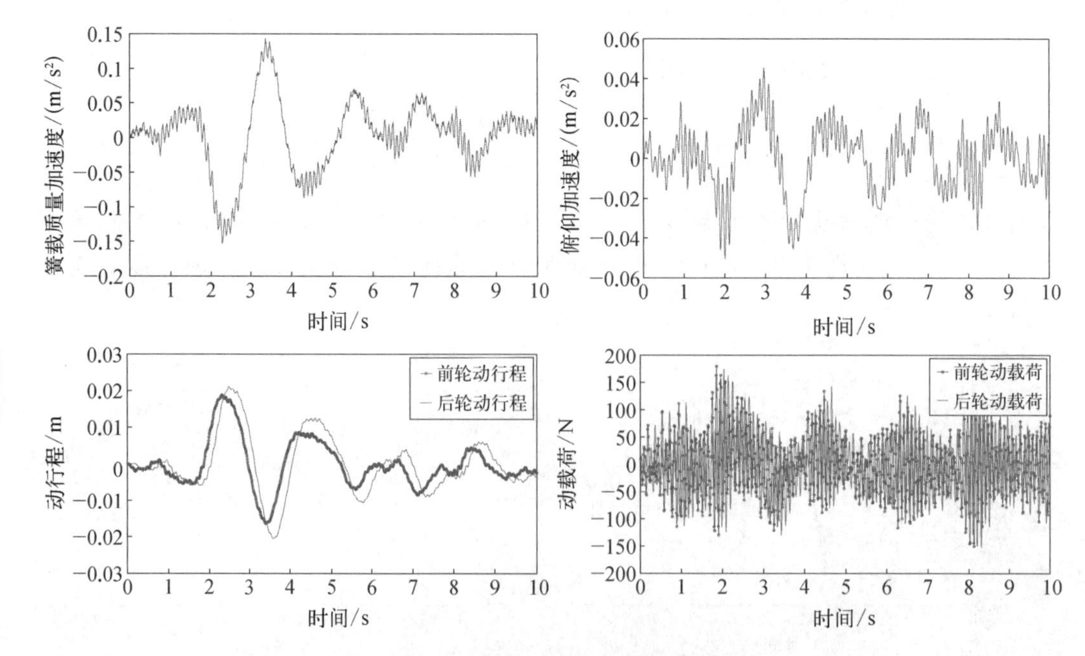

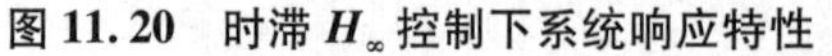
图 11.20　时滞 H_∞ 控制下系统响应特性

由图 11.20 可以看出,控制系统保持稳定且控制效果良好。当固有时滞在一定范围内($0\sim d_{max}$)时,系统保持稳定,仿真结果验证了理论的正确性。说明,与传统 H_∞ 控制策略相比,时滞 H_∞ 控制有更好的鲁棒性和减振特性。

11.2.2　整车刚弹耦合系统时滞 H_∞ 控制

现以第 2.3.4 节中介绍的整车刚弹耦合系统为对象,将悬架系统改为主动悬架,采用模态综合法建立整车刚弹耦合控制系统的动力学模型,并采用时滞 H_∞ 控制法对其控制特性进行分析。

1. 整车控制系统的动力学模型

由于整车结构复杂,将采用动态子结构法中的模态综合法建立整车控制系统的动力学模型。将整车系统分割成若干子结构,包括动力总成、副车架、车身及 4 个非簧载质量子结构,并用线性连接子结构来取代各部件之间的连接(包括副车架支承也简化为线性连接子结构)。为了对汽车振动进行主动控制研究,在 4 个悬架位置装了 4 个作动器。整车刚弹耦合控制系统的简化模型见图 11.21。

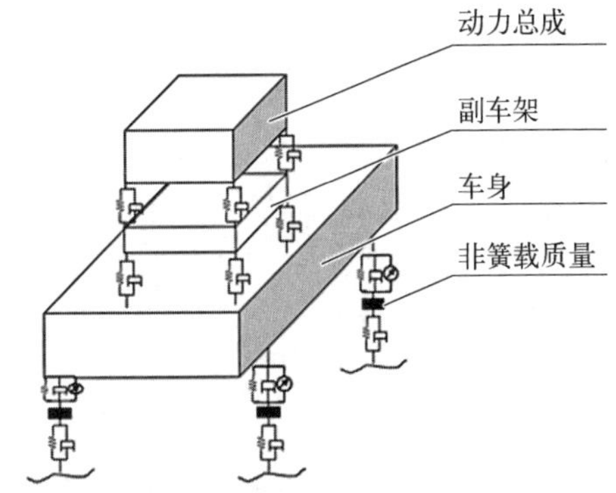

图 11.21　整车刚弹耦合控制系统简化模型

根据各子结构的特点,将动力总成视为刚体,副车架、车身视为弹性体,而非簧载质量作为集中质量考虑。为了研究整车的垂向振动,这里只考虑动力总成中 3 个与垂向振动有关的自由度,副车架、车身分别取前 4 阶模态坐标,而非簧载质量共有 4 个自由度,因此整车系统可简化为 15 自由度的刚弹耦合模型。其中,副车架、车身坐标为模态坐标,动力总成和非簧载质量为物理坐标。在考虑固有时滞的情况下,整车系统 15 自由度的主动控制模型为

$$\tilde{M}^*\ddot{q}(t)+\tilde{C}^*\dot{q}(t)+\tilde{K}^*q(t)=S_U U(t-\tau)+S_F F_s(t) \tag{11.2.14}$$

式中,$\tilde{M}^*$ 为系统的 $n_0\times n_0$ 阶质量矩阵,$n_0=15$;$\tilde{K}^*$ 为刚度矩阵;$\tilde{C}^*$ 为阻尼矩阵;$F_s(t)$ 表示发动机和路面激励;$U(t-\tau)$ 为主动控制作动器的控制力向量,仅考虑每个控制作动器垂直方向的控制力,则控制力共 4 项,其中 τ 为系统控制过程中产生的固有时滞;S_U 为控制力列向量的位置矩阵;S_F 为发动机和路面激励的位置矩阵。

令系统状态向量 $\{x\}=\begin{Bmatrix}q(t)\\ \dot{q}(t)\end{Bmatrix}$,其中 $x_{15+n}=\dot{x}_n$,$n=1,2,\cdots,15$。则可将式(11.2.14)改写成状态方程的形式。

2. 整车系统的时滞 H_∞ 控制分析

将方程(11.2.14)写成状态方程的形式,并考虑系统的控制输出和约束输出,则

$$\begin{cases}\dot{x}(t)=A_0x(t)+B_0U(t-\tau)+P_sF_s(t)\\ y_1(t)=C_1x(t)+D_1U(t-\tau)+E_1F_s(t)\\ y_2(t)=C_2x(t)+D_2U(t)+E_2F_s(t)\end{cases} \tag{11.2.15}$$

式中，$x(t)=\begin{Bmatrix}q(t)\\ \dot{q}(t)\end{Bmatrix}$ 为 $2n_0$ 阶列向量；$A_0=\begin{bmatrix}0 & I\\ -\tilde{M}^{*-1}\tilde{K}^* & -\tilde{M}^{*-1}\tilde{C}^*\end{bmatrix}$ 为 $2n_0\times 2n_0$ 阶矩阵；$B_0=\begin{Bmatrix}0\\ \tilde{M}^{*-1}S_U\end{Bmatrix}$ 为 $2n_0\times 4$ 阶矩阵；$P_s=\begin{Bmatrix}0\\ \tilde{M}^{*-1}S_F\end{Bmatrix}$ 为 $2n_0\times 11$ 阶矩阵；$F_s(t)$ 为 11 阶外激励列向量，包含 4 个路面位移随机激励、4 个路面速度随机激励、1 个发动机随机激励及 2 个发动机确定性激励。

选取汽车车身上与悬架接触的四个点的加速度作为响应输出 y_1，因加速度项存在于 $\dot{x}(t)$ 中，则

$$y_1(t)=H_1\dot{x}(t) \tag{11.2.16}$$

式中，$H_1=\{0_{22\times 4};\ [\phi_{CH}];\ 0_{4\times 4}\}^{\mathrm{T}}$ 为 4×30 阶矩阵，其中 $[\phi_{CH}]$ 为 4 个接触点对应的模态矩阵。代入式(11.2.15)中的状态方程后，得

$$y_1(t)=H_1A_0x(t)+H_1B_0U(t-\tau)+H_1P_sF_s(t) \tag{11.2.17}$$

则

$$C_1=H_1A_0,\quad D_1=H_1B_0,\quad E_1=H_1P_s$$

将悬架动行程、轮胎动载荷和控制饱和等作为约束输出 y_2，则

$$C_2=[C_{2a};C_{2b};\ 0_{4\times 30}],\quad D_2=\left[0_{8\times 4};\frac{1}{u_{i\max}}I_{4\times 4}\right]$$

$$E_2=[0_{4\times 11};E_{2a};\ 0_{4\times 11}]$$

式中，$C_{2a}=[0_{4\times 7}\quad [\phi_{CH}]/z_{si\max}\quad -I_{4\times 4}/z_{si\max}\quad 0_{4\times 15}]$；$C_{2b}=[0_{4\times 11}\quad \mathrm{diag}(sk_{t1},\ sk_{t2},\ sk_{t3},\ sk_{t4})\quad 0_{4\times 15}]$；$E_{2a}=[-\mathrm{diag}(sk_{t1},\ sk_{t2},\ sk_{t3},\ sk_{t4})\ 0_{4\times 7}]$，$sk_{ti}(i=1,\ 2,\ 3,\ 4)$ 为 4 个动载荷系数；$z_{si\max}$ 和 $u_{i\max}(i=1,\ 2,\ 3,\ 4)$ 分别为 4 个悬架位置的最大安全行程和最大控制力。

令 $U=Kx$，则

$$\begin{cases}\dot{x}(t)=A_0x(t)+B_0Kx(t-\tau)+P_sF_s(t)\\ y_1(t)=C_1x(t)+D_1Kx(t-\tau)+E_1F_s(t)\\ y_2(t)=C_2x(t)+D_2Kx(t)+E_2F_s(t)\end{cases} \tag{11.2.18}$$

根据 11.2.1 节的结论，运用时滞 H_∞ 控制设计方法和自由权矩阵法，如果存在具有合适维度的矩阵 $\bar{P}>0$，$\bar{R}>0$，$\bar{Q}>0$ 以及 Y，使得式(11.2.19)、式(11.2.20)的 LMI 成立，即可保证系统的稳定性：

$$\begin{bmatrix}\omega_{11} & \omega_{12} & P_s & \omega_{14} & 0 & \omega_{16}\\ * & \omega_{22} & 0 & \tau_m mYB_0^{\mathrm{T}} & \tau_m\bar{R} & mYD_1^{\mathrm{T}}\\ * & * & -\gamma^2 I & \tau_m B_0P_s^{\mathrm{T}} & 0 & 0\\ * & * & * & -\tau_m\bar{R} & 0 & 0\\ * & * & * & * & -\tau_m\bar{R} & 0\\ * & * & * & * & * & -I\end{bmatrix}<0 \tag{11.2.19}$$

$$\begin{vmatrix} -P & \sqrt{\rho}(C_2+D_2K_1)^{\mathrm{T}} \\ * & -I \end{vmatrix} < 0 \tag{11.2.20}$$

式中，

$$\omega_{11}=\bar{P}A_0+A_0^{\mathrm{T}}T\bar{P}+nB_0Y^{\mathrm{T}}+nYB_0^{\mathrm{T}}+\bar{Q}-n^2\bar{Q}$$

$$\omega_{12}=(1-n)\bar{P}+mB_0Y^{\mathrm{T}}-nm\bar{Q}$$

$$\omega_{22}=-m^2\bar{Q}-2m\bar{P},\quad \omega_{14}=\bar{\tau}(\bar{P}A_0^{\mathrm{T}}+nYB_0^{\mathrm{T}})$$

$$\omega_{16}=\bar{P}C_1^{\mathrm{T}}+nYD_1^{\mathrm{T}}$$

而反馈增益矩阵 $K=Y^{\mathrm{T}}P^{\mathrm{T}}$，获得反馈增益矩阵 K 后，在仿真平台分析可得不同外激励下的响应特性。

3. 实例分析

现选取某轿车作为研究对象进行仿真分析。该轿车的相关参数如下：发动机与变速箱系统质量 m 为 120 kg，绕 z 方向的横向转动惯量 J_z 为 5.685 4 kg·m^2，绕 x 方向的纵向转动惯量 J_x 为 4.129 6 kg·m^2，发动机悬置的刚度 $k_{f1}=k_{f2}=k_{f3}=k_{f4}=$ 146 182 N/m，发动机悬置的阻尼系数 $c_{f1}=c_{f2}=c_{f3}=c_{f4}=$ 725.43 N·s/m，曲柄长度 R 为 43.5 mm，连杆长度 l 为 144 mm，活塞质量 m_P 为 0.33 kg，连杆质量 m_C 为 0.55 kg，轿车怠速为 860 r/min，前悬架弹簧等效刚度 $k_1=k_2=$ 22 741.1 N/m，后悬架弹簧等效刚度 $k_3=k_4=$ 261 144.1 N/m，前轴非簧载质量 $m_1=m_2=$ 49 kg，后轴非簧载质量 $m_3=m_4=$ 83 kg，前轮等效刚度 $k_{t1}=k_{t2}=$ 302 342.7 N/m，后轮等效刚度 $k_{t3}=k_{t4}=$ 492 982.5 N/m，前轮等效阻尼系数 $c_{t1}=c_{t2}=$ 798.2 N·s/m，后轮等效阻尼系数为 $c_{t1}=c_{t2}=$ 1 008.8 N·s/m。汽车轴距为 2 803 mm，前轮距为 1 498 mm，后轮距为 1 500 mm。

选取控制前后汽车车身与悬架的 4 个接触点（左前、右前、左后和右后）的物理坐标 Z_{CH1}、Z_{CH2}、Z_{CH3} 和 Z_{CH4} 进行分析，在 C 级路面、固有时滞为 0.065 s 时，不同车速下 4 个接触点的加速度响应结果如图 11.22 和图 11.23 所示。

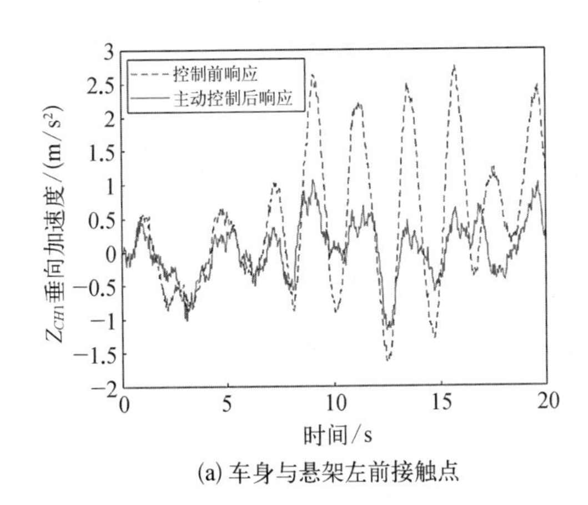

(a) 车身与悬架左前接触点

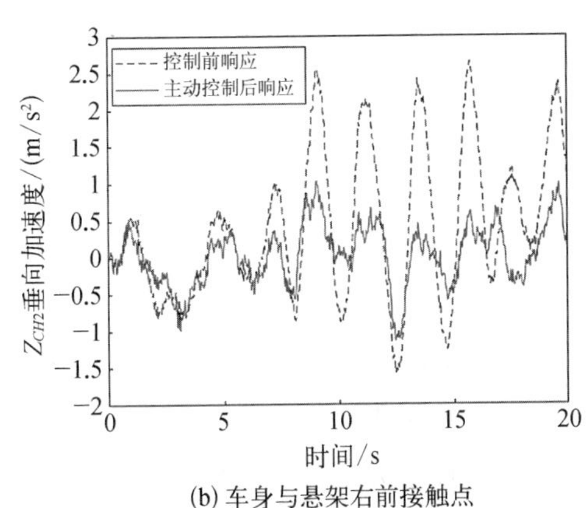

(b) 车身与悬架右前接触点

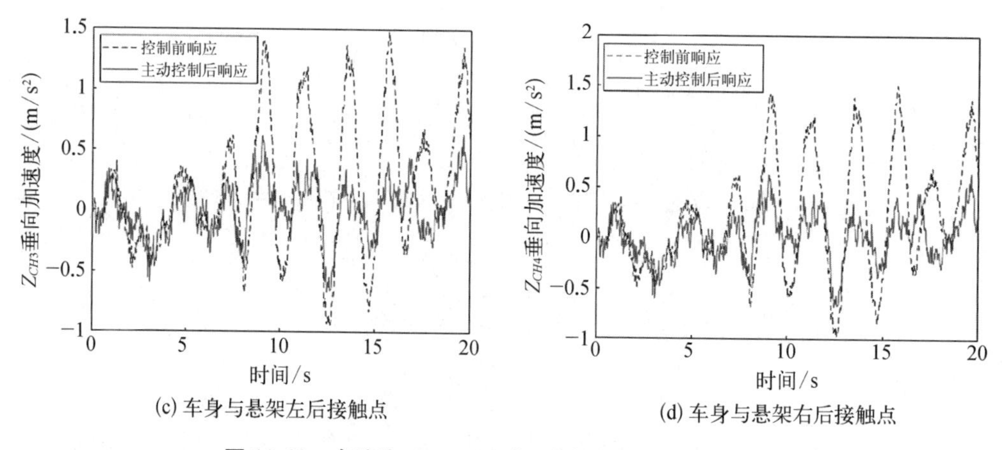

(c) 车身与悬架左后接触点

(d) 车身与悬架右后接触点

图 11.22　车速为 60 km/h 时 4 个接触点的加速度响应

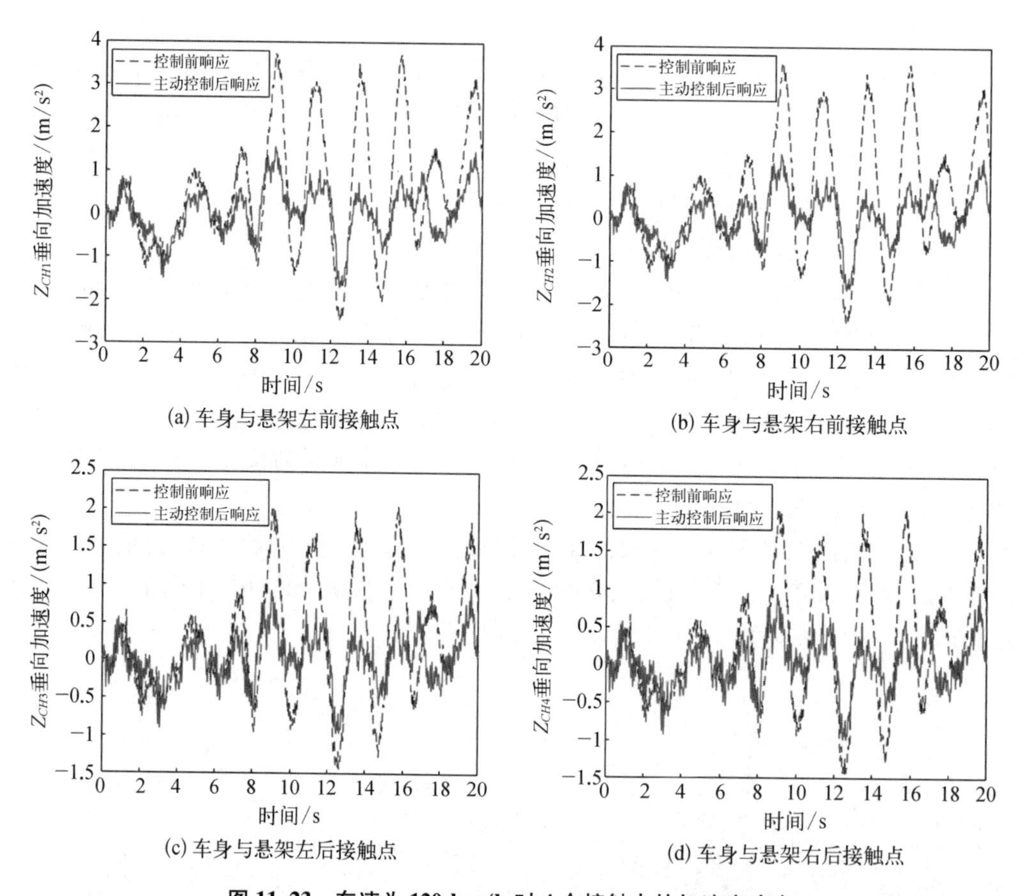

(a) 车身与悬架左前接触点

(b) 车身与悬架右前接触点

(c) 车身与悬架左后接触点

(d) 车身与悬架右后接触点

图 11.23　车速为 120 km/h 时 4 个接触点的加速度响应

当车速为 60 km/h 时，车身与悬架相连 4 个点的垂向加速度均方根值为 0.999 4 m/s²、0.968 7 m/s²、0.589 6 m/s²、0.599 8 m/s²；施加 H_∞ 控制后，4 个点的垂向加速度均方根值分别为 0.129 1 m/s²、0.126 7 m/s²、0.097 3 m/s²、0.098 1 m/s²。当车速为 120 km/h 时，车身与悬架相连 4 个点的垂向加速度均方根值为 1.104 m/s²、1.0 m/s²、

0. 672 8 m/s^2、0. 681 3 m/s^2；施加 H_∞ 控制后，4 个点的垂向加速度均方根值为 0. 158 7 m/s^2、0. 158 2 m/s^2、0. 151 7 m/s^2、0. 151 8 m/s^2。结果表明，车速增加后，4 个接触点的加速度在控制前后均有所增加。

为了更清楚地看出行车速度与加速度响应之间的关系，将不同车速与 4 个接触点控制前后的加速度响应曲线分别列于图 11. 24 中，并将控制后 4 个接触点的加速度响应与车速之间的关系列于图 11. 25 中。

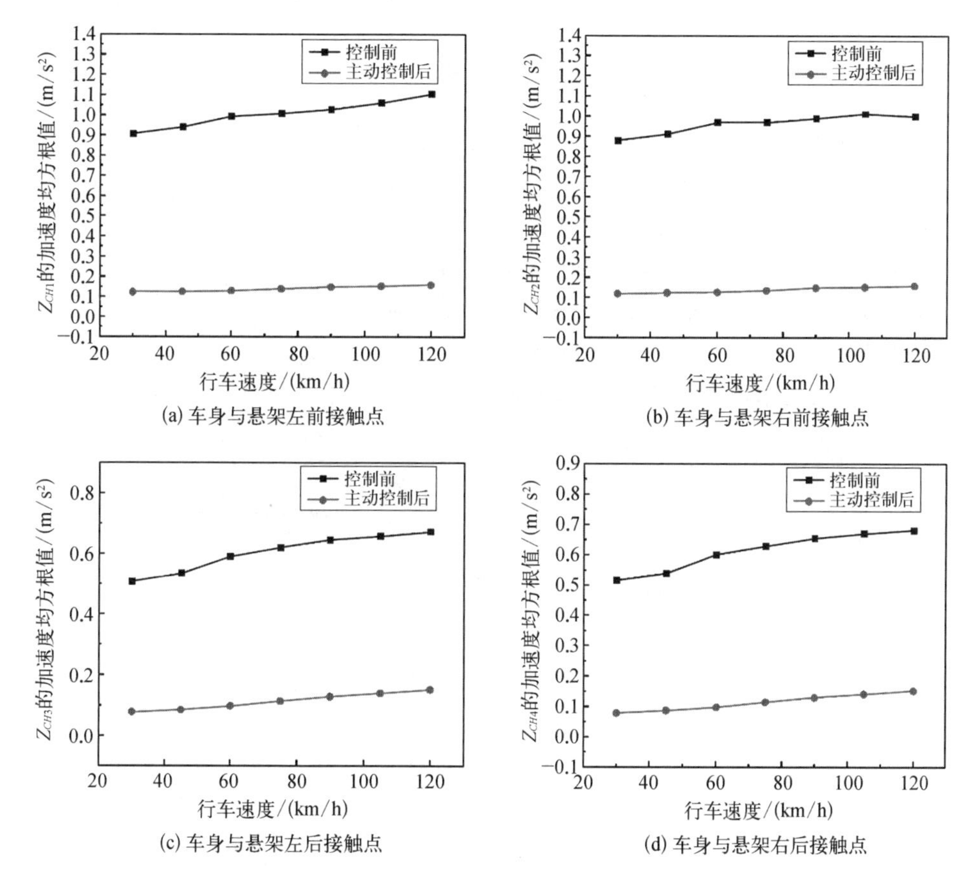

(a) 车身与悬架左前接触点　(b) 车身与悬架右前接触点

(c) 车身与悬架左后接触点　(d) 车身与悬架右后接触点

图 11. 24　控制前后 4 个接触点的加速度响应与车速之间的关系

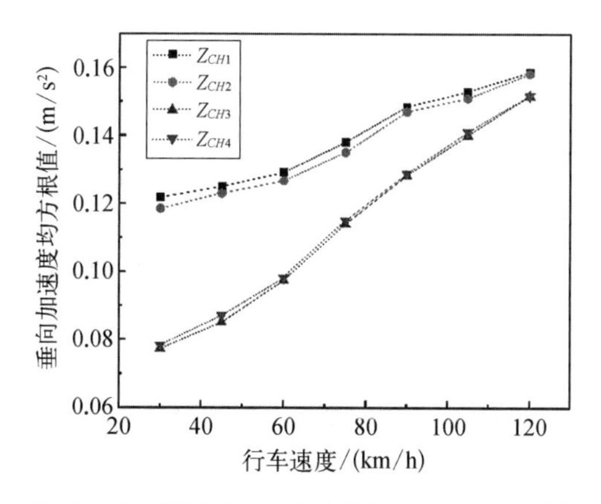

图 11. 25　控制后 4 个接触点的加速度响应对比

从图 11.24 可以看出,随着车速增加,控制前后 4 个接触点的垂向加速度均有所增加。但与控制前相比,控制后的加速度响应均有较大减少;从图 11.25 可以看出,控制后车身与两个前悬架接触点的垂向加速度比较接近,两个后悬架接触点也有类似结果,但是前后悬架响应有所不同,这也与实际情况相符。该研究表明,对于考虑时滞的刚弹耦合系统,时滞 H_∞ 控制具有较好的减振效果,同时也表明时滞 H_∞ 控制在高自由度复杂振动系统中仍然有效。

习　题

11.1 考虑时滞的二自由度悬架主动控制简化模型的结构形式如习题 11.1 图所示。图中,x_s 为簧载质量位移,x_w 为非簧载质量位移,x_g 为路面不平度,m_s 为簧载质量,m_w 为非簧载质量,k_s、c_s 分别为悬架刚度和阻尼系数,k_t、c_t 分别为轮胎刚度和阻尼,$u(t-\tau)$ 为含有时滞的悬架控制力,τ 为悬架控制系统中的固有时滞,x_g 为路面不平度。选取状态向量:$x=[x_s-x_w,\ x_w-x_g,\ \dot{x}_s,\ \dot{x}_w]^{\mathrm{T}}$,输出量 $y_1=\ddot{x}_s$,$y_2=[x_s-x_w,\ k_t(x_w-x_g)/(m_s+m_w)g]^{\mathrm{T}}$。则悬架系统的状态方程和输出方程为

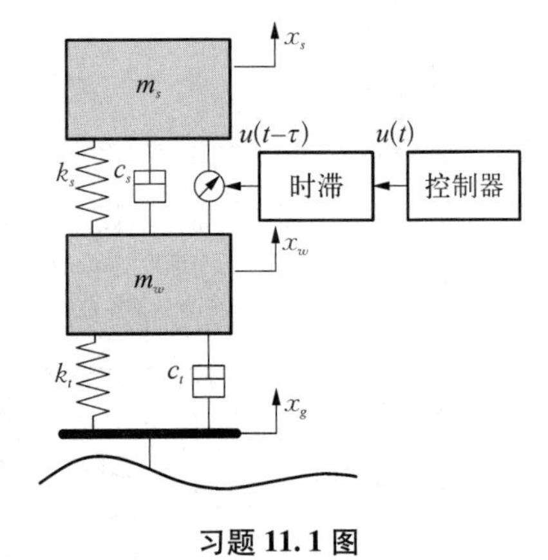

习题 11.1 图

$$\begin{cases}\dot{x}(t)=Ax(t)+Bu(t-\tau)+E\omega(t)\\ y_1(t)=C_1x(t)+Du(t-\tau)\\ y_2(t)=C_2x(t)\end{cases}$$

式中,
$$A=\begin{bmatrix}0&0&1&-1\\0&0&0&1\\-\dfrac{k_s}{m_s}&0&-\dfrac{c_s}{m_s}&\dfrac{c_s}{m_s}\\\dfrac{k_s}{m_w}&-\dfrac{k_t}{m_w}&\dfrac{c_s}{m_w}&\dfrac{-c_s-c_t}{m_w}\end{bmatrix};\ B=\begin{bmatrix}0\\0\\\dfrac{1}{m_s}\\-\dfrac{1}{m_w}\end{bmatrix};\ E=\begin{bmatrix}0\\-1\\0\\\dfrac{c_t}{m_w}\end{bmatrix};\ \omega=\dot{x}_g;$$

$$C_1=\begin{bmatrix}-\dfrac{k_s}{m_s}&0&-\dfrac{c_s}{m_s}&\dfrac{c_s}{m_s}\end{bmatrix};\ D=\frac{1}{m_s};C_2=\begin{bmatrix}1&0&0&0\\0&\dfrac{k_t}{(m_s+m_w)g}&0&0\end{bmatrix}。$$

取悬架模型参数为:$m_s=136.05$ kg,$m_w=24.288$ kg,$k_s=10\,200$ N/m,$k_t=98\,000$ N/m,$c_s=2\,100$ N/m,$c_t=0$ N/m。若系统固有时滞 $\tau=0.065$ s,试采用状态变换法对控制系统进行设计。

11.2 针对习题 11.1,试采用时滞 H_∞ 控制方法对控制系统进行设计,并与状态变换法获得的结果进行对比。

参考文献

蔡国平,2004. 存在时滞的柔性梁的振动主动控制[J]. 固体力学学报,25(1):29-34.

蔡国平,李施宏,2015. 滞回特性复合板的时滞反馈控制[J]. 中国科技论文, 10(2):218-221.

陈树辉,2007. 强非线性振动系统的定量分析方法[M]. 北京:科学出版社.

陈予恕,2002. 非线性振动[M]. 北京:高等教育出版社.

方明霞,陈江红,2005. 基于声固耦合非线性系统的汽车车内噪声计算研究[J]. 汽车工程(5):95-99.

方同,1994. 随机振动理论及其应用[C]//一般力学(动力学、振动于控制)最新进展. 北京:科学出版社:123-131.

顾仲权,马扣根,陈卫东,1998. 振动主动控制[M]. 北京:国防工业出版社.

郝淑英,陈予恕,张琪昌,2001. 连结子结构在非线性动力学分析中的应用[J]. 天津大学学报:自然科学与工程技术版,34(3):5.

纪仁杰,方明霞,李佩琳,等,2020. 含时滞悬架系统 H_{∞} 控制的理论与实验研究[J]. 汽车工程,42(3):339-344,352.

季文美,方同,陈松淇,1985. 机械振动[M]. 北京:科学出版社.

李佩琳,方明霞,2020. 轮毂驱动电动汽车主动悬架的时滞控制[J]. 噪声与振动控制(4):137-141,182.

刘延柱,陈立群,2001. 非线性振动[M]. 北京:高等教育出版社.

倪振华,1989. 振动力学[M]. 西安:西安交通大学出版社.

瞿伟廉,1991. 高层建筑和高耸结构的风振控制设计[M]. 武汉:武汉测绘科技大学出版社.

舒仲周,张继业,曹登庆,2001. 运动稳定性[M]. 北京:中国铁道出版社.

王光远,1981. 应用分析动力学[M]. 北京:人民教育出版社.

王广雄,何朕,2010. 应用 H_{∞} 控制[M]. 哈尔滨:哈尔滨工业大学出版社.

王积伟,2003. 现代控制理论与工程[M]. 北京:人民教育出版社.

王文亮,杜作润,1985. 结构振动与动态子结构方法[M]. 上海:复旦大学出版社.

王翼,王秀峰,1995. 现代控制理论基础[M]. 北京:高等教育出版社.

王永岩,1999. 动态子结构方法理论与应用[M]. 北京:科学出版社.

王照林,1981. 现代控制理论基础[M]. 北京:国防工业出版社.

吴彪,方明霞,闫盖,等,2023. 考虑时滞的主动悬架系统控制策略对比研究[J]. 力学季刊,44(1):75-87.

吴家龙,2016. 弹性力学(第3版)[M]. 北京:高等教育出版社.

吴敏,何勇,2008. 时滞系统鲁棒控制自由权矩阵法[M]. 北京:科学出版社.

吴兴世,1984. 飞机内部噪声分析中改进的自由界面模态综合方法[J]. 上海力学(2):1-11.

下乡太郎,1984. 随机振动最优控制理论及应用[M]. 沈泰昌,译. 北京:宇航出版社.

闫盖,方明霞,董天夫,等,2018. 基于状态变换法的车辆悬架系统时滞反馈控制[J]. 农业工程学报,34(10):54-61.

应祖光,郭涛,2008. 基于随机平均的非线性随机最优控制[J]. 噪声与振动控制(1):1-4.

应祖光,1997.基于固定界面和自由界面子结构的模态综合方法及应用[J].计算力学学报,14(1):64-68.

恽伟君,段根宝,1984.流固耦合振动的组合模态综合法[J].中国造船(1):52-66.

张相庭,1994.非线性随机振动理论研究进展及在工程上应用[C]//一般力学(动力学、振动于控制)最新进展.北京:科学出版社:132-139.

张相庭,王志培,黄本才,等,2005.结构振动力学[M].上海:同济大学出版社.

赵童,陈龙祥,蔡国平,2011.柔性板的时滞 H_∞ 控制的理论与实验研究[J].力学学报,43(6):1043-1053.

郑兆昌,1983.非线性系统动力分析的明天模态综合技术[J].应用数学与力学(4):563-572.

朱位秋,2003.非线性随机动力学与控制:Hamilton 理论体系框架[M].北京:科学出版社.

朱位秋,1994.非线性随机振动理论的近期进展[C]//一般力学(动力学、振动于控制)最新进展.北京:科学出版社:140-145.

朱位秋,任永坚,1991.一维格子结构动力分析的传递矩阵法[J].应用力学学报,8(3):88-97.

朱位秋,1998.随机振动[M].北京:科学出版社.

Cai G P, Huang J Z, Yang S X, 2003. An optimal control method for linear systems with time delay[J]. Computers and Structures, 81(15): 1539-1546.

Caughey T K, 1963. Equivalent linearization techniques[J]. The Journal of the Acoustical Society of America, 35(11): 1706-1711.

Caughey T K, 1971. Nonlinear theory of random vibrations[J]. Advances in Applied Mechanics, 11: 209-253.

Cavdaroglu M E, Olgac N, 2008. Robust control of cart-pendulum dynamics against uncertain multiple time delays[C]. Seattle: Proceedings of the American Control Conference, 2178-2183.

Craig R R, Bampton M C C, 1968. Coupling of substructures for dynamic analysis[J]. AIAA Journal, 6(7): 1313-1319.

Crandall S H, Zhu W Q, 1983. Random vibration: a survey of recent developments[J]. Journal of Applied Mechanics, 50(4b): 953-962.

Du H, Nong Z, 2007. H_∞ control of active vehicle suspensions with actuator time delay[J]. Journal of Sound and Vibration, 301(1-2): 236-252.

Falsone G, Elishakoff I, 1994. Modified stochastic linearization technique for colored noise excitation of duffing oscillator[J]. International Journal of non-linear Mechanics, 29(1): 65-69.

Fang M X, 2011. Dynamical analysis of automobile hysteresis nonlinear system[J]. Acta Mechanica Solida Sinica, 24: 39-46.

Fujita T, Homma T, Kondo H, 1996. Active 6-DOF micro-vibration control system using giant magnetostrictive actuators[J]. Transactions of the Japan Society of Mechanical Engineers C, 62: 55-61.

Full C R, Elliott S J, Nelson P A, 2014. 振动主动控制[M]. 楼京俊,俞翔,杨庆超,等译.北京:国防工业出版社.

GladWell G M L, 1964. Brauch mode analysis of vibration systems[J]. Sound and Vibration, 1(1): 41-59.

Hintz R M, 2012. Analytical methods in component modal synthesis[J]. AIAA Journal, 13(8): 1007-1016.

Housner G W, Bergman L A, Caughey T K, et al, 1997. Structural control: past, present, and future[J]. Journal of Engineering Mechanics, 123(9): 897-971.

Hurty W C, 1965. Dynamic analysis of structural systems using component modes[J]. AIAA Journal, 3(4): 678 - 685.

Ibrahim R A, Fang T, Dowell E H, 2008. Parametric Random Vibration[M]. London: Dover Publications.

Kailath T, 1985. 线性系统[M]. 李清泉,褚家晋,高龙,译. 北京: 科学出版社.

Kim H J, 2011. Robust roll motion control of a vehicle using integrated control strategy[J]. Control Engineering Practice, 19(8): 820 - 827.

Kozukue W, Hagiwara I, 1996. Development of sound pressure level integral sensitivity and its application to vehicle interior noise reduction[J]. Engineering Computations, 13(5): 91 - 107.

Kumar P S, Sivakumar K, Kanagarajan R, et al, 2018. Adaptive neuro fuzzy inference system control of active suspension system with actuator dynamics[J]. Journal of Vibroengineering, 20(1): 541 - 549.

Li H, Jing X, Karimi H R, 2014. Output-feedback-based H_∞ control for vehicle suspension systems with control delay[J]. IEEE Transactions on Industrial Electronics, 61(1): 436 - 446.

Lin J, Lian R, 2011. Intelligent control of active suspension systems[J]. IEEE Transactions on Industrial Electronics, 58(2): 618 - 628.

Liu B, Haraguchi M, Hu H Y, 2009. A new reduction-based LQ control for dynamic systems with a slowly time-varying delay[J]. Acta Mechanica Sinica(25): 529 - 537.

Liu Z H, Zhu W Q, 2012. Time-delay stochastic optimal control and stabilization of quasi-integrable Hamiltonian systems[J]. Probabilistic Engineering Mechanics, 27(1): 29 - 34.

Mihai I, Andronic F, 2014. Behavior of a semi-active suspension system versus a passive suspension system on an uneven road surface[J]. Mechanics, 20(1): 64 - 69.

Naik R D, Singru P M, 2011. Resonance, stability and chaotic vibration of a quarter-car vehicle model with time-delay feedback[J]. Communications in Nonlinear Science and Numerical Simulation, 16(8): 3397 - 3410.

Ogata K, 2017. 现代控制工程[M]. 卢伯英,佟明安,译. 北京: 电子工业出版社.

Papalambros B, Wilde D, 2000. Principles of Optimal Design: Modeling and Computation[M]. Cambridge: Cambridge University Press.

Roberts J B, 1981. Response of nonlinear mechanical systems to random excitation[J]. Part II: Equivalent Linearization and Other Methods, Shock and Vibration Digest, 13(5): 15 - 29.

Roberts J B, 1981. Response of nonlinear mechanical systems to random excitation[J]. Part I: Markov Methods, Shock and Vibration Digest, 13(4): 17 - 28.

Sun Y, Xu J, 2015. Experiments and analysis for a controlled mechanical absorber considering delay effect[J]. Journal of Sound and Vibration, 339: 25 - 37.

Thompson A G, 1976. An active suspension with optimal linear state feedback[J]. Vehicle System Dynamics, 5(4): 187 - 203.

Udwadia F, Bremen H, Kumar R, et al, 1995. Time delayed control of structures[J]. Earthquake Engineering & Structural Dynamics, 24(5): 687 - 701.

Udwadia F E, Phohomsiri P, 2006. Active control of structures using time delayed positive feedback proportional control designs[J]. Structural Control & Health Monitoring, 13(1): 536 - 552.

Wang Z H, Hu H Y, 2008. Calculation of the rightmost characteristic root of retarded time-delay systems via Lambert W function[J]. Journal of Sound and Vibration, 318(4): 757 - 767.

Wang Z H, Hu H Y, 2000. Stability switches of time-delayed dynamic systems with unknown parameters.

Journal of Sound and Vibration, 233(2): 215 - 233.

Yan G, Fang M X, Xu J, 2019. Analysis and experiment of time-delayed optimal control for vehicle suspension system[J]. Journal of Sound and Vibration, 446: 144 - 158.

Yang J N, Akbarpour A, Ghaemmaghami P, 1987. New optimal control algorithms for structural control[J]. Journal of Engineering Mechanics, 113(9): 1369 - 1386.

Zhang X, Xu J, Ji J, 2018. Modelling and tuning for a time-delayed vibration absorber with friction[J]. Journal of Sound and Vibration, 424: 137 - 157.

Zhao Y Y, Xu J, 2007. Performance analysis of passive dynamic vibration absorber and semi-active dynamic vibration absorber with delayed feedback[J]. International Journal of Nonlinear Sciences and Numerical Simulation, 8(4): 607 - 614.

Zhao Y Y, Xu J, 2012. Using the delayed feedback control and saturation control to suppress the vibration of the dynamical system[J]. Nonlinear Dynamic, 67(1): 735 - 753.